村 镇 规 划（第 4 版）

Cunzhen Guihua(Di-si Ban)

金兆森　陆伟刚　李晓琴 等　编著

东南大学出版社
SOUTHEAST UNIVERSITY PRESS
南京·2019

内容提要

本书在第 3 版的基础上修订而成,主要内容有绪论(城乡规划法及其作用、村镇及其发展概况、新型城镇化与新农村建设、村镇规划的任务与内容),村镇规划的资料工作,村镇总体规划,村镇道路工程规划,村镇给排水工程规划,村镇电力、电信工程规划,村镇公共中心与工业区规划,农业园区规划,村镇居住区规划,村镇绿化规划,村镇环境保护与生态建设规划,村镇传统文化和古建筑保护与旅游资源规划,村镇防灾减灾规划,村庄整治以及村镇规划中的技术经济和管理工作等。

本书可供从事村镇规划与建设的专业技术人员使用,也可供各级村镇规划与建设管理人员参考,亦可作为有关村镇规划与建设专业的参考书。

图书在版编目(CIP)数据

村镇规划 / 金兆森等编著. — 4 版. — 南京 : 东南大学出版社,2019.6 (2024.12 重印)
ISBN 978 - 7 - 5641 - 8439 - 1

Ⅰ. ①村… Ⅱ. ①金… Ⅲ. ①乡村规划-研究-中国 Ⅳ. ①TU982.29

中国版本图书馆 CIP 数据核字(2019)第 113330 号

书　　名:村镇规划(第 4 版)
编 著 者:金兆森　陆伟刚　李晓琴　等
责任编辑:徐步政　孙惠玉　　　　　　　　　　邮箱:1821877582@qq.com
出版发行:东南大学出版社　　　　　　　　　　社址:南京市四牌楼 2 号(210096)
网　　址:http://www.seupress.com
出 版 人:江建中
印　　刷:南京新世纪联盟印务有限公司　　　　排版:南京布克文化发展有限公司
开　　本:787mm×1092mm　1/16　　　　　　印张:26.75　字数:620 千
版 印 次:2019 年 6 月第 4 版　　2024 年 12 月第 6 次印刷
书　　号:ISBN 978 - 7 - 5641 - 8439 - 1　　　　定价:89.00 元
经　　销:全国各地新华书店　　　　　　　　　发行热线:025 - 83790519　83791830

第 4 版前言

我们伟大的祖国正处于全面建成小康社会的决胜阶段、中国特色社会主义进入新时代的关键时期,正如习近平总书记在中国共产党十九大报告中指出的,"这个新时代,是承前启后、继往开来、在新的历史条件下继续夺取中国特色社会主义伟大胜利的时代,是决胜全面建成小康社会、进而全面建设社会主义现代化强国的时代,是全国各族人民团结奋斗、不断创造美好生活、逐步实现全体人民共同富裕的时代,是全体中华儿女勠力同心、奋力实现中华民族伟大复兴中国梦的时代,是我国日益走近世界舞台中央、不断为人类作出更大贡献的时代"。

中国特色社会主义进入新时代,中国的村镇规划与建设也进入新时代,美丽乡村、特色田园乡村与特色小镇等建设在中国风起云涌。2010 年 10 月,党的十七届五中全会强调,要推进农业现代化、加快社会主义新农村建设,统筹城乡发展,加快发展现代农业,加强农村基础设施建设和公共服务,拓宽农民增收渠道,完善农村发展体制机制,建设农民幸福生活的美好家园。2014 年中央 1 号文件,即中共中央、国务院《关于全面深化农村改革加快推进农业现代化的若干意见》指出,"开展村庄人居环境整治。加快编制村庄规划,推行以奖促治政策,以治理垃圾、污水为重点,改善村庄人居环境。实施村内道路硬化工程,加强村内道路、供排水等公用设施的运行管护,有条件的地方建立住户付费、村集体补贴、财政补助相结合的管护经费保障制度。制定传统村落保护发展规划,抓紧把有历史文化等价值的传统村落和民居列入保护名录,切实加大投入和保护力度"。

2015 年中央 1 号文件,即中共中央、国务院《关于加大改革创新力度加快农业现代化建设的若干意见》指出,"中国要美,农村必须美。繁荣农村,必须坚持不懈推进社会主义新农村建设。要强化规划引领作用,加快提升农村基础设施水平,推进城乡基本公共服务均等化,让农村成为农民安居乐业的美丽家园"。

2016 年中央 1 号文件,即中共中央、国务院《关于落实发展新理念加快农业现代化　实现全面小康目标的若干意见》强调,"开展农村人居环境整治行动和美丽宜居乡村建设。遵循乡村自身发展规律,体现农村特点,注重乡土味道,保留乡村风貌,努力建设农民幸福家园。科学编制县域乡村建设规划和村庄规划"。

习近平总书记指出,"即使将来城镇化达到 70％以上,还有四五亿人在农村。农村绝不能成为荒芜的农村、留守的农村、记忆中的故园。城镇化要发展,农业现代化和新农村建设也要发展,同步发展才能相得益彰,要推进城乡一体化发展"。

中国 2015 年城镇化率为 56.1％,据《国家新型城镇化规划(2014—2020 年)》,到 2020 年,中国常住人口城镇化率约为 60％,户籍人口城镇化率约为 45％ 。中国乡村的总人口超过 2014 年欧盟的总人口(5.08 亿人)。2012 年,中国的常住人口城镇化率为 52.6％,而户籍人口城镇化率为 35.3％,相差 17.3％,这部分人口有部分时间活动在乡村。因此,乡村在中国城镇化中具有不能缺失和不可替代的地位。

《村镇规划(第 4 版)》就是为了适应中国特色社会主义新时代对中国村镇规划建设的新

形势和新要求,对2010年出版的《村镇规划(第3版)》做的修订。《村镇规划(第4版)》共分为15章,增写了第1章绪论中新型城镇化与新农村建设一节和第8章农业园区规划,其余各章也分别进行了补充与修改。

《村镇规划(第4版)》的编写人员为:第1章、第2章由金兆森执笔;第3章由李晓琴执笔;第4章由张_执笔;第5章由陆伟刚执笔;第6章由李彬执笔;第7章由李晓琴执笔;第8章由蔡汉执笔;第9章由郭燏烽执笔;第10章由蔡汉执笔;第11章由陈平执笔;第12章由侯兵执笔;第13章由魏海执笔;第14章由李晓琴执笔;第15章由姚胜执笔;全书由金兆森统稿。在编写过程中,我们参考了许多村镇规划与建设的书籍,并引用了一部分内容来丰富本书;本书得到了扬州大学新农村发展研究院的支持,也一直得到东南大学出版社的关心与指导,在此一并表谢意。

中国村镇建设正进入新时代,由于我们的水平有限,我们对中国特色社会主义新时代村镇规划与建设的新理念、新理论、新方法还未能很好地消化与吸收,因此书中难免有不妥与错误之处,敬请批评与指正。

编著者
2018 年 9 月

4

第 3 版前言

党的十六届五中全会以科学发展观为指导，做出建设"生产发展、生活宽裕、乡风文明、村容整洁、管理民主"的社会主义新农村的重大决策。这个总体要求包括发展农村生产力、促进农民增收、加强民主法制建设、加强精神文明建设、推进和谐社会建设、全面深化农村改革等任务，涵盖了当前和今后一段时期"三农"工作的主要方面。为了实现这些重要目标和任务，中央还提出了一系列既符合党心民心，又符合国情民情的新政策新措施，明确要求把社会主义新农村建设变成一项惠及亿万农民的"民心工程"。完全可以说，现在的社会主义新农村建设与过去相比，大的背景不同了，指导方针更明确，目标要求更全面，思路举措更清晰，政策扶持力度更大。村庄整治工作是社会主义新农村建设的基础性工作之一。

《中共中央　国务院关于推进社会主义新农村建设的若干意见》强调，建设新农村"必须坚持科学规划，实行因地制宜、分类指导，有计划有步骤有重点地逐步推进"。在中共中央政治局第二十八次集体学习时胡锦涛总书记进一步强调，"统一思想，科学规划，扎实推进，使建设社会主义新农村成为惠及广大农民的民心工程"。规划是纲，纲举目张。

2007 年 10 月 28 日第十届全国人民代表大会常务委员会第三十次会议表决通过《中华人民共和国城乡规划法》并正式颁发，2008 年 1 月 1 日《中华人民共和国城乡规划法》正式施行。

《中华人民共和国城乡规划法》的出台在中国城乡规划领域具有里程碑式的意义。我们应当认识到，法律的变更和发展与经济社会背景及运行体制密不可分，城乡建设规划领域的立法亦是如此。《中华人民共和国城乡规划法》完成了中国城乡规划立法工作的历史跨越。它从规划的角度，用法律的手段体现了国家对农村、对农民问题的关注，这在中国的规划历史上是从未有过的，在西方国家的历史上也很少见，在中国规划史上具有很强的历史进步意义。中国一直是一个农业人口占绝大多数的国家，工业化只是最近 30 多年的事，庞大的农业人口、深厚的农业传统决定了中国不可能走西方式的城市化道路，而只能走具有中国特色的新型城镇化道路，而这一切工作的基点都在农村。

科学的村镇规划本身就是效率、就是生产力，是村镇建设的龙头工作。只有科学地确立村镇建设的近景规划、远景规划及其规划的主要内容、基本目标和具体标准，才能确保村镇建设工作按照科学发展观的要求循序、持续地向前推进。

《村镇规划(第 3 版)》就是为了适应中国村镇规划建设的新形势和新要求，对 2005 年出版的《村镇规划(第 2 版)》做的修订。《村镇规划(第 3 版)》共分为 14 章，增写了第 1 章绪论中城乡规划法及其作用，第 10 章村镇环境保护与生态建设规划，第 11 章村镇传统文化和古建筑保护与旅游资源规划，第 13 章村庄整治；其余各章也分别进行了补充与修改。

《村镇规划(第 3 版)》的编写人员为：第 1 章、第 2 章由金兆森执笔；第 3 章由李晓琴、周明耀执笔；第 4 章由张磊、张晖执笔；第 5 章由陆伟刚、唐炳全执笔；第 6 章由李彬、张晖、殷加华执笔；第 7 章由张晖、李晓琴、陈平执笔；第 8 章由郭炳烽、殷加华、张晖执笔；第 9 章由陆伟刚、魏海、唐炳全执笔；第 10 章由陈平执笔；第 11 章由张靖静、唐炳全执笔；第 12 章由刘正祥、唐炳全执笔;第13章由李晓琴执笔;第14章由陆伟刚、姚生、唐炳全执笔;全书由金兆森、陆伟刚统稿。在编写过程中,得到了"十一五"国家科技支撑计划重点项目"村镇数字化管理关键技术研究与应用"的课题十"村镇数字化技术框架与技术规范研究"(2006 BAJ09B10)的资助;我们参考了许多村镇规划与建设的书籍,并引用了一部分内容来丰富本书;本书也一直得到东南大学出版社的关心与指导,在比一并深表谢意。

中国村镇建设正处于蓬勃发展的时期,新的典型、新的经验不断涌现,在实践升华的村镇规划新理论、新方法也在不断总结。由于我们的水平有限,我们对这些还未能很好地消化与吸收,因此书中难免有不妥与错误之处,敬请批评与指正。

编著者

2010 年 4 月

第2版前言

近几年来,中共中央、国务院就发展小城镇做出了一系列的战略部署。2000年6月专门下发了《关于促进小城镇健康发展的若干意见》;党的十六大指出坚持大中小城市和小城镇协调发展,而且在中央历次农村工作会议以及有关农村工作的文件中,反复提出要搞好小城镇建设。党的十六届三中全会提出要用科学的发展观指导我们的各项工作,促进小城镇建设的健康发展。在中共中央、国务院的领导下,各级党委、政府认真贯彻中央精神,采取积极有效的措施,加强了村镇建设工作的领导。各级村镇建设主管部门也在党委、政府的领导下,在有关部门的大力支持和密切配合下,开拓进取,努力工作,推动了本地区村镇建设事业的发展,取得了令人瞩目的成就。

搞好村镇规划建设工作,对于推进全面建设小康社会具有重要意义。要加强村镇建设的规划指导和实施管理,集约使用土地,保证建设质量,为统筹城乡发展、解决"三农"问题做出新的贡献。解决"三农"问题,就是要紧紧围绕统筹城乡发展,就是要把农村和城市作为一个有机统一的整体,把农业的发展放到整个国民经济发展中统筹考虑,把农村的繁荣放到全社会进步中统筹规划,把农民的增收放到国民收入分配的总格局中统筹安排,建立城乡一体相互推动的体制和机制,促进城乡经济社会协调发展,逐步改变城乡二元结构。中国城乡差距大,发展不协调,是当前经济社会发展中存在的突出问题。统筹城乡经济社会发展,解决好农业、农村、农民问题是"全党工作的重中之重""全部工作的重中之重",是全面建设小康社会的重大任务。

发展小城镇符合中国城镇化客观规律。党的十六大报告指出要"坚持大中小城市和小城镇协调发展,走中国特色的城镇化道路",明确了小城镇在城镇化进程中的任务。近年来的实践充分证明,小城镇已成为吸纳农村人口和劳动力的重要渠道,小城镇发展有着广泛的民意基础。据统计,2000年全国转移就业的1.1亿多农村劳动力中,在乡和建制镇就业的占58.8%,进入县级市、地级市和省会城市就业的分别仅占13.5%、14.5%和13.2%。

《村镇规划(第2版)》就是为了适应中国村镇规划建设的新形势和新要求,对1999年出版的《村镇规划》做的修订。《村镇规划(第2版)》共分为12章,增写了第7章乡镇公共中心与工业区规划和第11章村镇防灾减灾规划;其余各章也分别进行了补充与修改。

《村镇规划(第2版)》的编写人员为:第1章、第2章由金兆森执笔;第3章由周明耀、李晓琴执笔;第4章由张晖、殷加华执笔;第5章由唐炳全执笔;第6章由张晖、殷加华执笔;第7章由张晖、李晓琴执笔;第8章由殷加华、张晖执笔;第9章、第10章由唐炳全执笔;第11章由李晓琴、唐炳全执笔;第12章由唐炳全执笔;附录Ⅱ由扬州大学工程设计研究院提供(李晓琴、金兆森执笔),附录Ⅲ由昆山市城乡建设委员会提供。

编著者
2005年4月

第 1 版前言

改革开放 20 年来,中国社会经济各个方面发生了重大的变化,广大农村经济迅速发展,村镇建设欣欣向荣。许多地区提前实现了小康的目标,向农村现代化宏伟目标进军。农村城市化是农村现代化的重要组成部分,农村经济的迅猛发展,特别是乡镇工业的异军突起,城乡交流与日俱增,城乡关系日趋密切,大大推进了农村城市化和城乡一体化的历史进程。随着越来越多的农业劳动力的转移,农民生活水平的日益提高,广大农民不仅要求改善居住条件,而且要求改善各项基础设施条件,要求有与城市一样的服务设施。于是,一批交通方便、布局合理、通讯便捷、配套设施齐全的新村镇不断出现在中国各地。

近年来,中国城镇化水平提高较为迅速,1978 年为 17.9%,1995 年则为 29%,建设部预测 2000 年将达到 35.7%。建制镇已由 1978 年的 2 851 个,发展到 1996 年的 17 998 个。村镇建设蒸蒸日上,1979—1995 年,全国农村共建住房 100 亿 m^2,其中"八五"期间建了超过 30 亿 m^2,每年平均建 6 亿—7 亿 m^2。目前农村人均住宅建筑面积已超过 20 m^2。无论是集镇还是村庄,公用福利设施和配套基础设施都得到很大的改善与建设。据统计,到 1994 年年底,全国已建成乡村道路 289 万 km,其中铺装道路 242 万 km,占乡村道路总长的 83.74%;建成自来水厂 21 040 处,铺设供水管道近 17 万 km,自来水受益人口已达 2.92 亿人,占村镇总人口的 30.24%;全国乡镇和 72% 的村庄通了电;此外,全国农村还兴建了大量的文化、教育、卫生、工农业生产等设施,每年平均以 1.6 亿—1.8 亿 m^2 的速度递增。这种建设规模之大,发展速度之快,是中华人民共和国成立以来所没有的。广大村镇面貌焕然一新,呈现出一派欣欣向荣的景象,一批城乡一体化、农村城镇化、设施现代化的村镇已出现在中国的大地上,这为中国 21 世纪村镇规划与建设打下了坚实的基础。

21 世纪即将来临,中国也将由小康社会向现代化社会迈进。为了适应 21 世纪中国村镇规划与建设的需要,本书是在学习和总结中国村镇规划与建设经验的基础上,根据 21 世纪村镇规划与建设的要求而编写的。本书为《村镇规划与建筑设计》子丛书的第一分册,共分 9 章:第 1 章绪论(金兆森执笔);第 2 章村镇规划的资料工作(金兆森执笔);第 3 章村镇总体规划(周明耀执笔,其中第 3.5 节由张晖执笔);第 4 章村镇道路工程规划(张晖、殷加华执笔);第 5 章村镇给排水工程和防洪工程规划(唐炳全执笔);第 6 章村镇电力、电信工程规划(张晖、殷加华执笔);第 7 章村镇居住区规划(殷加华、张晖执笔);第 8 章村镇绿化、环境保护、旅游资源保护及开发利用规划(唐炳全执笔);第 9 章村镇规划中的技术经济和管理工作(唐炳全执笔);附录 Ⅱ 实例由昆山市城乡建设委员会提供。本书可供从事村镇规划与建设的专业技术人员使用,也可供各级村镇规划与建设的管理人员参考,亦可作为村镇规划与建设专业的参考书。

本书编写中引用了许多村镇规划和建设的图片、图表和数据,还参考了许多村镇规划与建设的书籍与论文、资料,丰富了本书的内容,对此深表谢意。

《村镇规划与建筑设计》子丛书主编为汪庆玲总工程师、金兆森教授,副主编为许铁根、刘殿华、张晖。本丛书在编写过程中,北京市建筑设计研究院总建筑师等专家学者以及东南大学出版社领导和第一编辑室全体同志在丛书的结构和选材等方面做了大量工作,并提出了许多有益的建议,特附笔于此,表示感谢。

由于编者水平有限,书中的缺点、错误在所难免,敬请广大读者批评指正。

汪庆玲　金兆森
1998 年秋

目录

1 绪论

1.1 城乡规划法及其作用

中华人民共和国成立以来,城乡规划法制建设的历程如下:

(1) 1958 年国家颁布的《城市规划编制办法》是规范规划工作的第一个全国性统一文件。

(2) 1984 年国务院颁布的《城市规划条例》是城市规划走向法制化的一个重要时间段。1978 年国务院召开了第三次全国城市工作会议,会议讨论了城市规划问题。同年颁发的 13 号文件指出,"市长的责任是规划城市、建设城市、管理城市",城市要想建设好,就要进行城市规划,提出不能靠人治,要靠法制。1984 年国务院提出先用行政规章的办法发布,试行调整后才确定。1984 年颁布《城市规划条例》。

(3) 1989 年通过、1990 年 4 月 1 日开始实行《中华人民共和国城市规划法》(以下简称《城市规划法》)。规划的编制、审批、管理、监督检查、制度的建设、工作体系都是根据《城市规划法》建立起来的。

(4) 2007 年 10 月 28 日第十届全国人民代表大会常务委员会第三十次会议表决通过《中华人民共和国城乡规划法》(以下简称《城乡规划法》)并正式颁发,2008 年 1 月 1 日《城乡规划法》正式施行。

《城乡规划法》的出台在中国城乡规划领域中具有里程碑意义。应当认识到,法律的变更和发展与经济社会背景及运行体制密不可分,城乡建设规划领域的立法亦是如此。《城乡规划法》完成了中国城乡规划立法工作的历史跨越。

1.1.1 《城乡规划法》的主要内容

《城乡规划法》的主要内容可概括为以下 10 个方面:

(1) 突出城乡规划的公共政策属性

《城乡规划法》明确提出,城乡规划管理,协调城乡空间布局,改善人居环境,促进城乡经济社会全面协调可持续发展。从内容上看,重视资源节约、环境保护、文化与自然遗产保护;促进公共财政首先投到基础设施、公共设施项目;强调城乡规划制定、实施全过程的公众参与;保证公平,明确有关赔偿或补偿责任。

(2) 强调城乡规划综合调控的地位和作用

《城乡规划法》明确指出,"任何单位和个人都应当遵守经依法批准并公布的城乡规划,服从规划管理"。从法律上明确了城乡规划是政府引导和调控城乡建设和发展的一项重要公共政策,是具有法定地位的发展蓝图。同时,法律适用范围扩大,强调城乡统筹、区域统筹;确定先规划后建设的原则。

(3) 新的城乡规划体系的建立

《城乡规划法》体现了一级政府、一级规划、一级事权的规划编制要求,明确规划的强制性内容,突出近期建设规划的地位,强调规划编制责任。

(4) 严格城乡规划修改程序

对城乡规划进行评估,修改省域城镇体系规划、城市总体规划、镇总体规划及详细规划的规定。

(5) 城乡规划行政许可制度的完善

完善了针对土地有偿使用制度的建设用地规划管理制度,规定各项城乡规划的行政许可。

(6) 对行政权力的监督制约

明确了上级行政部门的监督、人民代表大会的监督、全社会的公众监督。

(7) 对城乡规划编制单位的要求

对城乡规划编制单位的资质进行管理,对规划师职业进行管理。

(8) 加强人民代表大会的监督作用

省域城镇体系规划、城市和县城关镇总体规划由本级人民代表大会常务委员会审议,镇总体规划由镇人民代表大会审议。城市控制性详细规划报本级人民代表大会常务委员会备案,县城关镇控制性详细规划报县人民代表大会常务委员会备案。省域城镇体系规划、城市和镇总体规划定期评估须向本级人民代表大会报告。

(9) 强化法律责任

追究政府和行政人员的责任;追究城乡规划编制单位的责任;追究违法建设行为的责任;明确对违法行为给予罚款的范围和数额。

(10) 法律授权

建立完善的城乡规划法律体系。

以下是《城乡规划法》中关于乡规划和村庄规划的内容:

第十八条 乡规划、村庄规划应当从农村实际出发,尊重村民意愿,体现地方和农村特色。

乡规划、村庄规划的内容应当包括:规划区范围,住宅、道路、供水、排水、供电、垃圾收集、畜禽养殖场所等农村生产、生活服务设施、公益事业等各项建设的用地布局、建设要求,以及对耕地等自然资源和历史文化遗产保护、防灾减灾等的具体安排。乡规划还应当包括本行政区域内的村庄发展布局。

第二十二条 乡、镇人民政府组织编制乡规划、村庄规划,报上一级人民政府审批。村庄规划在报送审批前,应当经村民会议或者村民代表会议讨论同意。

第四十一条 在乡、村庄规划区内进行乡镇企业、乡村公共设施和公益事业建设的,建设单位或者个人应当向乡、镇人民政府提出申请,由乡、镇人民政府报城市、县人民政府城乡规划主管部门核发乡村建设规划许可证。

在乡、村庄规划区内使用原有宅基地进行农村村民住宅建设的规划管理办法,由省、自治区、直辖市制定。

在乡、村庄规划区内进行乡镇企业、乡村公共设施和公益事业建设以及农村村民住宅建设,不得占用农用地;确需占用农用地的,应当依照《中华人民共和国土地管理法》有关规定办理农用地转用审批手续后,由城市、县人民政府城乡规划主管部门核发乡村建设规划许可证。

建设单位或者个人在取得乡村建设规划许可证后,方可办理用地审批手续。

第四十八条 ……修改乡规划、村庄规划的,应当依照本法第二十二条规定的审批程序报批。

第六十五条 在乡、村庄规划区内未依法取得乡村建设规划许可证或者未按照乡村建设规划许可证的规定进行建设的,由乡、镇人民政府责令停止建设、限期改正;逾期不改正的,可以拆除。

从上面的法律条文可以看出:每一条内容都涉及了农民的切身利益问题,"尊重农民意愿"是上述条文的核心内容。对于中国的乡村和农民来说,这是一份具有划时代意义的法律文件。从上面的叙述可以知道,中国虽有延续 5 000 多年的文明史和城市建设史,并且中国的文明为农业文明,但却没有出现过一部关于农村规划建设的思想或法律文件。这与历史上中国农民长期处于被统治地位有关。而当前法治社会、民主社会的建设发展成为不可阻挡的历史潮流,中国尚有 8 亿农民,是中国最大的社会群体,如何让他们更快、更好地融入现代的民主法治社会行列,跟上历史潮流,是中国目前应当着手解决的最大问题。显然,新农村建设和《城乡规划法》的颁布实施,将为解决这一问题做出努力。"三个代表"重要思想最后一条提到"中国共产党要代表最广大人民的根本利益",目前在中国,农民是最大的社会群体,代表最广大人民的根本利益的重中之重应当是代表农民的根本利益,关注农民、关注乡村建设是建设"社会主义和谐社会"工作的重中之重。

1.1.2 《城乡规划法》的作用

根据中国市场经济发展的实际情况以及时代要求,《城乡规划法》对原有的城市规划立法做了不少修正,体现了中国城市规划法制建设的又一实质性进步。农村和城市是一个有机统一的整体,建立城乡一体的规划建设体制是促进城乡经济社会协调发展,逐步转变城乡二元结构的重要手段。《城乡规划法》的出台,为薄弱的乡村规划建设注入了活力,为村镇规划建设逐步走上规范化、法制化的轨道奠定了坚实的基础。

1)《城乡规划法》贯彻依法治国的精神,更有利于依法行政

《城乡规划法》明文规定:"经依法批准的城乡规划,是城乡建设和规划管理的依据,未经法定程序不得修改"(第七条)。法律明文规定了经依法批准的"成文"规划的法定地位,从而可以认为在提升城市规划建设管理的法治程度方面迈出了一大步。《城乡规划法》确立了政府组织编制和实施城乡规划的责任,同时也规定了其行为规则,明确了对政府机关及相关负责人员"行政不作为"及"违法许可行为"的处罚条件:"对依法应当编制城乡规划而未组织编制,或者未按法定程序编制、审批、修改城乡规划的,由上级人民政府责令改正,通报批评;对有关人民政府负责人和其他直接责任人员依法给予处分"(第五十八条)。超越职权或者对不符合法定条件的申请人核发选址意见书、建设用地规划许可证、建设工程规划许可证、乡村建设规划许可证的镇人民政府或者县级以上人民政府城乡规划主管部门,由本级人民政府、上级人民政府城乡规划主管部门或者监察机关依据职权责令改

正,通报批评;对直接负责的主管人员和其他直接责任人员依法给予处分(第六十条)。为了提升规划管理中的行政执法能力,鉴于城乡建设规划管理的实际需要,《城乡规划法》赋予了行政部门处理违法建设的行政强制权,即"城乡规划主管部门作出责令停止建设或者限期拆除的决定后,当事人不停止建设或者逾期不拆除的,建设工程所在地县级以上地方人民政府可以责成有关部门采取查封施工现场、强制拆除等措施"(第六十八条)。此外,《城乡规划法》还专门新增了一章关于监督检查的规定。这些都体现了依法治国的精神,有助于城乡规划管理的有序有效开展,保证规划的实施,同时也有利于城乡规划领域依法行政的全面推行。

2)城乡统筹、一体化规划

《城乡规划法》的起草,注重了城乡统筹发展的精神,力图建立起新的、统筹城乡建设的规划编制体系及促进城乡一体化发展的规划运作模式。《城乡规划法》开宗明义:"为了加强城乡规划管理,协调城乡空间布局,改善人居环境,促进城乡经济社会全面协调可持续发展,制定本法"(第一条);"本法所称城乡规划,包括城镇体系规划、城市规划、镇规划、乡规划和村庄规划"(第二条)。《城乡规划法》中涉及统筹城乡建设的制度设计体现在空间布局、土地使用、交通建设、生态环境建设和资源利用等多方面的规定中。城乡规划不仅可以指导城市健康、合理地发展,同时也能规范农村地区的建设行为,引导农村地区的良好发展,从而有利于实现"工业反哺农业、城市支持农村"的城乡统筹目标,形成城乡相互依托、协调发展和共同繁荣的新型城乡关系。这也与党的十六大提出的"全面建设小康社会必须统筹城乡经济社会发展"的精神相一致,适应了中国特色社会主义市场经济的发展需求。

3)《城乡规划法》为村镇规划建设提供法律保障

实现乡村的快速持续发展,科学合理规划与建设是龙头,而乡村规划建设的有效性是建立在高度的法制化基础上的。只有以健全的法律法规体系为保障,才能使规划工作有法可依。截至2008年年底,中国城镇人口已从改革开放之初的1.7亿人增加到6.07亿人,城镇化水平也从不足18%增长到45.68%,相对于飞速发展的城镇化进程,原有的"一法一条例"法律体系无论在科学性还是在对规划的编制和修改上均不能再适应新形势的需要。在总结现行《城市规划法》和《村庄和集镇规划建设管理条例》实施经验的基础上,新出台的《城乡规划法》对规划的制定、实施、修改、监督检查和法律责任做出了比较详细的规定,特别是对乡规划和村庄规划的制定和实施做了明确规定。根据《城乡规划法》,包括城镇体系规划、城市规划、镇规划、乡规划和村庄规划在内的全部城乡规划被纳入一部法律管理,目的是协调城乡空间布局,改善人居环境,促进城乡经济社会全面协调可持续发展。《城乡规划法》还规定:"乡规划、村规划应从农村实际出发,尊重村民意愿,体现地方和农村特色。"规划内容包括:"规划区范围,住宅、道路、供水、排水、供电、垃圾收集、畜禽养殖场所等农村生产、生活服务设施、公益事业等各项建设的用地布局、建设要求,以及对耕地等自然资源和历史文化遗产保护、防灾减灾等的具体安排。"为保护农民的合法权益,《城乡规划法》规定,在乡村规划区内进行乡镇企业、乡村公共设施和公益事业建设以及农村村民住宅建设不得占用农用地。可以说,《城乡规划法》的实施使乡村规划的法律规范由行政法规上升到基本法律的层面,在一定程度上扭转了乡村规划长期以来所处的弱势地位，也为乡村规划的良性发展提供了强有力的法律支持。

4)《城乡规划法》体现了城乡规划的公共政策属性

城乡规划具有公共政策的属性，需要有现实的针对性和导向性。这一点在《城乡规划法》的条文中有着充分的体现，如："城市的建设和发展，应当优先安排基础设施以及公共服务设施的建设，妥善处理新区开发与旧区改建的关系，统筹兼顾进城务工人员生活和周边农村经济社会发展、村民生产与生活的需要"（第二十九条）；"城市新区的开发和建设，应当合理确定建设规模和时序，充分利用现有市政基础设施和公共服务设施，严格保护自然资源和生态环境，体现地方特色"（第三十条）。此外还有："县级以上地方人民政府根据本地农村经济社会发展水平，按照因地制宜、切实可行的原则，确定应当制定乡规划、村庄规划的区域。在确定区域内的乡、村庄，应当依照本法制定规划，规划区内的乡、村庄建设应当符合规划要求"（第三条）；"地方各级人民政府应当根据当地经济社会发展水平，量力而行，尊重群众意愿，有计划、分步骤地组织实施城乡规划"（第二十八条）。这些条款将社会公共利益置于核心位置，规定了城乡规划的基本原则和立场，体现了实事求是及分类指导的精神，突出了城乡规划的公共政策导向及服务职能。

5)《城乡规划法》构建了公众参与的制度框架

《城乡规划法》对城乡规划领域中公众参与的制度框架进行了多方位的构建，为公众参与的制度建设奠定了基础。该法明确提出了规划公开的原则、公众的知情权利以及表达意见的途径，如："城乡规划报送审批前，组织编制机关应当依法将城乡规划草案予以公告，并采取论证会、听证会或者其他方式征求专家和公众的意见。公告的时间不得少于三十日"（第二十六条）；"城市、县人民政府城乡规划主管部门或者省、自治区、直辖市人民政府确定的镇人民政府应当依法将经审定的修建性详细规划、建设工程设计方案的总平面图予以公布"（第四十条）；"城市、县人民政府城乡规划主管部门应当及时将依法变更后的规划条件通报同级土地主管部门并公示"（第四十三条）。《城乡规划法》同时也规定了违反公众参与程序的法律后果：同意修改修建性详细规划、建设工程设计方案的总平面图前未采取听证会等形式听取利害关系人的意见的镇人民政府或者县级以上人民政府城乡规划主管部门，由本级人民政府、上级人民政府城乡规划主管部门或者监察机关依据职权责令改正，通报批评；对直接负责的主管人员和其他直接责任人员依法给予处分（第六十条）。对公众参与过程中公众提出的意见的合理采纳和恰当处理，是公众参与工作取得成效的关键。对此，《城乡规划法》规定："组织编制机关应当充分考虑专家和公众的意见，并在报送审批的材料中附具意见采纳情况及理由"（第二十六条）；"规划的组织编制机关报送审批省域城镇体系规划、城市总体规划或者镇总体规划，应当将本级人民代表大会常务委员会组成人员或者镇人民代表大会代表的审议意见和根据审议意见修改规划的情况一并报送"（第十六条）。这些规定都将有利于提高公众参与的实效。

6)《城乡规划法》有助于建立乡村规划建设的长效机制

《城乡规划法》中规定："乡、村庄的建设和发展，应当因地制宜、节约用地，发挥村民自治组织的作用，引导村民合理进行建设，改善农村生产、生活条件"（第二十九条）。建立完善的、以政府引导的乡村规划建设村民自治机制，是推动乡村可持续发展和乡村规划建设工作良性发展的重要手段。可以根据《城乡规划法》的规定，进一步完善乡村规划建设工作的长效机制。

《城乡规划法》规定:"村庄规划在报送审批前,应当经村民会议或者村民代表会议讨论同意。"应当明确的是乡村规划建设的目的是改善农民生产、生活环境,因此,广大农民对乡村规划建设非常欢迎,参与积极性高。因此,在有制度保障的同时,要进一步加强政府的引导和支持,确立农民在乡村规划建设中的主体地位,尊重农民意愿和对项目的选择:农民不认可的项目,不能强行推进;农民一时不接受的项目,要先试点示范,让农民逐步接受,充分调动农民自力更生建设家园的积极性。

1.2 村镇及其发展概况

1.2.1 村镇的基本概念

1) 居民点及其发展

居民点是由居住生活、生产、交通运输、公用设施和园林绿化等多种体系构成的一个复杂的综合体,是人们因共同生活与经济活动而聚集的定居场所。也可以说,居民点是由建筑群(住宅建筑、公共建筑与生产建筑等)、道路网、绿地以及其他公用设施所组成的。这些组成部分通常被称为居民点的物质要素。

在人类的发展史上,并非一开始就有居民点,居民点的形成与发展是社会生产力发展到一定阶段的产物和结果。原始社会开始,人类过着完全依赖于自然采集的经济生活,还没有形成固定的居民点。人类在长期与自然的斗争中发现并发展了种植业,于是人类社会出现了农业与渔牧业分离的第一次社会大分工,从而出现了以原始农业为主的固定居民点——原始村落。由于生产工具不断改进,生产力不断发展,在奴隶制社会初期,随着私有制的诞生与发展,出现了手工业、商业与农业、牧业分离的第二次社会大分工,并带来了居民点的分化,形成了以农业为主的乡村和以商业、手工业为主的城市。在 18 世纪中叶,工业革命导致以商业、手工业为主的城镇逐步发展为或以工业,或以金融经济,或以文化教育为主的城镇。

2) 中国村镇的基本情况

中国的居民点依据它的政治、经济地位、人口规模及其特征分为城镇型居民点和乡村型居民点两大类。

城镇型居民点分为城市(特大城市、大城市、中等城市、小城市)和城镇(县城镇、建制镇)。乡村型居民点分为乡村集镇(中心集镇、一般集镇)和村(中心村、基层村)。中国城市从规模上来看主要分为超大城市、特大城市、大城市、中等城市、小城市和建制镇,从行政等级上来看主要分为中央直辖市、副省级城市、地级市、县级市和建制镇。

2014 年 10 月 29 日,国务院发布《关于调整城市规模划分标准的通知》,将城市分为五类七档:

超大城市:城区常住人口 1 000 万人以上的城市。

特大城市:城区常住人口 500 万—1 000 万人的城市。

大城市:Ⅰ型大城市,即城区常住人口 300 万—500 万人的城市;Ⅱ型大城市,即城区常住人口 100 万—300 万人的城市。

中等城市：城区常住人口 50 万—100 万人的城市。

小城市：Ⅰ型小城市，即城区常住人口 20 万—50 万人的城市；Ⅱ型小城市，即城区常住人口 20 万人以下的城市。

据《2016 年城乡建设统计公报》："至 2016 年年末，全国设市城市 657 个（不包含台湾地区，下同），比上年增加 1 个，其中，直辖市 4 个，地级市 293 个，县级市 360 个。据对 656 个城市和 2 个特殊区域统计汇总[①]，城市城区户籍人口 4.03 亿人，暂住人口 0.74 亿人，建成区面积 5.43 万 km^2。"

这些城市特别是地级以上城市，不仅是中国经济发展的主要载体，更是带动国家经济整体发展的核心力量。

依据民政部《2016 年社会服务发展统计公报》，截至 2016 年年底，全国乡级行政区划单位 39 862 个，其中区公所 2 个、镇 20 883 个、乡 9 731 个、苏木 152 个、民族乡 988 个、民族苏木 1 个、街道 8 105 个。另根据民政部统计，截至 2017 年 12 月 31 日，全国范围行政村总数为 691 510 个。

建制镇是农村一定区域内政治、经济、文化和生活服务的中心。1984 年国务院批转的民政部《关于调整建镇标准的报告》中关于设镇的规定调整如下：

（1）凡县级地方国家机关所在地，均应设置镇的建制。

（2）总人口在 2 万人以下的乡、乡人民政府驻地非农业人口超过 2 000 人的，可以建镇；总人口在 2 万人以上的乡、乡人民政府驻地非农业人口占全乡人口 10 ％以上的，也可建镇。

（3）少数民族地区、人口稀少的边远地区、山区和小型工矿区、小港口、风景旅游、边境口岸等地，非农业人口虽不足 2 000 人，如确有必要，也可设置镇的建制。

集镇，大多是乡人民政府所在地，或居于若干中心村的中心。集镇是农村中工农结合、城乡结合，有利生产、方便生活的社会和生产活动中心。集镇是今后中国农村城市化的重点。

中心村，一般是村民委员会的所在地，是农村中从事农业、家庭副业的工业生产活动的较大居民点，有为本村和附近基层村服务的一些生活福利设施，如商店、医疗站、小学等。人口规模一般在 1 000—2 000 人。

基层村，也就是自然村，是农村中从事农业的家庭副业生产活动的最基本的居民点，一般只有简单的生活福利设施，甚至没有。在中国经济发达地区，如上海市郊、县，江苏省的苏锡常地区，广东省的珠江三角洲地区已开始实施若干基层村合并建设一个中心村，以加快农村城市化的进程。

1.2.2 村镇的基本特点

居民点是社会生产力发展到一定历史阶段的产物，作为城市居民点中规模较小的建制镇和乡村居民点的集镇、中心村也不例外。它们与城市相比较而言，有其基本特点。

---

① 其中，新疆维吾尔自治区可克达拉市因新设城市，暂无数据资料；河北省白沟新城、陕西省杨凌区按城市统计。

1) 区域的特点

村镇在中国辽阔的土地上星罗棋布地分布着,但由于各地区社会生产力发展的水平不同,也就是区域经济发展水平不同,村镇分布呈明显的区域特点。至 2014 年年底,全国共有乡镇数为 31 750 个,平均每 302 km² 国土面积一个乡镇。而在长江三角洲地区,平均每 10 km² 就有一个乡镇,宁夏回族自治区、青海省、新疆维吾尔自治区西北三省、区每超过 500 km² 才有一个乡镇。全国共有 52.6 万个村,平均每 18.25 km² 有一个村,东南沿海地区平均每 5—6 km² 就有一个村,而新疆维吾尔自治区平均每 160 km² 才有一个村。且区域地理的差别,如土地(包括土壤、地形等)、气候等自然因素存在明显的地区差异,也决定了村镇在规模分布、平面布局以及建筑形式、构造等方面有其不同的特点,如平原和山区的村镇、南方与北方的村镇均表现出强烈的区域特点。

2016 年年末,全国建制镇建成区面积 397.0 万 hm²,平均每个建制镇建成区占地 219 hm²,人口密度 4 902 人/km²(含暂住人口);乡建成区 67.3 万 hm²,平均每个乡建成区占地 62 hm²,人口密度 4 450 人/km²(含暂住人口);镇乡级特殊区域建成区 13.6 万 hm²,平均每个镇乡级特殊区域建成区占地 176 hm²,人口密度 3 665 人/km²(含暂住人口)。

2016 年年末,全国已编制总体规划的建制镇 17 056 个,占所统计建制镇总数的 94.2%,其中本年编制 1 308 个;已编制总体规划的乡 8 737 个,占所统计乡总数的 80.3%,其中本年编制 544 个;已编制总体规划的镇乡级特殊区域 594 个,占所统计镇乡级特殊区域总数的 76.6%,其中本年编制 43 个;已编制村庄规划的行政村 323 373 个,占所统计行政村总数的 61.5%,其中本年编制 17 543 个。2016 年全国村镇规划编制投资达 35.1 亿元。

2) 经济特点

村镇与城市相比,农业经济所占的比重要大,村镇必须充分适应组织与发展农、牧、副、渔业生产的要求。农业的整个生产过程目前主要是在村镇外围的土地上进行的,这说明村镇与其外围土地之间的关系十分密切。村镇用地与农业用地穿插,这是村镇经济特点所决定的。

2016 年,全国村镇建设总投资 15 908 亿元。按地域分,建制镇建成区 6 825 亿元,乡建成区 524 亿元,镇乡级特殊区域建成区 238 亿元,村庄 8 321 亿元,分别占总投资的 42.9%、3.3%、1.5%、52.3%。按用途分,房屋建设投资 11 882 亿元,市政公用设施建设投资 4 026 亿元,分别占总投资的 74.7%、25.3%。

3) 基础设施特点

目前,中国村镇规模较小,布局分散,又普遍存在着基础设施不足的问题。虽然近年来由于经济的发展,一些村镇的面貌发生了根本的变化,如经济发达地区的村镇,但对于大多数村镇来说,还普遍存在着道路系统分工不清、给排水设施不齐全、公共设施标准较低等问题。

2001—2004 年全国村镇基础设施建设投资提高了 6 个百分点,村镇道路铺装率提高到 92.6%,自来水普及率达到 50%,全部建制镇、99% 的集镇和 88% 的村庄通了电,部分村镇还用起了燃气;四年累计生产设施建设竣工面积 4.9 亿 m²,公共设施建设竣工面积 3.7 亿 m²。村镇基础设施建设投资的增加,在村镇建成了一批水、电、路、通信、农贸市场等基础设施以及有线电视、卫生院（室）、文化中心、学校等公益设施，但是，由于村镇的地区性差异、村镇本身经济发展水平的差异、城乡的差异，村镇的基础设施还十分薄弱。中国农村固定资产投资占全社会固定资产投资总额的比例，与农村人口所占的比例、农业和农村经济在国内生产总值中所占的份额相比，显然很不相称。因此，总体来看，村镇发展较为滞后。

2016 年年末，在建制镇、乡和镇乡级特殊区域建成区内，供水管道长度 60.8 万 km，排水管道长度 19.1 万 km，排水暗渠长度 9.7 万 km，铺装道路长度 44.3 万 km，铺装道路面积 29.8 亿 m^2，公共厕所 15.2 万座。其中，建制镇建成区用水普及率 83.86％，人均日生活用水量 99.01 L，燃气普及率 49.52％，人均道路面积 12.84 m^2，排水管道暗渠密度 6.28 km/km^2，人均公园绿地面积 2.46 m^2。乡建成区用水普及率 71.90％，人均日生活用水量 85.33 L，燃气普及率 22.00％，人均道路面积 13.56 m^2，排水管道暗渠密度 4.52 km/km^2，人均公园绿地面积 1.11 m^2。镇乡级特殊区域建成区用水普及率 91.52％，人均日生活用水量 93.76 L，燃气普及率 58.14％，人均道路面积 15.42 m^2，排水管道暗渠密度 5.88 km/km^2，人均公园绿地面积 3.95 m^2。

4）村镇环境特点

村镇环境建设滞后，脏乱差普遍存在。以往的村镇建设总体上是以居民特别是农民住房建设为主体，环境建设没有得到足够的重视，普遍存在着脏、乱、差问题：一是村镇环境脏。由于公共卫生投入不足，环境整治较薄弱，许多村镇至今尚未消灭露天粪坑，据有关部门统计，2016 年年末，全国 68.7％的行政村有集中供水，20％的行政村对生活污水进行了处理，65％的行政村对生活垃圾进行了处理。污水、垃圾处理问题亟待解决。二是环境建设乱。由于投入体制不健全，村镇环境建设资金筹措困难、投入不足，许多村镇道路不通畅，路网不成系统，道路等级质量不达标，不少村镇依托过境公路搞"摊大饼"扩张，形成了"要想富，占公路"的观念，各项建设沿交通干道"一层皮"摆开，结果造成"十里长街、一字排开"的不良景观。三是环境意识差。部分村镇居民缺乏现代城市文明的熏陶和受传统生活环境的影响，环境意识、卫生意识、文明意识淡薄，一些村镇在建设过程中，片面追求经济发展速度，结果地方经济是得到了一定的发展，但在环境方面付出了沉重的代价。

1.2.3 村镇的发展

中国要美，农村必须美。党的十八大以来，中国特色社会主义进入新时代，村镇的发展也进入新时代，美丽乡村、特色田园乡村与特色小镇等建设与发展有声有色、风起云涌。

1）农村城镇化是现代化的重要标志

农村城镇化是人类社会发展的必然趋势，是农业社会向工业社会转化的基本途径，也是衡量一个国家或地区经济发展和社会进步的重要标志。党的十五大已经提出，在 20 世纪末达到小康，向现代化迈进。根据中国的特点，在"四个现代化"中，农业现代化是关键，要实现农业现代化，就必须实现农村现代化，而农村现代化最重要的标志就是城镇化，因为当今世界是城市化的时代。在中国推进村镇建设尤其是小城镇建设，能加快农业和农村现代化的步伐，能加快农村城镇化、城乡一体化的进程。所谓城乡一体化，是以功能多元化的中心城市为依托，在其周围形成不同层次、不同规模的城、乡（镇）、村等居民点，各自就地在居住、生活、设施、环境、管理等方面实现现代化。城市之间，城市与乡（镇）、村之间，均由不同容量的现代化交通设施和方便、快捷的现代化通信设施连接在一起，形成一个网络状的、城乡一体化的复杂社会系统，即自然—空间—人类系统，融城乡于自然社会之中，使村镇能在具备上述交通及通信设施现代化的前提下，充分享受到城市现代文明，包括文化、教育、卫生、信息、科技、服务等等方面。因此说农村城镇化是城乡一体化的必由之路，也就是现代化的重要标志。

2）大力发展村镇是现代化建设的重大战略任务

中国村镇的发展，尤其是乡镇的发展是中国城市化的重要组成部分。城市化既是中国经济发展提出的迫切要求，也是被世界各国城市化过程所证明的必然趋势。现代社会的城市化具有多方面的特征，但其本质是城乡人口的再分配，即农村人口向城镇人口转移，农业人口向非农业人口转移。人们常以城镇人口占总人口的百分率作为一个国家城市化水平的标志。

目前，在全世界近 60 亿人口中，已有近 40％ 生活在城镇，发达国家一般为 70％—80％，发展中国家近年来发展速度也较快。中华人民共和国成立以来，随着国民经济的发展，城镇人口在逐步增长，尤其改革开放以来增长较快。根据《中国统计年鉴（2016）》，1950 年中国城镇人口为 5 765 万人，1978 年为 17 245 万人，1996 年为 37 304 万人，2008 年为 62 403 万人，2015 年为 77 116 万人，在总人口中所占的比重分别为 10.64％、17.92％、30.48％、46.99％、56.1％。但是城市化是社会发展和"四化"建设的必然趋势，从长远来看、从全局来看、从完善中国城乡结构体系和缩小城乡差别的目标来看，大力发展村镇尤其是小城镇具有重要的战略意义。

近年来的实践充分证明，小城镇已成为吸纳农村人口和劳动力的重要渠道，小城镇发展有着广泛的民意基础。据统计，2000 年全国转移就业的 1.1 亿多名农村劳动力中，在乡和建制镇就业的占 58.8％，进入县级市、地级市和省会城市就业的分别仅占13.5％、14.5％ 和 13.2％。据四川省调查，2000 年以来在全省向城镇转移的农村人口中，进入小城镇、小城市、中等城市和大城市的比例分别是 45％、23％、20％ 和 12％。具有中国特色的城镇化道路的一个十分重要的特点是农民进城不失去农村土地，仍然在农村保留着承包地和住房，这是解决农民后顾之忧、确保社会稳定的重要政策，与其他国家农民失地破产被迫进城有着本质区别。小城镇量大面广、更贴近农村，因此小城镇规划建设更要为农民进镇务工经商创造条件。农民进城反哺农村是小城镇发展和农民改善住房的动力。

3）规划村镇是中国特色社会主义新时代实施乡村振兴战略的重要任务

实施乡村振兴战略，是党的十九大做出的重大决策部署，是决胜全面建成小康社会、全面建设社会主义现代化强国的重大历史任务，是新时代做好"三农"工作的总抓手。习近平总书记对实施乡村振兴战略做出重要指示，强调"各地区各部门要充分认识实施乡村振兴战略的重大意义，把实施乡村振兴战略摆在优先位置，坚持五级书记抓乡村振兴，让乡村振兴成为全党全社会的共同行动"。

习近平总书记指出，"要坚持乡村全面振兴，抓重点、补短板、强弱项，实现乡村产业振兴、人才振兴、文化振兴、生态振兴、组织振兴，推动农业全面升级、农村全面进步、农民全面发展"。要尊重广大农民意愿,激发广大农民积极性、主动性、创造性,激活乡村振兴内生动力,让广大农民在乡村振兴中有更多获得感、幸福感、安全感。要坚持以实干促振兴,遵循乡村发展规律,规划先行,分类推进,加大投入,扎实苦干,推动乡村振兴不断取得新成效。

中国特色社会主义新时代的村镇,不但应有繁荣的经济,也应该有繁荣的文化。它是村镇综合实力的标志。村镇建设已成为农村经济新的增长点。全国各地积极探索村镇建设方式的转变,搞好村镇住宅建设,以基础设施和道路建设为突破口,带动整个村镇建设的全面发展。这表明村镇建设是中国现代化建设,尤其是农村现代化建设的重要内容。

要建设好村镇,必须要有一个科学合理的规划,中国特色社会主义新时代的村镇建设是社会主义物质文明与精神文明高度结合的现代化建设。规划村镇必须考虑到新情况、新特点和新趋势。村镇规划,尤其是乡镇规划,要满足农业产业化的要求。农业产业化、工厂化发展是村镇繁荣的经济基础,也是村镇规划建设的新内容;村镇是与大自然最亲近的人居环境,人们随着经济水平的提高,对环境质量与建筑美学的要求也在不断提高;基础设施配套现代化,使人在村镇也能真正和城里人一样享受现代文明建设的成果,即水、电、路、邮、有线电视等。这只有通过立足当前,顾及长远,按照城乡人、财、物、信息、技术流向进行科学论证、合理规划,才能加快现代化建设。搞好村镇规划建设工作,对于推进全面建设小康社会具有重要意义。要加强村镇建设的规划指导和实施管理,集约使用土地,保证建设质量,为统筹城乡发展、解决"三农"问题做出新的贡献。

1.3 新型城镇化与新农村建设

1.3.1 新型城镇化

中国已进入全面建成小康社会的决定性阶段,正处于经济转型升级、加快推进社会主义现代化的重要时期,也处于城镇化深入发展的关键时期,必须深刻认识城镇化对经济社会发展的重大意义,牢牢把握城镇化蕴含的巨大机遇,准确研判城镇化发展的新趋势新特点,妥善应对城镇化面临的风险挑战。

改革开放以来,伴随着工业化进程加速,中国城镇化经历了一个起点低、速度快的发展过程。1978—2013年,城镇常住人口从1.7亿人增加到7.3亿人,城镇化率从17.9%提升到53.7%,年均提高1.02个百分点;城市数量从193个增加到658个,建制镇数量从2 173个增加到20 113个。

尤其是经过"十五""十一五",中国的社会经济发生了巨大的变化,国内生产总值(GDP),2000年为99 776.3亿元,2010年为421 202亿元;人均GDP从7 872.3元提高为30 950元;农村基础设施有了较大的改善;2014年年末,建制镇建成区用水普及率达到82.77%,燃气普及率达到47.8%;乡建成区用水普及率达到69.26%,燃气普及率达到20.3%;全国62.5%的行政村有集中供水。

2012年11月,党的十八大指出,"推动城乡发展一体化。解决好农业农村农民问题是全党工作重中之重,城乡发展一体化是解决'三农'问题的根本途径。要加大统筹城乡发展力度,增强农村发展活力,逐步缩小城乡差距,促进城乡共同繁荣";"坚持把国家基础设施建设和社会事业发展重点放在农村,深入推进新农村建设和扶贫开发,全面改善农村生产生活条件";"加快完善城乡发展一体化体制机制,着力在城乡规划、基础设施、公共服务等方面推进一体化,促进城乡要素平等交换和公共资源均衡配置,形成以工促农、以城带乡、工农互惠、城乡一体的新型工农、城乡关系"。

《国家新型城镇化规划(2014—2020年)》,根据中国共产党第十八次全国代表大会报告、《中共中央关于全面深化改革若干重大问题的决定》、中央城镇化工作会议精神、《中华人民共和国国民经济和社会发展第十二个五年规划纲要》和《全国主体功能区规划》编制,按照走中国特色新型城镇化道路、全面提高城镇化质量的新要求,明确未来城镇化的发展路径、主要目标和战略任务,统筹相关领域制度和政策创新,是指导全国城镇化健康发展的宏观性、战略性、基础性规划。

城镇化是指人口向城镇集中的过程。这个过程表现为两种形式:一是城镇数目的增多,二是各城市内人口规模的不断扩大。城镇化伴随农业活动的比重逐渐下降、非农业活动的比重逐步上升,以及人口从农村向城市逐渐转移这一结构性变动。城镇化也包括既有城市经济社会的进一步社会化、现代化和集约化。城镇化的每一步都凝聚了人的智慧和劳动。一方面,城市的形成、扩张和形态塑造,人的活动始终贯穿其中。另一方面,城市从它开始形成的那一刻起,就对人进行了重新塑造,深刻地改变人类社会的组织方式、生产方式和生活方式。

新型城镇化是以城乡统筹、城乡一体、产城互动、节约集约、生态宜居、和谐发展为基本特征的城镇化,是大中小城市、小城镇、新型农村社区协调发展、互促共进的城镇化。新型城镇化的核心在于不以牺牲农业和粮食、生态和环境为代价,着眼农民,涵盖农村,实现城乡基础设施一体化和公共服务均等化,促进经济社会发展,实现共同富裕。新型城镇化的本质是用科学发展观来统领城镇化建设,是指坚持以人为本,以新型工业化为动力,以统筹兼顾为原则,推动城市现代化、城市集群化、城市生态化、农村城镇化,全面提升城镇化质量和水平,走科学发展、集约高效、功能完善、环境友好、社会和谐、个性鲜明、城乡一体、大中小城市和小城镇协调发展的城镇化建设路子。新型城镇化的"新"就是要由过去片面注重追求城市规模扩大、空间扩张,改变为以提升城市的文化、公共服务等内涵为中心,真正使我们的城镇成为具有较高品质的适宜人居之所。城镇化的核心是农村人口转移到城镇,而不是建高楼、建广场。农村人口转移不出来,不仅农业的规模效益出不来,扩大内需也无法实现。

新型城镇化是指农村人口转化为城镇人口的过程中,应注重构建大中小城市、小城镇和乡村的科学布局,并紧密结合工业化、信息化、城镇化和农业现代化协调区域经济发展,同时贯彻生态文明理念实现新型城镇化的集约、智能、绿色和低碳。

新型城镇化道路的内涵和特征主要归纳为四个主要方面:

一是工业化、信息化、城镇化、农业现代化"四化"协调互动,通过产业发展和科技进步推动产城融合,实现城镇带动的统筹城乡发展和农村文明延续的城镇化。

二是人口、经济、资源和环境相协调,倡导集约、智能、绿色、低碳的发展方式,建设生态文明的美丽中国,实现中华民族永续发展的城镇化。

三是构建与区域经济发展和产业布局紧密衔接的城市格局,以城市群为主体形态,大、中、小城市与小城镇协调发展,提高城市承载能力,展现中国文化、文明自信的城镇化。

四是实现人的全面发展,建设包容性、和谐式城镇,体现农业转移人口有序市民化和公共服务协调发展,致力于和谐社会与幸福中国的城镇化。

《国家新型城镇化规划(2014—2020年)》指出,在城镇化快速发展过程中,也存在一些必须高度重视并着力解决的突出矛盾和问题(与农村有关的):

——大量农业转移人口难以融入城市社会,市民化进程滞后。被统计为城镇人口的2.34亿农民工及其随迁家属,未能在教育、就业、医疗、养老、保障性住房等方面享受城镇居民的基本公共服务。

——"土地城镇化"快于人口城镇化,建设用地粗放低效。1996—2012年,农村人口减少1.33亿人,农村居民点用地却增加了3 045万亩(1亩≈666.7 m^2)。

——自然历史文化遗产保护不力,城乡建设缺乏特色。一些农村地区大拆大建,照搬城市小区模式建设新农村,简单用城市元素与风格取代传统民居和田园风光,导致乡土特色和民俗文化流失。

1.3.2　新农村建设

1) 建设社会主义新农村

20世纪50年代初,周恩来总理在第一届全国人民代表大会上提出建设社会主义现代化工业、现代化农业、现代化国防和现代化科学技术的"四个现代化"目标。第一届全国人民代表大会第三次会议通过的《高级农业生产合作社示范章程》,就提出要"建设社会主义新农村"。1960年全国人民代表大会通过《1956年到1967年全国农业发展纲要(草案)》,当时被认为是"高速度发展我国社会主义农业和建设社会主义新农村的伟大纲领"。

改革开放以后,中国农业和农村发展进入新时期。20世纪80年代初,我们提出"建设小康社会","建设社会主义新农村"也是"建设小康社会"的一项重要内容。1998年10月,党的十五届三中全会通过的《中共中央关于农业和农村工作若干重大问题的决定》,从经济、政治、文化上明确提出"建设有中国特色社会主义新农村"的目标。

进入21世纪,中国特色社会主义建设进入了关键的发展时期,特别是中国人均GDP突破1 000美元,由低收入国家向中等收入国家迈进的重要时期,它既可以成为一个"黄金发展时期",同时也是一个"矛盾凸现时期"。由于中国城乡发展不协调,二元经济结构的矛盾进一步加深,使农村成了中国诸多深层次矛盾的焦点。农业、农村、农民构成的"三农"问题,成了中国特色社会主义事业继续前进的拦路虎,建设社会主义新农村,破解"三农"难题成为新时代发展的必然要求。党和国家"建设社会主义新农村"的决策就是在这一背景下做出的。

2005年10月,党的十六届五中全会明确提出,要按照"生产发展、生活宽裕、乡风文明、村容整洁、管理民主"的要求，坚持从各地实际出发，尊重农民意愿，扎实稳步推进新农村建设。这是中共中央关于做好新时期"三农"工作的新阐述、新要求，体现了以科学发展观统领经济社会发展全局的指导思想，为实现农村经济、政治、文化和社会全面发展指明了方向。同时这也是新时期村镇规划的指导思想。

新农村规划顾名思义是村庄在一定时期内的发展计划，是实现村庄的经济和社会发展目标，确定村庄的性质、规模和发展方向，协调村镇布局和各项建设而制订的综合部署和具体安排，是村庄建设与管理的依据。

与过去比较，此次党的十六届五中全会提出的建设社会主义新农村概念有以下三个特点：

一是建设社会主义新农村的目的不同。此次建设社会主义新农村的概念是在农村社会经济发展取得相当进步的前提下提出的。20世纪50年代，我们是在贫穷的基础上建设社会主义，刚刚走出战争的阴影，整个国家面临"一穷二白"的发展困境，农村社会经济更是背负着沉重的包袱。当时建设社会主义新农村，主要目的还是稳定农业生产，提高粮食产量，解决人民生活的温饱问题。而现在经过改革开放，农村社会经济已经取得了相当进步。在这样的前提下建设社会主义新农村，主要目的是提高农业综合生产能力、调整农村产业结构、完善农村基础设施建设、全面深化农村改革。

二是建设社会主义新农村的条件不同。此次建设社会主义新农村的概念是在工业化和城市化得到长足发展的基础上提出的。20个世纪50年代，中国工业基础薄弱，农村和城市的经济发展水平、生活水平差距不大。当时建设社会主义新农村，不仅要根据农村本身的条件就农村说农村，而且还要承担农业支持工业、农村支持城市的重担。随着工业经济的迅猛发展，城市化步伐加快，农村和城市在经济发展水平、生活水平上的差距越来越大。据统计资料显示，1978年，全国城乡居民收入的比例是2.5：1，到2008年，这个比例已经上升为3.33：1，在这样的基础上建设社会主义新农村，就是要通过工业反哺农业、城市支持农村，逐步缩小农村和城市的差距，实现工业与农业、城市与农村协调发展。

三是建设社会主义新农村的指导思想不同。此次建设社会主义新农村的概念是在科学发展观的指引下提出的。党的十六届五中全会明确了建设社会主义新农村的总体要求，即"生产发展、生活宽裕、乡风文明、村容整洁、管理民主"。它既不是仅仅提倡发展农业生产，也不是仅仅要求改善农村基础设施条件，而是要求从经济生产、社会事业和文化生活各方面全面推进农村建设，实现农村可持续发展。一句话，建设社会主义新农村，其实质是围绕农村产业结构调整，适当转移经济工作重点，重新调整公共财政支出和社会利益分配格局，逐步缩小城乡差距，以维护社会稳定，推动城乡社会、经济共同协调发展。

2）美丽乡村

党的十八大明确提出建设美丽中国的宏伟目标；2013年中央农村工作会议提出中国要强，农业必须强，中国要美，农村必须美，中国要富，农村必须富。

建设美丽中国的重点和难点都在乡村，美丽乡村是美丽中国的基础和前提。美丽乡村是经济、政治、文化、社会和生态文明协调发展，规划科学，生产发展，生活宽裕，乡风文明，村容整洁，管理民主，宜居、宜业的可持续发展乡村（包括建制村和自然村）。

美丽乡村建设已成为中国社会主义新农村建设的代名词,全国各地掀起美丽乡村建设的热潮。

(1)"城镇式"乡村、传统乡村、发达国家的乡村比较

"城镇式"乡村指的是 20 世纪八九十年代以来按照城镇居住区建设的乡村;传统乡村指的是古村落和近 10 年来保持传统建设的美丽乡村;发达国家的乡村指的是欧美国家的乡村。

我们从"城镇式"乡村、传统乡村与发达国家的乡村的比较中能得到什么启发呢?

① 发达国家的乡村

发达国家的乡村注重村庄与农田的生态环境的核心协调,体现了自然美。科技部、建设部"小城镇科技发展重大项目"课题组 2006 年对欧盟 100 个农村社区做了调查,以调查的 100 个农村社区为基数,对那里公共服务设施和社区性基础设施水平做了一个百分比描述:

100%的农村社区处于绿色的开放空间之中,由绿色边缘包围,通过绿色网络联系起来。

100%的农村社区实现集中供水,当然,集中居住区周边的农业户仍然使用自备井供水。

100%的农村社区建设了集中的雨水排放系统,住户自备了家庭化粪池和污水处理系统,使用卫生厕所,粪便由市政当局集中处理。

100%的农村社区生活垃圾由市政当局集中收集和处理;所到之处没有见到垃圾堆放在房前屋后、水源地沿岸、泄洪道里、村庄内外的池塘里、村庄居民点的边缘地带。

100%的农村社区内部道路实现了砂石化,并且设置了路灯和交通安全标志;农村社区与外界联系的主要行车道路以砂混、沥青或混凝土铺装,以砂混材料铺装为主,设置了交通安全设施,主要交通道路一般绕开了社区居住核心区。

100%的农村社区集中居住区内实现农业生产活动与生活分开,集中居住区周边的农业户仍然保留农业生产活动与居住一体的传统方式。

100%的农村社区核心居住区内没有家庭养殖户;家庭养殖户均在核心居住区外的农田或草场里。

100%的农村社区设置了标准消防栓。

100%的农村社区发展在地方土地使用规划的控制之下,而那里的住宅建设均受分区规划的制约。

② 传统乡村(包括古村落和近 10 年来保持传统建设的美丽乡村)

a. 古村落传承中华民族的历史记忆,维系中华文明的根,寄托着中华儿女的乡愁。但据湖南大学中国村落文化研究中心的调查,2004 年在长江、黄河流域颇具历史、民族、地域文化和建筑艺术价值的传统村落有 9 707 个,到 2010 年锐减至 5 709 个,平均每年递减 7.3%,每天消亡 1.6 个;另据住房和城乡建设部统计数据,在过去几十年的工业化、城镇化过程中,传统村落大量消失,现存数量仅占全国行政村总数的 1.9%。因此,如何在快速城镇化进程中守住乡愁、保护和传承非物质文化遗产是美丽乡村建设亟待解决的难题。

b. 近 10 年来保持传统建设的美丽乡村,代表了中国未来乡村的发展形态,是将乡村作为一个集农业生态系统、自然生态系统和经济社会形态相结合的复合形态来考虑,在生态文明、可持续发展理论下实现其生产、生活、生态的高度统一。也就是说生态良好、环境优美、布局合理、设施完善、产业发展、农民富裕、特色鲜明、社会和谐。

③ "城镇式"乡村

"城镇式"乡村没有反映乡村是居民以农业作为经济活动为基本内容,具有特定的经济、社会和自然景观特点的地区综合体的农业、农村和农民的人文活动特征。这种照搬城镇居住小区并且还有过之的乡村,在空间、布局等方面无法适应上述乡村的特征。这种乡村是农民所不能接受的。

(2) 美丽乡村建设之路

① 习近平同志关于美丽乡村建设的主要论述

2003 年,习近平同志履新浙江不久,就提出用城市社区建设的理念指导农村新社区建设,抓好一批全面建设小康示范村镇;使农村与城市的生活质量差距逐步缩小,使所有人都能共享现代文明。

党的十八大以来,以习近平同志为核心的党中央高度重视美丽乡村建设,习近平总书记本人也曾就此多次做出重要指示,要求建设好生态宜居的美丽乡村,让广大农民在乡村振兴中有更多获得感、幸福感。

2013 年 7 月,习近平总书记在湖北省鄂州市长港镇峒山村视察时指出,实现城乡一体化,建设美丽乡村,是要给乡亲们造福,不要把钱花在不必要的事情上,比如说"涂脂抹粉",房子外面刷一层白灰,一白遮百丑。不能大拆大建,特别是古村落要保护好。

2013 年 11 月,习近平总书记在十八届三中全会上作关于《中共中央关于全面深化改革若干重大问题的决定》的说明时明确指出,"我们要认识到,山水林田湖是一个生命共同体,人的命脉在田,田的命脉在水,水的命脉在山,山的命脉在土,土的命脉在树"。

2015 年 1 月 20 日,习近平总书记在云南省大理市湾桥镇古生村考察工作时强调,新农村建设一定要走符合农村实际的路子,遵循乡村自身发展的规律,注意乡土味道,保留乡村风貌,留得住青山绿水,记得住乡愁。

2015 年 5 月 25 日,习近平总书记在浙江省舟山农家小院考察调研时指出,"这里是一个天然大氧吧,是'美丽经济',印证了绿水青山就是金山银山的道理"。

习近平总书记关于美丽乡村的论述是他的乡村本位思想的充分体现。立足历史看乡村,明确提出乡村是中国文明之根的地位不能动摇;立足农民本位,明确提出乡村是中国发展底线不能突破。习近平总书记关于美丽乡村的论述是中国美丽乡村建设的指导思想。

习近平总书记在《之江新语》中指出,"建设社会主义新农村,人是最活跃的因素,最关键的内容,最基本的前提。新农村建设是一项全面的建设任务,不但要抓硬件,还要抓软件;不但要有新农村,还要有新农民;不但要推进经济建设,还要推进政治、文化和社会建设。其核心就是人,归宿也都是人"。

② 美丽乡村的内涵与发展

a. 美丽乡村的内涵

美丽乡村代表了中国新型城镇化时期乡村的发展形态,是将乡村作为一个集农业生态系统、自然生态系统和经济社会系统相结合的复合系统来考虑,在生态文明、可持续发展理论下实现生产、生活、生态的高度统一。

美丽乡村的"美丽"不仅在自然层面,也体现在社会层面:一是指生态良好、环境优美、布局合理、设施完善;二是指产业发展、农民富裕、特色鲜明、社会和谐。美丽乡村建设就是在保证农村生态环境良性循环的前提下,推动农业产业结构、农民生产生活方式与农业资源环境协调发展,人与自然、人与人之间和谐共生,推进中国农业农村生态文明建设。

美丽乡村是指田园美、村庄美、生活美的乡村。美丽乡村的核心是宜居、宜业,特征是美丽、特色和绿色。

建设美丽乡村是建设美丽中国的重要行动和途径,是村镇建设工作的主要目标和内容,是推进新型城镇化和社会主义新农村建设、生态文明建设的必然要求。

b. 美丽乡村建设的发展

早在 2008 年,浙江省安吉县结合省委"千村示范、万村整治"的"千万工程",在全县实施以"双十村示范、双百村整治"为内容的"两双工程"的基础上,出台了《建设"中国美丽乡村"行动纲要》,提出"中国美丽乡村"计划:10 年内把安吉打造成中国山美水美环境美、吃美住美生活美、穿美话美心灵美的中国最美丽乡村,把安吉建设成为"村村优美、家家创业、处处和谐、人人幸福"的现代化新农村样板。安吉构建了全国新农村建设的"安吉模式",被一些学者誉为"社会主义新农村建设实践和创新的典范"。

2010 年 6 月,浙江省全面推广安吉经验,把美丽乡村建设升级为省级战略决策。浙江省农业和农村工作办公室为此专门制订了《浙江省美丽乡村建设行动计划(2011—2015年)》,力争到 2015 年全省 70% 的县(市、区)达到美丽乡村建设要求,60% 以上的乡镇整体实施美丽乡村建设。近年来,浙江美丽乡村建设成绩斐然,成为全国美丽乡村建设的排头兵。安徽、广东、江苏、贵州等省也积极探索本地特色的美丽乡村建设模式。

2013 年 7 月,财政部采取一事一议奖补方式在全国启动美丽乡村建设试点,进一步推进了美丽乡村建设进程。7 个重点推进省份积极启动试点前期准备工作,统筹美丽乡村建设与一事一议财政奖补工作,认真谋划试点方案,各级财政预计投入 30 亿元,确定在130 个县(市、区)、295 个乡镇开展美丽乡村建设试点,占 7 省县、乡数的比重分别为25.7%、3.7%,1 146 个美丽乡村正在有序建设之中。

为加快推进美丽乡村建设,按照《农业部办公厅关于开展"美丽乡村"创建活动的意见》(农办科〔2013〕10 号)和《农业部办公厅关于组织开展"美丽乡村"创建试点申报工作的通知》(农办科〔2013〕30 号)的要求,农业部按照规定程序对各省相关主管部门推荐的名单进行了研究,最终确定北京市韩村河村等 1 100 个乡村为全国"美丽乡村"创建试点乡村。

③ 美丽乡村建设模式

2014 年 2 月 24 日,农业部发布了美丽乡村创建的"十大模式"。每种美丽乡村建设模式,分别代表了某一类型乡村在各自的自然资源禀赋、社会经济发展水平、产业发展特点以及民俗文化传承等条件下建设美丽乡村的成功路径和有益启示。

a. 产业发展型模式

产业发展型模式主要在东部沿海等经济相对发达地区,其特点是产业优势和特色明显,农民专业合作社、龙头企业发展基础好,产业化水平高,初步形成"一村一品""一乡一业",实现了农业生产聚集、农业规模经营,农业产业链条不断延伸,产业带动效果明显。典型:江苏省张家港市南丰镇永联村。

b. 生态保护型模式

生态保护型模式主要是在生态优美、环境污染少的地区,其特点是自然条件优越,水资源和森林资源丰富,具有传统的田园风光和乡村特色,生态环境优势明显,把生态环境优势变为经济优势的潜力大,适宜发展生态旅游。典型:浙江省安吉县山川乡高家堂村。

c. 城郊集约型模式

城郊集约型模式主要是在大中城市郊区,其特点是经济条件较好,公共设施和基础设施较为完善,交通便捷,农业集约化、规模化经营水平高,土地产出率高,农民收入水平相对较高,是大中城市重要的"菜篮子"基地。典型:上海市松江区泖港镇黄桥村。

d. 社会综治型模式

社会综治型模式主要在人数较多、规模较大、居住较集中的村镇,其特点是区位条件好,经济基础强,带动作用大,基础设施相对完善。典型:吉林省松原市扶余市弓棚子镇广发村。

e. 文化传承型模式

文化传承型模式主要在具有特殊人文景观,包括古村落、古建筑、古民居以及传统文化的地区,其特点是乡村文化资源丰富,具有优秀民俗文化以及非物质文化,文化展示和传承的潜力大。典型:河南省洛阳市孟津县平乐镇平乐村。

f. 渔业开发型模式

渔业开发型模式主要在沿海和水网地区的传统渔区,其特点是产业以渔业为主,通过发展渔业促进就业、增加渔民收入、繁荣农村经济,渔业在农业产业中占主导地位。典型:广东省广州市南沙区横沥镇冯马三村。

g. 草原牧场型模式

草原牧场型模式主要在中国牧区半牧区县(旗、市),占全国国土面积的 40％以上。其特点是草原畜牧业是牧区经济发展的基础产业,是牧民收入的主要来源。典型:内蒙古锡林郭勒盟西乌珠穆沁旗浩勒图高勒镇脑干哈达嘎查。

h. 环境整治型模式

环境整治型模式主要在农村脏乱差问题突出的地区,其特点是农村基础设施建设滞后,环境污染问题,当地农民群众对环境整治的呼声高、反应强烈。典型:广西壮族自治区恭城瑶族自治县莲花镇红岩村。

i. 休闲旅游型模式

休闲旅游型模式主要是在适宜发展乡村旅游的地区,其特点是旅游资源丰富,住宿、餐饮、休闲娱乐设施完善齐备,交通便捷,距离城市较近,适合休闲度假,发展乡村旅游潜力大。典型:江西省婺源县江湾镇江湾村。

j. 高效农业型模式

高效农业型模式主要在中国的农业主产区,其特点是以发展农业作物生产为主,农田水利等农业基础设施相对完善,农产品商品化率和农业机械化水平高,人均耕地资源丰富,农作物秸秆产量大。典型:福建省漳州市平和县文峰镇三坪村。

3)特色小镇

(1)特色小镇的由来与发展

在新型城镇化战略下,小城镇的发展尤其受到关注。中国现有的小城镇大多数是经过历史的沉淀自然形成,具有一定的合理性。然而随着经济社会的发展,这些小城镇逐渐暴露出很多问题,在产业升级、科技发展、人才引入、生态环境等方面都面临挑战。在这样的背景下,为了适应和引领经济新常态,深入贯彻新型城镇化的建设目标,"特色小镇"应运而生。

无论是美国还是欧洲发达国家,都非常注重通过产业引领来实现小镇的发展。而这种产业的分布也非常广泛,包括高新技术产业、金融业、农业、旅游业、工业等等。这些国际经验对于中国特色小镇建设最大的启示是,如何利用中国不同地域的不同产业特色来发展特色小镇。

2014年10月17日云计算产业生态小镇——云栖镇举行首场阿里云开发者大会,在参观"梦想大道"后,时任浙江省省长的李强同志鼓励说:"让杭州多一个美丽的特色小镇,天上多飘几朵创新彩云。""特色小镇"被首次提及。

2015年1月,浙江省十二届人大三次会议通过的"政府工作报告"中"特色小镇"作为关键词被提出。该报告指出,"要加快规划建设一批特色小镇,在全省建设一批聚焦七大产业、兼顾丝绸黄酒等历史经典产业,有独特文化内涵和旅游功能的特色小镇"。

特色小镇之所以出自浙江省并不是偶然的。浙江省有不少小镇由某个产业或某个产品决定着全镇命运,如横店集团之于横店镇,意尔康集团之于温溪镇,圆珠笔之于分水镇,云计算之于杭州转塘的云栖小镇。

2015年4月22日浙江省人民政府公布的《关于加快特色小镇规划建设的指导意见》(以下简称《指导意见》)明确了特色小镇的定位和要求;同年6月24日全省特色小镇规划建设工作现场推进会的召开标志着特色小镇正式步入实施阶段。全省重点培育和规划建设100个左右特色小镇,力争通过3年的培育创建,规划建设一批具有经济社会功能和文化素养的特色小镇。

2015年6月4日,第一批浙江省省级特色小镇创建名单正式公布,全省10个设区市的37个小镇被列入首批创建名单。

2016年1月29日,浙江省省级特色小镇第二批创建名单正式出炉,42个小镇入围第二批名单。

在不到一年的时间里。浙江特色小镇从提出设想到落实推进,引发了社会、媒体、专家、学者等的广泛关注。全国其他省市也紧跟推进特色小镇的规划建设。

"小城故事多",小城镇特色培育和环境改善行动在未来五年将成为重点。江苏省计划通过"十三五"的努力,补上小城镇环境面貌短板,加大重点镇和特色镇的培育力度,到2020年全省形成100个左右富有活力的重点中心镇和100个左右地域特色鲜明的特色镇。

2016年10月13日,住房和城乡建设部公布第一批中国特色小镇名单,进入这份名单的小镇共有127个。

2017年12月4日,国家发展和改革委员会、国土资源部、环境保护部与住房和城乡建设部四部委联合发布了《关于规范推进特色小镇和特色小城镇建设的若干意见》(以下简称《意见》)。《意见》首先肯定了推进特色小镇和特色小城镇建设过程中取得的进展和经验,但同时也指出,在推进过程中,出现了概念不清、定位不准、急于求成、盲目发展以及市场化不足等问题,有些地区甚至存在政府债务风险加剧和房地产化的苗头。

《意见》明确了推进特色小镇和特色小城镇建设的五大基本原则,即坚持创新探索、坚持因地制宜、坚持产业建镇、坚持以人为本和坚持市场主导。

在坚持因地制宜方面,《意见》要求,"从各地区实际出发,遵循客观规律,实事求是、量力而行、控制数量、提高质量,体现区域差异性,提倡形态多样性,不搞区域平衡、产业平衡、数量要求和政绩考核,防止盲目发展、一哄而上"。

在坚持产业建镇方面和坚持以人为本方面,《意见》要求,防止千镇一面和房地产化,防止政绩工程和形象工程。

在坚持市场主导方面,《意见》指出,要按照政府引导、企业主体、市场化运作的要求,并防止政府大包大揽和加剧债务风险。

(2) 特色小镇的内涵与特征

① 特色小镇的内涵

"特色小镇"到底是什么? 特色小镇是以某一特色产业为基础,汇聚相关组织、机构与人员,形成的具有特色与文化氛围的现代化群落。确切地说,特色小镇不是传统意义上的"镇",它虽然独立于市区,但不是一个行政区划单元;特色小镇也不是地域开发过程中的"区",有别于工业园区、旅游园区等概念。

特色小镇更不是简单的"加",单纯的产业或者功能叠加并不是特色小镇的本质。特色小镇是以信息经济、环保、健康、旅游、时尚、金融、高端装备制造等产业为基础来打造具有特色的产业生态系统,以此带动当地的经济社会发展,并对周边地区产生一定的辐射作用,是区域经济发展的新动力和创新载体。

② 特色小镇的特征

特色小镇具备以下四个特征:

a. 产业上"特而强"。特色小镇根植于特色产业之中,产业定位不能"大而全",力求"特而强"。每个小镇围绕特色产业打造一个完整的产业生态圈,培育具有行业竞争力的"单打冠军"。

b. 功能上"聚而合"。特色小镇不是产业、文化、旅游和社区功能的简单相加,而是在产业基础上孕育出鲜明的特色文化,进而衍生出旅游功能,并辅以必要的社区配套,是一个产业、文化、旅游、社区的有机复合体。

c. 形态上"小而美"。特色小镇求精不求大,其规划面积一般不超过 $3\ km^2$,建成面积在 $1\ km^2$ 左右。

d. 机制上"新而活"。特色小镇以灵活的体制机制来打造综合改革试验区,坚持政府引导、企业主体、市场化运作。其既要凸显企业主体地位,以企业为主推进项目建设,充分发挥市场在资源配置中的决定性作用;又要加强政府引导和服务保障,在规划编制、基础设施配套、资源要素保障、文化内涵挖掘传承、生态环境保护等方面更好地发挥作用。

总的来说,特色小镇是发展平台,是区域经济发展的新动力和创新载体。

（3）特色小镇与新型城镇化战略的关系

① 目标一致性:新型城镇化的目标在于"人的城镇化",通过破除城乡二元发展体制,促进城乡一体化的发展,最终实现整个社会的均衡发展。而特色小镇的建设将促进农民就近城镇化和对区域经济的转型升级、城乡均衡发展产生重大的意义。从目标上来讲,两者具有一致性。

② 功能趋同性:从功能上来看,特色小镇建设作为新型城镇化的重要组成部分,对新型城镇化战略的施行在国家经济转型过程中扮演重要角色。

通过产业的集聚优势,促进内需的扩大以及经济结构的调整,两者都能有效破除发展过程中的制度性障碍。

（4）特色小镇建设的原则

特色小镇应按照"规划为先、特色为本、文化为魂、产业为根、企业主体、民生为重、生态为基"的原则来建设。

① 规划为先。即在打造特色小镇时,应注意规划的引领,通过制订科学的发展规划,将特色小镇的整体功能、主导产业、文化旅游、生态环境、特色街区、特色园区等进行定位和空间布局,强化对特色小镇建设的整体策划和特色创意,实现错位发展、特色发展,避免雷同化。

② 特色为本。即特色小镇的特质在于"特色",魅力在于"特色",同样生命力也在于"特色"。

一是要保持鲜明的地域特色。小镇所处的地域不同,其特色各不相同。

二是要保持鲜明的生态特色。茂密的生态林、发达的生态农业基地、绿色产业体系、生态型现代化城市交通体系、低碳的生活方式,决定了特色小镇的打造必须符合现代化生态文明的要求,保持其鲜明的生态特色。如在环境设计、建筑设计、资源的利用和保护等方面都要注入"生态"理念。

三是要保持鲜明的产业特色。特色小镇支柱产业的打造应结合其所在城市群或都市圈的特点,并把其自身的产业优势融合进去,形成自身富有竞争力的特色产业。

四是要保持风格的独特性。不同区位、不同模式、不同功能的小镇,无论是硬件设施还是软件建设,都需与其产业特色相匹配,一镇一风格,不重复、不雷同,确保特色的唯一性、独特性。

五是要保持鲜明的历史人文特色。丰富多彩的文化遗产、历史名人是古镇特有的人文特色,体现出各个古镇独特的光阴质感和文化气息,具有重大的旅游价值。各地在打造特色小镇时,应注重发掘小镇历史人文特色,保护和开发好历史名人资源,使其保持独一无二的鲜明历史人文特色。

③ 文化为魂。即应保持乡村文化的原生性。乡村文化是"小镇文化"的内核和魅力所在,各种民俗文化争奇斗艳,各地可供挖掘的乡土文化十分丰富。各地只要善于开发、善于利用,发挥乡土文化的正能量作用,一定能够让小镇散发出迷人的魅力。

④ 产业为根。即应遵循产城融合发展的原则。从古到今,镇之所以成为镇,要义就

在于"商贾所集",即镇之别于乡,在于其有繁荣的市场和专业化的经济发展。因此,特色小镇的建设必须走产城融合的道路,着力发展当地具有优势的产业,为特色小镇可持续发展提供源源不断的动力,实现产业扩张发展和城镇化建设的双赢。特色小镇在选择主导产业时,应结合当地所在的都市圈产业优势,人才、资源等生产要素优势,小镇自身传统经典产业,以及"互联网+""智慧制造"转型升级等因素,来培育和打造具有竞争力的主导产业。

⑤ 企业主体。即应突出企业主体地位,发挥企业在特色小镇建设中的主力军作用,由企业担负起特色小镇建设原则、特色小镇对策研究和特色小镇投资建设的主体角色,以企业为主,推进项目建设和经济发展。

⑥ 民生为重。即应以"人的城市化"为核心,遵循"城乡一体化"发展为主线的发展思路;应以就地改变人的生活方式,实现就地城市化,以生态宜居为目标,把改善民生作为特色小镇建设的落脚点和归宿点。特色小镇的道路交通等基础设施、商业设施、文化娱乐设施等,都要服从人性化的设计原则。

⑦ 生态为基。即打造特色小镇要坚持走绿色低碳、环境友好的生态发展道路,贯彻"青山绿水就是金山银山"的理念。在特色小镇建设过程中,各地要始终坚持生态发展的目标,抓好生态保护,做好山水文章;按照生态发展的要求编制空间发展、产业发展规划,不断优化生态环境;引进科技型、环保型、高效益的项目,加快发展绿色产业;发展特色农业、观光农业,把生态优势转化为经济优势;推进美丽乡村建设,打造"宜居、宜商、宜业、宜养、宜游"的特色生态小镇。

(5) 特色小镇与美丽乡村创建的关系

特色小镇多处于城乡接合部,或是城末乡头的乡镇边缘,其规划建设可与周边乡村有机融合起来,与旧村改造、美丽乡村创建紧密结合起来。通过特色小镇产业外延、功能外延,以产业发展及基础设施建设带动区域经济社会发展,将特色小镇作为壮大村级集体经济、增加农民收入的新平台,作为优化农村生态环境、挖掘乡村特色文化的新载体。同时,以乡村的现代化和新农村建设丰富小镇建设的内容,完善生态功能支持、生活功能支持,打造城乡无缝对接的新模式,促进城乡统筹发展。

(6) 特色小镇建设中自然、社会文化生态系统

① 注重特色小镇的建筑、设施、植被、自然环境等因素的融合协调发展,着力打造更有魅力的特色小镇生态圈。充分考虑生态环境容量,最大限度地降低对局地景观和水文背景、区域生态系统造成的影响,建设绿色生产、绿色生活、绿色生态、绿色能源等融合发展的美丽小镇。

② 以人文、和谐、现代、有序的标准打造更加和谐的社会文化生态系统。注重传承历史文化、挖掘民俗文化的同时,不断开发以产业为基础的创业创新文化、商务文化、时尚文化等,使小镇成为兼具传统与现代文化的有机融合体。

1.3.3 乡村振兴

1) 乡村振兴战略

乡村振兴战略是 2017 年 10 月 18 日习近平同志在党的十九大报告中提出的战略。

农业农村农民问题是关系国计民生的根本性问题,必须始终把解决好"三农"问题作为全党工作的重中之重,实施乡村振兴战略。

2017年12月29日,中央农村工作会议首次提出走中国特色社会主义乡村振兴道路,让农业成为有奔头的产业,让农民成为有吸引力的职业,让农村成为安居乐业的美丽家园。

《中共中央　国务院关于实施乡村振兴战略的意见》是为了实施乡村振兴战略而制定的法规。2018年1月2日,《中共中央　国务院关于实施乡村振兴战略的意见》由中共中央、国务院发布,自2018年1月2日起实施。

(1)新时代实施乡村振兴战略的重大意义[①]

党的十八大以来,在以习近平同志为核心的党中央坚强领导下,我们坚持把解决好"三农"问题作为全党工作重中之重,持续加大强农惠农富农政策力度,扎实推进农业现代化和新农村建设,全面深化农村改革,农业农村发展取得了历史性成就,为党和国家事业全面开创新局面提供了重要支撑。5年来,粮食生产能力跨上新台阶,农业供给侧结构性改革迈出新步伐,农民收入持续增长,农村民生全面改善,脱贫攻坚战取得决定性进展,农村生态文明建设显著加强,农民获得感显著提升,农村社会稳定和谐。农业农村发展取得的重大成就和"三农"工作积累的丰富经验,为实施乡村振兴战略奠定了良好基础。

农业农村农民问题是关系国计民生的根本性问题。没有农业农村的现代化,就没有国家的现代化。当前,我国发展不平衡不充分问题在乡村最为突出,主要表现在:农产品阶段性供过于求和供给不足并存,农业供给质量亟待提高;农民适应生产力发展和市场竞争的能力不足,新型职业农民队伍建设亟须加强;农村基础设施和民生领域欠账较多,农村环境和生态问题比较突出,乡村发展整体水平亟待提升;国家支农体系相对薄弱,农村金融改革任务繁重,城乡之间要素合理流动机制亟待健全;农村基层党建存在薄弱环节,乡村治理体系和治理能力亟待强化。实施乡村振兴战略,是解决人民日益增长的美好生活需要和不平衡不充分的发展之间矛盾的必然要求,是实现"两个一百年"奋斗目标的必然要求,是实现全体人民共同富裕的必然要求。

在中国特色社会主义新时代,乡村是一个可以大有作为的广阔天地,迎来了难得的发展机遇。我们有党的领导的政治优势,有社会主义的制度优势,有亿万农民的创造精神,有强大的经济实力支撑,有历史悠久的农耕文明,有旺盛的市场需求,完全有条件有能力实施乡村振兴战略。必须立足国情农情,顺势而为,切实增强责任感使命感紧迫感,举全党全国全社会之力,以更大的决心、更明确的目标、更有力的举措,推动农业全面升级、农村全面进步、农民全面发展,谱写新时代乡村全面振兴新篇章。

(2)实施乡村振兴战略的总体要求[②]

① 指导思想。全面贯彻党的十九大精神,以习近平新时代中国特色社会主义思想为指导,加强党对"三农"工作的领导,坚持稳中求进工作总基调,牢固树立新发展理念,落实高质量发展的要求,紧紧围绕统筹推进"五位一体"总体布局和协调推进"四个全面"战略

---

① "(1)新时代实施乡村振兴战略的重大意义"引自《中共中央　国务院关于实施乡村振兴战略的意见》。
② "(2)实施乡村战略的总体要求"中"①指导思想"引自《中共中央　国务院关于实施乡村振兴战略的意见》。

布局,坚持把解决好"三农"问题作为全党工作重中之重,坚持农业农村优先发展,按照产业兴旺、生态宜居、乡风文明、治理有效、生活富裕的总要求,建立健全城乡融合发展体制机制和政策体系,统筹推进农村经济建设、政治建设、文化建设、社会建设、生态文明建设和党的建设,加快推进乡村治理体系和治理能力现代化,加快推进农业农村现代化,走中国特色社会主义乡村振兴道路,让农业成为有奔头的产业,让农民成为有吸引力的职业,让农村成为安居乐业的美丽家园。

②目标任务。《中共中央 国务院关于实施乡村振兴战略的意见》确定了实施乡村振兴战略的目标任务:到2020年,乡村振兴取得重要进展,制度框架和政策体系基本形成;到2035年,乡村振兴取得决定性进展,农业农村现代化基本实现;到2050年,乡村全面振兴,农业强、农村美、农民富全面实现。

习近平新时代中国特色社会主义思想中包含了"乡村振兴"的诸多思想。简单梳理大致有以下主要思想:一是"两山理论"的提出。2005年8月15日,时任中共浙江省委书记的习近平同志在安吉县余村调研时提出:"我们过去讲既要绿水青山,又要金山银山。其实,绿水青山就是金山银山。"这便是如何正确处理生态保护与经济发展相互关系的著名的"两山理论"。二是"记住乡愁"的呼唤。2013年12月12—13日,中央城镇化工作会议在北京召开,习近平总书记到会并作重要讲话,他指出,"要依托现有山水脉络等独特风光,让城市融入大自然,让居民望得见山、看得见水、记得住乡愁"。他还指出,"要注意保留村庄原始风貌,慎砍树、不填湖、少拆房,尽可能在原有村庄形态上改善居民生活条件;要传承文化,发展有历史记忆、地域特色、民族特点的美丽城镇"。三是明确"新农村建设原则"。2015年1月,习近平总书记在云南考察时提出:"新农村建设一定要走符合农村实际的路子,遵循乡村自身发展规律,充分体现农村特点,注意乡土味,保留乡村风貌,留得住青山绿水,记得住乡愁。"四是寻找脱贫攻坚的新路子——大力发展乡村旅游。2017年10月19日,习近平总书记参加党的十九大贵州省代表团审议报告讨论时说:"脱贫攻坚,发展乡村旅游是一个重要渠道。要抓住乡村旅游兴起的时机,把资源变资本,实践好绿水青山就是金山银山的理念。同时,要对乡村旅游做分析和预测。如果趋于饱和,要提前采取措施,推动乡村旅游可持续发展。"

2)《乡村振兴战略规划(2018—2022年)》

实施乡村振兴战略,是中共中央从党和国家事业全局出发、着眼于实现"两个一百年"奋斗目标、顺应亿万农民对美好生活向往做出的重大决策。党的十九大以来,习近平总书记多次做出重要讲话和指示批示,深刻阐述了实施乡村振兴战略的内涵要求、方向道路、工作布局、基本任务和原则要求。《乡村振兴战略规划(2018—2022年)》(以下简称《规划》)是中央农村工作领导小组办公室提出的乡村振兴规划。2018年5月31日,中共中央政治局召开会议,审议《规划》;9月21日,中央政治局专门以实施乡村振兴战略为主题进行集体学习,习近平总书记发表重要讲话,为新时代做好"三农"工作、推进乡村振兴提供了根本遵循和行动指南;9月26日,《规划》对外发布,中共中央、国务院采取的一系列重大举措,对指导全国各族人民更好地推进乡村振兴战略实施具有重要的现实意义和历史意义。

实施乡村振兴战略是一项长期的历史性任务,将伴随着现代化建设的全过程,要管到

2050年。因此,必须注意做好顶层设计,注重规划先行、突出重点、分类实施、典型引路。在实际工作中,既要有只争朝夕的精神,又要有科学求实的作风;既要尽力而为,又要量力而行,扎实推进、从容建设、久久为功。要防止层层加码、"刮风"搞运动、搞"一刀切"。比如,现在在贫困地区,乡村振兴就是要集中精力、尽锐出战、稳扎稳打、集中力量打好精准脱贫攻坚战,为乡村振兴打好坚实的基础。

对于《规划》与2018年中央一号文件的关系:2018年中央一号文件主要是为实施乡村振兴战略定方向、定思路、定任务、定政策,明确长远方向,搭建起乡村振兴的"四梁八柱"。《规划》则是以文件为依据,明确到2020年全面建成小康社会时和2022年召开党的二十大时的目标任务,细化、实化乡村振兴的工作重点和政策举措,具体部署重大工程、重大计划、重大行动,确保文件得到贯彻落实,政策得以执行落地。简单说,文件是指导规划的,规划是落实文件的。实施乡村振兴战略是党和国家的大战略,必须要规划先行,强化乡村振兴战略的规划引领。

(1)重大意义[①]

乡村是具有自然、社会、经济特征的地域综合体,兼具生产、生活、生态、文化等多重功能,与城镇互促互进、共生共存,共同构成人类活动的主要空间。乡村兴则国家兴,乡村衰则国家衰。我国人民日益增长的美好生活需要和不平衡不充分的发展之间的矛盾在乡村最为突出,我国仍处于并将长期处于社会主义初级阶段的特征很大程度上表现在乡村。全面建成小康社会和全面建设社会主义现代化强国,最艰巨最繁重的任务在农村,最广泛最深厚的基础在农村,最大的潜力和后劲也在农村。实施乡村振兴战略,是解决新时代我国社会主要矛盾、实现"两个一百年"奋斗目标和中华民族伟大复兴中国梦的必然要求,具有重大现实意义和深远历史意义。

实施乡村振兴战略是建设现代化经济体系的重要基础。农业是国民经济的基础,农村经济是现代化经济体系的重要组成部分。乡村振兴,产业兴旺是重点。实施乡村振兴战略,深化农业供给侧结构性改革,构建现代农业产业体系、生产体系、经营体系,实现农村一二三产业深度融合发展,有利于推动农业从增产导向转向提质导向,增强我国农业创新力和竞争力,为建设现代化经济体系奠定坚实基础。

实施乡村振兴战略是建设美丽中国的关键举措。农业是生态产品的重要供给者,乡村是生态涵养的主体区,生态是乡村最大的发展优势。乡村振兴,生态宜居是关键。实施乡村振兴战略,统筹山水林田湖草系统治理,加快推行乡村绿色发展方式,加强农村人居环境整治,有利于构建人与自然和谐共生的乡村发展新格局,实现百姓富、生态美的统一。

实施乡村振兴战略是传承中华优秀传统文化的有效途径。中华文明根植于农耕文化,乡村是中华文明的基本载体。乡村振兴,乡风文明是保障。实施乡村振兴战略,深入挖掘农耕文化蕴含的优秀思想观念、人文精神、道德规范,结合时代要求在保护传承的基础上创造性转化、创新性发展,有利于在新时代焕发出乡风文明的新气象,进一步丰富和传承中华优秀传统文化。

---

① 由"(1)重大意义"至第1.3节末尾均引自《乡村振兴战略规划(2018—2022年)》。

实施乡村振兴战略是健全现代社会治理格局的固本之策。社会治理的基础在基层，薄弱环节在乡村。乡村振兴，治理有效是基础。实施乡村振兴战略，加强农村基层基础工作，健全乡村治理体系，确保广大农民安居乐业、农村社会安定有序，有利于打造共建共治共享的现代社会治理格局，推进国家治理体系和治理能力现代化。

实施乡村振兴战略是实现全体人民共同富裕的必然选择。农业强不强、农村美不美、农民富不富，关乎亿万农民的获得感、幸福感、安全感，关乎全面建成小康社会全局。乡村振兴，生活富裕是根本。实施乡村振兴战略，不断拓宽农民增收渠道，全面改善农村生产生活条件，促进社会公平正义，有利于增进农民福祉，让亿万农民走上共同富裕的道路，汇聚起建设社会主义现代化强国的磅礴力量。

（2）发展目标

到2020年，乡村振兴的制度框架和政策体系基本形成，各地区各部门乡村振兴的思路举措得以确立，全面建成小康社会的目标如期实现。到2022年，乡村振兴的制度框架和政策体系初步健全。国家粮食安全保障水平进一步提高，现代农业体系初步构建，农业绿色发展全面推进；农村一二三产业融合发展格局初步形成，乡村产业加快发展，农民收入水平进一步提高，脱贫攻坚成果得到进一步巩固；农村基础设施条件持续改善，城乡统一的社会保障制度体系基本建立；农村人居环境显著改善，生态宜居的美丽乡村建设扎实推进；城乡融合发展体制机制初步建立，农村基本公共服务水平进一步提升；乡村优秀传统文化得以传承和发展，农民精神文化生活需求基本得到满足；以党组织为核心的农村基层组织建设明显加强，乡村治理能力进一步提升，现代乡村治理体系初步构建。探索形成一批各具特色的乡村振兴模式和经验，乡村振兴取得阶段性成果。

到2035年，乡村振兴取得决定性进展，农业农村现代化基本实现。农业结构得到根本性改善，农民就业质量显著提高，相对贫困进一步缓解，共同富裕迈出坚实步伐；城乡基本公共服务均等化基本实现，城乡融合发展体制机制更加完善；乡风文明达到新高度，乡村治理体系更加完善；农村生态环境根本好转，生态宜居的美丽乡村基本实现。

到2050年，乡村全面振兴，农业强、农村美、农民富全面实现。

（3）构建乡村振兴新格局

坚持乡村振兴和新型城镇化双轮驱动，统筹城乡国土空间开发格局，优化乡村生产生活生态空间，分类推进乡村振兴，打造各具特色的现代版"富春山居图"。

① 强化空间用途管制

强化国土空间规划对各专项规划的指导约束作用，统筹自然资源开发利用、保护和修复，按照不同主体功能定位和陆海统筹原则，开展资源环境承载能力和国土空间开发适宜性评价，科学划定生态、农业、城镇等空间和生态保护红线、永久基本农田、城镇开发边界及海洋生物资源保护线、围填海控制线等主要控制线，推动主体功能区战略格局在市县层面精准落地，健全不同主体功能区差异化协同发展长效机制，实现山水林田湖草整体保护、系统修复、综合治理。

② 完善城乡布局结构

以城市群为主体构建大中小城市和小城镇协调发展的城镇格局，增强城镇地区对乡村的带动能力。加快发展中小城市,完善县城综合服务功能,推动农业转移人口就地就近城镇化。因地制宜发展特色鲜明、产城融合、充满魅力的特色小镇和小城镇,加强以乡镇政府驻地为中心的农民生活圈建设,以镇带村、以村促镇,推动镇村联动发展。建设生态宜居的美丽乡村,发挥多重功能,提供优质产品,传承乡村文化,留住乡愁记忆,满足人民日益增长的美好生活需要。

③ 推进城乡统一规划

通盘考虑城镇和乡村发展,统筹谋划产业发展、基础设施、公共服务、资源能源、生态环境保护等主要布局,形成田园乡村与现代城镇各具特色、交相辉映的城乡发展形态。强化县域空间规划和各类专项规划引导约束作用,科学安排县域乡村布局、资源利用、设施配置和村庄整治,推动村庄规划管理全覆盖。综合考虑村庄演变规律、集聚特点和现状分布,结合农民生产生活半径,合理确定县域村庄布局和规模,避免随意撤并村庄搞大社区、违背农民意愿大拆大建。加强乡村风貌整体管控,注重农房单体个性设计,建设立足乡土社会、富有地域特色、承载田园乡愁、体现现代文明的升级版乡村,避免千村一面,防止乡村景观城市化。

(4)优化乡村发展布局

坚持人口资源环境相均衡、经济社会生态效益相统一,打造集约高效生产空间,营造宜居适度生活空间,保护山清水秀生态空间,延续人和自然有机融合的乡村空间关系。

① 统筹利用生产空间

乡村生产空间是以提供农产品为主体功能的国土空间,兼具生态功能。围绕保障国家粮食安全和重要农产品供给,充分发挥各地比较优势,重点建设以"七区二十三带"为主体的农产品主产区。落实农业功能区制度,科学合理划定粮食生产功能区、重要农产品生产保护区和特色农产品优势区,合理划定养殖业适养、限养、禁养区域,严格保护农业生产空间。适应农村现代产业发展需要,科学划分乡村经济发展片区,统筹推进农业产业园、科技园、创业园等各类园区建设。

② 合理布局生活空间

乡村生活空间是以农村居民点为主体、为农民提供生产生活服务的国土空间。坚持节约集约用地,遵循乡村传统肌理和格局,划定空间管控边界,明确用地规模和管控要求,确定基础设施用地位置、规模和建设标准,合理配置公共服务设施,引导生活空间尺度适宜、布局协调、功能齐全。充分维护原生态村居风貌,保留乡村景观特色,保护自然和人文环境,注重融入时代感、现代性,强化空间利用的人性化、多样化,着力构建便捷的生活圈、完善的服务圈、繁荣的商业圈,让乡村居民过上更舒适的生活。

③ 严格保护生态空间

乡村生态空间是具有自然属性、以提供生态产品或生态服务为主体功能的国土空间。加快构建以"两屏三带"为骨架的国家生态安全屏障,全面加强国家重点生态功能区保护,建立以国家公园为主体的自然保护地体系。树立山水林田湖草是一个生命共同体的理念,加强对自然生态空间的整体保护,修复和改善乡村生态环境,提升生态功能和服务价值。全面实施产业准入负面清单制度,推动各地因地制宜制定禁止和限制发展产业目录,明确产业发展方向和开发强度,强化准入管理和底线约束。

（5）分类推进乡村发展

顺应村庄发展规律和演变趋势，根据不同村庄的发展现状、区位条件、资源禀赋等，按照集聚提升、融入城镇、特色保护、搬迁撤并的思路，分类推进乡村振兴，不搞一刀切。

① 集聚提升类村庄

现有规模较大的中心村和其他仍将存续的一般村庄，占乡村类型的大多数，是乡村振兴的重点。科学确定村庄发展方向，在原有规模基础上有序推进改造提升，激活产业、优化环境、提振人气、增添活力，保护保留乡村风貌，建设宜居宜业的美丽村庄。鼓励发挥自身比较优势，强化主导产业支撑，支持农业、工贸、休闲服务等专业化村庄发展。加强海岛村庄、国有农场及林场规划建设，改善生产生活条件。

② 城郊融合类村庄

城市近郊区以及县城城关镇所在地的村庄，具备成为城市后花园的优势，也具有向城市转型的条件。综合考虑工业化、城镇化和村庄自身发展需要，加快城乡产业融合发展、基础设施互联互通、公共服务共建共享，在形态上保留乡村风貌，在治理上体现城市水平，逐步强化服务城市发展、承接城市功能外溢、满足城市消费需求能力，为城乡融合发展提供实践经验。

③ 特色保护类村庄

历史文化名村、传统村落、少数民族特色村寨、特色景观旅游名村等自然历史文化特色资源丰富的村庄，是彰显和传承中华优秀传统文化的重要载体。统筹保护、利用与发展的关系，努力保持村庄的完整性、真实性和延续性。切实保护村庄的传统选址、格局、风貌以及自然和田园景观等整体空间形态与环境，全面保护文物古迹、历史建筑、传统民居等传统建筑。尊重原住居民生活形态和传统习惯，加快改善村庄基础设施和公共环境，合理利用村庄特色资源，发展乡村旅游和特色产业，形成特色资源保护与村庄发展的良性互促机制。

④ 搬迁撤并类村庄

对位于生存条件恶劣、生态环境脆弱、自然灾害频发等地区的村庄，因重大项目建设需要搬迁的村庄，以及人口流失特别严重的村庄，可通过易地扶贫搬迁、生态宜居搬迁、农村集聚发展搬迁等方式，实施村庄搬迁撤并，统筹解决村民生计、生态保护等问题。拟搬迁撤并的村庄，严格限制新建、扩建活动，统筹考虑拟迁入或新建村庄的基础设施和公共服务设施建设。坚持村庄搬迁撤并与新型城镇化、农业现代化相结合，依托适宜区域进行安置，避免新建孤立的村落式移民社区。搬迁撤并后的村庄原址，因地制宜复垦或还绿，增加乡村生产生态空间。农村居民点迁建和村庄撤并，必须尊重农民意愿并经村民会议同意，不得强制农民搬迁和集中上楼。

（6）建设生态宜居的美丽乡村

牢固树立和践行绿水青山就是金山银山的理念，坚持尊重自然、顺应自然、保护自然，统筹山水林田湖草系统治理，加快转变生产生活方式，推动乡村生态振兴，建设生活环境整洁优美、生态系统稳定健康、人与自然和谐共生的生态宜居美丽乡村。

① 推进农业绿色发展

以生态环境友好和资源永续利用为导向，推动形成农业绿色生产方式，实现投入品减量化、生产清洁化、废弃物资源化、产业模式生态化,提高农业可持续发展能力。

a. 强化资源保护与节约利用

实施国家农业节水行动,建设节水型乡村。深入推进农业灌溉用水总量控制和定额管理,建立健全农业节水长效机制和政策体系。逐步明晰农业水权,推进农业水价综合改革,建立精准补贴和节水奖励机制。严格控制未利用地开垦,落实和完善耕地占补平衡制度。实施农用地分类管理,切实加大优先保护类耕地保护力度。降低耕地开发利用强度,扩大轮作休耕制度试点,制定轮作休耕规划。全面普查动植物种质资源,推进种质资源收集保存、鉴定和利用。强化渔业资源管控与养护,实施海洋渔业资源总量管理、海洋渔船"双控"和休禁渔制度,科学划定江河湖海限捕、禁捕区域,建设水生生物保护区、海洋牧场。

b. 推进农业清洁生产

加强农业投入品规范化管理,健全投入品追溯系统,推进化肥农药减量施用,完善农药风险评估技术标准体系,严格饲料质量安全管理。加快推进种养循环一体化,建立农村有机废弃物收集、转化、利用网络体系,推进农林产品加工剩余物资源化利用,深入实施秸秆禁烧制度和综合利用,开展整县推进畜禽粪污资源化利用试点。推进废旧地膜和包装废弃物等回收处理。推行水产健康养殖,加大近海滩涂养殖环境治理力度,严格控制河流湖库、近岸海域投饵网箱养殖。探索农林牧渔融合循环发展模式,修复和完善生态廊道,恢复田间生物群落和生态链,建设健康稳定田园生态系统。

c. 集中治理农业环境突出问题

深入实施土壤污染防治行动计划,开展土壤污染状况详查,积极推进重金属污染耕地等受污染耕地分类管理和安全利用,有序推进治理与修复。加强重有色金属矿区污染综合整治。加强农业面源污染综合防治。加大地下水超采治理,控制地下水漏斗区、地表水过度利用区用水总量。严格工业和城镇污染处理、达标排放,建立监测体系,强化经常性执法监管制度建设,推动环境监测、执法向农村延伸,严禁未经达标处理的城镇污水和其他污染物进入农业农村。

② 持续改善农村人居环境

以建设美丽宜居村庄为导向,以农村垃圾、污水治理和村容村貌提升为主攻方向,开展农村人居环境整治行动,全面提升农村人居环境质量。

a. 加快补齐突出短板

推进农村生活垃圾治理,建立健全符合农村实际、方式多样的生活垃圾收运处置体系,有条件的地区推行垃圾就地分类和资源化利用。开展非正规垃圾堆放点排查整治。实施"厕所革命",结合各地实际普及不同类型的卫生厕所,推进厕所粪污无害化处理和资源化利用。梯次推进农村生活污水治理,有条件的地区推动城镇污水管网向周边村庄延伸覆盖。逐步消除农村黑臭水体,加强农村饮用水水源地保护。

b. 着力提升村容村貌

科学规划村庄建筑布局,大力提升农房设计水平,突出乡土特色和地域民族特点。加快推进通村组道路、入户道路建设,基本解决村内道路泥泞、村民出行不便等问题。全面推进乡村绿化,建设具有乡村特色的绿化景观。完善村庄公共照明设施。整治公共空间和庭院环境,消除私搭乱建、乱堆乱放。继续推进城乡环境卫生整洁行动,加大卫生乡镇创建工作力度。鼓励具备条件的地区集中连片建设生态宜居的美丽乡村,综合提升田水路林村风貌,促进村庄形态与自然环境相得益彰。

c. 建立健全整治长效机制

全面完成县域乡村建设规划编制或修编,推进实用性村庄规划编制实施,加强乡村建设规划许可管理。建立农村人居环境建设和管护长效机制,发挥村民主体作用,鼓励专业化、市场化建设和运行管护。推行环境治理依效付费制度,健全服务绩效评价考核机制。探索建立垃圾污水处理农户付费制度,完善财政补贴和农户付费合理分担机制。依法简化农村人居环境整治建设项目审批程序和招投标程序。完善农村人居环境标准体系。

1.4 村镇规划的任务与内容

1.4.1 村镇规划的基本原则

习近平总书记指出,"即使将来城镇化达到70%以上,还有四五亿人在农村。农村绝不能成为荒芜的农村、留守的农村、记忆中的故园。城镇化要发展,农业现代化和新农村建设也要发展,同步发展才能相得益彰,要推进城乡一体化发展"。

2017年中央1号文件,即《中共中央 国务院关于深入推进农业供给侧结构性改革加快培育农业农村发展新动能的若干意见》(2016年12月31日)指出,"深入开展农村人居环境治理和美丽宜居乡村建设。推进农村生活垃圾治理专项行动,促进垃圾分类和资源化利用,选择适宜模式开展农村生活污水治理,加大力度支持农村环境集中连片综合治理和改厕。开展城乡垃圾乱排乱放集中排查整治行动。实施农村新能源行动,推进光伏发电,逐步扩大农村电力、燃气和清洁型煤供给。加快修订村庄和集镇规划建设管理条例,大力推进县域乡村建设规划编制工作"。

乡村具有城市不能替代的功能与地位主要表现在:①中国乡村是中国五千年文明传承之载体,是中国文化传承与发展之根,中国文明之根不在城市,在乡村。②中国乡村不仅为城市发展提供粮食、劳力,而且在中国经济社会稳定发展、规避风险上有不可替代的功能。③中国城市文明和文化的发展,也不能离开乡村。乡村是中国人的精神归属,记得住乡愁的家园。特别是在中国初步完成工业化、实现温饱的时代背景下,要回答与解决这些问题,源头不在城市,而在乡村。

因此,国家新型城镇化时期的新农村规划与建设,也就是城乡发展一体化下的新农村规划与建设,统筹经济社会发展规划、土地利用规划和城乡规划,合理安排市县域城镇建设、农田保护、产业集聚、村落分布、生态涵养等空间布局。

扩大公共财政覆盖农村范围,提高基础设施和公共服务保障水平。统筹城乡基础设施建设,加快基础设施向农村延伸,强化城乡基础设施连接,推动水电路气等基础设施城乡联网、共建共享。

加快公共服务向农村覆盖,推进公共就业服务网络向县以下延伸,全面建成覆盖城乡居民的社会保障体系,推进城乡社会保障制度衔接,加快形成政府主导、覆盖城乡、可持续的基本公共服务体系,推进城乡基本公共服务均等化。率先在一些经济发达地区实现城乡一体化。

坚持遵循自然规律和城乡空间差异化发展原则,科学规划县域村镇体系,统筹安排农村基础设施建设和社会事业发展,建设农民幸福生活的美好家园。

适应农村人口转移和村庄变化的新形势,科学编制县域村镇体系规划和镇、乡、村庄规划,建设各具特色的美丽乡村。按照发展中心村、保护特色村、整治空心村的要求,在尊重农民意愿的基础上,科学引导农村住宅和居民点建设,方便农民生产生活。在提升自然村落功能基础上,保持乡村风貌、民族文化和地域文化特色,保护有历史、艺术、科学价值的传统村落、少数民族特色村寨和民居。

(1) 小康村镇的要求

小康村镇的要求各地不尽一致,但大致有以下几方面的要求:

① 村镇规划

小康村镇要有经过村民(代表)大会或乡镇人民代表大会通过并经县(市)人民政府批准的村镇规划。

② 村镇建设管理机构

村镇建设管理机构健全,管理人员与任务相适应,管理有规定。

③ 村镇功能分区

村镇功能分区明确合理,符合生产、生活的需要;居住区保持地方特色与整个环境协调一致;人均住房使用面积为 16—20 m²;住宅室内要有厨房、厕所,利用新能源、新材料、新技术,节地、节水;住宅质量完好。

④ 村镇道路

村镇道路要求有通畅的排水设施,主干道为沥青混凝土路面或水泥混凝土路面,有路灯,街道两侧有行道树,干道两侧和广场绿化好,道路洁净、平整。

⑤ 村镇公共建筑、公用设施

小康村镇要求水电进户,饮用水符合国家卫生标准;小学、卫生院(所)、敬老院、幼儿园、图书馆、百货商店、公厕等公用设施齐全,乡镇要设有中学、邮电所、储蓄所、农贸市场、影剧院等;公共建筑、公用设施与整体景观协调;各种设施完好、美观,公共场所整齐、洁净。

⑥ 绿化、美化

小康村镇要求建制镇和乡人民政府驻地绿化面积人均 1.5 m² 以上,覆盖率达 40% 以上;村庄四旁植树,人均公共绿地为 1 m²,覆盖率达 30%;行道树排列整齐,各类绿地保持整洁、完好、美观。

⑦ 环境卫生

要求村镇整体环境美观、合理、整洁,无工业污染;垃圾要进行无害化处理;公厕布点合理,经常保持整洁卫生;家禽家畜要坚持圈养,保持环境卫生。

(2) 现代化村镇要求

现代化村镇也没有统一的要求,况且现代化是一个动态过程,现介绍上海市与江苏省的要求,可作为近期村镇现代化的要求。

上海市建设委员会、农业委员会、城市规划管理局于 1997 年 12 月 17 日为加快上海村镇建设和乡村城市化进程,提高规划、建设管理整体水平,促进上海早日建成"布局合理、设施配套、交通方便、功能齐全、环境优美、各具特色"的现代化新型村镇,颁布了《上海市建设社会主义新型村镇标准》,见表 1.1。

表 1.1　上海市建设社会主义新型村镇标准

类别	项目序号	项目评议内容	满分	
			集镇	村
规划 共 12 分	1	规划与实施: (1) 完成镇域总体规划、镇区规划和修建性详细规划并上报得批准,积极开展中心村规划及实施工作　(3 分) ★(2) 积极开展中心村规划及实施工作　(3 分) ★(3) 及时调整完善已有村镇规划　(2 分) ★(4) 规划均由专业单位编制或调整　(1 分) ★(5) 村镇规划具有自身特点　(1 分) ★(6) 建设严格按照规划要求实施　(1 分) (7) 镇工业区建设能本着合理使用土地的原则,逐步成片滚动开发　(1 分)	12	8
市政基础设施共25分	2	道路、交通设施: (1) 村镇道路网络合理,道路等级符合标准,有明显道路、地名标志　(2 分) ☆(2) 道路设施完善,路面平整,有排水系统(村镇内道路平整,路面无积水)(2 分) (3) 镇区航道畅通,埠头、驳岸完好　(1 分) (4) 设有汽车站、布局合理的停车场及自行车停车点;镇区主要干道设置路灯　(2 分)	5	2
	3	供水、供气设施: ★(1) 村镇自来水普及率达 100%,水质达国家标准,对水源采取严格保护措施(2 分) ★(2) 液化气普及率达 50% 以上,液化气站设置合理、安全　(2 分)	4	4
	4	排水设施: ★(1) 镇区主干道、公共场所和村镇集中居住区铺设雨水、污水排放设施,排水管网布局合理　(2 分) ★(2) 污水排放符合国家规定标准　(2 分) (3) 已建或在建污水处理设施　(2 分) ★(4) 防洪排涝设施标准,安全完好　(2 分)	8	6
	5	供电设施: ★(1) 满足生产生活用电需要,供电安全,无事故　(1 分) ★(2) 电力线路架设有序或埋地铺设　(1 分)	2	2
	6	通信设施: ★(1) 全镇电话主线普及率达 20%,村镇公用电话服务范围布局合理　(1 分) ★(2) 建立有线电视网络或公用天线系统　(1 分)	2	2

类别	项目序号	项目评议内容	满分	
			集镇	村
市政基础设施 共25分	7	防灾设施： ★(1) 村镇规划、建设符合防灾等相关规范要求 （1分） ★(2) 村镇按照规范要求设置消防用水设施 （1分）	2	2
公共建筑设施 共22分	8	学校、幼托： (1) 集镇有良好的教育设施，能适应九年制义务教育和职业技术教育需要，校址适当，环境优美，校舍采光通风良好 （2分） (2) 学校有满足学生体育等各类活动的场所和设施 （1分） ☆(3) 有满足儿童入托和学前教育需要的托儿所、幼儿园，且服务半径合理 （1分）	3	1
	9	文化、体育和科普设施： ★(1) 镇区建设有规模合理的多功能文化娱乐活动中心站(馆)以及影剧院，村庄有文化站 （2分） (2) 镇区有图书馆和科普活动室(可与文化中心或成人教育中心合并建设) （1分） (3) 镇区有 250 m 以上跑道的田径场和灯光球场(可与中学体育场相结合) （2分）	5	2
	10	卫生院与社会福利设施： (1) 镇区卫生院(医院)位置适当，环境幽静，交通方便，设施配套 （1分） (2) 有门诊部和住院部，按服务区域人口计算，每千人有 4 张以上床位，每张床位建筑面积不低于 10 m² （2分） ★(3) 镇区有敬老院，行政村有老年人活动场所 （1分） ☆(4) 行政村内有卫生室 （1分）	4	2
	11	市场和商业服务设施： (1) 农贸市场、小商品市场等各类专业市场布局合理、规模适宜，做到集市入室 （2分） (2) 镇区建有商业区，设置门类齐全，能作为全镇的商业中心 （2分） (3) 有设施齐全、功能配套的适应对外交往需要的招待所 （2分） ☆(4) 行政村设有商业服务网点 （2分）	6	2
住宅建设 共8分	12	居住小区和住宅条件： ★(1) 村镇有 1 个以上布局合理、环境舒适、设施配套的住宅小区(或集中居住点) （2分） (2) 小区内保安设施齐全 （1分） (3) 小区内绿化率达 20% 以上，有供居民活动休闲的集中绿地和儿童活动场所 （2分） ★(4) 村镇住宅成套率达 70% 以上，住宅平面布局合理，结构安全，日照通风良好 （2分） ☆(5) 村庄内庭院环境整洁卫生，完成农村改厕合格率达 80% 以上 （1分）	7	5

类别	项目序号	项目评议内容	满分	
			集镇	村
村镇环境和绿化 共21分	13	环境卫生： ★(1) 镇区每平方千米设有 2—3 座、居住小区每百户设有 1 座水冲式公共厕所 (2分) ★(2) 设有粪便、垃圾集中消纳处理设施，无露天粪坑，垃圾无害化堆放点应有灭蝇措施 (2分) (3) 车站、码头、集贸市场、街巷、公厕等处有专门保洁人员，保持日常清洁卫生 (2分)	6	4
	14	绿化： (1) 集镇人均公共绿地面积达 2.5 m² 以上，绿化覆盖率达 20% 以上 (2分) (2) 村镇有一定规模的公园绿地 (2分) ★(3) 防护林、行道树、绿化隔离带等各种形式的绿地生长良好，古树名木保护完好 (2分) ☆(4) 村庄内道路两边有绿化带，并有集中公共绿地 (2分)	6	4
	15	村容镇貌： ★(1) 村镇建筑物整体形象和谐、美观，体现时代气息，具有当地特色 (2分) (2) 有镇标或小品、雕塑，围墙栏杆及各种标志(路标、广告、招牌)布置适当、美观实用 (2分) ★(3) 道路两侧无违章占道设摊、堆物，河道水面无悬浮杂物，施工场地环境整洁，无乱堆垃圾 (2分) ★(4) 有保留价值的古建筑保护完好 (1分)	7	5
管理 共17分	16	管理机构、人员以及管理工作： (1) 集镇设有村镇建设办公室，落实 3—5 个建设管理人员，负责村镇规划、建筑管理等日常工作 (2分) ★(2) 建立村镇建设综合服务中心或房地产公司，为村镇建设提供服务 (1分) (3) 有镇领导分管，助理员具体负责村镇建设，并已将村镇工作列入政府任期工作目标和任期政绩考核的一项重要内容 (2分) ★(4) 严格执行国家、本市有关村镇建设的法律、法规，结合当地实际制定管理措施 (2分) ★(5) 对各项建设严格实施管理，实施"一书两证"率达到100% (1分) ★(6) 建立档案管理制度，加强对建设档案资料和房屋产权产籍资料的管理 (1分) ★(7) 建立村镇环境综合管理队伍，负责日常的村镇环境养护工作 (2分) ★(8) 无严重违章、违法建设事件，一般违章搭建发生后能及时处理 (2分)	13	9
	17	工程质量安全： ★(1) 加强建设工程质量监督，无建筑质量事故和人员伤亡事故 (1分) ★(2) 建设项目必须有持证的设计、施工单位从事设计、施工 (1分)	2	2
	18	经费： ★安排一定财力加强村镇建设，有引导农民参与村镇建设的政策措施 (2分)	2	2

类别	项目序号	项目评议内容	满分	
			集镇	村
社区建设 共4分	19	社区建设： ★(1) 居住小区(或集中居住点)设有物业管理服务公司,负责小区的设备维修养护、环境清洁、安全保卫等工作 (2分) ★(2) 举办多种形式的社区活动,丰富居民的业余生活 (1分) ★(3) 制定"乡规民约"形式的社区管理制度,共同维护社区环境 (1分)	4	4
共计			100	68

注:表中★为适合集镇和行政村的标准;☆为只适合行政村的标准;其余为只适合集镇的标准。

    提前实现了小康目标的江苏省苏州市,在向农村现代化宏伟目标的进军中提出,必须在发展生产力、推进农业现代化和农村工业化的同时,参照城市先进的经济、技术、社会的标准和手段建设中小城镇和农民新村。具体指标体系包括:①城镇人口占总人口的比例不小于40%。②非农劳力占总劳力人口的比例不小于85%。③国内生产总值中三产占比不小于40%。④乡镇工业向城镇规划区的聚集率(以产值计)不小于60%。⑤人口在农民新村以上的聚集率不小于60%。⑥自来水入户率达100%。⑦使用气化燃料家庭比例不小于50%。⑧每百人拥有电话机数不小于20部。⑨文体支出占生活支出的比例不小于10%。⑩人均公共绿化面积不小于10 m²。

    (3)《美丽乡村建设指南》(GB/T 32000—2015)

    《美丽乡村建设指南》(GB/T 32000—2015)由中华人民共和国国家质量监督检验检疫总局和中国国家标准化管理委员会于2015年4月29日发布,2015年6月1日起实施。该标准规定了美丽乡村的村庄规划和建设、生态环境、经济发展、公共服务、乡风文明、基层组织、长效管理等建设要求,适用于指导以村为单位的美丽乡村建设。

4 总则

4.1 坚持政府引导、村民主体、以人为本、因地制宜的原则,持续改善农村人居环境。

4.2 规划先行,统筹兼顾,生产、生活、生态和谐发展。

4.3 村务管理民主规范,村民参与积极性高。

4.4 集体经济发展,公共服务改善,村民生活品质提升。

5 村庄规划

5.1 规划原则

5.1.1 因地制宜

5.1.1.1 根据乡村资源禀赋,因地制宜编制村庄规划,注重传统文化的保护和传承,维护乡村风貌,突出地域特色。

5.1.1.2 村庄规模较大、情况较复杂时,宜编制经济可行的村庄整治等专项规划。历史文化名村和传统村落应编制历史文化名村保护规划和传统村落保护发展规划。

5.1.2 村民参与

5.1.2.1 村庄规划编制应深入农户实地调查,充分征求意见,并宣讲规划意图和规划内容。

5.1.2.2 村庄规划应经村民会议或村民代表会议讨论通过,规划总平面图及相关内容应在村庄显著位置公示,经批准后公布、实施。

5.1.3 合理布局

5.1.3.1 村庄规划应符合土地利用总体规划,做好与镇域规划、经济社会发展规划和各项专业规划的协调衔接,科学区分生产生活区域,功能布局合理、安全、宜居、美观、和谐,配套完善。

5.1.3.2 结合地形地貌、山体、水系等自然环境条件,科学布局,处理好山形、水体、道路、建筑的关系。

5.1.4 节约用地

5.1.4.1 村庄规划应科学、合理、统筹配置土地,依法使用土地,不得占用基本农田,慎用山坡地。

5.1.4.2 公共活动场所的规划与布局应充分利用闲置土地、现有建筑物及设施等。

5.2 规划编制要素

5.2.1 编制规划应以需求和问题为导向,综合评价村庄的发展条件,提出村庄建设与治理、产业发展和村庄管理的总体要求。

5.2.2 统筹村民建房、村庄整治改造,并进行规划设计,包含建筑的平面改造和立面整饰。

5.2.3 确定村民活动、文体教育、医疗卫生、社会福利等公共服务和管理设施的用地布局和建设要求。

5.2.4 确定村域道路、供水、排水、供电、通信等各项基础设施配置和建设要求,包括布局、管线走向、敷设方式等。

5.2.5 确定农业及其他生产经营设施用地。

5.2.6 确定生态环境保护目标、要求和措施,确定垃圾、污水收集处理设施和公厕等环境卫生设施的配置和建设要求。

5.2.7 确定村庄防灾减灾的要求,做好村级避灾场所建设规划;对处于山体滑坡、崩塌、地陷、地裂、泥石流、山洪冲沟等地质隐患地段的农村居民点,应经相关程序确定搬迁方案。

5.2.8 确定村庄传统民居、历史建筑物与构筑物、古树名木等人文景观的保护与利用措施。

5.2.9 规划图文表达应简明扼要、平实直观。

6 村庄建设

6.1 基本要求

6.1.1 村庄建设应按规划执行。

6.1.2 新建、改建、扩建住房与建筑整治应符合建筑卫生、安全要求,注重与环境协调;宜选择具有乡村特色和地域风格的建筑图样;倡导建设绿色农房。

6.1.3 保持和延续传统格局和历史风貌,维护历史文化遗产的完整性、真实性、延续性和原始性。

6.1.4 整治影响景观的棚舍、残破或倒塌的墙体,清除临时搭盖,美化影响村庄空间外观视觉的外墙、屋顶、窗户、栏杆等,规范太阳能热水器、屋顶空调等设施的安装。

6.1.5 逐步实施危旧房的改造、整治。

6.2 生活设施

6.2.1 道路

6.2.1.1 村主干道建设应进出畅通,路面硬化率达100%。

6.2.1.2 村内道路应以现有道路为基础,顺应现有村庄格局,保留原始形态走向,就地取材。

6.2.1.3 村主干道应按照GB 5768.1和GB 5768.2的要求设置道路交通标志,村口应设村名标识;历史文化名村、传统村落、特色景观旅游景点应设置指示牌。

6.2.1.4 利用道路周边、空余场地,适当规划公共停车场(泊位)。

6.2.2 桥梁

6.2.2.1 安全美观,与周围环境相协调,体现地域风格,提倡使用本地天然材料,保护古桥。

6.2.2.2 维护、改造可采用加固基础、新铺桥面、增加护栏等措施,并设置安全设施和警示标志。

6.2.3 饮水

6.2.3.1 应根据村庄分布特点、生活水平和区域水资源等条件,合理确定用水量指标、供水水源和水压要求。

6.2.3.2 应加强水源地保护,保障农村饮水安全,生活饮用水的水质应符合GB 5749的要求。

6.2.4 供电

6.2.4.1 农村电力网建设与改造的规划设计应符合DL/T 5118的要求,电压等级应符合GB/T 156的要求,供电应能满足村民基本生产生活需要。

6.2.4.2 电线杆应排列整齐,安全美观,无私拉乱接电线、电缆现象。

6.2.4.3 合理配置照明路灯,宜使用节能灯具。

6.2.5 通信

广播、电视、电话、网络、邮政等公共通信设施齐全、信号畅通,线路架设规范、安全有序;有条件的村庄可采用管道下地敷设。

6.3 农业生产设施

6.3.1 结合实际开展土地整治和保护;适合高标准农田建设的重点区域,按GB/T 30600的要求进行规范建设。

6.3.2 开展农田水利设施治理;防洪、排涝和灌溉保证率等达到GB 50201和GB 50288的要求;注重抗旱、防风等防灾基础设施的建设和配备。

6.3.3 结合产业发展,配备先进、适用的现代化农业生产设施。

7 生态环境

7.1 环境质量

7.1.1 大气、声、土壤环境质量应分别达到 GB 3095、GB 3096、GB 15618 中与当地环境功能区相对应的要求。

7.1.2 村域内主要河流、湖泊、水库等地表水体水质,沿海村庄的近岸海域海水水质应分别达到 GB 3838、GB 3097 中与当地环境功能区相对应的要求。

7.2 污染防治

7.2.1 农业污染防治

7.2.1.1 推广植物病虫害统防统治,采用农业、物理、生物、化学等综合防治措施,不得使用明令禁止的高毒高残留农药,按照 GB 4285、GB/T 8321 的要求合理用药。

7.2.1.2 推广测土配方施肥技术,施用有机肥、缓释肥;肥料使用符合 NY/T 496 的要求。

7.2.1.3 农业固体废物污染控制和资源综合利用可按 HJ 588 的要求进行;农药瓶、废弃塑料薄膜、育秧盘等农业生产废弃物及时处理;农膜回收率≥80%;农作物秸秆综合利用率≥70%。

7.2.1.4 畜禽养殖场(小区)污染物排放应符合 GB 18596 的要求,畜禽粪便综合利用率≥80%;病死畜禽无害化处理率达 100%;水产养殖废水应达标排放。

7.2.2 工业污染防治

村域内工业企业生产过程中产生的废水、废气、噪声、固体废物等污染物达标排放,工业污染源达标排放率达 100%。

7.2.3 生活污染防治

7.2.3.1 生活垃圾处理

7.2.3.1.1 应建立生活垃圾收运处置体系,生活垃圾无害化处理率≥80%。

7.2.3.1.2 应合理配置垃圾收集点、建筑垃圾堆放点、垃圾箱、垃圾清运工具等,并保持干净整洁、不破损、不外溢。

7.2.3.1.3 推行生活垃圾分类处理和资源化利用;垃圾应及时清运,防止二次污染。

7.2.3.2 生活污水处理

7.2.3.2.1 应以粪污分流、雨污分流为原则,综合人口分布、污水水量、经济发展水平、环境特点、气候条件、地理状况,以及现有的排水体制、排水管网等确定生活污水收集模式。

7.2.3.2.2 应依据村落和农户的分布,可采用集中处理或分散处理或集中与分散处理相结合的方式,建设污水处理系统并定期维护,生活污水处理农户覆盖率≥70%。

7.2.3.3 清洁能源使用

应科学使用并逐步减少木、草、秸秆、竹等传统燃料的直接使用,推广使用电能、太阳能、风能、沼气、天然气等清洁能源,使用清洁能源的农户数比例≥70%。

7.3 生态保护与治理

7.3.1 对村庄山体、森林、湿地、水体、植被等自然资源进行生态保育,保持原生态自然环境。

7.3.2　开展水土流失综合治理,综合治理技术按 GB/T 16453 的要求执行;防止人为破坏造成新的水土流失。

7.3.3　开展荒漠化治理,实施退耕还林还草。规范采砂、取水、取土、取石行为。

7.3.4　按 GB 50445 的要求对村庄内坑塘河道进行整治,保持水质清洁和水流通畅,保护原生植被。岸边宜种植适生植物,绿化配置合理、养护到位。

7.3.5　改善土壤环境,提高农田质量,对污染土壤按 HJ 25.4 的要求进行修复。

7.3.6　实施增殖放流和水产养殖生态环境修复。

7.3.7　外来物种引种应符合相关规定,防止外来生物入侵。

7.4　村容整治

7.4.1　村容维护

7.4.1.1　村域内不应有露天焚烧垃圾和秸秆的现象,水体清洁、无异味。

7.4.1.2　道路路面平整,不应有坑洼、积水等现象;道路及路边、河道岸坡、绿化带、花坛、公共活动场地等可视范围内无明显垃圾。

7.4.1.3　房前屋后整洁,无污水溢流,无散落垃圾;建材、柴火等生产生活用品集中有序存放。

7.4.1.4　按规划在公共通道两侧划定一定范围的公共空间红线,不得违章占道和占用红线。

7.4.1.5　宣传栏、广告牌等设置规范,整洁有序;村庄内无乱贴乱画乱刻现象。

7.4.1.6　划定畜禽养殖区域,人畜分离;农家庭院畜禽圈养,保持圈舍卫生,不影响周边生活环境。

7.4.1.7　规范殡葬管理,尊重少数民族的丧葬习俗,倡导生态安葬。

7.4.2　环境绿化

7.4.2.1　村庄绿化宜采用本地果树林木花草品种,兼顾生态、经济和景观效果,与当地的地形地貌相协调;林草覆盖率山区≥80％,丘陵≥50％,平原≥20％。

7.4.2.2　庭院、屋顶和围墙提倡立体绿化和美化,适度发展庭院经济。

7.4.2.3　古树名木采取设置围护栏或砌石等方法进行保护,并设标志牌。

7.4.3　厕所改造

7.4.3.1　实施农村户用厕所改造,户用卫生厕所普及率≥80％,卫生应符合 GB 19379 的要求。

7.4.3.2　合理配置村庄内卫生公厕,不应低于 1 座/600 户,按 GB 7959 的要求进行粪便无害化处理;卫生公厕有专人管理,定期进行卫生消毒,保持干净整洁。

7.4.3.3　村内无露天粪坑和简易茅厕。

7.4.4　病媒生物综合防治

　按照 GB/T 27774 的要求进行蛇、鼠、蚊、蟑螂等病媒生物综合防治。

　（4）村镇规划的基本原则

　建设好一个村镇,就首先要有一个适应村镇发展的规划。村镇规划是指导村镇建设的蓝图。规划中国特色社会主义新时代村镇应遵循下面几个基本原则:

① 从实际出发。村镇规划要从本地实际出发,扬长避短,继承传统,开拓新貌。所谓本地实际,就是本地的地理优势、人文优势、物产优势、资源和传统特色。

② 规划起点要高。村镇规划起点要高,要具有一定的超前意识,坚持向城市化、现代化方向发展。要有长远的战略眼光,考虑到今后几十年的发展需要,在交通设施、分区布局、生态保护、环境美化等方面留有充分的余地。

③ 坚持标准。村镇规划要坚持布局合理、功能齐全、交通方便、设施配套、居住合适、环境优美、具有特色的标准,符合小康村镇或现代化村镇(包含美丽乡村和特色小镇)的各项要求。

④ 节约用地。中国是一个人多地少的国家,节约用地是中国的国策。各类建设用地均应按有关标准、法规执行,严格控制,既要满足生产、生活的需要,又要保护耕地、节约土地。村镇建设区与基本农田保护区要协调、统一规划。

⑤ 有利于可持续发展。中国特色社会主义新时代的村镇是可持续发展的村镇,因此,村镇规划应把环境生态的建设与保护作为重要内容,并在规划中体现乡村振兴的战略,促进村镇的可持续发展。

1.4.2　村镇规划的任务与内容

1) 村镇规划的任务与内容

村镇规划顾名思义是村镇在一定时期内的发展计划,是村镇人民政府为实现村镇的经济和社会发展目标,确定村镇的性质、规模和发展方向,协调村镇布局和各项建设而制作的综合部署和具体安排,是村镇建设与管理的依据。

在村镇规划中,应对下列问题进行深入研究:村镇的规模、性质和发展方向,它的合理经济联系范围;村镇的各种生产活动、社会活动;村镇居民的生活要求;建设资金的来源;工程基础资料和村镇的现状等。在此基础上,合理安排村镇的各项用地;研究各项用地之间的相互关系,进行功能分区;安排近期、远期项目,确定先后次序,以便科学地、有计划地进行建设。简言之,村镇规划是根据国家、市、县的经济和社会发展计划与规划,以及村镇的历史、自然和经济条件,合理确定村镇的性质、规模,进行村镇的结构布局,做到布局合理、功能齐全、交通方便、设施配套、居住舒适、环境优美、具有特色,以获得较高的社会、经济和生态效益。

2) 村镇规划的工作阶段

(1) 县以下建制镇

1990 年 4 月 14 日建设部关于县以下建制镇贯彻执行《城市规划法》的通知中,明确建制镇属城市范畴应该按《城市规划法》的规定规划和建设。根据《城市规划法》,建制镇的规划应分为镇域规划、镇区总体规划和详细规划。

镇域规划是在镇域范围内,综合评价村镇的发展条件,制定镇域村镇发展战略;预测镇域人口增长和城市化水平,拟定各相关村镇的发展方向与规模;协调村镇发展与产业配置的时空关系;统筹安排镇域基础设施和社会设施;引导和控制镇域村镇的合理发展与布局,指导镇区总体规划。

镇区总体规划应当包括:镇的性质、发展目标和发展规模,镇区主要建设标准和定额指标,建设用地布局,功能分区和各项建设的总体部署,镇区综合交通体系和河湖、绿地系统,各项专业规划,近期建设规划。

镇区详细规划应当包括:规划地段各项建设的具体用地范围,建筑密度和高度等控制性指标,总平面部署工程管线综合规划和竖向规划。

（2）村镇

村镇规划一般分为村庄、集镇总体规划和村庄、集镇建设规划两个阶段。

村庄、集镇总体规划是乡级行政区域内村庄和集镇布点规划及相应的各项建设的整体部署。其主要内容包括:乡级行政区域的村庄、集镇布点,村庄和集镇的位置、性质、规模和发展方向,村庄和集镇的交通、供水、供电、邮电、商业、绿化等生产和生活服务设施的配置。

村庄、集镇建设规划应当在村镇总体规划的指导下具体安排村镇的各项建设。

集镇建设规划的主要内容包括:住宅、乡（镇）村企业,乡（镇）村公共设施、公益事业等各项建设的用地布局、用地规模,有关的技术经济指标,近期建设工程以及重点地段建设具体安排。

村庄建设规划的主要内容可以根据本地区经济发展水平,参照集镇建设规划的编制内容,主要对住宅、供水、供电、道路、绿化、环境卫生以及生产配套设施做出具体安排。

2 村镇规划的资料工作

对村镇进行规划,其目的是为了指导村镇的建设和发展,这就要求我们的方案能符合村镇发展和建设的客观规律,符合实际情况。许多事实说明,在没有基础资料或资料不足的情况下,是不可能编制出好的规划的。也就是说,收集和分析村镇的基础资料,是提高规划设计质量的主要手段。在对一个村镇进行规划之前,应尽可能掌握一定的基础资料,对村镇的现状、周围环境进行深入的分析研究,在此基础上提出村镇的发展方向和规划原则,也可以说,对一个具体村镇的规划思想,经常是在收集、整理和分析基础资料的过程中逐步形成的。

2.1 村镇规划的资料内容

2.1.1 自然条件和历史资料

1)自然条件

(1)地形

了解地形起伏的特点,如平原、丘陵、山地以及农业耕地的利用情况。做规划时,首先需要一张经过测量的地形图,以便根据地形特点来选择村镇用地。做总体规划时,一般使用1:5 000的地形图,详细规划使用1:2 000或1:1 000的地形图。

(2)地质

地质资料包括土壤承载力大小及其分布,以及冲沟、滑坡、沼泽、盐碱地、岩溶、沉陷性大孔土的分布范围。根据以上情况进行乡镇用地评定,把村镇修建区分为三大类,即适宜修建的地区、基本适宜修建的地区(需要采取一定的措施)和不适宜修建的地区。画出用地评定图,在图上注明各地段需要采取的工程准备措施。地质资料一般应由地质勘探部门提供。

(3)水文和水文地质

水文情况包括河湖的最高、最低和平均水位,河流的最大、最小和平均流量,最大洪水位,历年的洪水频率、淹没范围及面积、淹没概况。河流流量是选择乡镇生活用水和工业用水水源的重要因素,也是村镇防洪工程规划的主要依据之一。洪水淹没线应在用地评定图上标出。

对地下水则应掌握地下水位的流向和蕴藏量、泉眼位置、流量及其水质情况。在地面水不足地区,地下水是村镇生产、生活用水的另一水源。在一般情况下,采用地下水作为水源比较经济可靠。但在有的地区,过量的使用地下水会使地面下沉。此外,地下水位也是选择和评定用地的基础资料之一。

(4)气象

气象资料包括历年、全年和夏季的主导风向、风向频率、平均风速,平均降水总量、暴雨概况,气温、地温、相对湿度、日照等。

根据风向资料绘制的"风向玫瑰图"(又称"风玫瑰")是进行功能分区的重要依据之一。只有掌握风向资料,才能正确处理好工业区同居住区之间的相互关系,避免形成将对环境有污染的工业布置在居住区上风位的不合理布局。

年降水量是地面排水规划和设计的主要资料。在常年多雨的地区可能会引起山洪暴发,掌握了降水量资料和暴雨概况,就可提出需要采取哪种防雨措施或修筑水库的建议。

总的来讲,自然条件资料是选择村镇用地和合理经济地确定村镇用地范围的依据,是做好规划设计的前提条件之一。

2)区域概况

(1)资源条件

资源条件包括附近矿藏资源的种类、储量、开采价值、开采及运输条件,地方建筑材料的种类、储量、开采条件以及林业、渔业、畜产、水利资源的一般情况(包括其加工地点、主要运销地点等)。了解了以上信息,可根据当地具体情况,收集对村镇发展有影响的项目。

(2)村镇农业

村镇农业包括村镇农作物的构成,农、林、牧、副、渔的生产发展情况,农作物的加工、储运情况及其对村镇建筑的关系和影响;农业为工业生产提供的原料和调运情况,蔬菜和经济作物的种植面积及其产量;农业发展计划,专业户、重点户的概况,农村剩余劳动力的现状及发展趋势。

(3)周围居民点概况

周围居民点概况包括周围的集镇、农村居民点的性质、规模、发展方向及其与本村镇的距离,两者的相互关系。

(4)对外交通联系

对外交通联系包括铁路站场、线路的技术等级及运输能力、现有运输量,铁路布局对村镇的关系、存在的问题及其规划设想;公路的技术等级、客货运量及其特点,公路走向、长途汽车站的布局及其与村镇的关系;同周围村镇及居民点的联系是否方便,有无开辟公路新线的设想;周围河流的通航条件、运输能力,码头设置的现状及其与村镇的关系、存在的问题和有关部门的计划或设想。

对区域概况有一定了解后,就能正确地分析研究周围地区的工业、农业、自然资源、交通运输等对该村镇发展的影响,确定所规划的村镇在区域经济体系和村镇居民点体系中的地位和作用。因为一个村镇的发展,除了村镇本身原有的基础以外,更主要的是要考虑周围地区的资源条件和其他物质条件。周围地区的资源条件和其他物质条件,往往限制或决定一个村镇的性质和规模。

3)历史资料

(1)中华人民共和国成立前

村镇形成的时期及其演变的概况;有无标志村镇历史文化特征的名胜古迹以及这些古迹的地点和现状。对一些历史比较悠久的村镇尤其需要掌握。

(2)中华人民共和国成立后

村镇建设的主要成就,村镇兴衰变化、行政隶属的变迁、建设过程中的经验教训等。

对历史沿革资料的掌握,有助于确定村镇的性质,做出富有地方特色的规划方案。

2.1.2 社会经济资料

1) 人口结构

(1) 村镇现状总人口。分析村镇农业人口与非农业人口、劳动人口与非劳动人口、常住人口与非常住人口的数量及其在总人口中所占的百分比。

(2) 村镇人口的职业分析。村镇人口的就业程度,待业青年或成年人的数量,各行业(如工业、服务业、商业、文教卫生事业……)职工的数量及其比例。

(3) 村镇人口的年龄结构。按照 3 岁以下(托儿所年龄组)、4—6 岁(幼儿组)、7—12 岁(小学组)、13—18 岁(中学组)、19—25 岁(成人组)、60 岁以上(老年组)分成若干组,算出每一组占总人口数的百分比,画出村镇人口年龄构成图。

(4) 历年村镇人口的自然增长率与机械增长率,计划生育政策的执行情况。如历年的资料较全,可以分别画出人口自然增长和机械增长(或减少)的曲线,从中找出一定的规律和发展趋势。

现状人口资料是确定村镇性质和发展规模的重要依据之一。通过对村镇人口的劳动构成和年龄构成的分析,还可了解村镇劳动力后备力量的情况,确定公共福利和文教设施的数量和规模。根据村镇人口的发展规模,确定村镇各个时期用地的面积。

2) 村镇建设与管理情况

(1) 村镇建设与管理的主要机构、用地管理的概况及存在的主要问题。

(2) 村镇建设的资金来源、基建和维修施工队伍的生产能力。

(3) 建筑材料基地以及就地取材的可能性。

3) 村镇工业

(1) 村镇工(矿)业的现状及近期计划兴建和远期发展的设想。包括产品、产量、职工人数、家属人数、用地面积、建筑面积、用水量、用电量、运输量、运输方式、三废污染及综合利用情况、企业协作关系等。

(2) 手工业和农副产品加工工业的种类、产品、产量、职工人数、场地面积、原料来源、产品销售情况和运输方式。

(3) 村镇工业组成特点分析,各类工业、手工业产品的发展前景。村镇工业是村镇经济发展的主体,也是村镇形成和发展的基本因素。工业布局常常决定村镇的基本形态、交通流向、道路走向。因此,掌握村镇工业现状和发展的基础资料,才能比较合理地安排村镇总体布局,较好地进行功能分区。

(4) 集市贸易。①集市贸易场地的分布、占地面积、服务设施状况、存在的主要问题。②集市贸易主要商品的种类、成交额、平日和高峰日的摊数、赶集人数。③集市贸易的影响范围、赶集人距村镇的一般距离和最远距离、集市的发展前景预测。集市贸易是村镇商业活动的主要特征,对村镇经济发展起重要作用。在总体布局和详细规划时都必须认真考虑。在目前对集市贸易场地的规模尚无成熟经验的情况下,尤其需要通过调查研究确定设计思想。

2.1.3 现有建筑物、工程设施与环境资料

1) 居住建筑

(1) 村镇居住用地的分析、生产与生活的关系、居住用地的功能组织。

(2) 村镇现有居住面积和建筑面积总量的估算,根据建筑层数、建筑质量分类统计的现状居住面积和居住建筑面积的数量;公房、私房的数量;宅基地面积的数量。

(3) 典型地段的住宅建筑密度和居住面积密度、户型构成及生活居住的特点。

(4) 平均每人居住面积数量、历年修建数量、近期和远期计划修建的数量及其投资来源。住宅建设是村镇建设的重要组成部分,通过以上调查,可以掌握村镇现有的居住水平,估算出需增建的住宅数量,在总体布局中合理安排居住用地。

2) 公共建筑与绿地

(1) 村镇公共建筑,如医院(卫生所)、政府办公楼、中小学、儿童机构、影剧院、俱乐部、图书馆、文化中心、旅馆、商店、公共食堂、仓库、运动场等的分布,以及它们的数量、建筑面积、规模、质量、占地面积、历年修建量和近期、远期的发展计划。

(2) 公共绿地的数量及其分析情况。

通过以上调查,可以了解村镇公共建筑和文化福利设施的水平以及分布是否合理,以便在规划中提出改进措施,对于一些必要的大型公共建筑项目,即使近期无修建计划也应考虑备用地。

公共建筑的调查比较复杂,总体规划阶段可仅一般了解或重点调查某一典型地段,详细规划时需对规划地段有全面了解。

3) 工程设施

(1) 交通运输。村镇交通运输的方式种类,村镇机动车、自行车、马拉车的拥有量,主要道路的日交通量,高峰小时交通量,交通堵塞和交通事故概况。

(2) 道路、桥梁。主要街道的长度、密度、典型断面、路面等级、通行能力及利用情况;桥梁位置、密度、结构类型、载重等级。

(3) 给水。水源地,水厂、水塔位置、容量,管网走向、长度,水质,水压,供水量;现有水厂和管网的潜力,扩建的可能性。

(4) 排水。排水体制,管网走向、长度,出口位置;污水处理情况;雨水排除情况。

(5) 供电。电厂、变电所的容量、位置;区域调节、输配电网络概况、村镇用电负荷的特点;高压线走向。

以上各项除现状外均应了解其修建计划及投资来源,并尽可能按专业附以图表。这些资料是进行村镇工程规划的主要依据。

4) 环境资料

(1) 环境污染(废水、废气、废渣及噪音)的危害程度,包括污染源、有害物质成分、污染范围与发展趋势。

(2) 作为污染源的有害工业、污水处理场、屠宰场、养殖场、火葬场的位置及其概况。

(3) 村镇及各污染源采取的防治措施和综合利用的途径。

2.2 村镇规划的资料工作

2.2.1 资料的收集途径与方法

资料收集,同做其他工作一样,首先要求目的明确,了解每项资料在村镇规划中的用途和作用。其次是做好资料收集的准备工作,结合规划工作的内容拟出资料收集提纲,并明确重点。这样既可以避免重复和遗漏,又可以抓住重点,节省时间。资料收集的途径有三个:(1)向省、地、市、县有关部门收集。主要是有关村镇所在地的区域经济、交通组织、居民点分布体系方面的资料。(2)向当地政府有关部门收集。主要是向有关村镇建设、工业、商业、文化、教育、卫生、民政、交通、地质、气象、水利、电力、环保、公安等部门了解与收集有关现状与长远发展的计划资料。(3)现场调查研究。对所要规划的现场在编制村镇规划之前进行详细的调查研究,通过现场踏勘、调查,按照资料收集提纲的要求逐项进行详细的收集和整理。调查中既要掌握文字和数据资料,又要把这些资料的内容同现场实际情况紧密联系起来。在编制规划过程中,遇到资料不够充分时,应深入现场进一步做有针对性的补充调查,以满足编制规划的需要。

2.2.2 资料调查收集的表格

基础资料的表现形式可以多种多样,图表与文字说明是都可以采用的形式。有些资料用表格的形式更清晰,但由于各种资料差异较大,很难用统一表格反映出来。下面提供一些表格(表2.1至表2.10),供使用时参考。

表 2.1 村镇人口数及其变动情况统计表

年　月　日

年代	年末人口数(人)					全年人口变动(人)								净增(减)人数	增长率(‰)	备注
	总户数(户)	总人口			在总人口中		自然增长				机械增长					
		合计	男	女	非农业人口	亦工亦农人口	出生数	死亡数	净增(减)人数	增长率(‰)	迁入数	迁出数	净增(减)人数	增长率(‰)		

表 2.2 工业、企业情况调查表

序号	主管单位	类别	厂矿名称	职工人数	用地面积(hm²)	建筑面积	生产情况			运输方式	年运输量		工业用水(t/年)	工业排水(t/年)	工业用电(kW/d)	工业用煤(t/年)	发展设想
							产品	年产值	年产量		运入(t)	运出(t)					

表 2.3　仓库情况调查

单位名称：

所属单位		仓库性质		
地点		年通过量(t)		
总用地面积(hm²)		其中	中转量	
总用地面积(hm²)		其中	本镇产销量	
建筑面积(hm²)		最大库容量(t)		
仓库面积(hm²)		年周转次数(次)		
堆场面积(hm²)		堆存指标(t/m²)		
职工人数(人)	固定工	有效面积(m²)		
职工人数(人)	常年临时工	年运输量(t)		
职工人数(人)	季节临时工	月不平衡系数		

流向及运输主要贮存物	主要来路			主要去向		
	地点	数量(t/年)	运输方式	地点	数量(t/年)	运输方式
存在问题及发展意义(包括安全条件、卫生条件)						

表 2.4　村镇非地方行政机关经济机构调查表

所属单位	地址	职工人数(人)	办公用房						生活居住					备注
			占地面积(m²)	建筑面积(m²)	层数(层)	食堂(m²)	车库(m²)	其他	占地面积(m²)	建筑面积(m²)	层数(层)	居住户数(户)	居住面积(m²)	

表 2.5　医疗卫生机构调查表

单位名称：

项目	现状	发展计划	备注
病床数（张）			
门诊人数（人）			
职工人数（人）			
其中:医护人员数（人）			
占地面积（m²）			
其中:生活居住用地面积（m²）			
建筑面积（m²）			
其中:医疗设施建筑面积（m²）			
生活居住建筑面积（m²）			
污水排放量（t/d）			
污水性质及处理情况			
使用情况　门诊及住院人数中的城乡人数百分比;服务半径及医疗质量等			

表 2.6　中小学校、托幼现状调查表

项目校名	地点	职工人数（人）			教学班数（个）及学生人数（人）								教学建筑面积（m²）	占地面积（m²）
		总计	教师	职工	高中		初中		小学		托幼			
					班数	学生数	班数	学生数	班数	学生数	班数	学生数		

表 2.7　商业服务业调查表

项目名称	隶属单位	建成年代	层数（层）	建筑面积（m²）			占地面积（m²）	服务范围	使用情况	职工人数（人）		现状存在的主要问题
				营业	办公	库房				总计	营业员	

表 2.8　村镇道路广场调查表

项目道路名称	起点	讫点	长度(m)	道路性质	最小平曲线半径(m)	最小视距(m)	交叉口间距(m)	宽度(m)				面积(m²)			路面结构	桥梁		广场用地(m²)	备注
								红线之间	车行道	人行道	分隔带(绿地)	车行道	人行道	分隔带(绿地)		结构	荷载标准		

表 2.9　给水工程调查表

给水管理单位名称		用水人口(万人)	
水厂位置		水厂占地面积(hm²)	
供水能力(t/d)		水源平均日出水量(t)	
管线长度(m)	干管(>φ100)	水厂上属单位	
	支管(<φ100)	水厂职工人数(人)	
全年供水量(万 t)	工业用水	制水成本(元/t)	
	生活用水	水源类别	
	其他用水	供水工艺	
	合计	泵房面积(m²)	
水处理构筑物	处理能力(t/d)	水泵型号	
	构筑物简况	水泵台数(台)	
高地水池(或水塔)容积(m²)			
高地水池(或水塔)座数(座)			

表 2.10　排水工程调查表

排水管理单位名称			职工人数(人)	
排水体制			工业污水量(t/d)	
干道长度(m)			生活污水量(t/d)	
排水沟管长度(m)	土明沟	分散的污水处理设施(座)	化粪池	
	石明沟		其他	
	混凝土管	集中的污水处理构筑物(座)	处理厂	
	其他沟管		其他	

2.3　村镇规划的资料整理及其分析

2.3.1　资料的整理

收集资料后要进行整理分析，去伪存真，为规划提供科学依据。整理分析的方法很多，在村镇规划中采用较多的有典型剖析法、随机变量的均值计算法、回归分析法、"德尔菲"法等。资料整理的成果可用图表、统计表、平衡表及文字说明等来反映。

2.3.2　资料的综合分析

1）社会经济资料的综合分析

社会经济技术条件是村镇形成和发展的基础，只有对这方面的资料进行深入的综合分析研究，才能正确地确定村镇的性质、规模、发展方向，以确定村镇在区域居民点分布体系中的作用。

2）自然条件资料的综合分析

在收集到村镇用地范围内的地形、地貌、土壤、水文、水文地质、工程地质、资源状况等自然条件后，要按照规划与建设的需要，在对自然条件资料综合分析后对村镇用地进行科学的分析鉴定，对用地的环境条件进行质量评价，为村镇布局和功能分区提供科学依据。

3）现状条件资料的综合分析

现状条件资料是指村镇生产、生活所构成的物质基础和现有土地的使用情况，如建筑物、构筑物、道路、工程管线、绿地、防洪设施等等。这些都是经过一定历史时期建设而逐步形成的。

村镇大多数是在原有村镇基础上规划建设的，村镇规划不能脱离这些原有的基础。现状条件资料的综合分析对于研究村镇的性质、规模及其发展方向，合理利用和改造原有村镇，解决村镇各种矛盾、调整不合理布局均是极为重要的。

3 村镇总体规划

村镇的形成和发展,有其自己的特点。掌握和分析研究这些特点,采取切合村镇而有别于城镇的规划方法,对于科学合理地编制村镇的总体规划极为重要。从村镇的经济社会地位来看,它是城镇和农村联系的纽带,村镇规划包括乡(镇)域规划,建制镇、集镇总体规划和详细规划,村庄建设规划。由于村镇的分布较广、规模较小,且它们在行政组织、经济发展、生活服务等方面又有密切的联系,所以,既需要总体协调,又需要局部安排。

3.1 乡(镇)域规划

乡(镇)域规划,是国家和地区对村镇建设发展所做的总体部署,是村镇长远建设计划的一种形式。乡(镇)域规划所解决的是,在全局范围内村镇发展的指导思想,它在乡(镇)域经济中的地位和作用,发展的总规模、布局和长远发展方向,它与工农业以及其他村镇之间的关系,对村镇发展的自然资源条件、地理交通条件、人口条件、技术条件的利用及可能带来的影响的分析。通过乡(镇)域规划,明确分析村镇在区域中的经济地位和社会关系,分析农业依托的基础及农业资源的"腹地",从而有利于进一步确定村镇的性质和发展规模,分析出市、县、乡(镇)体系的有机联系。

3.1.1 乡(镇)域规划的任务及内容

1) 村镇区域的层次划分

根据中国农业生产水平和便于耕作管理的要求,村镇规模较小,分布较散。在一个乡村基层人民政府管辖范围内,有许多规模大小不等的村庄和若干集镇,形式上是分散的个体,实质上是互相联系的有机整体。其职能作用、设施多少各不相同,在生产、生活、文化、教育、服务和贸易等方面形成一定的结构体系。村镇居民点的体系结构,就是村镇居民点的等级、层次、性质、规模、空间组合及其相互联系等,是乡(镇)域规划的核心与重点。它是今后集镇、村庄规划与建设的重要依据。中国村镇的体系结构一般按各自所处的地位、职能进行层次划分,综合各地有关村镇体系层次的划分情况可以自下而上依次分为基层村—中心村——一般镇—中心镇四个层次,见图3.1。

(1) 基层村:村镇中从事农业和家庭副业生产活动的最基本的居民点,没有或者只有简单的生活福利设施。在生产组织上,有的是一个村民小组,有的是几个村民小组,住户规模少则几户,多则百余户。

(2) 中心村:村镇中从事农业、家庭副业和工业生产活动的较大居民点,一般是一个行政村管理机构所在地。它拥有为本村庄和周围村庄服务的一些基本的生活福利设施。住户规模少则二三百户,多则五六百户。

(3) 一般镇:绝大多数是乡村基层人民政府的所在地、村镇企业的生产据点,商品交

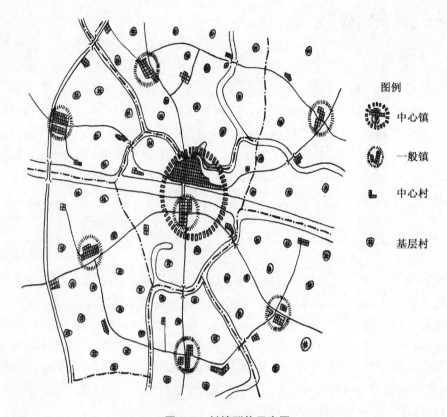

图例

<table>
<tr><td>中心镇</td></tr>
<tr><td>一般镇</td></tr>
<tr><td>中心村</td></tr>
<tr><td>基层村</td></tr>
</table>

图 3.1　村镇群体示意图

换、集市贸易的场地,交通运输的枢纽,文化教育、科技、卫生、邮电各个事业单位的设施场所。一般人口规模为 10 000 人以下或 10 000—30 000 人。

(4) 中心镇:一般可以是区域中心,也可以是乡域中心,在经济、社会和空间发展中发挥中心作用的镇。人口规模为 3 万—5 万人或以上。

就一个县(市)的范围而言,上述体系的四个层次一般是齐全的;而在一个乡(镇)所辖地域范围内,多数只有一个集镇或一个县城以外的建制镇,划定为一般镇或中心镇,即两者不同时存在。但也有一般镇和中心镇同时存在的个别情况。基层村和中心村也有类似的情况。所以在规划中要根据村镇的职能和特征对每个村庄、集镇和县(市)域以外的建制镇进行具体分析,因地制宜地进行层次划分。

2) 乡(镇)域规划的任务

乡(镇)域规划的主要任务就是对规划范围内的现有村庄分布与规模情况、分布特点进行调查研究,分析存在的主要问题,然后根据新的发展要求明确村庄的类型和发展方向、发展规模以及村庄的位置,确定哪些村庄要发展,哪些要适当合并,哪些要逐步被淘汰,以及采取哪些切实可行的措施。

新型城镇化背景下的村庄建设更应因地制宜,尊重村庄既有的格局,尊重村庄与自然环境及农业生产之间的依存关系,重点改善村庄人居环境和生产条件,保护和体现农村历史文化、地区和民族以及乡村风貌特色。

3) 乡(镇)域规划的内容

乡(镇)域规划是乡镇行政区域内村镇布点及相应各项建设的整体部署,是中心镇、一般镇和村庄规划的依据,其主要工作内容如下:

(1) 研究分析乡(镇)行政区域内的社会经济发展情况,进行乡(镇)行政和经济体制改革的分析,工业发展分析,农业、多种经营发展分析,居民点分布现状对生产发展影响的分析,商业、交通、能源、科技、文化教育的分析,预测其发展方向和发展水平。

(2) 研究确定乡(镇)行政区域内的村镇布点,包括零散自然村庄的缩并。

(3) 研究确定乡(镇)域规划目标和社会经济发展战略方针。

(4) 研究确定乡(镇)行政区域内主要村镇的位置、性质、人口和建设用地发展规模与发展方向。

(5) 研究确定建设用地范围和基本农田保护区范围。

(6) 研究确定乡(镇)域总体规划布局。

根据现状资料分析、各项目标预测和专项规划取得的结果,做出乡(镇)域综合规划的总体布局。

① 乡(镇)域村镇体系布局规划。村镇体系布局规划的构思为:以中心镇为中心,以一般镇、中心村为生产和生活的服务半径,以基层村为居住环境组团式的村镇体系。

② 乡(镇)域工业发展规划布局。根据乡(镇)域工业发展的战略和目标,结合本村镇的自然优势、特点和工业的行业性质、分类,对乡(镇)域内工业发展进行合理规划布局。

③ 农业发展规划布局。对乡(镇)域范围内的各种作物、多种经营、空间布局、发展先后和农业机械化规模经营等提出规划设想。

④ 社会服务设施配套规划布局。规划配套以现状存在问题为主,结合社会发展目标,按乡(镇)域体系的不同等级、不同职能配套社会服务设施,即农贸或专业市场、供销社、金融、水厂、邮政、中小学、幼儿园、科技站、敬老院、医院、体育文化设施等项目。

⑤ 基础设施规划布局。a. 交通网络规划。根据现状交通网络存在的问题和优势,为满足乡(镇)域的经济发展和生活联系的需要,交通网络规划总的构思为:以公路航道为连通的交通网络,提高公路等级和河道通航能力,以镇村沟通来增加公路网密度,形成乡(镇)域贯通的交通网络,规划要近期、远期相结合,分期实施。b. 供电。供电根据乡(镇)域经济发展预测,结合规划期内用电需求量的增加等问题,乡(镇)域必须建设为本乡(镇)域服务的变电所和合理的分区供电网络,并对现有不合理的线路进行调整。c. 邮电通信。邮电通信规划要依据市、县通信规划,并结合乡(镇)域的经济社会发展需要进行编制,逐步改善乡村通信条件。d. 水系网络规划。要根据当地的自然地理、水系、旱涝和人民生产、生活的需要,在现有水系的基础上调整改造,同时随着"海绵城市"的提出,乡村也应是"海绵乡村"。"海绵"包括乡村的河、湖、池塘等水系,也包括绿地、小花园、可渗透路面。雨水通过这些"海绵"下渗、滞蓄、净化、回用,最后剩余部分外排,以满足工农业生产用水、农民生活用水的需要。乡(镇)域供水系统规划集镇管网延伸、行政村自备水、组织联网。

⑥ 土地利用规划。珍惜每寸土地是中国的基本国策,合理改造和利用土地是乡(镇)域规划的重要内容。土地利用规划应包括以下几个方面:土地的利用和保护,村镇建设用

地规划,基础设施用地规划,蔬菜林果用地规划,滩涂、荒地和废弃地的改造和利用。

⑦ 环境保护规划。根据所在乡(镇)域内的现状污染和工业规划布局,应做出乡(镇)域内近期、远期环境保护规划,提出每个规划时期的保护目标和措施。

4)乡(镇)域规划图纸要求

(1)乡(镇)域地理位置图。内容包括地理位置和周围的环境。

(2)乡(镇)域现状图。比例为1∶10 000或1∶20 000。内容包括乡(镇)域现状,土地利用,基础设施,中心镇、一般镇、中心村、基层村分布位置,道路、河湖、工业分布,矿产资源位置,环境污染,农作物分布等,用不同色块或图例表现在图上,如内容较多,图面负担较重,可分开表示。

(3)乡(镇)域用地评价图。比例为1∶10 000或1∶20 000。内容包括:乡(镇)域工农业范围,各种用地不利因素,如矿产开采、塌陷、江河湖、地震高烈度、滑坡位移、山坡洼地、建设用地、可耕地的界定等。

(4)乡(镇)域用地总图。比例为1∶10 000或1∶20 000。内容包括:乡(镇)域工农业规划布局总图、镇村体系规划布局总图、服务商业规划布局图等。

(5)各项基础设施配套规划图。比例为1∶10 000或1∶20 000。内容包括道路网络、供电、通信、河网水系、供水网络等,分别用不同图例或不同色块表示。

5)编写乡(镇)域总体规划说明书要求

乡(镇)域总体规划说明书,主要表述调查、分析、研究规划的成果,特别是图纸无法表述的内容。主要包括:(1)现状;(2)经济社会发展优势和制约因素分析;(3)预测目标确定和经济社会战略方针;(4)总体规划布局;(5)规划实施措施;(6)专题规划说明。

说明书编写要求:现状叙述清楚,资料分析透彻,目标预测、战略设想准确,总体布局合理,规划实施措施落实,文字简练,层次分明,文图并茂。如规划内容较多,需深入说明,可撰写若干专题说明。

3.1.2 乡(镇)域规划的影响因素及其要求

1)乡(镇)域规划的影响因素

进行社会化生产,要求乡(镇)域内村镇的布局规划与乡(镇)域工业、农业、交通运输、动力等生产力的配置相协调,与周围地区的生产发展及地域上的分工协作相适应。为此,必须对乡(镇)域规划的各种影响因素进行全面综合的分析、研究与评价,从而进一步确定各乡(镇)域范围内不同层次居民点的性质、发展条件、发展规模、部门构成和主要职能等。

(1)地区自然条件

对乡(镇)域规划有影响的自然条件包括地质、地形、气候、水资源以及自然灾害,如地震、台风、滑坡等。影响主要表现在区域地理位置的特征上,处在不同的自然条件下,乡(镇)域的分布情况也不相同。如平原地区乡(镇)域范围内居民点的分布较稠密,而山区较稀疏;河网地区较稠密,干旱地区较稀疏;沿海地区较稠密,内陆地区较稀疏;等等。

(2)地区资源条件

地区资源主要指土地资源、水资源、气候资源、矿产资源、生物资源、劳动力资源、经济资源等。资源的性质、储量、分布范围,可利用的难易程度,对村镇的形成、分布、性质、规模等都有很大影响。如矿区的村镇,根据矿床的分布情况,矿井、采矿场位置以及选矿、烧结、冶炼厂的分布和交通运输等条件,而具有不同的布局和组织结构形式;文物资源、风景旅游资源的开发与利用也必然会影响风景区及风景旅游型村镇的建设与发展;气候资源优越、海洋性气候地区的村镇分布较稠密,气候条件恶劣、大陆性气候地区的居民点分布较稀疏等。

（3）人口分布

人口分布对村镇的形成及发展有着举足轻重的作用。人口稠密地区,村镇分布密度较大,城镇化进程快;而人口稀少的地区,村镇分布密度较小,同时也影响着村镇的进一步发展与扩大。

中华人民共和国成立以后,由于强调按行政系统和行政区域来组织经济生活,一般地,县两级政权所在地大多发展为当地最主要的城镇,乡(镇)、村两级政权所在地则发展成为当地最主要的集镇、中心村。

通常,经济水平较高的地区人口分布较稠密;居民移居的历史较久、开拓较早的地区比开拓较晚的地区人口分布稠密。

（4）交通运输

对外的交通运输条件也是影响居民点形成与发展的主要因素之一。对外交通运输的发达程度对居民点的经济繁荣有直接影响,它标志着这个居民点对外经济联系的范围,以及与相邻地区经济联系的密切程度。规模较大的村镇往往分布在交通线路能够到达的地区。交通发达促进了物资和文化技术的交流,从而加速了生产的发展、人口的集中与村镇规模的扩大。现代化交通运输工具的应用往往可以改变人们的距离观念,使中心村镇有更大的吸引范围,从而有可能改变村镇在空间上的分布。

（5）乡镇企业的分布

乡镇企业的区域分布情况、集中与分散的程度、规模大小等,对乡(镇)域村镇的分布、规划、性质具有重要影响。村镇的企业结构往往是由多部门组成,它们是影响村镇性质与规模的基本因素,而那些只为本村镇服务的工业,其发展则取决于村镇规模的大小。

（6）原有生产布局的基础和科学技术发展水平

原有生产布局的基础及科学技术发展水平同样对村镇布局有较大的影响。原有的生产布局基础反映了在长期的历史发展过程中区域生产力分布的内在联系,以及村镇形成、发展的地区因素及其规律性,因此,乡(镇)域规划布局必须考虑原有的生产布局基础。

现代化科学技术的发展可以促使自然资源的广泛开发与利用,促使村镇向纵深地区分布,即在人烟稀少和经济落后的地区开发新村镇。

2）乡(镇)域规划的基本要求

村镇规划最终是要为村民服务的,为村民创建村容整洁、交通便捷、设施完善的生活、生产环境。村镇规划要注重人和环境,正确处理好村镇规划最主要元素——"人"和"环境"在规划中的地位和作用,这是村镇规划必须遵循的原则,因为村镇是村民的村镇,村民是村镇的主体,村镇处在外部环境的空间里,村镇的发展要以村民为主导,以外部环境的协调为前提。规划作为村镇发展的龙头,要始终把"人"和"环境"这两个要素放在重要的位置,构建村镇中人与人、人与自然环境、人与经济发展的和谐。具体地说,在村庄规划中要正确处理好村民的生活习惯、生产需求、外部环境和经济水平,要注重村民的参与,推动规划的实施和控制。

（1）积极发展村镇建设

几十年的经济建设证明,村镇是一定区域的党政领导中心、商品流通中心和消费中心、村镇企业的集中点、文化教育中心,是城乡经济的纽带,同时也是农村剩余劳动力的汇集点。有计划地加强村镇建设,在多个方面有着重要而深远的影响:加快农业现代化步伐,改变农村落后面貌;促进工农业产品交换,繁荣城乡经济;充分调动社会各方面的积极因素,促进乡(镇)域经济的普遍发展;对广大农村提供科技文化知识,缩小城乡差别;吸纳农村剩余劳动力等。因此,要积极创造条件,加速村镇的发展。

（2）远近结合,新旧结合

村镇建设是百年大计,在进行乡(镇)域规划时,要有长远的眼光,力求布局合理、方向明确、统筹规划、按期实现,并留有发展余地。要由近及远,远近结合,由内向外,成片发展。同时,应尽可能选择物质基础较好的旧村镇进行改进扩建,做到新旧结合。旧村镇在经历长期发展的过程中,与周围地区的经济有着十分密切的联系,且村镇的公用设施、交通运输、工业企业、商业等都有一定的基础,因此,充分利用旧村镇的基础,不仅可以大大节省基本建设投资,而且可以争取时间,加快建设速度,尽快发挥基本建设的投资效益。

（3）充分考虑建设条件

进行乡(镇)域规划时,要充分考虑交通、水源、电源、地质、地形、地震等建设条件。

村镇应尽可能分布在交通方便的地点,以便于对外交通联系。水源、电源对居民点布局与发展也起着重要作用,尤其是对以发展耗水量大或耗电量大的企业为基础的村镇起着决定性的作用。此外,村镇还应布置在工程地质与水文地质条件较好的地区。在地震区要注意避开活动断裂带,在其他地区应避开滑坡地区、洪水淹没地区和严重的沙化地区。同时,村镇不应分布在有开采价值的矿层上。

（4）节约土地

在发挥村镇正常功能的基础上,应力求集中紧凑,减少道路和工程管线的长度,以节省土地和工程设施与能源的建设投资。对旧村镇,应充分发挥其用地潜力,在人多地少的平原地区和城市郊区的村镇,要调整旧村落"满天星"式的松散布局,严格控制宅基地定额标准,在满足卫生、防火安全要求的前提下减少空地系数;充分利用村内的旧宅基地和空闲地,提高现有宅基地的利用率。对新建或扩建的村镇,应尽量利用坡地、荒地、薄地、劣地和闲置地,尽可能不占农田,切实保护菜地和林地。

（5）坚持以人为本

注重村民的生活习惯,合理地安排好居住用地布局,在调整居住用地布局时,不要简单地把一个角落的村民的建设用地随意调整到不同宗族的另一片区,要尊重村民意愿和情感,在居住用地分块分片布局时,尽可能地按原有的宗族分布进行整合,整合成紧凑团状的居住片区,实现土地集约利用。除了因地质灾害、防御能力欠缺等影响安全使用,或者附近有严重污染而影响到人的健康生存,或者国家、省的重大工程项目涉及,或者因特别严重的交通不便、生产和生活资源无法保障等外在因素的影响外,各个自然村一般以不搬、不迁、不并、不合为妥。这是因为村民在故土生活久了,对故土有着难以割舍的感情,大搬迁、大合并会造成地方文化特色或者说村落多样性文化和自然风貌的消失,所以在规划中不要为追求图面的美观而随便进行整合。若不能按原有宗族分布进行整合,则应以穿透式围墙或低矮式的实体围护为主,使村民能够隔着栅栏交流,坐着低矮式围护进行聊天,为邻里的认同、友好、依赖创造条件。

(6)创造良好的环境和卫生条件

要根据各层次村镇的性质、规模、自然条件等特点,注意保持村镇及其周围环境生态平衡,力求布置在自然景观特征比较突出、地势高爽、朝阳和通风条件良好、不受洪水威胁的地点,并与绿地系统、河湖水系、郊区林地和农业地区相连接,为村镇创造环境清新的劳动休息场所。村镇规划要注重保护外部环境、对接外部环境,使建设与环境和谐。村镇规划要重视对村镇所处外围环境的分析:充分利用地形地貌的脉络,合理确定道路的标高,要防止不切实际的大填大挖破坏村镇现有的微环境;要充分借用外部层峦叠嶂的山体,塑造村镇美丽的景观,对内部的小山体不要随意破坏,规划要加以整饰和保留,形成投资不多、实用较强的村镇独有的绿地;要充分利用现有的水体,处理好村镇的排洪排涝规划。

(7)注重村民的参与

村镇规划要落实村民参与、推行“阳光规划”,要尊重村民的喜好,满足村民的需要,广纳民智、听取民意,充分尊重村民的知情权和选择权,要打破关起门来搞规划的惯例,要深入村镇第一线听取村民的意见;规划方案确定后,要组织征求村民的看法,在规划评审论证的人员组成上,除了邀请专家、相关部门的人员外,也要邀请各个层次村民代表共同参加,确保规划能够更加切合村镇的实际,符合村民意愿。要通过规划管理全过程公开、全方位公开、全领域公开,实现公平公正,令村民满意并赢得他们的支持。实现村镇规划与人的和谐,确保村镇规划能够更好地满足村民的需要。

(8)注重培育特色村镇

2016年7月,随着国家发展和改革委员会、财政部与住房和城乡建设部联合发文,力推全国特色小镇建设,各地都把特色小镇提上了重要日程。对于特色小镇而言,浙江可谓是先行者,现上海市市委书记、原浙江省省长李强曾大力推动特色小镇建设,对特色小镇有着系统化的思维。对于特色村镇建设,要深挖、延伸、融合产业功能、文化功能、旅游功能和社区功能,避免生搬硬套、牵强附会,真正产生叠加效应、推进融合发展。以发掘文化功能为例。文化是特色小镇的“内核”,每个特色小镇都要有文化标识,能够给人留下难忘的文化印象。特色小镇建设中要把文化基因植入产业发展全过程,培育创新文化、历史文化、农耕文化、山水文化,汇聚人文资源,形成“人无我有”的区域特色文化。

3.1.3 乡(镇)域规划中村镇体系的布局特点

村镇不同于城镇,它是县(市)以下广大农村农业人口集中定居的场所,也是某些固定生产资料集中配置的基地。它既是农村的生活中心和生产中心,也是政治、经济和文化教育中心,所以村镇体系的布局规划有其自身的要求和特点。

1)村镇体系布局的地域广度

村镇之间的社会、经济联系主要是按上下级行政关系进行的,不同层次的村镇有其相对应的地域广度,即腹地范围。集镇一般是乡(镇)人民政府的所在地或国有农场的场部,是村镇组群体系的中心,又是村与县(市)及县属镇之间联系的桥梁。其经济联系半径小,一般不超过乡(镇)或农场的范围,服务人口为2万—4万人,服务半径为5—10 km;其布局的地域广度应是一个乡(镇)或一个农场的土地使用范围,一般结合乡(镇)土地利用总体规划进行。村庄布局的地域广度应是行政村或国有农场大队的土地使用范围。

2)村镇体系布局与各级土地利用规划

从各级土地利用规划的对象和任务出发,村镇体系的布局应着重考虑以下具体要求:

(1)要与各级土地使用范围的确定相协调

各个不同层次的村镇类型、数目、规划及布局形式,要与土地使用单位的经营方向、管理体制、数目和土地面积相一致。如集镇应分布在一个乡或几个乡的土地使用范围的适中位置;一个县(市)的集镇数目与布局形式要与乡级土地使用单位的数目、规模一致;乡级以下的村的数目、规模及布局形式,要根据自然条件和历史条件,结合乡以下土地使用单位、土地使用范围的调整来确定。

(2)要考虑用地的集约性

在农业生产用地中,一般把果园、菜地和费工、耗肥的经济作物种植用地称为集约性用地。为缩短劳动力下地、运肥和农业机械空运转的距离,村镇应布置在集约性用地附近。

(3)要与农村道路网、灌排水系统规划相协调

村镇和生产经营中心是农村货运、客运的主要目标,它们要尽可能分布在公路或农村主干道的附近。村镇内部的主干道走向要与村镇以外的公路主干道相连接。村镇内的供排水规划也要与各级土地利用规划中灌排系统的布置相协调。灌溉干渠要与村镇供水水源相结合,布置在靠近村镇的上方;村镇内的排水系统规划要与污水处理、田间灌排系统规划相结合。

村镇体系的布局与土地利用规划各要素的关系如图3.2所示。

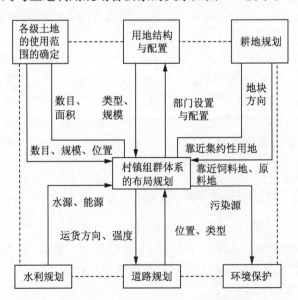

图 3.2　村镇体系的布局与土地利用规划各要素的关系

3）村镇体系的布局形式

（1）集团式

这种形式适用于平原地区的综合型村镇布局。它的优点是布局紧凑、用地经济、工程投资省、施工较方便，还便于组织生产和改善物质文化生活条件。主要缺点是受地形条件限制，因布局集中、规模大，造成劳动半径大、出工距离远（图3.3）。

（2）卫星式

它是分级布局的一种形式，也是由分散向集中布局的一种过渡形式。这种布局最大的优点是现状和远景相结合，既能从现有生产水平出发，又能照顾到生产发展对村镇和生产中的布局的新要求（图3.4）。

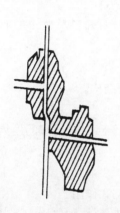

图3.3　集团式布局形式

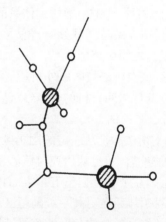

图3.4　卫星式布局形式

（3）自由式

它是中国在丘陵山区村镇体系布局的常见形式。这种形式，一方面受地形、水源、交通等条件限制，另一方面反映出小农经济的痕迹。它对组织大规模生产、改善农村物质文化生活十分不利（图3.5）。

3.1.4　乡（镇）域村镇体系布局规划方法

乡（镇）域村镇体系布局是一项综合性强、内容非常丰富的规划工作。对这一复杂的规划系统，不仅需要有综合的考量，而且还要有一系列科学的研究方法。根据城市地理学中城乡居民点体系布局规划的理论和方法论基础，乡（镇）域村镇体系布局主要应该从地域角度对村镇群体的等级结构、空间形态和影响范围等进行综合研究，常用下面几种分析方法：

1）区域结构分析法

一般来讲，区域规划的基本任务是根据地域的优势条件确定理想的地域经济开发模式和空间经济结

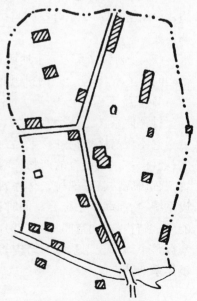

图3.5　自由式布局形式

构框架。而乡(镇)域村镇体系规划是依托现状地域经济结构、社会结构和自然环境(包括自然条件和自然资源)的空间分布特征,合理组织乡(镇)域范围内村镇群体的发展及其空间组合,以达到上述目标和要求。可以看出,乡(镇)域村镇体系规划的最终目标只有一个:地域开发的经济、社会、环境效益最佳。因此,必须运用区域—村镇、村镇—区域的观点对影响乡(镇)域村镇体系规划的各种条件进行评价与区域分析,并从不同乡(镇)域村镇体系相互作用关系及更高一级居民点体系对其影响来分析本乡(镇)域居民点体系的内外物质联系及空间分布形态,从而揭示村镇与乡(镇)域和村镇之间相互依存、相互作用的关系及区域差异。

(1) 调查和分析区域内自然条件及资源、工业、农业、交通、人口、非物质生产部门与村镇体系规划的关系,从中明确村镇体系的总体发展方向。

(2) 研究村镇体系与区域社会经济发展的关系,明确各类村镇的职能分工、地位作用、发展方向及地域吸引范围。

(3) 分析区域内村镇与区域外村镇、低一级居民点体系与更高一级区域体系的相互作用关系,建立起区域间有机的村镇经济联系和网络结构。

2) 地理综合平衡法

地理综合平衡法就是从一定的国土区域内各生产部门对村镇的发展条件、要素及其各组成部门的影响着手,也从研究村镇体系的整体着手,把部分与整体、部门与区域、时间与空间结合起来,主要包括以下五个方面:

(1) 考虑村镇体系在更高一级国土区域中的地位和作用。

(2) 从区域组合的整体角度考察村镇体系的优势条件、限制因素及其发展前景。

(3) 综合分析区域社会经济结构、地域组合规律,从而揭示村镇体系内部社会、经济联系网络。

(4) 综合协调交通运输、邮电通信、水利电力和生活服务设施系统等各项公用基础设施建设网络布局,并结合空间与村镇体系布局的关系,使各项基础设施建设与村镇体系协调发展。

(5) 视村镇体系为一个地域有机整体,研究村镇的形成、发展与分布规律的特点和村镇之间的关系,确立合理的村镇职能分工、等级规模。

3) 系统工程研究法

村镇体系作为一个多元的、多层次的复合综合体,具有高度综合、全面联系的特点。它不仅有区域内各要素、各经济部门的综合,而且还有各学科之间的综合,是自然、经济、技术三结合的产物。因此,有必要用系统工程研究的方法进行综合分析。系统工程研究法就是把村镇体系规划系统分解为若干子系统,如自然环境系统、经济建设系统、物质联系系统等。同时各系统还可逐阶分级,分成不同等级层次结构、不同职能分工结构、不同空间地域结构,目的是进一步了解各个系统的功能和它的部分效应,掌握整个体系规划系统的结构和它的整体效应,从整体上和它的子系统上全面把握村镇体系的特点。

3.2 村镇总体规划的编制

村镇总体规划是村镇规划区内各项建设的整体布置。村镇总体规划的基本任务是根据所在地区的乡(镇)域社会经济发展计划以及乡(镇)域村镇体系的分布规划,研究村镇的经济、文化、科技等各项事业的发展,预测村镇的发展目标,确定村镇的性质和规模,进行村镇的结构布局,统筹安排各项基础设施的建设。它是村镇详细规划的依据。

3.2.1 村镇总体规划的具体内容

1) 村镇总体规划的工作内容

村镇总体规划是指中心镇和一般镇的总体规划,主要内容包括以下九个方面:

(1) 确定规划期限。村镇总体规划期限应与乡(镇)域规划期限相适应,一般为10—20年。

(2) 确定村镇的性质和发展方向,预测人口发展规模,选定各项技术经济指标。

(3) 在对村镇用地的适宜性做出综合评价的基础上,充分考虑村镇的现状条件和远景发展的可能性,进行村镇的总体布局:合理划分用地功能分区,综合安排住宅、工业、对外交通运输、仓库、公共设施和公益事业、绿化用地的布局。

(4) 村镇道路系统的车站、码头等交通运输设施的位置选择;充分分析村镇的发展方向和布局形态,合理确定村镇的公共中心,布置大型公共建筑物位置。

(5) 确定供水、排水、防洪、供电、通信、燃气、供热、消防、环保、环卫等设施的发展目标和总体布局,并进行综合协调。

(6) 确定进行新区开发和旧域改造、用地调整的原则、方针和步骤。

(7) 确定村镇近期建设规划范围,提出近期建设的主要工程项目,安排近期各项建设用地。

(8) 确定对历史文化名镇有保留意义的历史文化古迹、革命纪念地或设施的保护措施。对处于地震威胁区的村镇则要编制抗震防灾规划。

(9) 估算村镇近期建设的投资。

2) 村庄规划的工作内容

村庄规划是根据乡(镇)域规划,结合村庄的实际情况,对村庄各项建设进行的具体安排。村庄规划一般以行政村区域为规划范围进行编制,包括以下内容:

(1) 确定建设用地的规划、布局和发展方向。

(2) 确定宅基地标准、容积率等各项住宅建设的控制性指标。

(3) 具体布置供水、供电、道路、绿化、环境卫生设施。

(4) 具体布置商业等公共建筑和村办企业的位置、用地规模。

(5) 安排村庄防洪等防灾工程设施。

3.2.2 村镇总体规划的方法和步骤

村镇总体规划可采用以下方法和步骤进行:

1）确定规划范围

村镇总体规划是以乡(镇)域规划为依据的,因此规划范围应与其相一致。

2）收集有关总体规划的基础资料

（1）收集村镇区域规划资料

要收集的村镇区域资料包括:①乡(镇)域村镇体系布局规划资料;②乡(镇)域工业发展布局规划资料;③农业发展布局规划资料;④社会服务设施布局规划资料;⑤基础设施布局规划资料;⑥土地利用规划资料;⑦交通河网规划布局资料。

（2）收集村镇总体规划资料

主要收集村镇总体规划范围内的自然、社会经济、村镇现有建筑物及工程设施资料,村镇环境及其他资料。规划人员在收集了规划的基础资料后,还要进一步调查了解当地干群对村镇总体规划的想法及要求等文字资料。深入规划现场详细查看和熟悉地形、地物,对与基础资料不符的地方要及时进行修改,地形、地物发生变化的地方,应对地形图进行修改、填补、完善。

3）分析研究资料

首先,根据村镇总体规划的内容将有关资料分门别类进行整理,并根据整理的资料画出现状图表,供分析之用。其次,要分析资料的可靠性,资料是规划工作的基础,资料本身不可靠,必然会影响规划质量。应该注意各种资料之间相互矛盾的地方,认真分析造成矛盾的原因所在并加以消除。通过资料的分析,总结出村镇规划中存在的问题。

4）研究解决问题的办法,构思规划方案

研究解决问题的过程,实际上就是构思初步规划方案的过程。由于解决问题的方法、途径不同,所形成的规划方案也各异。如村镇分布与集中的程度不同,就可能会形成几个不同的方案;重要工业、副工业的不同配置,方案也不一样;交通网的不同布置方式,也会产生不同的规划布置方案。所以,在研究解决问题的过程中,要容许产生不同意见,不应强求一致,对提交的各种不同规划方案可以通过综合评价分析加以取舍。

5）进行多方案比较,选择最佳方案

村镇总体规划不管有多少种方案,都不可能有完美无缺的方案,往往各有优缺点,好与不好总是相对而言的。进行多方案比较时,只有对每个方案从技术上的科学性、经济上的合理性、实施上的可行性等方面进行综合分析比较,才能确定哪个方案较佳。对选定的方案,应再进行讨论修改,使该方案充分吸收其他方案的长处。

6）汇报方案,广泛征集各方面的意见

向有关部门和村镇各界汇报规划方案的特点及规划意图,广泛征求他们的意见,并进行归纳总结,对规划方案做出适当的修正,使其更加完善。

7）确定最终方案

召集有关领导、技术人员以及居民代表开会,对村镇总体规划中遇到的重大问题进行讨论,取得一致意见后确定最终方案。

8）绘制村镇总体规划图纸

按照最终确定的村镇总体规划方案内容绘制规划图,不可以随意更改。需局部调整时,也应与有关人员讨论决定。

9）编写村镇总体规划说明书

总体规划说明书应主要表述调查、分析、研究规划成果，特别是图纸无法表述的内容。说明书编写要求对现状叙述清楚，资料分析透彻，目标预测、战略设想准确，总体布局以及各类用地的功能分区合理，规划实施措施落实，文字简练，层次分明，文图表并茂。对规划内容较多、需要进行深入论证说明的部分，可以撰写若干专题加以论述。

3.2.3 村镇总体规划阶段的成果要求

如前所述，村镇总体规划阶段的成果一般包括规划图纸和规划文件。因为对村镇和村庄总体规划的深度要求各异，所以对规划图和规划文件中所要求反映的内容也各不相同。

1）村镇总体规划的成果要求

（1）村镇现状图

村镇现状图是绘制在地形测量图上表明土地使用和地面上各项设施分布情况的镇区平面图。它是村镇规划所必须具有的最基本的资料。比例尺以 1：2 000 至 1：500 为宜。图上应标明：①现有镇区和建成区界线；②测量坐标网、测量标志点的点位、各种地物、交通线路、管线工程、桥涵水体等；③测量区范围内农田、荒地、果园、墓地、树木、经济林和土坑、土岗、地坎、断岩以及池塘的顶部标高或高差等。此外，还应附有现状测量成果表。

（2）村镇用地评价图

村镇用地评价图是根据村镇用地的地形地貌、工程地质、水文地质、地质物理、洪水浸没、地下水资源等情况，对村镇土地的使用价值进行综合分析的图纸。绘制时，首先要研究分析规划范围内土地工程地质、水文地质的情况以及土壤的承载力，历年受洪水泛滥或内涝渍水的范围和水深，可供工业开采的地下水、矿藏位置和开采时地面波及范围，冲沟、滑坡、采空区、地下溶洞、断层等的形成、发展、影响范围等。在此基础上，做出土地评定的分区界线，图上应标明：①洪水淹没区的范围，常年平均水位及最高水位；②已探明的具有开采价值的矿体位置，经鉴定开采时所波及的地面界线；③已查明的地下活动性断裂带的位置和走向；④地下水丰水期等水位线；⑤不适宜修建的临界坡度等高线。

从以上各项分析中，综合归纳为以下三类用地：①适宜修建区域界线；②采取必要工程措施后方可修建的区域界线；③不适宜修建的区域界线。以上各类用地可用不同线条加上透明颜色区别表示，但不能盖住地形现状。

（3）村镇环境质量现状评价图

村镇环境质量现状评价图是反映村镇环境质量现状的综合分析图纸。现状评价图应阐明：环境质量现状与环境污染之间的相互关系，以及村镇的主要环境问题、主要污染区、污染源和污染物质，并根据经济发展和技术条件以及环境质量评价成果，对环境污染的控制和治理提出具体措施和方案。环境质量评价的各种资料主要由环保部门提供。村镇环境质量现状评价图以环境质量分区图为主，图上应标明：①不同地区的冬季、夏季风向频率；②地下水流向、村镇水源地保护范围；③工厂、医院、科研单位等污染分布位置；④主要污染源排放的有害废物指数。

（4）村镇总体规划图

村镇总体规划图是村镇规划的主要图纸，比例尺为1：2 000或1：1 000。它的主要任务是根据村镇人口发展规模、建设内容和环境容量的可能条件，确定镇区规划布局的组织形式，计算规划期内各类用地发展的面积及分配比例；因地制宜地划分功能分区，确定工业、仓库、生活居住、各类公共建筑、对外交通运输、公用事业等用地的具体界线；布置村镇道路系统；安排各类绿地、集市贸易场地及运动场的位置等。

图上应标明：①镇区规划用地界线；②工业区和工厂界线；③仓库区和仓库界线；④生活居住区用地界线；⑤体育场及体育设施用地界线；⑥行政、文教、卫生、科研等单位和机构的用地界线；⑦公共绿地及其他绿化用地界线；⑧对外交通设施用地界线；⑨名胜古迹、革命纪念地保护圈界线；⑩公共事业（包括变电站、高压线走廊、水厂、污水处理厂、垃圾处理场等）用地界线，道路、广场、车站、码头、停车场用地界线；⑪河湖水系和卫生防护林的用地范围；⑫主要街道和镇中心的主要公共建筑区的用地范围；⑬发展备用地范围；⑭其他用地，如保留的农田、山林用地等；⑮特殊用地。

（5）村镇各项工程规划图

① 村镇道路及竖向规划。图上应标明主次干道交叉点的坐标、标高及红线转变半径；各主、次干道的道路横断面（包括与主要管线的关系）；原地形标高及各种现状，并用红色箭头表示竖向排水的方向。

② 村镇给排水工程规划图。图上应标明取水点及取水建筑物、构筑物的位置；给水管网的布置及各段的管径和消火栓、闸阀位置等。对排水系统，图上应标明排水管网起止地面标高与管底标高；各段的管径变化与坡度变化处的检查井；排水出口处、粪便处理池及储水塘等。用箭头表示管道流向，从储水塘采取自流或水泵抽引，引水灌溉农田或排入水沟、河、江、湖等。采用明沟排水系统时，也应标明起讫点的地面与沟底标高及各段的断面大小。此外，还应有总体规划图上的各种主要用地标识，及在村镇用地范围的边缘地带绘上原地形、地貌和标高，并附图例、风玫瑰及说明等。

③ 村镇电气线路规划图。包括电力、广播、通信等，图上应标明各种规划线路和容量及杆位。此外，也应有总体规划图上的各种用地标识，并附图例、风玫瑰及说明等。

④ 村镇绿化规划图。图上应该主要标明苗圃、果园、公共绿化（居住区公园、小块公共绿地）、林荫道、农田蔬菜地等的位置。此外，还应有总体规划图上其他各类主要用地的标识，并附图例、风玫瑰等。

⑤ 村镇近期建设规划图。一般要求比例尺为1：2 000至1：1 000为宜。图中标明村镇近期各项建设的用地范围和工程设施的位置等，见图3.6。

（6）规划文件

村镇总体规划的文件主要是总体规划说明书，其主要内容包括：

① 村镇及乡的自然情况、经济条件、历史沿革、现状特点及存在的主要问题；

② 村镇性质、发展规模和规划期限；

③ 选择村镇发展用地的技术经济依据及用地发展方向；

④ 现状、近期和远期的人口构成分析；

⑤ 用地功能分区和布局，规划区用地平衡表；

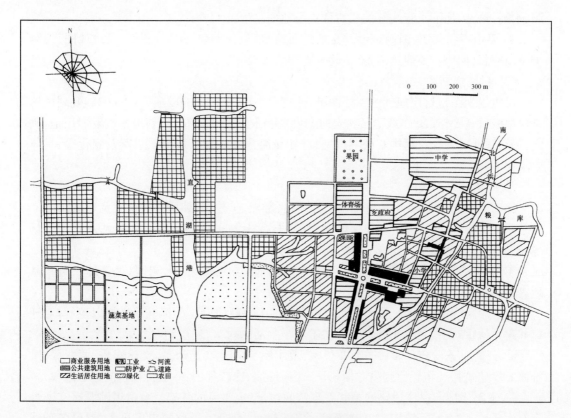

图 3.6　村镇近期用地规划图

⑥ 老街改建的内容、方法和步骤；

⑦ 工业分布和调整的规划措施；

⑧ 各专业工程规划的依据、原则和主要技术经济分析资料(包括道路交通、给水、排水、供电、电信、热力、煤气、园林绿化、人防、环境保护等等)；

⑨ 其他专项规划；

⑩ 规划的实施要求和步骤。

2) 村庄规划的成果要求

村庄规划成果是"五图一书"，即村庄现状图、村庄规划图、村庄管线综合图、村庄中心规划图、基层居民点规划图及规划说明书。规划图纸是完成规划编制任务的主要成果，规划说明书是规划图纸的重要补充，因此必须满足规定的技术要求。

(1) 村庄现状图

村庄现状图的比例尺为 1：(1 000—2 000)，该图右上角绘制村庄在乡域的地理位置。现状图是绘制在地形图上，表明土地使用和地上、地下各设施分布情况的村域总平面图，它是村庄规划的最基本图纸，具体要求如下：

① 村庄区域界线。

② 村庄区域内农田、果园、菜地、坟地、江、河、湖、塘、潭等位置。

③ 村庄区域内各种地物、工厂、副业地及农宅、公共建筑物、构筑物、道路、桥梁、涵

洞、水闸、泵站、地下水管线等的相对位置及地面高程。

④ 要用不同色块、图例表示。要求图面完整,包括图名、年限、图例、风玫瑰图、编制单位、制图日期等。要表达清楚,正确反映现状。

（2）村庄规划图

村庄规划图是村庄规划的主要图纸,比例尺一般为1∶2 000或1∶1 000。规划内容是根据该村近5年、10年或更长一个时期发展要求进行总体布局,划出各类发展用地,确定工业、副业、居民点、村中心公共设施、对外交通、乡村道路、居民点道路及绿化等,具体要求如下:

① 村庄区域界线。

② 工厂区及发展备用地范围。包括新建、翻建、扩建、改建的工厂位置及环境保护。

③ 生产服务设施用地。如变电站（所）、自发电站、电灌站、农机服务站及农用工场等,布局考虑有利于生产,交通方便,留有余地。

④ 副业基地。如一定规模的养猪场、家禽饲养场、精养鱼塘、果园（经济体）、蔬菜基地等等。

⑤ 居民点用地。每户农宅占地应根据当地人民政府确定的标准严格加以控制,对迁村并建要慎重对待,对过于分散、零乱、不利于生活的村落,逐步相对集中。

⑥ 公共服务设施。如村委会办公室、卫生室、中小学、托幼室、文化娱乐、商业服务、维修业等建筑物。布置原则是方便村民、交通便捷、比较集中,一般设在村的中心地段。

⑦ 道路用地。村庄道路网是联系乡镇的纽带,也是村的骨架。乡村道路既有交通性又有生活性。村内道路按其功能应分为乡道、村道、巷道。道路要考虑排水、架设各种线路及绿化植树的需要。按照节约土地的原则,因地制宜地确定道路红线。

⑧ 绿化用地。村级绿化应与植树、果木相结合,美化环境,保持生态平衡。绿化规划内容应包括公共绿化、庭院绿化、防护林带等。

⑨ 文物古迹保护。

⑩ 其他用地。如农田、旱地、果园、自留菜地等。图纸比例及图例应与现状图要求相一致。

（3）村庄管线综合图

村庄管线综合图的比例尺一般为1∶1 000或1∶2 000。管线图是村级各专业工程管线规划图,包括道路网干线,给排水管线,电力、电信及广播线等规划,具体要求如下:

① 村庄区域界线。

② 道路。通过村庄的县级、乡级道路,村道和巷道,应标明其走向;道路断面、等级、交通道路沿线建房与各级道路之间的距离应符合规定要求。

③ 给排水管线。要标明在确定供水方法条件下的水源位置、管道走线、排水区域、排出口位置等。

④ 电力、电信及广播线路。电力线路依高压和低压分开,要标明其走向、容量、杆位、变电站（所）或自发电站位置。

⑤ 图纸比例同现状图及规划图。图面应以村庄规划图为背景,用不同颜色与形状的线条表示,图面要求完整无误。

（4）村庄中心规划图

村庄中心是村委会驻地，是人们交往活动、福利的中心。村庄中心规划图的比例尺一般为1：500，具体要求如下：

① 村庄中心用地范围界线；

② 公共建筑及公共设施；

③ 村庄中心范围内工业厂房、居民点、道路、绿化及其他设施。

（5）基层居民点规划图

在村庄内所有居民点都要做好比较详细的规划，把规划期限内需要保留、调整和新建的每户农宅位置和用地范围落实在图纸上。图纸比例一般为1：500，具体要求如下：

① 居民点范围界线。

② 居民点内道路网的布置，乡道、村道走向及巷道、户道的位置。

③ 保留的农宅及调整后规划的农宅具体位置。

④ 公共设施，如托儿所、传呼电话、公厕、垃圾箱及垃圾处理场等位置。

⑤ 公共绿化、宅房绿化、庭院绿化的位置。

⑥ 图中应以形体规划为主要表现形式，同时伴以技术经济指标。在可能的情况下，对修建的宅房及公共建筑绘制表现图。

上述五张图的图名统一写在图纸的上方，图的左侧适当位置绘出风玫瑰或指北针方向及比例尺，图的右下角注明图例、绘图日期、编制单位，图周围绘制粗、细图框线条。

（6）村庄说明书

村庄规划说明主要包括现状、规划及实施三部分，要反映村庄范围内的自然条件，编制规划指导思想、规划内容和农、工、副经济发展情况，具体要求如下：

① 自然概况及地理位置。

② 农、工、副业生产现状，自然村布置和人口等情况，以及其存在的主要问题。

③ 规划指导思想、村的发展方向、规划期限及目标。

④ 规划建设用地规模，总体布局，村中心规划意图，新建、改建、合并和搬迁等问题的说明。

⑤ 功能分区情况。包括功能分区的依据，各功能区的范围、规模以及它们之间的联系。

⑥ 各项工程设施规划。包括道路、给排水、排污处理、电力、电信、广播、沼气、绿化、太阳能利用等情况。如道路规划说明，在原有道路网的基础上，经合理调整形成新的道路网系统的说明等。

⑦ 近期建设规划及工程项目。要求结合村级经济发展计划，近期需要建设办实事的项目。

⑧ 经济来源分析情况、资金筹措的办法、实施规划的可行性、村级经济利润投资方向及措施等。

⑨ 各种必要的统计附表说明。包括总用地平衡表、人口年龄构成调查表、户型调查表、村庄总概况调查表、近期建设项目投资估算表。

⑩ 规划说明书。说明书既是图纸的补充，又是上报审批的重要文件之一，因此其文

字应简明扼要、表达正确。说明书的正本应备有关附表,原始资料另行装订成册。

3.3　村镇的性质与规模

在编制村镇总体规划时,确定村镇的性质、拟定村镇发展规模是首先要解决的、带有战略性的问题。村镇规划要为它的性质服务,这是村镇规划和建设的基本原则。因此,必须根据国民经济和社会发展计划以及乡(镇)域规划,对于农村和乡镇经济发展的趋势和可能的新结构充分进行分析研究,正确拟定村镇在一定发展阶段内的性质和规模。只有重视并正确拟定村镇的性质和规模,才能使村镇在不同发展阶段的布局形态都保证始终沿着健康的轨道发展。

3.3.1　村镇性质

村镇性质是指村镇在一定区域内政治、经济和文化等方面所担负的任务和作用,即村镇的个性、特点、作用和发展方向。它是由组成村镇基本因素的性质所决定的。

1) 确定村镇性质的依据

(1) 村镇地理

村镇所在乡镇辖区范围内的地理和自然条件对村镇的形成和发展有重要的影响。在确定村镇性质时必须了解乡镇辖区内的地形、地貌、水文、气象、地震等自然条件,以及地理环境容量、整个辖区的交通运输状况和发展前景,还要了解乡镇辖区内的村镇体系布局及发展趋向,这些因素将对村镇工业企业的设置、布局和村镇的发展起着决定性的作用。

(2) 村镇资源

对村镇发展有直接影响的资源有农业资源、水资源、森林资源、风景资源、矿产资源、能源资源、人力资源。

农业资源:农、牧、副、渔各业,它们的生产及消费情况,今后发展趋势及前景等。

水资源:地表水资源和地下水资源,它们的分布及可供利用的总量,水质状况。

森林资源:森林分布情况、储量、可采伐量、采伐条件、利用情况。

风景资源:自然景观和人文景观,前者是山岳、河川、树木、洞穴等大自然形成的风景,后者是由于人的活动而造成的历史古迹、革命遗迹及宗教等活动胜地。

矿产资源:探明的矿物种类、储量、分布情况、可采条件的利用情况等。

能源资源:电力、煤炭以及部分水电的能源供给情况。了解村镇发电和输电设备的情况,电力负荷及供电站、电网、煤、石油的来源、运输、储存及发展的需要情况。

人力资源:村镇及其周围的劳动力资源,从农业人口转移为村镇人口的情况和前景,村镇青年就业情况等,并且还应包括村镇的科技、文化水平等。

对上述资源要进行调查分析,并做出恰当的评价。

(3) 国民经济和社会发展计划

村镇的发展目标要以国民经济和社会发展计划为依据,再结合村镇发展的条件综合加以考虑。如在村镇或村镇附近有无新建大型工矿企业,规划的铁路、公路干线是否经过本村镇,地区的经济发展对本村镇有无新的要求等,这些都会对村镇发展产生重要的影响。

(4) 村镇的历史资料

调查、分析、研究村镇建设的历史,对今天的村镇规划与建设有着重要的作用。历史资料包括村镇产生和形成的社会经济背景,历史上村镇的职能、规模、变迁原因,村镇对外交通情况,水源地的变化等。研究这些资料,对合理进行村镇分布、确定村镇性质和规模起着重要的作用。

(5) 村镇的现状资料

村镇现状是村镇发展的基础,通过对村镇现状调查,掌握村镇现有生产水平和设施状况,村镇各类用地情况及比例,村镇企业的产品、产量、产值、职工人数、能源供应、"三废"排放与处理,交通运输现状与问题,生产、生活设施的配置、文化福利、绿化、环境等方面的情况。掌握了这些资料,有利于正确地认清村镇的发展优势,把握村镇的发展趋势。

(6) 村镇物质要素

村镇是由村镇企业、对外交通、仓库、居住和公共建筑、园林绿地以及各项公用设施(如道路、上下水、供电)等组成的,这些被称为村镇的物质要素。在这些物质要素中,如工业、对外交通、行政科研等对村镇的发展都起着重要的作用,因此,了解这些要素在村镇中所占的地位和作用以及它们的发展前景等,有助于明确该村镇的性质。各个村镇虽具有相同的物质要素,但也各有其自身的特点与职能,因此它们反映在村镇的性质上也就不完全相同。

2) 村镇的类型及规模分级

进行村镇规划时,要在县级以下一定区域内确定各聚居点的性质、规模、发展方向和各项建设标准,首先必须按其所处的地位、职能进行层次划分。在村镇层次划分的基础上,进一步按人口规模进行分级,为村镇规划中确定各类建筑和设施的配置、建设的标准、规模和规划的编制程序、方法和要求等提供依据。

(1) 按村镇在某一地区范围内的职能确定村镇的类型

① 综合性村镇

这类村镇占多数,它们是一定区域范围内的行政、经济、文化中心,地理位置和资源状况都较为优越。它们一般是地方性的重要经济中心、生活服务中心,为该区内商业、集市贸易中心和农副土特产品的集散地,同时又是联系城市和乡村的桥梁,是各类工业、手工业,特别是以农副产品加工为主、小型建材和农机修理为辅的工业集中地。

② 以某种经济职能为主的村镇

这是指少数的建制镇和乡辖集镇。它们虽不是该区域的政治、经济和文化的中心,但或是大型工矿企业的所在地,或是靠水运码头、铁路车站及几条公路交叉点等的交通枢纽,或历史上早已形成的商业、服务业,集市贸易比较繁荣、经济比较活跃。

③ 特殊职能的村镇

这类是极个别的,有可能以风景、游览、疗养、革命纪念地为主要性质的村镇。它们可能是已开发为以上主要性质的规模较大的村镇,也有可能是正拟开发的处于雏形阶段的规模较小的村镇。

（2）按不同层次村镇的人口规模划分村镇等级

村镇规划规模分级应按其不同层次及规划人口数量分别划分为特大型、大型、中型、小型四级，见表 3.1。

表 3.1　村镇规划规模分级

规模分级		镇区	村庄
规划人口数量(人)	特大型	>50 000	>1 000
	大型	30 001—50 000	601—1 000
	中型	10 001—30 000	201—600
	小型	≤10 000	≤200

3）村镇性质的分析与论证

正确拟定村镇的性质，应综合分析村镇的主要因素及其特点、现状的经济结构状态；明确它的主要职能，并且要根据村镇经济发展的趋势分析村镇经济发展的潜力和优势，指明它的发展方向。

村镇性质确定的一般方法是采用"定性分析"与"定量分析"相结合，以定性分析为主，以定量分析为辅。

（1）定性分析

所谓定性分析，就是运用科学理论去把握客观现象本质的规定性，就是全面分析村镇在政治、经济、文化生活中的地位和作用。多数村镇是通过分析村镇在地区内的经济优势、资源与邻近村镇经济的联系和分工等来确定村镇的主要发展方向，并以此带动村镇所属地区的经济协调发展，进而取得较好的经济效果。

（2）定量分析

定量分析就是在定性分析的基础上对村镇的职能特别是经济职能采用以数量表达的技术经济指标来确定主导的生产部门：①分析主要生产部门在村镇所在地区的地位和作用。②分析主要生产部门经济结构的主次，通常采用同一经济技术指标（如职工人数、产值、产量……），从数量上去分析，以其超过部门结构整体的 20%—30% 为主导因素。③分析用地结构的主次，以用地所占比重的大小来表示。

村镇性质的发展变化是一个比较复杂的问题。一般来说，大多数村镇在一定时期内其性质是比较稳定的，但也有一些村镇的性质可能发生一定的变化。如矿产资源的发现或枯竭、乡镇交通运输所处地位的变化、新的技术因素的出现等经常导致原有工业企业生产组织形式的变化。对于这种情况，就应该重新修改村镇性质和村镇布局，以适应变化了的需要。

3.3.2　村镇规模

村镇性质确定以后，就要根据规划期的发展要求来估算村镇的规模。村镇规模指的是人口规模和用地规模。通常村镇用地规模随村镇人口规模而变化，所以村镇规模也可以用村镇人口规模来表示。

1) 村镇人口规模

村镇人口规模是指在一定时期内村镇人口的总数。村镇人口总数应为村镇所辖地域规划范围内常住人口的总和。它是编制村镇总体规划的基础指标和主要依据之一,它影响着村镇用地的大小、建筑类型和层数高低及其比例、生活服务设施的组成和数量、交通运输量和交通工具的选择及道路的标准、市政公用设施的组成和标准、村镇布局等一系列重大问题。

综合分析法作为中国《镇规划标准》(GB 50188—2007)中提出的村镇人口发展预测方法,是目前各地进行村镇规划时普遍采用的一种比较符合实际的计算方法。其特点是,在计算人口时,将自然增长和机械增长两部分叠加,计算公式为

$$Q = Q_0(1+K)^n + P \tag{3-1}$$

式中:Q——总人口预测数(人);

Q_0——总人口现状数(人);

K——规划期内人口的自然增长率(%);

P——规划期内人口的机械增长数(人);

n——规划期限(年)。

村镇规划期内的人口预测,应按其居住状况和参与社会生活的性质分类进行,见表3.2。其中,流动人口对公共设施、集贸市场、道路交通的规划建设也有影响。

表 3.2　村镇规划期内人口分类预测

人口类别		统计范围	预测计算
常住人口	户籍人口	户籍在镇区规划范围内的人口	按自然增长和机械增长计算
	寄住人口	居住半年以上的外来人口、寄宿在规划用地范围内的学生	按机械增长计算
通勤人口		劳动、学习在镇区内,住在规划范围外的职工、学生等	按机械增长计算
流动人口		出差、探亲、旅游、赶集等临时参与村镇活动的人员	根据调查进行估算

村镇规划期内人口的机械增长应按下列方法进行计算:

(1) 建设项目尚未落实的情况,按平均增长法计算人口的发展规模。计算时应分析近年来人口的变化情况,确定每年的人口增长数或增长率。

(2) 在建设项目已经落实、规划期内人口机械增长稳定的情况下,按带眷系数法计算人口发展规模。计算时应分析从业者的来源、婚育、落户等状况,以及村镇的生活环境和建设条件等因素,确定增加从业人数及其带眷人数。

(3) 根据土地的经营情况,预测农业劳动力转移时宜按劳动力转化法对村镇所辖地域范围的土地和劳动力进行平衡,计算规划期内农业剩余劳动力的数量,分析村镇类型、发展水平、地方优势、建设条件和政策影响等因素,确定进镇的劳动力比例和人口数量。

(4) 根据村镇的环境条件,预测发展的合理规模时宜按环境容量法综合分析当地的

发展优势、建设条件以及环境生态状况等因素,来计算村镇的适宜人口规模。

2) 村镇用地规模

村镇的用地规模与村镇总人口规模、建筑项目和建筑标准以及各类建设用地标准有关。

(1) 村镇用地的统计范围

为了便于比较村镇规划期内土地利用的变化,以及各个不同规划方案的比较和选定,增强用地统计工作的科学性,村镇现状和规划用地应统一按规划范围进行统计。在规划图中,将规划范围明确地用一条线表示出来,这个范围既是统计范围,也是村镇用地规划的工作范围。

(2) 村镇用地分类

村镇用地按土地使用的主要性质划分为居住用地、公共设施用地、生产设施用地、仓储用地、对外交通用地、道路广场用地、工程设施用地、绿化用地、水域 9 大类、30 小类,见表 3.3。

表 3.3　村镇用地的分类和代号

类别代号 (大类)	类别代号 (小类)	类别名称	范围
R		居住用地	各类居住建筑和附属设施及其间距和内部小路、场地、绿化等用地;不包括路面宽度等于和大于 6 m 的道路用地
	R1	一类居住用地	以 1—3 层为主的居住建筑和附属设施及其间距内的用地,含宅间绿地、宅间路用地,不包括宅基地以外的生产性用地
	R2	二类居住用地	以 4 层和 4 层以上为主的居住建筑和附属设施及其间距、宅间路、组群绿化用地
C		公共设施用地	各类公共建筑及其附属设施、内部道路、场地、绿化等用地
	C1	行政管理用地	政府、团体、经济、社会管理机构等用地
	C2	教育机构用地	托儿所、幼儿园、小学、中学及专科院校、成人教育及培训机构等用地
	C3	文体科技用地	文化、图书、科技、展览、娱乐、体育、文物、度假、宗教、纪念等用地
	C4	医疗保健用地	医疗、防疫、保健、休疗养等机构用地
	C5	商业金融用地	各类商业服务业的店铺、银行、信用和保险等机构,及其附属设施用地
	C6	集贸设施用地	集市贸易的专用建筑和场地,不包括临时占用街道、广场等设摊用地
M		生产设施用地	独立设置的各种生产建筑及其设施和内部道路、场地、绿化等用地
	M1	一类工业用地	对居住和公共环境基本无干扰和污染的工业,如缝纫、工艺品制作等工业用地
	M2	二类工业用地	对居住和公共环境有一定干扰和污染的工业,如纺织、食品、机械等工业用地

类别代号		类别名称	范围
大类	小类		
M	M3	三类工业用地	对居住和公共环境有严重干扰、污染和易燃易爆的工业,如采矿、冶金、化工、造纸、制革、建材等工业用地
	M4	农业服务设施用地	各类农产品加工和服务设施用地,不包括农业生产建筑用地
W		仓储用地	物资的中转仓库、专业收购和储存建筑、堆场及其附属设施、道路、场地、绿化等用地
	W1	普通仓储用地	存放一般物品的仓储用地
	W2	危险品仓储用地	存放易燃、易爆、剧毒等危险品的仓储用地
T		对外交通用地	镇对外交通的各种设施用地
	T1	公路交通用地	规划范围内的路段、公路站场、附属设施等用地
	T2	其他交通用地	规划范围内的铁路、水路及其他对外交通的路段、站场和附属设施等用地
S		道路广场用地	规划范围内的道路、广场、停车场等设施用地,不包括各类用地中的单位内部道路和停车场地
	S1	道路用地	规划范围内宽度等于和大于 6 m 的各种道路及交叉口等用地
	S2	广场用地	公共活动广场、公共使用的停车场用地,不包括各类用地内部的场地
U		工程设施用地	各类公用工程和环卫设施以及防灾设施用地,包括其建筑物、构筑物及管理、维修设施等用地
	U1	公用工程用地	给水、排水、供电、邮政、通信、燃气、供热、交通管理、加油、维修、殡仪等设施用地
	U2	环卫设施用地	公厕、垃圾站、环卫站、粪便和生活垃圾处理设施等用地
	U3	防灾设施用地	各项防灾设施的用地,包括消防、防洪、防风等
G		绿化用地	各类公共绿地、防护绿地,不包括各类用地内部的附属绿化用地
	G1	公共绿地	面向公众,有一定游憩设施的绿地,如公园、路旁或临水宽度等于和大于 5m 的绿地
	G2	防护绿地	用于安全、卫生、防风等的防护绿地
E		水域和其他用地	规划范围内的水域、农林用地、牧草地、未利用地、各类保护区和特殊用地等
	E1	水域	江河、湖泊、水库、沟渠、池塘、滩涂等水域,不包括公园绿地中的水面
	E2	农林用地	以生产为目的的农林用地,如农田、菜地、林地、园地、苗圃、打谷场以及农业生产建筑等

続表 3.3

类别代号		类别名称	范围
大类	小类		
E	E3	牧草和养殖用地	生长各种牧草的土地及各种养殖场用地等
	E4	保护区	水源保护区、文物保护区、风景保护区、自然保护区等
	E5	墓地	—
	E6	未利用地	未使用和尚不能使用的裸岩、陡坡地、沙荒地等
	E7	特殊用地	军事、保安等设施用地,不包括部队家属生活区等用地

一个单位的用地内兼有两种以上性质的建筑和用地时,要分清主从关系,按其主要使用性能归类。如镇办工厂内附属的办公、招待所等不独立对外时,则划为工业用地;如中学运动场晚间、假日为居民使用,仍划为中学用地;又如镇属体育场单兼为中小学使用,则划为文体科技用地小类。

一幢建筑物内具有多种功能,该建筑用地具有多种使用性质时,要按其主要功能的性质归类。

一个单位或一幢建筑物具有两种使用性质而不分主次,如平面上可划分地段界线时分别归类;若在平面上相互重叠不能划分界限时,要按地面层的主要使用性能作为用地分类的依据。

(3) 村镇用地规模的主要影响因素

村镇用地规模受村镇性质、村镇人口规模、村镇布局特点和自然地理条件等影响。

① 村镇性质。村镇性质不同,其用地的构成不一样,用地规模也有差异。工矿型村镇中工业占地较多;交通枢纽型村镇是物资集散地,需要更多的仓储用地和交通运输用地;风景游览型村镇中园林绿地占的比重较大;中心镇的公共服务设施要为亦工亦农人口和周围地区农村服务,其公共服务设施用地要比一般的集镇大。

② 村镇人口规模。村镇人口规模的大小会直接影响村镇用地规模。村镇人口规模大,一般建筑平均层数较高、人口密度较大,人均用地指标就小,这些因素会对村镇用地规模带来一定的影响。

③ 村镇布局特点。一般情况下,紧凑布局要比分散布局更节省村镇用地。团状集中式布局比带状布局和村镇多组分散布局节省道路用地,从而也节省了村镇用地。

④ 自然地理条件。在平原沿海地区的村镇布局一般比较紧凑,占地少;而处于山丘区的村镇布局相对比较松散,占地较多。

此外,村镇用地规模还受村镇用地的历史情况、新建项目的用地指标等影响。

(4) 村镇规划建设用地标准

村镇规划建设用地的标准包括数量和质量两个方面的内容,具体分为人均建设用地指标、建设用地构成比例和建设用地选择。村镇建设用地选择的有关内容将在下节中介绍。

① 村镇规划人均建设用地指标。中国农村幅员辽阔,自然环境、生产条件、风俗习惯

多样,加之长期自发进行建设,致使人均水平差异很大,难以在规划期内合理调整到位,这就决定了在村镇规划中需要制定不同的用地标准。参照各省、自治区、直辖市制定的人均建设用地指标和规划实例中的人均用地状况,本着严格控制用地的原则,一般规定规划人均建设用地标准总的区间值为 60—140 m²。同时,在总的区间值内按一定幅度划分四个级别,见表 3.4。

表 3.4　人均建设用地指标分级

级别	一	二	三	四
人均建设用地指标(m²)	>60 ≤80	>80 ≤100	>100 ≤120	>120 ≤140

考虑到在 10—20 年的规划期限内,各地村镇的发展主要是在现状的基础上进行的。因此,在编制规划时,要以现状人均建设用地水平为基础,通过调整逐步达到合理,并且在确定规划建设用地指标时,该指标要同时符合表 3.5 中指标级别和允许调整幅度的两项规定要求。人均建设用地指标调整可按下列原则进行:

对于现状用地偏紧、小于 60 m²/人(含 60 m²/人)的应增加。

对于现状用地在 60—80 m²/人(含 80 m²/人)区间的,各地根据土地的状况可适当增加。

对于现状用地在 80—100 m²/人(含 100 m²/人)区间的,可适当增加或减少。

对于现状用地在 100—140 m²/人(含 140 m²/人)区间的,可适当压缩。

对于现状用地在 140 m²/人以上的,可压缩到 140 m²/人以内。

表 3.5　人均建设用地指标调整

现状人均建设用地指标(m²)	允许调整幅度(m²/人)
≤60	增 0—15
60—80(含 80)	增 0—10
80—100(含 100)	增、减 0—10
100—120(含 120)	减 0—10
120—140(含 140)	减 0—15
>140	减至 140 以内

计算村镇规划建设用地标准时的人口数量应以规划范围内的常住人口为准。人口统计范围必须与用地统计范围一致。镇区内的常住人口包括村民、居民和集体三种户口的人数。需要说明的是,集镇或县城以外建制镇的通勤人口和流动人口对建设用地规模和构成虽然有影响,但同常住人口相比,其对建设用地的影响仍然是局部的、临时的。为简化计算起见,对于这部分流动性质、变化幅度大的人数,要根据实际情况,除某些生产建筑、公共建筑和基础设施用地予以考虑外,可在确定规划建设用地的指标级别中适当提高取值或在调整用地构成比例以及单项用地取值时予以解决。

② 建设用地构成比例。建设用地构成比例是人均建设用地标准的辅助指标,是反映

规划用地内部各类用地数量的比例合理的重要标志。因此,在编制村镇规划时,要调整各类建设用地的构成比例,使用地达到合理。村镇规划中的居住用地、公共设施用地、道路广场用地及绿化用地中的公共绿地四类用地占建设用地的比例宜符合表 3.6 的规定。

表 3.6　村镇建设用地构成比例

类别代号	用地类别	占建设用地比例(%)	
		中心镇镇区	一般镇镇区
R	居住用地	28—38	33—43
C	公共设施用地	12—20	10—18
S	道路广场用地	11—19	10—17
G1	公共绿地	8—12	6—10
四类用地之和		64—84	65—85

关于基层村的用地,主要取决于村民宅基地的标准,在规划建设中,建议按宅基地标准进行控制即可。对于通勤人口和流动人口较多的中心镇,其公共设施用地所占建设用地比例宜选取规定幅度内的较大值。邻近旅游区及现状绿地较多的村镇,其公共绿地所占建设用地比例必须大于 6%。

(5)村镇建设用地平衡分析

各个村镇用地规模,往往因所在地区不同、所具备的条件不同而异,但就一个村镇来说,它是一个有机的整体,各项建设用地都有一定的内在联系,在用地数量上都要保持恰当的比例,以协调各项事业的发展。所以在规划中不仅要对现状用地进行平衡分析,从中寻找不合理的用地关系,并在规划中加以解决;还应根据村镇的发展要求和前述村镇各类建设用地指标来安排各类用地,并加以平衡分析,最终确定村镇规划期的用地规模。表 3.7 为村镇规划用地平衡表模版,供规划时参考。

表 3.7　村镇规划用地平衡表

用地类别及代号	现状年			规划年			备注
	面积(km²)	比例(%)	人均(m²)	面积(km²)	比例(%)	人均(m²)	
(1)建设用地							
居住建筑用地(R)							
公共设施用地(C)							村镇人口规模
道路广场用地(S)							现状____人,
公共绿地(G1)							规划____人
防护绿地(G2)							
生产设施用地(M)							

用地类别及代号	现状年			规划年			备注
	面积 (km²)	比例 (%)	人均 (m²)	面积 (km²)	比例 (%)	人均 (m²)	
仓储用地(W)							村镇人口规模 现状_____人, 规划_____人
对外交通用地(T)							
工程设施用地(U)							
(2) 非建设用地、水域 和其他用地							
村镇规划范围用地							

3.4 村镇用地分析

3.4.1 村镇用地的概念及特征

村镇用地是指用于村镇建设、满足村镇功能需要的土地,它既指已经建设利用的土地,也包括已列入村镇规划范围但尚待开发建设的土地。

村镇用地是村镇各项活动的载体,村镇的一切建设工程不管其在地上还是地下,也不管它的功能如何复杂、对空间如何利用,最终都必然要落实到土地使用上。村镇用地的自然和建设条件以及村镇活动的功能要求决定了村镇土地使用的布局结构和形态。因此,村镇土地使用规划,即根据经济和社会发展需要和村镇各项功能活动对用地的基本要求,分析研究村镇发展的自然和建设条件,合理确定村镇用地的规模、范围和发展方向,合理安排各项功能用地并有机组合,是村镇总体规划的核心内容之一。

如同城市用地,村镇用地既是一项资源,也是一种商品;既具有使用价值,可以承载各种建设工程和各项功能活动,又具有经济价值,可以作为商品进入社会市场有偿转让,也可以产生巨大的经济效益。归纳起来,村镇土地一般具有下列属性:

(1) 自然属性

土地是自然生成的,具有明显的空间定位性和不可移动性,由此导致每个区域的土地具有各自的土壤构成、地貌特征和相对的地理优势(或劣势)。土地的变化只可能是人为地或自然地改变土地的表层结构或形态,一般情况下土地不可能生长或毁灭,它是不可再生的自然资源。

(2) 社会属性

地球表面绝大部分的土地已有了明确的隶属,也就是说一般情况下土地必然依附于一定的、拥有地权的社会权力。村镇土地的集约利用社会强力的控制与调节,无论在土地私有制还是公有制的条件下,都明显地反映出其强烈的社会属性。

(3) 经济属性

土地一般都具有生态用途、景观用途和空间用途,并因此而显现其经济价值。然而,村镇用地是人们活动的物质载体,这是村镇用地区别于其他用地的本质属性。人们开发村镇用地就是为了获得其生存所需要的集约空间,为了满足各种村镇活动的空间需求。因此,村镇用地的经济属性主要不是表现在土壤的肥瘠上,而是更多地表现在其在村镇中特定的环境与地点——区位,表现在土地产生和发挥其经济潜力和经济效益的能力。如通过人为的土地开发(如七通一平),可以使村镇用地具有更好的利用条件,从而大大提高其可利用性和产出的经济性,并由此转化为建设的经济效益。

(4) 法律属性

在商品经济条件下,土地是一种资源。由于土地具有不可移动性的自然属性和产生经济效益的价值属性,其土地地权的社会隶属须通过一定的交换形式(如土地使用权的有偿转让)和相应的法律程序得到法律的确认和支持,从而使土地具有法律属性。

3.4.2 村镇用地的基本特征

村镇用地具有如下基本特征:

1) 用地功能的广泛性

村镇用地功能的广泛性表现在:相对农业用地而言,村镇活动的复杂性和综合性在社会、经济各方面因素的综合作用下,逐步演变成村镇土地使用功能的多变性。由于村镇的活动由简单到复杂,为了满足日益更新、日益复杂的村镇活动要求,村镇用地的功能也不断地由单一化向多样性方向发展。我们知道,中国传统村镇的功能和结构相对单一,居住、简单的交换和运输几乎是其功能的全部。改革开放后,村镇的经济结构和社会结构发生了巨大的变化,村镇的经济功能日益加强,经济活动日益频繁,产业结构日益多样,居民来源、收入水平、文化背景、社区素质出现了新的差别,人们对村镇居住生活、服务、休闲等的设施要求有了明显提高,从而导致村镇社会组织和社会活动日益复杂化。这种变化逐渐反映到村镇用地的类型和布局上,使得村镇用地功能日益多样,用地结构日益复杂,用地比例发生明显变化。

2) 功能的相对稳定性

村镇用地一旦用于建设,依附其上的建筑物和设施便具有一定的使用期限,其使用功能在一定时期内也具有稳定性。要将这些特定的功能转化为另一种功能或用途时,往往需要较高的经济代价和相应的时间投入。而且,村镇在其发展的过程中,各用地功能之间形成了社会、经济等相互关系,改变某一用地的功能,不仅意味着改变用地自身用途,而且意味着对用地结构及彼此关系的改变。因而,村镇用地功能具有相对的稳定性。村镇用地选择和功能组织时,既要解决好当前建设的矛盾,对确实需要调整或改造的用地功能进行切合实际的调整或发展,更要充分预计今后一段时期,甚至更长远发展的建设要求。

3) 土地使用的适度性

村镇土地使用的经济效益一般随开发强度的提高而提高,这是规模效应、集约效应的结果。村镇由于其自身特点,土地使用强度一般较低,土地使用效益也较差。尤其是改革开放后,受经济过热和微观调控不力的影响,村镇建设速度和规模超量发展的问题日益明显:一些村镇任意扩大规模,盲目挤占耕地;一些用地单位征地圈而不用,或建一些简陋建筑,致使大量用地闲置抛荒;有些村镇建设摊子铺得过大,与其经济承受能力不相适应,造成地方财政拮据,日常运营管理费用不堪负担;有些村镇基础设施落后,无法满足土地开发要求,进一步导致土地使用强度下降,形成恶性循环。因此,保证适度的土地使用强度,提高土地使用效益,是当前村镇总体规划的当务之急。

当然,虽然土地使用强度的提高能够带来较大的经济效益,但也不是强度越高经济效益就越好。

微观经济学研究表明,随着开发总效益的递增,边际收益递减。土地超强度的开发会带来拥挤和环境污染等一系列问题,从而影响整体经济效益;且若开发的强度与村镇的比例尺度不相吻合,也会影响村镇空间景观质量。虽然高强度的土地开发在村镇建设中并不普遍,但局部地段或地区的超强度开发也要防止。因此,村镇土地使用规划要根据村镇土地使用的适度性特征,合理调控开发行为,实现适度的土地利用和开发强度,真正做到经济效益、社会效益和环境效益的整体最佳。

3.4.3 村镇用地的评价及选择

村镇总体规划的合理布局是建立在对用地的自然环境条件、建设条件、现状条件综合分析的基础上,是根据各类建设用地的具体要求,遵循有关用地选择的原则选择适宜的用地,进行村镇用地的功能组织,分析村镇的用地组织结构和现状的布局形态,确定村镇规划用地的发展方向和布局形态,使得村镇的总体规划布局保证村镇在不同的建设阶段都能始终健康的发展。

1) 村镇用地的综合评价

村镇用地的评价是进行村镇规划的一项必要的基础工作。它的主要内容是,在分析、调查、收集各项自然环境条件资料、建设条件和现状条件资料的基础上,按照规划建设的需要,以及发展备用地在工程技术上的可行性和经济性,对用地条件进行综合的分析评价,以确定用地的适宜程度,为村镇用地的选择和组织提供科学的依据。

(1) 村镇自然环境条件的分析

村镇自然环境条件主要是指地质、水文、气候以及地形等几个方面。这些要素在不同范围以不同方式对村镇产生着不同程度的影响(图3.7)。

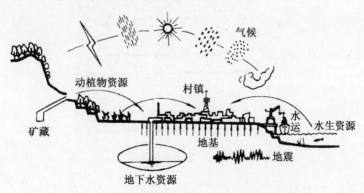

图 3.7 村镇与自然环境的关系示意图

由于不同的地理位置及地域差异的存在,各地自然环境要素的构成对村镇规划和建设的影响有所不同。例如有的是气候条件比较突出,有的可能是地质条件比较显著。而且,一项环境要素往往对村镇规划和建设有着有利与不利两个方面的影响,因此,在分析中应着重于主导因素,研究它的作用规律及影响程度。

① 地质条件

地质条件的分析主要指对村镇用地选择和工程建设有关的地质方面的分析。

建筑地基:在村镇用地范围内,各项工程建设都是由地基来承载。由于土层的地质构造与其形成条件不一,组成物质也各不相同,因而它的承载力也就不同,如表3.8所示。了解建设用地范围内不同的地基承载力,对村镇用地选择和建设项目的合理分布以及工程建设的经济性有着十分重要的意义。

表 3.8　不同地质构造的地基承载力

类别	承载力(t/m^2)	类别	承载力(t/m^2)
碎石(中密)	40—70	细砂(很湿、中密)	12—16
角砾(中密)	30—50	大孔土	15—25
黏土(固态)	25—50	沿海地区淤泥	4—10
粗砂、细砂(中密)	24—34	泥炭	1—5
细砂(稍湿、中密)	16—22	—	—

冲沟:由间断流水在地表冲刷形成的沟槽。冲沟切断用地,对土地使用造成不利的影响。道路的走向往往受其控制而增加线路长度和跨沟工程。尤其是冲沟发育地带水土流失严重,给建设带来问题。所以在选择时,应分析冲沟的分布、坡度、活动与否,以及弄清冲沟的发育条件,采取相应的治理措施,如图3.8中对地表水导流或通过绿化等方法防止水土流失。

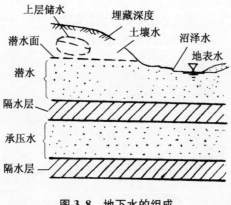

图 3.8　地下水的组成

滑坡与崩塌:一种物理地质现象。滑坡是由于斜坡上大量滑坡体(即土体和岩体)在风化、地下水及重力作用下,沿一定的滑动面向下滑动造成的。在选用坡地或紧靠崖岩建设时往往出现这种情况,造成工程损坏。滑坡的破坏作用包括:造成堵塞河道、摧毁建筑、破坏厂矿、掩埋道路。为避免滑坡所造成的危害,须对建设用地的地形特征、地质构造、水文、气候以及土体或岩体的物理性质做出综合分析或评定。在选择村镇建设用地时应避开不稳定的界面。崩塌是由于山坡内岩层或土层的层面相对滑动使山坡失稳造成的。当裂隙比较发育,且节理面沿顺坡方向,则易于崩塌,尤其是因争取用地而过量开挖,导致坡体失稳更易造成崩塌。

地震:一种自然地质现象。地震的破坏性强,影响范围也大。由于目前尚不能精确地预报,因此对于地震灾害的预防必须引起人们的重视。地震是村镇规划必须考虑的内容之一。

② 水文及水文地质条件

水文条件:江河湖泊等水体,可作为乡镇水源,同时还在水运交通、改善气候、稀释污水、排除雨水以及美化环境等方面发挥作用。但某些水文条件也可能带来不利的影响,如洪水侵犯、水流对河岸的冲刷以及河床泥沙的淤积等。村镇建设会改变原来的水文条件,因此,在规划和建设之前,以及在建设实施的过程中,要对变化后的水文条件加以分析。江河水文条件对规划建设的影响和关系可以用图3.9表示。

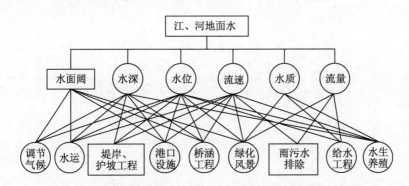

图3.9　江河水文条件同规划与建设的关系

水文地质条件:包括地下水的存在形式、含水层厚度、矿化度、硬度、水温以及动态等条件。地下水常常是乡镇用水的水源,在远离江湖或地面水水量不够、水质较差的地区,勘明地下水源尤为重要。在松软土层中地下水按其成因与埋藏条件,可以分为上层储水、潜水和承压水三类,如前图3.8所示。

其中,具有村镇用水意义的地下水主要是潜水和承压水。潜水基本上是渗入成因,大气降水是其补给的来源,所以潜水位及其动态与地面状况有关。承压水是两个隔水层之间的重力水,受地面的影响较小,也不易受污染,因此往往是主要水源。地下水的水质、水温由于地质情况和矿化程度的不同,对工业用水和建筑基础工程的适用性应予以注意。

在村镇规划布局中,应根据地下水的流向来安排村镇各项建设用地,防止因地下水受到工业排放物的污染而影响到生活居住地区的水质。以地下水作为水源的村镇,应探明地下水的储水量、补给量,根据地下水的补给量来决定开采的水量。地下水过量的开采将会导致地下水位下降,严重的甚至会造成水源枯竭和引起地面下沉。

③ 气候条件

气候条件对村镇规划与建设有多方面的影响，尤其与为居民创造适宜的生活环境、防止环境污染等方面关系十分密切。

影响村镇规划与建设的气象要素主要有太阳辐射、风向、温度、湿度与降水等几方面。其中以风向对村镇总体规划布局影响最大。

在村镇规划布局中，为了减轻工业排放的有害气体对生活居住区的危害，一般工业区按当地主导风向应位于居住区下风向。图 3.10 为不同主导风向情况下工业、生活居住用地布置关系的图式。

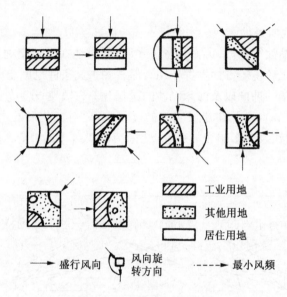

图 3.10　村镇布局典型图式

分析、确定村镇主导风向和进行用地分布时，特别要注意微风与静风频率。在一些位于盆地或峡谷的村镇，静风往往占有相当比例。如果只按频率大小的主导风向作为分布用地的依据而忽视静风的影响，则有可能加剧环境污染之害。如图 3.11 所示，某村镇工业布置虽在主导风向的下风地带，但因该地区静风占全年风频的 70%，结果大部分时间烟气滞留上空，在水平方向扩散影响到邻近上风侧的生活居住区（该地区夏日炎热，夏季主导风为南偏东，道路偏向东南，有利于通风）。

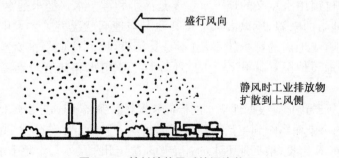

图 3.11　某村镇静风时的污染状况

图 3.12 与图 3.13 是为了有利于村镇自然通风,在村镇总体布局、道路走向和绿地分布等方面考虑与村镇主导风向的关系建设实例。

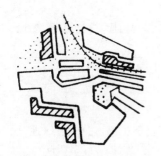

- 工业
- 菜地或绿地
- 生活居住

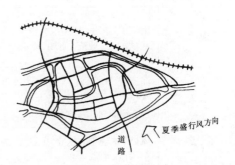

夏季盛行风方向

道路

图 3.12　留出菜地和绿地作为风道的村镇布局　　图 3.13　道路走向考虑主导风向的布置示例

④ 地形条件

地形条件对村镇平面结构和空间布局,对道路的走向和线形,对村镇各项工程设施的建设,对村镇的轮廓、形态和艺术面貌等,均有一定的影响。结合自然地形条件,布置村镇各类用地,进行规划与建设,无论是从节约用地还是从减少土石方工程量及投资等技术经济方面来看,都具有重要的意义。村镇用地对坡度有一定的要求,一般适用的坡度可参考表 3.9。

表 3.9　村镇各项建设用地适宜坡度

用地名称		最小坡度(%)	最大坡度(%)
工业、手工业用地		0.5	10.00
道路	主干道	0.3	4.00
	次干道	0.3	6.00
	巷路	0.3	8.00
铁路站场		0.0	0.25
对外主要公路		0.4	3.00
建筑物	大型建筑	0.3	2.00—5.00
	中型建筑	0.3	5.00—10.00
	住宅或低层建筑	0.3	10.00—20.00

从上述几项自然环境条件的分析可以看出,自然环境对村镇规划与建设的影响是非常广泛的,归纳起来可见表 3.10。

(2) 村镇建设条件的分析

村镇建设条件的分析主要有如下几点:

① 村镇所在地区的经济地理条件。如周围村镇和农村地区的经济联系、工业与矿藏原料基地的关系带。

② 交通运输条件。如铁路、公路、水运条件。

③ 供电条件。是否可连接上电网,或邻近是否有发电厂可以供电,高压输电线路的位置等。

表 3.10　自然环境条件的分析

自然环境条件	分析因素	对规划与建设的影响
地质	土质、风化层、冲沟、滑坡、岩溶、地基承载力、地震、崩塌、矿藏	规划布局、建筑层数、工程地基、工程防震、设计标准、工程造价、用地指标、村镇规模、工业性质、农业
水文	江河流量、流速、含沙量、水位、洪水位、水质、水温,地下水水位、水量、流向、水质、水压,泉水	村镇规模、工业项目、村镇布局、用地选择、给排水工程、污水处理、堤坝、桥涵工程、港口工程、农业用水
气象	风向、日辐射、雨量、湿度、气温、冻土深度、地温	村镇工业分布、环境保护、居住环境、绿地分布、休疗养地布置、郊区农业、工程设计与施工
地形	形态、坡度、坡间、标高、地貌、景观	规划布局结构、用地选择、环境保护、管路网、排水工程、用地标高、水土保持、村镇景观
生物	野生动物种类和分布、生物资源、植被、生物生态	用地选择、环境保护、绿化、郊区农副业、风景规划

④ 供水条件。是否有充足的水源,水质、水量等方面能否满足村镇生产与生活的需要,以及村镇用水与航运、农业用水等方面的矛盾。

（3）村镇现状条件分析

现状条件资料一般是指村镇生产、生活所构成的物质基础和现有的土地使用情况,如建筑物、构筑物、道路交通、名胜古迹、工程管线等等。这些都是经过一定历史时期的建设逐步形成的。中国现有的村镇,一般都没有进行过规划,许多都是自然形成的,盲目建设造成的布局混乱状况较为常见,所以需要认真进行现状资料的分析,提出布局中存在的种种矛盾,进而提出相应的解决办法。

村镇现状条件的分析中就总体布局来说主要着重于:①村镇布局是否围绕着乡镇的性质和特点而展开。②村镇各项设施之间及在功能关系上,用地的规模与分布等方面是否合理,它们存在哪些矛盾。③村镇用地的分布同自然环境是否协调,以及村镇布局对村镇环境所造成的影响等。

2）村镇用地的评定

评定村镇用地,主要是看用地的自然环境质量是否符合规划和建设的要求,根据用地对建设要求的适应程度来划分等级,但也必须同时考虑一些社会经济因素的影响。在村镇中最常遇到的是占用农田问题。农田多半是比较适宜的建设用地,如不进行控制就会使中国人多地少的矛盾更为突出。因此,除根据自然条件对用地进行分析外,还必须对农业生产用地进行分析,尽可能利用坡地、荒地、劣地进行建设,少占或不占农田。

村镇用地按综合分析的优劣条件通常分为以下三类:

第一类,适宜修建的用地,指地形平坦、规整,坡度适宜,地质良好,地基承载力在 150 MPa 以上,没有被 20—50 年一遇洪水淹没的危险。这些地段的地下水位低于一般建筑物基础的砌筑深度,地形坡度小于 10%。这类地因自然环境条件比较优越,适于村镇各项设施的建设要求,一般不需要或只需稍采取工程措施即可进行修建。

这类用地没有沼泽、冲沟、滑坡和岩溶等现象。从农业生产角度来看,则主要应为非农业生产用地,如荒地、盐碱地、丘陵地,必要时可占用一些低产农田。

第二类,基本上可以修建的用地,指采取一定的工程措施,改善条件后才能修建的用地。它对乡镇设施或工程项目的分布有一定的限制。

这类用地的特点是地质条件较差,布置建筑物时需要对地基进行适当处理;或地下水位较高,需要降低地下水位;容易被浅层洪水淹没(深度不超过 1—1.50 m);或地形坡度较大(坡度为 10%—25%);修建时需较大土(石)方工程数量;或地面有较严重积水、沼泽、轻微非活动性冲沟、滑坡和岩溶现象,需采取一定的工程措施加以改善。

第三类,不宜修建的用地,指农业价值很高的丰产农田;或地质条件极差,必须采取特殊工程措施后才能用以建设的用地。如土质不好,有厚度为 2 m 以上活动性淤泥、流沙,地下水位很高,有较大的冲沟、严重的沼泽和岩溶等地质现象;或经常受洪水淹没且淹没深度大于 1.50 m,地形坡度为 25%—30% 等。

用地类别的划分是按各村镇具体情况相对划定的,不同村镇其类别不一定一致。如某一村镇的第一类用地,在另一村镇上可能是第二类用地。类别的多少要根据用地环境条件的复杂程度和规划要求来定,有的可分为四类,有的分为两类。所以用地分类在很大程度上具有地域性和实用性,不同地区不能做质量类比。

用地评定的成果包括图纸和文字说明。评定图可以按评定的项目内容分项绘制,也可以综合绘制于一张图上。分析评定的详细内容可以列表说明,总之,应以表达清晰明了为目的。

各类用地可分别以不同颜色和线条来表示。一般习惯采用的线条有:斜线条表示适宜修建的用地,方格网表示基本上可以修建的用地,横线条表示不宜修建的用地(图 3.14)。

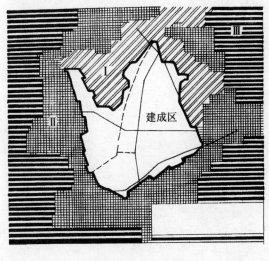

用地分类	承载力	坡度	土类	其他
Ⅰ. 适宜修建的用地	150—200 kPa	<10%	赤砂	
Ⅱ. 基本上可以修建的用地	50—80 kPa	<15%	灰砂	背坡地
Ⅲ. 不宜修建的用地	30—50 kPa	<20%	滩地、高产田	

图 3.14　用地评定图

3）村镇用地的综合评定

村镇规划与建设所涉及的方面较多，而且彼此间的关系往往是错综复杂的。对于用地的适用性评价，在进行以自然环境条件为主要内容的用地评定以外，还需从影响规划与建设更为广泛的方面来考虑，如前所述的村镇建设条件和现状条件。此外，还有社会政治、文化以及地域生态等方面的条件作为环境因素客观地存在着，并对用地适用性的评定产生不同程度与不同方面的影响。所以，为了给用地选择和用地组织提供更为全面和确切的依据，有必要对村镇用地的多方面条件进行综合评价。

用地条件的综合评价与用地选择是相互依存、关系紧密的两项内容。前者是后者的依据；后者则向前者提出评价的内容与要求。用地条件与村镇规划布局的关系可以归纳为图3.15所示的图式。

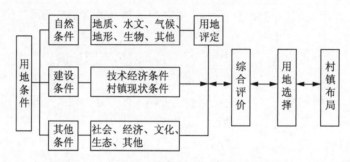

图3.15　用地条件与村镇规划布局的关系图式

3.4.4　村镇用地的选择

1）村镇用地选择的基本要求

村镇用地的选择是根据村镇规划布局和各项设施对用地环境的要求，除了对用地的自然环境条件、建设条件等进行用地的适用性分析与评定外，还应对村镇用地所涉及的其他方面，如社会政治（城乡关系、工农关系、民族关系、宗教关系等）、文化关系（历史文化遗迹、村镇面貌、风景旅游及革命圣地、各种保护区等）以及地域生态等方面做条件分析，并在用地综合评价的基础上对用地进行选择。作为村镇用地的选择有下列要求：

（1）要为合理布局创造条件

由于性质和使用功能要求的不同，村镇各类建筑与工程设施对用地也有不同的要求。所以首先应尽量满足各项建设项目对自然条件、建设条件和其他条件的要求，其次还要考虑各类用地之间的相互关系，才能使布局合理。因为，村镇是一个有机整体，各类用地有相互依赖、制约、矛盾等错综复杂的关系。如工副业用地，离居住用地过近就会影响居住区的宁静，还有可能污染居住环境。

（2）要充分注意节约用地

选择用地时，要充分注意节约用地，尽可能不占耕地和良田。

（3）应尽可能与现状或规划的对外交通相结合

选择发展用地时，应尽可能与现状或规划的对外交通相结合，使村镇有方便的交通联系;同时应尽可能避免铁路与公路对村镇的穿插分割和干扰,使村镇布局保持完整统一。

（4）要符合安全要求

一是要不被洪水所淹没,倘若选用洪水淹没地作为村镇用地时,必须有可靠的防洪工程设施。二是要注意滑坡,避开正在发育的冲沟。石灰岩溶洞和地下矿藏的地面也要尽可能避开。三是避开高压线走廊,与易燃、易爆的危险品仓库要有安全的距离。四是应避开地震断裂带等自然灾害影响的地段,并应避开自然保护区、有开采价值的地下资源和地下采空区。地震断裂带两侧50 m范围内、风景名胜区核心区、自然资源保护区、历史文化保护区核心区、水源保护区、基础设施保护区(带)为绝对禁建区。应尽量保持原有自然的地形地貌,不宜做大规模的挖填方。

（5）要符合卫生要求

首先要有质量好、数量充沛的水源。质量好,就是经过一般常规处理能达到国家规定的饮用水标准;数量充沛,就是能满足生活和工副业生产所需要的水量。其次,村镇用地不能选在洼地、沼泽、墓地等有碍卫生的地段。当选用坡地时,要尽可能选在阳坡面,这对于居住用地尤为重要。在山区选择用地时,要注意避开窝风地段。此外,在已建有污染环境的工厂附近选地时,要避开工厂的下游和下风向。

2）村镇用地选择的方案比较

村镇用地的选择由于受到许多因素的制约,所以,其方案就不可能是唯一的,常常可以产生许多方案,且各个方案都有不同的优缺点。情况比较复杂时,不进行详细的比较,就难以判断哪个方案最为合理。村镇用地的方案比较,一般是将不同方案的各种条件用扼要的数据、文字说明制成表格,以便于条理清楚地对照比较。方案比较的内容通常有以下几个方面:

（1）占地情况。包括占地的数量和质量。如耕地(分良田、坡地、薄地)、园地(茶、桑、果)、荒地等各占多少。

（2）搬迁情况。包括需要搬迁的居民户数、人口数,拆迁的建筑面积,所占用地的生产现状及建设征地后的影响,补偿费用和农业人口的安排情况。

（3）水源条件。包括水的质量、数量,水源距离以及乡镇建设可能产生的影响。

（4）环境卫生条件。包括日照、通风、排水、绿化条件。分析各方案在环境保护方面的措施是否有遗留问题,以及由此所产生影响的程度。

（5）交通运输条件。对外如公路、水运及其水陆联运方面,对内的道路交通是否方便,年运输费用的比较,工程投资是否节省。

（6）工程设施的合理性比较。包括道路走向、长度,桥梁座数,给排水管线的走向、长度,是否需要设置防洪工程。

（7）对原有设施的利用状况。包括可利用项目和可利用程度。

（8）主要近期建设项目造价比较。

上述几个方面,以占地情况和水源条件为主要因素,是方案取舍的主要条件。但是,在某些情况下,其他因素也可能占主要地位,要根据当地实际情况具体分析。

3.5 村镇总体规划布局

村镇总体规划布局要对村镇各主要组成部分统一安排,使其各得其所、有机联系,达到为村镇的生产、生活服务的目的。村镇总体规划布局既要经济合理地安排近期建设,又要考虑远期发展,因此它对于村镇的建设和发展具有战略意义。总体规划布局要体现村镇居民劳动、生活、休息和交通四大主要内容。它的主要工作包括:村镇各类用地条件分析、适宜性评价及选择,总体规划布局,村镇的发展与布局形态分析。

3.5.1 总体规划布局的影响因素及其基本原则

1) 影响村镇总体规划布局的主要因素

(1) 生产力分布及其资源状况。如周围村镇的性质、规模,乡(镇)域规划对村镇的要求及其在周围村镇体系布局中的地位和作用等。

(2) 资源状况。如矿产、森林、农业、风景资源条件和分布特点。

(3) 自然环境。如地形、地貌、地质、水文、气象等条件,它对村镇的布局形态具有重要影响。

(4) 村镇现状。包括人口规模的现状及其构成、用地范围、工业、经济及科学技术水平等等。

(5) 建设条件。水源、能源、交通运输条件等等。

在分析研究以上各种具体条件的基础上,就可以着手进行村镇的总体规划布局。

2) 总体规划布局的基本原则

(1) 全面综合地安排村镇各类用地。规划布局时应该对村镇中各类用地统筹考虑,并首先安排好影响全局的生产建筑用地和包括居住、公建、道路广场、公共绿化在内的生活居住用地。其次处理好村镇建设用地与农业用地的关系。

(2) 集中紧凑,达到既方便生产、生活,又能使村镇建设造价经济。要避免沿公路盲目兴建、拉大架子、布局分散的不合理情况。村镇用地布局应该适当地紧凑集中,体现村镇"小"的特点,不要套用城市总体规划布局的模式,以免造成浪费和破坏总体规划布局的协调。

(3) 充分利用自然条件,体现地方性。如河湖、丘陵、绿地等,均应有效地组织到村镇中来,为居民创造清洁、舒适、安宁的生活环境;对于地形地貌比较复杂的地区,更应善于分析地形特点。只有这样,才能做出与周围环境协调、富有地方特色的布局方案。

(4) 村镇各功能区之间既要有方便的联系,又不互相妨碍。

(5) 各主要功能部分既要满足近期修建的要求,又要预计发展的可能性。总体规划布局应适应村镇延续发展的规律并与其取得协调,做到远期与近期有一定联系,将近期建设纳入远期发展的轨道。

(6) 对于村镇现状,要正确处理好利用和改造的关系。

3.5.2 总体规划布局的程序和思想

1）总体规划布局一般程序

总体规划布局一般要经过下列程序进行：

（1）原始资料的调查。这部分内容在前面的章节已做过详细的论述。村镇大多数是在原来基础上建设的，村镇规划和建设不可能脱离这些原有的基础。充分分析村镇现状条件资料对于从实际出发、合理地利用和改造原有村镇、解决村镇的各种矛盾、调整不合理的布局等都是必不可少的。

（2）确定村镇性质、规模。确定村镇性质，计算人口规模，拟定布局、功能分区和总体规划构图的基本原则。

（3）在上述工作的基础上提出不同的总体布局方案。

（4）对每个布局方案的各个系统分别进行分析、研究和比较。其中包括：村镇形态和发展方向，道路系统，工业用地、居住用地的选择，商业、行政、体育中心的选择，公园绿化系统，农业、生产用地的布局，等等。

（5）对各方案进行经济技术分析和比较。

（6）选择相对经济合理的初步方案。

（7）根据总体规划的要求绘制图纸。

以上程序可以用图 3.16 来表示。

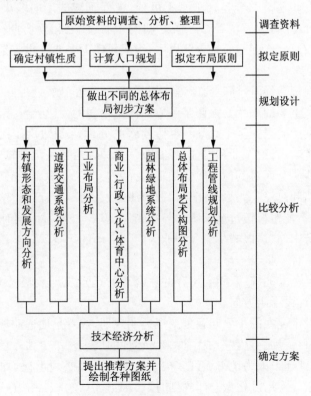

图 3.16　村镇总体规划布局程序图

2）总体规划布局的思想方法

在考虑村镇总体规划布局时，除了要遵循上述的基本原则和规划程序外，在思想方法上还要处理好以下几组关系：

（1）局部与整体

村镇是一个经济实体、物质实体，是人群聚集的场所。村镇中的生产、生活、政治、经济、工程技术、建筑艺术等诸方面都要有自己的不同要求。它们之间既有相互联系、相互依存的方面，又有相互矛盾、相互排斥的方面。因此，在总体规划布局时必须牢固地树立全局观念，把村镇当作一个有机的整体对待。

（2）分解与综合

村镇总体规划布局是要保证村镇居民有良好的生产、生活和休息的条件。既要将这些内容组成一个完整的整体，使之相互密切联系，也要看到各项内容以及为这些内容服务的各要素又都具有相对的独立性。它们本身都具有内在联系。从系统工程的角度来看，如果将村镇看作一个大系统的话，那么这个大系统就是由若干个子系统组成。这些子系统包括功能结构系统、公共中心系统、干道系统、绿化系统、工程管线系统以及建筑群的空间系统等等。以上各个子系统都应该自成体系，并能满足各自的功能要求。所谓分解，即在总体布局时，将各个子系统分离出来，使之形成满足其功能要求的相对独立的体系。但是，村镇又是一个综合体，各个子系统之间又是相互联系、相互制约的。如道路系统在总体布局中占有重要地位，而干道的走向、密度等等又首先取决于工业和居住区的分布；村镇的空间构图同公共建筑的分布几乎密不可分；工程管线的走向取决于道路网的形式。这就要求进行综合考虑，以解决各个系统之间的矛盾，使之相互协调。一个好的规划总图，不仅从整体上看是合理的，而且分解以后，组成村镇的各要素也应是成体系的。

（3）联系与隔离

在进行总体规划布局时，同时要考虑一切互相关联的问题，处理好各要素之间联系与隔离问题也是至关重要的。片面强调某一方面都是错误的，都会给村镇居民生产、生活或村镇景观带来不利的后果。至于对某一具体问题的处理，要根据不同情况和条件区别对待。一般的原则是，在考虑工业和居住区的相对位置时，对某些污染较重的有害工业如化工、造纸等应强调隔离，而对其他一般的加工、食品、轻纺工业等则无必要过分强调建立独立的工业区。铁路和过境公路尽可能从村镇边缘通过；对现有穿越村镇的过境公路，则应设法移至边缘，但不能距村镇过远而影响与村镇间的联系便利性；同时，须从村镇的各功能区之间的绿化带中通过，以减少对各功能区内部活动的干扰。

（4）远期与近期

远期与近期是对立的统一、相互依存的。合理的远景规划反映村镇发展规律的必然趋势，可以为近期建设指出方向。

目前村镇建设中存在的主要问题是忽视远期规划，或者是使远期规划流于形式，近期建设另搞一套，盲目行动。这就造成了许多破坏性的后果。不少项目，刚刚建成后就成为改造的对象，给村镇建设人为地造成许多被动局面。所以必须重视远期规划的重要性及其对近期建设的指导作用。在做总体规划时，要根据乡（镇）域经济的分析和乡（镇）域规划提出的要求，对村镇的发展做出战略部署，使村镇建设有一个明确的方向，在此基础上抓住现实,力求近期建设合理,并将近期建设纳入远期规划的轨道。采取由近及远的建设步骤,既可保护村镇建设各个阶段的完整性,又同村镇总的用地布局相互协调。

(5) 新建与改造

在中国当前经济实力尚不雄厚的情况下,村镇的总体布局必须要结合现状,对现有旧镇区加以合理利用,并为逐步改造创造条件,即整个规划布局中要同村镇现状有机地组合在一起,充分利用原有的生活服务设施和市政设施,以减少村镇建设的投资。对旧镇区的充分利用可以支援新区的建设,而新区的建设又可以带动旧区的改造和发展,二者互相结合就可以加快村镇建设的速度。当然,强调利用还要以发展的眼光对待旧镇区的改造,否则就不可能从总体布局的战略高度出发,做出好的布局方案。正确的方法应该是,将旧镇区的用地及早地纳入村镇总体规划来统一考虑、全面安排,使合理的规划布局在旧区不断改造和新区不断建设的过程中体现出来。

3.5.3 村镇总体布局

村镇总体布局是村镇的社会、经济、自然以及工程技术与建筑艺术的综合反映。对村镇现状、自然技术经济条件的分析,村镇中各种的生产、生活活动规律的研究,各项用地的组织安排,以及村镇建筑艺术的要求,无不涉及村镇总体布局问题。对这些问题的研究结果,最后又都要体现在村镇总体布局中。

1) 村镇用地组织结构

村镇规划工作内容很多,用地总体布局是其重点,而村镇规划用地组织结构则是用地总体布局的"战略纲领",它指明了村镇用地的发展方向、范围,规定了各村镇的功能组织与用地的布局形态。因此,它对于村镇的建设与发展将产生深远的影响,无疑是极为重要的。

按照村镇特点,村镇用地规划组织结构应满足如下"三性"的要求:

(1) 紧凑性

村镇规模有限,用地范围不大。如以步行的限度(如为 2 km 或半小时之内)为标准,用地面积为 1—4 km²,可容纳 1 万—5 万人,无需大量公共交通。对于村镇来说,根本不存在城市集中布局的弊病,相反,这样的规模对完善公共服务设施、降低工程造价是有利的。因此,只要地形条件允许,村镇应该尽量以旧镇为基础,由里向外,集中连片发展。

(2) 完整性

"麻雀虽小,五脏俱全",村镇虽小也必须保持用地规划组织结构的完整性,这是一层意思。更为重要的是要保持不同发展阶段组织结构的完整性,以适应村镇发展的延续性。任何生物的成长,只要是正常的、健康的,不论何时,其机体结构都应保持完整,村镇亦是这样。因此,合理布局不只是指达到某一规划期限时是合理的、完整的,而且应该在发展的过程中都是合理的、完整。只有这样才能够保证规划期限目标的合理与完整,也就是说,只有保持阶段组织的相对完整性,才能达到最终期限的完整性。

(3) 弹性

由于进行村镇规划所具备的条件不一定充分,而形势又迫使我们不得不进行这项工作,再加上规划期限的规定本身就是主观决定的,在这期限内,可变因素、未预料因素均在所难免,因此,必须在规划用地组织结构上赋予一定"弹性"。所谓弹性,可以在两方面加以考虑:其一,是给予组织结构以开敞性,即用地组织形式不要封死,在布局形态上留有出路;其二,是在用地面积上留有余地。

紧凑性、完整性、弹性是在考虑村镇规划组织结构时必须同时达到的要求。它们三者并不矛盾,而且是互为补充的。通过它们共同的作用,因地制宜地形成在空间上、时间上都协调平衡的村镇规划组织结构形式。这样的结构形式既是统一的,又是有个性的,因此,将能够担负起村镇发展与建设的战略指导作用。

2) 村镇用地的功能分区

村镇用地的功能分区过程就是村镇用地功能组织,它是村镇规划总体布局的核心问题。村镇活动概括起来主要有工作、居住、交通、休息四个方面。为了满足村镇上述各项活动的要求,就必须有相应的不同功能的村镇用地。它们之间,有的有联系,有的有依赖,有的则有干扰与矛盾。因此,村镇用地必须按照各类用地的功能要求以及相互之间的关系加以组织,使之成为一个协调的有机整体。

村镇在建设中,由于历史、主观、客观等多种原因,普遍存在用地布局混乱的现象。导致这一状况的根本原因是没有按其用地的功能进行合理的组织。因此,在村镇规划布局时,必须明确对用地功能组织的指导思想,以及遵从村镇用地功能分区的原则。

(1) 村镇用地功能组织必须以提高村镇的用地经济效益为目标。过去,有些村镇由于片面强调农业生产,提出村镇建设"一分农田也不能占",而迫使村镇建设用地成为"无米之炊",搞"见缝插针"或"非农田便建",基本上不考虑功能的分区和合理组织,以致形成了村镇内拥挤混杂、村镇外分散零乱的村镇总体布局,大大降低了村镇用地的经济效益。另外,有些村镇存在着圈大院,搞大马路、大广场、低层低密度的现象,浪费了大量的村镇建设用地,同样也降低了村镇用地的经济效益。因此,在村镇总体规划用地布局时,必须同时防止以上两种倾向,应该以满足合理的功能分区组织为前提,进行科学的用地布局。

(2) 有利于生产和方便生活。把功能接近的紧靠布置,功能矛盾的相间布置、搭配协调,以便于组织生产协作,使资源得到合理利用,节约能源,降低成本,为安排好供电、上下水、通信、交通运输等基础设施创造条件。这样使各项用地合理组织、紧凑集中,以达到既能节省用地、缩短道路和管线工程长度,又有方便交通、减少建设资金的目的。另外,由于乡镇是一定区域内的物资交流中心,保证物资交换通畅也是发展生产、繁荣经济不可缺少的环节。因此,在用地功能组织时也要给予考虑。

(3) 村镇各项用地组成部分要力求完整,避免穿插。若将不同功能的用地混在一起,容易造成彼此干扰。布置时可以利用各种有利的地形地貌、道路河网、河流绿地等,合理地划分各区,使各部分面积适当,功能明确。

(4) 村镇功能分区,应对旧村镇的布局采取合理调整,逐步改造完善。

(5) 村镇布局时要十分注意环境保护的要求,并要满足卫生防疫、防火、安全等要求。要使居住、公建用地不受生产设施、饲养、工副业用地的废水污染,不受臭气和烟尘侵袭,不受噪音的骚扰,使水源不受污染。总之,要有利于环境保护。

(6) 在村镇规划的功能分区中,要反对从形式出发,追求图面上的"平衡"。村镇是一个有机的综合体,生搬硬套、臆想的图案是不能解决问题的,必须结合各地村镇的具体情况,因地制宜地探求切合实际的用地布局和恰当的功能分区。

3.5.4 村镇的发展与布局形态

1）村镇的发展与总体规划布局

在进行村镇总体规划布局时，不仅要确定村镇在规划期内的布局，还必须研究村镇未来的发展方向和发展方式。这其中包括生产区、住宅区、休息区、公共中心以及交通运输系统等的发展方式。有些村镇，尤其是某些资源、交通运输等诸方面的社会经济和建设条件较好的村镇发展十分迅速，往往在规划期满以前就达到了规划规模，不得不重新制定布局方案。在很多情况下，如果开始布局时对村镇发展考虑不足，要解决发展过程中存在的上述问题就会十分困难。不少村镇在开始阶段组织得比较合理，但在发展过程中，这种合理性又逐渐丧失，甚至出现混乱。概括起来，村镇发展过程中经常出现以下问题：

（1）生产用地和居住用地发展不平衡，使居住区条件恶化。或者发展方向相反，增加客流时间的消耗。

（2）各种用地功能不清、相互穿插，既不方便生产也不便于生活。

（3）对发展用地预留不足或对发展用地的占用控制不力，妨碍了村镇的进一步发展。

（4）绿化、街道和公共建筑分布不成系统，按原规划形成的村镇中心，在村镇发展后转移到了新的建镇区的边缘，因而不得不重新组织新的村镇公共中心，分散了建设资金，影响了村镇的正常建设发展。

这些问题产生的主要原因是，对村镇远期发展水平的预测重视不够，对客观发展趋势估计不足，或者是对促进村镇发展的社会经济条件等分析不够，因而导致评价和规划决策失误。

为了能够正确地把握村镇的发展问题，科学地规划乡（镇）域至关重要，它能为村镇发展提供比较可靠的经济数据，也有可能确定村镇发展的总方向和主要发展阶段。但是，实践证明，村镇在发展过程中也会出现一些难以预见的变化，甚至出现村镇性质改变这样重大的变化，这就要求总体规划布局应该具有适应这种变化的能力，在考虑村镇的发展方式和布局形态时进行认真的、深入细致的研究。

2）村镇的用地布局形态

村镇的形成与发展，受政治、经济、文化、社会及自然因素所制约，有其自身的、内在的客观规律。村镇在其形成与发展中，由于内部结构的不断变化，逐步导致其外部形态的差异，从而形成一定的结构形态。结构通过形态来表现，形态则由结构而产生，结构和形态二者是互有联系、互有影响、不可分割的整体。而常言的结构形态含有结构与布局的内容，所以又称之为布局形态。研究村镇布局形态的目的，就是企望根据村镇形成和发展的客观规律，找出村镇内部各组成部分之间的内在联系和外部关系，求得村镇各类用地具有协调的、动态的关系，以构成村镇的良好空间环境，促进村镇合理发展。

村镇形态构成要素为公共中心系统、交通干道系统及村镇各项功能活动。公共中心系统是村镇中各项活动的主导，是交通系统的枢纽和目标，它同样影响着村镇各项功能活动的分布；而村镇各项功能活动也给公共中心系统以相应的反馈。二者通过交通系统，使村镇成为一个相互协调的、有生命力的有机整体。因此，村镇形态的这三种主要的构成要素相互依存、相互制约、相互促进,构成了村镇平面几何形态的基本特征。

对于村镇的布局形态,从村镇结构层次来看可以分为三圈:第一圈是商业服务中心,一般兼有文化活动中心或行政中心;第二圈是生活居住中心,有些尚有部分生产活动内容;第三圈是生产活动中心,也有部分生活居住的内容。这种结构层次所表现出来的形态大体有圆块状(图 3.17)、弧条状(图 3.18)、星指状(图 3.19)三种。

(1) 圆块状布局形态

生产用地与生活用地之间的相互关系比较好,商业和文化服务中心的位置较为适中。

图 3.17 圆块状布局形态

(2) 弧条状布局形态

这种村镇用地布局往往受到自然地形限制而形成,或者是由于交通条件如沿河、沿公路的吸引而形成。它的矛盾是纵向交通组织以及用地功能的组织,因此要加强纵向道路的布局,至少要有两条贯穿城区的纵向道路,并把过境交通引向外围。

在用地的发展方向上,应尽量防止再向纵向延伸,最好在横向利用一些坡地做适当发展。在用地组织方面,尽量按照生产—生活结合的原则,将纵向狭长用地分为若干段(片),建立一定规模的公共中心。

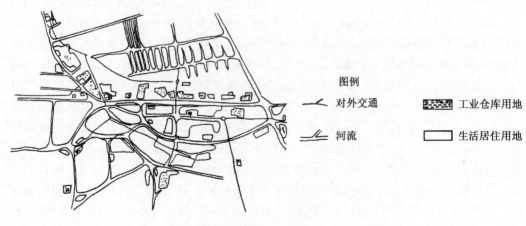

图 3.18 弧条状布局形态

（3）星指状布局形态

这种形式一般都是由内而外的发展，并向不同方向延伸而形成。在发展过程中要注意各类用地的合理功能分区，不要形成相互包围的局面。这种布局的特点是村镇发展具有较好的弹性，内外关系比较合理。

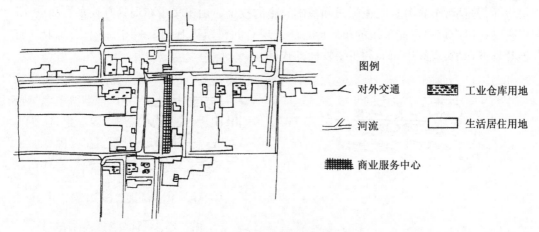

图例

  对外交通   工业仓库用地

  河流   生活居住用地

  商业服务中心

图 3.19　星指状布局形态

3）村镇的发展方式

村镇的发展方式，不仅受周围地形、资源、运输条件以及上述影响村镇布局形态的其他因素的制约，而且同村镇的发展速度有关。村镇的发展方式归纳起来大体有以下几种形式：

（1）由分散向集中发展，联成一体

在几个邻近的居民点之间，如果劳动联系和生产联系比较紧密，经常会形成行政联合。在此基础上，通过规划手段加以引导和处理，使之联成一体，就可能组成一个完整的村镇。其发展方式可考虑以几个居民点中某一规模较大、基础设施较好的为中心，组成新村镇（图 3.20）。

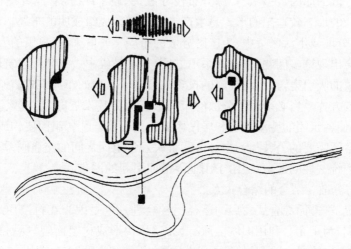

图 3.20　由分散向集中发展方式

（2）集中紧凑连片发展

连片发展是集中布局的发展方式。集中布局是在自然条件允许、村镇企业生产符合环境保护的情况下，将村镇的各类主要用地，如生产、居住、公建、绿地集中连片布置。其优点是用地紧凑，便于行政领导和管理，也便于集中设置较完善的公共福利设施，方便居民生活，并且可节省各种工程管线和基础设施的投资。由于集中布局具有较多的优点，所以它是村镇应该尽可能采用的布局形态。以现有的村镇为基础，逐步向一个或几个方向连片发展，是实现集中布局的主要发展方式（图 3.21）。

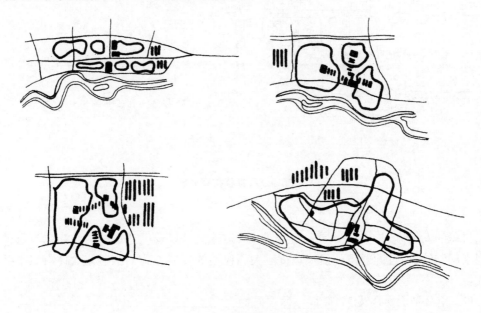

图 3.21　集中紧凑连片发展方式

（3）成组成团分片发展

同集中布局相反，有一部分村镇呈现出分散的布局形态（图 3.22）。

造成村镇分散的原因，主要是资源分布较分散，交通干线分隔，或者是自然地形条件所限。分散布局的形态较理想的形式是生产、生活配套，成组成团的布局。当然也有生产区集中、生活区分散或生活区集中、生产区分散的布局。一般来说，村镇的人口规模较小，如果分散布局会出现许多问题：彼此联系不方便，也不易集中一批公共建筑形成村镇公共中心以增加村镇的吸引力，且市政设施的投资也会高于其他的布局方式。所以，一般要避免采用这种发展方式。当必须采用分散的布局形态而分片发展时，则应该注意解决以下一些问题：①要使各组团的劳动场所和居民区成比例发展。②各组团要构成相对独立、能供应居民基本生活需要的公共福利中心。③解决好各组团之间的交通联系。④解决好村镇建筑和规划的统一性问题，克服由于用地零散而引起的困难。

（4）集中与分散相结合的综合式发展

在多数情况下，遵循综合式发展的途径比较合理。这是因为在村镇用地扩大和各功能区发展的初期，为了充分利用旧城区原有设施，尽快形成村镇面貌，规划布局以连片式为宜；但发展到一定阶段，或者是村镇企业发展方向有较大的改变，某些工业不宜布置在

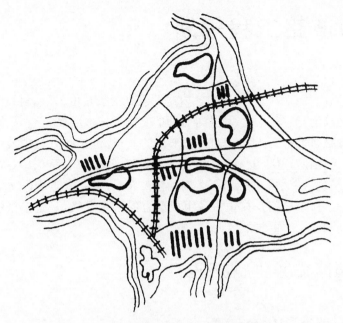

图 3.22 成组成团分片发展方式

城区,或者是受地形条件限制,发展备用地已经用尽,则应着手进行开拓新区的准备工作,以便当村镇进一步发展时建立新区,构成以旧城区为中心,由一个或若干个组团式居民点组成的村镇群(图 3.23)。

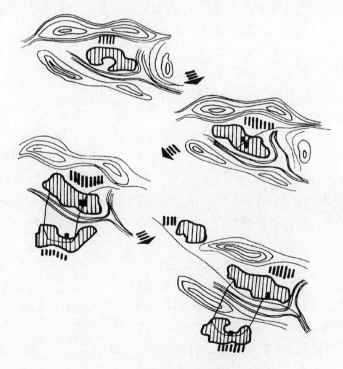

图 3.23 集中与分散相结合的综合式发展方式

4 村镇道路工程规划

随着改革开放的深入,中国村镇的各项建设也有了长足的发展,村镇与村镇之间、村镇与城市之间的政治、经济、文化、科技等方面的交流也日趋增多,产生了大量的客流和物流。村镇道路既是村镇中行人和车辆交通来往的通道,也是布置村镇公用管线、街道绿化,安排沿街建筑、消防、卫生设施和划分街坊的基础,并在一定程度上关系到临街建筑的日照、通风和建筑艺术造型的处理;同时,对村镇的布局、发展方向及有效发挥村镇功能均能起着重要作用。村镇道路是村镇中各组成部分的联系网络,是整个村镇的骨架和"动脉",是村镇规划和建设的重要内容之一。

4.1 村镇道路交通的特点及道路分类

4.1.1 村镇道路交通的特点

村镇道路交通是村镇道路规划、设计的重要依据。在规划、设计道路时,需要研究 21 世纪村镇道路交通的特点,认识和掌握它的规律,使得村镇道路设计有可靠的科学依据。

村镇道路交通的主要特点有下列方面:

(1) 交通运输工具类型多、行人多。村镇道路上的交通工具主要有卡车、拖挂车、拖拉机、客车、小汽车、吉普车、摩托车等机动车,还有自行车、三轮车、平板车和一定数量的兽力车等非机动车。这些车辆的大小、长度、宽度差别大,特别是车速差别很大,在道路上混杂行驶,相互干扰大,对行车和安全均不利。村镇居民外出除使用自行车和摩托车外,大部分为步行,这更加造成了交通的混乱。

(2) 道路基础设施差。村镇由于历史的原因,大部分是自然形成的,或虽近期曾进行过规划,但也往往是"长官规划",缺乏科学的总体规划设计。因而,其道路性质不明确,道路断面功能不分,技术标准低,往往或是人行道狭窄,或是人行道挪作他用,甚至根本未分人行道,致使人车混行。由于村镇的建设资金有限,在道路建设中过分迁就现状,尤其是在地段复杂的村镇中,道路平曲线、纵坡、行车视距和路面质量等很多都不符合规定的标准。有些村镇还有过境公路穿越中心区,这样不但使过境车辆通行困难,而且加剧了村镇中心的交通混乱。

(3) 人流、车流的流量和流向变化大。随着市场经济的深入,乡镇企业发展迅速,村镇居民以及迅速增多的"离土不离乡"亦工亦农的非户籍人口,使得村镇中行人和车辆的流量在各个季节、一周和一天中均变化很大,各类车辆流向均不固定,在早、中、晚上下班时造成人流、车流集中,形成流量高峰时段。

(4) 交通管理和交通设施不健全。村镇中交通管理人员少,体制不健全,交通标志、交通指挥信号等设施缺乏,致使交通混乱,一些交通繁忙道路常常拥堵。

(5) 缺少停车场,道路两侧违章建筑多。村镇中缺少专用停车场,加之管理不够,各种车辆任意停靠,占用了车行道与人行道,造成道路交通不畅。道路两侧违章搭建房屋多,以及违章摆摊设点、占道经营多,亦造成交通不畅。

(6) 车辆增长快,交通发展迅速。随着社会主义市场经济深入持久的发展,村镇经济繁荣,车流、人流发展迅速,致使村镇道路拥挤、交通混乱,同时也对村镇道路的发展提出了更高的要求。

以上所述,反映了当前中国村镇道路交通的特点,表明当前交通道路已不能适应村镇经济的发展。导致这些问题的,除了村镇原有交通道路基础较差外,主要原因还有以下三个方面:

(1) 对村镇建设中的基础设施地位认识不足。长期以来,中国重生产建设、轻基础设施建设,认为基础设施是服务性的,将其放在从属的地位。事实证明,村镇基础设施的建设是村镇产业建设的基础,是基础产业之一。

(2) 对村镇规划、村镇道路规划与治理缺乏统一的认识,缺乏有力的综合治理手段。村镇道路交通与村镇对外交通之间很不协调,各自为政。对村镇的车流和人流缺乏动态分析,难以做出符合客观实际需要的道路规划。

(3) 治理村镇道路交通的着眼点放在机动车上,而对村镇大量的自行车、行人和一定数量的兽力车管理不够,忽视车辆的停放问题。

4.1.2 村镇道路的分类和分级

村镇道路交通与县城镇有很大的不同,必须根据村镇的特点,因地制宜,从本地实际情况入手,制定出切实可行的村镇道路规划,切不可盲目套用大、中城市的有关定额、技术经济指标。对于沿海较发达地区的村镇,随着经济的繁荣、人口的增多,特别是中远期可能升格的村镇,其道路规划必须远近结合、留有余地,而不宜机械地照搬目前村镇规划标准。

村镇道路规划应根据村镇之间的联系和村镇各项用地的功能、交通流量,结合自然条件与现状特点,确定道路系统,并要有利于建筑布置和管线敷设。村镇所辖地域范围内的道路按主要功能和使用特点应划分为公路和村镇道路两类。

1) 公路

公路是指连接城市、村镇和工矿基地之间,主要供汽车行驶并具备一定技术标准和设施的道路。公路应按现行的《公路工程技术标准》(JTG B01—2014)的规定进行规划。公路根据功能和适应的交通量分为以下五个等级:

(1) 高速公路为专供汽车分方向、分车道行驶,全部控制出入的多车道公路。高速公路的年平均日设计交通量宜在 15 000 辆小客车以上。

(2) 一级公路为供汽车分方向、分车道行驶,可根据需要控制出入的多车道公路。一级公路的年平均日设计交通量宜在 15 000 辆小客车以上。

(3) 二级公路为供汽车行驶的双车道公路。二级公路的年平均日设计交通量宜为 5 000—15 000 辆小客车。

(4) 三级公路为供汽车、非汽车交通混合行驶的双车道公路。三级公路的年平均日设计交通量宜为 2 000—6 000 辆小客车。

（5）四级公路为供汽车、非汽车交通混合行驶的双车道或单车道公路。双车道四级公路年平均日设计交通量宜在 2 000 辆小客车以下；单车道四级公路年平均日设计交通量宜在 400 辆小客车以下。

各级公路主要技术指标见表 4.1。

表 4.1　各级公路主要技术指标汇总

公路等级	高速公路			一级公路			二级公路		三级公路		四级公路	
服务水平	三级			三级			四级		四级		—	
设计速度（km/h）	120	100	80	100	80	60	80	60	40	30	30	20
车道宽度（m）	3.75	3.75	3.75	3.75	3.75	3.50	3.75	3.50	3.50	3.25	3.25	3.00
车道数	≥4			≥4			2		2		2 或 1	
停车视距（m）	210	160	110	160	110	75	110	75	40	30	30	20
会车视距（m）	—	—	—	—	—	—	220	150	80	60	60	40
超车视距（m）	—	—	—	—	—	—	550	350	200	150	150	100
最大纵坡（%）	3	4	5	4	5	6	5	6	7	8	8	9
汽车荷载等级	公路—Ⅰ级								公路—Ⅱ级			

2）村镇道路

村镇道路是指乡镇内部各行政村之间、自然村与自然村之间、乡镇与乡镇之间，以及乡镇与外部联络的非乡道以上的道路。村镇道路应按现行的《镇规划标准》（GB 50188—2007）的规定来规划。村镇道路根据使用功能和通行能力划分为主干路、干路、支路和巷路四个等级。村镇道路规划技术指标见表 4.2。

表 4.2　村镇道路规划技术指标

规划技术指标	道路级别			
	主干路	干路	支路	巷路
计算行车速度（km/h）	40	30	20	—
道路红线宽度（m）	24—36	16—24	10—14	—
车行道宽度（m）	14—24	10—14	6—7	3.5
每侧人行道宽度（m）	4—6	3—5	0—3	0
道路间距（m）	≥500	250—500	120—300	60—150

对村镇内部道路系统的规划，要根据村镇的层次与规模、当地经济特点、交通运输特点等综合考虑，一般可按表 4.3 的要求设置不同级别的道路。个别中远期可能升格的村

镇,在道路规划时应注意远近结合、留有余地,如由于资金不足等问题也可分期实施,可先修建半幅。

表 4.3　村镇道路系统组成

规划村镇分级	道路级别			
	主干路	干路	支路	巷路
特大型、大型	●	●	●	●
中型	○	●	●	●
小型	—	○	●	●

注:●——应设的级别;○——可设的级别。

4.2　村镇道路系统规划

4.2.1　村镇道路系统规划的基本要求

村镇道路系统是以村镇现状、发展规模、用地规划及交通运输为基础,还要很好地结合自然地理条件、村镇环境保护、景观布局、地面水的排除、各种工程管线布置以及铁路和其他各种人工构筑物等的关系,并且需要对现有道路系统和建筑物等状况予以足够的重视。村镇道路系统规划应满足下列基本要求:

1) 满足、适应交通运输的要求

规划道路系统时,应使所有道路主次分明、分工明确,并有一定的机动性,以组成一个高效、合理的交通运输系统,从而使村镇各区之间有安全、方便、快速、经济的交通联系。具体要求如下:

(1) 在村镇各主要用地和吸引大量居民的重要地点之间,应有短捷的交通路线,使全年最大的平均人流、货流能沿最短的路线通行,以使运输工作量最小、交通运输费用最省。例如,村镇中的工业区、居民区、公共中心以及对外交通的车站、码头等都是大量吸引人流、车流的地点,规划道路时应注意使这些地点的交通畅通,以便能快速地集散人流和车流。这些交通量大的用地之间的主要连接道路就成为村镇的主干路,交通量相对小、不贯通全村镇的道路称之为次干路。主次干路网也就成了村镇规划的平面骨架。

路线短捷的程度,可用曲度系数来衡量。曲度系数亦称非直线系数,是指道路始点、终点间的实际交通距离与其空间直线距离之比。

$$曲度系数 \lambda = \frac{道路始点、终点间的实际交通距离}{两点间直线距离} \tag{4-1}$$

交通运输费用大致与行程远近成正比,因而这个系数也可作为衡量行车费用的经济指标之一。不同形式的干路网,有不同的曲度系数。对于一条干路,衡量其路线是否合理,一般要求其曲度系数为 1.1—1.2,最大不能超过 1.4;次干路的曲度系数也不能超过

1.4，即不出现反向迂回的路线。对山区、丘陵地区的干路，因地形复杂，展线需克服地形高差，曲度系数可适当放宽。

（2）村镇各分区用地之间的联系道路应有足够而又恰当的数量。通常以道路网密度 δ 作为衡量道路系统的技术经济指标。所谓道路网密度是指道路总长（不含居住小区、街坊内通向建筑物组群用地内的通道）$\sum l$ 与村镇用地面积 $\sum F$ 的比值。即

$$\delta = \frac{\sum l}{\sum F} \ (\text{km/km}^2) \qquad (4\text{-}2)$$

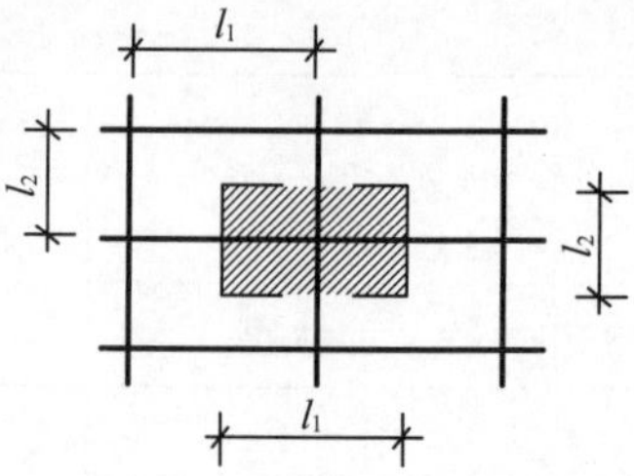

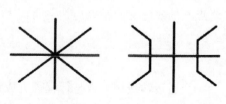

图 4.1　道路网密度计算图

当道路系统为长方形时，设其间距为 l_1、l_2（图 4.1），则

$$\delta = \frac{l_1 + l_2}{l_1 l_2} \ (\text{km/km}^2) \qquad (4\text{-}3)$$

确定村镇道路网密度时，一般应考虑下列因素：①道路网的布置应便利于交通，居民步行距离不宜太远。②交叉口间距不宜太短，以避免交叉口过密，降低道路的通行能力和车速。③适当划分村镇各区及街坊的面积。

道路网密度越大，交通联系也越方便；但密度过大，势必交叉口增多，进而影响行车速度和通行能力，同时也会造成村镇用地不经济，增加道路建设投资和旧村（镇）改造拆迁工作量。特别是干路的间距过小，会给街坊、居住小区临街住宅带来噪声干扰和废气污染。

村镇干路上机动车流量不大，车速较低，且居民出行主要依靠自行车和步行。因此，其干路网与道路网（含支路、连通路）的密度可较小城市高一点，道路网密度可达 8—13 km/km²，道路间距可为 150—250 m；其干路网密度可为 5—6.7 km/km²，干路间距可为 300—400 m。实际规划中应结合现状、地形环境来布置，不宜机械规定，但是道路与支路（连通路）间距至少也应大于 100 m，干路间距有时也达 400 m 以上。对山区道路网密度更应因地制定，其间距可考虑 150—400 m。

干路网密度一般从村镇中心地区向近郊、从建成区到新区逐渐递减，建成区大一些，近郊及新区低一些，以适应居民出行流量分布变化的规律。中国村镇建成区道路网密且路幅又窄，因此，在旧村镇扩建、改建过程中应注意适当放宽路幅，打通必要卡口、蜂腰，并将某些过密、过窄的街道改为禁止机动车通行的内部道路，以及从机动车行驶角度考虑，封闭某些与干路垂直相交的胡同、巷路，以控制道路网密度与道路间距，提高道路网通行能力。

（3）为交通组织管理创造良好条件。道路系统应尽可能简单、整齐、醒目，以便行人和行驶的车辆辨别方向，易于组织和管理道路交叉口的交通。如图 4.2(a)所示，有 8 条干路汇集于村镇中心区，形成一个复杂交叉口，使交叉口的交通组织复杂化，大大降低了干路的通行能力和交通安全。一个

（a）多条道路交叉　　　（b）几个十字形交叉

图 4.2　道路交叉口的交通

交叉口上交汇的街道不宜超过 4—5 条,交叉角不宜小于 60°或不宜大于 120°。一般情况下,不要规划星形交叉口,不可避免时,宜将其分解成几个简单的十字形交叉[图 4.2(b)]。同时,应避免将吸引大量人流的公共建筑布置在路口,避免增加不必要的交通负担。

2) 结合地形、地质和水文条件,合理规划道路网走向

村镇道路网规划的选线布置,既要满足道路行车技术的要求,又必须要结合地形、地质和水文条件,并考虑到与临街建筑、街坊、已有大型公共建筑的出入联系要求。道路网尽可能平而直,尽可能减少土石方工程,并为行车、建筑群布置、排水、路基稳定创造良好条件。

在地形起伏较大的村镇,主干路走向宜与等高线接近于平行布置,避开接近垂直切割等高线,并视地面自然坡度大小对道路横断面组合做出经济合理的安排。当主次干路布置与地形有矛盾时,次干路及其他街道都应服从主干路线形平顺的需要。一般当地面自然坡度达 6%—10%时,可使主干路与地形等高线相交成一个不大的角度,以使与主干路相交叉的一般其他道路不至有过大的纵坡(图 4.3);当地面自然坡度达 12%以上时,采用之字形的道路线形布置(图 4.4),曲线半径不宜小于 13—20 m,且曲线两端不应小于 20—25 m 长的缓和曲线。为了避免行人在之字形支路上盘旋行走,常在垂直等高线上修建人行梯道。

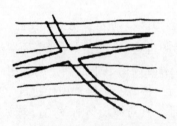

图 4.3　道路与等高线斜交

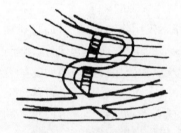

图 4.4　之字形道路路线

在道路网规划布置时,应尽可能绕过不良工程地质和不良水文地质,并避免穿过地形破碎地段,如图 4.5 和图 4.6 所示。这样虽然增加了弯路和长度,但可以节省大量土石方和大量建设资金,缩短建设周期,同时也使道路纵坡平缓,有利于交通运输。

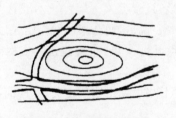

图 4.5　避开破碎地段 1

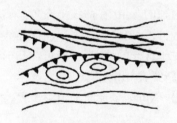

图 4.6　避开破碎地段 2

确定道路标高时,应考虑水文地质对道路的影响,特别是地下水对路基路面的破坏作用。

3) 满足村镇环境的要求

村镇道路网走向应有利于村镇的通风。中国北方村镇冬季寒流主要受来自西伯利亚

冷空气的影响,所以冬季寒流风向主要是西北风,寒冷往往伴随风沙、大雪,因此主干路布置应与西北向成垂直或成一定的偏斜角度,以避免大风雪和风沙直接侵袭村镇;南方村镇道路的走向应平行于夏季主导风向,以创造良好的通风条件;海滨、江边、河边的道路应避开临水地段,并布置一些垂直于岸线的街道。

道路走向还应为两侧建筑布置创造良好的日照条件,一般南北向道路较东西向好,最好由东向北偏转一定角度。从交通安全来看,街道最好能避免正东西方向,因为日光耀眼会导致交通事故。事实上,村镇干路有南北方向,也必须有与其相交的东西方向干路,以共同组成村镇干路系统,不可能所有干路都符合通风和日照的要求。为此,干路的走向最好取南北和东西方向的中间方位,一般取南北子午线成 30°—60°的夹角为宜,以兼顾日照、通风和临街建筑的布置。

随着村镇经济的不断发展,交通运输也日益增长,机动车噪音和尾气污染也日趋严重。这必须引起规划者的足够重视。一般采取的应对措施有:合理地确定村镇道路网密度,以保持居住建筑与交通干路间有足够的消声距离;过境车辆一律不得从村镇内部穿过;控制货车进入居住区;控制拖拉机进入村镇;在街道宽度上考虑必要的防护绿地来吸收部分噪音、二氧化碳和释放新鲜空气;沿街建筑布置方式及建筑设计做特殊处理,如宜使建筑物后退红线、建筑物沿街面做封闭处理或建筑物山墙面对街道等。

4) 满足村镇景观的要求

村镇道路不仅用作交通运输,而且对村镇景观的形成有着很大的影响。所谓街道的造型即通过线形的柔顺、曲折起伏,两侧建筑物的进退、高低错落,丰富的造型与色彩,多样的绿化,以及沿街公用设施与照明的配置等,来协调街道平面和空间的组合,同时还把自然景色(山峰、水面、绿地)、历史古迹(塔、亭、台、楼、阁、牌楼)、现代建筑(纪念碑、雕塑、建筑小品、电视塔等)贯通起来,形成统一的街景。其对体现整洁、舒适、美观、绿色、环保、丰富多彩的现代化村镇面貌起着重要的作用。

干路的走向应对向制高点、风景点(如山峰、水景、塔、纪念碑、纪念性建筑物等),使路上行人和车上乘客能眺望如画的景色。对临水的道路应结合岸线精心布置,使其既是街道,又是人们游览休息的地方。当道路的直线路段过长,使人感到单调和枯燥时可在适当地点布置广场和绿地、配置建筑小品(雕塑、凉亭、画廊、花坛、喷水池、民族风格的售货亭等),或做大半径的弯道,在曲线上布置丰富多彩的建筑。

对于山区村镇,道路竖曲线以凹形曲线为赏心悦目,而凸形曲线会给人以街景凌空中断的感觉。对于这样的情况,一般可在凸形顶点开辟广场、布置建筑物或树木,使人远眺前方景色,有新鲜、层出不穷之感。

必须指出,不可为了片面地追求街景,把主干路规划得错位交叉、迂回曲折,致使交通不畅。

5) 有利于地面水的排除

村镇街道中心线的纵坡应尽量与两侧建筑线的纵坡方向取得一致,街道的标高应稍低于两侧街坊地面的标高,以汇集地面水,便于其排除。主干路如沿汇水沟纵坡设置,对于村镇的排水和埋设排水管是非常有益的。

在做干路系统竖向规划设计时,干路的纵断面设计要配合排水系统的走向,使水通畅地排放。由于排水管是重力流管,管道要具有排水纵坡,所以街道纵坡设计要与排水设计密切配合。若街道纵坡过大,排水管道就需要增加跌水井;而若纵坡过小,则排水管道在一定路段上又需设置泵站。显然,这些都将增加工程投资。

6) 满足各种工程管线布置的要求

随着村镇的不断发展,各类公用事业和市政工程管线将越来越多,一般都埋在地下,沿街道敷设,但各类管线的用途不同,其技术要求也不同。如电信管道,它要靠近建筑物布置,且本身占地不宽,但它要求设较大的检修人孔;排水管为重力流管,埋设较深,其开挖沟槽的用地较宽;煤气管道要防爆,须远离建筑物。当几种管线平行敷设时,它们相互之间要求有一定的水平间距,以便在施工时不致影响相邻管线的安全。因此,在村镇道路规划设计时,必须摸清道路上要埋设哪些管线,考虑给予足够的用地,且给予合理安排。

7) 满足其他有关要求

村镇道路系统规划除应满足上述基本要求外,还应满足以下三个方面:

(1) 村镇道路应与铁路、公路、水路等对外交通系统密切配合,同时要避免铁路、公路穿过村镇内部。对已在公路两侧形成的村镇,宜尽早将公路移出或沿村镇边缘绕行。对外交通以水运为主的村镇,码头、渡口、桥梁的布置要与道路系统互相配合。码头、桥梁的位置还应注意避开不良地质。

(2) 村镇道路要方便居民与农机通往田间,要统一考虑与田间道路的相互衔接。

(3) 道路系统规划设计应少占田地,少拆房屋,不损坏重要历史文物。应本着从实际出发的原则,贯彻以近期为主,远期、近期相结合的方针,有计划、有步骤地分期发展、组合实施。

4.2.2 村镇道路系统的形式

村镇道路系统规划是村镇平面规划的基础,它不仅要满足上述基本要求,而且在几何形状上也要有正确合理的布置。否则,它会直接影响整个村镇的布局、未来的建设发展和居住环境的卫生。道路系统的图形一经确定,就使整个村镇交通运输系统、建筑布置、居民点及街区规划大体上也被固定。每个村镇道路系统的形式,都是在一定历史条件和自然条件下,根据当地政治、经济和文化发展的需要逐渐演变而形成的。因此,规划或调整道路系统时,采用的基本图形也应根据当地的具体条件,本着"有利于生产,方便生活"的原则,因地制宜,合理地、灵活地选择,决不能单纯为了追求整齐平直和对称的几何图形等来生搬硬套某种形式。一般街道密度应根据街坊布置综合考虑,以每隔100—200 m设置一个交叉口为宜,不要太稀,也不宜太密。

目前常用的道路系统可归纳成四种类型:方格网式(也称棋盘式)、放射环式、自由式、混合式。前三种是基本类型,混合式道路系统是由几种基本类型组合而成的。

1) 方格网式(棋盘式)

方格网式道路系统[图 4.7(a)],其最大特点是街道排列比较整齐,基本呈直线,街坊用地多为长方形,用地经济、紧凑,有利于建筑物布置和识别方向。从交通方面来看,交通组织简单便利,道路定线比较方便,不会形成复杂的交叉口,车流可以较均匀地分布于所有街道上,因此交通机动性好,即当某条街道受阻,车辆绕道行驶时其路程不会增加,行程时间不会增加。为适应汽车交通的不断增加,交通干路的间距宜为400—500 m,划分的村镇用地形成功能小区,分区内再布置生活性的街道。

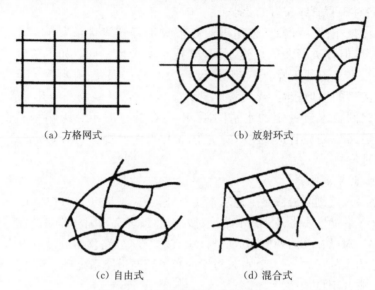

(a) 方格网式　　　　　　　　(b) 放射环式

(c) 自由式　　　　　　　　　(d) 混合式

图 4.7　常用道路系统类型

这种道路系统也有明显的缺点,它的交通分散,道路主次功能不明确,交叉口数量多,影响行车畅通。同时,由于是长方形的网格道路系统,因此,对角线方向交通不便,行驶距离长,曲度系数大,一般为1.27—1.41。

方格网式道路系统一般适用于地形平坦的村镇,规划中应结合地形、现状与分区布局来进行,不宜机械地划分方格。为改善对角线方向上的交通不便,在方格网中常加入对角线方向的道路,这样就形成了方格对角线形式的道路系统,与方格网式道路系统相比,对角线方向的道路能缩短27%—41%的路程,但这种形式易产生三角形街坊,而且增加了许多复杂的交叉口,给建筑布置和交通组织带来不利,故一般较少采用。

2) 放射环式

如图4.7(b)所示,放射环式道路系统就是由放射道路和环形道路组成。放射道路担负着对外交通联系,环形道路担负着各区域间的运输任务,并连接放射道路以分散部分过境交通。这种道路系统从公共中心引出放射道路,并在其外围地区敷设一条或几条环形道路,像蜘蛛网一样,构成整个村镇的道路系统。环形道路有周环,也可以是半环或多边折线式;放射道路有的从中心内环放射,有的从二环或三环放射,也可以与环形道路切向放射。道路系统布置要顺从自然地形和村镇现状,不要机械地强求几何图形。这种形式道路系统的优点是使公共中心区和各功能区有直接通畅的交通联系,同时环形道路可将交通均匀地分散到各区。路线有曲有直,较易于结合自然地形和现状。曲度系数平均值最小,一般在1.10左右。

其明显的缺点是容易造成中心区交通拥挤、行人以及车辆的集中,有些地区的联系要绕行,其交通灵活性不如方格网式好。如在小范围内采用此种形式,道路交叉会形成很多锐角,出现很多不规则的小区和街坊,不利于建筑物的布置,另外道路曲折不利于辨别方向,会造成交通不便。

放射环式道路系统适用于规模很大的村镇。对一般的村镇而言,从中心到各区的距离不大,因而没有必要采取纯粹的放射环式。为克服中心拥挤的问题,对放射性道路的布置应终止于中心区的内环路或二环路上,严禁过境车辆进入中心区(图 4.8 左图)。也可利用旧村镇中心和新发展区,布置两个甚至两个以上的中心,以改善中心交通拥挤的状况(图 4.8 右图)。

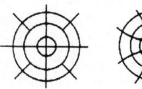

图 4.8　放射环式道路系统的改善

3) 自由式

如图 4.7(c)所示,自由式道路系统是因结合地形起伏、迁就地形而形成的,道路弯曲自然,无一定的几何图形。

这种形式道路系统的优点是充分结合自然地形,道路自然顺畅、生动活泼,可以减少道路工程土石方量,节省工程费用。

其缺点是道路弯曲、方向多变,比较紊乱,曲度系数较大。由于道路曲折,形成许多不规则的街坊,影响建筑物和管线工程的布置。同时,由于建筑分散,居民出入不便。

自由式道路系统适用于山区和丘陵地区。由于地形坡差大,干路路幅宜窄,因此多采用复线分流方式,借平行较窄干路来联系沿坡高差错落布置的居民建筑群。在这样的情况下,宜在坡差较大的上下两平行道路之间,顺坡面垂直等高线方向,适当规划布置步行梯道或梯级步行商业街,以方便居民交通和生活。

4) 混合式

如图 4.7(d)所示,混合式道路系统是结合村镇的自然条件和现状特点,力求吸收前三种基本形式的优点,避免其缺点,因地制宜规划布置村镇道路系统。

事实上在道路规划设计中,不能机械地单纯采用某一类形式,应本着实事求是的原则,立足地方的自然条件和现状特点,采用综合方格网式、放射环式、自由式道路系统的特点,扬长避短,科学、合理地进行村镇道路系统规划布置。如村镇能在原方格网基础上,根据新区及对外公路过境交通的疏导,加设切向外环或半环,则改善了方格网式布置的缺点(图 4.9)。

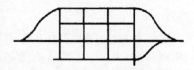

图 4.9　方格网式的改善

以上四种形式的道路系统,各有其优缺点,在实际规划中,应根据村镇自然地理条件、现状特点、经济状况、未来发展的趋势和民族传统习俗等综合考虑,进行合理地选择和运用,绝对不能生搬硬套,搞形式主义。

4.3　村镇道路的技术设计

道路规划要预估村镇交通的发展,为此,首先要研究村镇交通的由来,要研究机动车、非机动车出行的增长，工农业生产、村镇生活物资供应，居民上下班、生活上购物、教育与文化娱乐等各种活动的不同出行方式；要统计村镇用地分区中有关交通源之间的分布、相互联系线路的布置、现有出行数量，预估各分区出行数量的增长，新规划地区产生的出行也须做出预估。其次，要研究所采用的交通方式和所占比例，考虑汽车、自行车和行人出行在村镇用地分区之间分布和出行流量的形式。最后，确定主次干路的性质、选线、走向布置与红线宽度、断面组合，以及交叉口形式、中心控制坐标方位、桥梁的位置等。

4.3.1 远期交通量的预测

在原有村镇道路的规划改造设计中，道路的远期交通量一般可按现有道路的交通量进行预测；对于新建的村镇，道路的远期交通量可参考规模相当的同级村镇进行预测。对于村镇，目前一般还没有条件进行复杂的理论推算，下面介绍几种简单的预测方法：

1）按年平均增长量估算

可用村镇道路上机动车历年高峰小时（或平均日）交通量，来预测若干年后高峰小时（或平均日）交通量。该方法考虑了不同交通区的不同交通发生量的增长情况，并假定各区之间远景的出行分布模式与现在是一样的。该方法适用于土地利用因素变化不大的村镇。

$$N_{远} = N_0 - n \cdot \Delta N \tag{4-4}$$

式中：$N_{远}$——远期 n 年高峰小时（平均日）交通量（辆/h，或辆/d）；

$\quad\quad N_0$——最后统计年度的高峰小时（平均日）交通量（辆/h，或辆/d）；

$\quad\quad \Delta N$——年平均高峰小时（平均日）增长量（辆/h，或辆/d）；

$\quad\quad n$——预测年数（年）。

2）按年平均增长率估算

如缺少历年高峰小时（或平均日）交通量的观测资料，则可以采用按年平均增长率来估算远期交通量。年平均增长率可以参照规模相当的同级村镇的观测资料，分析随着经济发展及村镇、道路网和扩充后可能引起该道路上交通量的变化，来选择一个合适的年平均增长率，也可以参照工农业生产值的年平均增长率（一般来说，交通量的年平均增长率与工农业生产值的年平均增长率是一致的）来确定。

$$N_{远} = N_0(1 + n \cdot K) \tag{4-5}$$

式中：$N_{远}$——远期 n 年高峰小时（平均日）交通量（辆/h，或辆/d）；

$\quad\quad N_0$——最后统计年度的高峰小时（平均日）交通量（辆/h，或辆/d）；

$\quad\quad K$——年平均增长率（%）；

$\quad\quad n$——预测年数（年）。

3）按车辆的年平均增长数估算

村镇一般都有机动车辆增长的历史资料，可以用其来估算道路交通量的增长。但车辆增长与交通量增长不成正比，因为车辆多了，车辆的利用率就低，因此，估算时可将车辆增长率打折扣，以作为交通增长率。

以上介绍的三种方法，只是把交通量的增长看成单纯的数字比率，而均未很好地考虑村镇的性质，以及经济发展的方向和速度的不同在村镇规划中对道路设计所起的影响，因而不能全面地反映实际情况。不过，在没有详细的村镇各用地出行调查资料和交通运输规划的情况下，这种根据现况观测资料、考虑可能的发展趋势来确定一定的增长率，在一定程度上还能应用到当前的规划设计需要上。

非机动车的交通量也可以参照机动车的方法来估算。但对自行车的利用率却不会随自行车的增长而降低，这同它的使用特点有关。自行车的增长量同交通增长量是一致的。在村镇道路规划中，应特别注意自行车的增长趋势，因为这是村镇的主要交通工具。

三轮车、板车、兽力车是村镇重要的运输工具，它们在村镇交通运输中所占比例与村镇的性质、地理位置、自然条件、经济发展程度等有关。目前在中国有些村镇的某些路段上，这些车辆所占比重还很大，在一定时期内仍有增长的趋势，在进行远期交通量预测时应根据实际情况正确估算。

在商业街、生活性道路上，行人是主要的交通量，因此在远期交通量预测时应注意到两点：一是随着村镇居民物质文化水平的提高，出行次数将会增加；二是农民进入村镇，增加了行人数量。行人交通量的估算，应参考观测资料及人口增长数来计算。

4.3.2 村镇道路横断面设计

1) 道路横断面设计的基本要求

道路横断面是指沿着道路宽度、垂直于道路中心线方向的剖面。村镇道路横断面设计的主要任务是根据道路功能和建筑红线宽度，合理地确定道路各组成部分的宽度及不同形式的组合、相互之间的位置与高差。对横断面设计的基本要求如下：

（1）保证车辆和行人交通的畅通和安全，对于交通繁重地段应尽量做到机动车辆与非机动车辆分流、人车分流，各行其道。

（2）满足路面排水及绿化、地面杆线、地下管线等公用设备布置的工程技术要求。

（3）路幅综合布置应与街道功能、沿街建筑物性质、沿线地形相协调。

（4）节约村镇用地，节省工程费用。

（5）减少由于交通运输所产生的噪音、扬尘和废气对环境的污染。

（6）必须远近期相结合，以近期为主，又要为村镇交通发展留有必要的余地。做到一次性规划设计，如需分期实施，应尽可能使近期工程为远期所利用。

2) 道路宽度的确定

道路横断面的规划宽度被称为路幅宽度。它通常指村镇总体规划中所确定的建筑红线之间的道路用地总宽度，包括车行道、人行道、绿化带以及安排各种管（沟）线所需宽度的总和。

（1）车行道的宽度

车行道是道路上提供每一纵列车辆连续安全按规定计算行车速度行驶的地带。车行道宽度的大小以"车道"或"行车带"为单位。所谓车道，是指车辆单向行驶时所需的宽度，其数值取决于通行车辆的车身宽度和车辆行驶中在横向的必要安全距离。车身宽度一般应采用路上经常通行的车辆中宽度较大者为依据,对个别偶尔通过的大型车辆可不作为计算标准。常用车辆的外轮廓尺寸见表4.4,在设计时可采用。

车辆之间的安全距离取决于车辆在行驶时横向摆动与偏移的宽度,以及与相邻车道或人行道侧石边缘之间的必要安全间隙,其值与车速、路面类型和质量、驾驶技术、交通规划等有关。在村镇道路上行驶车辆的最小安全距离可为1.0—1.5 m,行驶中车辆与边沟(侧石)距离为0.5 m。

表4.4　各种车辆宽度和车道宽度

(单位:m)

车辆名称	机动车	自行车	三轮车	大板车	小板车	兽力车
车辆宽度	2.5	0.5	1.1	2.0	0.9	1.6
车道宽度	3.5	1.5	2.0	2.8	1.7	2.6

车行道宽度(V)计算公式为

$$V = (A + B)M + C \tag{4-6}$$

式中:A——车辆距边沟(侧石)的最小安全距离(m);

　　　B——车辆宽度(m);

　　　C——两车错车时的最小安全距离(m);

　　　M——车道数(条)。

车行道的宽度是几条车道宽度的总和。以单向设计小时交通量与一条车道的设计通行能力的比值来确定所需的车道个数,从而确定车行道总宽度。例如机动车道宽度计算公式为

$$机动车道宽度 = \frac{单向设计小时交通量}{一条车道的设计通行能力} \cdot 2 \cdot 一条车道宽度 \tag{4-7}$$

在中国村镇中,一条车道的平均通行能力可参考表4.5中的数值来论证确定。

表4.5　各种车道的通行能力

(单位:辆/h)

车辆名称	机动车	自行车	三轮车	大板车	小板车	兽力车
通行能力	300—400	750	300	200	380	150

应当注意,车道总宽度不能单纯按公式计算确定,因为这样既难以切合实际,又往往不经济。实际工作中应根据交通资料,如车速、交通量和车辆组成、比例、类型等,以及规划拟定的道路等级、红线宽度、服务水平,并考虑合理的交通组织方案综合分析确定。如村镇道路上的机动车高峰量较小,一般单向一个车道即可。在客运高峰小时期间,虽然机动车较少,但为了交通安全也得占用一个机动车道,而此时自行车交通量增大,可能要占用2—3个机动车道,这样货运高峰小时所要求的车道宽度往往不能满足客运高峰小时的交通要求,所以常常以客运高峰小时的交通量进行校核。

村镇的客运高峰期一般有三个:第一个是早上8点前的上班高峰;第二个是中午的上下班高峰;第三个是下午5点至6点的下班高峰。这三个高峰以中午的高峰最为拥挤,因为在高峰期间不但有集中的自行车流,还有一定数量的其他车流和人流。因此,以中午客运高峰小时的交通量进行校核较为恰当。

(2) 人行道的宽度

人行道是村镇道路的基本组成部分。它的主要功能是满足步行交通的需要,同时也应满足绿化布置、地上杆柱、地下管线、护栏、交通标志和信号,以及消防栓、清洁箱、邮筒等公用附属设施布置安排的需要。人行道宽度取决于道路类别、沿街建筑物性质、人流密度和构成(空手、提包、携物等)、步行速度,以及在人行道上设置灯杆和绿化种植带,还取决于在人行道下埋设地下管线及备用地等方面的要求。

一条步行带的宽度一般为0.75 m;在火车站、汽车站、客运码头以及大型商场(商业中心)附近,则采用0.85—1.0 m为宜。步行带的条数取决于人行道的设计通行能力和高峰小时的人流量。一般干路、商业街的通行能力采用800—1 000 人/h;支路采用1 000—1 200 人/h,这是因为干路、商业街行人拥挤,通行能力降低。

由于影响行人交通流向、流量变化的因素错综复杂,远期高峰小时的行人流量难以准确估计,因此,通常多根据村镇规模、道路性质和特点来确定步行带的宽度。表4.6列举了村镇道路、人行道宽度的综合建议值。

表4.6 村镇道路、人行道宽度综合建议值

(单位:m)

道路类别	村镇道路最小宽度	人行道最小宽度
主干路	4.0—4.5	3.00
次干路	3.5—4.0	2.25
车站、码头、公园等路	4.5—5.0	3.00
支路、巷路	1.5—2.5	1.50

注:现状人口大于2.0万人的村镇可适当放宽。

(3) 道路绿化与分隔带

道路绿化是整个村镇绿化的重要组成部分,它将村镇分散的小园地、风景区联系在一起,即所谓绿化的点、线、面相结合,以形成村镇的绿化系统。道路绿化的布置水平在一定程度上体现了整洁、宁静、文明、绿色、环保的村镇景观面貌。

在街道上种植乔木、绿篱、花丛和草皮形成的绿化带,可以遮阳,为行人御晒,也可延长黑色路面的使用期限,同时对车辆驶过所引起的灰尘、噪音和震动等能起到降低作用,另外还能调节气候、防风等,从而改善道路卫生条件,提高村镇交通与生活居住环境质量。绿化带分隔街道各组成部分可限制横向交通,能保证行车安全和畅通,体现"人车分隔、快慢车分流"的现代化交通组织原则。在绿地下敷设管线,进行管线维修时可避免开挖路面和不影响车辆通行。如果是为街道远期拓宽而预留的备用地,可在近期加以绿化。若街道能布置林荫道和街心花园,可使街道空气新鲜、湿润和凉爽,给居民创造一个良好的休息环境。

中国大多数村镇的街道绿化占街道总宽度的比例还比较低。在某些村镇中,由于旧街过窄,人行道宽度还成问题,因而道路绿化比重更小,行道树生长也不良,亟待改善。结合中国村镇用地实际及加强绿化的可能性,一般近期新建、改建道路的绿化所占比例宜为15%—25%,远期至少应在 20%—30%内考虑。

① 人行道绿化布置

人行道绿化根据规划横断面的用地宽度可布置单行或双行行道树。行道树布置在人行道外侧的圆形或方形(也有用长方形)的穴内,方形坑的尺寸不小于 1.5 m×1.5 m,圆形直径不小于 1.5 m,以满足树木生长的需要。街内植树分隔带兼作公共车辆停靠站台或供行人过街停留之用,宜有 2 m 的宽度。

种植行道树所需的宽度:单行乔木为 1.25—2.0 m;两行乔木并列时为 2.5—5.0 m,在错列时为 2.0—4.0 m。建筑物前的绿地所需最小宽度:高灌木丛为 1.2 m;中灌木丛为 1.0 m;低灌木丛为 0.8 m;草皮与花丛为 1.0—1.5 m。若在较宽的灌木丛中种植乔木,能使人行道得到良好的绿化覆盖。

布置行道树时还应注意下列问题:

a. 行道树应不妨碍街侧建筑物的日照通风,一般乔木要距房屋 5 m 为宜。

b. 在弯道或交叉口处不能布置高度大于 0.7 m 的绿丛,必须使树木在视距三角形范围之外中断,以不影响行车安全。

c. 行道树距侧石线的距离应不小于 0.75 m,以便于公共汽车停靠,并需及时修剪,使其分枝高度大于 4 m。

d. 注意行道树与架空杆线之间的干扰,常采用将电线合杆架设以减少杆线数量和增加线高度。一般要求电话电缆高度不小于 6 m;路灯低压线高度不小于 7 m;馈线及供电高压线高度不小于 9 m;南方地区架线高度宜较北方地区提高 0.5—1.0 m,以有利于行道树的生长。

e. 新建道路或经改建后达到规划红线宽度的道路,其绿化树木与其他设施外缘的最小水平距离宜符合表 4.7 的规定;行道树绿带下方不得敷设管线。

表 4.7　树木与其他设施外缘最小水平距离

设施名称	距乔木中心距离(m)	距灌木中心距离(m)
电力电缆	1.0	1.0
电信电缆(直埋)	1.0	1.0
电信电缆(管道)	1.5	1.0
给水管道	1.5	—
雨水管道	1.5	—
污水管道	1.5	—
燃气管道	1.2	1.2
热力管道	1.5	1.5

设施名称	距乔木中心距离(m)	距灌木中心距离(m)
排水盲沟	1.0	—
低于 2m 的围墙	1.0	—
挡土墙	1.0	—
路灯杆柱	2.0	—
电力、电信杆柱	1.5	—
消防龙头	1.5	2.0
测量水准点	2.0	2.0

f. 当遇到特殊情况不能达到表 4.7 中规定的标准时,其绿化树木根颈中心至地下管线外缘的最小距离可采用表 4.8 的规定。

表 4.8　树木根颈中心至地下管线外缘最小距离

管线名称	距乔木根颈中心距离(m)	距灌木根颈中心距离(m)
电力电缆	1.0	1.0
电信电缆(直埋)	1.0	1.0
电信电缆(管道)	1.5	1.0
给水管道	1.5	1.0
雨水管道	1.5	1.0
污水管道	1.5	1.0

② 分隔带

分隔带又称分车带,它是组织车辆分向、分流的重要交通设施。但它与路面画线标志不同,在横断面中占有一定宽度,是多功能的交通设施,为绿化植树、行人过街停歇、照明杆柱、公共车辆停靠、自行车停放等提供了用地。

分隔带分为活动式和固定式两种。活动式是用混凝土墩、石墩或铁墩做成,墩与墩之间以铁链或钢管相连。一般活动式分隔墩高度为 0.7 m 左右,宽度为 0.3—0.5 m,其优点是可以根据交通组织变动灵活调整。国内村镇的一块板式干路和繁忙的商业大街,由于路幅宽度不足,随着交通量剧增,为了保证交通安全和解决机动车、非机动车和行人混行而发生阻滞的问题,大多采用活动式分隔带,借此来分隔机动车道和非机动车道以及人行道。固定式一般是用侧石围护成连续性的绿化带。

分隔带的宽度宜与街道各组成部分的宽度比例相协调,最窄为 1.2—1.5 m;若兼作公共交通车辆停靠站或停放自行车用的分流分隔带,不宜小于 2 m。除了为远期拓宽预留用地的分隔带外,一般其宽度不宜大于 6.0 m。

作为分向用的分隔带,除因路段过长而在增设人行横道线处中断外,应连绵不断直到交叉口前。分流分隔带仅宜在重要的公共建筑、支路和巷路出入口,以及在人行横道处中断,通常以 80—150 m 为宜,其最短长度不少于一个停车视距。采用较长的分隔带可避免自行车任意穿越进入机动车道,以保证分流行车的安全。

分隔带足够宽时,其绿化配置宜采用高大直立乔木为主;分隔带较窄时,限用小树冠的常青树,间以低矮黄杨树;地面栽铺草皮,逢节日以盆花点缀,或高灌木配以花卉、草皮并围以绿篱,切忌种植高度大于 0.7 m 的灌木丛,以免妨碍行车视线。

(4) 道路边沟宽度

为了保证车辆和行人的正常交通、改善村镇卫生条件,以及避免路面的过早破坏,要求路面能迅速将地面雨雪水排除。根据设施构造的特点,道路的雨雪水排除方式有明式、暗式和混合式三种。

明式是采用明沟排水,仅在街坊出入口、人行横道处增设某些必要的带漏孔的盖板明沟或涵管,这种方式多用于一些村庄的道路和乡镇或临街建筑物稀少的道路,明沟断面尺寸原则上应经水力计算确定,常采用梯形或矩形断面,底宽不小于 0.3 m,深度不宜小于 0.5 m。暗式是用埋设于道路下的雨水沟管系统排水,而不设边沟。混合式是明沟和暗管相结合的排水方式。在村镇规划中,宜从环境、卫生、经济和方便居民交通等方面综合考虑,因路因段采取适宜的排水方式。

3) 道路横断面的综合布置

(1) 道路横断面的基本形式

因村镇道路交通组织特点不同,道路横断面可分为一块板、两块板、三块板等不同形式。一块板(又称单幅路)就是在路中完全不设分隔带的车行道断面形式,如图 4.10(a)所示;两块板(又称双幅路)就是在路中心设置分隔带将车行道一分为二,使对向行驶车流分开的断面形式,如图 4.10(b)所示;三块板(又称三幅路)就是设置两道分隔带将车行道一分为三,中央为机动车道,两侧为非机动车道,如图 4.10(c)所示。

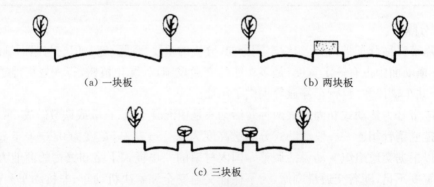

(a) 一块板　　　　　　　　　(b) 两块板

(c) 三块板

图 4.10　道路横断面形式

三种形式的断面各有其优缺点。从交通安全上来看:三块板比一块板、两块板都好,这是由于三块板解决了经常导致交通事故的非机动车和机动车相互干扰的矛盾,同时分隔带还起到了行人过街的安全岛作用,但三块板分隔带上所设的公共车辆停靠站对乘客上下车穿越非机动车道较为不便。从行车速度上来看:一块板、两块板由于机动车和非机动车混合行驶,车速较低,三块板由于机动车和非机动车分流,互不干扰,车速较高。从道路照明上来看:板块划分越多,照明越易解决,两块板、三块板均能较好地处理照明杆线与绿化种植之间的矛盾,因而照度易于达到均匀,有利于夜间行车。从绿化遮阳上来看:三块板可布置多条绿化带,遮阳面大,因而非机动车在盛夏行车比较舒适,同时也利于防止黑色路面发生泛油等现象。从环境质量上来看:三块板由于机动车道在中央,距离两侧建筑物较远,并有分隔带和人行道上的绿化带隔离,可吸尘和消音,因而有利于沿街居民保持较为宁静、良好的生活环境。从村镇用地和建设投资上来看:在相同的通行能力下,以一块板占用土地量最少,建设投资也省;三块板由于机动车和非机动车分流后,非机动车道路面质量要求可降低些,这方面能做到一定的节省,但总造价仍要大一些;两块板大体介于一块板、三块板之间。

(2) 道路横断面的选择

道路横断面的选择必须根据具体情况,如村镇规模、地区特点、道路类型、地形特征、交通性质、占地、拆迁和投资等因素,经过综合考虑、反复研究及技术经济比较后才能确定,不能机械地规定。

一块板形式,这是目前普遍采用的一种形式。它适用于路幅宽度较窄(一般在 40 m 以下)、交通量不大、混合行驶四车道已能满足,及非机动车不多等情况。在占地困难和大量拆迁地段以及出入口较多的繁华道路等可优先考虑,还有如规定节日有游行队伍通过或备战等特殊功能要求时,即使路幅宽度较大,也可考虑采用一块板形式。三块板形式适用于路幅较宽(一般在 40 m 以上,特殊情况至少 36 m)、非机动车多、交通量大、混合行驶四车道已不能满足交通要求、车辆速度要求高及考虑分期修建等情况,但一般不适用于两个方向交通量过分悬殊,或机动车和非机动车高峰小时不在同一时间现象的道路,也不宜用于用地紧张、非机动车较少的山村道路。两块板形式适用于快速干路,如机动车辆多、非机动车辆很少及车速要求高的道路,可以减少对向行驶的机动车之间互相干扰,特别是经常有夜间行车的道路。另外,在线形上有可能导致车辆相撞的路段以及道路横向高差较大或为了照顾现状、埋设高压线等,有时也可适当地考虑采用这种形式。经各地多年的实践证明,两块板形式虽可保障交通安全,但车辆行驶时灵活性差,转向需要绕道,以致车道利用率降低、占地多,因此这种形式近年来很少采用,对于已建的两块板道路有的也在改建。

道路横断面设计除考虑交通外,还要综合考虑环境,沿街建筑使用,村镇景观,以及路上、路下各种管线、杆柱设施的协调、合理安排。

① 路幅与沿街建筑物高度的协调。道路路幅宽度应使道路两侧的建筑物有足够的日照和良好的通风;在特殊情况(对应防空、防火、防震要求)下,还应考虑街道一侧的建筑物一旦发生倒塌后,仍须保证街道另一侧车道宽度能继续维持交通和进行救灾工作。

此外,路幅宽度还应使行人、车辆穿越时能有较好的视野,看到沿街建筑物的立面造型,感受良好的街景。一般认为 H(建筑物高度):B(街道宽度)=1:2 左右为宜,具体实施时,东西向道路稍宽,南北向道路可稍窄,如图 4.11 所示。

当个别建筑物高度超出街道上多数建筑物的平均高度过多时,则应后退红线布置以形成高低错落、平面进退有序的灵活线形。这样既不增加整个路幅的宽度,又能丰富街景。

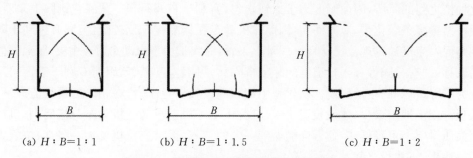

(a) $H:B=1:1$ (b) $H:B=1:1.5$ (c) $H:B=1:2$

图 4.11　街道宽度与建筑物高度的比例关系

② 横断面布置与工程管线布置的协调。村镇中的各种工程管线,由于其性能、用途各不相同,相互之间在平面、竖向位置上的安排与净距要求常产生冲突,加上现状管线和规划设计管线之间的矛盾比较错综复杂,如不加以综合协调,往往会导致道路横断面难以安排,甚至影响道路工程建筑和交通。因此,道路横断面各组成部分的宽度及其组合形式的确定必须与管线综合规划相协调;个别情况下,路幅宽度甚至取决于管线敷设所需用地的宽度要求。

③ 横断面总宽度的确定与远近结合。道路横断面总宽度的确定,除应根据上述各组成部分的计算、分析与汇总结果外,还应根据村镇规模及总体规划中对各类干路、支路提出的红线间路幅控制宽度的可调宽度加以组合,并尽可能做到协调一致,注意留有余地。这是因为一方面,控制红线范围是横断面总宽度设计的依据;另一方面,在进行道路间规划与红线设计时,也必须考虑横断面选型及各组成部分的必要宽度,从而使总体规划确定的各类干路红线宽度经济、合理。

有关村镇道路的路幅宽度值目前尚无统一规定,表4.9的数值可供参考。道路工程建设应贯彻"充分利用,逐步改造"与"分期修建,逐步提高"的原则。因此,道路断面上各组成部分的位置不仅要注意适应近远期交通量组成和发展的差别,而且也要为今后路网规划布局的调整变动留有余地。对于近远期宽度的相差部分,可用绿化带、分隔带或备用地加以处理(图4.12)。有些街道根据拆迁条件,也可采取先修建半个路幅的做法。

表 4.9　村镇道路路幅宽度及组成建议

人口规模(万人)	道路类别	车道数(条)	单车道宽(m)	非机动车道宽(m)	红线宽(m)
1.0—2.0	主干路	3—4	3.5	3.0—4.5	25—35
	次干路	2—3	3.5	1.5—2.5	16—20
	支路	2	3.0	1.5	9—12
0.5—1.0	干路	2—3	3.5	2.5—3.0	18—25
	支路	2	3.0	1.5 或不设	9—12
0.3—0.5	干路	2	3.5	2.5—3.0	18—20
	支路	2	3.0	1.5 或不设	9—12

注:当规划人口大于2.0万人的村镇,个别主干路可达红线40 m以内;接近2.0万人的村镇,个别主干路可用三块板或设非机动车隔离墩,其他道路原则上用一块板。

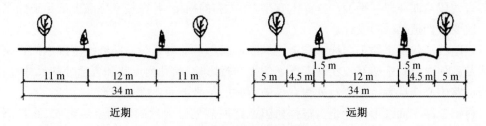

| 11 m | 12 m | 11 m | | 5 m | 4.5 m | 1.5 m | 12 m | 1.5 m | 4.5 m | 5 m |

| 34 m | | 34 m |

近期　　　　　　　　　　　远期

图 4.12　近期与远期相结合的路幅布置

4）道路的横坡度

为了使道路上的地面雨雪水、街道两侧建筑物出入口以及毗邻街坊道路出入口的地面雨雪水能迅速排入道路两侧（或一侧）的边沟或排水暗管，在道路横向必须设置横坡度。

道路横坡度的大小，主要根据路面结构层的种类、表面平整度、粗糙度和吸湿性、当地降雨强度、道路纵坡大小等确定。一般路面愈光滑、不透水、平整度与行车车速要求高，横坡就宜偏小，以防车辆横向滑移，导致交通事故；反之，路面愈粗糙、透水且平整度差、车速要求低，横坡就可偏大。结合交通部《公路工程技术标准》（JTGB 01—2014），中国村镇道路横坡度的数值可参考表 4.10 取用。

表 4.10　村镇道路横坡度

车道种类	路面结构	横坡度（%）
车行道	沥青混凝土、水泥混凝土	1.0—2.0
	其他黑色路面、整齐石块	1.5—2.5
	半整齐石块、不整齐石块	2.0—3.0
	碎石、砾石等粒料路面	2.5—3.5
	粒料加固土、其他当地材料加固或改善土	3.0—4.0
人行道	砖石铺砌	1.5—2.5
	砾石、碎石	2.0—3.0
	砂石	3.0
	沥青面层	1.5—2.0
自行车道	—	1.5—2.0
汽车停车场	—	0.5—1.5
广场行车路面	—	0.5—1.5

4.3.3　村镇道路的线形设计

道路是一种由直线和曲线组成的带状构筑物。道路由于受地形、地物、地质条件、交通吸收点和集散点布局要求的限制，往往需要在平面、立面上恰当地调整道路中心线的转折方向，以满足行车安全、通畅、迅速、舒适、线形美观和工程经济的综合要求。这种使道路各直线段与曲线段在平面和立面上有平顺、柔和的衔接,并在技术标准上满足道路等级的交通要求即道路线形设计。

道路线形包括道路平面线形和道路纵断面线形。前者是指道路红线范围内的道路中心线及其他主要特征线在现状地形图上的平面投影位置、几何形状和各部分的尺寸;后者是指道路中心线或其他主要特征线在纵向所做的垂直剖面(立面)线形。

村镇道路平面线形设计是指根据村镇道路网规划已大致确定的道路走向、路与路之间的方位(或坐标)关系,以道路中心线为准,按照行车技术要求及详细的地形、现状勘测资料和工程地质、水文条件,先在现状地形图上、最终在地面上确定道路路幅在平面上的直线、曲线路段,及其衔接、交叉路口的形式,桥涵中心线的位置及起讫点以及必要的公共交通点、绿化分隔带、地上杆线等的平面安排。

道路平面线形基本是由直线段和曲线段两部分组成的。直线部分从交通运输、建筑施工和维护管理等方面来看,在一条路线的起点、终点之间,以采用直线路段为最佳,村镇干路更应尽可能选用较长的直线段;在各交叉口或广场之间路段上,尤其以取直线为宜。一条路线在从起点到终点的全过程中,为了通过附近某个必要的控制点,或者为了利用地形绕开各种障碍物,都不可避免地要发生方向上的转折。从司机与乘客的心理上来看,过长的直线路段景观变换少,比较单调枯燥,容易感觉疲乏,因而一般认为对直线段的长度应加以适当的限制,这也决定了一条路线迟早总要有方向上的转折。但路线过多的转折会给行车带来一系列不利的因素:路线的延长会增大工程量,延长行车的时间;路线转折会造成视距不良,车速降低;离心力的作用会产生行车的横向不稳定,驾驶困难和乘客不舒适;车辆转弯行驶会使牵引力降低,燃料消耗与轮胎磨损增加等。为了尽可能降低上述种种不利因素,一般在两条不同方向的直线之间都要设一段曲线来代替原来的那段折线,以使车辆能从前一条直线顺利地驶入后一条直线,这种曲线就称之为平曲线(弯道)。纵断面线形设计是指依据道路平面确定道路中心线在竖向相对于地面的位置、高低起伏关系(如坡度、竖曲线)及其相互线形的平顺衔接,并具体确定平面交叉口、立体交叉口以及桥梁等的控制标高。

1) 道路的平面设计

道路平面设计一般是在村镇道路网规划的基础上进行的:按照主管部门下达的设计任务书中提出的各项要求,依据有关的设计规范或技术标准,结合调查勘测所取得的有关资料和数据以及横断面的布置情况,以道路中线为准,将道路网规划或选线中大致规定了的路线走向与其他道路的方位关系等,经过综合考虑和必要的调整加以确定。在此基础上,将全部平面线形确定下来,并绘成道路平面设计图。

道路平面设计的主要内容有:①图上和实地选线。即确定所设计路线的起点、终点、中间控制点(指受规划或地形、地物现状、交通要求等的限制,必须通过或避开的平面转折点、纵断面转坡点或控制标高点)、横断面布置在图纸和实地上的具体位置。定线应结合自然地形、地物现状、地质水文条件以及临街建筑布局的要求,经济合理地综合考虑。②在图纸上和实地定线的基础上选取平曲线半径及根据情况设置超高、加宽与缓和曲线等。③解决直线(曲线)与曲线之间的衔接问题。④验算弯曲内侧的安全行车视距。如不能保证,则需决定视线障碍物的清除范围。⑤确定分隔带、人行道绿化、管线及杆柱等设施的位置等。⑥对沿线的交叉口、广场、桥涵和排水设施,以及其他各项公用和附属设施进行平面布置,确定其具体位置、采用的形式和尺寸。⑦绘制道路平面设计图。

（1）道路平曲线的概念

为了使车辆从一条转折直线段平顺地进入另一转折直线段,需要妥善地选择曲线段来与相邻两转折直线段相衔接,这种曲线就称之为平曲线。

当路线的转折角很小（7°以内）,同时设计车速也不大（$V < 50$ km/h）时,可以将折线直接相连而不设平曲线。但如设计车速较高（$V > 50$ km/h）,则必须设置较长的平曲线,以保证行车的安全和顺畅;另外,在村镇内部的道路,即使转角较小,也宜设平曲线以使车行道两侧的路缘石平顺美观。

平曲线一般采用圆曲线（就是一段圆弧）,但为了进一步提高使用质量,在圆曲线与两端的直线之间还应设置过渡性的缓和曲线。平曲线能在多大程度上抵消各种因素的影响,更好地保证行车的安全、迅速、经济和舒适,主要取决于圆曲线半径的大小和采用其他措施（如超高、加宽及缓和段等等）的情况如何。

（2）平曲线半径的选择

车辆在曲线路段上行驶有着复杂的不断调整行车方向的运动。车速愈高、平曲线半径愈小,则车辆的横向稳定性愈差、燃料消耗和轮胎磨损愈多以及乘客的舒适感愈差。

村镇道路一般车速不超过 20—40 km/h,同时考虑到便于沿街建筑的布置和地上、地下管线（杆柱）的敷设,并有益于街道景观,宜尽可能选用不设超高的平曲线半径。根据村镇道路交通特点、分类,圆曲线最小半径见表 4.11。对于郊区道路、过境公路则可参照现行《公路工程技术标准》（JTGB 01—2014）的有关规定确定。

表 4.11 圆曲线最小半径

道路类别		主干路	次干路	支路（巷路）
设计速度（km/h）		40	30	20
不设超高最小半径（m）		300	150	70
设超高最小半径（m）	一般值	150	85	40
	极限值	70	40	20

选用平曲线半径应结合地形、地物、现状、道路等级综合分析考虑。对于各个等级的道路平曲线,原则上应尽量采用较大的半径,以提高道路的使用质量;对于地形、地物复杂的道路,如山区村镇的道路,若采用推荐半径过分增加工程造价与施工困难,也可采用设置超高的最小半径范围值;对于次要性道路的局部路段,也可采取降低设计车速、加设交通警示标志等措施来解决最小半径问题;在长直线（特别是下坡）的尽头不得采用小半径的平曲线,因为在这种直线段上行车极易超速,如对平曲线的出现缺乏思想准备或判断错误往往会发生事故。

在具体计算确定平曲线设计半径 R 时,为便于测设,当 $R < 125$ m 时,按 5 m 的整倍数取值;当 125 m $< R <$ 250 m 时,按 10 m 的整倍数取值;当 250 m $< R <$ 1 000 m 时,按 50 m 的整倍数取值;当 $R > 1$ 000 m 时,则按 100 m 的整倍数取值。此外,当路线转折角在 3°—7°时,由于曲线外距很小,也可不设曲线,而仅将转折点附近左右各 10 m 范围的路缘石在施工时做成平顺弧线形。

当汽车在平曲线段行驶时,若曲线段过短,会使驾驶员回转方向盘时感到急促困难,甚至可能冲入相邻车道引起交通事故,加上离心加速度变化率过大也会使车内乘客感到不舒适,因此通常规定不同计算行车速度下的圆曲线最小长度,如表 4.12 所示。

表 4.12　圆曲线最小长度

道路类别		主干路	次干路	支路(巷路)
设计速度(km/h)		40	30	20
平曲线最小长度(m)	一般值	110	80	60
	极限值	70	50	40
圆曲线最小长度(m)		35	25	20

(3) 平曲线与平曲线及直线间的衔接

在受地形、地物限制较多的地区(例如山区),一条路线在较短的距离内常会发生连续的转折,致使线形错综复杂,对行车安全十分不利,因此就需要妥善解决好相邻平曲线与平曲线及直线之间的衔接问题。

在同一条道路上转向相同的两条相邻平曲线(中间可以有直线段),称之为同向曲线,如图 4.13(a)所示;转向不同的两条相邻平曲线(中间可以有直线段),则称之为反向曲线,如图 4.13(b)所示;直接相连的两个或两个以上的同向曲线,称之为复曲线,如图 4.14 所示。

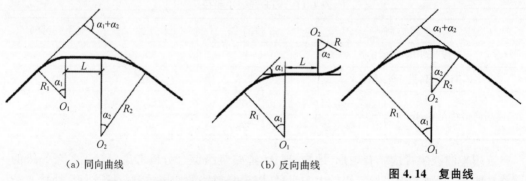

(a) 同向曲线　　　　　　(b) 反向曲线

图 4.13　同向、反向曲线的衔接

注:L—直线长;O_1,O_2—圆曲线圆心;R_1,R_2—圆曲线半径;a_1,a_2—转角。

图 4.14　复曲线

注:L—直线长;O_1,O_2—圆曲线圆心;R_1,R_2—圆曲线半径;a_1,a_2—转角。

对于同向曲线,不论有无超高与加宽,都可直接相连成为复曲线。因此,两转点间距离能布置下两圆曲线的切线即可。从几种不同的情况来看:不设超高的两曲线可以直接相连;设有相同超高的两曲线也可以直接相连,而只在两头的直线段上设置超高缓和段(或缓和曲线);设有不同超高的两曲线仍可直接相连,但应从公共切点处向半径较大的曲线内插入超高(加宽)缓和段,其长度为两超高缓和段之差。若仅加宽不同,则向半径较大的曲线内插入一段适当长度的加宽缓和段即可,如两同向曲线受地形、地物等条件限制而不能直接连成复曲线,就应在两曲线间插入足够长的直线段。

对于反向曲线,如半径大而无超高,可以直接相连,故两转点间的距离能布置下两圆曲线的切线即可;如设有超高(或缓和曲线),则两曲线之间就需要有一条直线插入段,其最小长度不得小于车速 V 的 2 倍,即 $2V(\mathrm{m})$,以便能设置缓和曲线或两个超高缓和段的长度。在工程特殊困难地段,可将缓和段的不足部分插入圆曲线内,但仍需保留不小于 20 m 长的直线段。实际上,即使在无超高的两反向曲线之间,也以留有一定长度的直线段为宜。

复曲线一般只在受地形、地物限制而有此必要时才采用,相邻两曲线半径相差不大于 2 倍(如两个半径都大于不设超高的最小半径,或设计车速不大于 30 km/h,可不受限制),或插入一个足够长的直线段,即至少能设置得下两个缓和曲线,就是两个同向曲线之间连以短的直线段,其最小长度为 $6V(\mathrm{m})$。

(4) 视距

为了保证行车安全,应使驾驶员能看到前方一定距离的道路路面,以便驾驶员及时发现路面上有障碍物或对向来车,使汽车在一定的车速下能及时制动或避让,从而避免事故。驾驶员从发现障碍物开始到决定采取某种措施的这段时间段内汽车沿路面所行驶的最短行车距离被称为视距。

视距是道路设计的主要技术指标之一,在道路的平面上和纵断面上都应保证必要的视距。如平面上挖方路段的弯道和内侧有障碍物的弯道,以及在纵断面上的凸形竖曲线顶部、立交桥下凹形竖曲线底部,均存在视距不足的问题,设计时应加以验算。验算时物高规定为 0.1 m,眼高对凸形竖曲线规定为 1.2 m,对凹形竖曲线规定为 1.9 m。货车存在空载时制动性能差、轴间荷载难以保证均匀分布、一条轴侧滑会引起汽车车轴失稳、半挂车铰接刹车不灵等现象,尤其是下坡路段。货车停车视距的眼高规定为 2.0 m,物高规定为 0.1 m。

视距有停车视距、会车视距、错车视距和超车视距等。在村镇道路设计中,主要考虑停车视距。视距应符合下列规定:①停车视距应大于或等于表 4.13 的规定值,积雪或冰冻地区的停车视距宜适当增长。②当车行道上对向行驶的车辆有会车可能时,应采用会车视距,其值应为表 4.13 中停车视距的两倍。③对于货车行驶比例较高的道路,应验算货车的停车视距。④对于设置平曲线、纵曲线可能影响行车视距的路段,应进行视距验算。

表 4.13　停车视距

道路类别	主干路	次干路	支路(巷路)
设计速度(km/h)	40	30	20
停车视距(m)	40	30	20

2) 道路的纵断面设计

沿着道路中心线方向所做的垂直剖面称之为道路的纵断面。它主要表示道路路线在纵向上的起伏变化情况。道路纵断面设计线形,就是根据道路性质、行车技术要求,结合地形地物现状、排水以及路面结构、街道景观、地下管线等要求而综合分析确定的一组由直线和曲线衔接所组成的平顺线形。

在纵断面图上表示原地面各特征点起伏变化的连线称之为地面线(因此线多用黑线画出,因而又称黑线)。地面线上各桩号处的高程称之为地面标高(又称黑色标高)。而表示所设计的道路中心线(一般为路面顶,也有指路肩边缘的)上各特征点的连线称之为设计线(又称红线)。设计线上各桩号处的高程称之为设计标高(又称红色标高)。设计线与地面线上各对应点之间的高程差称之为施工高度或填挖高度,即表示该处的填高或挖深的数值。凡设计线高于地面线的需填上,反之则应挖土;若设计线与地面线重合,则表明该处不填不挖。因此,确定路基实际施工高度时,应根据路面设计线扣除路面结构厚度,一般纵断面设计线应力求与地面线平行,以减少土石方工程量。

(1) 道路的纵断面设计的基本要求

根据道路性质、行车技术要求、排水及临街建筑物布置的需要,结合当地气候、地形、地质水文条件和地物现状等综合考虑。

① 道路纵断面设计应具有较好的平顺性,即设计线的起伏不宜过于频繁。这就要求做到纵坡平缓、坡段较长而转坡点较少。在较大的转坡角处,应配置较大半径的竖曲线,以保证行车的安全、迅速、经济与舒适。

② 力求路基稳定,工程量小。为此,就应使设计线尽量与地面线相接近,因为这样不仅可以减少挖填土方量,而且可以使路线与地形相吻合,最低程度地破坏自然因素的平衡,路基也就比较稳固。一般在平原或微丘地区是不难做到这一点的,但在丘陵、山区则应考虑做适量的挖填土方,以消除过大的纵坡和过多的转折点,适当拉平设计线,从而满足线形平顺的要求。

③ 道路纵断面设计的线形与标高还应保证所设计的道路与相交的道路、广场、桥涵和沿路建筑物的出入等有平顺的衔接,保证道路两侧的街坊和道路上地面水的顺利排除。为此,路面应具有排水纵坡度;道路侧石顶面一般应低于街坊地面标高及两侧建筑物的地坪标高,以使人行道能具有必要的横坡度以利于排水;设计线的标高还要为地下排水管道的埋设创造条件,保证管道能有最小的覆土深度等。

④ 应注意与平面线形相配合。在做平面规划(选线)、定线的过程中,要考虑到纵断面线形方面的问题,同样在纵断面设计时,仍要考虑到如何与平面线形以及横断面线形互相配合,这点对线形较为复杂的山区村镇道路尤为重要。

(2) 道路纵断面设计的主要内容

在完成平面设计(主要是确定道路中心线)并据以进行水准测量、取得原地面高程资料的基础上,根据所设计道路的等级、性质,按照有关的技术标准,结合地形、地质、水文以及气候等自然条件,完成下列各项工作:

① 确定设计线的适当标高;

② 设计沿线各路段的纵坡度及坡长;

③ 选定半径值以配置符合行车技术要求的竖曲线;

④ 计算各桩号的施工高度;

⑤ 标注有关街道交叉口、桥涵以及各种构筑物的位置与高程,完成纵断面图的绘制。

村镇道路的纵断面大多为道路中心线,当道路横断面为两块板、三块板而上下道不在同一高程上时,应分别确定各个不同车行道的设计中心线。

(3)纵坡度及坡长的确定

① 机动车道最大纵坡

为保证车辆能以适当的车速在道路上安全行驶,即上坡时顺利,下坡时不致发生危险的纵坡最大限制值为最大纵坡。道路最大纵坡的大小直接影响行车速度和安全、道路的行车使用质量、运输成本以及道路建设投资等问题,它与车辆的行驶性能有密切关系。

机动车道最大纵坡应符合表 4.14 的规定,并应符合下列规定:新建道路应采用小于或等于最大纵坡一般值;改建道路、受地形条件或其他特殊情况限制时,可采用最大纵坡极限值;受地形条件或其他特殊情况限制时,经技术经济论证后,最大纵坡极限值可增加1.0%;积雪或冰冻地区的道路最大纵坡不应大于 6.0%。

表 4.14　机动车道最大纵坡

道路类别		主干路	次干路	支路(巷路)
设计速度(km/h)		40	30	20
最大纵坡(%)	一般值	6	7	8
	极限值	7	8	8

② 机动车道最小纵坡

村镇道路通常低于两侧街坊,两侧街坊的雨水排向车行道两侧的雨水口,再由地下的连管通到雨水管道后排入水体。因此,道路最小纵坡应是能保证排水和防止管道淤塞所需的最小纵坡,其值为 0.3%。当遇特殊困难纵坡小于 0.3%时,应设置锯齿形边沟或采用其他排水设施。

③ 机动车道最小坡长

最小坡长的限制是从汽车行驶平顺度、乘客的舒适性、纵断视距和相邻两竖曲线的布设等方面考虑的。如果纵坡太短,转坡太多,纵向线形呈锯齿状,不仅路容不美观,影响临街建筑的布置,而且车辆行驶时驾驶员变换排档会过于频繁而影响行车安全,同时导致乘客感觉不舒适。所以,纵坡坡长应保持一定的最小长度。纵坡的最小坡长应符合表 4.15的规定。

表 4.15　机动车道最小坡长

道路类别	主干路	次干路	支路(巷路)
设计速度(km/h)	40	30	20
最小坡长(m)	110	85	60

④ 机动车道最大坡长

最大坡长为纵坡大于最大纵坡一般值时对纵坡坡长的限制长度。当设计速度≤30 km/h时,由于车速低,爬坡能力大,坡长可不受限制。

当道路纵坡大于前表 4.14 所列的一般值时,纵坡最大坡长应符合表 4.16 的规定。道路连续上坡或下坡,应在不大于表 4.16 规定的纵坡长度之间设置纵坡缓和段。缓和段的纵坡不应大于3%,其长度应符合前表4.15中最小坡长的规定。

表4.16　机动车道最大坡长

道路类别	主干路		
设计速度(km/h)	40		
纵坡(%)	6.5	7.0	8.0
最大坡长(m)	300	250	200

⑤ 非机动车道纵坡和坡长

村镇中非机动车主要是指自行车、三轮车和板车,其爬坡能力低,车道应考虑恰当的纵坡度与坡长。机动车和非机动车混行的车行道应按自行车的爬坡能力控制道路纵坡。非机动车道纵坡度宜小于2.5%。当其大于或等于2.5%时,应按表4.17的规定限制坡长。

表4.17　非机动车道纵坡度和限制坡长

(单位:m)

纵坡(%)	3.5	3.0	2.5
自行车	150	200	300
三轮车、板车	—	100	150

(4)竖曲线半径和竖曲线长度的确定

当汽车行驶在变坡点时,为了缓和因运动变化而产生的冲击和保证视距,必须插入竖曲线。

为了使驾驶员在竖曲线上舒适地行驶,竖曲线不宜过短,应在竖曲线范围内有一定的行驶时间。竖曲线宜采用圆曲线,竖曲线最小半径与竖曲线最小长度应符合表4.18的规定,一般情况下应大于或等于一般值,特别困难时可采用极限值。

表4.18　竖曲线最小半径与竖曲线最小长度

道路类别		主干路	次干路	支路(巷路)
设计速度(km/h)		40	30	20
凸形竖曲线(m)	一般值	600	400	150
	极限值	400	250	100
凹形竖曲线(m)	一般值	700	400	150
	极限值	450	250	100
竖曲线长度(m)	一般值	90	60	50
	极限值	35	25	20

(5)合成坡度

纵坡与超高或横坡度组成的坡度称为合成坡度。将合成坡度限制在某一范围内的目的是尽可能地避免陡坡与急弯的组合对行车产生的不利影响。道路设计常以合成坡度控制。

在设有超高的平曲线上,超高横坡度与道路纵坡度的合成坡度应小于或等于表4.19的规定。

表 4.19　合成坡度

道路类别	主干路	次干路	支路(巷路)
设计速度(km/h)	40	30	20
合成坡度(%)	7.0	7.0	8.0

注:积雪或冰冻地区道路的合成坡度应小于或等于6.0%。

4.3.4　村镇道路交叉口类型及其设计

道路与道路相交的部位称之为道路交叉口,各向道路在交叉口相互联结而构成道路网。道路上各种车辆和行人在交叉口汇集、转向和穿行,互相干扰或发生冲突,不但造成车速减慢、交通拥挤阻塞,而且容易发生事故,可以说交叉口是道路交通的咽喉。因此,道路的运输效益、行车安全、车速、运营费用和通过能力等在很大程度上取决于交叉口的正确规划和良好设计。

根据交叉口交通运行的特点,为使交叉口获得安全畅通的效果,必须对交叉口的交通流进行科学的组织和控制。其基本原则是限制、减小或消除冲突点,引导车辆安全顺畅地行驶。交叉口一般可分为平面交叉和立体交叉两大基本类型。村镇道路上一般车速低、流量少,因此多采用平面交叉的措施。下面主要介绍道路平面交叉口的类型及其设计:

1) 平面交叉口类型

道路平面交叉口的类型主要取决于相交道路的性质和交通要求(交通量及组成和车速等),还与交叉口的用地、周围的建筑物性质和交通组织方式等有关。常见的有十字形交叉、T形交叉、X形交叉、Y形交叉、错位交叉和环形交叉等形式,如图4.15所示。

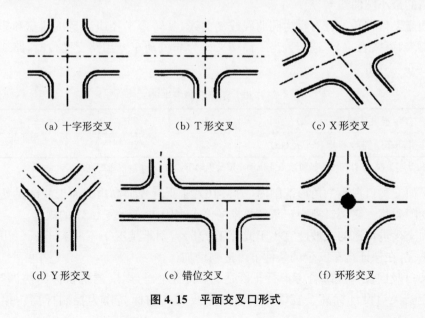

(a) 十字形交叉　　　　(b) T形交叉　　　　(c) X形交叉

(d) Y形交叉　　　　(e) 错位交叉　　　　(f) 环形交叉

图 4.15　平面交叉口形式

十字形交叉是常见的交叉口形式，适用于相同或不同等级道路的交叉，构型简单，交通组织方便，街角建筑容易处理。

T形交叉，包括倒T形交叉，适用于次干路连接主干路或尽端式干路连接滨河干路的交叉口，这也是常见的一种形式。

X形交叉为两条道路斜交，一对角为锐角（<75°），另一对角为钝角（>105°）。这种交叉口转弯交通不便，街角建筑难处理，锐角太小时此种形式不宜采用。

Y形交叉是道路分叉的结果，一条尽端式道路与另两条道路以锐角（<75°）或钝角（>105°）相交，要求主要道路方向车辆畅通。

错位交叉是两个相距不太远的T形交叉相对拼接，或由斜交改造而成，多用于主要道路与次要道路的交叉，主要道路应该在交叉口的顺直方向，以保证主干路上交通通畅。

环形交叉是用中心岛组织车辆按逆时针方向绕中心岛单向行驶的一种形式，多用于两条主干路的交叉。

平面交叉口类型的选择，应根据主要道路与相交道路的交通功能、设计交通量、计算行车速度、交通组成和交通控制方法，结合当地地形、用地和投资等因素综合分析进行。改善现有平面交叉口时，还应调查现有平面交叉口的状况，收集交通事故和相交道路、路网的交通量增长资料进行分析研究，以便做出合理的设计。

2）平面交叉口设计

平面交叉口设计的主要任务是合理解决各向交通流的相互干扰和冲突，以保证交通安全和顺畅，提高交叉口乃至整个路网的通行能力。对村镇简单平面交叉口的设计，主要解决的问题是，交叉口上行驶的车辆有足够的安全行车视距；交叉口转弯缘石有适宜的半径。此外，还应合理布置相关的交通岛、绿化带、交通信号、标志标线、行人横道线、安全护栏、公交停靠站、照明设施以及雨水口排水设施等。

平面交叉口范围内道路中线宜采用直线。当需要采用曲线时，其曲线半径不宜小于不设超高的最小圆曲线半径。

平面交叉口转角处缘石宜为圆曲线或复曲线，其转弯半径应满足机动车和非机动车的行驶要求，可按表4.20选定。当平面交叉口为非机动车专用路交叉口时，路缘石转弯半径可取5—10 m。

表4.20 路缘石转弯半径

右转弯设计速度(km/h)	30	25	20	15
无非机动车道路缘石推荐半径(m)	25	20	15	10

注：有非机动车道时，推荐转弯半径可减去非机动车道及机动车、非机动车分隔带的宽度。

在平面交叉口视距三角形范围内（图4.16），不得有任何高出路面1.2 m的妨碍驾驶员视线的障碍物。交叉口视距三角形要求的停车视距应符合表4.21的规定。

平面交叉进口道的纵坡度宜小于或等于2.5%，困难情况下不宜大于3%；山区城市等特殊情况，在保证行车安全的条件下可适当增加。

交叉口竖向设计应综合考虑行车舒适、排水畅通、与周围建筑物标高协调等因素，合理确定交叉口设计标高。宜以相交道路中线交点的标高作为控制标高。相交道路中主要道路的纵坡度宜保持不变,次要道路纵坡度服从主要道路;若有需要,在不影响主要道路行车舒适性的前提下可适当调整主要道路纵坡,兼顾次要道路的行车舒适性。

交叉口竖向设计宜采用控制网等高线法。交叉口人行横道上游、交叉口低洼处应设置雨水口,不得积水。

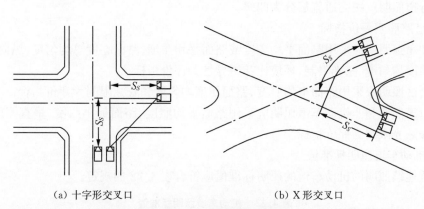

（a）十字形交叉口　　　　　　　　　（b）X形交叉口

图 4.16　交叉口视距三角形

表 4.21　交叉口视距三角形要求的停车视距

交叉口直行车设计速度(km/h)	40	35	30	25	20	15	10
安全停车视距 S_s(m)	40	35	30	25	20	15	10

4.3.5　村镇道路设施

村镇道路除了道路主体外,还需要有许多与之配套的公用设施如照明、交通控制与管理、绿化、排水系统等,才可能充分发挥其交通、防灾救灾、公用空间等主要功能。

1）村镇道路照明

道路照明为车辆驾驶人员以及行人创造良好的夜间视觉环境,从而达到减少交通事故、保障交通安全、提高运输效率、方便居民生活、防止犯罪活动和美化环境的效果。好的道路照明可以减少夜间交通事故约 30%,其直接经济效益和间接经济效益是相当可观的。

（1）道路照明设计基本原则

① 保证道路车行道交通的安全,使汽车司机在夜间行车时能准确识别路面上的各种情况,及时对障碍物做出反应,避免交通事故,减少司机视觉疲劳。

② 保证人行道有符合标准的照度,以满足行人在不同环境(商业步行环境、一般人行道环境等)下对步行环境亮度的要求,既形成一定的气氛,又有安全感。

③ 满足村镇道路不同地段的夜间景观要求。

④ 投资省,耗电少。

⑤ 照明设备运行安全可靠。

⑥ 便于维护与管理。

（2）道路照明标准

① 道路照明分类

根据道路使用功能，村镇道路照明可分为主要供机动车使用的机动车道照明和交会区照明以及主要供行人使用的人行道照明。

机动车道照明应按主干路、次干路、支路分为三级。

人行道照明应按交通流量分为四级。

② 道路照明评价指标

机动车道照明应采用路面平均亮度或路面平均照度、路面亮度总均匀度、纵向均匀度或路面照度均匀度、眩光限制、环境比和诱导性为评价指标。

交会区照明应采用路面平均照度、路面照度均匀度和眩光限制为评价指标。

人行道照明和非机动车道照明应采用路面平均照度、路面最小照度、垂直照度、半柱面照度和眩光限制为评价指标。

③ 机动车道照明标准值

设置连续照明的机动车道的照明标准值应符合表 4.22 的规定。

表 4.22　机动车道照明标准值

级别	道路类型	路面亮度			路面照度		眩光限制阈值增量最大初始值（%）	环境比最小值
		平均亮度维持值（cd/m²）	总均匀度最小值	纵向均匀度最小值	平均照度维持值（lx）	均匀度最小值		
Ⅰ	主干路	1.50/2.00	0.4	0.7	20/30	0.4	10	0.5
Ⅱ	次干路	1.00/1.50	0.4	0.5	15/20	0.4	10	0.5
Ⅲ	支路	0.50/0.75	0.4	—	8/10	0.3	15	—

注：表中所列的平均照度仅适用于沥青路面。若系水泥混凝土路面，其平均照度值相应降低约30%。表中各项数值仅适用于干燥路面。表中对每一级道路的平均亮度和平均照度给出了两档标准值，"/"的左侧为低档值，右侧为高档值。当交通流量大或车速高时，可选择高档值；对交通控制系统和道路分隔设施完善的道路，宜选择低档值。迎宾路、通向大型公共建筑的主要道路、位于镇中心的道路执行Ⅰ级照明。

④ 交会区照明标准值

交会区的照明标准值应符合表 4.23 的规定。

表 4.23　交会区照明标准值

交会区类型	路面平均照度维持值（lx）	照度均匀度	眩光限制
主干路与主干路交会	30/50	0.4	在驾驶员观看灯具的方位角上，灯具在 90°和80°高度角方向上的光强分别不得超过10 cd/1 000 lm 和 30 cd/1 000 lm
主干路与次干路交会			
主干路与支路交会			
次干路与次干路交会	20/30		
次干路与支路交会			
支路与支路交会	15/20		

注：灯具的高度角是在现场安装使用姿态下度量。表中对每一类道路交会区的路面平均照度分别给出了两档标准值，"/"的左侧为低档照度值，右侧为高档照度值。当交会道路为低档照度值时，相应的交会区应选择表中的低档照度值，否则应选择高档照度值。

⑤ 人行道和非机动车道照明标准值

主要供行人和非机动车使用的道路的照明标准值应符合表4.24的规定,眩光限值应符合表4.25的规定。

表 4.24　人行道和非机动车道照明标准值

级别	道路类型	路面平均照度维持值(lx)	路面最小照度维持值(lx)	最小垂直照度维持值(lx)	最小半柱面照度维持值(lx)
1	流量高的道路	15.0	3.0	5.0	3.0
2	流量较高的道路	10.0	2.0	3.0	2.0
3	流量中等的道路	7.5	1.5	2.5	1.5
4	流量较低的道路	5.0	1.0	1.5	1.0

注:最小垂直照度和半柱面照度的计算点或测量点均位于道路中心线上距路面1.5 m高度处。最小垂直照度需计算或测量通过该点垂直于路轴的平面两个方向上的最小照度。

表 4.25　人行道和非机动车道照明眩光限值

级别	最大光强(cd/1 000 lm)			
	≥70°	≥80°	≥90°	>95°
1	500	100	10	<1
2	—	100	20	—
3	—	150	30	—
4	—	200	50	—

注:表中给出的是灯具在安装就位后与其向下垂直轴形成的指定角度任何方向上的发光强度。机动车道一侧或两侧设置的、与机动车道无实体分隔的非机动车道的照明应执行机动车道的照明标准;与机动车道有实体分隔的非机动车道的平均照度宜为相邻机动车道照度值的1/2,但不宜小于相邻的人行道(如有)的照度。机动车道一侧或两侧设置的人行道照明,当人行道与非机动车道混用时,宜采用人行道照明标准,并满足机动车道照明的环境比要求。当人行道与非机动车道分设时,人行道的平均照度宜为相邻非机动车道的1/2。同时,人行道照明还应执行人行道照明标准。当按两种要求分别确定的标准值不一致时,应选择高标准值。

（3）道路光源选择

道路光源应具有寿命长、光效高、可靠性好、一致性好的特点,其显色性和色表应符合特定的照明路段或场所的要求。

金属卤化物灯的光效高、寿命长,可应用于干路及支路;荧光高压汞灯的光效高、寿命长、功率大,缺点是光色差、自镇流型光效低,可应用于干路及支路;白炽灯的显色性好,缺点是光效低、寿命短,可应用于支路、非机动车道、人行道。

道路灯具的选择除了满足配光合理、效率高、强度高、耐高温、耐腐蚀、防尘防水、重量轻等要求外,还应具有一定的美观要求,以达到美化村镇街景的效果。村镇道路灯具的选择应根据地理位置、道路性质、经济价值等综合考虑确定,同时道路照明对于美化村镇具有重要作用,应结合当地特色和建筑风格选择艺术造型美观的灯具。

用于道路照明的灯具对于限制眩光的要求是较重要的。用于道路的灯具分为三种类型：截光型，照明器把水平方向的光做了严格限制，不太感到眩光，一般用于干路；半截光型，照明器一方面把水平方向的光做适当限制，但另一方面把光向横向延伸，广泛用于一般道路；非截光型，照明器对水平方向的光不做限制，无保护角而眩光大，仅用于支路（巷路）。

（4）道路灯具的平面布置

道路灯具的平面布置方式主要取决于道路的宽度和横断面形式，同时要满足道路照明的亮（照）度要求。村镇道路上灯具的平面布置方式有以下五种（图4.17）：

① 沿道路单侧布置。优点是诱导性好，造价较低。缺点是设灯一侧的路面与不设灯一侧的路面亮（照）度不均匀。常用于宽度在15 m以下的道路。

② 沿道路双侧交错布置。与灯具沿道路双侧对称布置相比，这种方式的道路纵向亮（照）度均匀度和诱导性均要好，但观瞻效果较差。

③ 沿道路双侧对称布置。优点是亮（照）度总均匀度好，在雨天提供的照明条件比单侧布置好。缺点是亮（照）度纵向均匀度一般较差，诱导性也不及单侧布置好，有时会使司机对道路走向产生混乱的印象。常用于宽度大于15 m的道路，在道路宽度不超过30 m的情况下，一般均可获得良好的路面亮度。

④ 沿道路中心线单排布置。灯具安装在Y形或T形的灯杆上，适用于道路中间有分隔带的双幅路。这样布置亮（照）度均匀度较好，利用率高，且可获得良好的视线诱导性。

⑤ 横向悬索布置。利用道路两侧的竖杆把灯具悬挂在道路中心线的上方。优点是简单经济、亮（照）度比较均匀，适用于道路两侧行道树分叉点较低、遮光较严重的街道，也用于难以安装灯杆的狭窄街道。缺点是悬挂在缆绳上的灯具容易摇摆或转动，给司机造成间歇性的闪烁眩光，维修麻烦，道路上悬挂缆绳也有碍观瞻并影响超高车辆通行。

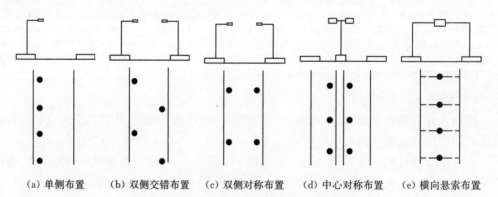

（a）单侧布置　　（b）双侧交错布置　　（c）双侧对称布置　　（d）中心对称布置　　（e）横向悬索布置

图4.17　常规照明灯具布置的五种基本方法

（5）灯具的布置方式、安装高度和间距

灯具的布置方式、安装高度和间距可按表4.26经计算后确定。

表 4.26　灯具的配光类型、布置方式与灯具的安装高度、间距的关系

配光类型	截光型		半截光型		非截光型	
布置方式	安装高度 H(m)	间距 S(m)	安装高度 H(m)	间距 S(m)	安装高度 H(m)	间距 S(m)
单侧布置	$H>$Weff		$H>1.2$Weff		$H\geqslant1.4$Weff	
双侧交错布置	$H\geqslant0.7$Weff	$S\leqslant3H$	$H\geqslant0.8$Weff	$S\leqslant3.5H$	$H\geqslant0.9$Weff	$S\leqslant4H$
双侧对称布置	$H\geqslant0.5$Weff		$H\geqslant0.6$Weff		$H>0.7$Weff	

注：路面有效宽度 Weff，即用于道路照明设计的路面理论宽度，它与道路的实际宽度、灯具的悬挑长度和灯具的布置方式等有关。当灯具采用单侧布置方式时，道路有效宽度为实际路宽减去一个悬挑长度；当灯具采用双侧（包括交错和相对）布置方式时，道路有效宽度为实际路宽减去两个悬挑长度；当灯具在双幅路中间分隔带上采用中心对称布置方式时，道路有效宽度为道路实际宽度。

2）交通控制与管理

村镇道路交通控制就是采用能够与时刻变化着的交通情况相适应的设备如交通信号机等准确地指挥交通，使交通能够迅速、畅通、安全地运行，并减轻噪声、废气等交通公害。交通管理就是制定交通规则来作为车辆和行人必须共同遵守的法规，同时根据当地的交通情况采取某些限制措施，这些交通法规和限制措施通过交通警察的管理及交通标志等交通设施予以执行。

交通控制与管理的主要手段有交通信号、交通标志和交通标线。中国村镇发展还很不平衡，多数地区还欠发达，交通控制与管理设施的设置应根据村镇规模、地区特点、道路类型、地形特征、交通性质和经济状况等综合考虑。

（1）交通信号

交通信号是指挥车辆、行人前进、停止或转弯的特定信号。其是为指挥交通而直接给道路使用者显示的各种信号的总称，每种信号都有各自的显示方式，其作用是对道路各方来车科学地分配通行权，在时间上将相互冲突的交通流分离，使之能安全、有序、迅速地通行。交叉口交通信号设备主要有指挥信号灯和人行横道信号灯。

① 信号灯的设置

指挥信号灯是指挥交叉口各路口车辆通行的信号灯。村镇道路交叉口指挥信号灯常设置在交叉口出口一侧，这样停车线可向前布置，缩短车辆通过交叉口的时间，信号也比较醒目。

人行横道信号灯主要设置在交通繁杂的交叉口，用以保证行人安全有序地横过车行道。人行横道信号灯一般与交叉口指挥信号灯相连并同步使用，设置在人行横道的两端。

② 信号灯灯制

中国现行的信号灯灯制是红—黄—绿灯制。红灯表示禁止通行；黄灯为腾清交叉口的变灯过渡信号，表示只许驶出交叉口，禁止驶入交叉口；绿灯为通行信号。此外还有闪灯信号，预示即将变换色灯信号。

③ 信号灯操纵方式

信号灯操纵方式主要有人工控制和定时自动调节两种方式。

人工控制。人工根据交通状况操纵信号灯，可灵活变换色灯周期以适应交通量的瞬间

变化。当道路使用效率不太高、交通量不均衡变化的时候,人工控制的信号灯效率较高。

定时自动调节。使用按固定的周期变换色灯的自动信号灯,可以根据每天不同交通量的变化规律调整和安排一段时间内的色灯周期。

(2) 道路交通标志

道路交通标志是用图形、符号、颜色和文字向交通参与者传递特定信息,用于管理交通的设施。中国现行的交通标志分为主标志和辅标志两大类。

① 主标志

主标志按功能分为以下四种:

警告标志。警告司机及行人注意前方危险地段的标志。

警令标志。禁止或限制车辆、行人交通行为的标志。

指示标志。指示车辆、行人行进的标志。

指路标志。传递道路方向、到达地点、距离等信息的标志。

② 辅标志

辅标志附设在主标志下面,不能单独使用。辅标志对主标志起补充说明区域范围或距离、时间起止、车辆种类、警告和禁令的理由等。

③ 警告标志的视距要求

司机在驾车行进中对交通标志的感觉有发现、识别、认读、理解和行动五个阶段,完成这五个阶段车辆所行驶的距离称之为标志视距,其与车速、标志尺寸、视角等有关。当设计车速 V 为 40—70 km/h 时,警告标志设置的位置与危险地点间的距离为 50—100 m;当 $V < 40$ km/h 时,警告标志设置的位置与危险地点间的距离为 20—50 m。

(3) 道路交通标线

道路交通标线是指路面上的各种线条、箭头、文字、立面标记、突起路标和路边线轮廓标等构成的交通安全设施。其作用是管制和引导交通,可以与标志配合使用,也可单独使用。交通标线按其功能可分为指示标线、禁止标线和警告标线。

道路交通标志和交通标线的具体设置要求详见《道路交通标志和标线第 2 部分:道路交通标志》(GB 5768.2—2009)和《道路交通标志和标线第 3 部分:道路交通标线》(GB 5768.3—2009)的规定。

4.4 村镇用地的竖向规划

村镇的建设与发展必须进行规划设计,除了对村镇用地上各种建筑物、构筑物、道路交通等其他工程设施进行平面布置外,对于用地的地面高度也要进行合理考虑,使改造的地形能适应于布置和建造各类建筑物和构筑物;同时,有利于排除地面水,满足村镇居民正常的生活、生产、交通运输以及敷设地下管线的要求。凡属这一类设计,通常被称为竖向设计,或垂直设计、竖向布置。

各类村镇用地的竖向设计是村镇各种总平面规划与建设的组成部分,对山区和丘陵地的村镇尤其要着重考虑。有时山区和丘陵地的村镇在构思村镇的初步平面规划时,因着眼于用地的布局,或者为了形成某种形式的构图,以平坦的村镇用地来进行规划与设计,往往对实际地形的起伏变化注意不够,而导致开山填沟、大挖大填的现象。这既破坏了原有自然景观,又耗费了大量的土石方工程费用。

在对各单项工程规划和设计时,也可能由于分别进行、相互配合不够,使各部分设计标高不统一、差异很大、互不衔接,造成一些场地的地面水无出路、道路交通运输不畅,以及使得各项用地之间、各个院落之间、建筑组团之间不能有机地联系,并因此带来诸多不便。要避免或者补救上述规划方案的缺陷,就需要在构思规划平面方案的基础上,按总体规划阶段不同的工作深度要求,通过竖向规划对平面规划方案加以调整和修正。

4.4.1 竖向规划的主要任务及基本要求

村镇各项用地竖向规划设计的主要任务是,利用和改造建设用地的自然地形,选择合理的设计标高,使之满足村镇生产和生活的使用功能要求,同时达到土方工程量少、投资省、建设速度快、综合效益佳的效果;尽可能减少对原来自然环境的损坏,打造出合乎人群居住和生产的优美环境。由此,竖向规划的基本内容如下:

(1)确定竖向规划的基本原则。村镇选址时就要分析村镇各项用地高程所构成的地形特点及其利弊,据此确定竖向规划的基本原则。

(2)综合考虑村镇各项用地、各工程设施的控制标高:①选择村镇竖向布置方式,合理确定标高,使得建筑物、构筑物、室外场地、道路、排水沟、地下管网等的设计标高,与铁路、公路和码头等的标高相互衔接,相互协调。尽量保持自然地形,在大的自然地形上创造布置小地形。②确定场地土方平整方案,选择弃土或取土场地。计算土石方工程量,挖方和填方力求做到就地、近距离平衡。③满足村镇道路交通运输的纵坡要求以及各种不同性质道路间的相互衔接要求。④有利于排除地面雨雪水,有利于排水管道及各项工程管线的铺设。在有洪水威胁的地区,应能够确保村镇不受洪水的影响和危害,避免土壤受冲刷。

(3)创造良好的村镇环境。利用地形,组织好村镇的通风、日照,创造良好的村镇环境。

(4)为村镇的良好景观创造条件。利用地形巧妙布置,为村镇的良好景观创造条件。尤其是位于风景区的村镇,对于名胜古迹和革命历史遗址的保护、利用和开发,更应当注意这一点。

4.4.2 竖向规划设计的方法

1)竖向规划设计的形式

在村镇规划设计时,必然要将建设用地的自然地面加以适当改造,以满足村镇生产和生活的使用功能要求。这一改造以后的地面被称为设计地面或设计地形。设计地面可分为以下三种形式:

(1)连续式

用于建筑密度大、地下管线多、有密集道路的地区。连续式又分为平坡式和台阶式两种。

① 平坡式就是把村镇用地处理成一个或几个坡向的整平面。它适用于自然地面坡度不大于2%的平缓地区和虽有3%—4%坡度而占用地段面积不大的情况。平坡式布置有三种形式,如图 4.18 所示。

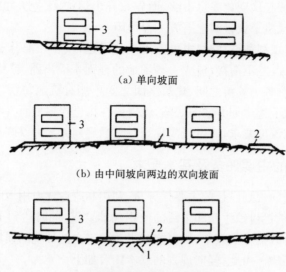

（a）单向坡面

（b）由中间坡向两边的双向坡面

（c）由两边坡向中间的双向坡面

图 4.18　平坡式设计地面

注：1—自然地面；2—设计地面；3—建筑物。

②　台阶式是由几个标高差较大的不同整平面连接而成。它适用于自然地面坡度不小于 4%、用地宽度小、建筑物之间的高差在 1.5 m 以上的地段。在台阶连接处一般设置挡土墙或护坡等构筑物。台阶式布置有三种形式，如图 4.19 所示。

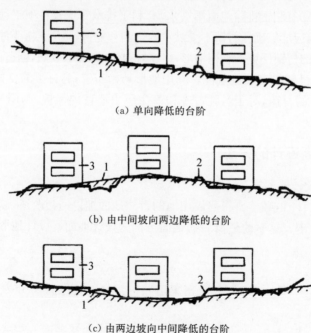

（a）单向降低的台阶

（b）由中间坡向两边降低的台阶

（c）由两边坡向中间降低的台阶

图 4.19　台阶式设计地面

注：1—自然地面；2—设计地面；3—建筑物。

（2）重点式

在建筑密度不大、自然地面坡度不大于5%、地面水能顺利排除的地段，只要重点（局部）在建筑物附近进行场地平整，其他部分都保留自然地形地貌不变。这种形式适用于独立的单幢建筑或成组建筑用地（组与组之间距离较远时的情况）。重点式布置如图4.20所示。

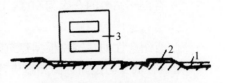

图4.20　重点式设计地面

注：1—自然地面；2—设计地面；3—建筑物。

（3）混合式

建筑用地的主要部分是连续式，其余部分用重点式。由于村镇用地具体地形的复杂性，往往用一种规划形式很难真正满足合理性、科学性，往往是因地制宜地交替运用多种形式进行规划设计，因此，混合式是一种灵活处理的手法。

2）竖向设计前所需要的资料

在进行竖向设计前需具备下列资料，才能顺利进行规划设计：

（1）地形测量图，比例尺为1：500或1：1 000，图上有0.25—1.00 m高程的地势等高线、每100 m间距的纵横坐标及地形地貌，如河流、水塘、沼池、高丘、峭壁等情况。

（2）建设场地的自然条件、气候情况、地质构造和地下水情况。

（3）建筑物和构筑物的平面布置图。

（4）规划中的街道中心标高、坡度、距离，最好有纵断面和横断面图。

（5）各种工程管线的平面布置图。

（6）地面雨雪水的排出流向，如流向低洼地、雨水管、渠道等。还必须了解洪水或高地雨水冲向基地而影响某地的情况。

（7）弄清取土的土源、弃土的场地。

以上各种资料，应尽可能地与有关单位协调取得，也可根据设计阶段的要求陆续取得。

3）竖向设计的步骤

村镇用地的竖向规划设计的一般步骤如下：

（1）了解和熟悉所取得的各种资料并进行检查，如有疑问，应及时向有关部门查询。

（2）深入现场，勘察地形，了解地形现状情况，并将地形测量图与现状比较，使之统一起来。

（3）根据地形图绘出村镇的纵横断面图，标出典型的地面坡度。根据地形条件，确定建设用地整平方式、排水方向并划分分水岭和排水区域，定出地面排水的组织计划，找出排水的最低点及其高程，由此推算出全村镇其他控制点的标高。

（4）确定建筑物、构筑物、室外场地、道路、排水沟、地下管网等的设计标高，与铁路、公路和码头等的设计标高相互衔接，相互协调。

（5）确定建筑物的室内地坪标高，其值等于室外地坪标高加上室内外高差。室内外高差的最小值应根据建筑物的使用性质确定，一般规定如下：

① 住宅、宿舍为150—450 mm；

② 办公、学校、卫生院为300—600 mm；

③ 影剧院、图书馆为450—900 mm；

④ 一般工厂车间、仓库为150—300 mm；

⑤ 有汽车站台的仓库为 900—1 200 mm;

⑥ 电石仓库为 300 mm;

⑦ 有纪念性的建筑物根据建筑师的要求而定。

建筑标高要与道路标高相适应,建筑物室外标高一般应至少等于道路的中心标高。

(6) 绘制土石方的工程图,计算土石方工程量。一般应力求做到挖方和填方平衡,填挖方之差应不大于5%—10%,最好是挖方大于填方。若土方工程量太大,超过技术经济指标时应修改设计,使土方接近平衡。

(7) 根据地形整平方式,设置必需的挡土墙、护坡和排水构筑物等。如在地形过陡处,高地有雨水冲向建筑物或道路的情况下,应设置截水明沟(图 4.21)。

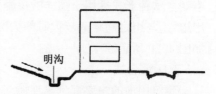

图 4.21　在地形过陡处设置明沟

4.4.3　竖向规划设计图的表示方法

竖向规划设计图的表示一般采用设计等高线法和设计标高表示法。

1) 设计等高线法

该方法就是用设计等高线来表示设计地面的地形标高,高程间隔一般采用 0.1 m、0.2 m、0.25 m、0.5 m,当建设用地坡度较大时,采用 0.25 m 或 0.5 m 的高程间隔。

设计方法是,先将建设场地的自然地形按不同情况画几个横断面,按竖向设计的形式确定坡度和台阶宽度,找出挖方和填方的交界点,作为设计等高线的基线。按所需要的设计坡度和排水方向试画出设计等高线。设计等高线用直线或曲率半径较大的曲线来表示,尽可能使设计等高线接近或平行于自然地形等高线,如图 4.22 所示。

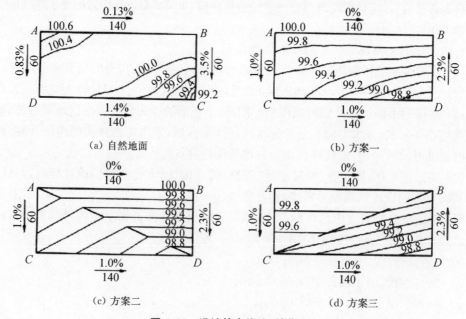

图 4.22　设计等高线法(单位:m)

设计等高线法多用于地形变化不太复杂的丘陵地区的规划设计。它的优点是能较完整地将任何一块设计用地或一条道路与原来的自然地形做比较,随时一目了然地看出设计的地面或道路(包括路口的中心点)的挖填方情况,以便于调整。设计等高线低于自然等高线为挖方,高于自然等高线为填方,挖填方的范围也清楚地显示出来。但是缺点是需要计算,设计的时间较长,图面表示也较复杂。

2) 设计标高表示法

根据竖向规划设计原则,确定建设用地内建筑物、构筑物的室内外地坪标高,区内地面控制点的标高,道路交叉点、变坡点的标高,道路的坡距、坡度,并辅以箭头表示各类地面的排水方向,最后在竖向规划图上表示出来,从而得到村镇竖向规划设计图。

设计标高表示法的规划设计工作量较小,图面表示比较简单,图纸制作较快,且易于变动与修改,是竖向设计一般的、常用的表示方法。缺点是比较粗略,设计意图不易交代清楚,有些部位的标高不明确,且准确性差。为弥补上述不足,在实际工作中可采用设计标高表示法和局部剖面相结合的方法,如图 4.23 所示。

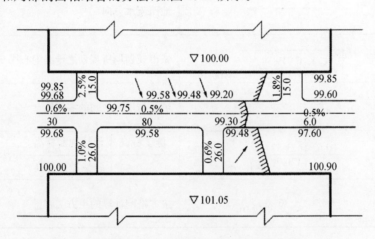

图 4.23 设计标高表示法和局部剖面相结合法示意图(单位:m)

3) 竖向规划设计图图例

绘制竖向规划设计图的图例如表 4.27 所示。

表 4.27 竖向规划设计图的绘制图例

编号	图例	说明
1	421.00 单位:m	等高线断面间距为 0.5 m,根据测量之地形图绘制
2	421.00 单位:m	设计等高线断面间距为 0.5 m
3	420.58　　419.96 420.33　　419.64 单位:m	房屋设计外地坪四角散水坡标高

编号	图例	说明
4	420.79　　　　単位：m	房屋室内地坪设计标高
5	←	道路设计纵坡方向
6	0.05%　← 62.80　　単位：m	道路设计纵坡度及两转折点间距离
7	421.32　単位：m	**道路设计坡度转折点** **设计标高**
8	→ → →	地面流水方向
9	X+6 019.34 Y+1 370.60　　単位：m	城市规划局所规划之干路中心线及坐标
10	— — — — — — —	填土与挖土之间的零界线
11	+0.62 ｜ 421.32 　　 ｜ 420.70　単位：m	施工标高　设计地面标高 　　　　　 自然地面标高
12	−43　　+36　単位：m³	按方格网计算的土方工程量

5 村镇给排水工程规划

　　人们的生产、生活离不开水。村镇给排水工程是村镇的主要公用基础设施:通过村镇给水工程向居民提供高质量的饮用水,提高居民的生活卫生水平,减少疾病,缩小城乡差别,为村镇经济发展创造必要的条件;同时,通过村镇排水工程来收集、输送、处理和利用各种废水,保障广大居民的健康和正常生活,保护环境免受污染。

　　中国幅员辽阔,村镇分布范围广,地理、气候条件悬殊,受历史和经济条件的制约,全国村镇的给排水工程普及率还很低,大多数的村镇还处于起步阶段。但在部分经济发达地区,由于经济的持续高速发展,村镇规模的迅速扩大,人们生活水平的提高,村镇用水量急剧攀升,同时,由于长期忽视污水处理,水环境污染越来越严重,可用水资源逐步枯竭,水资源成为村镇可持续发展的瓶颈。因此,现阶段村镇给排水工程的重要性得到全社会的高度重视,村镇给排水得到迅速发展,且村镇给排水工程水平已作为村镇现代化的重要考核指标之一。

　　村镇给排水规划的主要任务:一是用可持续发展的观念,经济合理、长期安全可靠地供应人们生活和生产所需要的用水,同时要保障人民生命财产安全的消防用水,并满足人们对水量、水质和水压的要求;二是组织排除(包括必要的处理)生产污废水、生活污水和雨水,做到水有来源、排有去处,满足生产需要,方便居民生活,改善村镇环境,为发展生产和提高人民生活水平服务。

　　村镇给排水规划必须以村镇总体规划为依据确定给排水工程的规模,并满足村镇功能分区等方面的要求;以县域或地区的给排水规划为依据,宜实行集约经营和共建共享,达到节约投资和提高经济效益的目的。同时,给排水工程规划又会反过来影响村镇的总体规划,所以,在制定规划的过程中,必须注意给排水规划和总体规划之间的相互关系,两者要和谐统一。

5.1 村镇给水工程规划

5.1.1 村镇给水工程规划的任务和一般原则

　　1) 村镇用水类型

　　村镇给水系统的供水对象一般有村镇居住区、企业、各类公共建筑等。各供水对象对水量、水质和水压有不同的要求,概括起来可分为以下几种用水类型:

　　(1) 生活用水,即人们日常生活中的用水。它包括居住区的生活饮用水,洗衣、洗澡、冲洗厕所用水,企业职工生活饮用水,淋浴用水及村镇公共建筑用水。生活用水的水质关系到人们的身体健康,其水质要求较高,必须符合国家《生活饮用水卫生标准》(GB 5749—2006),应无色、透明、无臭、无味、不含致病菌和有害健康的物质。生活用水的水量和水压应能满足村镇内大部分用户的要求。水量和水压过高,浪费电力,增加投资;水量和水压过低,满足不了用户的要求。

(2) 生产用水,即村镇农业、工业生产用水。不同的产品、不同的生产工艺对水质的要求不同,对水中所含的矿物质及有机物杂质的允许值也各不相同,需达到不同的水质要求。对于特殊水质要求,可采用企业后处理的方法解决。

(3) 消防用水,即为了保障人民生命财产,用于扑灭火灾的用水。它只是在发生火灾时使用,是一种突发用水,对水量和水压要求必须符合消防规范。

(4) 村镇浇洒道路和绿化用水,即为了保持村镇道路清洁、村镇绿化正常生长所需的用水。

除了上述各项用水类型外,还有管网漏水及未预见水等。

2) 村镇给水系统组成

村镇给水系统组成一般比城市给水简单,常由取水、净水、输配水三部分组成,且给水设备与供水规模应一致,如图 5.1 所示。

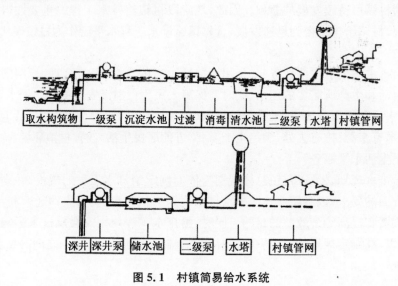

图 5.1　村镇简易给水系统

(1) 取水工程。把所需的水量从水源取上来,一般包括取水构筑物和取水泵房。

(2) 净水工程。把取上来的水经过适当的净化和消毒处理,使水质满足使用要求,一般包括净化构筑物及消毒设备。

(3) 输配水工程。将净化处理后的水以一定的压力通过管道系统输送到各用水点,一般包括清水泵房、调节构筑物和输配水管道。

给水系统的组成不是一成不变的,不同地区的村镇,可结合当地具体情况进行优化组合,以节约投资、降低运行成本。如以地下水为水源,水质能满足《生活饮用水卫生标准》(GB 5749—2006),则可省去水处理构筑物,只需加氯消毒或直接饮用,可节约水处理费用;如以优质泉水为水源,可采用重力流供水,可省去加压泵房和加压电费。

3) 给水工程规划的内容

给水工程从提出到实施包括规划、设计、施工、运转四个阶段,规划是给水工程的第一步,是整个工程的基础。给水工程规划目标就是经济合理又安全可靠地向各村镇用户供应满足使用要求的用水。集中式给水工程规划的主要内容如下：

（1）确定各项用水量标准，预测村镇用水总量。

（2）合理评估村镇水资源的开发利用情况，确保村镇用水的供需平衡，符合可持续发展的要求。

（3）合理选择水源，确定取水口位置、取水方式和卫生防护方案。

（4）确定给水系统的形式和组成。

（5）选择水厂位置，确定水厂规模和水质处理工艺。

（6）合理布置输配水干管和主要供水设施。

（7）确定水源地的保护范围和保护措施。

（8）进行必要的技术经济分析。

分散式给水工程规划主要包括确定用水量、水源及卫生防护、取水设施。本节主要阐述集中式给水工程规划的主要内容。

4）村镇给水工程规划的一般原则

村镇给水工程规划应符合国家的建设方针、政策，应在村镇总体规划的基础上，提出技术先进、经济合理、安全可靠的方案。村镇给水工程规划的一般原则如下：

（1）村镇给水工程规划应能在一定的设计年限内保证供应所需要水量，并符合水质、水压的要求。当消防灭火或有紧急事故时能及时供应必要的用水。

（2）给水工程规划必须正确处理各种用水之间的关系，使资源得到充分利用。

（3）村镇给水工程应按近期需要设计，但也要考虑远期发展，留有余量，做到远近结合、全面规划；对于扩建、改建工程，应充分发挥原有工程设施的功能，提高其效能。

（4）给水系统的布置（统一、分区、分质和水压等）应根据水源、地形、村镇企业用水要求及原有给水工程等条件综合考虑后确定，必要时提出不同方案进行技术经济比较。

（5）村镇工业生产用水应根据生产工艺尽量重复使用，节约用水。

（6）给水工程规划应优先采用节水新技术、新工艺及新产品。

（7）选择水源时应在保证水量的前提下采用优质水源以确保居民健康，即使有时基建费用高一些也是值得的；采用地下水源时，应慎重估计可采的储量，以防过量开采造成地面下沉或水质变坏。

（8）输配水工程是给水工程投资的主要部分，占总投资的 50%—80%，应做多方案比较。

（9）给水工程规划，应执行现行的《室外给水设计规范（2014 年版）》（GB 50013—2006），并符合国家与地方城乡建设、卫生、电力、公安、环保、农业、水利等有关部门的规定。

5.1.2 村镇用水量的预测

村镇进行给水规划时首先要确定用水量，这是选择水源、确定取水构筑物形式和规模、计算管网和选用各种设备的主要依据。村镇给水的用水量应包括生活、生产、消防、浇洒道路和绿化、管网漏失水量和未预见水量。确定用水量应综合考虑现状用水量、用水条件及其设计年限内的发展变化、水源条件、制水成本、已有供水能力、当地用水定额标准和类似工程的供水情况。

1) 生活用水量

生活用水包括居住建筑生活用水、公共建筑(学校、影剧院等)生活用水等。

(1) 居住建筑生活用水

居住建筑生活用水包括居民的饮用、洗涤、烹饪和清洁卫生等用水,它和室内建筑设备水平,各地经济条件、供水方式、居住条件、气候条件、生活习惯等因素有关,可根据《镇(乡)村给水工程技术规程》(CJJ 123—2008)的规定(表 5.1)或《村镇供水水工程设计规范》(SL 687—2014)的规定(表 5.2)进行预测计算。

表 5.1　镇(乡)村生活用水定额

给水设备类型	社区类别	最高日用水量[L/(人·d)]	时变化系数
从集中给水龙头取水	村庄	20—50	3.5—2.0
	镇(乡)区	20—60	2.5—2.0
户内有给水龙头无卫生设备	村庄	30—70	3.0—1.8
	镇(乡)区	40—90	2.0—1.8
户内有给水排水卫生设备无淋浴设备	村庄	40—100	2.5—1.5
	镇(乡)区	85—130	1.8—1.5
户内有给水排水卫生设备和淋浴设备	村庄	130—190	2.0—1.4
	镇(乡)区	130—190	1.7—1.4

注:分散式给水系统生活用水定额——干旱地区为 10—20 L/(人·d);半干旱地区为 20—30 L/(人·d);半湿润或湿润地区为 30—50 L/(人·d)。

表 5.2　最高日居民生活用水定额

[单位:L/(人·d)]

气候和地域分区	公共取水点,或水龙头入户、定时供水	水龙头入户、基本全日供水	
		有洗涤池、少量卫生设施	有洗涤池,卫生设施较齐全
一区	20—40	40—60	60—100
二区	25—45	45—70	70—110
三区	30—50	50—80	80—120
四区	35—60	60—90	90—130
五区	40—70	70—100	100—140

注:定时供水系指每天供水时间累计小于 6 h 的供水方式;基本全日供水系指每天能连续供水 14 h 以上的供水方式;卫生设施系指洗衣机、水冲厕所和沐浴装置等。一区包括新疆、西藏、青海、甘肃、宁夏、内蒙古西部、陕西和山西两省黄土高原丘陵沟壑区、四川西部;二区包括黑龙江、吉林、辽宁、内蒙古东部、河北北部;三区包括北京、天津、山东、河南、河北北部以外地区、陕西关中平原地区、山西黄土高原丘陵沟壑区以外地区、安徽和江苏两省北部;四区包括重庆、贵州、云南南部以外地区、四川西部以外地区、广西西北部、湖北和湖南两省西部山区、陕西南部;五区包括上海、浙江、福建、江西、广东、海南、安徽和江苏两省北部以外地区、广西西北部以外地区、湖北和湖南两省西部山区以外地区、云南南部。本表所列用水量包括了居民散养畜禽用水量、散用汽车和拖拉机用水量、家庭小作坊生产用水量。

(2) 公共建筑生活用水量

由于村镇公共建筑与城市公共建筑的功能、设施及要求等没有实质差别,其用水量可根据建筑物的性质、规模及《建筑给水排水设计规范(2009 年版)》(GB 50015—2003)的有关规定进行计算。为便于规划操作,公共建筑的用水量也可按居住建筑生活用水量的8%—25%进行估算,其中村庄为 5%—10%、集镇为 10%—15%、建制镇为 10%—25%,无学校的村庄不计此项。

　　2) 生产用水量

　　生产用水量应包括村镇工业用水量、农业用水量,可按所在省、自治区、直辖市人民政府的有关规定进行计算。

　　(1) 工业用水量

　　工业用水量应根据国民经济发展规划、工业类别和规模、生产工艺要求,结合现有资料分析确定。当缺乏实际用水资料的情况下可按表 5.3 选用。

表 5.3　工业用水量表

序号	工业名称		计算单位	用水量标准(m^3)	备注
1	食品植物油加工		每 1 t	6—30	有浸出设备者耗水量大
2	酿酒		每 1 t	20—50	白酒单产耗水量可达 80 m^3/t
3	酱油		每 1 t	8—20	—
4	制茶		每 50 kg	0.1—0.3	—
5	豆制品加工		—	5—15	—
6	果脯品加工		每 1 t	30—35	—
7	啤酒加工		每 1 t	20—25	—
8	饴糖加工		每 1 t	20	—
9	制糖(甜菜加工)		每 1 t	12—15	—
10	屠宰		每 1 t、每 1 头	1—2	包括饲养栏等用水
11	制革	猪皮	每 1 张	0.15—0.30	—
		牛皮	每 1 张	1—2	
12	塑料制品		每 1 t	100—220	—
13	肥皂制造		每 1 万条	80—90	
14	造纸		每 1 t	500—800	
15	水泥		每 1 t	1.5—3.0	—
16	制砖		每 1 t	0.8—1.0	
17	丝绸印染		每 1 km	180—220	
18	缫丝		每 1 块	900—1 200	
19	棉布印染		每 1 万 m	200—300	—
20	肠衣加工		每 1 t	80—120	
			每 1 万 m		
			每 1 万根		

工业用水量应根据以下要求确定:①工业生产用水量应根据企业类型、规模、生产工艺、用水现状、近期发展计划和当地的生产用水定额标准确定。②企业内部工作人员的生活用水量应根据车间性质确定,无淋浴间的可为 20—35 L/(人·班);有淋浴间的可根据具体情况确定,淋浴用水定额可为 40—60 L/(人·班)。③对耗水量大、水质要求低或远离居民区的企业,是否将其列入供水范围应根据水源充沛程度、经济比较和水资源管理要求等确定。

(2)畜禽饲养用水量

集体或专业户饲养畜禽最高日用水量,应根据畜禽饲养方式、种类、数量、用水现状和近期发展计划决定。

圈养时,畜禽饲养用水量可按表 5.4 选用。

表 5.4　饲养禽畜最高日用水定额

畜禽类别	用水定额	畜禽类别	用水定额
马、驴、骡	40—50 L/头	育肥猪	30—40 L/头
育成牛	50—60 L/头	鸡	0.5—1.0 L/只
奶牛	70—120 L/头	羊	5—10 L/只
母猪	60—90 L/头	鸭	1—2 L/只

放养畜禽时,应根据用水现状对按定额计算的用水量适当折减;有独立水源的饲养场可不考虑此项。

(3)农业机械用水量

农业机械用水量可按表 5.5 选用。

表 5.5　农业机械用水量

序号	用水项目	计算单位	用水量(L)
1	柴油机	每 0.735 kW·h	30—35
2	汽车	每台每昼夜	100—120
3	拖拉机或联合收割机	每台每昼夜	100—150
4	拖拉机拆修保养	每台每次	1 500
5	农机小修厂	每台机床	35

3)消防用水

消防用水是一种突发性的用水,村镇规模越小,消防用水量所占的比例就越大。村镇消防给水应满足以下要求:

(1)具备给水管网条件的村镇,其管网及消火栓的布置、水量、水压应符合国家现行的标准《建筑设计防火规范(2018 年版)》(GB 50016—2014)有关消防给水的规定;

(2)不具备给水管网条件的村镇,应充分利用河湖、池塘、水渠等水源,设置可靠的取水设施,因地制宜地规划建设消防给水设施;

（3）天然水源或给水管网不能满足消防用水时，宜设置消防水池，寒冷地区的消防水池应采取防冻措施。

4）浇洒道路和绿地的用水量

浇洒道路和绿地的用水量与路面类型、绿化面积、冲洗方式、当地气候和土壤条件因素有关，可根据当地条件确定。前者常用标准为 $1—1.5$ $L/(m^2 \cdot$ 次$)$，每日 $2—3$ 次；后者常用标准为 $1—2$ $L/(m^2 \cdot d)$。

5）管网漏失水量及未预见水量

管网漏失水量及未预见水量之和，可按最高日用水量的 $15\%—25\%$ 计算，村庄取较低值，规模较大的镇区取较高值。

6）用水量变化系数

无论是生活用水还是生产用水，用水量常常发生变化。生活用水量随生活习惯和气候变化而变化；生产用水因工艺流程而异。用水标准值是一个平均值，在设计给水系统时，还应考虑每日每时的用水量变化。

一年中用水量最多的一天的用水量，称之为最高日用水量。一年中，最高日用水量与平均日用水量的比值称之为日变化系数，村镇的日变化系数一般比城市大，可取 $1.5—2.5$。

最高日内，最高一小时用水量与平均时用水量的比值，称为时变化系数。村镇用水相对集中，故时变化系数较大，取 $2.5—4.0$。时变化系数与村镇规模、工业布局、工作班制、作息时间的统一程度、人口组成等多种因素有关，一般来讲，小村镇取上限，大村镇取下限。

7）村镇给水系统总的用水量

村镇给水系统总的用水量为上述各项用水量之和与变化系数的乘积。

根据最高日用水量时变化系数，可以计算时最大供水量，根据时最大供水量选择管网设备。

5.1.3 水源选择及其保护

1）水源的选择

（1）水源分类

给水水源可分为地下水和地表水两大类。地下水包括潜水、承压水、裂隙水、岩溶水和泉水等。地表水包括江、河、湖与水库水等，少数地区也有用海水作为冲洗水和冷却水。

地下水，有深层和浅层两种。一般来讲，地下水由于经过地层过滤且受地面气候及其他因素的影响较小，因此它具有水清、无色、水温变化小、不易受污染等优点。但是，它受到埋藏与补给条件、地表蒸发及流经地层的岩性等因素的影响，同时又具有径流量小（相对于地面径流）、水的矿化度和硬度较高等缺点。另外，局部地区的地下水会出现水质浑浊、水中有机物含量较高、水的矿化度很高或其他物质（如铁、锰、氯化物、硫酸盐、各种重金属盐类等）含量较高等情况。

地表水，受各种地表因素的影响较大，具有和地下水相反的特点。如地表水的浑浊度与水温变化较大，易受污染，但水的矿化度、硬度较低，其他物质（如铁、锰、氯化物、硫酸盐、各种重金属盐类等）含量较低；径流量一般较大，且季节性变化强。

（2）水源的水质要求

村镇给水主要供给生活饮用水，作为生活饮用水源的水质应符合《生活饮用水水源水质标准》(CJ 3020—93)（表 5.6）的要求。当采用地下水为生活饮用水水源时，水质应符合现行国家标准《地下水质量标准》(GB/T 14848—2017)的规定；当采用地表水为生活饮用水水源时，水质应符合现行国家标准《地表水环境质量标准》(GB 3838—2002)的规定。

表 5.6　生活饮用水水源水质分级标准

项目		标准限值	
		一级	二级
色		色度不超过 15 度，并不得呈现其他异色	不应有明显的其他异色
浑浊度	（度）	≤3	—
嗅和味		不得有异臭、异味	不应有明显的异臭、异味
pH 值		6.5—8.5	6.5—8.5
总硬度（以碳酸钙计）	（mg/L）	≤350	≤450
溶解铁	（mg/L）	≤0.3	≤0.5
锰	（mg/L）	≤0.1	≤0.1
铜	（mg/L）	≤1.0	≤1.0
锌	（mg/L）	≤1.0	≤1.0
挥发酚（以苯酚计）	（mg/L）	≤0.002	≤0.004
阴离子合成洗涤剂	（mg/L）	≤0.3	≤0.3
硫酸盐	（mg/L）	<250	<250
氯化物	（mg/L）	<250	<250
溶解性总固体	（mg/L）	<1 000	<1 000
氟化物	（mg/L）	≤1.0	≤1.0
氰化物	（mg/L）	≤0.05	≤0.05
砷	（mg/L）	≤0.05	≤0.05
硒	（mg/L）	≤0.01	≤0.01
汞	（mg/L）	≤0.001	≤0.001
镉	（mg/L）	≤0.01	≤0.01
铬（六价）	（mg/L）	≤0.05	≤0.05
铅	（mg/L）	≤0.05	≤0.07
银	（mg/L）	≤0.05	≤0.05
铍	（mg/L）	≤0.000 2	≤0.000 2

项目		标准限值	
		一级	二级
氨氮(以氮计)	(mg/L)	≤0.5	≤1.0
硝酸盐(以氮计)	(mg/L)	≤10	≤20
耗氧量(KMnO₄法)	(mg/L)	≤3	≤6
苯并(α)芘	(μg/L)	≤0.01	≤0.01
滴滴涕	(μg/L)	≤1	≤1
六六六	(μg/L)	≤5	≤5
百菌清	(mg/L)	≤0.01	≤0.01
总大肠菌群	(个/L)	≤1 000	≤10 000
总 α 放射性	(Bq/L)	≤0.1	≤0.1
总 β 放射性	(Bq/L)	≤1	≤1

注:pH 为氢离子浓度指数;$KMnO_4$ 为高锰酸钾。

(3)生活饮用水水质标准

一级水源水:水质良好。地下水只需消毒处理,地表水经简易净化处理(如过滤)、消毒后即可供生活饮用者饮用。

二级水源水:水质受轻度污染。经常规净化处理(如絮凝、沉淀、过滤、消毒等)后,其水质即可达到《生活饮用水卫生标准》(GB 5749—2006)规定,可供生活饮用者饮用。

水质浓度超过二级标准限值的水源水,不宜作为生活饮用水源。若限于条件需加以利用时,应采用相应的净化工艺进行处理。处理后的水质应符合《生活饮用水卫生标准》(GB 5749—2006)(表 5.7)规定,并取得省、市、自治区卫生厅(局)及主管部门批准。

表 5.7 水质常规指标及限值

指标	限值
1. 微生物指标	
总大肠菌群(MPN/100 mL 或 CFU/100 mL)	不得检出
耐热大肠菌群(MPN/100 mL 或 CFU/100 mL)	不得检出
大肠埃希氏菌(MPN/100 mL 或 CFU/100 mL)	不得检出
菌落总数(CFU/mL)	100
2. 毒理指标	
砷(mg/L)	0.01
镉(mg/L)	0.005
铬(六价)(mg/L)	0.05
铅(mg/L)	0.01

指标	限值
汞(mg/L)	0.001
硒(mg/L)	0.01
氰化物(mg/L)	0.05
氟化物(mg/L)	1.0
硝酸盐(以 N 计)(mg/L)	10 地下水源限制时为 20
三氯甲烷(mg/L)	0.06
四氯化碳(mg/L)	0.002
溴酸盐(使用臭氧时)(mg/L)	0.01
甲醛(使用臭氧时)(mg/L)	0.9
亚氯酸盐(使用二氧化氯消毒时)(mg/L)	0.7
氯酸盐(使用复合二氧化氯消毒时)(mg/L)	0.7

3. 感官性状和一般化学指标

指标	限值
色度(铂钴色度单位)	15
浑浊度(NTU—散射浊度单位)	1 水源与净水技术条件限值时为 3
臭和味	无异臭、异味
肉眼可见物	无
pH	不小于 6.5 且不大于 8.5
铝(mg/L)	0.2
铁(mg/L)	0.3
锰(mg/L)	0.1
铜(mg/L)	1.0
锌(mg/L)	1.0
氯化物(mg/L)	250
硫酸盐(mg/L)	250
溶解性总固体(mg/L)	1 000
总硬度(以 $CaCO_3$ 计)(mg/L)	450
耗氧量(COD_{Mn}法,以 O_2 计)(mg/L)	3 水源限制,原水耗氧量>6 mg/L 时为 5
挥发酚类(以苯酚计)(mg/L)	0.002
阴离子合成洗涤剂(mg/L)	0.3

指标	限值
4. 放射性指标	指导值
总 α 放射性(Bq/L)	0.5
总 β 放射性(Bq/L)	1

注:MPN 表示最可能数;CFU 表示菌落形成单位。当水样检出总大肠杆菌时,应进一步检验大肠埃希氏菌或耐热大肠菌群;水样未检出总大肠菌群,不必检验大肠埃希氏菌或耐热大肠菌群。放射性指标超过指导值,应进行核素分析和评价,判定能否饮用。N 表示氮气;pH 表示氢离子浓度指数;$CaCO_3$ 表示碳酸钙;COD_{Mn} 表示在一定条件下,有机物被高锰酸钾($KMnO_4$)氧化所需的氧量;O_2 表示氧气。

(4) 水源选择的原则

水源是村镇选择用地的条件之一,水源是否良好和充足将直接影响村镇的发展。水源的选择是给水工程规划中一个非常重要的环节,甚至对整个村镇规划带来全局性的影响。因此,在水源的选择过程中,要进行充分的调查,有条件时要进行水资源的勘察,尽可能全面掌握情况,进行细致的分析研究,并按下列原则进行水源的选择:①水量充足,干旱年枯水期设计取水量的保证率:严重缺水地区不低于 90%,其他地区不低于 95%。当单一水源水量不能满足要求时,可采取多水源或调蓄等措施,水质符合使用要求,并有利于区域内供水设施的共建共享。②便于水源卫生防护。③取水、净水、输配水设施安全经济,具备施工条件。④当选择地下水作为给水水源时,不得超量开采;当选择地表水作为给水水源时,其枯水期的保证率不得低于 90%。⑤在水资源匮乏的村镇,设置天然降水的收集储存设施。⑥应详细调查和搜集区域水资源资料,选择适宜的水源;当有多个水源可供选择时,应对其水质、水量、工程投资、运行成本、施工和管理条件、卫生防护条件等进行综合比较,择优确定。

2) 水源保护

为了防止给水水源被各种生产废水和生活污水污染而恶化,必须对给水水源采取卫生保护措施,设置防护地带。国家针对水源,尤其是生活饮用水源制定了很多法规。按照有关国家标准规定,"集中式"给水水源卫生防护地带的范围和防护措施,应符合下列要求:

(1) 地面水

① 取水点周围半径不小于 100 m 水域内,不得游泳、停靠船只、捕捞和从事一切可能污染水源的活动,禁止一切破坏水环境生态平衡的活动以及破坏水源林、护岸林、与水源保护相关植被的活动,并应设有明显的范围标志。禁止新建、扩建与供水设施和保护水源无关的建设项目。

② 河流取水点上游 1 000 m 至下游 100 m 的水域内,不得排入生产废水和生活污水;其沿岸的防护范围内,不得堆放废渣,设置有害化学物品的仓库或堆栈,设立装卸垃圾、粪便和有毒物品的码头;沿岸农田不得使用生产废水或生活污水灌溉及施用有持久性或剧毒的农药,并不得从事放牧。供生活饮用水的专用水库和湖泊,应视具体情况将整个水库、湖泊及其沿岸列入此范围,并按上述要求执行。

③ 在水厂生产区或单独设立的泵站、沉淀池和清水池外围不小于 10 m 的范围内,不

得设立生活居住区和修建禽畜饲养场、渗水厕所、渗水坑；不得堆放垃圾、粪便、废渣或铺设污水渠道，应保持良好的卫生状况，并充分绿化。

（2）地下水

① 取水构筑物的防护范围，应根据水文地质条件、取水构筑物的形式和附近地区的卫生状况确定，其防护措施应按地面水厂生产区要求执行。

② 在单井或井群影响的半径范围内，不得使用生产废水或生活污水灌溉和施用持久性或剧毒农药，不得修建渗水厕所、渗水坑或排污水沟道，并不得从事破坏深层土层的活动。如果取水层在水井影响半径内不露出地面或取水层与地面没有相互补充关系时，可根据具体情况设置较小的防护范围。

③ 在水厂生产区的范围内，应按地面水生产区的要求执行。

在地表水水源取水上游 1 000 m 以外，排放生产废水和生活污水应符合现行的《工业企业设计卫生标准》(GBZ 1—2010)的规定；医疗卫生、科研、畜牧兽医等机构含病原体的污水必须经过严格消毒处理，彻底消灭病原体后方准排放。为保护地下水源，对人工回灌的水质应以不使当地地下水质变坏或超过饮用水质标准为限。有害生产废水和生活污水不得排入渗坑或渗井。

对于村镇水源，农田排水对水源会产生污染。一般农田在施洒农药后，只有 10% 左右被农作物吸收，其散失的大部分经雨水冲刷流入水体引起污染。有机氯类农药（六六六、滴滴涕、毒杀芬等）虽属低毒，但因其化学性能稳定、不易分解，在自然界中能存在 5—10 年之久，并能积累于人体的肝、脾和脂肪中，对神经、心血管系统及内脏均会造成损害；有机磷类农药如稻脚青、稻宁等毒性强、毒性残留期长，如 1605（乙基对硫磷）、1059（内吸磷）等属剧毒农药。上述农药都应严禁在水源附近使用（有机汞类农药能长久存在于自然界中，不会分解消失且对人体危害更甚，国家已禁止使用），唯有有机磷农药中的敌百虫（美曲磷酯）、乐果等毒性较低，一般毒性残留期为 1—2 周，对人体危害较小。因此，在规划中，为确保水源的水质，有必要根据各种农药的性质，对水源卫生防护地带及附近一定范围农田的作物栽培种类做出一定的限制，以便有效地防止农药对水源的污染。

5.1.4　水厂的选址与布置

1）厂址选择

水厂厂址的选择，应结合水源选择，给水工程规划，村镇总体规划和当地的地形、地质、卫生、交通、供电、环保、用地以及安全等因素，通过技术经济分析确定。一般应考虑以下因素：

（1）充分利用地形高程、靠近用水区和可靠电源，整个供水系统布局合理。

（2）与村镇建设规划相协调。

（3）满足水厂近远期布置需要。

（4）不受洪水与内涝威胁。

（5）有良好的工程地质条件。

（6）有良好的卫生环境，并便于设立防护地带。

（7）当取水点距离用水区较近时，水厂一般设置在取水构筑物附近；当取水点距离用水区较远时,水厂可以设置在取水构筑物附近,也可以设置在用水区附近。两种方案各有优缺点,应根据具体情况进行技术经济分析比较确定。

(8) 有较好的废水排放条件。

(9) 少拆迁,不占或少占良田。

(10) 施工、运行管理方便。

2) 水厂布置

水厂一般由生产构筑物、辅助建筑物组成,其平面布置应满足以下要求:

(1) 水厂平面布置应保证满足生产工艺流程要求。

(2) 生产、生活功能分区明确,保证生产安全。

(3) 平面布置紧凑,严格控制辅助建筑,节约用地,减少管道长度,便于操作,降低投资。

(4) 加氯间和氯库应尽量布置在水厂主导风向的下风向,且液氯仓库应有强制通风措施,并与值班室、居住区保持一定的距离。

(5) 合理布置厂区绿化、绿化防护带,保持环境清洁,新建水厂的绿化占地面积不宜小于水厂总面积的 20%。

(6) 生产构筑物和生产附属建筑物宜分别集中布置。

(7) 分期建设时,近远期应协调。

(8) 滤料、管配件等堆料场地应根据需要分别设置,并有遮阳避雨措施。

(9) 厕所和化粪池的位置与生产构筑物的距离应大于 10 m,不应采用旱厕和渗水厕所。

(10) 应根据需要设置通向各构筑物的道路。单车道宽度宜为 3.5 m,并应有回车道,转弯半径不宜小于 6 m,在山丘区纵坡坡度不宜大于 8%;人行道宽度宜为 1.5—2.0 m。

(11) 应有雨水排除措施,厂区地坪宜高于厂外地坪和内涝水位。

(12) 水厂周围应设围墙及安全防护措施。

3) 生产构筑物和净水装置的布置

生产构筑物和净水装置的布置应符合下列要求:

(1) 应按净水工艺流程顺流布置。

(2) 多组净水构筑物宜平行布置且配水均匀。

(3) 构筑物间距宜紧凑,但应满足构筑物和管道的施工和维修要求。

(4) 构筑物间宜设连接通道,规模较小时可采用组合式布置。

(5) 构筑物的竖向布置应充分利用原有地形坡度,优先采用重力流布置,并满足净水流程中的水头损失要求。

(6) 净水装置的布置应留足操作和检修空间,并有遮阳避雨措施。

4) 水厂内管道布置

水厂内的管道布置应符合以下要求:

(1) 构筑物间的连接管道:①应尽量短、顺直,防止迂回;②并联构筑物间的管线应能互换使用;③分期建设的工程应方便管道衔接;④应根据工艺要求设置必要的闸阀井和跨越管;⑤宜采用金属管材和柔性接口。

(2) 构筑物的排水、排泥可合为一个系统,生活污水管道应另成体系;排水系统宜按重力流设计,必要时可设排水泵站;废水、污水排放口应设在水厂下游,并符合卫生防护要求。

(3) 输送药剂(凝聚剂、消毒剂等)的管道布置应便于检修和更换。

(4) 自用水管线应自成体系。

(5) 应尽量避免或减少管道交叉。

5）水厂面积

水厂面积应根据其规模、生产工艺来确定,不同规模、不同工艺水厂的用地指标可参照《城市给水工程规划规范》(GB 50282—2016)的规定,见表5.8。

表 5.8　水厂用地指标

给水规模 （万 m^3/d）	地表水水厂		地下水水厂 $[m^2/(m^3 \cdot d^{-1})]$
	常规处理工艺 $[m^2/(m^3 \cdot d^{-1})]$	预处理＋常规处理＋深度处理工艺 $[m^2/(m^3 \cdot d^{-1})]$	
5—10	0.50—0.40	0.70—0.60	0.40—0.30
10—30	0.40—0.30	0.60—0.45	0.30—0.20
30—50	0.30—0.20	0.45—0.30	0.20—0.12

注:给水规模大的取下限,给水规模小的取上限,中间值采用插入法确定。给水规模大于 50 万 m^3/d 的指标可按 50 万 m^3/d 指标适当下调,小于 5 万 m^3/d 的指标可按 5 万 m^3/d 指标适当上调。地下水水厂建设用地按消毒工艺控制,厂内若需设置除铁、除锰、除氟等特殊水质处理工艺时,可根据需要增加用地。本表指标未包括厂区周围绿化带用地。

5.1.5　给水管网的布置

给水管网担负着村镇整个区域的供水任务,其费用占整个给水工程的 70%—80%,是给水工程的重要组成部分。给水管网一般由输水管(由水源至水厂以及水厂到配水管的管道,一般不装接用户水管)和配水管(把水送至各用户的管道)组成。输水管道不宜少于两条,但从安全、投资等各方面比较也可采用一条。配水管一般连成网状,故称之为配水管网。按其布置形式可分为树枝状和环状两大类,也可根据不同情况混合布置。

树枝状管网:干管与支管的布置如树干和树枝的关系,如图 5.2 所示。它的优点是管材省,投资少,构造简单;缺点是供水的可靠性较差,一处损坏则下游各段全部断水,同时各支管尽端易成“死水”,恶化水质。这种管网适合于地形狭长、用水量不大、用户分散以及用户对供水安全要求不高的村镇。

环状管网:配水干管与支管均呈环状布置,形成许多闭合环,如图 5.3 所示。它的优点是这种管网供水可靠,管网中无死端,保证了水经常流通,水质不易变坏,并可大大减轻水锤作用;缺点是管线总长度较大,造价高。这种管网适用于连续供水要求较高的村镇。

管网布置的基本要求:管网布置在整个给水区域内,并应满足大多数用户对水质、水量和水压的要求。给水干管最不利点的最小服务水头,单层建筑物可按 5—10 m 计算,建筑物每增加一层应增压 3 m。局部管网发生故障时,应尽量减少间断供水范围或保证不间断供水。管网的造价及经常管理费用应尽量低,以最短的输水距离输水至每一用户,使管线的总长度最短,等等。在规划设计中,近期工程可考虑局部主要地段为环状,其余为树枝状,以后根据发展再逐步建成环状管网。

图 5.2　树枝状管网　　　　　　　　　　图 5.3　环状管网
注:1—泵站;2—输水管;3—水塔;4—管网。　　　注:1—泵站;2—输水管;3—水塔;4—管网。

　　管网线路应根据下列原则进行布置:①干管的方向应与给水的主要流向一致,并以最短的距离向用水大户或水塔或高位用水地供水;②管线长度要短,减少管网的造价及经常维护费用;③管线布置要充分利用地形,输水管要优先考虑重力自流,减少经常动力费用,并避免穿越河谷、铁路、沼泽、工程地质条件不良的地段及洪水淹没地段;④给水管网尽量在现有道路或规划道路的人行道下面敷设,节约用地;⑤给水管网应符合村镇总体规划的要求。

5.2　村镇排水工程规划

　　排水系统是指排水的收集、输送、处理、利用以及排放等设施以一定方式组合而成的总体。村镇排水是指排除农村雨水、生活污水和生产废水,包括收集、运输、处理和利用等过程。一般村镇排水系统通常由排水管网(管沟系统)、污水处理厂、出水口等几部分组成。排水工程在保证生产、改善居民生活条件和防治污染、保护环境等方面担负着重要的职责。中国大部分村镇缺乏完善的排水设施,现有的排水管沟是随着村镇的逐步发展建立起来的,因而缺乏整体性和系统性,排泄能力较差,一遇大雨,内涝积水较严重。一般村镇缺乏污水处理厂,雨污水合流就近排入附近水体,导致镇区周围水体受到不同程度的污染。因此,村镇排水工程建设更加任重道远。

5.2.1　村镇排水分类

　　村镇排水根据来源、性质和特征不同可分为三类:雨水(雪水)、生活污水、生产废水。

　　1) 雨水(雪水)
　　雨水(雪水)一般比较清洁,但初期雨水径流却比较脏。其特点是时间集中、水量集中,如不及时排出,轻者会影响交通,重者会造成水灾。平时冲洗街道用水所产生的污水和火灾时的消防用水,其性质与雨水相似,所以可视为雨水之列。通常雨水(雪水)不需要进行处理,但当水中泥沙或漂浮物较多时,可设预沉、拦沙或拦污装置,处理后可以直接排入水体。

　　2) 生活污水
　　生活污水是人们日常生活中使用过的水。这些污水来自厨房、厕所、浴室和食堂等。

生活污水中含有大量的有机物和细菌,有机物易腐烂并产生恶臭,细菌中含有大量的病源菌。所以生活污水必须经过适当处理,使其水质得到一定的改善之后才能排入江、河等水体。

3) 生产废水

生产废水是人们从事生产活动中所产生的废水。由于各行业生产的性质和过程不同,生产废水的性质也不相同。一部分生产废水污染轻微或未被污染,可以不经处理排放或回收重复利用,如冷却水;另一部分受到严重污染,有的含有强碱、强酸,有的含有酚、氰、铬、铝、汞、砷等有毒物质,有的甚至含有放射性元素或致癌物质,这类废水必须经过适当处理后才能排放。

5.2.2 排水工程规划的任务

村镇排水工程规划是根据村镇总体规划制订的排水方案。其具体内容如下:

(1) 划分排水区域。估算各种排水量,分别估算雨(雪)水量、生活污水量和生产废水量,一般将生活污水量和生产废水量之和称为村镇的总污水量,雨(雪)水量单独估算。

(2) 选择排水体制。根据各村镇的实际情况、经济条件确定排水方式。

(3) 确定不同地区污水排放标准。污水排放标准应符合国家相关规定。

(4) 布置排水系统。布置排水管(沟)网,按从主干管(沟)到干管(沟)再到支管(沟)的顺序进行布置,包括污水管(沟)道、雨水管(沟)、防洪沟的布置。

(5) 确定村镇污水处理方式及污水处理厂的容量和位置选择。根据国家环境保护规定及村镇具体条件,确定其排放程度、处理方式及污水综合利用途径。

(6) 估算村镇排水工程规划的投资。

(7) 提出污水综合利用的措施。

5.2.3 排水量的计算

村镇排水量包括雨(雪)水量、生活污水量、生产废水量。

1) 雨(雪)水量的计算

村镇雨(雪)水排水量计算根据降水强度、汇水面积、径流系数计算,常用经验公式为

$$Q = \varphi F q \tag{5-1}$$

式中:Q——雨水设计流量(L/s);

F——汇水面积,按实际汇水面积计算(m^2);

q——设计降水强度[(L/s)/hm^2];

φ——径流系数。

降水强度 q,指单位时间内的降水深度,气象部门把降雨和降雪统称为降水。设计降水强度和设计重现期、设计降水历时有关。设计重现期为若干年出现一次最大降水的期限。设计重现期长则设计降水强度大,重现期短则设计降水强度小。正确选择重现期是雨水管(沟)道设计中的一个重要问题。设计重现期一般应根据地区的性质(如广场、干道、工厂、居住区等)、地形特点、汇水面积大小、降水强度公式和地面短期积水所引起的损

失大小等因素来考虑。通常低洼地区采用的设计重现期的数值比高地大;工厂区采用的设计重现期的数值就比居住区采用的大;雨水干管(沟)采用的设计重现期的数值比雨水支管(沟)所采用的要大;市区采用的重现期数值比郊区采用的大。重现期的选用范围为0.33—2.0年。通常设计重现期如表5.9所示。

表5.9　设计重现期

(单位:年)

汇水面积(万 m²) ＼ q₂₀[L·(s·万 m²)⁻¹] / 地区性质	100 以下			101—150			151—200		
	居住区		工厂广场干道	居住区		工厂广场干道	居住区		工厂广场干道
	平坦地形	沿溪各线		平坦地形	沿溪各线		平坦地形	沿溪各线	
20 及 20 以下	0.33	0.33	0.5	0.33	0.33	0.5	0.33	0.5	1
21—50	0.33	0.33	0.5	0.33	0.50	1.0	0.50	1.0	2
51—100	0.33	0.50	1.0	0.50	1.00	2.0	1.00	2.0	2—3

注:①平坦地形系指地面坡度小于0.3%。当坡度大于0.3%时,设计重现期可以提高一级选用。②在丘陵地区、盆地、主要干道和短期积水能引起严重损失的地区(如重要工厂区、主要仓库等),根据实际情况可适当提高设计重现期。③q_{20}为历时20分钟设计降水强度。

设计降水强度还和降雨历时有关。降雨历时为排水管(沟)道中达到排水最大时降雨持续的时间。雨水降落到地面以后要经过一段距离汇入集入口,这需消耗一定的时间,同时经过一段管(沟)道后,也消耗一定的时间,所以设计降雨历时应包括汇水面积内的积水时间和管(沟)内的流行时间。其计算公式如下:

$$t = t_1 + mt_2 \tag{5-2}$$

式中:t——设计降水历时;

t_1——地面集水时间(min),视距离长短、地形坡度和地表覆盖情况而定,一般采用5—15 min;

m——延缓系数,管道 $m=2$,明沟 $m=1.2$;

t_2——管(沟)内水的流行时间。

根据设计重现期、设计降水历时,再根据各地多年积累的气象资料,可以得出各地计算设计降水强度的经验公式,各村镇常常因气象资料不足,可按邻近城市的标准进行计算。

2) 生活污水量的计算

村镇居住区的生活污水量设计流量按每人每日平均排出的污水量、使用管(沟)道的设计人数和总数变化系数计算。计算公式为

$$Q = \frac{qNK_s}{T \times 3\,600} \tag{5-3}$$

式中:Q——居住区生活污水的设计流量(L/s);

q——居住区生活污水的排放标准[L/(人·d)];

N——使用管(沟)道的设计人数(人);

T——时间(h),建议用 12 h;

K_s——排水量总变化系数。

在选用生活污水量排放标准时,应根据当地的具体情况确定,一般与同一地区给水设计所采用的标准相协调,可按生活用水量的 75%—90% 进行计算。设计人数,一般指污水排出系统设计期限终期的人口数。式 5-3 中所使用的排污标准是平均值,实际排入管道的污水是变化的,其生活污水总变化系数详见表 5.10。

表 5.10　生活污水量总变化系数 K_s

污水平均日流量(L/s)	5	15	40	70	100	200	500	≥1 000
总变化系数 K_s	2.3	2.0	1.8	1.7	1.6	1.5	1.4	1.3

注:当生活污水平均日流量为中间数值时,总变化系数可用内插法求得。

村镇工厂的生活污水来自工厂的厕所、浴室和食堂等地方。其流量不大,一般不需计算。管道可采用最小管径(150 mm)。如果流量较大需要计算,可按下式进行计算:

$$Q = \frac{25 \times 3.0A_1 + 35 \times 2.5A_2}{8 \times 3\,600} + \frac{40A_3 + 60A_4}{3\,600} \qquad (5\text{-}4)$$

式中:Q——工厂生产区的生活污水设计流量(L/s);

A_1——一般车间最大班的职工总人数(一个或几个冷车间的总人数);

A_2——热车间最大班的职工总人数(一个或几个热车间的总人数);

A_3——三四级车间最大班使用淋浴的职工人数(一个或几个车间的总人数);

A_4——一二级车间最大班使用淋浴的职工总人数(一个或几个车间的总人数);

25,35——一般车间和热车间生活污水量标准[L/(人·d)];

40,60——三四级和一二级车间淋浴用水量标准[L/(人·d)],淋浴污水在班后 1 h 内均匀排出;

3.0,2.5——一般车间和热车间的污水量时变化系数。

3) 生产废水量的计算

生产废水通常指工业废水,其设计流量一般是按工厂或车间的每日产量和单位产品的废水量来计算的,有时也可以按生产设备的数量和每一生产设备的每日废水量进行计算。以日产量和单产废水量为基础的计算公式为

$$Q = \frac{mM \times 1\,000}{T \times 3\,600} K_s \qquad (5\text{-}5)$$

式中:Q——工业废水设计流量(L/s);

m——生产每单位产品的平均废水量(m^3);

M——产品的平均日产单位数;

T——每日生产时数(h);

K_s——总变化系数。

但是,生产每单位产品的平均废水量差异较大,可以参考生产每单位产品用水量的 75%—90% 来进行估算,水的重复利用率高的村镇取下限。在规划工作中,也可以按性质

相同、规模相近工厂的排水量作为估算的依据。

5.2.4 村镇排水体制选择

村镇雨(雪)水、生活污水和生产废水的排除方式,称之为排水体制。排水体制有分流制和合流制两种。

1) 分流制

分流制是将雨(雪)水和污废水分开收集和排放,通常雨(雪)水通过沟道就近排入附近水体,而生活污水和生产废水则通过管道汇集至污水处理厂,经处理后达标排放。

(1) 完全分流制

完全分流制是指雨(雪)水、生活污水和生产废水分为三个系统或雨(雪)水和污废水两个系统,用沟管分开排放。雨(雪)水和一部分无污染生产废水就近排入水体;污废水流至污水处理厂,经处理后排放,如图5.4所示。

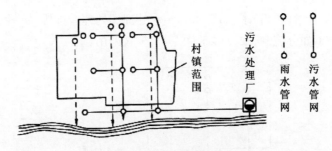

图 5.4　完全分流制

完全分流制的标准最高,适用于规模较大、经济条件较好的村镇。在发达国家的村镇多用此体制,中国的村镇应向此方向发展。

(2) 不完全分流制

不完全分流制是指雨(雪)水从路面边沟(明沟)排放,污水埋暗管排放。这种分流体制比完全分流制标准低、投资省,先解决污水排放系统,等日后再完善。这种体制适合中国村镇目前的情况,重点先解决污水排放系统;但地势平坦、村镇规模大、易造成积水的地区不宜采用。

(3) 改良型不完全分流制

改良型不完全分流制指的是雨(雪)水排放系统采用多种形式混用,可采用路边浅沟、街巷浅沟、某些干道用路边沟加盖及部分用暗管等混合方式。这种体制适合于逐步发展、规模不断扩大的村镇。若组织得好,其既经济又适用。

2) 合流制

合流制是将雨(雪)水和污废水统一收集、统一处理和排放,或未经收集直接排放入附近水体。

(1) 直泄式合流制

直泄式合流制是指雨(雪)水、生活污水和生产废水同一管(沟)不经处理混合,分若干排水口,就近直接排入水体,如图5.5所示。这种排水体制是最初级的排水形式,只比无排水系统的村镇稍好一些,在人口不多、面积不大、无污染工业的村镇可以采用这种形式。随着村镇规模和工业的发展,污废水量不断增加,水质日趋复杂,这样的排水体制将造成水质的严重污染。目前不少村镇还是采用直泄式合流制,须逐步改革。

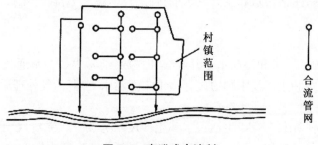

图 5.5　直泄式合流制

（2）全处理合流制

全处理合流制是指雨（雪）水、污废水到污水处理厂处理后排放,如图 5.6 所示。这种方式投资大,效果不如分流制,缺点多于优点,很少被采用。

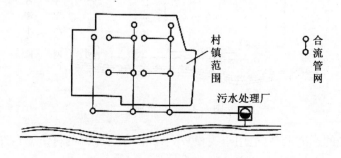

图 5.6　全处理合流制

（3）截流式合流制

截流式合流制是指雨（雪）水、生活污水和生产废水合流,分数段排向沿河流的截流干管（沟）。晴天时全部输送到污水处理厂,雨天时雨污混合,水量超过一定数量的部分通过溢流井排入水体,其余部分仍排至污水处理厂,如图 5.7 所示。

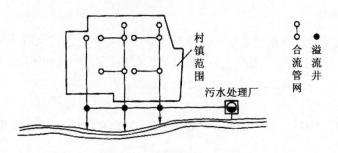

图 5.7　截流式合流制

截流式合流制比直泄式合流制有明显的优点,大大减轻对自然水体的污染,又比全处理合流制要节省投资。截流式合流制是直泄式合流制的一种改进形式,适用于大多数村镇的排水现状。

村镇排水体制宜选择分流制,条件不具备的村镇也可选择合流制。为保护环境、减少污染,污水排入管网系统前,要采用化粪池、生活污水净化池、沼气池等进行预处理。条件不具备的村镇可对现有排水系统进行改造,创造条件,逐步向分流制过度。合理地选择排水体制,是村镇排水系统规划和设计的重要内容。它不仅影响着排水系统的设计、施工、维护和管理,而且对村镇排水工程的总投资及维护管理费用影响较大。

排水体制的选择应结合当地的原有排水设施,水质、水量、地形、气候等因素,从满足环境保护要求、基建投资、维护管理、今后发展等方面综合考虑来确定。总之,排水体制的选择应使整个排水系统安全可靠和经济适用。

5.2.5　村镇污水排放标准

村镇污水排放应符合现行的国家标准《污水综合排放标准》(GB 8978—1996)中的有关规定;污水用于农田灌溉,应符合现行的国家标准《农田灌溉水质标准》(GB 5084—2005)中的有关规定。

5.2.6　村镇排水系统的形式及管(沟)道布置

1) 村镇排水系统的平面布置形式

村镇排水系统的平面布置形式主要有以下几种:

(1) 集中式排水系统

集中式排水系统是指全村镇只设一个污水处理厂与出水口,这种方式对村镇很适合。当地形平坦、坡度方向一致时可采用此方式,如图 5.8 所示。

(2) 分区式排水系统

大、中城市常采用分区式排水系统,而村镇常常由于地形条件,将村镇划分成几个独立的排水区域,各区域有独立的管(沟)道系统、污水处理厂和出水口,如图 5.9、图 5.10 所示。

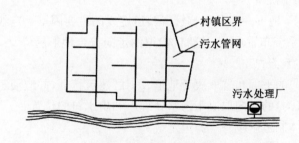

图 5.8　集中式排水系统

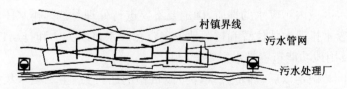

图 5.9　平坦、狭长的村镇可采用的分区式排水系统

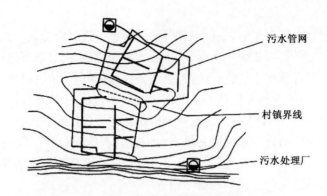

污水管网

村镇界线

污水处理厂

图 5.10　因地形条件采用的分区式排水系统

（3）区域排水系统

区域排水系统是指几个相邻村镇的污废水集中排放至一个大型的地区污水处理厂。这种排水系统能扩大污水处理厂的规模，降低污废水处理费用，能以更高的技术、更有效的措施防止污染扩散，是中国今后村镇排水发展的方向，特别适合于经济发达、村镇密集的地区。

2）排水管（沟）道的布置

在村镇总平面图上进行污水管（沟）道平面布置，确定其位置和走向，称之为污水管（沟）道的定线。主要内容有：确定排水区界，划分排水流域；选择污水处理厂和出水口位置；拟订污水主干管（沟）和干管（沟）的走向；确定泵站的位置等。布置排水管（沟）时，雨水应充分利用地面径流和沟道排除；污水应通过管道或暗沟排放，雨水、废污水的管（沟）道均应按重力流设计。

污水管（沟）道定线考虑的因素有：地形和用地布局，排水体制和线路数目，污水处理厂和出水口位置，水文地质条件，道路宽度，地下管线及构筑物的位置，工业企业和产生大量污水的建筑物分布情况等。

① 在一定条件下，地形一般是影响管（沟）道定线的主要因素。定线时应充分利用地形，选用合适的排水系统布置形式，使管（沟）道的走向符合地形趋势，尽量做到顺坡排水，尽可能不设泵站或少设泵站。

② 污水支管（沟）的平面布置取决于地形及街区建筑特征，并应便于用户接管排水。

③ 污水主干管（沟）的走向取决于污水处理厂和出水口的位置。

④ 采用的排水体制也影响管（沟）道定线。

（1）排水管（沟）布置步骤

① 在地形图上根据总体规划和道路规划，按等高线划分若干排水区域。

② 分析排水区域内污废水的性质，确定要不要进行处理及选择排水体制。

③ 根据污废水排泄水体位置和村镇地形确定污废水排水方向和排出口位置，并在平面图上的沿道及用地功能布置排水主要管（沟）。

④ 排水管（沟）确定以后，确定各管（沟）段负担的居民数、生产废水集中流量或雨水汇水面积。

⑤ 根据排水体制,分别计算各管(沟)段负担的排水设计流量,估算管(沟)道尺寸、坡度。

⑥ 考虑管(沟)道标高。起点的埋深应满足排水管(沟)道能接纳所负责的排水地区各用户排水的需要;同时管(沟)道的埋深应保证不被冰冻和动荷载破坏,管顶覆土深度不小于 0.7 m。

(2) 排水管(沟)的布置

① 污水管(沟)

村镇的污水管(沟)系统一般按道路系统布置,但并不是每条街道都必须设置污水管(沟),能满足所有污水都能就近接入污水管(沟)就可以了。近来居住区常以小区形式来建设,其内路、管(沟)道常自成体系,一般只需在其一侧或两端设置街管(沟)道。

管(沟)道应尽量避免穿过场地,避免与河道、铁路等障碍物交叉。寒冷地区,排水管(沟)道应铺设在冻土层以下,并设有防冻措施。

管(沟)有干、支之分。直接承接房屋、小区和工厂排水的称之为支管(沟);承接支管(沟)排水的称之为干管(沟)。当村镇较大时,干管(沟)常有二三级,通向污水处理厂或出水口的干管(沟)称之为总干管(沟)。管(沟)道定线时,先定总干管(沟),总干管(沟)的路线服从于污水处理厂或出水口位置。管(沟)线路要顺应地形尽量做出顺坡,以避免或尽量减少中途泵站。干管(沟)应避开狭窄而交通繁忙的道路,避免迂回,并便于分期实施建设。

② 雨水管(沟)

雨水管(沟)系统的基本要求是布局经济合理、安全可靠,能够及时地排除村镇及工厂排水面积内的暴雨径流,以保证人民生命财产和村镇工厂的安全。在村镇,雨(雪)水排放可根据当地条件采用管道和明沟系统。明沟的造价低、用材方便,但占地面积大,维护管理不方便,长期无人管理会造成堵塞,形成臭水,不利于环境卫生,对人们的生产、生活造成不便。所以,一般在建筑物密集、交通繁华的地方,采用埋地管(沟)道排除雨水较多,只有在人口稀少的地方才采用明沟排水。

村镇雨(雪)水管(沟)应根据下列原则进行布置:

·充分利用地形,使雨(雪)水能就近排入池塘、河流或湖泊等水体;

·雨(雪)水干管(沟)应设在排水地区的低处,通常这种位置也是设置道路的合适位置;

·避免设置雨(雪)水泵站;

·积极配合村镇总体规划,对村镇的竖向、道路、绿化等规划内容提出要求,为妥善解决雨(雪)水排除问题创造条件。

5.2.7 污水处理方式

村镇污废水主要由生活污水和生产废水组成。生活污水成分比较固定,主要含有碳水化合物、蛋白质、氨基酸、脂肪等有机物。生产废水的成分则多种多样,不同季节、不同地方、不同发展目标的村镇,其废水需要用不同的方法处理。

1) 村镇污废水的特点

(1) 污废水收集困难。因为村镇地区的污废水量较小并且都相对分散,在收集上较为困难,特别是排水措施的不够完善使得污废水收集更为困难。

(2) 污废水水质与水量不稳定。水质不稳定,水量存在较大的昼夜变化,污废水排放也呈现出不连续的状态。

(3) 区域差异性明显。由于村镇发展程度的不同,污废水的主体有着明显的差异。在相对不发达的地区,污废水以生活污水为主,有着良好的可生化性;而发展较快的地区建有大量的工厂,污废水中含有大量的生产废水,因此可生化性较低。

考虑到村镇污废水的特点,在建设污水处理工程时,首先,应考虑工艺技术的适宜性。村镇污废水处理工程不能简单套用城市污废水处理工艺,其工艺技术在满足功能要求外,因地制宜和经济适用也非常重要。其次,需规范生产废水排放的管理。村镇污水处理厂处理规模小、工艺简单,而生产废水成分复杂,会对污水处理厂的运行产生冲击,增加污废水处理难度,甚至可能造成二次污染。因此,环境主管部门应加强对生产废水排放的监管,需在企业内部进行预处理后才可排放。最后,应加强对管理人员和技术人员的培训,提高服务效率和质量,充分利用有限的人力、物力和财力。

2) 污废水处理的方法

(1) 节约用水是村镇污废水处理的根本措施。在日常生活中应避免淘米洗菜过程中水流不止的情况,并可以注意一水多用;在生产过程中必须要贯彻节水观念,特别是新建工厂必须要符合节水要求。

(2) 积极推广先进的抑或简单易行的污废水处理技术。例如一种简单易行的"三池一管"法:将厨房与卫生间的污水经化粪池、沉淀池、生物净化池,再通过侧面有小孔的管道渗漏到菜地或农田。

(3) 注重对废水的综合利用。提高对废水的综合利用是村镇污废水处理的关键。对污废水进行有效的处理有助于减少污染物与污废水的排放,还可以有效地防止水污染的现象。积极推广沼气池的建设,不但可以降低污水的排放量、复杂程度和处理费用,而且对发展农村清洁能源、促进农村经济社会的可持续发展具有重要意义。

污水处理厂的作用是对生活污水和生产废水进行处理以达到规定的排放标准,是保护环境的重要设施。工业发达国家的污水处理厂已经很普遍,而中国村镇的污水处理厂很少,但今后会逐渐多起来。要使这些污水处理厂真正发挥作用,还需要靠严格的排放制度、组织和管理体制来保证。首先,必须要对水环境质量公告制度进行落实,及时公布水环境质量,水源地、地表水水质状况,这可以在让群众知情的同时,提高他们的环境改善意识。如果村民的环境意识跟不上经济发展的步伐就很容易诱发环境问题。其次,需要对污水处理收费制度进行完善。特别是对于那些排污量大的企业,污水处理收费标准应适当提高。最后,可将污水处理厂与景观建设进行结合,根据村镇自身情况因地制宜,对资源进行整合。

污水处理厂的选址应满足《村镇规划卫生规范》(GB 18055—2012)的要求,布置在村镇水体的下游、地势较低处,便于污水汇流入厂,不污染村镇用水,处理后便于向下游排放。它和村镇的居住区有一段防护距离,以减小对居住区的污染。如果考虑污水用于农田灌溉及污泥肥田,其选址则相应地要和农田区靠近,便于运输。医疗机构的污水必须进行严格的消毒处理,达到规定的排放标准后才能排入污水管(沟)网,并应符合国家现行标准《医院污水处理设计规范》(CECS 07:2004)的有关规定。利用中水时,水质应符合国家现行标准《建筑中水设计标准》(GB 50336—2018)和《城镇污水再生利用工程设计规范》(GB 50335—2016)的有关规定,并应设置开闭装置,在突发公共卫生事件时停止使用。

污水处理厂出水应符合现行国家标准《城镇污水处理厂污染物排放标准》(GB 18918—2002)的相关规定。污水处理厂出水用于农田灌溉时,应符合现行国家标准《农田灌溉水质标准》(GB 5084—2005)的相关规定。

污水处理方式应根据村镇位置进行选择,并应考虑以下因素:①环境保护对污水的处理程度要求;②污水的水量和水质;③投资能力。

对于城郊村镇,有条件且位于城市污水处理厂服务范围内的,应建设和完善污水收集系统,即通过污水管(沟)道将污水排入城市污水处理厂。不在城市污水处理厂辐射范围内的村庄,可采用分散式排水方式,即结合现状排水,疏通整治排水管(沟)道,有条件的可联村或单村建设污水处理厂,但应符合下列规定:①雨污分流时,将污水输送至污水处理站进行处理。②雨污合流时,将合流污水输送至污水处理站进行处理;在污水处理站前,宜设置截流井,排除雨季的合流污水,并经常清理排水(沟)道,防止污水中的有机物腐烂后影响村庄环境卫生。

对于人口较为集中的村庄,可以大力推广人工湿地等设施,例如氧化塘、人工湿地、生物滤池站等建设周期短、操作简便的处理设施。

人工湿地适合处理纯生活污水或雨污合流污水,占地面积较大,宜采用二级串联;生物滤池的平面形状宜采用圆形或矩形;填料应质坚、耐腐蚀、强度高、比表面积大、孔隙率高,宜采用碎石、卵石、炉渣、焦炭等无机滤料;地理环境适合且技术条件允许时,村庄污水可考虑采用荒地、废地以及坑塘洼地等稳定塘处理系统。用作二级处理的稳定塘系统,其处理规模不宜大于 5 000 m^3/d。

污水处理的任务是采用各种方法和技术措施将污水中所含有的各种形态的污染物分离出来或将其分解、转化为无害和稳定的物质,使污水得到净化。现有的污水处理技术,按其作用原理和去除的对象可分为物理法、生物法、化学法。污水现在的处理一般都是化学法,因为成本低、技术成熟;但是效果最好的应该是生物法,只是其成本太高、技术也不完善。

① 物理法:主要利用物理作用分离污水中的非溶解性物质。常用的处理技术有沉淀(重力分离)、筛选(截流)、气浮、离心与旋流分离等。处理构筑物较简单、经济。用于村镇水体容量大、自净能力强、污水处理程度要求不高的情况。

② 生物法:利用微生物的新陈代谢功能,使污水中呈溶解和胶体状态的有机污染物被降解并转化为无害物质,使污水得以净化。生物法可分为好氧处理法和厌氧处理法两类。前者处理效率高、效果好、使用广泛,是生物处理的主要方法。属于生物法的工艺有:活性污泥法、生物膜法等。生物法处理程度比物理法要高,常作为物理处理后的二级处理。

③ 化学法:利用化学反应作用来处理或回收污水的溶解物质或胶体物质的方法。常用的方法有:混凝法、中和法、氧化还原法、电解法、离子交换法和膜分离法等。化学法处理效果好、费用高,多用于对生化处理后的出水做进一步的处理,以提高出水水质,即三级处理。

根据《国家新型城镇化规划(2014—2020 年)》及新型城镇化的指标,污水处理要"因地制宜建设集中污水处理厂或分散型污水处理设施,使所有县城和重点镇具备污水处理能力,实现县城污水处理率达 85% 左右,重点镇达 70% 左右"。鉴于村镇污水处理的难点主要是存在村镇水量小、污水变化系数大、管(沟)网建设成本高等问题,村镇水务一体化提供了一个新的思路。村镇水务一体化根据村镇的实际特点,采用一个房子、一套设备、一个池子的简便化理念,采用标准化的工艺模块,有利于建设施工,降低配套设施建设要求,加快建设周期,便于增容扩建。村镇水务一体化系统主要由两部分组成,如图 5.11 所示。第一部分是给水部分,有 DWBT(传统处理技术)和 DWMT(膜处理技术)两种;第二部分为污水处理部分,有 RBFT(高效生物转盘加高效过滤)和 PFBP(活塞流生物膜技术)两种。此工艺设计灵活,占地面积小,运行费用仅为传统方法的 60% 左右,单个厂(站)服务 100—100 000 人,适用水(表 5.11)处理规模为 10—10 000 m^3/d,并可根据地区的需求,灵活拆合给水和污水处理部分。

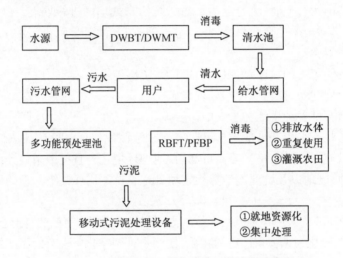

图 5.11　村镇水务一体化系统工艺流程示意图

表 5.11　适用水质条件

项目	进水浊度	水温(℃)	BOD_5/COD	pH	COD(mg/L)	色度	NH_3-N(mg/L)
给水进水条件	≤500	—	—	5—9	≤20	<15	—
污水进水条件	—	5—35	≥0.3	6—9	50—1 000		5—100

注:BOD_5 为生物需氧量;COD 为化学需氧量;BOD_5/COD 表示污废水的可生化降解特征;NH_3-N 是水(污废水)中氨氮含量指标,有标准控制值。

6 村镇电力、电信工程规划

随着经济的不断发展和提高,村镇建设将逐步实现电气化和电信信息化,这是社会主义新时代现代化村镇建设的要求,也是经济发展的必然结果。

6.1 村镇电力工程规划

在经济发展中,电力是基础之一,是不可缺少的能源。由于电力是经济的、方便的(便于集中、便于分散、便于输送、便于转换)、清洁的能源,因而在经济中所需能源越来越多地以电能形式供给,电力已成为村镇工农业生产的主要动力,也是村镇居民生活的主要能源。因此,为满足村镇生产和生活用电的要求,就必须进行电力工程规划。

在编制村镇总体规划时要考虑和解决村镇电力工程规划中的一些问题,即确定负荷[发电厂、变电所或输出线路担负用户所需要的功率,单位为瓦(W)或千瓦(kW)]、布置电源(发电厂、变电所)、布置供电网络等。在村镇规划总平面图上要确定发电厂、变电所和主要输电线路走向等的大概位置,并解决它们的用地、用水、环保、交通等问题。在编制村镇总体规划的同时编制电力工程规划,就可以在村镇规划总平面图上合理地解决这些问题,以达到有利于生产的发展、有利于加速村镇建设的目的。此外,也为下一步的电力工程单项设计奠定基础。

6.1.1 电力工程规划的基本要求、内容与步骤

1) 电力工程规划的基本要求

电力工业是公用事业,其基本任务是为国民经济和人民生活提供"充足、可靠、合格、廉价"的电力。因此,对村镇电力工程规划的基本要求包括以下方面:(1) 满足村镇各部门用电及其增长的需要。(2) 保证供电的可靠性要求。(3) 保证良好的电能质量,特别是对电压的要求。(4) 节约投资和减少运行费用,达到经济合理的要求。(5) 注意远近期规划相结合,以近期为主,考虑远期发展的可能与发展要求。(6) 便于实现规划,不能一步实施时要考虑分步实施。

2) 电力工程规划的基本内容

对于每一个村镇来说,电力工程规划所包括的内容是不完全一样的。因为它们的具体条件和要求不同,与村镇规模及其构成、地理位置、地区特点、经济发展水平(工业、农业和旅游服务业等)状况及其构成,以及远近期规划等有关,所以必须根据每个村镇的特点和对村镇总体规划深度的要求来做电力工程规划。电力工程规划一般由说明书和图纸组成,它的内容包括:(1) 村镇负荷的调查。(2) 分期负荷的预测及电力的平衡。(3) 选择村镇的电源。(4) 确定发电厂、变电站、变电所的位置、容量及数量。(5) 选择供电电压等级。(6) 确定配电网的接线方式及布置线路走向。(7) 选择输电方式。(8) 绘制电力负荷分布图。(9) 绘制电力系统供电的总平面图。

在编制供电规划时，还要注意了解毗邻村镇的供电规划，要注意相互协调、统筹兼顾、合理安排。

3）电力工程规划的基本步骤

编制电力工程规划大体可分为以下步骤进行：（1）收集资料。（2）分析、归纳和选择收集到的资料，进行负荷计算与预测。（3）根据负荷及电源条件，确定供电电源的方式。（4）按照负荷分布，拟订若干个输电和配电网布局方案，进行技术经济比较，提出推荐方案。（5）进行规划可行性论证。（6）编制规划文件，绘制规划图表。

6.1.2　村镇电力负荷计算

电力负荷的计算，对于确定发电厂的规模、变电所的容量和数量、输电线路的输电能力、电源布点以及电力网的接线方案设计等，都是十分重要的。对于近期负荷的计算，应力求准确、具体、切实可行；对于远景负荷，应在电力系统及工农业生产发展远景规划的基础上进行负荷预测。负荷发展水平往往需要多次测算，认真分析研究影响负荷发展水平速度的各种因素，反复测算与综合平衡，力求切合实际。电力负荷计算是村镇电力规划的一项基本内容。

1）村镇电力负荷的分类及其特点

（1）村镇电力负荷的分类

随着村镇电气化事业的发展，用电设备越来越多，种类不断增加，负荷的构成也在逐年变化。目前，中国村镇用电负荷的分类大致有以下六种：

① 农业排灌。中国北方多数地区缺水，以前农田多以提水灌溉为主，近年来都致力于开发地下深层水源，深井提水站发展很快；南方各省水源丰富，排涝和灌溉用电兼有，一般地区让排涝和灌溉合用一套电气设备；近年来在丘陵、山区及一些经济较发达的地区，开始广泛采用喷灌技术，这种方法用水节约，有利于水土保护，不需花很大力气平整土地，是农业灌溉的方向。

② 农业生产。在农业生产中电的用途非常广泛，如脱粒、扬净、烘干、运输储藏、种子处理等等。近年来，大规模的工厂化温室育苗、温室蔬菜等发展迅速，使得用电迅速增加。

③ 农副产品加工。在农副产品加工中，如磨粉、碾米、粉碎、切片、烘干、轧花、榨油、饲料加工、果品加工、食品加工等，村镇已基本实现电气化。

④ 畜牧业。在中国传统的畜牧业中，如供水、清除粪便、挤奶、电剪毛、电孵化等等，其电气化的比重越来越高，用电负荷也越来越大；特别是近年来，工厂化养殖场发展较快，全面电气化可使人工减少50%以上。

⑤ 村镇企业。改革开放以来，中国的村镇企业发展尤为迅速，除了传统为农业机械的维修和配件加工服务的各类农业机械修造厂、小型木材加工厂以及粮食加工、食品、制糖、纺织等企业之外，近年来又发展了若干其他类型的企业，使得用电负荷增加迅速。

⑥ 市政和生活。随着村镇建设的不断发展，市政用电也不断增加。居民的物质和文化生活迅速发展，除电灯照明外，电视机、电风扇、洗衣机、电冰箱、电水壶以及空调、微波炉等家用电器也不同程度地进入了村镇居民家庭；特别是近年来农村家用空调的普及，对村镇夏季用电高峰增加了较大的负荷。另外，各种娱乐设施，例如电影院、剧场、录像厅、

电子游戏室、卡拉 OK 厅、舞厅等也不断涌现,所有这些都使得村镇用电增加。

(2) 村镇电力负荷的特点

村镇的生产和生活与城市甚至与大的县镇都有很大的不同,其用电负荷的特点与它们有明显的差异。因此,在编制村镇电力工程规划时,必须根据村镇的特点,因地制宜,从本地实际情况入手,切不可盲目套用大中城市的有关定额、技术经济指标。只有充分了解和掌握村镇电力负荷的特点和规律,才能编制出适合不同地区、不同情况的村镇电力工程规划。在中国村镇,电力负荷的特点主要有以下五点:

① 地区性强。中国地域宽广,各地区地形、地质、气候等自然因素以及耕作方式、村镇企业特点、文化生活方式等相差较大。例如,湖北省是以大泵站集中排涝为主,广东省则是以中小泵站分散排涝为主,东北地区则以农副产品加工为主;对于村镇企业来说,沿海地区的特点是种类多、规模大。它们最大负荷的出现时间以及负荷曲线的变化差别很大。

② 负荷的季节性强。在村镇经济中,由于农业生产占很大比重,而农业生产具有很强的季节性,所以村镇电力负荷也就具有较强的季节性。中国北方以旱田作物为主,南方以水田为主。一般高峰负荷出现在夏秋两季。干旱时,灌溉电力负荷猛增,昼夜连续用电,农业用电的最大负荷也大都在这时出现。在南方一些省份和沿海河网地区,防洪排涝负荷特点更为突出。例如中国珠江三角洲一带,几乎每年要受到多次台风暴雨的侵袭,暴风雨过后,农田大量积水,如不能在短时间(一般 3—5 天)内排除积水,就会造成大面积农作物减产,此时就要求水泵站全部开机排涝。季节性强是农业负荷最基本的和最重要的特点。

③ 负荷密度小,分布不均匀。村镇的负荷密度一般较小,而且负荷多集中在村镇周围和河川、渠道两侧。据调查,目前中国平原地区农村负荷密度大都每平方千米在 20 kW 以上,丘陵地区的农村每平方千米一般为 10—20 kW,山区仅为 1—3 kW,远远小于大中城市的用电负荷密度。这使得送变电工程投资将相对增加。根据这一特点,仔细研究采用的供电电压和接线方式,对降低电网造价具有重要意义。

④ 最大负荷利用小时少。最大负荷利用小时是指年用电量与最大负荷的比值。据调查,农村用电综合最大负荷利用小时只有 2 000—3 000 h,少数排灌负荷比重较大的地区仅有几百小时。在含有一定比例地方工业负荷的农村电网中,最大负荷利用小时也只有 3 000—4 000 h,所以农村电力网设备利用率不高。根据某地对五个典型乡的用电调查表明,农村用电最大负荷和用电小时数与负荷构成有密切关系(表 6.1)。

表 6.1 负荷构成与最大负荷利用小时调查表

调查乡编号	负荷构成比重(%)					最大负荷利用小时(h)
	排灌	农业生产	乡镇企业	农副产品加工	农村生活	
1	77.3	0.9	19.0	1.6	1.2	689
2	84.0	0.3	8.9	5.0	1.8	636
3	61.6	0.3	25.6	10.8	1.7	1 100
4	58.2	0.6	7.5	33.3	0.4	1 117
5	36.4	0.0	43.1	13.5	7.0	1 400

⑤ 功率因素低。由于村镇用电的主要负荷95％以上是小型异步电动机,加之电网布局和设备配套不尽合理,自然功率因素比较低,又很少装设无功补偿设备,因此功率因素一般在0.6—0.7,个别地区甚至低至0.4—0.5。这是造成农村电力网电能损耗大的主要原因之一。

2) 规划电力负荷的基本计算方法

在对规划区的近期负荷与远景负荷进行调查研究的基础上,应科学地整理、计算出负荷数据(而不是简单地将所用设备功率或负荷相加),以正确地为系统规划、变电所布局、电源选点等提供依据。

根据村镇电力用户的特点,一般将用户分为农业用户、工业用户、市政及生活用户三类,分别计算负荷。

(1) 农业用户

村镇的农业用户是村镇的基本用户,也是最大的用户,在很大程度上决定着村镇的用电多少,因此必须予以足够重视。

农业用电一般是用作农业排灌、农业生产、农副产品加工和畜牧业等。规划用电负荷的计算通常有下列几种方法:

① 需用系数法。下面先介绍几个统计负荷时常用的名词:

· 设备额定容量(P_n)。设备铭牌上所标示的容量称之为设备额定容量。如果多台设备组成用电设备组,则这组设备额定容量就是该组设备额定容量之和,包括停止工作的设备,不包括备用设备。因为,停止工作的设备有随时投入工作运行的可能,而备用设备只有当工作设备退出之后,才会代替工作中的设备投入运行。

· 同时系数($K_t \leqslant 1$)。用户在用电时,不一定同时开动全部电动机,也不一定同时打开全部电灯;一些用电设备的负荷功率达到最大值时,另一些用电设备的负荷功率不一定达到最大值。这种用电设备及负荷参差不齐、相互错开的情况可用同时系数来表示。其计算公式为

$$K_t = \frac{P_{zmax}}{\sum P_n} \tag{6-1}$$

式中:P_{zmax}——规划单位综合最大负荷(kW);

$\sum P_n$——各类设备额定容量总和(kW)。

· 需用系数($K_x < 1$)。用电单位或同类用户的实际用电最大负荷P_{max}(又称之为计算负荷),与其额定容量总和$\sum P_n$之比,称之为需用系数。其计算公式为

$$K_x = \frac{P_{max}}{\sum P_n} \tag{6-2}$$

这种方法比较简单,广泛应用于规划设计和方案估算中。在已知用电设备总额定容量而不知其最大负荷和年用电量的情况下,用总额定容量乘以需用系数,可得出最大负荷P_{max};然后再乘以最大负荷利用小时数T_{max},即可得出年用电量A。其值为

$$P_{\max} = K_x \sum P_n \qquad\qquad (6-3)$$

$$A = P_{\max} T_{\max} \qquad\qquad (6-4)$$

例 6.1　某村设计时收集到的农业用电负荷资料如表 6.2 所列,取同时系数为 0.8。试求该村的农业用电计算负荷。

表 6.2　某村农业用电负荷资料明细表

用电设备分类	用电设备容量 P_{in}(kW)	需用系数 K_{ix}	计算负荷 $P_{i\max}$(kW)
农业排灌	90	0.70	63
农业生产	155	0.65	101
农副产品加工	220	0.65	143
其他	40	0.80	32

解　利用需用系数法来计算负荷,计算结果列于表 6.2 中,则该村农业用电总的计算负荷为

$$P_{\max} = K_t \sum P_{i\max} = 0.8 \times (63 + 101 + 143 + 32) \approx 271(\text{kW})$$

有关农业用电的需用系数和最大负荷利用小时数如表 6.3 所示,可供参考。

表 6.3　农村用电需用系数 K_x 与最大负荷利用小时参考指标

项目	最大负荷利用小时数(h)	需用系数	
		一个变电所的规模	一个镇区的范围
灌溉用电	750—1 000	0.50—0.75	0.5—0.6
水田	1 000—1 500	0.7—0.8	0.6—0.7
旱田及园艺作物	500—1 000	0.5—0.7	0.4—0.5
排涝用电	300—500	0.8—0.9	0.7—0.8
农副产品加工用电	1 000—1 500	0.65—0.70	0.60—0.65
谷物脱粒用电	300—500	0.65—0.70	0.6—0.7
乡镇企业用电	1 000—3 000	0.6—0.8	0.5—0.7
农机修配用电	1 500—3 500	0.6—0.8	0.4—0.5
农村生活用电	1 800—2 000	0.8—0.9	0.75—0.85
其他用电	1 500—3 500	0.7—0.8	0.6—0.7

② 单位产品耗电定额法。该方法就是指生产某一单位产品或单位效益所耗用的电量。如排灌 1 亩地、脱粒 1 t 小麦所耗用的电量,称之为用电单耗。

此方法适用于规划设计地区或用户的设备总定额容量不易确定,而计划生产规模及单位产品或单位效益量的耗电定额又容易确定的情况下。

年用电量计算：

$$A = \sum_{i=1}^{n} A_i = \sum_{i=1}^{n} C_i D_i \tag{6-5}$$

式中：A，A_i——规划区全年总用电量、第 i 类产品全年用电量($kW \cdot h$)；

C_i——第 i 类产品计划年产量或效益总量(t，hm^2 等)；

D_i——第 i 类产品用电量单耗($kW \cdot h/t$，$kW \cdot h/hm^2$)。

最大负荷计算：

$$P_{max} = \sum_{i=1}^{n} \frac{A_i}{T_{imax}} \tag{6-6}$$

式中：P_{max}——最大负荷(kW)；

T_{imax}——第 i 类产品年最大负荷利用小时数(h)。

例 6.2　某村加工厂每年碾米 4 万 t，每吨耗电 30 $kW \cdot h$；每年磨粉 1.5 万 t，每吨耗电 60 $kW \cdot h$，最大负荷利用小时数分别为 1 500 h 和 1 200 h，同时系数为 0.8，求全年用电量及最大负荷。

解　　　　　　碾米　$A_1 = 4 \times 30 = 120$ 万($kW \cdot h$)

$$P_{1max} = \frac{A_1}{T_{1max}} = \frac{120 \times 10^4}{1\ 500} = 800(kW)$$

磨粉　$A_2 = 1.5 \times 60 = 90$ 万($kW \cdot h$)

$$P_{2max} = \frac{A_2}{T_{2max}} = \frac{90 \times 10^4}{1\ 200} = 750(kW)$$

加工厂全年最大负荷为

$$P = 0.8(800 + 750) = 1\ 240\ (kW)$$

在规划设计时，对于产品用电量单耗，可以收集同类地区、同类产品的数值进行综合分析，从而得出每种产品的单位耗电量。若无资料，表 6.4 至表 6.6 可供参考。

表 6.4　农副产品加工用电定额

类别	用电项目	计算单位	单位耗电量($kW \cdot h$)
粮食加工	磨小麦面	每 t	50—70
	磨玉米面	每 t	25—28
	垄稻谷	每 t	3.0—3.2
	碾糙米	每 t	8—9
	稻子直接加工熟米	每 t	9—11
	磨薯粉	每 t	3
	薯类切片	每 t	0.15

类别	用电项目	计算单位	单位耗电量(kW·h)
粮食加工	扬净	每 t	1
	烘干	每 t	4
饲料加工	风送截断	每 t	14.7
	青饲切割	每 t	1
	干草切割	每 t	4
	粉碎豆饼	每 t	7.36
	粉碎玉米心	每 t	10.3
	粉碎其他茎叶	每 t	18.4
农产品加工	榨豆油	每 t	350
	榨花生油	每 t	270
	榨菜籽油	每 t	250
	榨芝麻油	每 t	90
	榨棉籽油	每 t	400
	各种油料破碎	每 t	3—7
	花生脱壳	每 t	2.5
	棉籽脱绒	每 t	25—30
	精提花生油	每 t	7—10
	轧花	每 t	20—23
	弹花(皮棉)	每 t	50—70
	酿酒	每 t	10—70
	制糖	每 t	15

表 6.5 农业机械化用电

类别	用电项目	计算单位	单位耗电量(kW·h)	备注
固定作业	水稻脱粒	每 t	7—8	
	麦类脱粒	每 t	8—10	
	玉米脱粒	每 t	1.75—2.50	风净
	扬净	每 t	0.3—1.0	
	谷物烘干	每 t	4	

表 6.6　电力提水灌溉用电

扬程(m)		3	5	10	15	20	30
每千瓦保灌 面积(hm²)	5 天灌一次	6.70	4.00	2.00	1.30	1.00	0.67
	10 天灌一次	13.40	8.00	4.00	2.68	30.00	1.34
	15 天灌一次	20.00	12.00	6.00	4.00	45.00	2.00
每亩每次耗电量(kW·h)		11.25	18.00	2.40	54.00	72.00	112.50

③ 用电设备定额法。该方法就是用已知每千瓦用电设备的效益量(或产品产量)来计算最大负荷和年用电量。

采用此方法需收集用户的用电性质、产品类型、年产量或年生产价值,以及年最大负荷利用小时数。在村镇,该方法多用于排灌用电设备的负荷计算。

对每千瓦装机排灌面积的设备定额计算方法为

$$D_{PK} = \frac{S}{P_n} \tag{6-7}$$

式中:D_{PK}——平均每千瓦排灌面积定额(hm²/kW);

　　　S——排灌面积(hm²);

　　　P_n——排灌所需电动机的功率(kW)。

P_n 通常用下式计算求出:

$$P_n = \frac{QHK}{102\eta} \tag{6-8}$$

式中:Q——水泵流量(L/s);

　　　H——水泵总扬程(m);

　　　K——备用功率系数,可取 $K=1.1—1.5$;

　　　η——水泵效率(%),一般农用单级水泵的 $\eta=0.5—0.8$。

④ 典型法。该方法就是根据典型设计或同类村镇的用电量进行估计。在村镇规划时,往往很难事先确定用户类型构成比例、用电设备多少、总额定功率等,因此可以通过调查与本地区自然地理条件、村镇规模相近,而电气化水平高又能代表本地实际发展方向的村镇,计算出每万亩耕地和每个农户(或人口)的用电水平,以此作为本地区的规划标准,然后计算出最大负荷及年用电量。

用典型法计算负荷,也可用于校验分类负荷计算成果的准确度。

例 6.3　已知某村有 450 户、1 900 口人,有耕地 400 亩,年产粮食 52 万 kg,工农业总产值 720 万元,人均收入 700 元,全村农业生产、农副产品加工、居民生活等基本上都用上了电,年用电量 70 万 kW·h,是邻近地区 5—10 年的发展方向。

解　该村人均年用电量为

$$D_1 = \frac{70 \times 10^4}{1\ 900} \approx 368(kW \cdot h)$$

每亩耕地年用电量为

$$D_2 = \frac{70 \times 10^4}{400} = 1\,750\,(\text{kW} \cdot \text{h})$$

⑤ 年递增率法。当各种用电规划资料暂缺的情况下,可采用年递增率法,此法适用于远景综合用电负荷的估算。其计算公式为

$$A_n = A(1+K)^n \tag{6-9}$$

式中:A_n——规划地区 n 年后的用电量(kW·h);

A——规划地区最后统计年度的用电量(kW·h);

K——年平均递增率;

n——预测年数(年)。

例 6.4　某村 1996 年全村用电量为 70 万 kW·h,若用电量按年递增率 8％计算,试预测到 2010 年该村的用电量。

解　用年递增率法计算 2010 年的用电量:

$$A_n = A(1+K)^n = 70 \times (1+8\%)^{14} \approx 206\,\text{万}\,(\text{kW} \cdot \text{h})$$

(2) 工业用户

村镇工业是村镇的重要组成部分。其用电负荷在村镇中占有较大比重,尤其是沿海经济较发达地区的村镇,村镇工业不但数量多,而且规模大,用电负荷成为村镇的主要负荷。

农业用电负荷的计算方法,同样适用于工业用电负荷计算。

例 6.5　某村制糖厂年生产蔗糖 2 万 t,每吨耗电 120 kW·h,其最大负荷利用小时数为 1 600 h,试计算全年用电量和最大负荷。

解　用单耗法计算全年用电量和最大负荷为

$$A = C \cdot D = 2 \times 120 = 240\,\text{万}\,(\text{kW} \cdot \text{h})$$

$$P_{\max} = A/T_{\max} = 2\,400\,000/1\,600 = 1\,500\,(\text{kW})$$

例 6.6　某工厂,调查到其用电负荷资料(低压)列于表 6.7 中,用需用系数法求该厂总的计算负荷。

表 6.7　某工厂用电负荷资料

车间名称	负荷 P_{in}(kW)	需用系数 K_{ix}	计算负荷 $P_{i\max}$(kW)	车间名称	负荷 P_{in}(kW)	需用系数 K_{ix}	计算负荷 $P_{i\max}$(kW)
热处理车间	500	0.55	275.0	维修车间	380	0.25	95.0
金工车间	600	0.25	150.0	锅炉房	150	0.70	105.0
木工车间	150	0.30	45.0	办公室	50	0.85	42.5
工具车间	220	0.30	66.0	生活用房等	250	0.70	175.0

解　根据公式求得各项计算负荷 $P_{i\max}$,列于表 6.7 中。

$$P_{i\max} = K_{ix}P_{in} \quad (i = 1-8)$$

若取同时系数 $K_t = 0.95$，则该工厂总的计算负荷为

$$P_{\max} = K_t \sum_{i=1}^{n} P_{i\max}$$
$$= 0.95 \times (275 + 150 + 45 + 66 + 95 + 105 + 42.5 + 175)$$
$$= 0.95 \times 953.5 \approx 905.8 (\text{kW})$$

部分工业企业单位产品耗电定额用电设备需用系数与同时系数参考值，如表 6.8 至表 6-10 所示。

表 6.8　乡镇工业单位产品耗电定额

名称	单位	耗电定额	年利用小时数(h)
面粉厂	kW/t	35—63	—
酿造厂	kW/t	50—60	4 000
水泥厂	kW/t	35—100	6 000
橡胶鞋厂	kW/千双	750	2 000
粮食加工厂	kW/t	15—20	—
玻璃厂	kW/箱	44—50	5 000
锯木厂	kW/m³	10—20	2 000
制糖厂	kW/t	100—120	4 000
棉纺织厂	kW/万纱锭	773—822	6 000

表 6.9　工厂车间低压负荷需用系数参考值

车间类别	需用系数 K_x	车间类别	需用系数 K_x
铸钢车间(不包括电弧炉)	0.3—0.4	废钢铁处理车间	0.45
铸铁车间	0.35—0.40	电镀车间	0.40—0.62
锻压车间(不包括高压水泵)	0.2—0.3	中央实验室	0.4—0.6
热处理车间	0.4—0.6	充电站	0.6—0.7
焊接车间	0.25—0.30	煤气站	0.5—0.7
金工车间	0.2—0.3	氧气站	0.75—0.85
木工车间	0.28—0.35	冷冻站	0.7
工具车间	0.3	水泵站	0.50—0.65
修理车间	0.20—0.25	锅炉房	0.65—0.75
落锤车间	0.2	压缩空气站	0.70—0.85

表 6.10　工厂各组用电设备之间同时系数参考值

车间名称	同时系数 K_t	应用范围	同时系数 K_t
冷加工车间	0.7—0.8	确定配电站计算负荷小于 5 000 kW	0.90—1.00
热加工车间	0.7—0.9	确定配电站计算负荷为 5 000—10 000 kW	0.85
动力站	0.8—1.0	确定配电站计算负荷超过 10 000 kW	0.80

（3）市政及生活用电

市政及生活用电包括的范围很广,一般分为住宅照明用电、公共建筑照明用电、街道照明用电、装饰艺术照明用电、生活电器用电、给水排水用电等几个部分。

计算这一类负荷时,仍应根据收集到的资料,从现状出发来制定定额,同时也应考虑随着经济的发展,居民生活水平逐渐提高的因素。

① 按每人指标计算:按每人用电负荷指标进行计算。

村镇最大负荷为

$$P_{max} = m \cdot P_{1max} \tag{6-10}$$

村镇最大用电量为

$$A = mA_1 \tag{6-11}$$

式中:P_{1max}——每人最大负荷(kW);

A_1——每人最大用电量(kW·h);

m——村镇总人数(人)。

② 按不同的用电情况分别计算。

·住宅照明。这部分是村镇居民生活的基本用电,也是市政生活用电中所占比重最大的。其计算方法如下:

住宅照明总计算负荷为

$$P = \frac{(P_1 S_1 + P_2 S_2) K_c}{1\ 000} \tag{6-12}$$

住宅照明年用电量为

$$A = P T_{max} \tag{6-13}$$

式中:P_1——单位居住面积上的照明定额(W/m²);

P_2——单位辅助面积上的照明定额(W/m²),$P_2 = P_1 E_x$;

E_x——辅助面积平均最低照度与居住面积照度之比的百分数;

S_1——居住面积(m²);

S_2——辅助面积(m²);

K_c——负荷的利用系数;

T_{max}——最大负荷利用小时数(h)。

·公共建筑照明用电。包括机关、学校、托儿所、幼儿园、医院、商店以及其他文化福利设施等的照明。

除某些有特殊要求的建筑外,一般公共建筑照明用电量可采用每平方米面积上的用电定额指标来计算。其计算方法如下:

公用建筑照明总功率为

$$P = P_1 S / 1\,000 \tag{6-14}$$

公用建筑照明总用电量为

$$A = PT_{max} \tag{6-15}$$

式中:P_1——单位面积上的负荷(W/m^2);

S——公共建筑的有效面积(m^2);

T_{max}——最大负荷利用小时数(h)。

·给水排水用电。村镇中雨水一般多是自流式排除,污水也只需稍加处理,耗电量不多,耗电较多的主要是给水工程,因此,一般只考虑给水工程用电。

对于自来水厂,可按水厂的装机容量进行计算。当资料不全时,可根据给水工程规划确定的每天规划用水量按下式进行估算:

$$P = \frac{9.81QH}{3\,600\eta} \tag{6-16}$$

$$A = PT_{max} \tag{6-17}$$

式中:P——水厂的电力负荷(kW);

Q——每小时规划最大用水量(m^3);

H——水的扬程(m);

η——水泵机组的效率,可取 0.75—0.8;

A——年用电量($kW \cdot h$);

T_{max}——年最大负荷利用小时数(h)。

·街道照明。街道照明与照明器的种类、不同的照度要求、不同的街道宽度等有关。有关部门据此制定了每米街道所需要的用电负荷。其计算方法为

$$P = (P_1 L_1 + P_2 L_2 + \cdots + P_n L_n) / 1\,000 \tag{6-18}$$

$$A = PT_{max} \tag{6-19}[1]$$

式中:P——街道照明总功率(kW);

$P_1, P_2, \cdots, P_n$——分别为不同宽度和照度的每米街道用电负荷(W/m);

$L_1, L_2, \cdots, L_n$——分别对应于 $P_1, P_2, \cdots, P_n$ 的街道长度 (m);

A——街道照明的年用电总量($kW \cdot h$);

T_{max}——年最大负荷利用小时数(h)。

·其他用电。包括装饰艺术照明用电、生活电器用电以及其他如室内电梯、通风机、

---

[1] 式 6-15、式 6-17、式 6-19 虽相同,但因为不同情况下 P 值公式均不一样,故分开表述。

空调等的用电。这部分用电可以调查、估算出设备的额定容量,采用需用系数法进行计算。若不能获得足够的资料,则可根据本地区特点、经济发展状况、邻近先进地区的有关资料,估算出它占市政生活用电的百分比。

有关公共建筑用电定额,可参考表 6.11 取用。

表 6.11　公共建筑用电定额

项目	单位	用电定额
医院	W/m²	7—9
影剧院	W/m²	8
中小学	W/m²	6
饮食店、商店、照相等服务业	W/m²	5
行政办公机构	W/m²	6
宿舍、敬老院	W/m²	2—4
6 m 宽及以下的道路路灯	W/m	3
12 m 宽道路路灯	W/m	5

以上列出了多种用电负荷的计算方法,可按照具体需要使用。由于在做村镇供电规划时,用电负荷不需要计算得很详细、很具体,因此,在实际工作中,应根据规划地区特点、地理气候条件、用电负荷种类、性质、经济发展状况等综合考虑;要结合现状资料,实事求是,具体问题具体分析,灵活选择计算方法,而不必局限于某一种或某几种计算方法。

6.1.3　电源的选择及线路布置

确定了电力系统的负荷及发展水平之后,如何满足负荷的需要、用户的需要? 这就需要进行电力、电量平衡、电以及电力网规划设计。其主要内容可分为以下几个方面:

1) 电源的选择

电源是电力网的核心,村镇供电电源的选择是村镇电力工程规划设计的重要组成部分。选择的合理与否,对充分利用和开发当地动力资源、减少电源的建设工程投资、降低发电成本、降低电网运行费用、满足村镇的用电需要等,具有重要的作用。

村镇的电源一般分为发电站和变电所两种基本类型。

第一种类型为发电站。目前中国村镇主要有水力发电站、火力发电站、风力发电站,还有沼气发电站等,近年来太阳能发电也发展很快。水力发电是利用水的势能和动能来发电。水的流量越大、落差越大、流速越快,水能就越多,发电量也就越多。水能是一种不污染环境、清洁的、价廉的而且又是一种用之不竭的可再生能源。在中国西南部山区的村镇,蕴藏着丰富的水能,可开发价值很大。利用水能发电,一次性建造投资虽然比较高,但运行费用低廉,是比较经济的方法。目前中国村镇的自建电站中,小水电站占绝大部分。火力发电是燃烧煤、石油或天然气发电,其一次性建造投资高,运行费用也高,中国村镇除少数产煤区外,很少有这种电站。风力发电是利用风能发电,沼气发电是燃烧沼气发电。这两种发电的方法,其发电量均不大,还处于研究阶段,目前村镇还未大规模应用。

近几年来,风力发电与太阳能发电发展迅速。太阳能发电有两大类型:一类是太阳能光发电,另一类是太阳能热发电。

太阳能光发电是将太阳能直接转变成电能的一种发电方式。它包括光伏发电、光化学发电、光感应发电和光生物发电四种形式。利用光化学发电原理的有电化学光伏电池、光电解电池和光催化电池。

太阳能热发电是先将太阳能转化为热能,再将热能转化成电能。它有两种转化方式:一种是将太阳热能直接转化成电能,如半导体或金属材料的温差发电、真空器件中的热电子和热电离子发电、碱金属热电转换以及磁流体发电等。另一种是将太阳热能通过热机(如汽轮机)带动发电机发电,与常规热力发电类似,只不过其热能不是来自燃料,而是来自太阳能。

现在对太阳能的利用还不是很普及,利用太阳能发电还存在成本高、转换效率低的问题,但是利用太阳能为人类提供能源是未来的发展方向,在有条件的地区可以适当考虑先行试点与发展。

第二种类型为变电所。它是指电力系统内,装有电力变压器,能改变电网电压等级的设施与建筑物。其作用为将区域电网上的高压变成低压,再对电能进行分配、控制与保护并且分配到各用户。这种供电是区域电网(大电网)供电。一般区域电网技术先进,具有运行稳定、供电可靠、电能质量好、容量大,能够满足用户多种负荷增长的需要以及安全经济等优点。因此,在有条件的村镇,应优先选用这种供电方式。变电所供电是目前中国村镇采用较多的供电方式。

2)变电所的选址

变电所选址是一项很重要的工作,它将决定投资数量、效果、节约能源的作用以及今后的发展,所以必须从技术上和经济上做慎重的选择。主要着眼于提高供电的可靠程度,减少运行中的电能损失,降低运行和投资的费用,同时还要考虑工作人员的运行操作安全、养护维修的方便等。变电所的选址应符合下列要求:(1)接近村镇用电负荷中心,以减少电能损耗和配电线路的投资。(2)便于各级电压线路的引入或引出,进出线走廊要与变电所位置同时决定。(3)变电所用地要不占或少占农田,选择地质、地理条件适宜,不易发生塌陷、泥石流、水害、落石、雷害等地点。(4)交通运输便利,便于装运主变压器等笨重设备,但与道路应有一定间隔。(5)邻近工厂、设施等应不影响变电所的正常运行,尽量避开易受污染、灰渣、爆破等侵害的场所。(6)要满足自然通风的要求,并避免西晒。(7)考虑变电所在一定时期(如5—10年)内发展的可能。(8)变电所规划用地面积控制指标可根据表6.12选定。

表6.12　变电所规划用地面积指标

变压等级(kV) 一次电压/二次电压	主变压器容量 [kVA/台(组)]	变电所结构形式及用地面积(m²)	
		户外式用地面积	户外式半用地面积
110(66/10)	20—63/2—3	3 500—5 500	1 500—3 000
35/10	5.6—31.5/2—3	2 000—3 500	1 000—2 000

3）确定送配电线路的电压

村镇电力网送配电线路的电压，按国家标准主要有 110 kV、66 kV、35 kV、10 kV 和 380/220 V 等几个等级，采用其中 2—3 级和 2 个变电层次。至于究竟采用哪个电压等级供电适当，应做全面衡量后再决定。主要应考虑以下几点：

（1）电力线路输送容量与输送距离

在电力线路输送容量和输送距离一定的条件下，传输的电压等级越高，则导线中电流就越小，线路中功率损耗或电能损耗也就越小，这就可以采用较小截面的导线。但是电压等级越高，线路的绝缘费用就越高，杆塔、变电所的构架尺寸增大，投资就要增加。因此，对应一定的输电距离和输送容量，有一个在技术、经济上均较合理的电压。

各级电压、供电线路输送功率和输送距离应符合表 6.13 的规定。

表 6.13　不同电力线路输送功率、输送距离及线路走廊

线路电压(kV)	线路	输送功率(kW)	输送距离(km)	线路走廊(m)
0.22	架空线	50 以下	0.15 以下	—
	电缆线	100 以下	0.20 以下	—
0.38	架空线	100 以下	0.5 以下	—
	电缆线	175 以下	0.6 以下	—
10	架空线	3 000 以下	8	—
	电缆线	5 000 以下	10 以下	—
35	架空线	2 000—10 000	20—40	12—20
66、110	架空线	10 000—50 000	50—150	15—25

（2）用电等级与供电的可靠性

用户的用电等级是根据其用电性质的重要程度确定的。重要用户对供电的可靠性要求高，用电等级就高。

用电负荷根据供电可靠性及中断供电在政治、经济上所造成的损失或影响程度，分为三级。一级负荷：对此种负荷中断供电，将造成人身伤亡、重大政治影响、重大经济损失、公共场所秩序严重混乱等。若某用户拥有一级负荷，则不能认为该用户全部为一级负荷。二级负荷：对此种负荷中断供电，将造成较大政治影响、较大经济损失、公共场所秩序混乱等。三级负荷：不属于一级和二级的用电负荷。

电压等级与可靠性是相关的，电压等级越高，可靠性也越高。但是，在同一电压等级中，供电的条件优越，可靠性就较高。

（3）用电设备的电压等级

用电设备的电压等级直接确定了对供电线路的电压等级要求，一般可设置与之相当的电力线路供电。当条件允许设置变配电装置，而用电的可靠性要求较高时，也可以提高一级电压等级向用户供电。

选择电网电压时，应根据输送容量和输电距离，以及周围电网的额定电压情况，拟订几个方案，通过经济技术比较确定。如果两个方案的技术经济指标相近，或较低电压等级

的方案优点不太明显时,宜采用电压等级较高的方案。各级电压电力网的经济输送容量、输送距离与适用地区参照表 6.14 所列。

表 6.14　各级电压电力网的经济输送容量、输送距离与适用地区

额定电压(kV)	输送容量(kW)	输送距离(km)	适用地区
0.38	0.1 以下	0.6 以下	低压动力与三相照明
3	0.1—1.0	1—3	高压电动机
6	0.1—1.2	4—15	发电机电压、高压电动机
10	0.2—2.0	6—20	配电线路、高压电动机
35	2.0—10.0	20—50	县级输电网、用户配电网
110	10—50	30—150	地区级输电网、用户配电网
220	100—200	100—300	省区级输电网
330	200—500	200—600	省区级输电网、联合系统输电网
500	400—1 000	150—850	省区级输电网、联合系统输电网
750	800—2 200	500—1 200	联合系统输电网

4) 确定配电网的接线方式

前面提到用电的负荷等级分为三级。为保证其可靠性要求,对于一级负荷的用户,必须由两个或两个以上的独立电源供电。这里的独立电源是指不因其他电源停电而影响本身供电的电源。一级负荷容量较大或有高压用电设备时,应采用两路高压电源。如一级负荷容量不大时,应优先采用从电力系统或临近单位取得第二低压电源,亦可采用应急发电机组,如一级负荷仅为照明或电话站负荷时,宜采用蓄电池组作为备用电源。对于二级负荷的用户,应做到当发生电力变压器故障或线路常见故障时不致中断供电(或中断后能迅速恢复)。二级负荷是否需要备用电源,应看该用户对国民经济的重要程度,通过技术经济比较来确定。在负荷较小或地区供电条件困难时,二级负荷可由单回路 6 kV 及以上专用架空线供电。三级负荷为一般负荷,对三级负荷的供电要求,不做特殊规定。

按照上述要求,电力网按接线方式一般分为一端电源、两端电源和多端电源供电的电力网。

(1) 一端电源供电的电力网

一端电源供电的电力网又称开式网,系指电力网中的用户或变电所只能从一个方面取得电能的电力网。简单地说,就是每一个负荷都只能沿唯一的路径取得电能的网络。开式网一般接线方式有放射式、干线式、树枝式等类型,如图 6.1 所示。

一端电源供电网的特点是:接线简单、经济、运行方便,供电可靠性较低。放射式接线又称用户专用线,可用于给容量大的三级负荷或一般二级负荷供

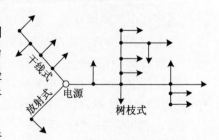

图 6.1　一端电源供电的电力网

电。这种接线在运行时的电压质量与供电可靠性等不受其他用户负荷的影响。干线式接线与树枝式接线负荷点多,导致运行时各负荷随机变动,对电压质量及供电可靠性等有影

响。为了提高干线式与树枝式接线的供电可靠性,可以在干线或分支的适当地方加装分段开关或熔断器,以提高供电的可靠性和检修的灵活性。

(2) 两端电源供电的电力网

两端电源供电的电力网系指电网中的用户或变电所可以从两个电源取得电能的电力网,一般有环形供电网和双回路供电网,如图 6.2 所示。环形供电网和双回路供电网接线简单,运行、检修灵活,供电可靠性高。电力系统网架和向一级负荷或重要二级负荷供电的电网,常采用这种接线方式。

在环形网或双回路接线中,电源则必须接在两个独立电源上,即接在两个发电厂或同一电厂由两台发电机供电的不同母线段。

(3) 多端电源供电的电力网

多端电源供电的电力网又被称为复杂网。复杂网中包含有能从三个或三个以上方面取得电能的变电所或负荷点,如图 6.3 所示。多端电源供电可靠性高,运行、检修灵活,但是投资大,继电保护、运行操作复杂。这类电网主要用于电力系统网架接线,以加强电力系统发电厂之间及发电厂与枢纽变电所之间的联系。供电网络一般不采用复杂网的接线形式。

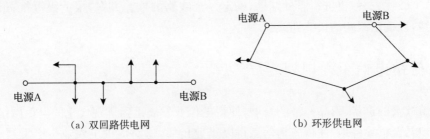

(a) 双回路供电网　　　　　　　　　(b) 环形供电网

图 6.2　两端电源供电的电力网

5) 电力线路的布置

电力线路按结构可分为架空线路和电缆线路两大类。架空线路是将导线和避雷线等架设在露天的线路杆塔上。电缆线路一般直接埋设在地下,或敷设在地沟中。村镇电力网多采用架空线路结构,该结构的建设费用比采用电力电缆线路要低得多,施工期短,且施工、维护及检修方便。

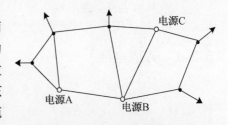

图 6.3　多端电源供电的电力网

在村镇供电规划中,电力线路的布置,应满足用户的用电量,保证各级负荷用户对供电可靠性的要求,保证供电的电压质量以及在未来负荷增加时有发展的可能性。在布置电力线路时,一般应遵循下列原则:

(1) 架空电力线路应根据地形、地貌特点和网络规划,沿道路、河渠和绿化带设置,路径力求短捷、顺直,减少同道路、河流、铁路的交叉。线路短,则可节约建设费用,同时减少电压和电能损耗。一般要求从变电所到末端用户的累积电压降不得超过 10%。

(2) 要保证居民及建筑物的安全,避免跨越房屋建筑。同时还要确保线路的安全,不同电压的架空电力线路与地面距离及接近、交叉、跨越各项工程设施的最小距离必须符合一定标准,具体规定请参照《66 kV 及以下架空电力线路设计规范》(GB 50061—2010)中的表 12.0.16。

（3）设置 35 kV 及以上高压架空电力线路时应规划专用线路走廊（见前表 6.13），不得穿越镇区中心、文物保护区、风景名胜区和危险品仓库等地段。

（4）镇区的中低压架空电力线路应同杆架设，镇区繁华地段和旅游景区宜采用埋地铺设电缆。

（5）线路要避开不良地形、地质，以避开地面塌陷、泥石流、落石等对线路的破坏，还要避开长期积水场所和经常进行爆破作业的场所。在山区应尽量沿起伏平缓且地形较低的地段通过。

（6）线路应尽量不占耕地、不占良田。

（7）线路通过林区或需要重点维护的地区和单位，要按有关规定与有关部门协商解决。

（8）变电站出线宜将工业线路和农业线路分开设置。

（9）重要公用设施、医疗单位和用电大户应设专用线路供电，并设置备用电源。

电力线路的选择工作一般分为图上选线和野外选线两步。首先在图上拟订若干个线路方案；然后收集资料，进行技术经济分析比较，并取得有关单位的同意和签订协议书，确定 2—3 个较优方案；再进行野外踏勘，确定一个线路的推荐方案，报上级审批；最后进行野外选线，以确定线路的最终路线。

6.2　村镇电信工程规划

村镇社会的进步、商品经济的发展，使得电信业发展迅猛。现代化的电信网络沟通了全国各地乃至世界各地，使得各种信息得以迅速传播，这对促进工农业生产发展、提高人民物质文化生活水平、建设社会主义现代化新村镇有着重要的作用。

村镇电信工程包括有线电话、有线广播和有线电视。电信工程的规划应由专业部门进行，涉及村镇建设规划需要统一考虑的主要是电信线路布置和站址选择问题。

6.2.1　有线电话

电话是人类使用广泛、十分有效的通信工具，因此发展很快。交换机已逐步普及为程控交换机，其特点是灵活性大、适应能力强，便于增加新业务性能和实现数字交换。在村镇，通常集镇一级（即乡人民政府所在地）设有线电话交换台，再向集镇内各单位用户和所属各村镇连接有线电话线路。集镇有线电话交换台通往上级电信部门的线路称之为中继线，通往用户电话机的线路称之为用户线。

1）村镇电话传输网规划

村镇电话传输网作为村镇电话网的基础网，应本着既节约投资又考虑到远期发展的原则进行网络规划建设。传输网原则上分为两级结构：县至乡镇为传输网的骨干网，乡镇至村为电话传输网的末端网。

（1）村镇电话组网原则

网络结构的组织和容量的配置：网络结构应满足当前业务需求和近期发展要求，避免频繁的网络升级和大的网络结构调整而影响网上业务。网络容量不求"大"，但应合理配置,避免资金浪费和资源闲置,整个村镇的骨干传输网应根据地理位置、经济及人口状况和光缆现状组建,以环形网为主,辅以线形结构。

(2)科学选购传输设备

目前国产传输设备的稳定性、可靠性已完全能满足村镇电话网的需要,而且维护界面易学易懂,便于维护人员掌握,并且国产设备厂家售后服务明显优于国外厂家。所以村镇电话传输网应优先选用国产传输设备,要求能平滑升级,以节约投资、方便扩容。

(3)有线电话交换台台址的选择

在有线电话交换台台址选择时,必须符合环境安全、服务方便、技术合理和经济实用的原则。交换台的一般布置原则如下:①交换台应尽量接近负荷中心,使线路网建设费用和线路材料用量最少。②便于线路的引入和引出。要考虑线路维护管理方便,台址不宜选择在过于偏僻或出入极不方便的地方。③尽量设在环境安静、清洁和无干扰影响的地方。应尽量避免设在有较大的振动、强噪声,空气中粉尘含量过高,有腐蚀性气体,易燃和易爆的地方。④地理、地质条件适宜,不易发生塌陷、泥石流、流沙、落石、水害等。⑤要远离产生强磁场、强电场的地方,以免产生干扰。

2)村镇电话网配线建设

村镇电话网配线建设面积较大,作为配线使用的铜缆价格较贵,因此,铜缆配线建设应根据用户实际情况酌情考虑。

(1)出局方式

管道交换设备容量在2 000门以上,覆盖本乡镇及临近乡、村的交换点,出局电缆要尽早安排建设地下电缆管道。在经济发展一般的地区,交换设备容量在1 000门以下的交换点,出局电缆可暂时走架空。

(2)镇到村主干电缆

对实装电话在30部以上的村,从镇到村间要有固定的通信杆路。当主干电缆大于100对时,电缆长度应控制在3皮长公里以内。当主干电缆大于100对、电缆长度超过3皮长公里时,应采用光缆接入方式通信。对实装电话在30部以下、经济发展一般的村,从镇到村间要有固定或临时的通信杆路,以电缆传输为主。

(3)镇村内线路

① 管道建设:在经济比较发达的较大乡镇,随着经济的发展,管道的建设难度将逐渐增大。所以,电信局现在就应结合小城镇规划着手建设地下电缆管道或简易管道,及早占据管道路由。在城镇及交换覆盖区域内,人口在10 000人以上、实装电话超过1 000部时,有条件的局为减轻街道杆路负荷,减少自然灾害和房屋建设对杆路及配线的影响,应尽早创造条件,在主要街道也应尽早建设地下电缆管道或简易管道。但是,管道内主干电缆容量初期不宜太大,以满足近期发展需要为宜,避免长期无效占用建设资金。同时,地面要设交接箱、分线盒,交接箱到分线盒间的配线电缆要规划好、配置到位,按镇村实际户数的50%—70%配备比较适宜。

② 杆路建设:对人口在1 000人以上、近期内能达到50部以上电话的农村,村内主要街道要有固定的电话杆路,并设交接箱、分线盒。交接箱到分线盒间的配线电缆也要统一规划,预留2—3年的发展余量。对经济发展一般、人口在1 000人以下、实装电话在20

部以下的村,村内以小对数电缆或暂时拉皮线的方式解决通信。

(4) 光纤接入

当杆路距离超过 3 km、电缆超过 100 对时,采用光缆传输,建模块或接入网设备的方式组网比采用电缆接入经济,也有利于未来的发展。在光缆建设中,末梢新建光缆芯数最少应不小于 6 芯,对于比较大规模或者经济发展较快的村镇光缆芯数可适当加大。

3) 有线电话线路的布置原则

有线电话线路的结构和电力线路结构一样,也分为架空线路和电缆线路两大类。一般村镇有线电话线路采用架空结构,在经济较发达的村镇多采用电缆线路。有线电话线路的布置原则为:(1)线路走向应尽量短捷,做到"近、平、直"的要求,以节省线路工程造价。(2)注意线路的安全和隐蔽。要避开不良地段和地质,防止发生地面塌陷、土体滑坡、水浸等对线路的破坏。(3)应尽量不占耕地,不占良田。(4)要便于线路的架设和维护。(5)避开有线广播和电力线的干扰。(6)不因村镇的发展而迁移线路。应具有使用上的灵活性和通融性,留有发展和变化的余地。

线路布置应结合村镇的具体情况,可参照表 6.15 取用。

表 6.15　电信线路的主要隔距标准

项目	隔距说明		最小隔距(m)
1	线路离地面最小距离		
	(1) 一般地区		3.0
	(2) 在市区(人行道上)		4.5
	(3) 在高产作物地区		3.5
2	线路经过树林时,导线与树距离		
	(1) 在城市,水平距离		1.25
	(2) 在城市,垂直距离		1.50
	(3) 在郊外		2.00
3	导线跨越房屋时,导线距离房顶的高度		1.5
4	(1) 跨越公路、乡镇大路、市区马路时,导线与路面距离		5.5
	(2) 跨越镇区胡同(里弄)土路		5.0
5	跨越铁路时,导线与轨面距离		7.5
6	两个电信线路交越,上面与下面导线最小隔距		0.6
7	电信线路穿越电力线时应在电力线下方通过,两线间最小距离		
	架空电力线额定电压	1—10 kV	2(4)
		20—110 kV	3(5)
		154—220 kV	4(6)
8	电杆位于铁路旁时与轨道隔距		13 h(h 为杆高)

注:表内第三列带括号数字系在电力线路无防雷保护装置的最小距离。

6.2.2　有线广播和有线电视

有线广播和有线电视是村镇应用非常广泛的通信工具。一般来说,其能发挥五种社会功能:传播信息、进行宣传、舆论监督、传播知识、提供娱乐。它对宣传党和政府的路线、方针和政策,传播信息,发展经济,丰富人民群众精神文化生活和繁荣科学文化教育都有着十分重要的作用。随着经济的发展,有线电视正逐步取代有线广播,成为对群众宣传教育的主要工具。

有线广播就是将由广播站发生的音频电流,经导线及变压器等设备传送到用户的扬声器上,转换为声音输出的音频设备系统。有线电视就是将有线电视台发出的视频信号,经电缆及分支器等设备传送到用户的电视机上,转换为图像显示和声音输出的音视频设备系统。

随着有线电视在中国农村的普及,有线广播的发展已经日渐衰落。但是,其作为一种大众传媒工具,特别在农村作为公共信息的传播工具仍然具有一定的作用。

1) 有线广播站和有线电视台地址的选择

(1) 尽量设在靠近村镇有关领导部门办公的地方,以便于传达上级有关指示或发布有关通知。

(2) 应尽量设在用户负荷中心,以节省线路网建设费用,并保证传输质量。

(3) 尽量设在环境安静、清洁和无噪音干扰影响的地方,并避免设在潮湿和高温的地方。

(4) 要选择地理、地质条件较好的地方。

(5) 要远离产生强磁场、强电场的地方,以免产生干扰。

2) 线路布置的原则

有线广播、有线电视与有线电话同属于弱电系统,其线路布置的原则与要求基本相同。有线广播和有线电视线路的布置原则可参照有线电话线路的布置原则执行,在此不再赘述。线路布置必须符合有关规范间隔距离的要求,可参照前表6.15的标准。

有些村镇将由县到村镇的有线电话干线兼作有线广播的干线,由镇到中心村、基层村的有线电话线兼作用户线,用户线全部集中在村镇的电话交换台,由交换台装置闸刀来控制各用户线路。这种兼作两用的做法可以大大节约线路投资,但相互间的干扰大。为了使广播和电话两不误,就必须制定使用电话线路做广播的制度和时间。

6.2.3　网络

在科学技术高度发展的现代社会,计算机越来越广泛地应用于各个领域,也以惊人的速度在村镇普及发展。网络作为现代通信工具,广泛应用于办公、经济管理、企业管理、交通、银行、人工智能等各个领域,对生产力的变革和提高产生革命性的影响。

村镇网络进行规划设计时主要抓住两点:一是从网络核心入手,发散到网络边缘。首先从核心开始着手,分析用户的核心需求,满足核心要求,如中心机房的设计,然后逐步发散到汇聚和接入的考虑。二是从网络接入入手,集中到网络核心。首先从接入层开始入手,分析信息点的物理数量和分布,选择接入设备和应用,再考虑上层网络的设计和设备的选择。

村镇网络规划流程一般从以下几个方面进行：

1）用户需求分析

用户需求就是用户对网络当前的认识和对未来网络建设目标的认识，不同的用户需求不同。

（1）需求分析的目的

①为网络规划提供依据。需求分析是网络设计的基础，但它往往被忽略，或者降低到次要的位置。原因之一是需求分析是整个网络设计的难点。它需要与用户沟通，将用户模糊的想法清晰化，不正确的想法正确化。不正确的用户需求将导致设计结果与用户要求不一致，导致整个项目的终结。②使方案设计个性化，更具竞争力。不同的村镇用户需求不同，为了做出个性化的设计方案，使方案更具竞争力，需要进行具有针对性的分析和设计。用户投资和网络规模的问题贯穿整个方案设计的始终，直接关系到技术选型和设备选型。

（2）需求来源

①决策者的建设思路。决策者的建设思路是项目成功实施的一个关键，首先了解决策者对网络建设的需求，包括网络扩展问题、核心功能问题。②村镇普通用户对网络的要求。网络使用者对网络的需求是普通用户的意见和看法。这部分用户对网络技术方面不会很了解，但是他们的需求应该是最基本、最直接的，也是应该尽可能得到满足的。

（3）收集方法

①走访会谈纪要法。主要是方案设计方与用户方相关人员，包括决策者和技术人员，在一起商讨确定村镇网络的规划，并做书面记录，作为日后方案评估的标准。②重点用户访谈。这里的重点用户是指村镇对网络需求迫切并且对网络有一定了解的用户。对这些用户方部分人员进行访谈，了解他们对网络的认识和看法，以及对未来网络功能的需求。

（4）需求分析整理

①重点用户提出的合理需求、满足程度等。②若有超过现有技术和设备能力的需求，引导用户使用替代策略。③帮助用户需求清晰化。

2）需要考虑的问题

（1）村镇网络商业需求、资金投入、网络规模等

①较大型、分散型网络工程通常是分几个阶段进行，应了解工程分期的关键分界点，了解每期工程新增部分和预期目标。②投资规模。投资规模决定了网络设备选型、服务器选型、冗余等一系列服务水平。③预测扩展。网络应该具有相应的弹性，如考虑到未来3—5年的业务量调整等，具有一定的伸缩性，这也是为了保护用户投资而考虑的。

（2）网络分布需求

网络覆盖的物理区域，几座村庄或者几栋楼宇、具体信息点的数量、位置和分布，有无信息死点，是否需要无线设备等。

（3）业务分类、分布及对网络功能的需求

用户需要网络系统具备什么功能，是否支持多媒体业务、网络电话（VoIP）业务、移动办公、远程接入等功能。

（4）网络带宽和业务量的需求

局域网带宽和因特网（Internet）接入带宽，以及业务量的分布；部门之间的信息流量是否存在业务峰值。

（5）网络可靠性的需求

（6）网络安全性的需求

整个网络的安全，避免非法操作和网络灾难，病毒防治。

（7）网络管理方面的需求

容易管理，发生故障时容易定位。

3）系统安全设计

（1）主机安全

可以考虑采用网段分离技术，把网络上相互间没有直接关系的系统主机分布在不同的网段，由于各网段间不能直接互访，从而减少各系统被正面攻击的机会。网段分离可以采用物理方式以及逻辑方式来实现。在物理方式上，可以将村镇网络分为内部业务子网和外部访问子网两网段。

（2）网络安全

在网络设计中主要考虑的是网络的可靠性和性能，而如何确保网络安全也是一个不容忽视的问题。为进一步保证系统安全，还要在网络中对防火墙和路由等方面做特殊考虑。

①路由。为了避免入侵者侵入内部资源，应仔细进行路由配置。路由技术虽然能阻止对内部网段的访问，但不能约束对外界公开网段的访问。②防火墙。路由器通常都具有过滤型防火墙功能。这一功能通俗地说就是由路由器过滤掉非正常网际协议（IP）包，把大量的非法访问隔离在路由器之外。过滤的主要依据在源、目的 IP 地址和网络访问所使用的传输控制协议（TCP）或用户数据报协议（UDP）端口号。几乎所有的应用都有其固定的 TCP 或 UDP 端口号，通过对端口号的限制，可以限定网络中运行的应用。

4）网络地址规划

（1）网络地址规划原则

①管理便捷原则。对私有网络尽量采用网络地址转换（NAT）规定的私有地址，选择私有网络还要考虑未来网络扩展。②地域原则。高位表示级别高的地域，低位表示级别低的地域。③业务原则。不同的业务通过地址中的某一位来识别。④地址节省原则。

（2）常用网络地址规划方法

①按村镇划分。一般村镇是按照地域来划分的，这种方案将会对路由设置以及后期维护带来方便；如果不是按照地域来划分的，则会导致路由汇聚困难，如果网络规模比较大，地址空间也会比较乱。②按照地域划分。按照地域划分可以提供很好的路由汇聚，但对于多业务的网络无法充分利用网络特性来对业务进行管理。

一般来说，地址规划要根据实际情况、地域和村镇综合考虑。

5）网络技术选型

技术选型要考虑的因素：高带宽、低延迟；与已安装服务器/桌面计算机/网络设备的兼容性；与已安装的局域网（LAN）协议的兼容性；对服务质量（QoS）的要求；广域网的兼容性;网络技术的成熟性等。

6) 网络设备选型

(1) 设备选型的依据

设备选型主要考虑用户需求以及资金投入。

①设备的档次。可以根据网络的拓扑对各层做先期的选型估计,最终确定设备档次和性能要求。②接口类型、数量。具体的接口类型取决于用户的线路选择。而线路的选择则取决于网络数据流量的估算、当地各种线路的性价比。③可靠性要求。是否需要主控冗余备份、电源冗余备份。④业务类型。是否有 VoIP,各级 IP 语音接口的呼叫(Call)数峰值。

(2) 设备分类选择

①局域网设备选择。主要是以太网交换机。②广域网设备选择。主要是路由设备选择。

(3) 设备分层选择

对网络不同层次采用不同档次的设备,局域网、广域网同样如此。

决定设备不同档次的其他方面因素有以下四个:

①可靠性。不同的网络位置,可靠性要求不同。中心一般有主控冗余、电源冗余要求。②性能要求。不同的网络位置流量不同,性能要求也不一样。性能是决定不同设备档次的主要因素。③接口数要求。拔掉结构将影响接口密度;接口密度越高,设备档次要求越高。④接口类型。当有高速接口要求时,一般要选择高速高标准的设备。

7) 计算机机房地址的选择

计算机系统的技术复杂、价格昂贵,电子线路、存储器和插接件等易受电磁场干扰,振动、冲击、温度、湿度的影响和有害气体、尘埃的侵袭,以致计算机工作性能不稳定或计算出现差错,严重时零部件损坏,缩短机器寿命。规划设计一个良好的计算机机房,选址工作是很重要的。选址时应注意以下几个问题:

(1) 应尽量设在用户负荷中心,以节省线路网建设费用,并保证传输质量。

(2) 应避免或远离无线电干扰源和高压电力线路与强电源。如广播发射台、雷达站、高压线等等。根据国家标准,无线电干扰场应不大于 126 dB(频率为 0.15—500 MHz)。又如,根据有关资料介绍,对于 110 kV 高压线距离 100 m 以上,150 kW 的广播发射台距离1 000 m 以上,基本可以避免干扰。

(3) 避开振动和噪音干扰的地区。如大型冲床、锻锤、铁路、爆炸成形、通风机房等。

(4) 避开环境污染区。如化工污染区、盐雾区、灰尘较多的工矿区或风沙区等。

(5) 远离容易发生燃烧、爆炸、洪水的地区和低洼地区。如化工库、油料库及其他易燃物堆料场。

(6) 应选择电力、水源充足,环境清洁,交通运输方便的地方。

以上条件若某些确实不可避免,而计算机机房场地又不可能大范围移动时,应针对具体情况采取适当的人工措施。当然,这样做会增加建设投资或施工困难。所以,选择机房地址时,凡能避开不利因素的应尽可能避:其中多数条件不能满足时应考虑另选机房地址;若某一项不能满足要求又不可避免时,再考虑采取人为措施弥补。

8) 网络布线

网络布线是一种模块化的、灵活性极高的建筑物内或建筑群之间的信息传输通道。村镇之间的网络布线也是一样。

网络电缆的布置原则可参照有线电话线路的布置原则执行，在此不再赘述。线路布置必须符合有关规范间隔距离的要求，可参照前表6.16取用。

6.2.4 农村信息化平台建设工程

按照功能来分，可以将支撑信息发展的网络资源分为三类，即电信网、广电网和计算机网。其中，前两者是传统媒体的代表，后者为现代媒体的代表。两者综合起来构成现代农业信息传播的主要通道。

1) 信息化平台建设发展趋势

目前，中国农村的电话、广播电视、网络的发展还处于初级阶段。特别是不同部门还在各自为政，或者凭借行业优势暂时占据农村市场。但是，以发展的眼光来看，电话、广播电视与网络融合必然是未来的发展趋势，特别是发达地区农村文化需求已经与城市不相上下。

2013年8月17日，国务院发布了《"宽带中国"战略及实施方案》，部署未来8年宽带发展的目标及路径，意味着"宽带战略"从部门行动上升为国家战略，宽带首次成为国家战略性公共基础设施。这为网络电视媒体的发展提供了政策支撑。从2013年开始，互联网电视技术的发展速度超出了人们的预期，智能化浪潮已渗透进了广播电视产业。

随着宽带业务的快速扩张、宽带提速需求的增长以及三网融合的发展，高带宽业务应用逐渐增多，低带宽用户数逐年减少，宽带用户数逐年增长。随着用户的增长，用户带宽也在呈快速增长态势，这就要求骨干网适当超前建设端口、扩容中继链路，以满足带宽提速需求。同时网络资源消耗变大，并对网络能力提出较高需求。规划期内城域骨干网建设主要为满足光网建设、宽带提速、移动互联网、三网融合等主要业务需求。

三网融合是指电信网、广播电视网、互联网在向宽带通信网、数字电视网、下一代互联网演进过程中，通过技术改造，技术功能趋于一致，业务范围趋于相同，网络互联互通、资源共享，能为用户提供语音、数据和广播电视等多种服务，而所有这些服务都是依赖于集成数字技术与宽带技术的发展。

(1) 基础数字技术。数字技术的迅速发展和全面采用，使电话、数据和图像信号都可以通过统一的编码进行传输和交换，所有业务在网络中都将成为统一的"0"或"1"的比特流。这使得话音、数据、声频和视频各种内容(无论其特性如何)都可以通过不同的网络来传输、交换、选路处理和提供，并通过数字终端存储起来以视觉或听觉的方式呈现在人们的面前。数字技术已经在电信网和互联网中得到了全面应用，并在广播电视网中迅速发展起来。

(2) 宽带技术。宽带技术的主体就是光纤通信技术。网络融合的目的之一是通过一个网络提供统一的业务。若要提供统一业务就必须要有能够支持音视频等各种多媒体(流媒体)业务传送的网络平台。这些业务的特点是业务需求量大、数据量大、服务质量要求较高，因此在传输时一般都需要非常大的带宽。另外，从经济角度来讲，成本也不宜太高。这样,容量巨大且可持续发展的大容量光纤通信技术就成了传输介质的最佳选择。宽带技术特别是光通信技术的发展为传送各种业务信息提供了必要的带宽、传输质量和低成本。作为当代通信领域的支柱技术,光通信技术正以每10年增长100倍的速度发展,具有巨大容量的光纤传输是"三网"理想的传送平台和未来信息高速公路的主要物理载体。无论是电信网,还是互联网、广播电视网,大容量光纤通信技术都已经在其中得到了广泛的应用。

2) 城镇与农村宽带接入网改造方式

信息化平台的建设,最终需要依附网络通道与网络平台改造和网络技术。因此,新建与改造现有接入网络通道与平台,是将来实现农村信息化平台的基础工程。

(1) 新建城镇集中居住小区

新建小区一般考虑采用光纤到户(FTTH)覆盖,有一级集中分光和二级分光两种建设模式。

对于配线及以下共建共享的新建小区,应采用一级集中分光的建设模式。分光器集中放置在小区的光交换箱内,布放大芯数光缆到单元,在单元内设置分纤箱,光缆通过分纤箱分纤后进入用户。对于多层建筑,每单元设置一个分纤箱;对于高层建筑,分纤箱可以覆盖3—5层用户。

对于配线自建、入户光缆共建共享的新建城镇集中居住小区,可采用二级分光的建设模式。一级分光器放置在小区的光交换箱内,布放小芯数光缆到单元,通过分光分纤箱分纤后进入用户。对于多层建筑,每单元设置一个分光分纤箱;对于高层建筑,分光分纤箱可以覆盖3—5层用户。

以太网无源光网络(EPON)总分光比建议不高于1：32;吉比特无源光网络(GPON)总分光比建议不高于1：64。

(2) 农村住户

农村区域用户密度低,二级分光能有效降低投资,因此农村区域FTTH建设应主要采用二级分光方式。

一级分光点设置:①住户居住较为集中区域。该区域内住户较为集中,行政村范围或自然村之间间距小于2 km,区域内用户数量较多,宽带需求量较大,一级分光点采用集中设置的方式。一级分光点设置于覆盖区域的中心位置,通常设置在行政村或者几个相对密集的自然村之间。一级分光点采用光交接箱,在网络上的位置相当于铜缆网的电缆交接箱。②住户居住较为分散区域。该区域内住户居住较为分散,行政村范围或者自然村之间间距大于2 km,区域内用户数量较少,行政村范围或者自然村之间间距大于2 km,区域内用户数量较少,宽带需求量较小,通常没有政企与基站接入需求,一级分光点采用分散设置方式。

因此,一级分光点设置于覆盖区域的中心位置,通常设置在分布较为分散的行政村或自然村。一级分光点宜采用分光分纤箱。

二级分光点设置:农村区域二级分光点位置应根据住户分布特点设置,分光分纤箱应设置在电话皮线下线集中的电杆上,引入光缆布放长度不超过200 m。①住户呈块状分布。住户居住较为集中、呈规律的块状分布,多个村组紧密相邻,区域内用户数量较多,宽带需求量较大。分光器端口可选1∶16或1∶8分光比。②住户呈条形分布。住户沿道路或河流呈条状分布,用户相对集中在狭长区域内,宽带需求量大,分光器端口可选1∶16或1∶8分光比;对于用户较为分散的条形区域,分光器端口可采用1∶4分光比。

3) 驻地网建设方式

为了防止重复投资与重复建设,对于城镇集中小区与农村居住地的驻地网建设,需要统一规划设计,统一协调运营商对驻地网的建设思路,共同建设、共同发展。要充分发挥行业协会的规范引领作用,由行业协会牵头,向各类开发商宣传贯彻关于基础设施共建共享的相关文件,要求开发商按照文件要求承担红线内的管网及引入光缆投资。同时,实行每周例会制度,协会要求运营商及时通报其所掌握的新建楼宇信息,并进行备案;另外,由协会牵头运营商的代表参加对开发商所提供的驻地网项目弱电部分方案进行会审,保证方案实施后能够实现共建共享。实现"开发商投资、运营商共享"的方式建设,为运营商节省了大量的建设资金,共建共享的主要内容为规划红线内的管道、楼道箱、户内多媒体盒及楼内暗管、暗线(入户皮缆)等。

共建共享的典型方案有:①开发商提供机房,运营商将主干光缆接入小区机房,采用FTTH一级分光建设模式,某一运营商建设机房至各楼道分纤箱的配线光缆,其余营商平摊建设投资。②开发商提供机房,运营商分别建设主干配线光缆,在楼道内安装"三网合一"分光分纤箱,采用FTTH二级分光建设模式。

农村集居区参考上述两种方案,积极争取开发商承担红线内的投资,实现共建共享。对于没有争取到开发商投资建设的农村集居区,由三家运营商共同投资建设,费用均摊。

4) 城镇和农村无线 Wi-Fi 与 4G 网络建设

随着移动互联网的发展以及智能终端的普及,随时随地上网冲浪越来越成为人们的网络生活新方式,越来越多的消费者习惯于用手机上网,同时,丰富的网络内容和应用刺激了消费者对移动互联网服务的使用,因此,乡镇与农村对运营商 4G(第四代移动通信技术)无线网络与无线 Wi-Fi(一种短距离高速无线数据传输技术)公共网络有着广泛的发展要求。

目前在城郊与乡村,受限于规划及开通站点的影响,部分农村道路存在着弱覆盖问题。因此,在规划乡镇与村级 4G 与 Wi-Fi 无线网络站点时需要考虑单位面积人群对无线网络通信的需求。具体规划指标参考如下:

(1) 城镇与人口较为密集区域规划

①对单位面积话务量 10 erl 以上且周边有较多自然镇等人口相对密集区域的乡镇:建议镇区中心按一般城区(650—750 m)、镇区外围按郊区(800—1 000 m)的站间距进行规划,保证覆盖效果。②对单位面积话务量 5—10 erl 且周边有人口较为密集区域的自然镇、村庄的乡镇:建议镇区中心参照郊区(800—1 000 m)、镇区外围按农村(1 500—2 000 m)的站间距进行规划。③对单位面积话务量 5 erl 及以下的乡镇:建议仅在镇区中心利用旧3G(第三代移动通信技术)无线站点进行快速覆盖,解决镇区 4G 信号"有无"问题。

(2) 城镇与农村交通干线覆盖规划

一般按照纯数据(DATA ONLY,DO)话务量大于 5 erl 的扇区占比在 40% 以下、位于低人口区域的交通干线，建议后期使用 800 MHz 频段进行 4G 覆盖。

（3）优化原有覆盖区域建设规划

提升已覆盖区域内的网络性能，打造 4G 精品网络。通过 4G/3G 切换比例、用户接入质量等网管指标以及 DT/CQT（路测/通话质量测试）指标定位覆盖不达标区域，采用多种手段结合以提升网络质量：①对于核心商圈、具有品牌影响力的重点楼宇、重要交通节点等采用室内分布系统方式实现覆盖。②对于住宅小区、较高档住宅区采用室外滴灌站点实现覆盖。③对于校园宿舍区、集宿区等 4G 业务需求量大的区域，采用滴灌站点实现深度覆盖，结合室内分布系统或微站方式满足容量需求。

7 村镇公共中心与工业区规划

7.1 村镇公共中心布局与设计

村镇公共中心是村镇主要公共活动的集中场所,是村镇政治、经济、文化等社会生活活动比较集中的地方。它包括商业服务、文化体育、娱乐活动,以及行政办公、医疗卫生、邮电交通等内容。根据各主要公共建筑的功能要求和公共活动内容的需要,再配置以广场、绿地及交通设施,形成一个公共设施相对集中的地区或区域。

7.1.1 村镇公共中心布局

1) 村镇公共中心的基本内容

村镇公共中心作为服务于村镇和区域的功能聚集区,其功能既要适应也受制于村镇自身的要求和辐射乡村的需要,不同功能的分区组合形成村镇中心不同的景观和活力。根据村镇规模的不同,可设置一个或数个公共中心。其基本内容由公共建筑和开放空间两大部分组成,大致包括以下九个方面:

(1) 行政管理类

行政管理类包括村镇党政机关、管理机构、社会团体、法庭等。历史上村镇多把官府放在正轴线上,以显示其权威和主导作用。现代村镇常将行政管理机构布置在较为安静但交通方便的场所,认为其和一般居民生活联系较少,工作联系较多。近年来,随着中国政体制度的不断健全和完善,多在村镇公共中心设立行政服务中心。

(2) 商业服务类

商业服务类包括商场、百货店、超市、专业店、集贸市场、宾馆、旅店、招待所、酒楼、饭店、饮食店、茶馆、小吃店、理发店、照相馆、浴室等。生活服务业是与村镇居民生活密切相关的行业,商业服务业是村镇中心的重要组成部分。通常居住区布置一般性的商业服务设施,以满足居民日常一般生活活动的需要;而村镇公共中心常布置更高一级的综合性及专业性商业服务设施。

(3) 金融保险类

金融保险类包括银行、信用社、保险公司、信托投资公司等。随着社会经济的不断发展,金融保险业将会越来越重要,不仅会得到进一步的发展,而且与中心的联系也将日益密切。

(4) 邮电信息类

由电信息类包括邮政、邮电、电视、广播,近年来网络也在村镇中迅速发展。信息技术的发展程度是现代村镇经济可持续发展的标志之一。

(5) 文体科技类

文体科技类包括文化站(室)、影剧院、体育场、游乐健身场、青少年活动中心、老年活动中心、图书馆、科技中心(站)、纪念馆、展览馆、农科所等。根据村镇规模的不同,所设置的项目也有差异。村镇的文体科技设施普遍缺乏,但随着村镇的发展,文化、娱乐、体育、科技的功能地位会越来越重要。文化作为地方性的代言者和传播者有其独特的价值,特别是一些民风民俗文化应被予以强化。文体科技设施可结合村镇的现状分散布置,也可建成综合性的文体中心,或成组布置,以形成环境优美、安静的空间。

(6) 医疗保健类

医疗保健类包括医院、卫生院、防疫站、计划生育指导站、保健站、疗养院等。随着人们生活水平的不断提高,人们对健康保健的需求也不断增加,村镇建成一组设备较好、科目齐全的医院是必要的。

(7) 民族宗教类

民族宗教类包括寺庙、道观、教堂等。这是宗教信仰者的活动中心,尤其是少数民族地区,如回族、藏族、维吾尔族等地区,清真寺、喇嘛庙等在村镇中占有重要的地位。随着旅游业的不断升温,古寺庙的保护与利用必须引起足够的重视。

(8) 交通物流类

交通物流类包括村镇内部公共交通、村镇对外交通,主要有道路、车站、码头等。中国村镇交通设施一直相对滞后,尤其是欠发达地区多数村镇几乎为零。近年来随着中国小村镇建设步伐的不断加快,交通设施有了长足的发展,但交通问题依然突出。人流、物流有序、快捷、方便的流动,是村镇经济快速发展的基础。

传统的村镇中心多布置车站、码头等,但随着村镇功能和交通的日趋复杂,该类建筑特别是区域性的人流、物流宜移至郊区。

(9) 环境休闲类

环境休闲类包括广场、绿化、建筑小品、雕塑等。广场是现代村镇公共中心必要的组成部分。

2) 村镇公共中心的空间布局形式

村镇公共中心的空间布局形式常用的有沿街式布置、组团式布置、广场式布置。其基本组合形式如下:

(1) 沿街式布置

① 沿主干道两侧布置

沿主干道两侧布置公共中心,居民出行方便,中心地带商家集中、相互依存,街面繁华、居民聚集,人流量大、购买力集中,经济效益较高,如图 7.1(a)所示。

该布置沿街呈线形发展,易于创造街景,改善村镇外貌。街道两侧的公共建筑,应将使用功能上有联系的在街道一侧成组布置,以避免人流频繁穿越街道。

这种布置的缺点是直接带来了严重的交通混乱和安全隐患。在村镇繁华街道上,汽车、摩托车、自行车、行人等混行,有些商家还占道经营,这样势必造成混乱、影响交通,甚至引起交通阻塞,引发交通事故。

② 沿主干道单侧布置

沿主干道单侧布置公共建筑,或将人流大的公共建筑布置在街道的单侧,另一侧少建或不建大型公共建筑;当主干道另一侧仅布置绿化带时,这样的布置俗称"半边街",显然半边街的景观效果更好,如图 7.1(b)、图 7.1(c)所示。人流与车流分开,行人安全、舒适,流线简捷,对交通组织很有利。当街道较长时,宜分段布置,设置街心花园和小憩场所。分段规划中宜形成高潮区、平缓区,"闹""静"结合,街景适当变幻,以丰富街景、减少行人疲劳。

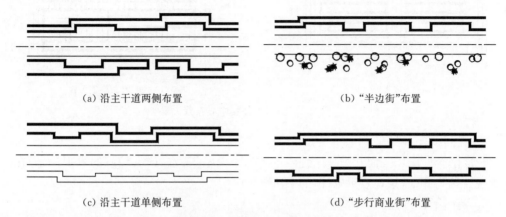

(a) 沿主干道两侧布置　　　　　　　　(b) "半边街"布置

(c) 沿主干道单侧布置　　　　　　　　(d) "步行商业街"布置

图 7.1　沿街式公共中心布置

这种布置的缺点是拉长了流线,另外生活在街道对面的居民购物不十分方便,通常适用于小规模、性质单一的商业区。如能向街道一侧纵深方向发展,形成步行商业街,则是一种值得提倡的布局方式。

③ 步行商业街

步行商业街常布置在交通主干道一侧,和干道联系密切,交通方便。步行商业街在营业时间禁止车辆进入,人们不再担心交通安全问题,过往穿行快捷方便,在此漫步购物身心愉悦,如图 7.1(d)所示。街道不宜过宽,建筑空间尺度亲切宜人。

这种布置要组织好购物人流与货运交通之间的关系,留出相应停车场地和休息空间。

(2) 组团式布置

① "市场街"布置

"市场街"布置是中国传统的村镇公共中心布置手法之一。其常布置在公共中心的某一区域内。商业等活动内向,内部交通呈"几纵几横"的网状街巷系统。沿街巷两旁布置店面,步行其中安全方便,街巷曲折多变,街景丰富,如图 7.2(a)所示。若综合性市场、小型剧场、茶楼及花木商店、手工艺商店等布置其中,则更显丰富多彩,而且有可能成为一个旅游景点。

② "带顶"市场街布置

为了使市场街在刮风下雨等自然条件下内部活动少受或不受其影响,可在公共空间上设置阳光板、玻璃等顶棚,形成室内中庭的效果,如图 7.2(b)所示。

(3) 广场式布置

① 四面围合布置

四面围合即以广场为中心,四面建筑围合。这种广场围合感较强,多可兼作公共集会的场所,如图 7.3(a)所示。

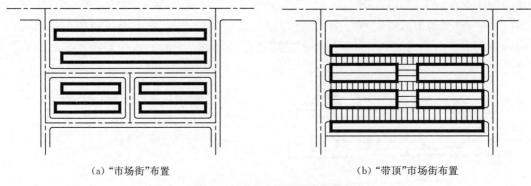

(a)"市场街"布置   (b)"带顶"市场街布置

图7.2 组团式公共中心布置

② 三面围合布置

三面围合即广场一面开敞。这种广场多为一面临街、水,或有较好的景观,人们在广场上视野较为开阔,景观效果较好,如图7.3(b)所示。

③ 两面围合布置

两面围合即广场两面开敞。这种广场多为两面临街、水,或有较好的景观,人们在广场上视野更为开阔,景观效果更好,如图7.3(c)所示。

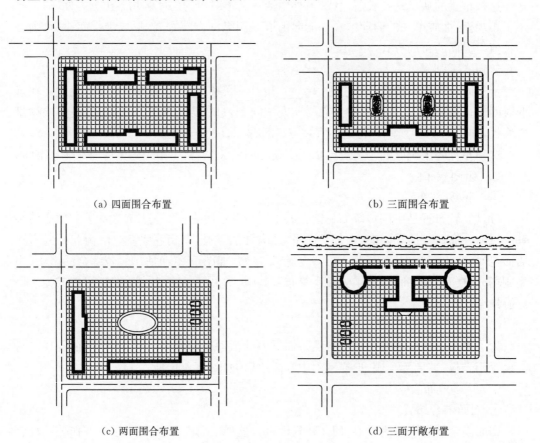

(a)四面围合布置   (b)三面围合布置

(c)两面围合布置   (d)三面开敞布置

图7.3 广场式公共中心布置

④ 三面开敞布置

三面开敞即广场三面开敞。这种广场一般多用于较大型的市民广场、中心广场,广场一侧有作为视觉底景的建筑,周围环境中的山、水等要素与广场相互渗透、相互融合,形成有机的整体、完整的景观,如图 7.3(d)所示。

7.1.2 村镇公共建筑的配置与布置

1) 村镇公共建筑的配置

村镇是一定区域的政治、经济、文化和服务的中心,是联系城市与农村的纽带,它的建设既要面向农村,有利于生产,方便居民生活,繁荣村镇经济;又要城乡结合,促进城乡物资交流;还要考虑城乡差别缩小,为城乡居民不断增长的物资和文化生活水平需求创造条件。因此,村镇公共建筑项目的配置,除应考虑到服务于村镇居民之外,还应兼顾到广大农村居民的需求。村镇公共建筑项目的配置应依据村镇的类别和层次,并充分发挥其地位职能的需要而定。

根据《镇规划标准》(GB 50188—2007),村镇公共设施项目配置见表 7.1。

表 7.1 村镇公共设施项目配置

类别	项目	中心镇	一般镇	中心村
一、行政管理	1. 党政、团体	□	□	—
	2. 法庭	□	—	—
	3. 公安、消防、农、林、水、电、工商、税务、建设、土地、交通、房管、企管、邮政、电信等机构	□	□	—
	4. 居委会、村委会、警务室	□	□	□
二、教育机构	5. 专科院校	○	○	—
	6. 职业中学、成人教育及培训机构	△○	△○	—
	7. 高级中学	△○	○	—
	8. 初级中学	△○	△○	—
	9. 小学	△○	△○	△
	10. 幼儿园、托儿所	○	○	○
三、文体科技	11. 文化站、青少年及老年之家	△	△	△
	12. 体育场馆	△○	△○	—
	13. 科技站	△	△	△
	14. 图书馆、展览馆、博物馆	△○	△○	—
	15. 影剧院、游乐健身场	○	○	—
	16. 广播电视台(站)	△	△	—

类别	项目	中心镇	一般镇	中心村
四、医疗保健	17. 计划生育站(组)	□	□	□
	18. 防疫站、卫生监督站	□	□	—
	19. 医院、卫生院、保健站	△○	△○	△
	20. 疗养院	△○	△○	—
	21. 专科诊所	○	○	○
五、商业金融	22. 百货店、食品店、超市	○	○	○
	23. 生产资料、建材、日杂商店	△○	△○	—
	24. 粮油店	△○	△○	—
	25. 药店	△○	△○	—
	26. 燃料店(站)	△○	△○	—
	27. 文化用品、音像制品店	○	○	—
	28. 书店	△○	△○	—
	29. 综合商店	○	○	○
	30. 宾馆、旅店	○	○	○
	31. 饭店、饮食店、茶馆	○	○	○
	32. 理发店、浴室、照相馆	○	○	○
	33. 综合服务站	△○	△○	—
	34. 物业管理机构	○	○	○
	35. 银行、信用社、保险机构	□	□	□
六、集贸设施	36. 百货市场	○	○	—
	37. 蔬菜、果品、副食市场	○	○	○
	38. 粮油、土特产、畜、禽、水产市场			
	39. 燃料、建材家具、生产资料市场	根据村镇特点和发展需要设置		
	40. 其他专业市场			

注:□——管理型项目;△——公益型项目;○——经营型项目。

　　表 7.1 中的公共设施项目,按其建设和运营状态可分为管理型项目、公益型项目、经营型项目三类,供各地在规划时选取。中国地域辽阔,各地区风土习俗、经济文化相差较大,公共设施项目应在保证配备基本设施的前提下再逐步完善。

　　2) 村镇公共建筑的定额指标

　　公共建筑用地面积指标可参考中国城市规划设计研究院等编著的《小城镇规划标准研究》中所规定的小城镇公共建筑用地面积和建筑面积控制指标,见表 7-2。

表 7.2　小城镇公建用地面积和建筑面积控制指标

公共建筑用地类别	用地面积指标(m²/千人)			建筑面积指标(m²/千人)		
	县城镇	中心镇	一般镇	县城镇	中心镇	一般镇
1. 行政管理类用地	450—1 100	300—1 500	200—2 200	270—330	180—450	120—660
2. 教育科技类用地	2 200—8 000	2 800—9 500	3 200—1 000	1 540—3 200	1 960—3 800	2 240—4 000
3. 文化体育类用地	960—7 200	850—6 400	750—4 100	580—3 600	510—3 200	450—2 050
4. 医疗卫生类用地	400—1 600	300—1 300	300—1 500	320—1 120	240—910	240—1 050
5. 邮电金融类用地	400—900	250—650	130—600	560—990	350—720	180—660
6. 商业服务类用地	2 400—5 400	1 450—3 950	800—4 000	3 000—5 670	1 820—4 150	1 050—4 250
7. 集市贸易类用地	按集市贸易的经营、交易品类、销售额和交易额大小,根据赶集人数,以及相关潜在需求和地方有关规定确定					
8. 其他类用地	按其他类公共建筑的实际需要确定					
八类用地总用地	<28 800	<24 000	<21 600	—		

注:表中面积指标主要适用于县城镇2万—8万、中心镇1万—4万、一般镇0.3万—2万人口的情况,人口规模在上述范围外,表中指标宜据实际需要适当调整。

3) 村镇公共建筑的布置方式

(1) 行政办公建筑的布置

行政办公建筑一般位于村镇中心地带,是村镇中心的重要组成部分。有的地区也将行政办公建筑布置在新开发区以带动新区经济发展、吸引投资。行政办公建筑因功能相对单一,布置形式也不多,主要有以下两种:

① 围合式。如图 7.4 所示,以政府办公楼为中轴线,法院、建设和土地管理部门、农林和水电管理部门、工商税务部门、粮管所等单位环抱中心广场布置,从而形成宁静、优美的办公环境。

② 沿街道布置。沿街道布置一般可分为沿街道两侧布置和沿街道一侧布置。沿街道两侧布置建筑,行政办公区相对紧凑,行人办事方便,但不宜布置在村镇主干道两侧,以避免行人穿越街道、人车混行、阻塞交通;沿街道一侧布置,行政办公区拉得较长,延长了行人办事路线,但同时避免了行人穿越街道,有利于组织交通。一般街道另一侧不宜布置商业建筑,以避免人群喧嚣,创造宁静的办公环境。

(2) 幼儿园、托儿所的布置

幼儿园、托儿所是与成人活动密切相关的公共建筑,因此,要根据幼儿的活动特性和家长接送便捷的要求布置。一方面,幼儿园、托儿所要设置在环境安静、接送方便的地段

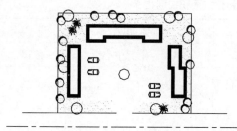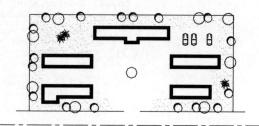

图7.4 围合式行政办公建筑布置

上；另一方面，要与儿童游戏场地结合起来考虑，并充分注意到道路交通的安全性和对居民的影响。一般规划布局采用以下三种基本形式：

① 集中布置在村镇中央。可结合村镇中心绿地布置，环境条件好，服务半径小，接送也方便，见图7.5(a)。该方法适用于村镇规模不大的情况。

（a）集中布置在村镇中央　　（b）分散布置在住宅组团内　　（c）分散布置在住宅组团之间

图7.5 幼儿园、托儿所布置

② 分散布置在住宅组团内。可靠近中心绿地，分散布置在住宅组团内，当有两个以上组团共同使用时，一部分居民使用不大方便，服务半径大，见图7.5(b)。

③ 分散布置在住宅组团之间。这种布置兼顾各组团的使用，常可结合道路系统布置，接送方便，服务半径均匀，见图7.5(c)。

（3）中小学的布置

学校应设有单独的专门校园，规划应保证学生特别是小学生能就近上学，中学服务半径不宜大于1 000 m，小学服务半径不宜大于500 m，但同时也不宜直接毗邻住宅，一般应与住宅有一定的间隔，以避免影响居民的安宁。中小学布置主要有三种布置方式，见图7.6。

① 布置在村镇拐角。该布置方式服务半径大，并可兼顾相邻地区，但学生行走路线长，对居民干扰大，见图7.6(a)。

② 布置在村镇一侧。该布置方式服务半径小，并可兼顾相邻小区，对居民干扰少，见图7.6(b)。

③ 布置在村镇中心。该布置方式服务半径小，常可结合中心绿地设置，对居民有一定干扰，见图7.6(c)。

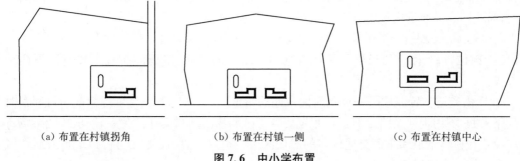

(a) 布置在村镇拐角   (b) 布置在村镇一侧   (c) 布置在村镇中心

图7.6　中小学布置

（4）文体、科技建筑布置

文体、科技建筑一般人流比较集中，布置时要求有较大的停车场所，建筑单体组合形式应丰富多样，建筑造型生动活泼。一般文化活动中心、影剧院、图书馆等与体育场馆毗连。根据场地大小，集散广场可分可合。

（5）医疗保健建筑布置

医疗保健建筑主要包括卫生院、保健站、计划生育站、兽医院、敬老院等。一般环境要求较高，布置形式比较单一，但建筑单体组合要求较高。一般卫生院分为门诊部和住院部：门诊部前要求有人流集散、车辆停放的广场；住院部要求环境安静，绿化较好。

敬老院布置分室外活动区、休息区，要求环境优雅、安静。

兽医院应偏离村镇中心，以门诊为主。

（6）商业金融服务设施的布置

村镇商业金融服务设施的布置一般情况下可以有三种方式，即分散布置、集中布置和混合布置。

① 分散布置。一些居民每天必须接触的商业、服务业网点，如副食店、菜场、早点铺等常是分散设置的。它们的位置距居住区很近，服务半径小，居民使用方便。但项目有限，每个点的面积都不大，标准也不高，这种方法适用于紧邻商业中心的小区。

② 集中布置。这种布局是目前较普遍采用的一种方法，优点是商业、金融、服务业网点集中，项目比较齐全，居民采购方便，也便于经营管理；缺点是服务半径所限，适用于规模不大的村镇。一般分两种布置方式：a. 沿村镇中心道路的两侧布置。当街道交通量不大时，可将性质接近的行业组织起来，将人流较多的行业布置在道路的一侧，人流较少的布置在另一侧，以减少行人穿行马路，并缩短群众行走路线。这是过去和现在采用得较多的一种布局方式，其既满足了本区居民的需要，又兼顾了过路行人的需求，同时还丰富了街景。b. 沿中心道路的一侧布置。这种布置方式可避免居民穿越马路，也能丰富街景，但应当注意网点沿街长度不宜过长，并注意网点不与其他建筑隔着安排，否则居民购物要多走路。

③ 混合布置。在规模较大、设施较齐全的村镇，可以将商业金融设施集中布置，形成一定的商业金融中心，以便达到一定的层次和规模；而将一般日常的商业服务网点分散布置，以方便居民。

（7）集贸市场的布置

集贸市场的位置应选择在村镇的中心，同时又要靠近居民进出方便、顺路的地方。集贸市场不能离开居住区或村镇的商业网点,宜紧挨着副食品店和菜场,可以商业网点为依托;商业网点又通过集贸市场吸引顾客。两者既互相支持,又互相竞争。集贸市场的服务半径可达 400 m 左右,当服务半径在 400—500 m 时,可设多处,其每处规模一般为 100—140 个摊位,每个摊位的长度可控制在 1.3—1.5 m。集贸市场的布置主要有以下两种方式:

① 沿街道布置。这是一种受居民欢迎的布置形式,居民下班骑自行车或步行回家时顺路采购,不用走回头路。但这种布置要处理好购物活动与交通的关系,一般集贸市场不应设置在村镇干道和车辆交通较多的居住区主干道上,而应设置在与村镇干道或居住区干道相接的次要道路上。

② 成片布置。可以是露天,也可是敞篷的,还可以发展成正式的建筑。成片布置的优点是把购物活动引到市场内部,不影响外部交通。单独布置时应安排在独立的地段,与住宅隔开,避免对居住环境的干扰。成片布置的缺点是占地较多,居民顺路购物没有沿街方便。

中国幅员辽阔、地域宽广,各地的具体条件和要求都不同,对村镇公共建筑的布置也不同。总之,应综合考虑村镇的地理位置、地形特征、规模和构成、地区特点、经济(工业、农业和旅游服务业等)发展状况,以及近期和远期规划等,因地制宜,灵活地运用不同的规划布置方法,而不能简单处理,更不能机械地强求某些几何图形,避免造成设施的不适用。

7.1.3　村镇广场设计

村镇广场是由于村镇功能上的要求而设置的,是提供人们活动的空间,是车辆和行人交通的枢纽,在村镇道路系统中占有重要的地位,同时也是村镇政治、经济、文化活动的场所。广场上一般布置一定的重要建筑物和设施,集中地表现村镇的地方特色和风貌。

广场不仅是村镇中不可缺少的有机组成部分,它还是村镇具有标志性的主要公共空间载体,素有"村镇客厅"的美誉。

1) 村镇广场设计基本原理

广场设计是以村镇现状、发展规模、用地规划为基础,还要很好地结合自然地理条件、环境保护、景观布局、地面水的排除、各种工程管线布置,以及与主干道的关系等。成功的广场设计必须有合理的总体布局、独特的构思与创意、良好的功能、和谐的风格、特色的艺术处理,以及配套的设施。村镇广场设计的基本原理如下:

(1) 广场的功能

广场是为满足多种村镇社会生活需要而建设的,是供人们活动的户外公共活动空间。因此其要使更多的人从更多的方面参与其中;要能为人们提供多种类、多层次的选择性;要富有较高的文化内涵,使人们既受到文化的感染,又在活动中认知和理解文化的意义。只有有人们的身心投入,才赋予广场以生命活力。在广场设计中,应对广场的功能深入研究,并进行合理的功能分区、定位。

(2) 广场的总体布局

广场的总体布局,要对各组成部分整体安排,使其各得其所、有机联系,达到功能性、经济性和艺术性的协调统一。

要根据村镇总体规划要求,结合自然地理条件、经济状况、未来发展趋势和民族传统习俗等综合考虑,进行合理的广场总体规划布局,切忌生搬硬套或刻意追求某些图形,搞形式主义。

(3) 广场的构思

如何将客观存在的"境"与主观构思的"意"有机结合起来? 一方面要分析环境对广场可能产生的影响,另一方面要设想广场的特点。进行广场构思时,要因地制宜,结合地形的高低起伏,利用水面以及其他环境中有特色、有利的因素,创造出丰富多彩的广场环境。

(4) 广场的特色

广场的特色是否凸显是广场设计成功与否的重要标志。所谓特色,就是要表现其具有的时代性、民族性、地方性。特色就是与众不同,是个性,具有不可替代的形态和形式。

地区文化是地域的自然环境和社会经济演变影响的结果,是漫长岁月的积淀,通过物质和人文表现出来。对地区文化吸收是创新的过程,而不是生搬硬套,这种创新是整体的思考和不懈的探索,需要自觉的创造和适合的传承。广场还是一个时代特征的重要载体,因此,在广场设计中要有时代人文精神和风貌,合理利用新技术、新工艺、新材料、新结构,综合反映时代水平。

2) 村镇广场空间环境分析

(1) 广场的规模与比例尺度

广场的规模取决于广场的性质、在村镇中的地位。集会、商业、休闲类广场主要取决于广场上的人流量和停留时间。交通类广场主要取决于交通构成、交通量,以及广场周围道路性质等。此外,广场还应满足相应的配套设施场地,如停车场、绿化、公用设施等,还要考虑自然条件及广场艺术空间的比例尺度要求。总之,广场规模或面积没有固定的模式,既要考虑今后村镇适度的发展,又要避免贪大求洋、盲目攀比,使得广场规模或面积过大,造成土地资源浪费。

广场的比例尺度包括:广场的用地形状、各边长的尺寸之比,广场面积与广场上建筑物的体量之比,广场上各组成部分尺寸之间的比,广场的整个组成内容和周围环境,如地形地势、道路以及其他相关部分的相互比例关系。广场的尺寸应根据广场的功能要求、广场的规模与人的活动要求而定:较大广场中的组成部分应有较大的尺度,小广场中的组成部分应有较小的尺度。踏步、石级、人行道的宽度,应根据人的活动要求有较小的尺度。车行道宽度、停车场面积等要符合人和交通工具的尺度。

(2) 广场上建筑物的布置

建筑物是构成广场的重要因素,主要建筑物、附属建筑物和其他各种设施的有机组合形成广场的主体。

广场性质决定主要建筑物的功能,因此主要建筑物的布置是广场规划设计的重要工作。广场建筑物的布置方式主要有以下几种形式:

① 主要建筑物布置在广场中心。主要建筑物布置在广场中心时,它的四个方向都是主要的观赏面。应注意当广场四周均为干道时,不宜采用这种布置方式。

② 主要建筑物布置在广场周边。主要建筑物可布置在广场一边、两邻边、两对边、三

边、四周边,通常主立面应对着主入口方向。广场周边主要建筑物布置得越少,广场显得越开阔;若广场边界临水,则更显开阔;若与青山为邻,则显幽静。广场周边主要建筑物布置得越多,广场围合感越强,合适的尺度会给人亲切感、安全感,但不合适的尺度会给人封闭感、烦闷感。

（3）广场的交通组织

广场、建筑物是通过道路进行有机联系的,交通组织的目的主要在于使车流通畅、行人安全、方便管理。广场如何有效地利用道路交通联系,同时又避免交通的干扰,并与交通脱离是广场设计中需要重点解决的问题。

（4）广场上设施的布置

广场照明、音响、给排水等设施也是广场的重要组成部分。良好的设施是广场各项功能正常运行的有效保障,此外广场上的照明灯柱、灯具、灯光就是景观的一部分。

3）村镇广场空间环境要素设计

村镇广场空间环境要素设计主要指绿化、设施、色彩、水体、铺地等。

（1）绿化

广场绿化是广场不可缺少的组成部分,是广场设计的主要辅助手段之一。绿化可以调节空气的温度、湿度和流动状态;可以吸收二氧化碳,放出氧气,阻隔、吸收灰尘,降低噪音;可被用于对空间进行分隔、引导,以形成不同功能的活动空间,满足不同的功能需要。根据不同景观的要求,选择适当的观叶、观花、观景植物种类,也可对植物加以修剪,经巧妙组合,形成自然的或几何图案的整体、多层次绿化系统,并与广场上的建筑物相得益彰。植物的四季色彩变化,形成广场不同的风貌,给人们带来丰富多彩、生动怡人的感受。

① 广场草坪。这是广场绿化设计运用最普遍的手法之一,草坪一般布置在广场辅助性空地供观赏、游戏。广场草坪空间开阔、宽敞,引导视线,增加景深和层次,并能充分衬托广场形态美感。

② 广场树木。树木主要起分隔、引导作用,树木越高大,分隔、引导作用越强,但树木不适当的体量会造成广场封闭感。

③ 广场花坛与花池。适当的广场花坛、花池造型设计可以让广场平面和立面形态更加丰富、富于变化,起到景观高潮的作用。还可在花坛上利用植物拼成主题图案或文字,起到画龙点睛的作用。

④ 广场花架。可在小型休闲广场的边缘布置花架,为人们提供休息、遮阴、纳凉的场所,花架常受人们的欢迎;还可用花架联系空间,并进行空间的变化。

（2）设施

广场设施也称建筑小品,它在广场中有着重要的作用,它的设置合理与否直接影响广场使用功能的效果,也直接影响广场的艺术风格与形式。广场设施主要有如座椅、街灯、时钟、电话亭、画廊、雕塑、旗帜、垃圾箱、指示牌、护栏护柱等众多的小设施。一方面它直接为人们提供服务,另一方面它具有点缀、渲染、烘托、活跃环境气氛的作用。设施如果处理得当,可起到烘云托月、点题入境的作用。

广场设施设计应考虑设施的位置、体量、尺寸、造型、材料、色彩、韵律等多要素,设计时必须强调它们的统一性、与广场的整体协调性,切忌杂乱无章或画蛇添足。

（3）色彩

色彩是广场设计中最易创造气氛和情感的要素。运用色彩可以加强广场造型的表现力;可以丰富广场空间形态效果;可以加强广场造型的统一效果,完善广场造型。

在广场色彩设计中,协调、搭配好众多的色彩元素是非常重要的。影响广场色彩设计的因素是多方面的,具体如下:

① 广场使用性质、风格、体形及规模的影响。规模比较大的广场宜采用明度高、彩度低的色彩;规模比较小的广场彩度可以高些,明亮的暖色可使广场具有明快的感觉。

② 广场建筑材料表面的原色、质感及其热工状况的影响。应充分利用材料表面的本色和表面效果,还可以充分利用材料的光面与毛面,因为光线在不同材料上的反射与阴影等会改变其色彩的明度和彩度。

③ 地区气候条件对广场色彩设计的影响。

④ 环境对广场色彩设计的影响。

⑤ 一般建筑材料和地方性建筑材料对广场色彩设计的影响。

不适当的设计会造成广场色彩混乱,使其显得杂乱无章,失去艺术性,甚至影响广场的使用功能。

（4）水体

水是生命的源泉,生命的基础。有了水,广场平添了几分活力与灵气,更富诗情画意:平静、流动、喷发、跌落的水与静止的建筑物、设施等形成对比,丰富了景观层次;有了水,其水可以吸收空气尘埃、增加空气湿度、降低空气温度,起到洁净空气的作用;水还可以陶冶人的情操、愉悦人的身心。

广场水体设计主要有静水设计、流水设计、落水设计、喷水设计。在广场水体设计时,首先应确定水体在广场中的地位和作用,不同的水体所表现的广场效果是不同的。静止的水体表现在地面上比较平缓,水面可以产生镜像效果,产生丰富的倒影,使空间显得格外深远;流动的水有流水、落水和喷水,使广场增加了动感,特别是喷水丰富了广场的空间层次,强化了广场的活跃气氛。

（5）铺地

铺地可以给人以强烈的感觉。广场上的铺地可以起分隔、标识、引导作用;可以通过图案的处理给人尺度感,横排图案给人以收缩、内敛的感觉,竖排图案给人以伸展、扩张的感觉;可以通过图案的处理将广场设施、绿化与建筑物有机地联系起来,以构成广场整体的美感。铺地的图案处理主要有:①图案整体设计。将广场铺地图案进行整体设计,这样做易于统一广场的各要素,并易于取得广场的整体空间感。对于功能较为单一的广场常采用这种布置,常能取得意想不到的效果。②图案分区设计。对于多功能的广场,铺地宜采用不同的图案、不同的材料或不同的色彩进行分区或分块铺装,以期标识不同的功能区域。特别是广场与道路相连时,强烈的铺地标识会强化广场与道路的分界。

7.2　乡镇工业区的规划

近几年来,随着城镇化进程的加快,乡镇招商引资的力度也大大增强,乡镇工业区建设更是蓬勃发展,因而它也逐渐成为乡镇功能分区的重要组成部分。乡镇工业区的建设不但能解决农村剩余劳动力,也能为当地的经济发展创造条件。乡镇工业区是由厂房、配套设施、绿地、建筑小品、道路、市政等实体和空间经过综合规划后而形成的。乡镇工业区的规划好坏将影响乡镇的空间形态和发展。

7.2.1　乡镇工业区规划的原则与要求

1) 乡镇工业区规划的原则

(1) 坚持工业区建设与乡镇规划相结合的原则,科学、合理地建设工业区,以特色工业区建设带动乡镇建设,展示乡镇形象。

(2) 着力于使规划设计密切结合原有自然环境,对现有的道路与基础设施尽可能加以利用,发挥已建设设施的使用潜力;完善乡镇基础设施;努力提高土地使用价值,合理确定土地开发强度。有效配置区内空间资源,充分优化区内用地结构,综合布置各项建设用地。

(3) 结合地域资源优势和地理条件,因地制宜,形成产业,靠特色和优势提高竞争力;以特色工业为主推进工业化进程,突出发展高新技术产业和外向型产业。

(4) 工业区布局与市域城镇体系规划协调一致,与市域工业结构的总体思路一致,根据工业区建设中的实际情况,近远期建设相结合,为后续的发展留有一定的余地。

2) 乡镇工业区规划的要求

(1) 用地要求

乡镇工业区的规划建设,既要考虑工业区用地的自身要求,还要考虑工业区用地的交通运输条件的要求,更要从严控制建设用地的规模,尽量少占耕地,遏制乱占耕地现象。各种项目的工业建设必须按照乡镇规划并结合基本农田保护区规划实施。节约和珍惜每一寸土地,为子孙后代留足生存和发展的空间。

① 工业区用地的自身要求

a. 用地的形状和规模。工业区用地的形状与规模不仅因生产类别的不同而不同,而且与机械化、自动化程度,采用的运输方式、工艺流程等有关。当把技术、经济上有直接依赖关系的工业组成联合企业时,如钢铁、石油化工、纺织、木材加工等联合企业,则需要很大用地。可见影响工业区用地大小的因素很多。规划中必须根据乡镇发展战略对不同类型的工业区用地进行充分的调查分析,为未来的城镇支柱产业留有足够的空间和弹性。但同时也要注意工业发展应节约用地,充分利用和发挥乡镇土地市场和规划管理的作用,有效地控制乡镇工业区用地的浪费现象。

b. 地形要求。工业区用地的自然坡度要和工业生产工艺、运输方式和排水坡度相适应。如对安全距离要求很高的宜布置在山坳或丘陵地带,有铁路运输时则应满足线路铺设要求。

c. 水源要求。安排工业项目时注意工业与农业用水的协调与平衡。由于冷却、工艺、原料、锅炉、冲洗以及空调的需要，如造纸、纺织、化纤等，用水量很大的工业用地应布置在供水量充沛可靠的地方，并注意与水源的高差问题。水源条件对工业区用地的选址往往起决定作用。有些工业对水质有特殊的要求，如食品工业对水的味道和气味、造纸厂对水的透明度和颜色、纺织工业对水温、丝织工业对水的铁质等有要求，规划布局时必须予以充分注意。

d. 能源要求。安排工业区必须有可靠的能源供应，否则无法引入相应工业投资项目。大量用电的炼铝、铁合金、电炉炼钢、有机合成与电解企业用地要尽可能靠近电源布置，争取采用发电厂直接输电，以减少架设高压线、升降电压所带来的电能损失。染料厂、胶合板厂、印染厂、人造纤维厂、糖厂、造纸厂以及某些机械厂，在生产过程中，由于加热、干燥、动力等需要大量蒸气及热水，因此这类工业的用地应尽可能靠近热电站布置。

e. 工程地质与水文地质要求。工业区用地不应该选在 7 级和 7 级以上的地震区；土壤的耐压强度一般不应小于 150 kPa，山地乡镇的工业区用地应特别注意，即不要选址于滑坡、断层、岩溶或泥石流等不良地质地段。工业区用地的地下水位最好是低于厂房的基础，并能满足地下工程的要求；地下水的水质要求不至于对混凝土产生腐蚀作用。工业区用地应避开洪水淹没地段，一般应高出当地最高洪水位 0.5 m 以上。最高洪水频率，大中型企业为百年一遇；小型企业为 50 年一遇。厂区不应布置在水库坝址下游，如必须布置在下游时，应考虑安置在水坝发生意外事故时建筑不至于被水冲毁的地段。

f. 工业的特殊要求。某些工业对气压、湿度、空气含尘量、防磁、防电磁波等有特殊要求，应在布置时予以满足。某些工业对地基、土壤以及防爆、防火等有特殊要求时，也应在布置时予以满足。如有锻压车间的工业企业，在生产过程中对地面发生很大的静压力和动压力，对地基的要求较高。又如有的化工厂有很多地下设备，需要有干燥且无渗水的土壤。再如有易燃、易爆危险性的企业，要求远离居住区、铁路、公路、高压输电线等，且厂区应分散布置，同时还须在其周围设置特种防护地带。

g. 其他要求。工业区用地应避开以下地段：军事用地、水力枢纽、大桥等战略目标；有用的矿物蕴藏地区和采空区；文物古迹埋藏地区以及生态保护与风景旅游区；埋有地下设备的地区。

② 工业区用地的交通运输要求

工业区用地的交通运输条件关系到工业企业的生产运行效益，直接影响到吸引投资的成败。工业建设与工业生产多需要来自各地的设备与物资，生产费用中的运输费占有相当比重，如钢铁、水泥等工业生产运输费用可占生产成本的 15%—40%。在有便捷运输条件的地段布置工业可有效节省建厂投资，加快工程进度，并保证生产的顺利进行。因此，乡镇中的工厂大多沿公路、通航河流等进行布置。

各种运输方式的建设与经营管理费用均不相同，在考虑工业布局时，要根据货运量的大小、货物单件尺寸及其特点、运输距离，经分析比较后确定运输方式，将其布置在有相应运输条件的地段。在乡镇工业中可采用铁路、水路、公路。

a. 铁路运输。铁路运输的特点是运货量大、效率高、运输费用低，但建设投资高，用地面积大，并要求用地平坦。因此只有需大量燃料、原料和生产大量产品的冶金、化工、重型机器制造业,或大量提供原料、燃料的煤、铁、有色金属开采业,有大量向外运输,或只有一个固定原料基地的工业,才有条件设铁路专用线。一般要求年运输量大于10万t或单件重量在5t以上,有体形很大及有可燃气体、酸等不允许转运的货物才可铺设。内部采用铁路运输的工厂要布置在坡度小于2%的用地上。在山区建厂时坡度较大,可将各厂如钢铁企业的炼铁、炼钢、轧钢等布置在标高不同的台地上,台地高差要符合运输要求,如地形坡度较大,两台地间必须保持较大距离,否则需采用折角运输。采用铁路运输的工业企业用地要布置在方便于接轨的地段。把有关工业组成工业区,统一建设铁路运输设施,可以提高专用线的利用率,节约建设投资。

b. 水路运输。水路运输费用最为低廉,在有通航河流的乡镇安排工业,特别是木材、造纸原料、砖瓦、矿石、煤炭等大宗货物的运输应尽量采用水运,但应注意在枯水期和冰冻期解决运输的途径。是否需要转运,转运量大小,转运是否方便,对能否采用水运影响很大。只有在转运量不大、转运方便的情况下,水运的优越性才能充分发挥。采用水路运输的工厂要尽量靠近码头。

c. 公路运输。公路运输机动灵活、建设快、基建投资少,是乡镇的主要运输方式。为此在规划中要注意工业区与码头、车站、仓库等有便捷的交通联系。当利用现有公路进行运输时,沿途必须经过的公路构筑物和桥涵要能满足最大和最重产品或原件通过的可能。

(2) 环境要求

工业生产中排出大量废水、废气、废渣,并产生强大噪声,使空气、水、土壤受到污染,造成环境质量的恶化。先进的工业国家为改善被污染的环境不得不付出巨大的代价,因此在工业建设的同时控制污染是十分必要的。在乡镇工业区规划中注意合理布局,也有利于改善环境卫生。各类工业排放的"三废"有害成分和数量不同,对乡镇环境的影响也不同。废气污染以化工和金属制品工业最为严重;废水污染以化工、纤维与钢铁工业影响最大;废渣则以高炉为最多,每吨产品排出炉渣300—400 kg,体积则为铁的3倍。因此环境保护的重点放在冶金、化工、轻工,以及钢铁、炼油、火电、石化、有色金属和造纸等方面。

① 入区工业项目把关

乡镇级领导在制定优惠的招商政策和入区工业项目时,一定要严把"环境保护"关。社会要进步,经济要发展,决不能以牺牲环境为代价。凡是环境测评不合格或控制处理污染措施、设备不达标的,无论项目大小,一律不得入区建设。

② 营造花园式工业区

因地制宜,在区内加大绿化面积,保护好我们的"蓝天"。尽可能增加绿化景点数量和绿化面积,拓宽绿化带,以产生实用而美观的绿化效果。在树种的选择上,尽量一年四季保持多种色彩,以形成立体的绿化效果。

7.2.2 乡镇工业区的规划

1) 现状分析

(1) 优势分析

① 区位优势分析。好的区位和便利的交通是工业区赖以生存的先决条件。工业区的选址应有便利的交通,并和基础设施配套建设,只有这样才能为工业企业的发展创造条

件,才能引"凤"筑"巢"。

② 用地条件优势分析。对乡镇的建设用地进行平整度和地质条件分析,以满足乡镇工业区规划的用地要求。

③ 政策措施优势分析。区内的企业应享受县人民政府制定的财税优惠政策、工业项目土地优惠政策和行政事业性规定费用优惠政策。地方政策要为企业投资提供便利。

（2）存在问题分析

区、镇、村各自为政招商引资,大搞工业开发区、经济园区的建设,从而形成了多层次的开发,厂房建设遍地开花。如果这种情况不及时得到调整就可能形成盲目重复建设或低水平建设,造成工业布局不合理。

由于遍地建设工厂,一些村庄用地或农田变成了厂房用地。而且有些乡镇,只要开发商想买多少地就可以买多少地,开发商想买哪一块地乡镇就卖哪一块地。这势必就会导致乱占耕地,造成工厂占用土地太多的不合理现象,从而使用地规模、建设标准严重失控。

乡镇在工业区规划中存在的问题主要是在土地资源和人居、生态环境等方面。农村的农田可耕地面积在逐年减少,致使一些地方的农民已无地可种。河流、池塘被填平,一些村庄被搬迁,随之而来的是村前屋后的竹林、绿树被砍伐,由此,也改变了自然环境,生态平衡不同程度地遭到了破坏。以上这些问题,给加快工业发展和乡村城市化进程带来了负面效应。

2）规划思路

（1）功能定位

根据城市总体规划确立的乡镇所在区在区域环境中的功能定位,规划确定工业区的类型。工业区常见的类型有高新技术型、商贸型、农副产品加工型、无污染生产型等。

（2）规划理念

坚持乡镇工业区规划的原则,走可持续发展的道路。

3）规划布局

工业区的规划布局直接影响到乡镇功能结构和乡镇形态。在乡镇总体规划中,重点安排好工业区用地,综合考虑工业区用地和居住、交通运输等各项用地之间的关系,使其各得其所是十分重要的。

（1）乡镇工业区的布置形式

工业在乡镇中的布置可以根据生产的卫生类别、货运量及用地规模分为三种情况:布置在远离乡镇和与乡镇保持一定距离的工业、布置在乡镇边缘的工业以及布置在乡镇内和居住区内的工业。

① 布置在远离乡镇和与乡镇保持一定距离的工业区

由于经济、安全和卫生的要求,有些工业宜布置在远离乡镇的地方,如放射性工业、剧毒性工业以及有爆炸危险的工业。有些工业宜与乡镇保持一定的距离,如有严重污染的钢铁企业、石油化工企业和有色金属冶炼厂等。为了保证居住区的环境质量,这些厂应按当地最小频率风向布置在居住区的上风侧,工业区与居住区之间必须保留足够的防护距离。对乡镇污染不大的工业且其规模又不太大时,则不宜布置在远离乡镇的地段;否则由于居民人数有限,公共设施无法配套,造成生活上的不方便。

② 布置在乡镇边缘的工业区

对乡镇有一定的干扰和污染、用地大、货运量大、需要采用铁路运输的工厂应布置在乡镇边缘,如某些机械厂、纺织厂等。这类工厂有着生产、工艺、原料、运输等各方面的联系,宜集中在几个专门地段形成不同性质的工业区。

按乡镇规模的不同,乡镇中可设一个或多个工业区,分别布置在乡镇的各处。规模较小的乡镇有时只有一个工业区,往往形成高峰交通流量集中在通往工业区的道路上。

乡镇中能够形成两个工业区时,则可将工业区布置在乡镇的不同方向,如将工业组成不同性质的工业区,按照其产生污染的情况布置在河流上下游或风向频率最小的上、下风向位置。这种布置方式既有利于减少工业对环境的污染,又有利于组织交通,缩短工人上下班的路程,但在布置时应注意不得妨碍居住区的再发展。

乡镇工业区往往沿放射的对外交通线路布置,使工业区与居住区交错。这种布局要注意,如果工业区按当地最大频率的风向位于居住区的上风向时,工业区与居住区之间要有足够的防护距离,并应注意随乡镇发展有开辟环路进行横向联系的可能。

③ 布置在乡镇内和居住区内的工业区

基本没有污染、用地小、货运量不太大的工业可布置在乡镇内和居住区内。这类工业包括:a. 小型食品工业,如牛奶加工、面包、糕点、糖果等厂。b. 小型服装工业,如缝纫、服装、刺绣、鞋帽、针织等厂。c. 小五金、小百货、日用工业品、小型服务修配厂,如小型木器、藤器、编织、搪瓷等厂。d. 文教、卫生、体育器械工业,如玩具、乐器、体育器材、医疗器械厂等。用地达 30 hm² 左右的中小型厂如食品厂、粮食加工厂、纱厂、针织厂、木材加工厂、制药厂、机械修理厂、无线电厂等,则应布置在乡镇内的单独地段。这种地段形成的街坊应靠近交通性道路,不宜布置在居住区内部。

对居住区毫无干扰的工业为数不多。一般的工厂都有一定的交通量和噪声,由于工厂规模较小、布置得当,可以使居住区基本不受影响。

(2) 乡镇工业区布局与乡镇的关系

① 工业区用地与居住用地的位置关系

工业区用地与居住用地的位置一般有三种布置形式:第一种是工业区用地与居住用地平行布置。这种布置方式的优点是工业区和居住区相应呈带状发展,互不干扰,工业区用地与居住用地的关系较好。第二种是工业区用地与居住用地垂直布置。这种布置方式的优点是工人上下班不为工业区内运输线所隔断。热电站、热加工车间及排出有害物质的车间离居住区远一些,不排有害物质的车间可以离居住区近一些。这样可以减少防护带宽度,节省建设费用。这种布置方式对占地面积较小的工业区较为合适,但占地面积大的工业区采用这种布置方式就会增加工人上下班的距离。第三种是混合布置方式,它既有平行布置的优点,也具有垂直布置的长处,是比较常用的一种形式。

② 工业区用地布局与乡镇总体布局的关系

工业区在乡镇总体布局中有如下几种布置方式:

a. 工业区包围乡镇。工业区分散在乡镇的周围,并按工业性质和污染程度均匀地、合理地布置在乡镇的四周;乡镇内部有若干工业小区和分散的工业点。这种布置形式可以避免工业的大量运输对乡镇的干扰;但由于工业将乡镇包围,乡镇用地没有留出缺口,使乡镇没有发展余地,或者乡镇发展后又形成新的工业包围区,造成工业区用地布局与乡镇用地布局相互干扰的局面。

b. 工业区与其他用地呈交叉布置。工业区结合地形布置,与其他用地呈间隔式交叉布置。这种形式有利于充分利用地形,并根据工业企业不同的污染情况,分别考虑风向和河流上下游的关系:可将对水体污染严重的工业区根据河流流向布置在乡镇下游;废气污染严重的企业按当地最大频率的风向布置在乡镇下风向。但这种布置形式也要注意组织好交通,否则相互穿越,会造成相互干扰。

c. 组团式布置。在乡镇总体布局中,根据规划布置意图将乡镇组成几个规划分区,每一分区组团中既有工业企业,又有居住区,使生产与生活有机地结合起来。

4) 乡镇工业区规划中应注意的相关内容

(1) 景观设置

在工业区主要出入口处应设置绿色景观,以商业、科技、行政等综合建筑作为入镇路段的沿街乡镇景观,引导乡镇景观的纵深发展,以展示工业区、乡镇的新形象。

(2) 分期建设

工业区的建设应与乡镇建设步骤相结合,提供现代化的乡镇经营管理机制,保障人流、物流、信息流、资金流的高效运作,同时注意环境保护。

8 农业园区规划

建设农业园区是探索现代农业发展道路、实现城乡统筹规划和推进社会主义新农村建设的有效模式。20 世纪 90 年代以来,随着中国农业生产方式由传统粗放型逐步向现代集约型过渡,作为现代农业示范窗口的农业园区应运而生,并呈现出快速发展态势,目前中国农业园区的建设已由最初的探索阶段进入到规模化、规范化发展阶段。实践证明,农业园区是发展现代农业的有效载体,是推动现代农业发展的重要方式。其在利用高新技术改造传统农业生产模式、推进农业产业化经营、促进城镇经济全面发展等方面均发挥了重要作用,具有广阔的发展空间和光明的发展前景。

8.1 农业园区规划概述

农业园区目前已经成为中国农业经济中的一个重要类型,既代表现代农业的发展新方向,也为村镇发展规划进行有益探索。理清其含义、类型、特征、功能、建设意义及相关规划执行标准有助于更好地编制和开展农业园区规划。

8.1.1 农业园区相关概念

农业园区与现代农业有着密不可分的关系。农业园区是现代农业的"容器"和"先行区",可以集聚城乡优势资源,按照农业现代化的基本要素和要求开展先行先试,为全面加快农业现代化创造经验和提供示范。

1) 现代农业的含义

现代农业的概念是相对于传统农业而提出的,与传统农业具有理念上的本质差异,突出表现在现代农业突破了传统农业局限于种养殖范围的狭小空间,通过食品加工业、农产品运销等向农业产前部门和产后部门广阔延伸,从而形成了横跨一、二、三产业的产业组织体系。现代农业是以现代物质条件装备农业,以现代科学技术改造农业,以现代产业体系提升农业,以现代经营模式推进农业,以现代发展理念引领农业,以培养现代新型农民发展农业,全面提高农业水利化、机械化和信息化水平,提高土地产出率、资源利用率和农业劳动生产率,提高农业素质、效益和竞争力。

2) 农业园区的含义

农业园区的出现伴随着现代农业的发展,是农业发展的必然结果。中国从 1994 年开始建设农业园区,纵观各地规划建设的农业园区,名称众多,有的内容相似但是名称不同,有的名称相同内容却又有差异,如现代农业产业园区、农业科技示范园、农业综合试验园区、农业高科技园区、农业高新技术园区、农业高效示范园区、现代农业试验园区等。这些名称都表明,农业园区是以农业生产、加工、服务为主的园地的总称,是农业开发及其功能拓展的区域:就本质而言,其是实现农业现代化发展的重要途径;就含义而言,其是在具有一定资源优势和区位优势的地域内,以发展高效农业为目标,以农业科技为依托,引进企业化、规模化的经营理念,以科研、教学和技术推广单位为技术依托,建立以一产为基础,综合二产、三产等多种产业形态,具有一定景观效应的现代化农业空间,并能够对当地农业发展起到较强的示范带动作用。

3) 农业园区规划的含义

农业园区规划的概念是基于规划的概念提出的,规划作为人类的一项社会活动,是人类有目的地改造和利用自然与创建人为环境的具体行动,具有鲜明的社会目标导引和众多参与者的社会特征。农业园区规划是指综合运用组织学、经济学、社会学、环境学、工程技术学等学科理论,研究分析农业园区具体情况,针对当地多种有效资源进行合理配置和适度开发,明确园区未来发展方向,指导园区实现经济、社会与生态三效和谐的行为过程。主要针对规划区域内农业生态经济系统、相关产业结构布局和中长期发展规划展开研究,要求对农业具体生产做出非指令性的计划安排,寻求一种符合市场经济需要的农业生产经营组织载体的运作机制,将先进的生产技术、模式和产品引入园区中,达到保护园区农产品生产环境、提高园区农产品竞争力的目的。

8.1.2 农业园区主要类型

在农业园区建设发展的过程中衍生出多种分类方法,目前没有统一的模式标准可循,不同地区、不同省份同时并存着多种模式类型。为了能够揭示现有农业园区的差异性和相似性,在广泛调查研究的基础上将农业园区按下述四种分类方式进行分类:

1) 按园区的投资主体分类

按照农业园区的投资主体可将其分为下述四种类型:

(1) 政府主办型园区

政府主办型园区是指由中央或地方人民政府及有关职能部门直接投资建设和管理的园区。通常以现代农业科技示范项目、产业化示范工程等形式安排,由中央或各级地方人民政府负责园区建设主要资金的筹措,出资额一般在总投资的50%以上。在农业园区发展的初期,政府作为园区建设投资主体的现象非常普遍,可以说政府是园区发展的原始推动力。目前,此类园区仍是中国现代农业园区的主体,尤其是地(市)、县级建设的园区,基本上以政府主办型为主,而在国家级现代农业园区中所占比例很小。

(2) 政府搭台企业营运型园区

政府搭台企业营运型园区是指政府在园区建设初期进行投入,包括一些基础设施建设和公共服务、管理建设投资,投资额度在园区总投资的50%以下。在管理模式上,政府设置专门的园区管理机构(园区管理委员会或企业型园区管理中心),负责园区总体规划、招商引资、金融服务等,而园区的产业项目投资、生产经营活动由企业负责。目前此类园区在全国农业园区中占绝大多数,尤其是国家级现代农业科技示范园区基本上都是以这种模式为主。

(3) 企业主办型园区

企业主办型园区是指政府只提供有关优惠政策,园区主体由企业筹集建设经费建成。该类型园区由农业科技型企业或具有一定经济实力的大型龙头企业带动,根据企业自身发展需要,采取"公司＋基地＋农户"的模式建立。在营运模式上主要以企业投资为主,以市场为导向、以科技为支撑、以效益为中心、以新的管理运行机制为特征,追求园区经济利润的最大化。在管理模式上,政府可以协助企业协调有关部门的关系,但园区总体规划建设、招商引资、生产经营等全部由企业负责。目前,该类型园区所占比重不大,但发展速度较快。

（4）科研院校带动型园区

科研院校带动型园区是指科研院所和高等学校为了加快农业先进适用技术和高新科技成果转化而兴建的园区。此类园区一般有两种形式:一是科研院校着重高新技术的研制和开发,推进产学研紧密结合而设立的科技产业园,其特点是集人才培养、知识创新、成果转化、技术咨询、企业孵化和产业化开发于一体;二是科研院校实施工程中心带动战略,以市场为导向,以科技成果的工程化、产业化为目标,通过新技术、新成果、新产品进行招商引资联合组建的农业科技园区。此类园区一般采用科研院校机构与地方人民政府或农业科技企业合作的模式,由科研单位牵头建立股份合作制的模式。

2）按园区的功能主体分类

按照农业园区的功能主体可将其分为下述五种类型:

（1）现代农业科技园区

现代农业科技园区包括农业示范园区、农业科技园区、高新农业技术示范园、工厂高效农业示范园、高效农业示范园、持续高效农业示范园等。具有示范教育功能,把新技术、新成果、新的运行机制和新的管理体制应用到园区,使种植业、养殖业等达到优质、安全、高产的目标。此类园区一般都具有强大的科技支持保障体系和技术创新体系,能够组织调动多专业、多学科的科技工作者入驻园区,使先进的科技成果得到集成应用。

（2）农业产业化园区

农业产业化园区将产业化反映在各个农业产品领域,如粮食生产产业化、肉类生产产业化、奶业生产产业化、设施生产产业化等。此类园区一般依托某一类农产品或某一种优势产业进行建设,以市场为导向,以提高经济效益为目标,集中投入较多资金进行生产、加工、销售一体化的活动,形成相关产业体系。此类园区的突出特点是以一个明确的特色和优势产业作为龙头,辐射带动与其密切相关的配套产业发展,其产品的市场发育程度高,龙头企业的带动作用明显,二、三产业也比较发达。此类园区通过推行产业化经营,实行产加销一条龙、贸工农一体化,可以有效地促进园区的专业化生产、区域化布局、一体化经营、社会化服务、企业化管理,使农业走上自我积累、自我发展、自我调节的良性发展轨道。

（3）农业观光园区

农业观光园区包括观光农业园、休闲农业园、农业采摘园、休闲垂钓园、生态旅游园、民俗观光园、农业保健园、农业教育园等。此类园区主要是以农业资源、农村特色、农村自然景观和天然风光为核心内容,以城市居民为受众群体,开展观赏、体验、品尝、购物、休闲、娱乐、度假、健身等各种旅游活动,从而提高园区农业经济效益,丰富居民的物质和文化生活。

（4）农产物流园区

农业物流园区是联系农业生产和农业消费的中间桥梁,拥有现代化农产品物流配送企业及示范基地,以现代物流开拓市场,以现代物流的订单职能组织生产。此类园区一般建立在交通便利、有一定农业物流基础的大中城市市郊,以企业运作模式进行农业生产资料采购、农产品深加工、储运、分销等活动。此类园区能引领村镇及周边地区的农业产业结构调整,促进相关产业的发展,为村镇经济发展注入活力,提升农产品物流水平。

（5）生态餐厅园区

生态餐厅园区包括温室餐厅、体验式餐厅等。综合运用建筑学、园林学、设施园艺学、生态学等相关学科知识进行规划、设计和建设,以设施调控技术、农艺栽培及管理技术来维护餐厅的优美环境,形成以绿色景观植物为主,蔬、果、花、草、药为辅的植物配置格局,结合假山、瀑布、小桥流水、竹木亭阁等园林景观,为就餐者提供绿色、优美、舒适、悠闲、宜人的就餐环境。此类园区采用节能、节水、废弃物循环再利用等环保措施开展可持续运作模式,使其具有餐饮、观赏、休闲、娱乐、绿色食品推广和节能环保等功能。

3）按园区的产业主体分类

按照农业园区的产业主体可将其分为下述两种类型:

（1）专业型农业园区

专业型农业园区主导产业单一,产品及产品核心技术与配套技术体系非常集中,生产的专业化和规模化程度高。此类园区能够集中技术、资金等资源发展其优势产业,把主导产业做大做强,并引导带动周边地区该产业的集约化发展。

（2）综合型农业园区

综合型农业园区主导产业多种多样,基本覆盖当地农业的主体产业类型,有多种产品的核心技术及产业的配套技术体系。此类园区能够代表当地农业主导产业发展的基本类型,具有较广的辐射带动面和较好的区域代表性。

4）按园区的生态类型分类

按照农业园区的生态类型可将其分为下述四种类型:

（1）城郊型园区

城郊型园区建于大中城市市郊,靠近城市,能够为居民提供高品质、无污染、无公害的鲜活农产品。同时,此类园区还起到改善城市生态,提高生活品质,为城市居民提供休闲旅游场所,为中小学生提供绿色教育基地的作用,以满足园区周边城市居民物质和精神生活需要。

（2）平原型园区

平原型园区建于平原粮棉产区,以粮棉生产为主,推广优质高产的农作物新品种,综合运用先进的栽培管理、平衡施肥、节水灌溉等新技术,通过种、养、加结合,促进养殖业、加工业、副产品的综合利用,使园区农产品转化增值。

（3）丘冈山地型园区

丘冈山地型园区建于经济、科技欠发达的山区和丘陵地区,因地制宜地发展园艺栽培、林果生产等主导产业,多种经营模式并存,为山区农业开发起到带动示范作用。

（4）生态治理型园区

生态治理型园区建于植被退化、土地荒漠化等环境问题频发的地区,以保护生态环境、治理土地沙化和草原退化等问题为主要示范内容。

8.1.3　农业园区规划建设的意义

建设现代农业,发展村镇经济,增加村镇农民收入,是全面建设小康社会的重大任务。而农业园区代表了现代化农业技术发展的方向,具有先导性、创新性、高效性和可操作性,具有旺盛的生命力和活力。农业园区规划建设对现代农业发展意义重大,主要体现在以下三个方面:

1) 有利于促进现代农业的转型升级

尽管近年来中国农业农村工作成就显著,村镇建设取得长足发展,但由于历史原因、客观环境等诸多因素影响,仍然存在着一些不容忽视的问题。随着市场经济的发展,农业结构与生产模式的矛盾越来越明显,如经营的不成规模、单一的产品结构、落后的生产经营方式、科技含量低等。这样的农业模式导致了乡村大量劳动力资源以及土地资源和其他资源的浪费,成为阻碍农业发展的重要因素。农业园区可以通过调整农业的产业结构、品种结构以及布局结构,使农业产业结构逐步趋于合理化,使农业生产向规模化、集约化、产业化发展,从而实现农业产业、科技教育、休闲观光一体化,成为现代农业实现转型升级的一种较为理想的目标模式。农业园区通过现代技术的高度集成和资金的密集投入,得到丰富的农产品、良好的品质、较高的效益,使农民摆脱"靠天吃饭"的束缚;通过"园区+基地+农户"的模式,带动园区周边村镇的农业增效和农民增收,使其成为促进村镇农业转型、现代农业发展的重要载体。

2) 有利于加快新农村建设的进程

建设社会主义新农村是中国现代化进程中的重大历史任务,新农村建设的实质就是要推进现代农业建设,全面深化农村改革,大力发展农村公共事业,千方百计地增加农民收入。农业园区通过招商引资,吸引企业和民间社会资本,带动村镇经济发展;通过发挥园区的农业人才优势和科技优势,成为现代农业发育与成长的源头;通过其基础设施、现代化生产设施、农田林网、景观系统的建设,改善园区及其周边地区的生产、生活、生态环境,促进村容整洁;通过发挥其人才培养、技术培训的功能,促进农民素质的提高,培育适合现代农业发展的新型农民;基于其合理的农业产业结构、产品结构和功能的多样性,吸纳更多的农业劳动力进入园区从事不同农产品的生产、加工、运输和园区的管理服务等工作,增加劳动力的就业机会,从而增加农民收入;通过引入先进的管理机制和管理模式,有效地推进农村管理民主化的进程,从而使农业园区建设与物质文明、精神文明、生态文明、政治文明建设相结合,全面推进社会主义新农村建设。

3) 有利于统筹城乡一体化的发展

随着工业化和城市化进程的加速,农业用地将趋于减少,农业的进一步发展越来越受到来自资源、环境、市场等多方面因素的制约,找寻农业新的发展模式和发展路径,有效化解农业发展与工业化、城市化的矛盾,成为不容忽视的现实问题。城乡统筹发展,把城镇和农村的经济、社会发展作为整体统一筹划,把城镇和农村存在的问题及其相互关系综合起来研究,既要发挥城市对农村的辐射作用,又要发挥农村对城市的促进作用,不断缩小城乡区域发展差距,实现城乡良性互动和城乡区域协调发展。农业园区将城市的工业、服务融入农业当中,将农业产业链进行延伸,不仅改变了农村生活落后的面貌,也给农民带来了实惠,使得广大的农民体会到工业化、现代化所带来的生活上的巨大改变。园区作为城市与农村的衔接点,对城市先进理念和现代化生活方式的传入起到了桥梁作用。政府和企业将资金投入到农业园区的建设当中,为农村经济发展注入了新的活力,为城乡一体化发展开辟了新的道路。

8.2　农业园区规划编制策略

中国农业领域的规划工作开展得相对较晚,加上农业园区规划的多学科交叉性和复杂性,早期的农业园区规划普遍缺乏对园区规划理论的认识,导致其规划系统性不足、针对性不强。随着现代农业的逐步发展,建设农业园区必须规划先行的理念被广泛接受,规划编制工作日趋受到重视,规划理论体系也被不断地补充完善。依据这些理论,高质量地编制农业园区规划,对区域农业结构的调整和升级起着重要的作用。

8.2.1　农业园区规划理论依据

农业园区发展是区域经济增长理论、农业发展新思维与中国农业发展实际相结合的产物。其中支撑农业园区发展的规划理论依据非常丰富,主要包括下述七条:

1) 农业区位理论

农业区位理论是指导农业生产布局的重要理论依据之一,最早由德国农业经济学家杜能提出,又称杜能农业区位论。杜能于1826年出版了《孤立国对农业及国民经济之关系》一书,提出农业区位的理论模式,即在中心城市周围,在自然、交通、技术条件相同的情况下,不同地方与中心城市距离的远近所带来的运费差,决定了不同地方农产品纯收益(杜能称之为"经济地租")的大小,纯收益成为市场距离的函数。按这种方式,形成以城市为中心、由内向外呈同心圆状的六个农业地带:第一圈为自由农业地带,生产易腐的蔬菜及鲜奶等食品;第二圈为林业带,为城市提供烧柴及木料;第三至第五圈都是以生产谷物为主,但集约化程度逐渐降低的农耕带;第六圈为粗放畜牧业带。最外侧为未耕的荒野。该理论揭示了土地利用方式与区位之间存在着的一种客观规律,对农业园区的规划具有现实指导意义,也可以用来指导村镇农业生产的总体规划,以确定各种经营方式的相对分布,调整农产品供给和物流结构,推进村镇农业全面发展。

2) 增长极理论

增长极理论起源于法国学者佩鲁在1950年提出的"空间经济"概念,主要是指某区域内建立或嵌入优势产业之后,该地区因产业聚集形成区域经济增长的动态机理。通过增长极产生的扩散效应能带动周边地区共同发展,其强度随时间变化而变化。该理论科学地运用"极"的影响力和弥散力,对于村镇经济发展具有重要的理论意义和实践指导意义。农业园区具备特有的区位、生态、政策等方面的优势,作为农业生产力的新制高点和农村经济的新增长点,可以成村镇经济发展的"增长极",通过引导经济要素集聚,形成农业产业的生长点,以农业高新技术产业作为推动型产业,从而使园区起到较好的示范带动作用。

3) 系统工程理论

系统工程理论是指将研究对象作为一个大型复杂系统来对待,运用系统理论和方法,借助一定的现代科技手段,把握研究对象的层次、结构及演化规律,协调系统内各要素关系,同时,结合系统内部各子系统间的关联性、动态平衡性、时序性等基本特征,对研究对象进行设计、开发、管理与控制,以使其性能达到最优的理论和方法。应用该理论,可把农业园区看成一个全方位综合有效运行的大系统,其内部各子系统之间、系统与外部环境之间协同合作、密切配合、协调一致,形成一个完整的复合系统,只有这样农业园区的运行关系与其外部环境系统才能协调发展,最终使园区获得最优的产量和效益。

4)生态农业理论

生态农业理论是按照生态学和生态经济学原理,应用系统工程方法,把传统农业技术和现代先进农业技术相结合,充分利用当地自然和社会资源优势,因地制宜地规划、设计和组织实施的综合农业体系。应用该理论,农业园区将以发展大农业为出发点,按照整体协调原则,实行农、林、牧、副、渔统筹规划、协调发展,并使各业相互支持、相得益彰,促进农业生态系统物质、能量的多层次利用和良性循环,从而实现农业持续、快速、健康发展。农业园区通过该理论来指导总体规划,合理利用资源,合理增加农业科技投入,适应现代农业可持续发展的要求,从而达到园区内农业系统结构有序、功能强大、效益持久和环境良好的目的。

5)景观农业理论

景观农业理论来源于景观生态学的基本原理和系统论思想,是农业生态系统与自然生态系统在一定自然景观上的有机结合,是按景观生态学原理进行规划的,具有自我调节能力、高稳定性,实现能量与物质平衡的一种新型农业。应用该理论,农业园区规划可在较大的地理区域范围内将规划区各农业生产要素(田块、道路、水渠及其他农业设施)组合形成具有一定视觉特征的有机整体,考虑自然生态系统与农业生态系统的相互影响,以实现景观多样性和生态系统多样性,构建一个空间结构和谐、生态稳定、社会经济效益理想的区域农业景观系统。

6)农业产业链理论

美国哈佛大学商学院教授迈克尔·波特于1985年首次提出农业产链理论,即产业链是产业经济学中的一个概念,是指产业各部门之间形成的链条式关联关系及形态。农业产业链是指由农产品的研发育种、种养殖、深加工、销售等一系列增值环节组成的链条,是组织农民实现产业化经营的有效路径。利用该理论,农业园区可构建的产业链包括:①园区内的封闭产业链,即某产品的产前、产中、产后生产都在园区内完成;②园区内的产业链中某一产业同时加入园区外的某一产业链,如种苗和加工在园区内,生产种植在区外,通过"公司+基地+农户"等实现;③根据园区内某些优势条件所形成的某一产业,可以完全加入园区外的某一产业链中去,而与园区内的其他产业链无关。应用该理论,利用高新技术改造传统农业,就是使高新技术向传统农业的产前、产中、产后阶段迅速地渗透和扩散,从而造成农业产业链条不断延伸、农业科技产业不断出现、农业关联产业不断扩大,形成和构建一个全新的现代农业产业链系统。

7)新农村建设理论

新农村建设理论是依据中共中央、国务院《关于推进社会主义新农村建设的若干意见》所提出的。现代农业注重集约投入生产要素、提高生产要素的配置效率,与新农村建设的关系属于发展上的相互促进、资源配置上的优势互补、功能整合上的总体提升,使农村经济在现代农业的推动下不断增长、繁荣。农业园区的规划建设贯穿了发展的理念,改变了农业经营方式,有利于农业科技成果的转化与推广应用,有利于培育农业支柱产业,有利于农业结构的调整和优化升级,有利于农业资源的高效利用和生态环境保护,对加快农业现代化进程、实现农业可持续发展具有积极的推动作用,是社会主义新农村建设的有效途径。

8.2.2 农业园区规划基本原则

从农业园区应该具备的功能和实现的目标出发,按照农业产业发展的政策和农业科技发展的方向,确定农业园区规划的基本原则。具体有下述六个方面:

1) 因地制宜原则

根据农业园区所在村镇的自然资源和土地利用现状,立足村镇的环境优势、资源优势、产业优势,扬长避短,宜农则农,宜牧则牧,宜林则林,选择适宜的主导产业和产品进行开发。把农业园区的规划建设同当前农业结构调整有机结合,同发展当地支柱产业相结合,同促进当地农业产业化的发展相结合。确立园区自己的发展方向与目标,开发具有现实需求和长远潜在需求的产品和产业,大力培植"名特优稀"地方名牌产品,进而带动区域主导产业的发展。

2) 重点突出原则

要依据和把握党和国家的方针、政策,明确农业园区发展规划的重点方向,做到与时俱进、务实创新。农业园区除了规划固有的主导产业项目外,还要面向国内外进行招商引资,重点吸收具有竞争力且发展前景好的产业项目。在这个过程中,既要突出重点,又要择优安排。编制农业园区发展规划的过程,实际上就是选择确定产业重点项目的过程。要根据规划时间的长短和以上诸多因素综合考虑,以提高项目择优水平。

3) 城乡一体化原则

在当今城乡一体化的大背景下,农业园区发展规划应对具有一定内在关联的城乡物质和精神要素进行系统安排,把挖掘农业自身潜力与工业反哺农业结合起来,把扩大农村就业与引导农村富余劳动力有序转移结合起来,把建设社会主义新农村与稳步推进城镇化结合起来,加快建立健全以工促农、以城带乡的政策体系和体制机制,形成城乡良性互动的发展格局。农业园区的发展离不开城市的吸纳,城市的发展也受惠于农业园区的成功。

4) 以市场为导向原则

遵循市场经济规律,突出当地的农业特色和优势,分析产品在市场上的供求关系、价格幅度、风险因子等,提高园区产品的市场扩展能力。要以市场为导向,科学合理地进行定位,明确功能、类型、特点及其细分市场,根据市场需求调整园区农业经济结构;园区内农业生产应遵循市场经济规律,突出村镇当地的农业特色和优势,开发特色产品,创立特色品牌,追求生态环境、社会、经济的整体最佳效益。

5) 效益统筹发展原则

最大限度发挥经济效益,同时兼顾社会效益与生态效益,即要统筹发展经济、社会、生态三位一体的农业综合效益,而将三者割裂开来,只强调任一单方面的效益都是不可行的。要以最少的资源消耗、最小的环境代价实现可持续增长,走出一条科技含量高、经济效益好、资源消耗低、环境污染少、人力资源优势得到充分发挥的道路,以实现当前效益与长远效益的双赢。只有以这三大效益为主导的规划才能使农业园区经济发展处于一种协调、统一、合理的良性循环中。

6) 可持续发展的原则

运用可持续发展的观念,以"严格保护、科学管理、合理开发、永续利用"为指导方针,严格遵守环保要求,延长和拓展生产及服务链条,促进农业园区各功能区产业间的共生耦合,以达到更有效地利用资源和保护环境的目的,提倡保护农业、优化环境、节约资源,保持并增强农业的可持续发展能力,实现农业的可持续发展。在项目设计上要逐步形成自我发展、自我提高的良性机制,使农业园区能够持续健康地向前发展。

8.2.3 农业园区规划成果类型

1) 依规划编制深度分类

借鉴城市规划的分类办法,我们可以将现代农业园区规划成果分为下述三种:

(1) 概念性规划

概念性规划是根据园区所在地现状条件绘制未来的美好蓝图,较为宏观,主要强调的是前瞻性、导向性。它属于一种对农业园区宏观发展思路的探讨和研究。作为一种农业园区规划的思维方法,它淡化了设计的表象,使规划成为纲领性、战略性的文件,指导和协调农业园区的发展与建设。其主要内容包括对园区规划区域的农业资源或旅游资源市场进行分析和预测;确定园区的发展定位、发展方向和发展战略;明确园区产品的开发方向、特色和主要内容;提出园区应发展的重点产业或项目,强调园区策划的创新、个性和特色;提出相关要素发展的原则和方法等,从而在宏观层面上为园区农业发展勾勒理想蓝图。

(2) 总体规划

总体规划的编制内容包括:论证基础资料和编制规划依据;拟定园区的指导思想、发展目标和建设原则;明确园区的功能定位、产业规划、项目规划、经营决策等内容;确定园区的空间布局、用地规模,进行分区规划;了解园外交通的结构和布局,编制园内道路系统规划方案,包括道路等级、广场、停车场及主要交叉路口形式;确定园区给排水、供电、通信、供热、燃气、消防、环保等设施的发展目标和总体布局,并进行综合协调;进行综合技术经济论证,提出实施建议。其规划成果包括:规划文本和附件,规划说明及基础资料收入附件;图纸包括建设地现状图、园区总体规划图、近期建设规划图、功能分区图、道路绿化系统图、绿地景观系统图、电力电信规划图、给(排)水规划图等专业图,以及反映规划设计意图的透视图、鸟瞰图、平面效果图等,比例尺一般为 1∶1 000—1∶500。

(3) 详细规划

详细规划的编制内容包括:详细确定园区建设项目用地界线和适用范围,确定各功能分区的容量,比如环境容量、生态容量、建筑容量等,提出主要建筑(温室、畜禽社、加工厂房等)高度、密度等控制指标,规定交通出入口方位;确定各级干道红线的位置、断面、控制点坐标和标高等;确定工程管线的走向、管径和工程设施的用地界线等;制定相应的土地使用与建筑管理规定细则。其规划成果包括：土地使用与建设管理细则和附件，规划说明及基础资料收入附件；图纸包括规划范围现状图、专项详细规划图、竖向规划图，反映规划设计意图的透视图等，比例尺一般为 1∶500—1∶100。

2）依规划编制侧重点分类

由于农业的多功能性，因此依据资源优势和园区功能定位的不同，形成了侧重点不同的规划，大致可将农业园区的规划成果分为下述三种：

（1）农业产业规划

在农业产业基础较好的地区，通过对现状条件深入调查，综合考虑政府、部门、群众、企业的意见，分析区域经济发展态势，对现有的产业结构进行优化调整，从空间布局到产业链构建进行全面打造。这类规划的主要目的是提高农业产业效益，起到示范带动作用。

（2）农业旅游规划

在旅游资源相对突出的地区，将农业也看作一种资源，通过分析各种旅游资源的特色和市场发展前景，找准定位，制定旅游发展战略，并对旅游系统进行规划，其中包括旅游资源的开发与保护、旅游产品、旅游产业及其支持系统的规划等。这类规划通常将农业视为旅游业服务，对农业产业效益并不十分重视。

（3）农业景观规划

将农业视为景观要素，依据景观美学和景观生态学的指导进行要素的配置，创建一种景观格局，并将地方文化提炼抽象后融入其中，达到维护区域生态安全、创造令人愉悦享受的美感空间、传承和发扬地方文化的目的。

8.2.4　农业园区规划影响因素

农业园区是农业生产与科技进步结合的产物。其中农业生产作为农业园区的主要功能：一方面受自然资源因素的制约，表现出较大的地域差异；另一方面又受到经济规律的影响，必须适应特定时期社会生产力水平和生产的关系。因此，园区规划主要受到下述五个因素的影响：

1）自然资源

自然资源主要包括农业气候资源、土地资源、水资源及生物资源等。气候资源通过直接影响农作物的产出和分布，来影响园区农业的类型、生产力等。土地资源具有有限性、固定性、生产力差异性、可改良性及培育性等方面的特征，合理利用农地、保护土地影响着园区的生产加工和辐射带动能力。优质丰富的水资源不但是农业作物的生长和园区运行的必要保证，而且可以作为有待开发的景观资源。作为农业经营的主要对象，生物资源对农业园区内的产业有重要导向作用，生物资源越丰富，园区产品向多样化发展的潜力越大。

2）农业基础

农业基础主要包括农业发展规模、农业产业结构、农业基本建设、农业收入分配和消费状况等方面。农业发展规模影响着园区农业发展和功能发挥的能力，是农业园区能否蓬勃发展的先决条件。合理的农业产业结构要求园区的产业都符合当地农业的发展态势，对园区整体农业结构的调整有重要意义。良好的农业基本建设情况是园区进行高科技农业生产的保证,直接关系到园区开发建设的难度和投资的金额。当地农业收入分配和消费状况,可影响园区各项功能的强弱对比关系。随着农民人均纯收入的增多,所建园区的生产加工、科技示范功能要求的升高,旅游观光、生态保护功能都将逐步成为园区发展的重点。

3)经济实力

经济实力主要包括生产力水平、市场需求、劳动力状况、资金等方面。生产力水平对园区各项功能都有较强影响,当地生产力水平越高,产业链延伸越长,工业化水平就越高。市场对农产品的需求促使园区企业不断追加投入,促进园区农产品的质量和市场竞争力的提高;产品的市场销售渠道畅通与否,也将直接影响其经济效益和管理效率。农业园区产业技术密集特征明显,因此当地劳动力状况在一定程度上影响着园区生产加工、科技示范、教育培训功能的发挥。资金是园区顺利实施建设的必要条件:当地资金来源是否充足,财力是否雄厚,关系到园区各项功能发挥和产业发展的深度、广度和进度;同时资金的分配规律和增长速度决定了园区产业结构的发展规模和速度。

4)社会条件

社会条件主要包括智力资源、科技进步、旅游文化、农业政策等。智力资源的数量和质量在一定程度上决定了农业高新技术研究与开发的成功与否,是园区实现农业现代化、科技化的重要因素。科技进步是生产力发展的源泉和动力,当地的科技进步情况不仅为园区内各产业要素功能和协作程度提供依据和保证,而且为园区各项功能的实现提供有效途径。将旅游文化如民俗风情、民族文化等贯穿、渗透、融合到园区现代农业活动中,可以实现园区旅游观光功能,提升园区的文化品位,引导城乡居民文明素质的提升。农业政策是指国家和地区从宏观角度调整农业产业发展的重要措施,在很大程度上影响园区功能的发挥与产业的选择。

5)建设现状

建设现状主要包括道路交通设施、水暖电能源设施、通信设施、污染处理设施等方面。良好的道路交通条件可以降低生产成本,有利于当地人才、资金等重要资源向园区集聚,同时有利于园区产品、技术成果的输出,提高园区的整体吸引力和运作效率。完善的水暖电能源设施是园区顺利进行农业生产的能源保证,对园区高新技术的开发与应用有重要影响。通信设施的建设有利于园区对市场信息、科技信息、资本信息等资源的管理、收集、分析及发布,进而影响园区各项功能的发挥。污染处理设施是园区生产过程中废气、废水、废物的处理器,影响着园区的生产、环境和旅游等。

8.2.5 农业园区规划工作特点

农业园区规划的工作具有自身的特点,其主要由两方面因素决定:一方面是由农业园区具有示范和带动功能的本质要求决定的;另一方面是由农业在中国的特殊地位以及中国现阶段的生产力水平决定的。只有对农业园区规划的工作特点有一个清晰的理解,才能规划出合理有效的园区。总的来说,农业园区规划工作具有下述两个特点:

1)农业园区规划的特殊性

首先,农业要求是在中国特定的社会经济背景下产生的,是中国社会生产力发展到一定阶段的产物,是中国现代农业渴求向世界先进技术学习、农产品与国际市场接轨现实需要的产物;同时也是新时期中国一家一户的农业经营模式对传统的农技推广模式提出新要求的产物。特殊的历史背景要求其规划思路也必须要适应这一特定的社会功能,适应新形势下的特殊要求。

其次,与国外农业园区模式相比,中国农业园区有其自身的特殊性,目前国外尚无中国这种特定概念的农业园区。国外类似于中国农业园区概念的仅有两种模式:一种叫 Demonstrate Farm(示范农场),另一种叫 Holiday Farm(休闲农场或农业公园)。这两种模式的农业园区功能较为单一,与中国现有的农业园区所肩负的社会、经济等诸多职能有着本质的区别,规划思路上的差异也较大。中国的农业园区建设时,其公益性的一面和经营性的一面均需考虑,而国外往往仅注重某一方面的内容。

最后,农业园区与城镇、小区、农业公园和农场等相比也具有较大的特殊性。主要表现在内容与功能的多样性、生物生产的季节性与多变性、区域的广阔性和农业设施的特殊性等诸多方面。因此,用单一的模式来进行规划,很难体现农业园区的内在特征和各项功能,只有充分认识其本质上的特殊性,才能在规划中实现农业园区所具有的社会经济职能。

2) 农业园区规划的复杂性

与众多工程项目相比,农业园区规划是一个较为复杂的系统工程。首先,农业园区规划尚兼项目策划功能,一般在规划过程中即使有可行性研究报告也不能完全体现农业园区的建设内容,有些可行性研究报告往往仅仅是一个报批的材料而已,与实际要实施的项目内容具有较大差距。因此,在规划过程中必须对农业园区的功能定位、技术选择、项目设置等进行重新策划,以确定务实的项目建设内容,这需要规划部门与建设单位反复沟通,充分理解建设单位的战略思路后加以消化、构思与策划,形成可进行实际操作的规划内容。其次,规划过程中应从建设与管理单位的角度对农业园区各项功能的经济效益预期有一个恰当的估计,在农业园区的诸项功能中应优先选择效益最大化的项目进行规划与实施,以切实体现“高投入、高产出、高效益”的建设宗旨。最后,农业园区规划的复杂性还体现在其学科的多样性上。目前大多数农业园区集种植、养殖、加工等功能于一体,因此,在规划过程中除常规的规划所需的建筑、水暖电、道路、园林工程等学科外,还需涉及种植、养殖、水产、加工、农业工程、节水灌溉以及信息技术等众多学科。

农业园区规划是一个复杂的系统工程,对规划部门和建设单位均有较高的要求,只有充分认识到这些特殊性和复杂性,才有可能取得规划的成功。

8.3　农业园区规划内容

由于农业园区的多样性较丰富、交叉性较强、规划类别不同,现阶段编制的农业园区规划内容五花八门,风格各不相同,易出现设计不合理、可操作性不高、目标功能无法实现及建成后运营成本增加等诸多问题,从而对村镇总体规划造成影响。因此,理清规划分项内容有助于更好地编制农业园区规划。

8.3.1 农业园区现状条件分析

在进行农业园区总体布局规划前要进行各类现状基础资料的收集与分析,确定农业园区发展思路和功能定位,并以此作为规划依据,对园区进行整体的统筹策划。其中需重点分析的有下述五个方面:

1) 相关规划衔接

相关规划主要包括村镇各级部门所作的关于该园区所在地的规划和与农业相关的各项规划,以及所在地区的农业宏观布局文件和相关政策文件。各项规划主要包括:镇、村土地利用总体规划,区域控制性详细规划,周边特殊区域的专项规划,以及镇、村相关产业规划。各项文件主要包括:国家、地区关于农业园区的建设标准和意见,以及现有的相关研究成果。

2) 村镇农业现状

村镇农业现状主要包括园区所在村镇的农业生产力水平、技术水平、农业主导产业等。具体为:当地农业发展历程、主要的农作物品种、农作物的产值和效益、机械化程度、各级农产品市场情况,周边的主要农业企业、相关的产业结构、农民的文化程度等。

3) 园区农业现状

园区农业现状主要包括园区所在区域的自然条件(包括气候、日照、降雨量、土壤条件、地形地貌、不同地块的肥沃程度和环境污染程度等)、社会条件(包括经济发展现状、土地利用现状、交通条件、现有设施情况、环境质量、旅游资源等),用以分析园区农业现状,确定园区所在地的农业资源情况以及农业生产的整体水平,并结合所在村镇的实际情况发掘农业特色,为农业园区的发展定位提供依据。

4) 市场需求分析

市场需求分析主要是指园区现在的主要产业或特色产业在市场中的需求情况分析,包括该村镇、周边地区乃至全市、全省、全国范围的市场需求,以了解市场供需关系。一般从市场需求估计和市场需求预测两个方面进行分析。

5) 园区农业产业技术需求

园区农业产业技术主要包括育种技术、栽培技术、养殖技术、保鲜技术等。这些技术对园区农产品产量的提高、效益的提升起关键作用,因此要了解农业产业的相关技术需求,以便在规划时结合土地利用和产业布局予以综合考虑。

8.3.2 农业园区规划发展定位

农业园区的发展定位是整体规划的出发点,决定着园区建设的成败,对园区规划具有重要意义。因此,要明确园区发展的思路和定位,推进园区持续、健康、快速发展。

1) 发展思路

发展思路是村镇园区规划的灵魂和核心内容,具有确定性、全面性、预见性、科学可行性等特征。其要符合相关政策和村镇特色,并突出其长远性。发展思路是对农业园区宏观(经济环境、产业环境、技术预测)、微观(产业的需求与供应分析)、自身(SWOT,即优势、劣势、机遇与挑战)进行分析,对园区现状做出充分的分析评估后,提出园区的宏观发展战略,制定实现园区发展目标的具体措施,以挖掘园区市场竞争潜能。

2)目标定位

农业园区的目标定位影响着园区的发展方向,在具体实践中,应当立足现状,因地制宜,根据具体环境条件选择合适的规划建设内容,制定切实可行的发展目标。不同类型的农业园区的目标定位各不相同,分别表现在以下几方面:

(1)农业产业园区

① 技术现代化。农业产业园通过吸引高科技企业入园,培养高科技人才,建设先进的研发中心、科技推广和技术培训中心,推广无土栽培、温室调控、节水灌溉、生物防治、无公害蔬菜生产等多种现代化技术,保证产品质量,提高生产效率,发展现代农业产业。利用技术对产业的带动作用,扩大产业优势,促进产业发展。

② 效益全面化。经济效益是农业产业园区生存、发展的根本和保证园区持续稳定发展的基本条件,农业产业园要体现高起点、高效益运行的基本特色,坚持以经济效益为中心,并与社会效益、生态效益相统一,达到资源的高效利用。农业产业园不仅要选择有突出优势的农业高新项目,而且要选配和组装农业产前、产后的相关项目,以便形成市场、技术、资源一体化的整体优势,有效带动农业走向集约化、规模化、产业化经营之路,从根本上提高农业发展的效益性和持续性。

③ 管理规范化。农业产业园建设要加强管理,健全领导和技术服务体系,明确各自的职责与任务分工,建立技术创新、生产经营创新、产业化创新、服务创新等激励机制。园区由政府牵头,通过龙头企业、农业合作经济组织、农业技术单位,全面开展产前、产中、产后的综合配套服务与农民技术培训,结合当地农业资源开发和产业发展的需求,按照现代农业产业化生产经营体系,进行规范化的园区管理。

④ 信息网络化。随着信息网络技术的发展,现代农业已实现足不出户进行园区内部与外界关于农业与农产品的信息交流,这就要求农业产业园区建立分层、分类的园区农业管理信息系统、农业科技信息系统、专家系统、农副产品销售系统、动态决策和预警系统及相关数据库,为园区农业的宏观管理和生产经营提供信息服务和支撑。

(2)农业科技园区

① 生产科技化。农业科技园要坚持科技是第一生产力的宗旨,不断利用农业高新技术改造传统农业,用现代化装备来武装农业,采用机械化和生态循环系统进行生产,提高劳动效率。加强新品种、新技术、新模式的引进,大力推广各种现代农业高新技术成果,在核心区推广绿色食品标准化生产技术和农产品精加工技术,在园区内形成科技化生产模式。

② 技术示范化。农业科技园要以农业科研单位和技术推广单位作为技术依托,将农业、林业、水利、农机、工程设施的高新技术融为一体,以调整农业结构、促进产业升级、展示现代科技为主要目标,对农业新产品和新技术集中投入、集中开发,通过科学试验、农业展示等活动,实现扩散效应,以使其成为高新技术的开发基地、生产基地、示范基地。

③ 机制创新化。农业科技园要打破传统的小农经济模式,建立政府引导、企业运作、中介参与、农民受益的运行机制。在资金筹措上,要形成以业主和农民投资为主体、社会融资为补充、政府投资为补助的多元化投资新机制。在经营管理上,建立现代企业制度,

进行企业化运作。企业作为园区建设的主体,对园区的生产和经营管理有相应的自主权,并可根据自身的发展进行农业技术成果的引进、转化和产业化开发。

④ 科学教育普及化。农业科技园应充分发挥其科学教育功能,利用园区内农业科技教育资源,结合"专家大院"等园区科技服务体系,对当地农民进行科学知识普及和科学技术培训,使园区成为当地传播农业高新技术的教学基地。农业科技园可吸引游客前来参观学习,使游客了解农村、认识农业、体验农业、参与农业现代化建设,领略新型农业的无限魅力。

(3) 农业观光园区

① 经营系统化。农业观光园以农业生产为基础产业,通过完善观光旅游服务体系,健全观光农业经营体系,加大旅游市场促销力度,强化旅游服务质量,充分融合一产和三产,走规模化、效益型的经营之路。农业观光园要以生态建设为基础,市场需求为导向,产业经济技术为支撑,强调经营的稳定性和持续性,促进园区形成农、商、游一体化的经营系统。

② 景观优美化。农业观光园要着重关注园区环境景观的优美化,以迎合观光游览者的需求。农业观光园要严格遵循"以人为本"的规划建设思想,应用园林美学的设计原则和技术,依托村镇特有的自然风光和民俗文化资源,把园区内的农业生物及其生长环境、农业产品及其生产过程、农业技术及其支撑设施、农业文化及其物化形态等塑造成生物景观、生产景观、生活景观、生态景观和文化景观,营造出和谐、雅静的园区环境及优美、别致的乡村风光。

③ 生产高效化。农业观光园要充分利用土地、生物、技术、信息等资源,将农、林、牧、副、渔、商、游等诸业有机复合,在园内形成集成型产业,吸取一切能够发展农业生产的新技术和方法,提高农业生态经济生产力和农业综合生产力,实现经济和生态的良性循环,建立健康有序、多层次、系统而持续高效的生产系统。

④ 发展可持续化。农业的生态本质,就是把农业发展建立在健全的"绿色生产"基础之上。农业观光园区建设要密切围绕农业可持续发展和生态化建设的总体目标,注重园区内自然资源的保护,运用一定的生态科学原理进行生产,维护自然生态平衡、提高环境质量,注重提高生态效益,使农业生产良性发展。

(4) 农产品物流园区

① 配送通畅化。农产品物流园区要将农产品从产地以高质量、高新鲜度状态送到指定地点,保证农产品顺利、通畅、有序、方向明确地流进经营场所。这就要求园区拥有完善、发达的道路系统,改变传统的农产品流通模式,通过准确的信息、合理的运筹、快捷的运送完成配送过程,提高流通效率。

② 物流信息化。农产品物流园区对农产品物流信息的处理、管理情况,决定着整个供应链对市场的反应能力和对顾客提供高效率、高水平服务的能力。先进的物流信息系统既是提高整个物流系统运行效率的基础条件,也是物流作业子系统之间衔接和配合的桥梁和纽带。园区要建立农产品物流动态信息数据库,改进数据库管理,抓好数据库标准化建设,从而实现农产品物流信息的采集、加工、传输、反馈的现代化运作,吸引更多的顾客成为信息的消费者。

③ 设施完备化。完备的基础设施是支持农产品物流园区物流活动高效、稳定运行的保障。其基础设施主要包括农产品交易厅,冷库,道路,供水、供电、取暖、降温及信息设备,运输设备,质量安全监控设备,垃圾处理设备等。园区要着重加强路网建设,改善农用运输装备,发展社会化的运输体系,引进特殊运输技术与运输工具,加快传统仓库改造,建设一批现代化的农产品物流设施。

④ 各环节规范化。要保证农产品的质量,就要对物流的各个环节建立管理规范。农产品物流园区要在政府的引导、支持下,协同物流协会及农业行业协会,建立并完善农产品物流的相关标准,应用标准化、系列化的运输、仓储、装卸、搬运、包装机械设施及条形码等技术,保证园区的规范化运作和物流企业公平发展的环境。

3) 规划功能定位

功能定位是农业园区规划的重点内容之一。要根据当地的自然、经济、社会特点、发展趋势及农业园区规划的原则、发展思路、目标定位,科学地确定农业园区功能定位。不同类型的农业园区在功能上各不相同,但一般来说不外乎以下五项:

(1) 农副产品生产与加工功能

农副产品的生产与加工是农业园区最基本的功能。园区用最新品种、最精技术生产优质、高档的农副产品,示范推广绿色有机农产品标准化种植技术和产业化经营模式,以点带面,提升农产品质量,建成安全化、优质化、标准化、品牌化的农副产品生产加工基地,满足各地居民对于安全优质农副产品的需要。

(2) 农业高新科技孵化功能

农业高新科技孵化功能主要体现在对农业高新技术成果的孵化和农业高新技术企业的孵化两个方面。农业科技人员对引进的高新科技成果进行工程开发和市场开发,使这些农业高新技术成果在园区里"孵化"成适合市场需要的、技术上成熟的商品。同时,将农业高新科技成果转化为生产力,实现由中小型科技农业企业向大中型科技农业企业的迅速转变,逐步"孵化"农业高新技术企业。

(3) 农业观光与休闲功能

农业园区要既保持农业的自然属性,又具有新型农业设施的现代气息,加上生态化、精品化的整体设计和周年生长的名特优新果蔬花卉、珍禽名鱼的生产与示范,形成融科学性、艺术性、文化性为一体的人地合一的现代旅游观光农业的景点;并通过园区内优美的自然景观和生态环境、浓郁的田园风光、现代生产设施与科学技术及安全优质的生态产品吸引城乡居民观光、旅游。

(4) 农业建设资本汇集功能

以政府投入为导向,整合土地整理、农业综合开发、农田水利和农业产业园区等项目资金,发挥财政资金的乘数效应,鼓励农民、合作社、龙头企业和其他社会力量发挥他们的资金、人才和技术优势,选择名特蔬果、精品林木、应时鲜果、优质稻米或观光农业等特色产业进行投资建设,并以各自基地为样板,注重发挥示范带动作用,有效辐射带动周边农户的生产。

(5) 农业生态环境保护功能

坚持生态和谐的发展理念,提倡使用有机肥料、生物农药,推广应用秸秆综合利用和人畜粪便无害化处理技术,提高农业废弃物的综合利用率,减少农村面源污染;合理配置错落有致的乔灌花草的植物组合,营造出"春有花、夏有荫、秋有果、冬有绿"的优质景观;对现有的林地、林网做适当的改造,营建结构完整、功能齐全的生态防护林体系,建成生产持续发展、生态日益改善、生活不断富裕的农业园区。

8.3.3 农业园区总体布局规划

农业园区的总体布局规划应妥善处理开发利用与生产、游览、服务等诸方面之间的关系,从全局出发,统筹安排,充分合理地利用空间,因地制宜地开发园区的多种功能与产业。其内容主要包括下述三个方面:

1)功能分区规划

农业园区要依据规划项目的属性、特征、存在环境及土地利用现状,结合园区基础资料分析的情况,制定既满足农业园区建设发展需求又适应村镇农业发展的科学合理的功能分区规划。

(1)功能分区规划的原则

农业园区功能分区要充分考虑农业生产、观光休闲的需求,以现有的道路和基本水系为规划基准点,并遵循现状优先、突出特色以及产业协调的原则进行规划。

① 现状优先原则。功能分区规划时应该尽量保持土地原有的功能,从土地利用的实际情况出发,充分考虑农业园区建设及其生产的性质、规模等,依据园区内不同区域的土地现状条件选择适宜的农作物种类,避免大范围地调整农产品种植的位置,并在此基础上划分各功能区域,总体把握各功能分区。

② 突出特色原则。突出特色是农业园区规划建设进程中生存和发展的基本条件,也是功能分区规划应遵从的基本原则。不同类型的农业园区依据其各自不同的功能定位,在遵从现状优先原则的基础上,优先考虑具有当地自然资源优势、传统优势和特色产业分布的地区作为主要功能区,进行合理的功能分区布局。

③ 产业协调原则。在进行农业园区的功能分区规划时各功能区要相互协调,对功能区进行合理整合。对关系到农业园区发展方向、规模及有关功能作用的部分要尽量集中布置,形成独立的功能分区,即首先考虑主要功能区的区域位置,保证主要功能区用地的完整性;其次对于较小规模的交通、仓储、绿化等功能用地,原则上并入规模较大的功能区,而不单独设立功能区,以方便集中管理。

(2)功能分区规划的方法

功能分区是农业园区规划的重要内容之一,是从空间上对园区进行的全面统筹。其主要内容包括:确定若干功能区,确定景观和经济轴线,划定适当的产业带,划定园区的核心区、示范区以及辐射区的范围,绘制功能布局图。

农业园区的功能分区要根据园区规划的指导思想、发展方向和目标,充分考虑土地利用现状、产业关联程度、园区的定性定位等方面内容,对现有的空间进行划分,再结合产业类型对各功能区进行整合和调整,使得各功能区之间关系协调、运行便捷。除了要综合考虑各功能区之间的关系,还要考虑各功能区与各轴线或产业带之间的关系,合理地布局各功能区及经济产业带和景观轴线,最终完成功能布局图。

不同类型的农业园区对功能分区有着不同的要求和侧重点,产业类园区一般侧重于生产示范区,科技类园区侧重于科技研发区,观光类园区侧重于观光休闲区,农产品物流类园区则侧重于配套销售区。就其共性来说,农业园区主要的功能分区一般包括生产示范区、科技研发区、观光休闲区、配套销售区、管理服务区等。

① 生产示范区。生产示范区是农业园区的核心区域,区域内主要从事农作物、果树、蔬菜、花卉种植,渔业生产,畜牧养殖,森林经营等生产活动,进行农业科技、生态农业、科普、新品种新技术的生产等示范活动,展示人工与自然相结合的环境改良成果,展示现代化乡村改造与建设成果,从而带动周边地区农业经济的发展,提高村镇农业生产的整体水平。

② 科技研发区。科技研发区作为农业高新技术产业化的实验场所,以现有的农业院校和科研院所为依托,在园区内建设综合性科研、实验、科技孵化中心,为农业科研人员提供必要的场所和完善的设备,是农业园区保持核心竞争力与生命力的所在。科技研发有利于加速农业高新技术研究、成果转化和创新发展,提高农业园区内农产品的科技含量和整个村镇农业生产的科技水平。

③ 观光休闲区。观光休闲区利用园区原有的自然资源和交通条件,结合现代园林造景手法,科学地改造园区环境,合理打造农业观光休闲亮点。通过挖掘传统农业的文化、历史、民俗等特点,将文化特色与生态农业、观光旅游有机结合起来,打造寓农业观光、垂钓娱乐、林果采摘、休闲度假为一体的功能区域。发展农业观光休闲,不仅能丰富园区功能,还能带动所在村镇经济收益、社会效益的提高。

④ 配套销售区。配套销售区包括展示、销售、物流配送等功能,是农业园区对外贸易、对外交流的重要平台。该区域可以将园内产品进行集中运输、统一配送,把园区内的农产品第一时间推向市场。同时该区还能为园区内农业生产所需的生产资源及原料的引进等提供服务平台。

⑤ 管理服务区。管理服务区包括园区管理、服务接待、交流培训、住宿餐饮等功能,是农业园区的中心枢纽,是保证园区正常运转的关键,也是整个园区对外的形象窗口,其服务质量、服务设施、服务功能是园区的技术和成果能否得以高效运用和展示的关键所在。综合管理服务区用于安排行政管理机构、商业设施、会议展览中心和第三产业的各类设施,其工作纷繁复杂,但创造良好的工作环境和生活环境是该区的最终目标。

2)土地利用规划

土地利用规划是农业园区规划的主要内容,要依据土地利用规划原则和相关规划指标在农业园区范围内合理地确定各项用地的布局。

(1)土地利用规划的原则

土地利用规划要根据社会经济发展计划、国土规划和村镇土地规划的要求,结合区域内的自然生态和社会经济具体条件,寻求符合区域特点和土地资源利用效益最大化要求的土地利用优化体系。其遵循以下原则:

① 因地制宜原则。农业园区所在地区的自然、社会、经济条件直接影响着园区土地利用方向、方式、深度和广度,使土地利用具有显著的地域差异。不同的土地利用环境不仅反映土地本身的适宜性和限制性,而且反映当前生产力发展水平以及对土地的改造能

力和利用程度,因此,农业园区土地利用必须遵循因地制宜的原则,才能把土地利用的潜在可能性变为现实生产力。

② 整体协调原则。在进行农业园区土地利用规划时,编制人员应广泛征求各方面意见;要考虑土地利用分区,以便土地用途管制和土地利用;要合理安排各业用地,以便新农村规划、村级产业规划、道路交通规划等重要规划与之衔接,保持区域发展的整体有序性。

③ 动态平衡原则。动态平衡原则要求土地利用规划在分析过去、摸清现状的基础上,估算计划期内可能新增加的土地资源数量和土地需求量,以维持土地总量的动态平衡。一方面应根据计划安排的投资和消费需求估算所需土地数量,另一方面从土地开发、调整土地利用结构及提高其生产力来估算土地资源可能供给的数量。农业园区的首要任务是农业生产,因此还要特别注重耕地总量的动态平衡,要求规划的耕地数量不能比现状少,必须实现耕地占补平衡。

④ 集约利用原则。土地集约利用是指在农业园区的土地上集中地投入较多的生产资料和生活劳动,使用先进的技术和管理方法,以求获得高额产量和收入。实现土地集约利用是土地利用规划的目标,也是评价农业园区土地利用规划是否合理的重要原则。园区要注重用地综合效益及用地功能、结构的合理性,形成园区结构优化、布局合理的用地格局,促进土地的适度规模化经营和产业发展,提高土地利用的产出效率。

(2)土地利用规划的方法

土地利用规划应以土地资源利用效益最大化为导向,探索以土地利用为重点的农业园区产业与体制、机制双创新的现代农业发展模式,提高土地产出效率,以实现农业增效、农民增收,推进新型城镇化建设,促进城乡统筹发展。

土地利用规划要求农业园区要以发展高效、优质、生态、安全农业为主线,以系统工程理论、增长极理论等为指导,统筹园区各类资源,规划园区产业结构,优化园区土地利用空间布局,确定园区土地集约投入、立体开发和高效利用的重点,达到园区用地的最合理化利用,推进园区土地的智慧开发和可持续利用。其主要内容包括:土地资源分析评估,土地利用现状分析,确定各项用地指标,确定各项用地布局、大小与范围,绘制土地利用规划图。具体的规划方法如下:

① 土地资源分析评估。土地资源分析评估包括对土地资源的特点、数量、土质与土壤改造潜力的评估。在进行土地资源评估时,根据实际情况可采取专项评估和综合评估两种方法。专项评估是以某一种专项的用途或利益为出发点的评估,例如分等评估、价值评估、因素评估等。根据土壤被环境因素影响的程度,将土地按优质农产品产地环境标准进行分级就是一种专项评估的方法。综合评估可在专项评估的基础上进行,它是以所有可能的用途或利益为出发点,对用地进行可比的规划评估。土地资源的分析研究评估为估计土地利用潜力、确定规划目标、平衡用地矛盾及土地开发提供了依据。

② 土地利用现状分析。土地利用现状分析应对农业园区土地利用现状情况、农业生产用地与居民生活用地之间的关系、土地资源演变和利用存在的问题做出分析。一般园区的用地类型可分为耕地、园地、林地、养殖业用地、设施农业用地、居住用地、公共建筑用地、工业用地、对外交通用地、道路广场用地、配建设施用地、其他农用地共计12类。现状分析还应对农业园区各类土地的不同利用方式及其结构做出分析,通过分析,总结土地利

用的变化规律及有待解决的问题。土地利用现状分析结果可以用表格、图纸或文字表示。

③ 土地利用规划图绘制。土地利用规划在土地资源评估、土地利用现状分析、土地利用策略研究的基础上，根据规划的目标与任务，对各种用地类型进行需求预测和反复平衡，拟定各项用地指标；再根据指标在园区范围内合理地确定各项用地的布局，确定各用地类型的大小与范围，并完成土地利用规划图绘制。

3）农业产业规划

农业产业规划是通过选择适宜的农业产业来实现园区产业化发展，获得经济、社会、生态三效和谐的重要举措。合理的产业发展规划有利于农业园区的产业转型和发展，推进农业现代化步伐。

（1）农业产业规划的原则

农业园区要根据园区的资源条件、经济特点和所在村镇的农业产业化背景，从现代农业产业发展和村镇建设的角度进行产业规划。农业产业规划要遵循以下原则：

① 因地制宜原则。各个农业园区有着不同的自然资源、农业基础、经济条件，在做产业规划时要结合园区规划地本身以及周边村镇的地形地貌、土壤性状、气候条件、水源条件、排灌条件、交通条件和当地农业耕作制度等具体情况，立足本地的环境优势、资源优势、产业优势，在合理有效利用资源的基础上，开发具有现实需求和长远潜在需求的产品，确定适合的产业项目，使产业不断发展壮大。

② 高起点、高标准原则。农业园区产业规划要优先选择科技含量高、附加值高、示范效应强的产业，以集中各种资源，进行重点突破。农业产业园要坚持以技术创新为动力，采用农业高新技术进行生产；坚持以优势产业为主导，用现代产业理念集合生产流程、生产要素、生产标准进行组织化生产；高起点、高标准地进行产业规划，建设标准化、规模化、集约化的产业格局。

③ "产村融合"发展原则。农业园区的产业发展规模一般不大，最重要的是要形成自身的产业特色，构建核心竞争力。产业规划要考虑到农村和农业生产的特点，要与所在村镇的优势农业产业相融合，形成园区的主导产业，并围绕主导产业进行产业链的延伸和完善，优化产、供、销一体化机制，实现产业的一条龙效应，将科学技术人才、先进生产技术、信息网络等带到农村，实现城市人流、物流、信息流和资金流向农村辐射，促进城乡统筹发展，实现园区产业与村镇发展的协同进步。

（2）农业产业规划的方法

农业园区的产业规划是其总体布局规划的核心，其主要内容包括主导产业选择、产业规模的确定、产业链发展思路的确定等。规划主要围绕动植物优良品种繁育、生物高新技术、蔬菜与花卉、畜禽养殖、水产养殖、农产品加工六大产业及在此基础上延伸、演化的农业生态产业、农业旅游产业、农业文化产业等相关产业，涉及种植、养殖、加工、销售、研发、物流及观光旅游业等领域。

产业规划要立足于园区所在村镇农业资源开发和产业发展的需求，在明确园区功能定位的基础上，确定园区的主导产业、优势产业以及附属产业。具体的规划方法如下：

① 主导产业规划。主导产业是指农业园区在一定时期内，通过整合当地农业产业资源优势所形成的生产规模大、产业前景好、市场需求旺盛、经济效益显著，对相关产业具有

较强拉动作用,能较大幅度增加当地农民收入和村镇财政收入,具有继续开发潜力的产业。主导产业在农业园区经济发展中起主导作用,在产业结构中处于支配地位,只有主导产业的相关问题确定之后,其他产业才能随之确定。

园区主导产业的选择是建立在农业园区功能定位的基础之上。综合分析园区的功能可知,蔬菜与花卉种植业、畜禽养殖业、水产养殖业、农产品加工业,甚至农业旅游产业等在一定条件下都能产生较好的经济效益,都可以发展成为现代农业园区的主导产业。

主导产业规划应该是以当地农业产业发展趋势和经济发展状况为基础,结合国家和当地人民政府的农业政策空间及消费市场需求,认真分析各产业的发展前景和发展空间,选择最合理的产业作为园区的主导产业进行培育。主导产业规划是从整体出发对产业进行调整,根据实际情况对现有产业进行产业升级引导,可实现农业的结构优化和产业升级,并辐射带动周边地区农业和村镇经济全面、持续、高效的发展。

② 优势产业规划。优势产业是指在农业园区当前经济总量中占有一定份额,且运行状态良好,资源配置基本合理,在一定空间和时间范围内有较高产出率的产业。优势产业基于现实的经济效率和规模,注重目前的效益,因此一般对经济的带动期较短。它强调资源的天然禀赋、合理配置及经济行为的运行状态。

优势产业规划应立足于当地农业基础产业的发展现状,农业园区要为优势产业提供发挥功能的空间,以实现其产业价值,但要避免它影响产业结构的升级。优势产业的发展历程和经验教训,可为园区主导产业规划提供参考。

③ 附属产业规划。附属产业是指农业园区中除了着重发展的主导产业以外存在的一些规模较小、产业化程度不高的产业。相对主导产业与优势产业而言,附属产业投资小、项目灵活、发展潜力大,对园区的全面发展有很大帮助。不同类型的园区附属产业各不相同,例如以农业生产为主导产业的园区,餐饮业、旅游业等第三产业一般为园区的附属产业,这部分产业虽然不能作为园区的主导,但能保障园区功能的顺利开展,还可以探索园区发展的新思路。

8.3.4 农业园区基础设施规划

基础设施规划是农业园区建设的主体部分之一,也是园区经济发展的支撑体系。合理的基础设施规划体系,不仅能满足园区各项活动的要求,而且对保障园区健康可持续发展具有重要意义。其主要包括下述八个方面内容:

1) 入口规划

农业园区的入口是外界到达园区的第一个视觉焦点,是园区给人的第一印象,它不仅在功能上起到交通枢纽和"门户"作用,更在精神上起到了铺垫作用。因此,其规划设计对整个园区的发展起到举足轻重的作用。

入口的位置应考虑到交通的便捷、立地条件、是否能方便地进入园区等综合因素,结合园区的功能分区,并考虑与园内道路的联系,构成园区交通的起点。

农业园区的入口可分为主要入口、次要入口、专用入口三种。在主要入口范围内应布置缓冲人流的空间,附近应设停车场,方便出入。对于规模较大的园区,还可设置区域性入口,以建立领域感。辅助性的次要入口主要为主要入口分担人流量,应设在园内有大量人流集散的设施附近。专用入口的设置是为了满足园区管理和生产工作需要，应在不妨碍园区景观的前提下，在园区管理区附近或较偏僻、不易为人所发现处设置。

在设计方面，入口应体现地域文化特征，使其成为整个园区的标志；还要重视人文美与环境自然美的和谐统一，在保护好自然资源、历史文化资源的同时，带动园区旅游业发展，并打造出具有现代审美情趣又不失自然本色、本土韵味的农业园区环境。

2）道路规划

农业园区的道路交通一方面要满足人、车日常工作通行的功能，另一方面还要联系园区内各功能区和旅游景点。

园区道路一般可分为3—4级：一级道路是园区的主干道，连接外部干道及沟通园区内各功能区之间的联系，以通行迅速和美观为主要设计目标；二级道路是园区的次干道，是园区内部生产运输和观光车辆的主要通道，以通行便利为主要目标；三级道路是园区内部的农事作业道路，以便于农事作业为设计目标；四级道路是参观步道，以便于游览和保护人身安全为设计目标。

园区的道路规划应在原有道路的基础上因地制宜，应尽可能避开不良地质区域，避免穿过地形破碎地段，按照交通合理、区域通达的原则进行设置，还必须与当地交通部门的发展规划相衔接，与县域或镇域总体发展规划相一致，尤其是对外交通联系，必须考虑园区主入口对接的园外道路的规划布局、规划用途和等级。根据中国交通部门发布的《公路工程技术标准》(JTG B01—2014)，中国城乡道路分为汽车专用道路和一般道路，前者包括高速公路、一级公路、二级公路，后者包括二级、三级、四级公路。农业园区的内部道路一般相当于一般公路的二级（路面宽7—8.5 m、路基8.5—12 m）、三级（路面宽6.5—7 m、路基7.5—8.5 m）和四级（路面宽3—6.5 m、路基4.5—6.5 m）。如果园区有过境公路，应充分考虑过境公路对园区交通的有利和不利影响，尽量使过境公路与园区内部的其他道路衔接自然。

在道路设计时要注意构思的准确、严谨和精心，让人能在一种舒适的感觉中逐渐步入园区，应在原有园区道路的基础上，综合考虑地形地貌、森林植被和景观景物等要素，并充分利用已有道路结合生态学、区域规划学、景观设计学的理论进行合理规划。

3）水利规划

农业园区的水利规划要进行多方面统筹考虑：既要满足农业生产的排灌需要，也要满足游人、员工的饮用需要，环境保护和旅游观光的需要；同时要与村镇的农业发展规划得到有效的统一。要尽量利用园区现有水利、水系条件，制定经济、合理的规划方案。

农业园区的水利规划内容主要包括农业生产的排水系统、灌溉系统、养殖水体以及景观水体规划几大部分。

排水系统通常有排水明沟系统、排水暗渠系统，其规划应根据园区总体规划中各功能分区的分布统一安排，估算排水量、确定给排水方式、布置排水沟（渠）网和污水处理设施等。排水沟规划，在平原地区，可以采用灌排相邻、相间布置；在丘陵地区，岗塝田可采用农渠垂直于等高线沿岗塝田短边布置，可为双向控制和灌排结合，冲田可在两侧塝田脚布置排水沟，在冲田中间布置灌排两用渠；若是在重盐碱地区，灌溉渠系最好位于高处，排水沟位于低处，这样可以充分地洗盐洗碱。在规划时，排水沟应尽量与道路系统平行，注意排水体系的构建,设立大沟、中沟、小沟等分级排水体系。

灌溉系统规划要注重灌溉水源的选择,主要注意以下几方面:水源地的位置一般选择离核心区最近最高的地方,最好能够实现自流灌溉,不能实现自流灌溉的要规划设置泵站;选择水质好、无污染、适宜灌溉的水源;尽量利用地表径流水源,慎用地下水;充分利用现有的水源,以节约费用。对于灌溉系统的布置,要注意尽量实现自流灌排,缩短灌溉渠系的长度和减少渗漏与水头损失,尽量减少灌排渠系及其建筑物数量,并尽可能避免与道路等其他农田设施的交叉,保证流态稳定、水流通畅。

养殖水体是指园区中用于水产养殖或用于水生植物、农作物种植的水体。园区要设置用于净化养殖水体的净化塘,塘中种植水生植物、放养净水鱼类和贝类以净化水质,面积一般不小于养殖水面的8%,同时构建与池塘相配套的独立进水、排水系统,进水口位于排水口上游,并远离排水口。养殖尾水应经净化塘或污水处理设备处理,实现达标排放或循环使用。

景观水体是指园区里原有地形中留下的水塘经过景观绿化形成的空间,以及排水路沟和边界水系沿岸的滨水景观带。规划时可对水系边缘轮廓进行适当调整或通过水生植物进行遮蔽,并以园林景观小品进行点缀。如果水体不是很深,可以结合传统农业中的灌溉工具,设置一些反映农业文化特色的景观小品,如灌溉用的水车,打水用的水井,捕鱼的渔船、木筏等,增加水体景观的文化趣味,点明农业园区的主题。

4)配套建筑规划

配套建筑是农业园区的重要组成部分,其规划要结合生产性质、气候条件、周围环境和建筑材料进行,保持整体布局的一致性,既要满足功能的需要,也要符合现代社会科技水平、经济发展、审美观念、社会文化以及民族心态的需求,从而使建筑造型具有技术性、艺术性、独立性、环境性、实体性、空间性、时代性和传统性等多元化发展的特点。

配套建筑在农业园区中依据使用功能的不同,可分为三类:生产性配套建筑、管理服务性配套建筑以及观光性配套建筑。

生产性配套建筑包括用于农业生产的温室和用于农产品加工业的厂房设施。温室是农业园区中重要的生产性建筑,它对农业园区的整体环境起着举足轻重的作用。农业园区提倡科技农业,可设置玻璃温室大棚,里面种植新奇品种、野生品种等,既可用作科学研究,又可形成另一番农业景观。

农业园区一般规划范围较大,并且由于其独特的经济地位,必须设立独立的管理机构,建立管理中心,承担园区经营管理的重要职能,因此需要建设管理性配套建筑,如办公大楼、培训中心等。此外,为了满足园区日常运作和服务功能,农业园区还应设立服务性配套建筑,如宾馆、茶室等。

观光性配套建筑主要包括各类休息亭廊、景观小品等。受到土地性质的影响,观光性建筑的外形和占地面积有一定的限制,但不影响此类建筑成为园区环境氛围营造的重要因素,甚至是首要因素。多数情况下,园区内观光性配套建筑的风格会直接影响游客对园区的整体感受,因此最好能统一为一种风格,显得较为整齐,如果园区面积较大,或出于其他需要出现两种或更多的风格,应该尽量保证同种风格的观光性配套建筑聚集在一个区域内,以免出现风格的混乱。

5）绿化景观规划

农业园区绿化景观规划要求结合农业园区和其所在村镇的环境特点，合理安排园区绿化植物的分布和搭配，通过研究园区绿化景观格局以及园区内各种人类活动，对园区绿化景观要素进行优化组合，营造出能够发挥最大生态效益的植被系统，创造生态化、特色足的优质农业园区环境。

农业园区的绿化景观规划要在尊重生产栽培规划、区域规划、生态规划等的前提下进行。农业园区中的园林绿化植物包括农田植物、风景林、各景区植物、路旁林带、服务设施周边植物及边界的植物等。绿化系统主要由道路绿化系统、种植区防护林系统、集中绿化区域及建筑周边辅助绿化组成。

绿化植物的选择要坚持适地适树的原则，充分利用当地的植物资源进行园林造景，并强调对乡土树种的运用。植物的配置要遵从"互惠共生"原理，注重季节变化、高矮层次、树种搭配，处理好乔灌与花草、常绿与落叶、速生与慢生的关系，更要与园区服务设施、园林建筑等充分配合，与地形的变化相呼应，与周边村镇的大环境相融合，展现园区田园风光的独特魅力。园区的绿化规划要体现造景、游憩、美化、休闲和空间分割的功能，注意局部与整体的关系，从景观和空间角度对其范围内的植物进行规划设计，使绿地分布合理，满足功能要求，既要有各分区绿化造景的不同风格，又要在整体上体现点、线、面相结合的统一绿化体系。

6）供能系统规划

农业园区的运转需要一个稳定的能量供给系统，这是园区维持正常的办公及生产活动的前提，其规划涉及电力、电信、供热、燃气等内容。

完善的电力电信供应网络是保证园区生产、生活顺利进行的基础，规划时要进行供电及能源现状分析、负荷预测、供电电源点设置，并确定电源和电压等级、布置供电线路、配置供电设施。电力供应首先要满足生产和科研的需要，在电力系统中，利用高低压结合的方式合理设置变压器，实现生活用电与生产用电分离、高低压入地敷设；电信规划则要求有线电话、宽带网络、移动电话信号覆盖等方面满足园区生产科研以及对外联络的需要，将信息网络系统引入园区，实现园区的信息化通信。

供热工程应贯彻节约能源、保护环境、节约投资、满足需要、技术先进、经济合理的原则，首先考虑余热的利用，优先选用热值高、污染小的燃料，供应方式以区域集中供热为主。燃气可选用天然气、液化石油气或人工煤气等，供应方式根据实际情况可采用管道供气或气瓶供气。

7）防灾系统规划

防灾系统主要是从园区的生产安全、生活安全和生态安全三个方面考虑，遵循可持续发展的基础理论进行规划。其主要包括防洪规划、防工程地质灾害规划、水土流失治理、病虫害防治、护林防火等内容。

防洪规划要在已做的水利规划基础上疏通河道、水渠，形成有组织的排水，并在山体被破坏地段植树种草，进行全面综合处理。

防工程地质灾害规划要求在园区产业项目开发建设前进行地质勘探，使项目选址避开事故易发生地段。在沿江工程建设时要注意水系变化，在重点地段建设防护堤，实施预防措施,确保安全。

水土流失治理要建立持续、稳定、高效的农业园区生态经济复合系统,合理配置水土保持工程措施。其主要内容有:山体防护工程,山沟治理工程,对坡耕地逐步退耕还草,林草配置,水保林与观赏林栽植并举等。

病虫害防治要坚持以生物防治为主、物理防治与化学防治为辅的原则,加强森林病虫害的预测、预报和防治工作,达到有虫不成灾、发病不毁林的效果。

护林防火要坚持预防为主、积极消灭的方针,按照《森林防火条例》,在农业园区内组建防火组织、建立防火瞭望塔、修建森林防火步道、建立防火器库。

8)服务设施规划

服务设施规划是农业园区运行的保障,主要包括:园区标识规划,如景区标识、导向标识、景点标识、警告标识、设施标识、导游图和投诉机构与电话标识;休闲农业商品规划,如休闲食品、休闲纪念品和休闲工艺品;民宿规划,如完善原有村落设施和服务、突出地方风情建筑和体现生态环保节能设施;餐饮服务规划,如开发当地特色菜品、加强行业卫生监管和规范餐饮服务;文化娱乐服务规划,如展示当地民俗民风的文化活动;园区宣传推广规划,如园区解说系统的建立和园区网站等的建设。

农业园区的服务设施规划要从游客与设施现状分析入手,分析预测客源市场,并由此选择和确定游客的增长规模,然后依据农业园区的性质、功能、农业景观资源以及用地、水体、生态环境等条件综合考虑,配备相应种类、规模、形式的服务设施。

8.3.5 农业园区运营保障规划

农业园区的正常运行和发展离不开科学的运营保障规划,良好的运营保障体系可以促进农业园区的良性发展,加快农业科技成果转化与推广,达到改善民生,促进农业增效、农民增收的终极目标。制定适合园区发展和建设的运营保障规划是园区规划的重要环节,具体而言,其内容包括运行机制的制定、综合效益的分析、保障体系的确立等。

1)运行机制

合理、灵活的运行机制是园区健康持续发展、产生良好效益的根本前提,园区的规划管理者要对农业园区的下述三种机制做出安排:

(1)管理机制

农业园区要实行"委托管理、社会评估、政府监管"三管齐下的组织管理体制;建立管理服务中心,负责园区的物业管理、招商引资,协调园区企业与各有关部门间、企业与企业间的关系,确保园区内的企业发展与村镇农业发展的总体思路相衔接;成立专家委员会,负责园区项目筛选、论证,参与建设技术指导与技术咨询;建立"产权清新、责权明确、政企分开"的现代企业制度来科学管理园区。

(2)融投资和风险投资机制

农业园区需要建立多元化的融投资和风险投资机制,其重点包括以下工作:以政府投资为引导,以市场化为导向,以企业投资为主体,多渠道吸纳社会资金,争取境外融资,形成多元融投资格局,建立多层次、多形式的融投资机制;以国家财政和地方财政为主,结合科研单位、高校的技术转让费用和高新技术企业的销售利润,汇集成风险投资基金,建立风险投资公司,形成农业园区的风险投资机制。

(3) 土地流转机制

农业园区规划过程涉及土地的征用、租赁等土地使用权的转移,需要在稳定农村家庭经营的基础上,积极探索和建立土地流转机制,既使农民的合法权益得到切实保障,又保证土地使用在农业园区发挥更大的效益。

土地使用权商品化是土地流转机制建立的基础,允许农民将其所承包土地的使用权进入市场流转。具体做法:根据农地级差划分土地等级,制定农用土地使用权有偿使用的基准价格,实施农民土地使用权有偿使用的协调交易,多样化实行土地使用权的流转。此外,结合当前新农村建设和城镇化进程的不断推进,同时为了园区集中利用土地资源、集群布置产业项目,要把农村居民宅基地通过集中规划置换出来,合理利用原有农用地进行更高效益的项目开发,实现农用地增益、农民建设地升值,有利于园区乃至村镇的长远发展。

2) 综合效益

规划建设高水平农业园区具有推动村镇农业转型升级、促进农业增产增收等作用。农业园区带来的效益主要归纳为下述三个方面:

(1) 经济效益

经济效益主要是指园区建成后对园区本身及辐射区带来的直接经济利益和间接经济利益。从长期来说,要分析市场前景和区位条件;从短期来说,虽可利用时间短,但可从相对成熟的产业入手,总体上可采取循序渐进的方式,长短期相结合,最终实现经济效益的最大化。

(2) 生态效益

生态效益是指生产中依据生态平衡规律,使园区生物系统对生产、生活和环境条件产生的有益影响和有利效果,关系到园区发展的根本利益和长远利益。因此,要从科学规划入手,以绿色农业、安全农业、生态农业为己任,构建生态产业链,合理利用生物资源、土地资源、水资源,在提高生产效率的同时维护园区的生态环境。

(3) 社会效益

社会效益主要表现在提供就业岗位、改善社会生活环境、提高居民综合素质、改善投资环境、增加财政税收等方面,同时通过园区的技术辐射,还可带动地区农业产业的发展及农业产业结构的全面升级。

3) 保障体系

当农业园区具备一定规模后,园区的配套以及保障体系建设成为影响园区健康发展的关键因素。其主要包含下述四种保障体系:

(1) 技术保障

技术是指农业科技创新的能力,其保障体系是农业园区成功的生命线。农业龙头企业在强化自身农业科技创新能力的同时,也要加强与农业科研院校合作,开展产学研一体化合作机制,有条件的园区还可以考虑与国外科研机构开展合作交流,促进农业科技创新力的持续发展;建立以知名专家为核心的农业园区专家顾问组织,充分借助专家的决策咨询与技术指导为领导决策服务,并有切实有效的技术保障措施。

（2）人才保障

农业园区的人才主要包括专门从事科研创新的专业农技人员和进行农业生产的新型农民。通过采取不同的聘用制度、利益分配模式以及提供舒适的生活工作环境，建立有效的人才利用和激励机制，吸引技术创新、产业运营等方面的农业科技创新型人才；加强农业科技的服务推广能力，以专家大院为龙头，逐步形成完整的园区农业科技服务体系，通过培训中心，切实加强农民职业教育培训力度，建立科技、信息和市场与农民之间的连接，提高农民的市场意识、科技素质和对市场的应变能力，培养现代农业背景下的新型农民。

（3）政策保障

根据国家和地方的相关法规建立农业园区管理制度，做到有法可依、有章可循、严格执法、违法必究。制定税前还贷、土地优惠、政策扶持等一系列优惠政策，为企业创造良好和宽松的投资环境和工作条件，鼓励农户、农业大户、私营企业、外商企业进园开发，大力发展招商引资型农业园区，带动村镇经济发展。

（4）民生保障

农业园区要壮大农民专业合作社，提高农民组织化程度；拓展农业合作社的组织功能和服务领域，发挥合作社的政治、经济、教育、社会功能；尊重园区村民意愿，保障农民知情权、参与权和获益权；在农业产业链延长与节点横向拓展的条件下，积极引导当地农民参与相关产业项目，增强产业链就业能力，保障园区农民优先就业；加大农村医疗保险范围和生活救助范围，健全农民社会保障体系。农业园区一切以农民利益为出发点，为解决民生问题提供保障。

9 村镇居住区规划

居住区的功能是为城镇居民提供居住生活环境,它是城镇功能分区的重要组成部分;而居住区规划则是确定居住区的总体布局及各主要功能部分的空间位置与有机组合。一个完整的居住区是由住宅、公共服务设施、绿地、建筑小品、道路交通设施、市政工程设施等实体和空间经过综合规划过后而形成的。在村镇中,居住建筑用地占村镇总用地的30%—70%。因此,村镇居住区规划的好坏将直接影响村镇的空间形态和发展。居住区用地的规划应遵循有利于生产、方便生活的原则。现代村镇居住区规划在其基础设施上还要充分考虑生态环境问题。总而言之,现代村镇居住区的规划要做到社会效益、经济效益、环境效益相结合,为各类村镇的可持续发展创造良好的条件。

9.1 居住用地规划设计的基本任务与控制指标

9.1.1 居住用地规划设计的基本任务和编制内容

居住区规划的基本任务简而言之就是为居民经济合理地创造一个满足物质和文化生活需要的舒适、方便、卫生、安宁和优美的环境。居住区主要组成元素是住宅,为之服务的配套设施、各类公共服务设施,如商店、粮店、菜场、幼儿园、中小学校等,以及绿化用地、道路广场、市政工程等设施。

居住区规划是村镇详细规划的主要内容之一,也是实现村镇总体规划的重要步骤之一。居住区规划必须根据总体规划和近期建设的要求,对居住区内各项建设进行全面综合的安排。居住区规划往往是一定历史时期的相对产物,当时的物质技术条件、交通情况以及当时居民的经济生活水平等都是居住区布局及建筑单体形式的决定因素。当然,当地的气候、地形、宗教等对居住区的规划也有较大影响。

由于人民生活水平的不断提高,中国城市化进程增长迅速,尤其以长江三角洲、珠江三角洲附近的农村为代表的新时期中国农村集镇发展最快。乡镇企业的迅猛发展既改变了农民以务农为主的生活方式,也改变了以前以村庄聚落为主的居住模式。建立新型的配套设施齐全的城市式居住区已在发达地区成为常态,这些居住区大都是在原有村镇聚落之外另辟土地新建,居住建筑以独栋小住宅或多层住宅为主。因建设发展速度过快,中国乡村出现了大量布局形式单一,主要以"排排坐"的形式出现的"新式"农民新村(图9.1),正如建筑家杨廷宝先生所说的那种地方干部与建筑师用"丁字尺、三角板加推土机"的方式搞新村规划。这些新村已经安置了相当数量的农村居民,建筑与道路布局不考虑地形,功能分区不明,内部道路系统混乱,生产与生活功能相互混杂,未能充分预见或考虑到汽车已逐渐在农村家庭普及,调查中极易发现随意停车、一辆车堵死一条巷的现象。

根据村镇居住区的现状调查,很多住区照搬了城市居住区规划的经验与规范,没有考虑到农民还喜爱保留部分农耕生活的习惯以及乡邻交往密切的现实,导致城市式住区在

图 9.1　缺乏地域特征、空间呆板、形式千篇一律的"新式"农民新村

农村水土不服,景观上缺乏乡土气息,管理中脏乱差突出,提升村镇居住区规划水准已是刻不容缓的事实。村镇居住区规划编制一般有以下几个方面的内容:(1)根据村镇总体规划确定居住区用地的空间位置及范围(注意与之相连的周边环境)。(2)根据居住人口数量确定居住区规模、用地规模。(3)拟定居住区内居住建筑类型(包括层数、数量、布置方式),公共建筑的规模(包括商店、幼儿园、中小学校、居委会等)、分布位置。(4)拟定公共活动中心位置、规模。(5)拟定绿化用地和老人、儿童活动用地的数量、分布和布置形式。(6)拟定小区、组团与宅间道路的宽度及连接方式。(7)拟定给排水、煤气、供配电等相关工程规划设计方案。(8)根据现行国家有关规范拟定以及估算各项技术经济指标。

9.1.2　农村宅基地规划

　　宅基地是村镇建设用地的重要组成部分,其功能以居住为主,在部分地区还兼有生产功能。宅基地的面积规模应依据村镇居民对生活、生产的合理需要加以确定。一般来说,宅基地由住房、生产辅助用房、生活杂院等组成,随着生活水准提高还必须保证一定的绿化用地。以上用地应分配得当,有机组合,因为上述几项的指标对其他多项用地指标有直接影响,要根据当前当地土地资源与农民实际需求合理确定,不能简单地套用指标或完全超标,要既讲求规划特色又能够实现节地目标,必须做到宅基地选址适当、规划方案合理、各类建设用地比例科学。

　　1)宅基地选择原则

　　(1)地块必须满足适建标准,如适应当地气候、地理环境及居住习惯,满足卫生、安全防护等要求,不应选址于对居民生命财产有隐患的区域,如地质灾害多发区(如地震断裂带、塌方、泥石流、采空区等事故多发或隐患区)、洪水淹没区(如河道蓝线内、低洼区甚至规划滞洪区、河道水流冲击区等水患地带)、消防隐患区(如易燃易爆材料堆场、森林火灾防控区等)、污染区(如高辐射区、化工污染区)等。

　　(2)基地应满足内外交通联系便捷,能充分利用周边已有配套设施,保证居民将来出行与生活方便。

① 满足居民合理的耕作、生产出行半径,目前很多地区撤村进镇的做法已经给农民生产、生活带来诸多问题。

② 必须做到不占用基本农田,特别是良田,部分地区已经在"三规合一"基础上进行土地资源统筹调配,有利于保证严守"十八亿亩红线"。

2)宅基地选择的影响因素

(1)自然因素

自然因素包括地形地貌因素、气候因素、水文及当地资源条件等。中国南北、东西跨度较大,地理及气候条件也变化大,村镇宅基地选址的影响因素亦差异较大。比如北方村镇住宅采光要求极高,对建筑面宽要求比南方高;南方村镇注重通风、遮阳,这样便会产生面阔小、进深大的建筑形制。平原、山区、高原草区以及滨水地区由于地形、气候差别也产生了风格迥异的聚落形态与建筑形制,村镇居住区规划应很好地传承地方特色。

(2)社会、经济、技术因素

中国农村社会经济、技术条件千差万别,资源分布多寡不均,发展水平具有相当大的地缘落差,社会结构也错综复杂,因此对宅基地的建设标准有着不同的要求。经济发展水平、人口因素、家庭结构、生活方式、风俗习惯、技术水准、地方管理制度等因素都影响着宅基地的选择。

9.1.3 居住用地规划设计的基本要求

村镇居住用地规划设计的内容较多,是一项综合性较强的设计工作。它涉及的专业面比较广,在进行规划设计时应满足以下几个方面的要求:

(1)规划设计应与当地国民经济与生活发展水平相适应,善于结合具体地形灵活布局,合理借鉴传统聚落空间模式;注重实施可行性的同时也要考虑到农村地区社会经济发展目标的落实,要具有适当超前性、灵活性。

(2)就地取材,节省投资。结合现状条件,充分利用当地现有基础设施,大拆大建是新农村建设的大忌,会造成资源浪费。要在规划中积极推广先进、实用的建设科技成果,节省投资,有效降低农村社区在使用时的日常资源消耗,这与中国推进节能减排、可持续发展的战略是统一的。

(3)在户型选择、内外交通体系、绿化美化等方面保障乡村住区环境便利舒适。居民的使用要求是多方位的,不同的家庭人口组成对住宅、环境的要求也不相同,即使是相同人口数也因家庭成员工作性质、文化素质的不同而对住宅、环境的要求不尽相同。因此,应根据家庭人口组成和气候特点选择合适的宅基地类型。为了满足不同形式居民的多种需要,必须合理确定公用服务设施的规模、数量及空间分布;聚落选址要满足居民出行便利性要求,考虑足够的室外活动场地,营造良好的绿地景观,明确住区内部交通结构,保证居民区出入口与村镇交通干道的连接。恢复传统聚落公共空间体系的开放式特征,重新让乡镇住区回归到非封闭管理的状态值得提倡。

(4)特别注意营造整洁卫生的生活居住环境,改善农村、小城镇住区脏乱差面貌。聚落选址考虑当地气候、地形特点,远离或化解噪声干扰与空气污染源的影响,满足合理的日照间距要求,争取好的朝向和通风条件。目前中国有污染的工矿企业有向郊区乡镇发展的趋势,乡镇的污染已不容忽视。防止来自有害工业的污染,从居住区本身来说,主要通过正确选择居住区用地来避免。而居住区内部可能引起空气污染的有锅炉房的烟囱、垃圾及交通车辆的尾气、灰尘等。为了防止和减少这些污染源对居民区空气的污染,最根本的解决方法是改革燃料的品种、改善采暖方式。现在发达地区已基本采用集中采暖和管道煤气,极大提升了农村环境质量。

(5) 做好防震减灾。村镇聚落常发生火灾、地震、洪水等灾害,有些地区还有滑坡、泥石流、滚石、风雪灾害等等威胁,要根据地理气候特点做好整体规划并提升单体防灾能力,应对当地可能发生的灾害进行分析,注意防火、防震害,按有关设计规范以及相关减灾防灾法规留足防火间距、安全疏散通道与场地,做好防震构造,选址避开危险源或进行必要的防灾治理工程,尽可能最大限度地降低和减少其危害程度。

① 消防问题

为了保证一旦发生火灾时居民的安全,防止火灾的蔓延,建筑物之间要保证一定的防火间距。防火间距的大小与建筑物的耐火等级、消防措施有关。

村镇居住区住宅以多层为主,建筑物之间的防火间距应符合国家防火设计规范,即《建筑设计防火规范(2018 年版)》(GB 50016—2014)的要求,如表 9.1 所示。

表 9.1　民用建筑的最小防火间距

(单位:m)

耐火等级	一二级	三级	四级
一二级	6	7	9
三级	7	8	10
四级	9	10	12

注:(1) 两幢建筑物相邻较高的一面的外墙为防火墙时,其防火间距不限。(2) 相邻的两幢建筑物,较低一幢的耐火等级不低于一二级、屋顶不设天窗、屋顶承重构件的耐火极限不低于 1 h,且相邻的较低的一面外墙为防火墙时,其防火间距可适当减少,但不应小于 3.5 m。(3) 相邻的两幢建筑物,较低一幢的耐火等级不低于二级,当相邻较高一面外墙的开口部位设有防火门窗或防火卷帘和水幕时,其防火间距可适当减少,但不应小于 3.5 m。(4) 两幢建筑物相邻两面的外墙为非燃烧体屋檐,当两面外墙上的门窗洞口面积之和不超过该外墙面积的 5%,且门窗口不正对开设时,其防火间距可按本表减少 25%。(5) 耐火等级低于四级的原有建筑物,其防火间距可按四级确定。

当建筑物沿街布置时,从街坊内部通向外部的人行通道间距不能超过 80 m,当建筑物长度超过 160 m 时,应留有消防车通道,其净宽和净高都不应小于 4 m。居住区的道路应设消火栓,消火栓间距不应大于 120 m,每个消火栓服务半径为 150 m。

② 抗震要求

在地震区,建筑物的设计要符合抗震要求,而居住区的规划要考虑以下几点:a. 位置。居住区位置的选择应尽量避免布置在不稳定填土堆石段及地质构造复杂地区(如断层、风化岩层、裂缝等)。b. 安全疏散。居住区的道路要通达,避免死胡同。居住区要留有足够的绿化用地,以供临时居住、疏散、集聚。c. 建筑物的体形应尽量方正,建筑物的长宽比、高宽比要适中,同时还必须采用合理的间距、建筑密度。

③ 人防要求

目前对村镇规划的人防问题考虑较少。人防建筑的定额指标,目前还无统一规定。

但本着"平战结合"的原则,建议规划设计师可考虑一部分建筑物和平时期作为公共辅助设施,战争时期可转化为人防建筑,这就要求设计时按照《人民防空地下室设计规范》(GB 50038—2005)设计。

(6) 经济要求。村镇居住区容积率不宜太高,虽然土地利用率与城市相比较低,但与一般分散式村落居住模式相比经济性明显占优势。居住区规划建设应与当地经济条件相适应,要合理地确定居住区内住宅的标准,以及公共建筑的数量、标准。降低居住区建设的造价和节约土地是居住区规划设计的一个重要任务。怎样衡量一个居住区规划的经济合理性,一般除了一定的经济技术指标控制外,还必须善于运用多种规划布局的手法,为居住区建设的经济性创造条件。

(7) 风貌要求。居住区要为居民提供一个优美的居住环境。村镇居住区是村镇总体形象的重要组成部分。居住区规划应根据当地建筑文化、气候条件、地形、地貌特征,确定其布局、建筑风格。村镇建筑应注意地域特色传承,要善于使用乡土建筑语言与材料。现代村镇居住区规划设计应摆脱"小农"思想,应反映时代的特征,创造一个优美、合理、注重生态平衡、可持续发展的新型居住环境。

9.1.4 宅基地规划设计基本控制指标

宅基地规划技术经济指标体系相关标准如下:

(1) 村镇宅基地分级与规模

在村镇规划中一般将宅基地分成住宅组群与住宅庭院两级,其中每个级别再细分为Ⅰ、Ⅱ两级,如表9.2所示。

表9.2 村镇宅基地分级与规模

宅基地分级		居住规模		对应行政管理机构
		人口数(人)	住户数(户)	
住宅组群	Ⅰ级	1 500—2 000	375—500	村委会
	Ⅱ级	1 000—1 500	250—375	
住宅庭院	Ⅰ级	250—340	65—85	村民小组
	Ⅱ级	180—250	45—65	

(2) 村镇住宅用地分类与用地平衡

村镇住宅用地类型比城市用地相对简单,包括住宅建筑用地、公共建筑用地、道路用地和公共绿地四类。村镇住宅用地平衡指标控制宜符合表9.3的规定。

表9.3 村镇住宅用地平衡控制指标

(单位:%)

用地类别	住宅组群		住宅庭院	
	Ⅰ级	Ⅱ级	Ⅰ级	Ⅱ级
住宅建筑用地	72—82	75—85	76—86	78—88

用地类别	住宅组群		住宅庭院	
	Ⅰ级	Ⅱ级	Ⅰ级	Ⅱ级
公共建筑用地	4—8	3—6	2—5	1.5—4
道路用地	2—6	2—5	1—3	1—2
公共绿地	3—4	2—3	2—3	1.5—2.5
总用地	100	100	100	100

(3) 村镇住宅人均宅基地指标

为合理保证村镇住宅的使用舒适性、便利性，满足村镇居民生产、生活开展，同时满足节地要求，必须科学合理确定人均宅基地的规模。村镇住宅人均指标依据气候区划不同而存在差异，村镇人均宅基地用地指标宜符合表 9.4 的规定。

表 9.4 村镇人均宅基地用地参考控制指标

(单位:m²)

居住规模	层数	建筑气候区划		
		Ⅰ、Ⅱ、Ⅵ、Ⅶ	Ⅲ、Ⅴ	Ⅳ
住宅组群	低层	27—38	25—35	23—34
	低层、多层	23—32	21—30	20—29
	多层	18—26	17—25	16—23
住宅庭院	低层	24—35	22—32	20—31
	低层、多层	20—30	18—27	16—25
	多层	15—24	14—22	16—20

(4) 独户住宅宅基地指标

《中华人民共和国土地管理法》规定:"农村村民一户只能拥有一处宅基地。"各省市都对农民宅基地面积有着严格规定。目前除了家庭户多占宅基地的问题外，现有宅基地面积也普遍偏大。多占、超占宅基地使村庄建设呈现"摊大饼"式格局，对耕地形成了挤占。以山东省为例，按照山东省 1999 年公布实施的《山东省实施〈中华人民共和国土地管理法〉办法》规定，新建宅基地面积限额为:城市郊区及乡(镇)所在地，每户面积不得超过 166 m²;平原地区的村庄，每户面积不得超过 200 m²;山地丘陵区，村址在平原地上的，每户面积为 132 m²;在山坡薄地上的，每户面积可以适当放宽，但最多不得超过 264 m²;人均占有耕地 666 m² 以下的，每户宅基地面积可低于前款规定限额。根据《山东省农村新型社区和新农村发展规划(2014—2030 年)》，2013 年山东省村庄人均建设用地面积为 210 m²(包括宅基地、公共设施用地和经营性用地)，明显偏高。另外资料显示山东省全省 9.6 万个自然村中，呈现"空心化"的占 20%—30%，建设用地浪费严重。所以从节约土地角度来说不提倡新建独户住宅村镇社区，各地应就宅基地使用制定严格的标准。如江苏省江阴市规定每户宅基地面积不超过135 m²,其中建筑占地面积不得超过宅基地面积的70%,建房层数不得超过3层。河北省规定占用农用地的每处不超过200 m²,占用建设用地和未利用地每处不超过233 m²。

9.1.5 宅基地规划设计技术经济指标及其控制

宅基地规划或村镇居住区规划设计技术经济合理性可以由以下指标来考察:

(1)住宅平均层数,是指住宅总建筑面积与住宅基底总面积的比值,一般层数越高,节地性越高。

(2)多层住宅(4—5层)比例,指多层住宅与住宅总建筑面积的比例。

(3)低层住宅(1—3层)比例,指低层住宅与住宅总建筑面积的比例。

(4)总建筑密度,指在一定用地范围内所有建筑物的基底面积之比,一般以百分比表示。它可以反映一定用地范围的空地率和建筑物的密集程度,即

$$建筑密度=\frac{住宅、公共服务设施和其他建筑物底层占地面积}{建筑基地面积}\times100\% \qquad (9-1)$$

(5)住宅建筑净密度,指住宅建筑基地总面积与住宅用地面积的比率。村镇住宅建筑净密度最大控制值不应超过表9.5的规定。

表9.5　村镇住宅建筑净密度最大控制值

(单位:%)

层数	建筑气候区划		
	Ⅰ、Ⅱ、Ⅵ、Ⅶ	Ⅲ、Ⅴ	Ⅳ
低层	35	40	43
多层	28	30	32

注:低层、多层混合型住区取二者指标值作为控制指标的上、下限值。

(6)容积率(建筑面积毛密度),指每公顷宅基地上拥有各类建筑的平均建筑面积,或按宅基地范围内的总建筑面积除以宅基地总面积计算。村镇住区容积率最大控制值不应超过表9.6的规定。

表9.6　村镇住区容积率最大控制值

(单位:%)

层数	建筑气候区划		
	Ⅰ、Ⅱ、Ⅵ、Ⅶ	Ⅲ、Ⅴ	Ⅳ
低层	1.10	1.20	1.30
多层	1.40	1.50	1.60

(7)绿地率,指宅基地内各类绿地面积的总和与宅基地用地面积的比率。村镇住宅宅基地公共绿地面积与休闲设施可以按照表9.7配置。

表 9.7　村镇住宅宅基地公共绿地面积与休闲设施配置

宅基地分级		绿地等级	设施配置	最小面积规模(hm²)
住宅组群	Ⅰ级	组群中心绿地	草坪、花木、座椅、台桌、简易儿童游乐设施、成人健身设施	0.09—0.10
	Ⅱ级			0.07—0.08
住宅庭院	Ⅰ级	庭院绿地	草坪、花木、座椅、台桌、铺装地面	0.04—0.06
	Ⅱ级			0.02—0.03

(8) 相关密度指标控制技巧。宅基地规划中涉及人口密度、住宅建筑密度、住宅居住面积密度、住宅套数密度等相关密度指标。目前，农村、城市用地日趋紧张，节约土地是城镇规划的主要原则之一。小城镇快速兴建和扩大需要占用大量的土地，为节约用地必须给居住区规划提供一个合理的经济指标。所谓合理，即根据居住区具体情况，确定一个经济的密度，既能满足居民的正常生活需求，又能节约用地。适当提高密度的手段有以下几种：①在保证建筑体量、高度不影响风貌的前提下适当增加层数，但不提倡高层建筑出现在小城镇；②在保证通风与采光的前提下适当加大房屋进深，采用建筑北侧退台等手法在保证日照前提下缩小前后排建筑的间距；③在保证通行便利、消防符合规范、结构合理的前提下加大房屋长度；④优化建筑的排列组织方式，提倡开放式、路网密而窄的小街区布局，沿路住宅和公建合建，如底层作为商店等功能，以提升住区活力。

9.2　居住用地规划结构与住宅群体布置

9.2.1　居住建筑的规划结构

1) 居住区的规划结构理论演变

居住建筑的规划结构确定是居住区规划的重要内容，它是根据居住区的功能要求综合解决住宅与公共服务设施、道路、公共绿地等相互关系的组织方式。关于居住区规划结构的基本理论发展可以追溯到 20 世纪 30 年代由美国建筑师西萨·佩里（Cesar Pelli）提出的"邻里单位"理论。邻里单位理论的核心是以邻里单位为核心作为组织居住区的基本形式和城市构成细胞。佩里以改善居民生活服务设施、活跃居民公共生活、促进社会交往、密切邻里关系为目标，指出了邻里单位的几条基本原则：①邻里单位周围为道路所包围，区域交通不穿过居住区内部，居民在心理上有明确的区域归属感；②邻里单位内部道路系统应限制外部交通穿越，可采用尽端式道路以保持内部安静、安全和少交通量的居住氛围；③小区以不被城市交通干道分割的小学服务范围控制其尺度规模，配置完善的社区公共设施与开放空间。

邻里单位理论因当时美国经济陷入萧条没有实现，但在二战后英国、瑞典等国的建设中得到广泛应用。目前中国乡村地区正进行着巨大的变化，加之中国正加速进入汽车时代，所以该思想仍然对现阶段村镇规划与住区建设有重大借鉴价值。

在邻里单位理论之后又出现了居住综合体、居住综合区以及居住小区与新村模式，这些理论都对村镇住区发展与城市化起过推动作用,也对村镇地域特征丧失、风貌同质化现象负有一定责任。乡村居住区不应照搬城市大型居住区的手法,采用简·雅各布斯(Jane Jacobs)提倡的小街区与高密度路网空间格局更适合乡村的生活方式,也更易形成人性化的居住模式。

2)传统居住结构形态

传统村庄、集镇的选址、布局与空间经营以及建筑单体的形式、空间与结构技术特点凝结着先人的规划及建筑艺术精华,包含着当地的文化特质。随着社会经济发展,很多村庄往往因外部交通条件、建筑材料与施工技术以及生活方式的改变而改变了原有布局、风貌、空间形态。不管是在自然条件下还是在社会变革、技术进步条件下造成村庄居住形态变迁后,总体来说,传统的自然村落式居住形态有以下几种形式:

（1）散点式

村庄采用散点式布局主要是受地形、传统居住理念等因素影响,村庄中的所有建筑以某个重要场所如祠堂、晒谷场或水塘为中心,以散布的单宅或多户大小不一的组团以地形条件按散点分布。这种布局看起来缺乏人工组织、随意性强,但体现着一种地形环境高度统一的变化丰富的自然生长式特征,结合周边的山势或水体、绿化掩映,自然环境优美,空间尺度宜人。缺点是因房屋间距大小不一,土地利用不够集约。

（2）街巷式

街巷式布局是住宅沿陆地街巷或水街逐渐生长发展的布局形态。陆地街巷或水体承担了村庄中的物流进出功能,同时也是村民生活交往、经济贸易的空间场所。街巷式布局的居住形态往往形成相对封闭的线性、内向型的开放等级不一的空间,如巷弄空间。建筑是界定外部公共空间形式、大小与尺度的界面要素。街巷式布局的居住形态空间韵律感强烈,村庄的生长发展基本仍按既有街巷、河街,从而形成固定、有规律的发展架构,如苏州周庄、上海朱家角等水乡村镇。这些江南水乡村镇具有河街并行的空间格局,居民傍河建屋、依水成街,建筑往往毗邻而建、进深很大、粉墙黛瓦,形成了小桥流水人家式的优美传统人居环境。

（3）自然组团式

自然组团式村庄布局一般是由散点式布局逐渐增加建筑的密度,由若干片式居住组团相互组合形成的建筑群体形态,组团间既相对独立又彼此密切联系。这种布局形成原因有两种:一种是丘陵山区受自然地形影响形成若干组团片区,另一种是平原地区因河湖水塘等水系分割形成的若干自然组团村落。自然组团式布局尊重自然,空间形态富于变化。

（4）带状式

带状式布局一般是受地形或外部交通影响,沿道路、河流等形成线形布局。很多传统村落选址受制于山水地形限制并顺应地势,于背山面水处沿等高线线性发展而逐渐形成长度很大、进深非常有限的聚落形态。

现代道路交通条件有了巨大改善,广大农村对外交往条件也得到根本性改变,也逐渐形成了很多沿交通要道分布的新型带状村落,甚至出现了道路街道化现象,这是带状式村镇居住形态在现阶段的发展,但这种形态也带来了交通效率与安全指数低以及村庄生态环境恶化等负面影响。

3）现代居住区的规划结构

村镇居住区的传统结构形式往往与村庄、集镇的总体布局特征同体同构,但随着传统生产、生活方式的根本变革与逐渐消逝,村镇居住区逐渐成为村镇总体布局中的独立部分,规划结构趋向于城市居住区规划结构形式,这也是近年来村镇地区城镇化、新农村建设中集中居住区的常用手法。

村镇居住区规划结构形式一方面受自然气候、地形、现状经济技术条件等因素影响,另一方面还受到住宅本身不同体型、住宅组合方式等制约。村镇住宅一般采用低层(1—3层)独栋或联排式建筑等,依据建筑单体的平面布置组合以及当地环境、风向、日照等进行规划,其规划结构有以下几种基本形式:

（1）行列式布置

中国大多数地区属温带和亚热带,而且居住面积不大,建筑设备标准较低,这种住户普遍喜欢南北向的单元。朝南布置的行列式住宅,夏季通风良好,冬季日照最佳,是中国目前广泛采用的一种布置形式,但这种布置形式往往容易造成居住区形式单调呆板。为了组织好行列式布置的空间,规划师在实践中创作了各种不同形式的行列式布置方式,既保持了它的良好朝向,又取得了富于变化的空间效果。例如,建筑物采用和道路平行、垂直、呈一定角度的布置方法使街景产生变化;建筑物之间采用相互平行和相互交错等布置方式,采用不同角度的建筑组合成不同形状的公共活动绿化空间,见图9.2。

里弄式布置是行列式布置的一种,这种住宅多为二三层,可串联成联排住宅,建筑多为内向型,用内天井采光通风,冬暖夏凉,是村镇中常见的形式。这种形式密度较高,节约道路用地,形成不受交通干扰的居住里弄空间。可是,在采光、通风、日照等方面,劣于上述布置形式。

图9.2　呈现出完全不同空间效果的两种行列式布置

（2）自由式布置

建筑结合自然地形,在满足日照、通风等要求的前提下,在尊重原有道路、山坡、河湾等地理条件的基础上,灵活自由地安排建筑。这种方式可以突出村镇的自然山川风貌,体现村镇所特有的自然美的景观环境,可以防止千村一面、千镇一面的现象发生。

　　要注意的是自由式布置并不是毫无规律的散乱布局,而是按自然所形成的一定趋势,或人为地、有意识地将某种有利自然条件加以利用,或将不利的自然条件加以少许改造,形成有规律的且每幢建筑单体都具有逐渐变化的位置、朝向的自由式布局,见图9.3。传统聚落里面有很多沿河、沿峡谷坡脚地、沿道路所形成的村镇空间格局与肌理皆为自由式,它们不是一次性大规模建设而成的,而是先民们长期经过历史经验积累、逐渐选择的结果。

图9.3　自由式布置

（3）混合式布置

　　混合式结构是以行列式布置为主,部分建筑沿周边布置所形成的布局方式。混合式布置保留了行列式的优点,加上周边式布置形成了半开敞的庭院式公共空间。所谓周边式布置就是建筑环绕院落呈周边布置,这样形成中部较大的近乎封闭的公共空间。这种形式比较节约土地,院落可布置绿化,给居民提供一个良好的休憩交往场所。这种布置易形成大量的东西向居室,在炎热的南方地区不宜用,但北方地区可用来挡风沙,减少院内积雪。

　　混合式布置可以改善沿街景观与居住区内部环境,特别是在北方可以使住区内的气流环境得到一定程度改善。因周边式布置带来的部分建筑朝向不良可以通过灵活利用周边式布置形态来改善。周边式布置形态有单周边、双周边、半周边等。院落组成大、小、方、圆各异,组团间相互接合,组成丰富的空间序列,如图9.4所示。

图9.4 混合式布置

9.2.2 建筑群体组合

1）建筑群体组合方式

（1）成组成团组合方式

由一定规模和数量的住宅群或结合少量公建组合成组或成团布置，组或团是村镇居住生活用地的基本组合单元。组团之间用街道、绿地、公建或自然地形进行分割。当村镇住宅建设量较小时采用这种布置方法可使建筑群在短期内形成面貌。该方式适用于投资规模较小的住区，对防止出现杂乱无章、前后不统一的住区风貌很有效。

（2）街坊组合式

住宅沿街道成片布置形成街坊。沿街布置方式一般用于村镇的主要道路沿线和带行地段。布置时应注意街坊完整性不能受到破坏。街坊划分应保持合理的规模与尺度，保证街坊内部对外交通便捷。

2）建筑群布置要点

居住建筑及其用地在整个居住区中占大部分。一般居住建筑总建筑面积占居住区总建筑面积的80％以上，居住用地占总用地的50％左右，在体现村镇总体形象方面起着重要的作用。

居住建筑的规划布置，应根据气候、用地条件和使用要求，力求方便居民使用，采用住宅设计方案形式多样，优化居住环境，体现地方特色的原则。居住区的风貌往往取决于住宅群体的组合形式及住宅的造型、色彩等。

单体布置应综合考虑空间组织、组群绿地、服务设施、道路系统、停车场地、管线敷设等要求，根据不同的建筑条件进行规划。合理确定建筑的标准、类型、层数、朝向、间距、群体组合、绿地系统和空间环境。应注意符合下列规定：符合所在省、自治区或直辖市人民政府规定的居住建筑的朝向和日照间距系数;满足自然通风要求,在国家现行的标准《建筑气候区划标准》(GB 50178—93)的Ⅱ、Ⅲ、Ⅳ气候区,居住建筑的朝向应使夏季最大频率风向入射角大于15°;在其他气候区,应使夏季最大频率风向入射角大于0°。

建筑朝向和日照要求历来都是被居民所看重的,朝向的好坏、日照时间的长短大大影响着居民的生活质量问题。如何处理好两者关系?主要是通过对建筑物进行不同方式的组合以及利用地形和绿化等手段来实现。山地还可借用南向坡地缩小日照间距。

9.2.3 居住区中心环境设计

居住区中心绿地是居住区的核心,是居住区居民的休憩、日常生活需求及交往的场所,也是居住区的特色所在。居住区中心环境规划设计主要以公共服务设施附近的开放空间设计为主,以小品、绿化等元素创造宜人的户外活动、交往空间。公共服务设施的多少、规模大小,取决于居住区的等级、规模。

居民休憩、交往的场所一般以草地、绿化、水池、小品为主,要求环境优美、接近自然,是老人、儿童经常流连、嬉戏的场所,也是设计者设计时的用心之所在。

绿地规划是居住中心环境设计的主要部分。居住中心的绿地规划要符合下列原则:①结合整个居住区规划,统一考虑与住宅、道路绿化形成点、线、面结合的系统。②公共绿地应考虑不同年龄的居民、老年人、成年人、青少年及儿童活动的需要,按照他们各自活动的规律配备设施,并有足够的用地面积安排活动场地、布置道路和种植。③植物是绿化构成的基本要素,植物种植不仅可以美化环境,还有围合户外活动场地的作用。植物种植应多采用耐粗放养护的乡土植物,无须过多养护修剪。

居住中心环境的平面布置式一般分为规则几何式、自由式、混合式。

规则几何式就是采用几何图形布置方式,有明显的轴线,园中道路、广场、绿地、建筑小品等组成对称的、各具规律的几何图案。其特点是庄重、整齐,但形式呆板、不够活泼,如图9.5所示。

自由式布置灵活,采用迂回曲折的道路,结合自然条件(如池塘、土丘、坡地等)进行布置,绿化种植也采用自然式。其特点是自由、活泼,易给人以回归自然的感觉。这种形式比较常用,如图9.6所示。

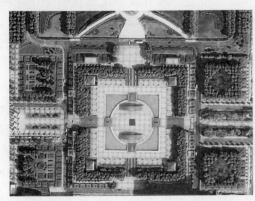

图9.5 规则几何式

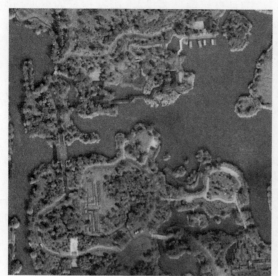

图 9.6   自由式

混合式是由规则几何式与自由式结合成的,可根据地形或功能的特点灵活布局,既能与周围建筑相协调,又能兼顾其自身空间艺术效果。

环境设计应该充分考虑无障碍设计,广场绿地应采取适宜的尺度,避免过度浮夸的大广场、大绿地、"洋"花园等不当设计与建设。

9.3   新型农村建筑及其可持续设计

9.3.1   村镇住宅类型

居住建筑的形式是整个居住区风格的基调,对居住区的风格起主导作用。因此,在进行村镇居住区规划之前,要首先合理地选择和确定住宅的类型。

村镇居住区建筑大致可分为农房型和城市型两类。随着城市化进程的飞快发展,城市型住宅在村镇居住区中的比例也越来越大,但由于村镇用地相对城市用地较为宽松,所以村镇住宅一般多为三四层,每户建筑面积也较大。下面就两类住宅的特点分述如下:

(1)农房型住宅

中国地域辽阔,各地地形、气候条件并不相同,有的差别很大。为适应各种地形、气候的条件,就必然要出现多种类型的住宅。另外,就是同一地区的居住对象,由于从事的副业不同,他们对住宅的要求也不同。目前,中国农房型住宅类型有以下几种:①别墅式。这种类型一般适合家庭人员较多,建筑面积在 100 m² 以上的住宅。目前,经济条件较好的地区采用此种类型较多,如江苏省苏南地区、沿海地区、侨乡等。但这种类型住宅不利于提高土地利用率,且单体造价也较高。②并联式。当每户建筑面积较小,单独修建独立式不经济时,可将几户联在一起修建一幢房子,这种形式称之为并联式。它比较适合于成片规划、开发。这样既可节约土地,还可节省室外工程设备管线,降低工程总造价。③院落式。当每户住宅面积较大、房间较多又有充足的室外用地时,可采用院落式。根据基地大小,可组合成独用式和合用院落。在南方地区,人们特别喜欢将院子分成前后两个:前院朝南,供休息起居或招待客人,种花植草、养鸟喂鱼,是美化的重点;后院主要是菜园和家禽饲养区。院落式给用户提供的居住环境较接近自然,比较受人欢迎。中国农村大多采用此种形式。

(2)城市型住宅

所谓城市型住宅就是单元式住宅。由于单元式住宅建筑紧凑,便于成片规划、开发,有利于提高容积率,节约土地,所以近年来这种类型住宅在村镇居住小区内已大量运用。另外,从村镇居住区可持续发展眼光来看,单元式住宅成片建筑也有利于工程设备管线的铺设,且大大节约了管线长度,又便于管理。

村镇住宅单元由于居民的生活习惯和生产方式与城市居民不同,所以必须通过调查研究,单独进行设计,决不能照搬城市的单元式住宅。

9.3.2 新型农村建筑

新型农村建筑是为适应农村经济发展和生活水平提升,为改进旧农房建造量大,占用土地多,抗灾能力弱,结构功能不合理,使用功能单一,采光通风条件差,人、财、物等消耗大等缺点而设计的一种结构紧凑、功能合理、美观实用、安全卫生的农村建筑。其具有以下特点:①功能较为完善,既安全又舒适卫生;②建筑布局合理,造型美观,经济又适用;③面积紧凑,用地节省。

1) 新型农村建筑设计依据和原则

(1) 设计依据

① 基址相关条件

需要收集包括基址的区位、地形、坡向、高程、水文地质情况、抗震烈度、冻土深度、日照、风向、气候条件以及基址的面积、尺寸、走向等基础资料。

② 建筑环境

建筑环境指基址周围的地物地貌、绿化植被、道路交通以及相关公共设施分布、施工技术条件、建筑材料来源等。

③ 设计要求

设计要求指建设者的使用要求、建设规模、投资额度以及国家规定的相关设计标准。

(2) 设计原则

总体设计原则坚持"安全、适用、经济、美观"的八字方针:①充分考虑村庄建设规划对建筑的要求。空间组织与环境适应,用地内功能分区明确,务必注意节约土地,充分利用原有公共设施。②必须满足使用功能要求,为生产、生活创造良好条件。③结构合理。在确保坚固耐久的前提下合理确定结构类型与方式。④造价经济。布局紧凑,空间利用效率高,节地性能高。选材方面坚持就地取材,因地制宜,适当运用先进技术与材料。⑤造型美观。通过体型、材料、质感、色彩、装饰等呈现良好艺术效果与地域特色。

2）新型农村建筑发展趋势

目前农村住房发展趋势主要体现在以下方面：

（1）充分利用土地面积，节约用地。村庄将相对集中，生产区、生活区将实现逐步分离，农房向多层发展，三四层将会成为发展主力。

（2）室内采光通风良好，浴室厕所等卫生设施齐全，住房卫生、舒适、安全。农业地区的住宅晒场不出门，生产交通工具入库，清洁能源如太阳能、沼气在农村会得到进一步推广，住宅的节能性能得到进一步提高。

（3）新材料、新结构、新施工工艺得到进一步积极推广与应用。房屋建筑设计更富有特色，施工也进一步规范，农房质量得到保障。建房有专门设计的施工图纸、专业的施工队伍，室内设计得到重视，造型新颖又能体现地域传统。

3）发展新型农村建筑应注意的问题

新型农村建筑建设需要注意自觉服从整体规划、尊重科学，避免以往盲目建设、胡乱规划带来的人力、物力、财力损失，特别应注意以下几点：

（1）要有专门设计的图纸。设计图纸是专业技术人员根据实地情况与使用需要，按照科学合理的布局方法，综合考虑结构、功能、经济等因素，通过周密计算得到结果，安全可靠。使用设计图纸可以避免以往建房没有专业设计师参与造成的盲目性、随意性，大大减少人为浪费。

（2）要由有资质的专业的施工队伍进行施工。专业队伍具有完善的施工机具配套，施工工艺规范先进。尤其是钢筋混凝土工程、关键部位的施工方法、质量控制能够得到把握，达到设计要求。另外专业队伍收费标准、价格合理、信誉较高，非零散施工队伍所能及。

（3）一定要按村庄规划进行住房建设。经过法定程序行政审批的村庄规划就是法规，一定阶段内的村庄建设就必须以此为准进行，如果地方行政、机构或个人自作主张、乱占空地或随意在原宅基地上翻盖住房或改作其他用途，势必造成今建明拆的后果，造成极大的社会资源浪费，村镇的公共设施建设也可能因此受到影响。

9.3.3 新型农村建筑的可持续设计

新型农村建筑的可持续设计包括房屋节能、节地、节水、节材以及生态环保方面的考量。本节重点介绍有关建筑节能与生态的措施或理念。

1）房屋节能

建筑节能设计概略地讲就是设法将能量消耗减至最低程度，努力提高能源利用效益，充分利用自然能量，尽可能提高综合用能水平。节能规划设计应从建筑选址、分区、建筑和通道布局走向、建筑方位朝向、建筑体型、建筑间距、冬夏季风主导方向、太阳辐射、建筑外部空间环境构成等方面进行研究，分析构成气候的决定因素，通过建筑的规划布局对上述因素进行充分利用、改造，以形成良好的居住条件和有利于节能的微气候环境。为实现上述要求，各地区所能争取的方法不尽相同，中国国家标准中已将全国划分为五个气候分区：严寒地区、寒冷地区、夏热冬冷地区、夏热冬暖地区、温和气候区。这是我们的设计依据。

（1）建筑选址

好的居住区的场址不仅满足人们的日常生活需要，为居民提供方便、卫生、安静和优美的环境,而且也是建筑节能的基础,对于优化环境、节约能源、提高投资的经济效益和社会效益起到非常重要的作用。

① 建筑不宜布置在山谷、盆地、沟底等凹地里,主要原因是:冬季冷气流在凹地里形成对建筑物的"霜洞"效应,使位于凹地的底层或半地下层建筑若要保持所需的室内温度则所耗能量会相应增加,如图9.7所示。而且,凹地建房会受雨水侵蚀,在山谷、沟底建房易受山洪冲击,甚至受到泥石流的侵袭。若遇大雪,房屋会受到大雪的浸没。

② 对夏热冬暖的地区,单纯从通风而言,建筑物最好建在山顶或山脊上(图9.8),但对冬季有采暖要求的地区,强劲的冬风往往会对建筑物的保暖造成一些不利的影响。因此,一般在山区造房时,还是把建筑物布置在山的一侧,面向夏季主导风向的位置更为恰当。

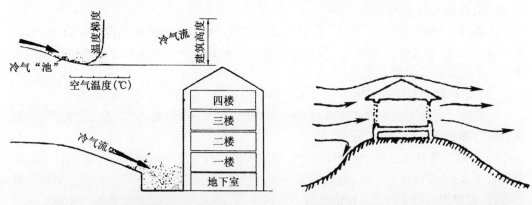

图9.7 冷气流对建筑物的"霜洞"效应   图9.8 通风条件好的高岗上的建筑物

③ 温度升高时空气会变轻,气流上升,便产生局部的低气压。利用这种现象,就可以设计人造风。而且平滑的水面有利于风的流通,如图9.8所示。

(2) 建筑布局与形态

利用建筑的布局,形成优化微气候的良好环境,有利于建筑的节能。

① 对严寒地区、寒冷地区,可利用单元组团式布局形成气候防护单元,以形成较封闭、完整的庭院空间,充分利用日照,并避免季风干扰,优化内部小气候。而夏热冬暖地区则应布置成开敞的有利于通风的环境,从而加速室内高温空气的排出(图9.9、图9.10)。

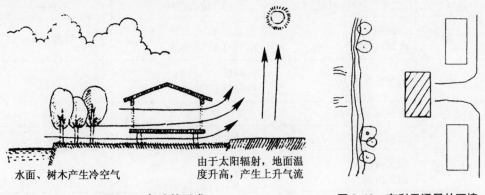

图9.9 气流的形成   图9.10 有利于通风的环境

② 建筑物的体形与节能有很大的关系,原则上围护结构的总面积越小越好。表9.8说明了常用建筑平面形状与节能的关系,在相同的建筑体积(V)的情况下,由于围护结构的面积(A)不同,热耗相差很大。

表9.8　建筑平面形状与节能的关系

平面形状	正方形	长方形	长方形	L形	回字形	门字形
A/V	0.160	0.170	0.180	0.195	0.210	0.250
热耗(%)	100	106	114	124	136	163

从表9.8中可以看出,严寒地区、寒冷地区以选择正方形、长方形平面为佳;而夏热冬暖地区则选择L形平面为佳。

从表9.8中我们还可以进一步设计以减少建筑采暖能耗的措施,主要有以下几点:a.减少建筑面宽,加大建筑进深;b.增加建筑物的层数;c.加大建筑长度或增加单元组合体;d.建筑体形不宜变化过多。

(3)建筑朝向与建筑间距

阳光除了可以在白天提高室内的光照水平外,还是一个热源,可以杀菌消毒,同时对人的精神和心理具有一定的影响。

① 合理选择住宅建筑的朝向,是住宅群体布置中首先要考虑的问题。影响住宅朝向的因素很多,主要有地理纬度、地球环境、局部气候特征及建筑用地等。常常会出现这样的情况:理想的日照方向也许恰恰是最不利的通风方向,或者受地形限制不可能成为建筑用地。因此,"良好朝向"和"最佳朝向"是一个具有地区条件限制的概念。

建筑朝向的选择应考虑的因素:a.冬季能有适量并具有一定质量的阳光射入室内;b.炎热季节尽量减少太阳直射室内和居室外墙面;c.夏季有良好的通风,冬季避免冷风吹袭;d.充分利用地形和节约用地;e.照顾居住建筑组合的要求。

在上述因素中日照和通风是评价住宅建筑室内环境质量最主要的标准。

综合上述影响因素,各地区应对各地方日照和风向条件进行实测和分析,并总结出当地的最佳朝向和适宜朝向的建议(表9.9),供村镇规划和居住建筑群体布置时作为参考。

表9.9　全国部分地区建议建筑朝向表

地区	最佳朝向	适宜朝向	不宜朝向
北京	南偏东30° 南偏西30°	南偏东45°范围内 南偏西45°范围内	北偏西30°—60°
上海	南至南偏东15°	南偏东30°以内 南偏西15°以内	北、西北
石家庄	南偏东15°以内	南至南偏东30°	西
太原	南偏东15°	南偏东至东	西北
呼和浩特	南至南偏东 南至南偏西	东南、西南	北、西北

地区	最佳朝向	适宜朝向	不宜朝向
哈尔滨	南偏东 15°—20°	南至南偏东 20° 南至南偏西 15°	西北、北
长春	南偏东 30°以内 南偏西 10°以内	南偏东 45°以内 南偏西 10°以内	北、东北、西北
沈阳	南、南偏东 20°以内	南偏东至东 南偏西至西	东北、东至西北、西
济南	南、南偏东 10°—15°	南偏东 30°以内	西偏北 5°—10°
南京	南偏东 15°以内	南偏东 25°以内 南偏西 10°以内	西、北
合肥	南偏东 5°—15°	南偏东 15°以内 南偏西 5°以内	西
杭州	南偏东 10°—15°	南、南偏东 30°以内	北、西
福州	南、南偏东 5°—15°	南偏东 20°以内	西
郑州	南偏东 15°以内	南偏东 25°以内	西北
武汉	南偏西 15°以内	南偏东 15°以内	西、西北
长沙	南偏东 9°以内	南	西、西北
广州	—	南偏东 25°30′ 南偏西 5°	西、西北
南宁	南、南偏东 15°以内	南偏东 15°—25° 南偏西 5°	东、西
西安	南偏东 10°以内	南、南偏西	西、西北
银川	南至南偏东 23°	南偏东 34°以内 南偏西 20°以内	西、北
西宁	南至南偏西 30°	南偏东 30°至南	北、西北

② 保证足够的建筑间距。为保证住宅室内的日照标准,一般用日照时间和日照质量来衡量。一定的日照时间是保证一定日照质量水平的前提,也是住户对日照要求的最低标准。中国地处北半球温带地区,居住建筑一般总希望夏季避免日晒,而冬季又能获得充分的阳光照射。居住建筑多为成排布置,考虑到前排房屋对后排房屋的遮挡,为了使住户保证得到最低限度的日照时间,总是首先着眼于底层住户(因为底层最先受到遮挡或遮挡的时间最长)。北半球的太阳高度角在全年中的最小值是冬至日。因此,以冬至日底层住宅室内得到的日照时间作为最低的日照标准。

住宅中的日照质量是通过日照时间和每小时日照面积这两方面的积累而达到的。住宅日照时间标准时通常取冬至日中午前后两小时(11—13 时)为下限,其上再根据各地的地理纬度和用地状况加以调整。阳光的照射量由受到日照时间内每小时室内场面和地区上阳光投射面积的累积来计算。只有日照时间和日照面积得到保证,才能充分发挥阳光中紫外线的杀菌效用,同时也才能对北方住宅冬季提高室温有显著的作用。

住宅组群中房屋间距应满足交通、室内光照、通风、防火、防露和各种工程管线等的要求。在一般情况下,按日照所要求的间距为最大。平地日照间距的计算公式为

$$D = \frac{H}{tgh'_s} = \frac{h-h_0}{tgh'_s} \tag{9-2}$$

式中:D——日照间距(m);

H——遮挡计算高度(m);

h——前方遮挡建筑的高度(m);

h_0——后方被遮挡建筑底层窗台至室外地面的距离(m);

h'_s——当地最不利计算日的太阳高度角,一般为大寒日或冬至日。

在实际工程规划设计中,常将 D 值换算成与 H 的比值。表 9.10 列出了一些城市住宅日照间距的参考值,可供参考。

在坡度上建房时,其间距要因坡度的朝向而异进行调整。向阳坡上的间距可以缩小,而背阳坡间距则应加大。

表 9.10　一些地区住宅日照间距参考值

城名	北纬	冬至日中午太阳高度角	参考值	
			理论计算	实际应用
济南	36°41′	29°52′	1.74H	1.5—1.7H
徐州	34°19′	32°14′	1.59H	1.2—1.3H
南京	32°04′	34°29′	1.46H	1.0—1.5H
合肥	31°53′	34°40′	1.45H	1.0—1.5H
上海	31°12′	35°21′	1.41H	1.0H
杭州	30°20′	36°13′	1.37H	1.0—1.1H
福州	26°05′	40°28′	1.18H	1.2H
南昌	28°40′	37°43′	1.30H	1.0—1.2H
武汉	30°38′	35°55′	1.38H	1.1—1.2H

随着人们生活水平的不断提高,人们对自己独立生活的私密性也有了更高的要求。这就要求在满足规范的同时,住宅与住宅之间的间距要考虑到邻里之间的心理间距。

2)乡村生态建筑

生态建筑是 20 世纪下半叶提出来的一个新概念,人们对它的认识尚处于意识起步阶段。一般生态建筑的定义是,根据当地的自然生态环境,运用生态学、建筑技术科学的基本原理,采用现代化科学技术手段,合理地安排并组织建筑与其他领域相关因素之间的关

系,使其与环境之间成为一个有机结合体。简单说来生态住宅就是在建筑寿命周期内最大限度地节省资源、为人们节能的建筑。以亚热带地区住宅为例,该气候区建筑遮阳很重要,需要采用合理的窗和墙壁设计方式与材料。但很多亚热带地区采用寒带地区的设计,建玻璃房、金属房,成为温室能源杀手。推行生态住宅设计,一幢节能建筑和不节能建筑相比,空调能耗差4—5倍以上。建筑若合理采用节能设计,可轻松获得50%—60%的节能效果。按生态住宅标准建造的节能建筑,可让一个三口之家一年节能58%、节水25%,每年每户可省1 000多元水电费。目前生态住宅的理念虽比较普及,也陆续制定了一些相关标准,一些地方还推出示范建筑样板,深圳甚至提出建设"绿色建筑之都",但都没有形成一个统一规范,多数人没有彻底转变观念,很多仍停留在炒作层面,建筑技术的投入也严重不足。

（1）生态建筑的特性

与其他建筑形式相比较,生态建筑有它的许多独特性,如自然环境性、高品位性、利用上的可持续发展性和内容上的专业性等。

① 自然环境性。根据生态建筑的定义,生态建筑取向于生态环境,依托于自然地理、气候条件,这表明生态建筑的运作场所应当是那些纯自然环境,而现代建筑中,对热、声、光、气候提出了更高的要求。生态建筑不是孤立地存在于环境之中,而是环境的一部分,它依托自然环境,同时对自然环境又存在着积极改善作用。

② 高品位性。生态建筑是以自然生态环境为根据设计进行的,而不是单纯孤立的。真正的生态建筑要明白保护生态的重要意义,它是一种具有强烈环境意识的高品位建筑形式。首先,设计人员对建筑环境质量要求要很高,同时也要非常自觉地、有意识地保护建筑环境;其次,生态建筑要具有高含量的科学与文化信息,因此各个地域、各个民族的建筑都应有相适应的人文环境形式。这种形式经过了若干年的经验积累,已趋于成熟,且具有其独特的可识别性。

③ 利用上的可持续发展性。生态建筑是在自然环境中以生态系统为对象所实现的一种建筑形式,其目的是在缩小人们主观愿望与实际行动对环境所造成影响之间的差距,努力寻求健康协调的持续发展。目前农村耕地逐年减少已成为很严重而亟待解决的问题,建筑一方面能促进社会经济文化发展,但另一方面也会影响环境和土地资源的损耗。因此,处理好建筑与耕地的关系,实质上就是规划建筑的可持续发展问题。生态建筑是规划可持续发展的最佳选择。

④ 内容上的专业性。生态建筑是属于高层次跨世纪的具有强烈时代感的专业建筑形式。现代农村的建筑大都还是在于满足居住、生活的需要,尚缺乏节能设计和美感。不过,一些经济发达的地区已在上述方面做了很多成功的尝试。如何达到生态建筑的高标准？统一规划、统一设计、统一施工是一条有效途径。

（2）生态建筑的形式

现在,社会上出现了许多称谓,如回归自然建筑、绿色建筑、健康建筑、空气上升建筑、御寒建筑、生物气候建筑、有机建筑等等。这些建筑多属于生态建筑范畴。生态建筑的称谓很多,形式也多样,主要形式有以下几种:

① 节能型生态建筑。这种形式的建筑较多,如太阳能建筑、覆土建筑等都是利用自

然的能量为建筑居住者使用，达到消除污染、节约能源的作用。

以由中国科学院蒋民华院士在临沂市河东区八湖镇沂自庄村牵头设计的生态节能住宅为例，该住宅墙体由掺秸秆的土坯填充，窗户用低辐射玻璃，取暖发电靠太阳能集热器，照明采用绿色半导体新技术，该住宅已经在当地得到推广。

此外浙江安吉夯土生态实验建筑在国内也引起巨大反响。安吉的"生态屋"有很多可圈可点的"优势"：除了节能环保和冬暖夏凉，"造价低廉"也是其一大特点。该建筑单体建造需要3—4个月时间，花费6万—7万元便能就地建起一幢"生态屋"。有大量废料得到利用，其中一幢利用废旧料改造的"生态屋"只需1个月，花费3万—4万元便能建成。例如，三号屋占地 $267\ m^2$，有6间标准住宿房，算上内部的精装修，造价只有13万元左右（图9.11）。

图 9.11　安吉"生态屋"

② 仿生型生态建筑。这种形式的建筑设计与自然界某种植物相似。植物是活的建筑，它和建筑有着相似的物理特征——在地面上屹立不动。植物的结构形式与其上亿年进化而成的完美外形都给予我们很多启示，所以多种形式的仿生建筑应运而生，既做了植物的特有结构形式，又能与自然融为一体，如图9.12所示。

图 9.12　仿生型生态建筑

3）有机建筑

弗兰克·劳埃德·赖特（Frank Lloyd Wright）是有机建筑的创造者。他的观点是有机建筑就像地上长出来的一样，实质上就是指与自然环境结合融洽，与自然界形成了一个有机的结合体。西塔里埃森（Taliesin West）是赖特有机建筑的代表作品之一（图9.13）。

图 9.13　西塔里埃森有机建筑

9.4 居住区道路规划

9.4.1 道路的功能分级

居住区内道路的功能一般分为以下几个方面:

(1) 居民的日常生活交通需要,这是主要的功能。目前中国发达地区的村镇居住区道路已经不单纯考虑自行车、摩托车等交通工具了,而要把小汽车的要求提到设计上。

(2) 通行清除垃圾、运送粪便、递送邮件等车辆。

(3) 满足铺设各种工程管线的需要。

(4) 居住区内道路的走向和线形对居住区建筑物的布置影响较大,对居住区的空间序列的组织,小品、景点的布置也都很有影响。

除了以上几种一般功能以外,道路的宽窄及转折还要考虑到救护车、消防车、搬运家具车通行的特殊要求。

根据以上道路功能要求及居住区规模大小,居住区道路一般分为以下三级:

第一级,居住区级道路,用来解决居住区的对外交通联系。车行道宽度一般为7—9 m。

第二级,居住区组团级道路,用于解决住宅组群的内外联系。车行道宽度一般为4 m。

第三级,宅间小路,即通向住户各单元入口的小路。其宽度一般为2.5 m。

此外,居住区内还有专供步行的游乐园等步行道,其宽度、做法根据具体要求而定。

9.4.2 道路规划布置的基本要求

(1) 居住区内道路主要是为居住区本身服务。道路面的幅度决定于其功能等级。为了保证居民区居民的安全和安静,过境公路不应穿越居住区。居住小区、居住区本身也不宜设有过多的道路通向城镇干道,居住区道路出口间距应不小于150 m。

(2) 路网布置应充分利用和结合地形,如尽可能结合自然分水线和汇水线,以利于雨水排除。在南方多河地区,道路宜与河流平行或垂直布置,以减少桥梁和涵洞的投资。丘陵地区则应注意减少土石工程量。

(3) 车行道一般应通至住宅单元的入口处。建筑物外墙面与人行道边缘的距离应不小于1.5 m,与车行道边缘的距离不小于3 m。

(4) 尽端式道路长度不宜超过120 m,在尽端处应能便于回车,回车场应不小于12 m×12 m。

(5) 单车道每隔150 m左右应设置车辆会让处。

(6) 道路宽度应考虑工程管线的合理敷设。

(7) 道路线形、断面等应与整个居住区规划结构和建筑群体布置有机结合。

居住区内主要干道的布置形式常见的有尽端式、混合式、环通式、半环式,见图9.14。

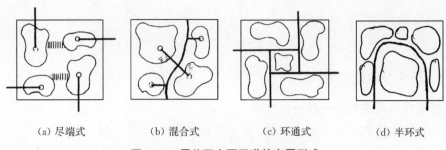

| (a) 尽端式 | (b) 混合式 | (c) 环通式 | (d) 半环式 |

图 9.14　居住区主要干道的布置形式

9.4.3　道路系统的基本形式

道路系统的形式应根据地形、现状条件、周围交通情况及规划结构等因素综合考虑，而不应着重追求形式和构图。居住区的道路系统形式根据不同的交通组织方式可分为以下三种组织形式：

（1）人车分流的道路系统。这种形式就是让人行道、车行道完全分开设置，在交叉口处布置立交。在国外这种形式较多，主要用于居住区和私人小汽车较多的情况下。它的特点是疏散快、比较安全，但投资大。

（2）人车混行的道路系统。这种形式在中国用得较多。其特点是投资比较小，但疏散效率低。

（3）人车部分分流的道路系统。该形式结合上述两种形式的优点，并结合居住区功能分区内的人流量、车流量的多少做综合考虑，但人行道与车行道交叉口不设立交。

9.4.4　道路规划的经济性

道路的造价占居住区配套工程造价的比例较大，因此，规划设计中应考虑满足正常使用的情况下，如何减少不必要的浪费，如何控制好道路长宽和道路面积大小。道路的经济指标一般以道路线密度（道路长度/居住区总面积）和道路面积密度（道路面积/居住区总面积）来表示。

（1）居住区面积增大时，单位面积的道路长度和面积造价均有显著下降。小区的形状对造价影响也很大，正方形较长方形经济。

（2）居住小区面积的大小对单位面积内的组团内道路长度、面积影响不大，而路网形式的各种布置手法对指标影响较大，如采用尽端式、道路均匀布置，则经济指标明显下降。

（3）2016 年中央城市工作会议建议今后少建封闭社区，社区应该以开放的形态来促进居民公共生活的回归，正如传统村落里的居民一样拥有密切的邻里关系。居住区道路网设计理念是"窄而密"，直接融入村镇或城市道路网："窄"的意思是基本满足机动车双向会车，甚至是单向通行；"密"的含义是街道或组团更小，相聚 100 m 左右为宜。这样的路网有利于促进住区内部活力提升以及道路的利用效率。

10 村镇绿化规划

随着村镇经济的迅速发展和人民生活水平的不断提高,居民越来越注重对村镇绿化的提质改造。村镇绿化是指通过合理安排村镇土地布局,利用并改造天然山水地貌或人为地开辟山水地貌,结合植物种植和园林建筑小品的配置,运用一定的工程技术和艺术手段,为村镇居民创造一个安全、健康、舒适和优美的村镇环境。

村镇绿化规划则是以村镇绿地为载体,通过其建设和发展主动呼应村镇的多重需求,充分发挥村镇绿地的多种功能。村镇绿化规划从整体发展角度需全面考虑村镇绿地的建设,最终促成村镇绿地积极配合并协调村镇的规划建设,进一步融入城乡统筹建设中,在新型城镇化建设中扮演重要角色。

10.1 村镇绿地的特点与作用

村镇绿地是指以自然植被和人工植被为主要存在形态的村镇用地。进行村镇绿地建设,可改善村镇人居环境,建设生态文明村镇,提高居民的生活质量,满足村镇居民对美化村镇环境的需求。

10.1.1 村镇绿地的特点

1) 村镇绿地功能特点

村镇绿地的功能主要包括:生产功能(农田、果园、经济林、苗圃、花圃、草圃等)、生态功能(净化空气、水体、土壤,涵养水源,保持水土,提供野生动物生存环境,维持生物多样性,改善小气候,降低噪音等)、游憩功能(日常休息娱乐活动、农家乐、观光旅游、康疗休养等)、景观功能(美化村镇面貌、形成不同村镇特色、增加艺术效果等)以及其他社会和经济功能。

2) 村镇绿地内容特点

村镇绿地从内容上来看可分为人工绿地、经营绿地和自然绿地。人工绿地指自然界原先不存在,完全是由人类活动所创造的绿地,如政府驻地绿地、公共建筑绿地、道路绿地、工厂绿地等;经营绿地指通过人类的改造形成的绿地,如粮油菜地、草地、花木圃地、居民点庭院绿地、经济林地、风景名胜区等;自然绿地指植物通过自然生长而形成的人类干预较少的绿地,如森林、草地、湿地等。由于村镇地区植被资源丰富,人类在长期的生长繁衍过程中对村镇绿地的利用以保护和改造为主,所以村镇绿地大多为自然绿地和经营绿地。又因为在村镇,大多数居民想要亲近自然十分方便,对人工绿地的需求量相对较小,所以部分村镇地区几乎没有人工绿地。

3) 村镇绿地布局特点

由于中国绿地系统规划起步较晚,而城市绿地系统规划又多是在城市建成后其他用地类型确定后再进行规划的,这就决定了城市绿地是以"多而小"的形式分散布局。

与城市绿地布局的"见缝插绿"不同,村镇绿地在人们长期的生活中形成了自己的分布规律。如果说城市中基质(一块用地中面积最大的用地类型)是除绿地外的其他用地类型,那么在村镇中基质就是绿地,村镇除绿地以外的其他用地以廊道和斑块的形式分布于绿地中。

10.1.2 村镇绿地的作用

村镇绿地不仅具有美化环境、调节村镇气候的作用,而且还可以结合农业生产发挥其潜在的经济价值与社会价值,促进旅游业等第三产业的发展,提高村镇居民的生活质量。村镇绿化的作用具体表现在下述五个方面:

1) 遮阳覆盖与调节气候

炎炎夏日下人们更喜欢在绿荫下避暑遮阳,此时树木就像是自然界的"空调",其茂密的树叶不仅可以遮挡阳光,而且还能不断地吸收热量并利用叶面大量蒸发水分,降低附近的温度,增加空气湿度。良好的村镇绿化环境能有效降低太阳辐射温度、调节气温和空气湿度,对村镇的小气候具有调节和改善作用。研究表明,绿地与行道树均能提高周围10%—20%的相对湿度。小气候主要是指从地面到 10—100 m 高度空间内的气候,这一层正是人类生活和植物生长的区域和空间。人类的生产和生活、植物的生长和发育都时刻影响着小气候。而树木正是小气候调节的关键枢纽,具有遮阳与调节气候的作用,能为人们的生产、生活提供凉爽、舒适的环境。

2) 净化空气与保护环境

人类生活离不开氧气,绿色植物在阳光下进行光合作用时能吸收大量的二氧化碳、放出氧气,平衡空气中二氧化碳和氧气的比例,使空气保持清新。有关资料表明,每公顷绿地每天吸收 900 kg 二氧化碳,生产 750 kg 氧气,供 1 000 人呼吸需要。

由于树木叶片表面不平,多茸毛,有的还分泌黏性油脂和浆液,能够阻挡、吸附和过滤空气中飘浮的粉尘。蒙尘的树木经雨水冲洗后又能恢复滞尘作用,这种循环体系是大自然的"空气净化系统"。高大乔木的叶片总面积一般是其占地面积的 60—70 倍,所以吸滞烟尘的能力很强。据测定,每亩树木的叶片年附着灰尘量达 20—60 t。有些植物在生长过程中能分泌出大量挥发性物质——植物杀菌素,抵抗一些有害细菌的侵袭,减少空气中微生物的含量。研究表明,绿化地带比无绿化的闹市街道,每立方米空气中的病菌含量少85%以上。

有许多植物对空气污染十分敏感,在低浓度、微量污染情况下,会发生受污染症状反应,起到"报警""绿化哨兵"的作用。如雪松受到大气中二氧化硫污染,浓度在 0.3%—0.5%时,叶片就会呈现肉眼可见的暗褐色伤斑。

此外,绿化植物对噪声具有较强的吸收和反射作用,有绿色"消声器"的美称。据测定,林带能有效衰减噪声,40 m 宽的林带可降低噪声 10—15 dB,30 m 宽的林带可降低噪声 6—8 dB,4.4 m 宽的绿篱可降低噪声 6 dB。因此进行村镇绿化种植能有效减弱噪声强度,创造出适宜人居的村镇环境。

3) 创造经济效益和社会效益

村镇绿地不仅具有生态作用,而且具有一定的经济价值和社会效益。村镇绿化种植的经济林木(如油桐、椿树、乌桕、银杏等)、药用林木(如楝树、厚朴、杜仲等)、果树林木(如苹果、橘、桃、李、梨等)、绿化树种(如水杉、柳杉、香樟、泡桐、枫香等),既可以美化环境,为村镇添景生色,丰富村镇的主体轮廓,也可为村镇带来更多的经济收益,两者相得益彰、相辅相成。

村镇绿地空间也是文化教育的园地,是向人们进行植物文化宣传和植物科普教育的主要场所,让人们在休息游玩中激发对植物的兴趣,增长相关知识,提高自身的文化修养。村镇绿地作为人类文化、文明在物质空间构成上的投影,反映村镇历史与现代文明相融合、传统特色与科技发展共协调的载体。村镇绿化植物的观赏特性会产生不同的景观效果和环境气氛。各种植物不同的配置组合能形成千变万化的景境,给人以丰富多彩的艺术感受。人们在欣赏村镇绿化景观的同时,融合了自己的思想情趣与理想哲理,从而激发出工作创造性和生活情趣性,无形中形成了良性的社会效益。

4) 作为观光旅游和休养基地

伴随着工业化的快速发展及其对人类活动范围的侵蚀,城镇中越来越多的绿地被"钢筋混凝土的建筑丛林"所取代。正因为如此,返璞归真、回归自然的田园生活方式成为城乡居民的渴望,而村镇绿地恰恰可以满足城乡居民田园观光旅游和休闲活动的要求。在村镇内适当种植绿化植物,结合一些观光休闲设施与健身活动设备,可满足人们休闲游憩、放松身心、缓解压力的需求,为乡村旅游活动的开展提供良好的绿色环境。

5) 提供安全防护和避难场所

村镇绿地的安全防护作用近年来正逐渐被人们所认识。大块的绿地在发生火灾时既能起到隔离火源和缓冲的作用,有效地防止火灾蔓延,同时还可作为人们疏散的场地。在易发生火灾的地带如化工厂周边或者储藏室周围,最好种植一些防火能力强的树种,如刺槐、核桃、青杨、火炬树等形成防火林带。

对于一些位于地震区的村镇,中心地区设置大块的绿地更有必要。绿地在地震期间可以成为人们疏散、避难的场所,绿地中的树木、水体等在灾民避难生活中发挥了重要的作用,绿地空旷,目标明显,便于救援;同时绿地的开放空间有效充当了释放人们心理压力的载体。

10.2 村镇绿地的分类与标准

10.2.1 村镇绿地的分类原则

1) 功能性原则

恰当的绿地分类有助于各地的园林部门正确把握各类绿地的性质,从而合理地编制绿地规划、确定建设标准,进而有效地建设和经营管理绿地。村镇各类绿地只有根据其功能特点来分类才最利于统计和管理,具备可实施性。

2) 全面性原则

各类绿地应全面反映村镇绿地系统的组成,只有做到全面分类,才能使村镇绿地规划具有系统性。

3) 科学性原则

村镇绿地类型的划分必须是科学的。绿地分类要与现行的法律法规政策相结合,做到各类绿地概念清楚,内容不相交叉。

4) 易识性原则

村镇绿地的分类应与城市绿地分类相区别,使村镇绿地容易与城市绿地相互区分,不易混淆。村镇地区与城市自然环境条件截然不同,在村镇绿地系统规划时如果不能突破传统城市绿地系统规划理论中"城市绿地"的分类标准,就不能发挥村镇绿地的优势,改善区域大环境。

5) 实用性原则

村镇绿地的分类应适应于不同村镇的绿地系统规划,适用于统计和计算方法,注重各绿地管理部门的可操作性和协调性。

10.2.2 村镇绿地的分类标准

村镇绿化规划的首要任务就是对村镇的绿地进行分类,因为村镇绿地分类标准的合理性会直接影响到整个村镇绿地系统的构建,影响到村镇绿地的保护、管理水平,甚至影响到整个村镇生态环境建设。

根据中国各地区主要村镇的绿地现状和规划特点以及村镇建设发展的需要,着重以绿地的功能和用途作为分类的依据。由于同一块绿地同时可具备生态、景观、游憩、防灾等多种功能,因此以绿地的主要功能作为分类的侧重点。依据《镇(乡)村绿地分类标准》(CJJ/T 168—2011)的规定,镇绿地应采用大类和小类两个层次进行分类,村绿地采用一个层次进行分类。

1) 镇绿地的分类体系

(1) 镇绿地的分类标准

镇绿地分为大类和小类两个层次,共 4 大类、12 小类,以反映镇绿地的实际情况以及镇绿地与镇区其他各类用地之间的层次关系,满足镇绿地的规划设计、建设管理,科学研究和统计等工作使用的需要(表 10.1)。

表 10.1 镇绿地的分类标准体系表

类别代号		类别名称	内容与范围	备注
大类	小类			
		公园绿地	向公众开放、以游憩为主要功能、兼具生态、美化等作用的镇区绿地	—
G1	G11	镇区级公园	为全体居民服务,内容较丰富,有相应设施的规模较大的集中绿地	包括特定内容或形式的公园以及大型的带状公园
	G12	社区公园	为一定居住地范围内的居民服务,具有一定活动内容和设施的绿地	包括小型的带状绿地
G2		防护绿地	镇区中具有卫生隔离和安全防护功能的绿地	—

类别代号		类别名称	内容与范围	备注
大类	小类			
G3		附属绿地	镇区建设用地中除绿地之外各类用地中的附属绿化用地	—
	G31	居住绿地	居住用地中宅旁绿地、配套公建绿地、小区道路绿地等	—
	G32	公共设施绿地	公共设施用地内的绿地	—
	G33	生产设施绿地	生产设施用地内的绿地	—
	G34	仓储绿地	仓储用地内的绿地	—
	G35	对外交通绿地	对外交通用地内的绿地	—
	G36	道路广场绿地	道路广场用地内的绿地	包括行道树带、交通岛绿地、停车场绿地和绿地率小于65%的广场绿地等
	G37	工程设施绿地	工程设施用地内的绿地	—
G4		生态景观绿地	对镇区生态环境质量、居民休闲生活、景观和生物多样性保护有直接影响的绿地	—
	G41	生态保护绿地	以保护生态环境,保护生物多样性,保护自然资源为主的绿地	包括自然保护区、水源保护区、生态防护林
	G42	风景游憩绿地	具有一定设施,风景优美,以观光、休闲、游憩、娱乐为主要功能的绿地	包括森林公园、旅游度假区、风景名胜区等
	G43	生产绿地	以生产经营为主的绿地	包括苗圃、花圃、草圃、果园等

（2）镇绿地分类标准的说明

本标准使用英文字母与阿拉伯数字混合型分类代码。镇绿地大类用英文 GREENLAND(绿地)的第一个字母 G 和一位阿拉伯数字表示,小类各增加一位阿拉伯数字表示。例如,G1 表示公园绿地,G11 表示公园绿地中的镇区级公园。本标准同层级类目之间存在着并列关系,不同层级类目之间存在着隶属关系,即每一大类包含着若干并列的小类。前表 10.1 已就镇的各类绿地的名称、内容与范围做了规定,以下按顺序说明：

① 公园绿地。镇绿地划分公园绿地主要是充分体现绿地的功能和用途,适应绿地建设与发展的需要,有利于和《城市绿地分类标准》(CJJ/T 85—2017)的衔接。镇"公园绿地"可进一步细分为镇区级公园和社区公园两小类,这是针对公园绿地的服务对象和范围来划分的。镇区级公园为全镇区居民服务,为镇区内面积较大、设施较齐全、内容较丰富的综合型绿地。社区公园为一定的地域和人群服务,是具有一定活动内容和设施的绿地。这样划分充分考虑了公园的服务半径和居民出行的需求,便于对公园进行有效的管理。

② 防护绿地。《镇规划标准》(GB 50188—2007)规定防护绿地是用于安全、卫生、防

风等作用的绿地。其功能是对自然灾害和其他公害起到一定的防护或减弱作用,不宜兼作公园绿地。各地因所在位置和防护对象的不同,对防护绿地的宽度和种植方式的要求也各异,具体可参照各省市的相关法规执行。镇区防护绿地参与镇区建设用地平衡,镇区外防护绿地应纳入生态保护绿地范畴,不参与镇区建设用地平衡。

③ 附属绿地。附属绿地的分类与《镇规划标准》(GB 50188—2007)中建设用地分类的大类相对应,既概念明确,又便于绿地的统计、指标的确定和管理上的操作。附属绿地因所附属的用地性质不同,而在功能用途、规划设计与建设管理上有较大差异,应符合相关规定要求。附属绿地不能单独参与镇区建设用地平衡。

④ 生态景观绿地。此类绿地是指位于村镇建设用地以外,对村镇生态、景观、安全防护和居民休闲生活具有积极作用、绿化环境较好或应当改造好的区域。它是村镇绿地的延伸,与建设用地内的绿地共同构成完整的绿地系统。生态景观绿地主要包括生态保护绿地、风景游憩绿地、生产绿地三种类型。a. 生态保护绿地:是以保护生态环境、保护生物多样性、保护自然资源为主的绿地。它是维持自然生态环境,实现资源可持续利用的基础和保障,包括自然保护区、水源保护区、生态防护林等。b. 风景游憩绿地:是位于村镇建设用地以外的生态、景观、旅游和娱乐条件较好的区域,如森林公园、旅游度假区、风景名胜区等。这类绿地既可以影响村镇的景观风貌,为村镇居民提供良好的环境,也可为城市居民提供休闲、度假、娱乐的场所。由于此类绿地与村镇景观以及居民的关系较为密切,故应当按规划和建设的要求保持现状或定向发展,一般不改变其土地利用现状分类和使用性质。c. 生产绿地:是位于村镇建设用地以外的苗圃、花圃、草圃、果园等用地,属于广义的绿地。此类绿地以生产经营为主,既为城市提供苗木,为居民提供丰富的农产品,又影响着村镇的景观,同时具有一定的生态功能,在规划设计时应充分考虑到场地选址、建设规模、交通运输等问题。生态景观绿地不能替代或折合成为村镇建设用地中的绿地,它只是起到功能上的补充、景观上的丰富和空间上的延续等作用,使村镇能够在一个良好的生态、景观基础上进行可持续发展。这些类型绿地不参与村镇建设用地平衡,它的统计范围应与村镇总体规划用地范围一致。

2) 村绿地的分类体系

(1) 村绿地的分类标准

村绿地分为一个层次,共三类,以反映村庄绿地的实际情况,满足村庄绿地的规划设计、建设管理,科学研究和统计等工作使用的需要(表 10.2)。

表 10.2 村绿地的分类标准体系表

类别代码	类别名称	内容与范围	备注
G1	公园绿地	向公众开放,以游憩为主要功能,兼具生态、美化等作用的绿地	包括小游园、沿河游憩绿地、街旁绿地和古树名木周围的游憩场地等
G2	环境美化绿地	以美化村庄环境为主要功能的绿地	—
G3	生态景观绿地	对村庄生态环境质量、居民休闲生活和景观有直接影响的绿地	包括生态防护林地、苗圃、花圃、草圃、果园等

（2）村绿地分类标准的说明

本标准使用英文字母与阿拉伯数字混合型分类代码。村绿地分类用英文 GREENLAND（绿地）的第一个字母 G 和一位阿拉伯数字表示。例如，G1 表示公园绿地。表 10.2 已就村各类绿地的名称、内容与范围做了规定，以下按顺序说明：

① 公园绿地。《城乡规划法》第 18 条规定，村庄规划的内容应当包括公益事业等各项建设的用地布局、建设的要求。其中"公益事业等各项建设的用地"应该包括村庄的公园绿地。随着全国新农村建设的开展，《村庄整治技术规范》（GB 50445—2008）和各地制定的新农村建设导则对村庄公共环境提出了相应的要求：靠近村委会、文化站及祠堂等公共活动集中的地段设置公共活动场所。公共活动场所整治时应保留现有场地上的高大乔木及景观良好的成片林木、植被，保证公共活动场所的良好环境；并配套设置坐凳、儿童游玩设施、健身器材、村务公开栏、科普宣传栏及阅报栏等设施，提高综合使用功能。公共活动场所一般就是村中的公园绿地。因此村庄公园绿地设置是必需的，其在改善农村人居环境、提高居民生活质量等方面起到积极的作用。

② 环境美化绿地。环境美化绿地是指以美化村庄环境为主要功能的绿地。一般村庄居民在房前屋后、水旁、路边、村庄周围即四旁进行绿化，栽植风水林，起到美化周围环境的作用，同时有利于改善居民的居住环境。

③ 生态景观绿地。生态景观绿地一般位于村庄建设用地以外，包括生态防护林、苗圃、花圃、草圃、果园等。这类区域是维护自然生态环境的基础和保障，影响村庄的景观风貌，为居民提供良好的环境。

10.3　村镇绿地的指标与计算

10.3.1　村镇绿地的统计指标

村镇绿地统计指标包括人均公园绿地面积和绿地率，各指标的含义与计算方法如下：

1）镇绿地的主要统计指标

镇绿地的主要统计指标应按下列公式计算：

（1）镇人均公园绿地面积

$$A_{glm} = A_{tgl}/N_{tp} \qquad (10-1)$$

式中：A_{glm} ——镇人均公园绿地面积（m^2）；

　A_{tgl} ——镇区公园绿地面积（m^2）；

　N_{tp} ——镇区人口数量（人）。

（2）镇绿地率

$$\lambda_g = [(A_{tg1} + A_{tg2} + A_{tg3})/A_t] \times 100\% \qquad (10-2)$$

式中：λ_g ——绿地率（%）；

　A_{tg1} ——镇区公园绿地面积（m^2）；

A_{tg2}——镇区防护绿地面积(m^2);

A_{tg3}——镇区附属绿地面积(m^2);

A_t——镇区建设用地面积(m^2)。

2)村绿地的主要统计指标

村绿地的主要统计指标应按下列公式计算:

(1)村人均公园绿地面积

$$A_{glm} = A_{vgl}/N_{vp} \tag{10-3}$$

式中:A_{glm}——村人均公园绿地面积(m^2);

A_{vgl}——村庄公园绿地面积(m^2);

N_{vp}——村庄人口数量(人)。

(2)村绿地率

$$\lambda_g = [(A_{vgl} + A_{vg2})/A_v] \times 100\% \tag{10-4}$$

式中:λ_g——绿地率(%);

A_{vgl}——村庄公园绿地面积(m^2);

A_{vg2}——村庄环境美化绿地面积(m^2);

A_v——村庄建设用地面积(m^2)。

10.3.2 村镇绿地面积计算表格

1)镇区绿地的数据计算

镇区绿地的数据计算应按表10.3的格式汇总。

表 10.3 镇区绿地计算表

序号	类别代码	类别名称	绿地面积(m^2)		人均绿地面积(m^2)		绿地率(%)	
			现状	规划	现状	规划	现状	规划
1	G1	公园绿地						
2	G2	防护绿地						
		小计						
3	G3	附属绿地						
		中计						
4	G4	生态景观绿地			—	—	—	—
		合计			—	—	—	—

注:_____年现状镇区建设用地_____hm^2,现状人口_____人;_____年规划镇区建设用地_____hm^2,规划人口_____人。绿地率:绿地占镇区建设用地比例。

2)村庄绿地的数据计算

村庄绿地的数据计算应按表10.4的格式汇总。

表 10.4　村庄绿地计算表

序号	类别代码	类别名称	绿地面积（m²）		人均绿地面积（m²）		绿地率（%）	
			现状	规划	现状	规划	现状	规划
1	G1	公园绿地						
2	G2	环境美化绿地						
小计								
3	G3	生态景观绿地	—	—	—	—	—	—
合计					—	—	—	—

注：＿＿＿＿年现状村庄建设用地＿＿＿＿hm²，现状人口＿＿＿＿人；＿＿＿＿年规划村庄建设用地＿＿＿＿hm²，规划人口＿＿＿＿人。绿地率：绿地占村庄建设用地比例。

10.3.3　村镇绿地面积计算要求

村镇绿地面积的计算是一个复杂的问题，影响因素多，在计算时要注意以下几个问题：

（1）计算村镇现状绿地与规划绿地的指标时，应分别采用相应的人口数据和用地数据；规划年限、建设用地面积、规划人口应与总体规划一致，统一进行汇总计算。

（2）计算单位一律用平方米（m²）或公顷（hm²），不再用亩或其他单位表示。

（3）水面如属于村镇水系的或做生产用的（如湖塘等）不能计算在绿地面积之内。

（4）绿地覆盖率是一种概算，绿地覆盖面积指乔木、灌木、草本植物的覆盖面积，乔木和灌木下的草本植物不再重复计算。

（5）公园绿地、生产绿地、防护绿地、附属绿地及其他绿地中的成片绿地等按占地面积的 100% 计算绿地面积和覆盖面积。

（6）道路、河流绿地覆盖面积＝[一般行道树平均单株投影面积×单位长度平均植树数（株/km）×已绿化道路或河流长度]。

（7）绿地计算的所用图纸比例、计算单位和统计数字精确度均应与规划相应阶段的要求一致。

（8）一般行道树株距为 5—6 m，除去横道口、电杆、消防水栓等处不能栽植物外，道路两侧的行道树每千米约 300 株，单株树冠的覆盖面积一般为 6—9 m²（也有按 4—8 m² 计算的）。

10.4　村镇绿化规划理论

10.4.1　村镇绿化规划的理论基础

1）风景园林学理论

风景园林学是研究如何合理运用自然因素、社会因素来创建优美的、生态平衡的生活境域的学科。风景园林学理论在村镇绿化中的应用，多体现在规划设计的过程中。村镇绿化规划设计必须突出园林学中的"因地制宜"原则,并遵循"统一、调和、均衡和韵律"的园林绿地构图基本规律;还应充分考虑村镇中各园林要素的特点,如地形、水文、气候、土壤、植物等,运用对景、借景、分景、框景等手法进行构景设计。另外,应在充分了解绿化植物生长发育规律、形态结构特性、类群进化、植物生长、分布特性与周边环境相互关系的前提下,通过科学的植物选择和合理的植物配置来完善视线范围内的景观构图,同时还要强调突出地域特征。

2) 区域规划学理论

区域规划学的很多中心思想不但为村镇绿化系统的研究提供了重要的指导意义,同时也为其提供了强有力的理论基础,主要体现在以下几个方面:区域规划学的战略性特征要求村镇绿化系统的规划要从长远的、全局的利益考虑,统筹城乡,从镇域大环境出发,构建城乡一体的绿化系统;区域规划学的综合性又表明村镇绿化系统的规划是一项复杂的综合性工作,涉及众多的部门、专业和领域,这就要求我们在村镇绿化规划工作中各专业及部门分工协作、统一规划,使村镇绿化系统规划方案达到最优;区域规划学的地域性要求村镇绿化系统规划要因地制宜,挖掘地方历史文化,突出地方特色。

3) 农村聚落地理学

农村聚落地理学是研究农村聚落的形成、发展、分布规律、特点及其与环境的关系的一门学科。相比较城市与城市之间而言,村镇与周围城市环境的关系更为密切。当今村镇居住环境的改善、生态环境的整治、村镇建设规划等都和农村聚落地理学紧密相关,因此研究农村聚落环境尤为重要。目前农村聚落地理研究的最重要的目的之一便是协调人类及其所居住的地理环境之间的关系,建立一个生活舒适、生态稳定的农村环境。

4) 景观生态学理论

根据景观生态学理论,村镇本身可以看作一个由基质、廊道、斑块等结构要素构成的景观单元。各组成要素通过物质流、能量流、信息流密切关联,形成特定的空间格局,共同实现村镇系统所承担的生产、生活及还原自净等功能。

根据景观生态学斑块理论,合理调整村镇内各类块状绿地尺度、数量、形状、位置等,对发挥绿化斑块的最大效应意义重大。因此,在村镇绿化系统规划中,首先,应该合理确定绿化斑块的大小、形状以及边缘面积,以保证较高的生产力和物种多样性;其次,应尽可能地增加绿化斑块的数量,并加强对居民点的绿化;最后,还需保护村镇范围内的自然风景区、森林等大型绿化斑块。

根据景观生态学廊道理论,加强村镇内绿廊的建设及各类块状绿化的连接度,并结合各种防护林带建设,能够有效发挥廊道应有的分隔和保护作用。如运用廊道吸收、隔离乡镇企业排放的污染物;建设沟河水系及沿岸绿带等将各类块状绿地连接起来,发挥其运输、保护资源和观赏的功能。

根据景观生态学景观稳定性理论,加强村镇景观系统物质流和物种流的开放度,丰富景观异质性,增加物种多样性和遗传多样性等有利于景观稳定。如加强公共绿化与大环境的联系、丰富物种多样性、配置稳定植物群落结构等,从而形成稳定的村镇绿化生态景观。

村镇绿化系统规划从生态学的角度出发,通过提高村镇内各类绿化的品质和连接度能够加强绿化的建设,合理调整块状绿化、绿带(廊)与基质的空间布局,促进能量、物质和生物的正常循环流动,进而形成一个完善的村镇绿化系统;并且借助绿廊将村镇内部的绿化与外围的自然环境有机结合,不仅有利于村镇环境的改善,而且能够促进物种的多样性。

10.4.2　村镇绿化规划的基本原理

村镇绿化规划作为一个新的规划体系,离不开理论的支持,其涉及范围广、发展空间广阔。其主要涉及的原理有形式美原理、平面构成原理、空间构成原理、色彩构成原理、生态原理、功能原理、人文原理。

1) 形式美原理

一个成功的村镇绿化规划,同样要被赋予形式美。一般形式美通过点、线、图形、体形、光影、色彩和朦胧虚幻等形态表现出来,且各形体之间不是任意堆砌,而是通过一定的规则组合起来,这些规则称之为形式美规则。常见的规则有主从与重点、对称与均衡、韵律与节奏(图 10.1)、比例与尺度、对比与微差。这些规则都具有相对的秩序性,而人们在欣赏优美的村镇绿化景观时,最先接触到的即这种有秩序感的形式,美感也会随之产生。

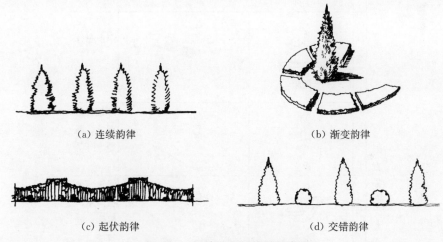

(a) 连续韵律　　　　　　　　　　　　　　　(b) 渐变韵律

(c) 起伏韵律　　　　　　　　　　　　　　　(d) 交错韵律

图 10.1　村镇绿化韵律美的类型

2) 平面构成原理

村镇绿化规划是宏观上的规划,注重大功能区的平面布局。平面构成作为基础理论可直接运用到规划中的平面布局上。平面构成是指在平面上将不同形态的单元(或材料)按一定的原理组合成新的单元,并赋予视觉化的力学观念的过程。平面构成的基本要素为点、线、面,从美学的角度出发,可以把村镇绿地系统中的节点、路线、区域抽象成点、线、面,再通过重复、突变、密集、近视、渐变、肌理、骨骼、发射、对比等构成技巧和表现方法加以组织,进行具有形式美的村镇绿化平面布置。

3) 空间构成原理

在平面上,村镇绿化规划是对绿地的横向布置,在空间上则是对平面布置的丰富。空间构成规划则是整个规划的核心,巧妙运用空间构成原理是做好整个空间规划的关键。

一般意义上的几何空间是指由底平面、垂直面、顶平面单独或者共同组合成的具有实在性或暗示性的围合范围,其形态从开敞到封闭多种多样。从构成空间的物质形态来看,单一空间的构成方法大致有七种(图 10.2):质地变化、下沉、上升、托起、设立、围合和覆盖。丰富多彩的空间环境的形成主要就是由上述构成方法单独或组合形成的。

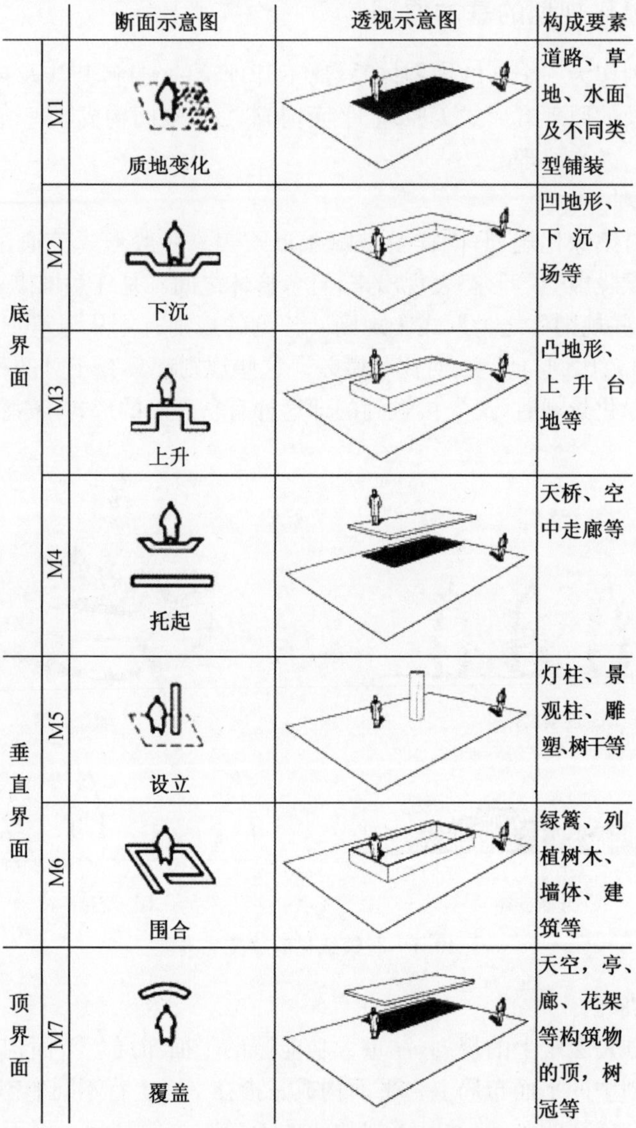

		断面示意图	透视示意图	构成要素
底界面	M1	质地变化		道路、草地、水面及不同类型铺装
	M2	下沉		凹地形、下沉广场等
	M3	上升		凸地形、上升台地等
	M4	托起		天桥、空中走廊等
垂直界面	M5	设立		灯柱、景观柱、雕塑、树干等
	M6	围合		绿篱、列植树木、墙体、建筑等
顶界面	M7	覆盖		天空,亭、廊、花架等构筑物的顶,树冠等

图 10.2　村镇绿化单一空间的构成方法

村镇绿化环境的空间构成是一个有目的的行为,是将空间意识视觉化、具体化的操作过程,也就是凭借一定的物质手段对空间加以限定,以支持特定的行为活动要求。因此,村镇绿化规划中既要考虑单个空间的空间品质,还要考虑整体环境中各个空间之间的关系——分离、接触、穿插、覆盖、透叠、联合、减缺、差叠等不同组合关系,以及加强对空间的构成方式、数量要求和质量等方面的研究。

4) 色彩构成原理

色彩是物体对光不同反射并作用于人眼的结果。同样的物体,不同的环境、不同的人会有不同的感觉。色彩的类型、意义以及应用非常丰富,在村镇绿化规划设计中,常常使用大量的色彩组合来满足不同节点或位置的环境表达需求。

色彩在村镇绿化规划中的抽象意义有两个层面:一是视觉美学层面,绿化视觉环境概括了村镇中所有可视物质因素;二是文化层面,村镇在长期的发展过程中,必然会因为特定的自然地理条件、历史、文化和社会因素而形成各个地区特定的或偏爱的色彩,色彩成为表达地方历史传统与文化的一个重要因素。而在具象上,一方面,色彩可以凸显地方特色,即通过构成关系直接或间接表现区域特征;另一方面,良好的色彩搭配能够创造和谐的环境。

在村镇绿化规划中,色彩规划不仅要把握整体和谐、以人为本、体现地域特色等原则,而且还应考虑影响色彩景观的诸多因素,同时还要结合村镇中各功能分区对于色彩的要求来进行,创造一个怡人的生产、生活环境。

5) 生态原理

村镇建设中良田耕地被占用、环境污染严重、村镇公共基础设施落后等现象时有发生,因此在村镇绿化规划中融入生态规划的理念十分必要。

镇区生态是在自然生态系统的基础上建立的人工生态系统,在这个系统中人类占主导地位,动物、植物数量减少,环境资源有限并受到人类活动的污染,因而生态系统较脆弱。在村镇建设的过程中,应将建设对生态的破坏降到最低,尽量保留原有的生态系统,将村镇融合在大自然中,而不能刻意地进行人工雕琢或制造人工的生态系统,人工生态系统往往存在缺陷。因此,应采用生态规划的理念来指导村镇绿化规划,更好地维持人与自然现有的和谐相处的状态,最终实现村镇的可持续发展。

6) 功能原理

绿化具有净化空气、改善生态环境、美化村镇、保持水土等功能,也是改善生活环境、提高环境质量的必要内容。村镇绿化是国土绿化的重要组成部分。它不仅能够体现了一个国家、民族、区域、村镇的精神面貌与发展成就,而且是防止沙漠化、水土流失,维护生态环境的前沿阵地。村镇绿化的功能性表现在生态、景观与经济功能诸方面。

7) 人文原理

历史文化在村镇发展的过程中,由于自然、社会的双重影响,村镇产生了丰富的空间肌理特色,这些不同时期的历史文化肌理同时存在,真实地反映了村镇发展的脉络与方向。所以,在对其绿地规划塑造时,应追求意境、体现文脉、重视场所、天人合一,要"让村镇融入自然,让居民望得见山,看得见水,记得住乡愁",在营造适应现代的村镇的同时,又不忘意蕴深长的历史文化。

10.4.3　村镇绿化规划的原则

1) 科学规划与合理布局的原则

村镇绿化规划要依据村镇的总体规划,利用村镇所处的自然环境,突出农村特色,营造出自然、纯朴、优美的田园景观。在绿化布局上要合理分配,在绿化过程中要节约用地,见缝插绿,应栽尽栽,形成布局均衡、富有层次的乡村绿地系统。

2）突出重点与分类实施的原则

村镇绿化工作面广量大,涉及村镇发展的方方面面,在实施过程中可根据各地自然环境和发展水平对村镇划分类型,在绿化时对各类村镇提出相应的要求,根据公共、河道、庭院等不同绿地的特点进行有针对性的绿化。优先搞好小范围内的绿化,再逐步向外围及整个行政区面上推广。

3）生态优先与兼顾经济的原则

以改善村镇的生态环境作为首要目标,优先考虑绿化的生态效益,树种选择要以乔木为主,打造村镇生态系统;在保证生态目标的前提下,合理配置树种,把园林绿化手法融入村镇绿化中,创造景观效益;同时,充分利用村镇房前屋后的隙地,规划发展果园、花园、竹园等,发挥绿化的经济效益。

4）因地制宜与反映特色的原则

根据不同村镇的地形、建筑及人文景观特点,采用灵活多样的绿化形式,体现村镇特色,反映当地特有的乡村景观,不要千篇一律。绿化过程中要充分利用村镇原有的绿地资源,保护好风景林、古树名木、围村森林等,并将其融入村镇绿化中,做到改造与新建结合。

10.4.4 村镇绿化规划的指标

1）定量指标

定量指标是指对全国各地村镇绿地进行数量限定的绿地指标。依据《城市绿化规划建设指标的规定》和《镇规划标准》（GB 50188—2007）的相关要求,结合村镇现状及各类绿地条件拟定单项定量指标,总体应符合以下要求:

（1）村镇道路均应结合实际搞好绿化。主干道（公路）绿地率大于20%;次干道绿地率大于15%;支路绿地率可酌情降低5%;单位附属绿地的绿地率大于30%。其中工业企业、交通枢纽、仓储、商业中心等绿地率大于20%;有污染的工厂绿地率大于30%,并根据标准设立大于50 m的防护林带;学校、医院、休疗养院所、机关团体、公共文化设施、部队等单位的绿地率大于35%。

（2）村镇公共游憩绿地用地比例（表10.5）应符合《镇规划标准》（GB 50188—2007）中的规定。

表 10.5 公共游憩绿地用地比例标准

用地类型	占建设用地比例（%）		
	中心镇	一般镇	中心村
公共游憩绿地	2—6	2—6	2—4

（3）林学上研究表明,当区域的绿地覆盖率达到30%以上,气候和环境才能得以改善。对村镇的河流、沟谷、农田灌渠沿线进行绿化。尤其是在农村饮用水源区周围规划防

护林,绿化率应达到80%以上,以确保村镇饮用水安全。

(4)《全国环境优美乡镇考核标准(试行)》对中国各地村镇绿地进行了分析对比,拟定了村镇绿地指标。城市服务型村镇,绿地中建筑较多,以公共休闲绿地和居住区绿地、街道绿地等附属绿地为主,应按照小城镇绿地指标控制,绿地率大于30%;文化旅游型村镇,绿地以生产绿地、农业观光绿地为主,绿地覆盖面积较大,应适当提高绿地指标,绿地覆盖率大于50%。具体指标参照表10.6。

表10.6 全国环境优美乡镇考核标准(试行)

考核内容	序号	指标名称		指标值		
				东部	中部	西部
城镇建成区环境	14	人均公共绿地面积(m²)		≥11		
	15	主要道路绿化普及率(%)		≥95		
乡镇辖区生态环境	18	森林覆盖率(%)	山区地区	≥70		
			丘陵地区	≥40		
			平原地区	≥10		
	19	农田林网率(仅考核平原地区)(%)	南方	≥70		
			北方	≥85		

2) 定性指标

定性指标是村镇绿地系统规划指标体系中不可缺少的衡量准绳。由于绿地是富有生命的,时刻处于一个动态发展状态,定量指标不能时时对其进行控制,如绿地覆盖率会随季节变化而变化;因此提出定性指标,对村镇绿地系统规划进行指导和评价。定性指标包括景观可达性指标与绿地分布均匀度指标。

(1) 景观可达性指标

由于定量的绿地指标受村镇边界的主观性和可变性及村镇绿地空间分布的影响存在较大差异,所以很难衡量村镇绿化和环境质量;因此,可采用景观可达性指标作为评价村镇绿地系统为村镇居民服务的一个重要指标。可达性指标在日常生活中经常被使用,即某一景观的可达性是指在空间任意一点到该景观的相对难易程度,其相关指标有距离、时间、费用等。

(2) 绿地分布均匀度指标

定量指标仅代表一个区域的绿地面积达到了要求,但不能反映绿地的分布结构、质量等情况,因而不能很好地满足居民亲绿的需求。所以,对于村镇来说,关键在于应让公共绿地在村镇中均匀分布,使居民能较为方便地享受绿地资源。绿地分布均匀度指标是指将村镇范围内一定面积的公共游憩绿地进行整理归纳,从而考察其在村镇中的分布情况。具体来讲,可以运用洛伦茨曲线和基尼系数来计算出村镇绿地分布的集中程度。

10.5 村镇绿地规划方法

10.5.1 村镇绿地规划布局形式

村镇绿地规划布局的主要目的是使村镇的各类型用地能够合理分布、紧密联系,组成一个有机的绿化系统,满足村民文化娱乐、休憩,村镇的防护、卫生隔离等要求。由于村镇的自然景观和人文风貌各不相同,村镇绿地系统的布局形式也反映了不同村镇的自然人文特征。因此,村镇的布局形式应根据村镇的自然气候、地理位置、地形地貌、绿化现状和生态环境等要求,结合村镇现有的用地布局,统筹安排村镇的各类绿地。常用的村镇绿地系统的布局形式有以下五种:

1) 散点状绿地布局

散点状绿地布局多以小面积的绿地出现,面积大多在 0.5—1.0 hm²,最小在 100 m² 左右,其数量较多,分散地布局在村镇中。这种绿地布局模式可以做到均匀分布,与村镇建筑紧密结合,且投资较少、使用方便、建设的水平和标准可低可高,但对改善村镇整体景观布局的作用不大,对改善村镇气候条件的作用也不显著。

2) 块状绿地布局

块状绿地指在村镇中具有一定规模的花园、公园,大多呈块状、方形、不等边形,面积常在 1.0—5.0 hm²,面积也可更大,均匀地分布在村镇中。这种绿地布局模式比小块绿地的内容丰富,可供村民长时间休憩游览。块状绿地一般都有一定的服务范围,设计时应满足一定的服务半径,但因其分散独立、不成一体,也不能起到综合改善村镇景观和调节气候的作用。

3) 网状绿地布局

网状绿地多沿村镇的河流、道路分布,组成线形带状绿地,在村镇中呈网状均匀分布,构成连续的网状绿地系统。一般行道树、分车带的带宽为 1—3 m,工业区隔离带的带宽为 10—20 m。这种绿地布局模式可以使村镇形成较完整的步行系统,有利于改善村镇的景观。

4) 环状绿地布局

环状绿地布局在外形上呈现出环形,一般建设在村镇的外围,将村镇环抱,形成优美的外围环境。这种绿地布局模式适用于较小的村镇,村民可以很方便地到达绿地。由于绿地呈环状延伸,因此可以方便村民沿绿带进行体育锻炼。另外,这种布局方式在改善村镇景观和调节气候方面均有一定的作用,如前所述的降温增湿、改善村镇小环境等。

5) 放射状绿地布局

放射状绿地布局是从村镇中心沿不同的方向以放射状分布绿地。这种绿地布局模式可以将村镇分成若干不同区域,减少区域间的干扰和污染。另外,这种布局模式可以将新鲜的空气引入村内,能够很好地改善村镇的通风,也有利于村镇景观的改善,但不利于区域间的横向沟通。

10.5.2　不同产业型村镇绿地规划方法

村镇按不同的产业类型可分为农业型、工业型、工贸型、商贸型、旅游型、科技型、综合型等。其中,农业型、工业型、旅游型村镇最具有特色,对树种的选择指导意义较大,故选取这三种类型的村镇进行树种选择。

1) 农业型村镇绿地规划方法

农业型的村镇有着较发达的农业基础,以农副产品生产、加工为主要职能,依靠优越的区位和交通条件为周围区域提供一定的物质基础。此类村镇在树种选择上,应该遵循"生态环境和谐、经济效益优先"的原则,在优化村镇生态环境的前提下,力求实现树木的经济效益。根据当地土壤、气候、水分等自然条件,选择具有一定经济效益和经济潜力的树种,通过深加工发挥树种的经济价值,比如药材类、油料类、果树类等经济树种(表10.7)。农业型村镇的树木通常以经济林的形式存在,多选择在自然条件较适宜、交通条件优越的地段。

表 10.7　农业型村镇树种选择表

树种类型	绿化树种名称
药材类	杜仲、金银花、枸杞、玫瑰茄、黄柏、厚朴、肉桂、蓝桉、樟树、木瓜、栀子、大枣、山茱萸、石楠、喜树、乌桕、香榧、十大功劳、山楂、银杏、核桃、花椒、泡桐、金樱子、锦鸡儿、胡枝子、木槿、女贞、紫薇、牡丹等
油料类	油茶、光皮梾、黄连木、麻疯树、文冠果、仿栗、檀栗、野核桃、水青冈、光叶水青冈、油桐、乌桕、野槭树、马桑树、盐肤水、木姜子、山苍子、猴樟等
果树类	苹果、猕猴桃、核桃、梨、橘子、香蕉、石榴、钙果、李子、杏树、桑树、柿树等

农业型村镇主要以农业生产为主要职能,因此对农田的保护尤为重要,这就决定了农田防护林建设的必要性。一般护田林选配原则:①选择种源丰富、长势良好的乡土树种;②选择速生、生长稳定、抗性强的树种;③选择经济价值高、产量大的油树种和果树做伴生树种;④避免选择根蘖性强、遮阴、串根及胁地严重的树种;⑤避免使用与当地农作物有相同病虫害的中间寄生树种。

2) 工业型村镇绿地规划方法

工业型村镇的工业基础较好,乡镇企业居多,以工业生产为主要职能。随着社会经济的发展及社会主义新农村的建设,这类村镇发展势头强劲,成为周围区域的核心。此类村镇在树种选择上,应该着重考虑"生态环境优先"的原则。工业型村镇内分布有大量的工矿企业,生产过程中会产生一些有害气体、废水、废渣等。因此,在村镇绿地规划过程中,应着重考虑能吸收有害气体、净化环境较强的树种,如银杏、臭椿、构树、刺槐、广玉兰、女贞等;由于工业型村镇厂址大多布置在村镇土壤较瘠薄的地方,所以绿化应尽量选择能耐瘠薄,又能改良土壤的树种,如丁香、小叶榕、黄杨、栾树、海桐等。同时还应注意常绿和落叶树相结合、速生和慢生相结合的原则,以达到季相性的景观效果及近远期绿化的需要。通常而言,乡镇企业的绿化面积大、管理人员少,所以绿化时还应选择便于管理的乡土树种,以价格低廉、补植容易为宜。

3）旅游型村镇绿地规划方法

旅游型的村镇具有优美的自然环境或浓厚的历史文化资源,农业相对发达,以开发乡村旅游或与之相关联的第三服务业为主。此类型村镇的树种选择原则:①结合当地旅游生态资源,以常绿与落叶树相结合,形成"三季有花,四季常青"的景观效果,充分展现当地独特的旅游资源;②选择乡土景观树种,开发其旅游价值,深度挖掘村镇生态观赏点;③保护奇特的古树名木,突出景观特色;④选择速生及树形优美、色彩丰富的树种,以尽快达到理想的景观效果。生态旅游型村镇集旅游观光和生态农业于一体,所以树种选择应兼顾景观营造与农业生产两方面的需要。对于人文景观丰富的村镇,应选择能反映当地文化历史特色的树种。

10.5.3 不同功能型村镇绿地规划方法

村镇中的绿地具有多种多样的使用功能,导致了各类村镇绿地在规划建设时的要求不尽相同,因此在村镇绿地规划时应根据绿地具体的使用功能及其所在场所进行规划,打造出既与周边环境相协调,又能充分发挥出其价值的绿地空间。

1）防护型村镇绿地规划方法

防护绿地在村镇规划中经常是被忽视的一块,但是其作用不容小觑,它可以防风固沙、吸收有害气体、调节村镇小气候等。在具体规划建设时,根据其位置与功能的不同,可以分为以下几类:卫生防护绿地、防风林带、道路防护绿地、铁路防护绿地、生态防护绿地等。下面仅对前两类展开论述:

(1)卫生防护绿地规划方法

卫生防护绿地一般布置在两区之间或某些有碍卫生的建筑地段之间,保护生活区免受生产区的有害气体、煤烟及灰尘的污染。林带宽30 m,在污染源或噪声大的一面,应布置半透风式林带,以利于有害物质缓慢地透过树林被过滤吸收,在另一面布置不透风式林带,以利于阻滞有害物质,使其不向外扩散。饲养区的禽畜类有臭气,周围应设置绿化隔离带,特别要在主风向上一侧宜设置1—3条不透风的隔离林带。

(2)防风林带规划方法

在村镇外围规划几条防风林带,是一种理想的村镇防风措施。林带应与主风向垂直,或有30°的偏角,每条林带宽度不小于10 m。林带可分为不透风林、半透风林和透风林。不透风林带是常绿乔木、落叶乔木和灌木相结合组成,防护效果好,能降低风速70%左右;半透风林是在林带两侧种植灌木;透风林则是由林叶稀疏的乔灌木组成,或用乔木不用灌木。

2）景点型村镇绿地配置模式

景点型村镇绿地主要承担着体现地方民俗特色、传承历史文脉等功能,其布局以分散的绿地景观为主,形成村镇绿地"点"上的景观。这些绿地适宜集中布置在道路、村镇中心、公园等人群集中、视线焦点的区域。植物配置采用园林艺术造景手法,采用孤植、丛植、小面积片植、对植、列植、三五成株等多种构图配置方法。此外,这种类型的植物配置还应充分考虑与道路、建筑、水体、地形等组成要素的协调搭配,充分考虑人的近距离观赏、嗅觉、触摸、科普、趣味、遮阴等多方面的需要。根据不同场地的地形地貌及景观需要,合理选择景观树种,以突出花色、花香、叶形、叶色、杆形、杆色等特点形成不同类型的观赏树丛。景点型村镇绿地是丰富村镇居民生活环境、体现村镇精神面貌的主要途径。

特色景点绿地在植物配置上,根据地段和功能的不同,可对公园绿地、重点街道绿地等部分进行重点规划。

（1）公园绿地规划方法

公园绿地以满足居民的游览、欣赏、休憩、娱乐等活动为主,景观要求高,所以在村镇公园绿地规划时,以本地植物群落为主,适当引进外地观赏植物,可以丰富植物种类,提高景观水平。在绿地内部组织上,综合运用形式美原理、平面构成原理、空间构成原理、色彩构成原理、生态原理、功能原理和人文原理,通过静态与动态的和谐统一,营造一个优美、怡人的环境。

对于一些有条件的村镇,可以和村镇的商业中心相配合在村镇中心地带设置绿化广场,形成全村镇的商业、休憩、娱乐中心。在进行绿化设计时,可选择一些常绿植物或绿色时间长的植物营造出广场四季常绿的景象。同时再搭配一些具有季节性特色的植物,如春季观花树种、秋色叶树种等使广场一年四季各有特色,如有条件再配合一些喷泉、小品、小径等,形成全村镇的休息活动中心以及地标性场所。

（2）重点街道绿地规划方法

村镇重点地段是展现村镇形象的主要窗口,重点地段的街道绿化是街景的重要组成部分,必须与街道建筑及周边环境相协调,不同的地段应有不同的街道绿化。美丽的街道绿化不仅为村镇增加绿色,使村镇面貌美观,还能起到净化空气、减尘、降噪、降温、改善小气候、防风、防火、组织交通、保护路面等作用。它连接村镇的各个功能区,从而形成村镇绿地的骨架。

由于行道树长期生长在路旁,下部根系受到路面和建筑物的限制,上部树冠又不断受到尘土和有害气体的危害,因此必须选择那些生长快、寿命长、耐瘠薄土壤并具有挺拔树干、冠大的树种;而在较窄的街道则可选用冠小的树种;在高压电线下应选用干矮、树枝开展的树种;南方可选用四季常青、花果兼美的树种。为了避免污染,最好不要选用那些有落花、落果、飞毛的树种。行道树的栽植方式应根据街道的不同宽度、方向、性质而定,在一般情况下可采取单行乔木或两行乔木等种植方法,如表 10.8 所示。

表 10.8　行道树的栽植方式

栽植方式	栽植带宽度（m）	行距（m）	株距（m）	采用的场合
单行乔木	1.25—2.00	—	3—6	街道建筑物与车行道距离接近
两行乔木（品字形）	3.50—5.00	>2	4—6	街道旁建筑物与车行道间距不小于 8 m

同时,根据需要在局部路段可设置乔灌搭配的绿化带。通常的布置方式有一板两带（图 10.3）、两板三带（图 10.4）、三板四带（图 10.5）等。行道树与街道各工程设施的最小距离必须满足一定要求,见表 10.9。

为了交通安全,在交叉口或道路转弯的内侧,一般要在 10 m 以上的空隙不栽乔木或高大灌木（如栽灌木,其高度不得超过 0.7 m）,以保证开阔的视野,避免交通事故。

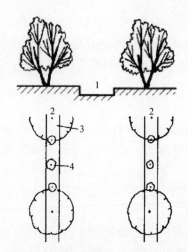

图 10.3　街道绿地的一板两带式布局

注:1—车道;2—绿带;3—雪松;4—黄杨。

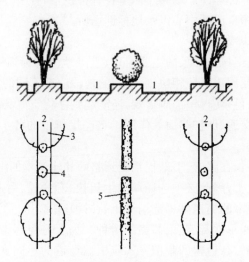

图 10.4　街道绿地的两板三带式布局

注:1—快车道;2—绿带;3—榉树;4—杜鹃;5—女贞。

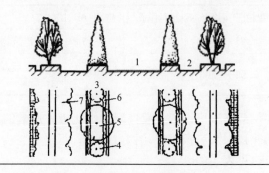

图 10.5　街道绿地的三板四带式布局

注:1—快车道;2—慢车道;3—绿带;4—山核桃;5—雪松;6—黄杨;7—悬铃木。

表 10.9 种植树木与建筑物、构筑物、管道水平间距

名称	最小距离（m）	
	至乔木中心	至灌木中心
有窗建筑物外墙	3.0	1.5
无窗建筑物外墙	2.0	1.5
高 2 m 以下的围墙	1.0	0.5
排水用明沟边缘	1.0	0.5
给水管	1.5	不限
污水管	1.0	不限
路灯电杆	2.0	1.0
铁路中心线	8.0	4.0

村镇街道还可以因地制宜地布置街头绿化和街心花园。根据街道两旁面积大小、周围建筑物情况、地形条件的不同等进行灵活规划、布置。如交通量大且面积很小的空间，可以适当种植灌木、花卉，设立雕塑或广告栏等其他小品，形成封闭的装饰绿地；如空间较大，可以栽种乔木，配以灌木或草坪，形成林荫道或小花园，供游人休息、散步。

在进行街道绿地规划时，要注意街道绿化和其他绿化之间的协调和联系，通过街道绿化将所有的绿地有机联系起来，形成整个村镇的绿化系统。

3）附属型村镇绿地规划方法

附属绿地为附属于建设项目中的绿地。建设项目的性质千变万化，绿化的场所不同，绿化的要求也各不相同，所以附属绿地规划应根据具体项目要求进行规划。常见的附属绿地有政府驻地绿地、居住区绿地、公共建筑绿地、工厂绿地等。

（1）政府驻地绿地规划方法

政府美化是联系政府与群众之间的友好桥梁。植物配置上不仅要反映政府职能部门的庄重大方，同时还要形成人们活动的场所，体现政府的亲和性。政府美化多以规则配置与自然配置相结合，在主要行政区域前形成规律、开阔的植物景观，还可以结合其他部分适当配置灌木色带进行适当软化以拉近距离感。

（2）居住区绿地规划方法

常见的居住区绿地包括内部公共绿地、宅旁绿地、配套公建所属绿地和道路绿地等。居住区绿化是衡量居住区环境是否舒适、美观的重要指标。其中最主要的是内部公共绿地，可根据居住区规划，因地制宜地设置中心公共绿地，面积可大可小，布置灵活自由。在绿地中可设置花木草坪、桌椅、简易的儿童游乐设施。面积稍大时，可再设置一些花坛、水面、雕塑等，给周围居民创造一个轻松的休息、活动场所。宅旁绿地是利用两排住宅之间的空地进行绿化，和日常居住、生活直接相关，居民直接受益，所以绿化效果往往较好。

（3）公共建筑绿地规划方法

公共建筑绿化，是公共建筑的专用绿化，包括村镇商店、邮电、银行、医疗、文体、学校等，对建筑艺术和功能上的要求较高。其布置形式应结合规划总平面图同时考虑；根据具

体条件和功能要求采用集中或分散的布置方式,选择不同的植物种类。如商店等服务业场所前的绿化布置,对建筑要少遮挡,同时应留出适当宽敞的地坪解决人流集散,以衬托商业气氛。剧院前的绿化,既要考虑遮阳,也要考虑建筑艺术效果,可以适当配植一些乔灌木,以便于观众逗留和休息。

（4）工厂绿地规划方法

工厂绿地与工厂生产和职工健康有着密切的关系,它在很大程度上反映了工厂的精神面貌。现在大部分工厂都相当重视厂区绿化,出现了大量的园林化工厂。工厂绿地布置时在满足功能要求的前提下应注意美观,为工厂创造一个美丽的环境。工业生产的不同性质,对绿化有不同的要求。有害车间附近的树木种植不宜过于密集,切忌乔灌混栽,这样不利于空气流通,使车间的有害物质不能迅速扩散和稀释,对工人身体产生危害。在噪声车间周围宜选用树冠矮、分枝低、树叶茂密的灌木与乔木,形成疏松的树群或数行狭窄的林带,以降低噪声的强度。在容易发生火灾的车间周围,宜选择有防火作用的乔灌木,避免选用含油脂、易燃的树木,以满足安全和消防要求。对防尘要求比较高的车间,要发挥绿化减少灰尘、净化空气的优势,在主风向上侧设置防风林带,以阻挡风沙;在车间附近选种无散发花粉、无飞毛、枝叶稠密、叶面粗糙、生长健壮的树种,以过滤、吸附空气中的灰尘,保证产品质量。

4）生产型绿地规划方法

（1）苗圃规划

苗木是搞好绿化的物质基础,村镇绿地规划时还应规划好苗木生长基地——苗圃,保证有足够的品种、幼苗,以满足绿化建设的要求,为村镇绿地提供品质良好的苗木、花草、种子,是村镇绿地的生产基地。

（2）苗圃用地选择

苗圃用地最好选择在背风向阳、地势平坦、土层厚度 50 cm 以上、排水良好的地方。在平地建设苗圃,坡度以 1°—2° 为宜,坡度过小对灌溉排水不利;在山坡上建设苗圃时,则要修成梯田,以免水土流失。育苗土壤要有一定的肥力,有机质含量不低于 2.5%,氮、磷、钾的含量比例应适当,以中性土或沙壤土为宜。苗圃用地要接近水质良好的水源,地下水位宜为 2 m 左右。

（3）苗圃分区规划

为了充分利用土地、便于生产管理,需要对园林苗圃进行区划。苗圃应包括耕作区、生产用地和辅助用地三部分。耕作区是苗圃进行育苗的基本单位。其长度根据机械化程度而定,一般完全机械化为 200—300 m,畜耕 50—100 m,耕作区宽度由苗圃土壤质地和地形而定,一般为 40—100 m。根据经验测算,苗圃面积为村镇总用地面积的 2%—3% 时,能基本上满足园林绿化对苗木供应的要求。在村镇规划时,各村镇苗圃建设可结合生产和绿化,根据实际情况,因地制宜,可以集中设置,也可以分散设置,或附近几个村镇合设一个,以充分利用资源。

11　村镇环境保护与生态建设规划

随着新农村建设的深入和中国户籍制度的改革,在当前和可预见的将来,中国农村的发展仍将经历着农业产业化与农村城镇化的深刻变革。因此,农业产业化与农村城镇化的联动必将深刻影响着农村环境的变迁,农村水环境的变化也必然受这个内在因素的支配,农业资源和环境承受的压力也相应加大。在这种背景下,坚持可持续发展战略,有效解决日趋严重的资源环境问题将变得更为迫切;因此要充分认识到这一任务的艰巨性和长期性,充分重视现代农业集约化发展带来的更大规模的非点源污染问题以及农村小城镇建设带来的更大强度的水环境污染问题,并结合各种经济、法律、政策、宣传教育、水污染治理技术等综合手段,加强农村地区特别是小城镇地区的环境规划,加强各项环境管理措施,改善农村水环境。

11.1　村镇环境保护规划

环境和自然资源是人们赖以生存的基本条件,但对自然资源的过度开发和消耗、污染物质的过度排放,导致全球性的资源短缺、环境污染和生态破坏。这已成为制约经济、社会发展,危及人类生存的重大问题。中国幅员辽阔、人口众多,耕地、森林和水等许多重要资源的人均占有量都低于世界平均水平,再加上经济发展总体水平低、地区间又极不平衡、人才资源和科学技术手段也很匮乏,因此往往以粗放的生产方式、单纯的资源消耗去追求经济规模和数量的传统增长。这使得中国生态环境更加复杂、更加脆弱、更加不平衡。村镇中这个问题更显突出。在人们对环境的认识过程中,有两个里程碑:第一个是1972年在瑞典斯德哥尔摩召开的联合国环境与发展大会唤醒了人们的环境意识;第二个是1992年在巴西里约热内卢召开的第二次大会。这次会议不但提高了对环境问题认识的广度和深度,而且把环境问题与经济、社会发展结合起来,树立了环境与发展相互协调的观点,找到了在发展中解决环境问题的正确道路,即被普遍接受的"可持续发展战略"。

1994年3月25日国务院第16次常务会议讨论通过了《中国环境保护21世纪议程》。这是中国在环境保护领域制定可持续发展战略,指导今后全国环境保护工作的行动纲领。其分别从环境政策导向、环境法制建设、环保机构建设、环境宣传教育、自然环境保护、城市和农村环境保护、工业污染防治监测、环境科技、国际环境合作与交流等方面回顾了发展历史,分析了存在的问题,并提出了20世纪90年代以及21世纪初的目标和行动方案。党的十六届五中全会明确提出了建设社会主义新农村的宏伟目标,而进一步加强农村环境保护工作是社会主义新农村建设的一项重要内容。2014年,国务院办公厅印发了《关于改善农村人居环境的指导意见》,要求"按照全面建成小康社会和建设社会主义新农村的总体要求,以保障农民基本生活条件为底线,以村庄环境整治为重点,以建设宜居村庄为导向,从实际出发,循序渐进,通过长期艰苦努力,全面改善农村生产生活条件"。2018年2月,中共中央办公厅、国务院办公厅印发了《农村人居环境整治三年行动方案》,

明确了"改善农村人居环境,建设美丽宜居乡村,是实施乡村振兴战略的一项重要任务,事关全面建成小康社会,事关广大农民根本福祉,事关农村社会文明和谐"。要求"牢固树立和贯彻落实新发展理念,实施乡村振兴战略,坚持农业农村优先发展,坚持绿水青山就是金山银山,顺应广大农民过上美好生活的期待,统筹城乡发展,统筹生产生活生态,以建设美丽宜居村庄为导向,以农村垃圾、污水治理和村容村貌提升为主攻方向,动员各方力量,整合各种资源,强化各项举措,加快补齐农村人居环境突出短板,为如期实现全面建成小康社会目标打下坚实基础"。2014 年 4 月 24 日修订通过的《中华人民共和国环境保护法》中第三章第三十三条规定:"各级人民政府应当加强对农业环境的保护,促进农业环境保护新技术的使用,加强对农业污染源的监测预警,统筹有关部门采取措施,防治土壤污染和土地沙化、盐渍化、贫瘠化、石漠化、地面沉降以及防治植被破坏、水土流失、水体富营养化、水源枯竭、种源灭绝等生态失调现象,推广植物病虫害的综合防治。"

11.1.1 环境与环境污染

1) 环境及环境污染

"环境",实际上是指人们生活周围的境况。它包括两方面:一为自然环境。它是在人类社会出现前早就客观存在的,围绕在我们周围的各种自然因素的总和,即大气圈、水圈、岩石圈、生物圈等。二是人为环境(社会环境)。它是人类社会为了不断提高自己的物质和文化生活而创造的环境,如工业、交通、娱乐场所、文化古迹及风景游览区等,都是人类社会的经济活动和文化活动创造的环境。但就"环境保护"所指的环境,通常主要指自然环境。

在自然界中,所有的生物,其中包括人类都是生活在地球表面层里,这个表面层叫作生物圈。在这个生物圈里,各种生物之间、生物和环境之间密切联系、彼此影响、相互适应、相互制约,并通过食物链进行物质和能量交换,形成一个动态的生态系统。一个湖泊、一条河流、一片森林、一个村镇都可以构成一个生态系统(图 11.1)。一个大的生态系统又由许多小的生态系统所组成。

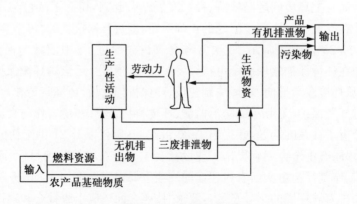

图 11.1 村镇生态系统

在生态系统内部具有一定的平衡,这种平衡关系被称为生态平衡。但这种平衡只是暂时的、相对的动态平衡,是在一定条件下的平衡。任何自然的因素或人为活动都有可能破坏这种平衡。在一定的条件下,生态系统具有自我调节能力,能达到新的平衡状态;但超过生态系统的调节限度,生态平衡就会遭到严重的破坏,环境就会恶化。人和生物的机体一时无法适应,就会出现各种病态的反应。也就是说,当某种污染物质(或因素)一旦超过了环境自身的自净能力和生物的适应范围,环境就受到了污染,生物(主要指人类)就要遭受污染的危害。

在人与自然界组成的生态系统中,人类为了自身的生存和延续,一方面能动地改造周围环境,进行生产和生活;另一方面又要随时调整自己,以适应不断改变的环境,使其保持相对的动态平衡。在人类的历史上,人们不合理地向自然界索取,引起了大量的环境问题。例如我们的母亲河黄河,我们的祖先砍伐了那里的森林,使得黄河每年从西北高原冲刷下数亿立方米的泥沙;1972年黄河还没有流抵大海就断流了,这在漫长的中国历史上还是第一次。那年,黄河断流了15天,此后的10来年里,这种情况仍时有发生。自1985年以来,它每年都断流,而且断流的时间越来越长。1996年,它断流了133天。1997年,干旱使情况变得更加严重,黄河有226天没有流抵大海。在很长时间内,它甚至没有流抵山东省,那是它流往大海过程中的最后一个省份。山东生产中国1/5的玉米和1/7的小麦,其中一半灌溉用水依赖于黄河。黄河干涸也许最明显地反映了中国缺水,但它只是许多这样的迹象之一。淮河是一条位于黄河和长江之间的河流,1997年也发生了断流现象,有90天没有流抵大海。进入21世纪以来,淮河又多次发生断流。由于20世纪初在长江上游砍伐了大量的森林,同时围湖造田降低了河湖的调蓄能力,结果到了80年代以后长江洪水发生的频率越来越高,洪峰水位越来越高。1998年长江特大洪水,是自1954年以来的第二次全流域大洪水,受灾人口超过1亿人,受灾农作物超过1 000万 hm²,死亡1 800多人,倒塌房屋430多万间,经济损失1 500多亿元,教训十分惨痛。

2) 中国农村生态环境与村镇环境

农村是中国重要的社会区域、经济区域,也是各种自然资源、自然生态系统集中的地方。因此,农村生态环境的优劣直接作用于农业生产和农村经济的持续发展,同时也影响着广大人民群众的居住地——村镇的环境。目前,中国农村各种自然资源的人为破坏和自然损毁、退化严重,工业污染与农业自身污染叠加,制约了经济发展,也恶化了生态环境。据测算,中国生态破坏每年造成的经济损失高达2 000亿元人民币。当前中国农村生态环境面临的主要问题有以下九个方面:

(1) 中国国土面积大,但耕地面积少,人均耕地只有1亩多,是世界人均耕地面积比较少的国家之一。从20世纪50年代中期以来,中国耕地总面积持续下降。1957年中国耕地面积为1.56亿 hm²,到2007年锐减为1.22亿 hm²,净减少0.34亿 hm²,平均年递减68万 hm²。在耕地面积减少的情况下,人口却逐年增加,导致人均耕地从1949年的0.26 hm²下降到2007年的0.092 hm²(2007年年末全国总人口为13.212 9亿人),不及世界平均水平的1/2,已低于有关专家测算的维持温饱的最低极限——人均耕地0.10 hm²的水平。

(2) 中国耕地质量呈下降趋势。中国因生态环境恶劣或土壤肥力低下而难以用于农林牧的土壤占总面积的1/4,而且已利用土壤的肥力水平也偏低。目前,全国耕地有机质含量平均仅为18.0 g/kg,远低于欧美发达国家平均30 g/kg以上的水平。土壤养分状况失衡,耕地缺磷面积达 51%,缺钾面积达 60%,耕地退化趋势加重,退化面积占耕地总面积的 40%以上。中国有中低产田 8 744.6 万 hm^2,占耕地总面积的 71.3%。其中,中产田和低产田分别占耕地总面积的 41.7%和 29.6%。此外,还有盐碱化、沙化、水土流失和自然灾害等严重威胁着大量耕地。中国荒漠化土地面积为 2.622 亿 hm^2,约占国土总面积的 27.3%,每年新增荒漠化面积 24.6 万 hm^2。中国盐渍土面积约为 1 亿 hm^2,其中现代盐渍化土壤约为 0.37 亿 hm^2,残余盐渍化土壤约为 0.45 亿 hm^2,潜在盐渍化土壤约为 0.17 亿 hm^2。全国水土流失总面积为 2.951 亿 hm^2,占国土总面积的 31.12%。

(3) 中国目前森林覆盖率仅为 21.63%,远远低于 31.4%的世界平均水平,位居世界后列。特别是占国土面积 50%的西部干旱、半干旱地区,森林覆盖率不足 1%,许多地区无林可言。就是在这样的情况下,宜林地因各种占用还在大量减少,森林资源不断受到乱砍滥伐的威胁,森林火灾、森林病虫害、酸沉降等也常常导致大片森林衰退消失。

(4) 中国草地资源丰富,然而存在着风蚀沙化威胁,草地植被破坏、超载放牧、不合理开垦以及草原工作中的低投入、轻管理问题,致使草地退化严重、鼠害增加、优良牧草不断减少、产草量降低、草地质量变差。中国拥有各类天然草原面积近 4 亿 hm^2,位居世界第 2 位,但其中 1.05 亿 hm^2 的草场退化,至少有 1 亿 hm^2 的面积已经沙化,进一步加剧了水土流失、旱涝灾害和沙尘暴的爆发。

(5) 农田受到工业"三废"的污染。据统计,中国工业"三废"污染耕地近 1 000 万 hm^2,全国大约有 700 万 hm^2 农田使用污水灌溉。大量未经处理的废(污)水直接用于农田灌溉,致使许多农田遭受到不同程度的重金属和有机物污染。镉、铬、砷、铅等重金属造成的污染具有隐蔽性、潜伏性、不可逆性和长期性,严重影响了作物的产量和品质,也危害着人体健康。

(6) 滥用化肥、农药现象已十分普遍。到 2007 年中国化肥生产量和消费量均占世界总量的 30%以上。2007 年单位面积施用量达 410.7 kg/hm^2 以上,高于一些发达国家规定的化肥施用量安全上限 225 kg/hm^2。但是中国化肥利用率比较低,氮肥利用率仅为 30%—35%、磷肥为 10%—20%、钾肥为 35%—50%。化肥的过量使用与较低的利用率,不仅造成资源的浪费,还带来了严重的环境问题:导致土壤酸化和板结、重金属污染、硝酸盐污染和土壤次生盐渍化;造成水体富营养化,淋溶污染地下水;影响大气环境。据统计,2005 年全国农药用量已达 146 万 t,农田每公顷农药施用量已达 11.96 kg,远高于发达国家的施药水平。这致使部分粮食、蔬菜、畜禽产品、蜂蜜以及其他农副产品农药含量严重超标,农药中毒事故和农药污染纠纷呈上升趋势。

(7) 乡镇企业污染严重。20 世纪 80 年代异军突起的乡镇企业数量多、分布散、规模小、行业杂、技术力量弱,污染也很严重。农村环境是村镇环境的基础,为保护好农村生态环境,必须提高农民的环境保护意识,加强法制建设,合理利用自然资源,植树造林,加强国际交流,进行生态农业建设。乡镇企业的快速发展为农村发展和国民经济增长做出了巨大贡献。但由于乡镇企业数量众多、工艺陈旧、设备简陋、技术落后、能源消耗高,绝大部分企业没有防治污染设施,使污染危害变得非常突出。

(8) 居民生活污水和废弃物无处理。村镇生活污水及生活垃圾数量巨大,全国农村垃圾年产生量约为 3 亿 t,但 90%得不到合理、安全或无害化处置,随意倾倒、丢弃、堆放垃圾、废弃物的现象十分普遍。此外,农村大量塑料薄膜的使用,导致"白色"污染随处可见。2005 年地膜在中国的应用量已达 95.9 万 t,应用面积已达到 1 352 万 hm²,是世界上地膜覆盖栽培面积最大的国家。目前中国地膜残留量一般在 60—90 kg/hm²,最高可达 165 kg/hm²。地膜的大量残留,破坏土壤结构、降低土壤渗透性、减少土壤含水量、削弱耕地抗旱能力、危害作物正常生长发育并造成农作物减产。

(9) 农业面源污染难以控制。农业污染不像点源污染那样易于控制。化肥、农药的大量施用和不合理施用,吸收利用率低,大量随雨水进入水体。此外,建设"菜篮子工程"以来,城乡畜牧业规模发展迅速,各地在城镇郊区附近建立了一大批养殖场(养殖小区),由原来农村的分散养殖变成了集中养殖,由此而带来了畜禽粪便废弃物的排放处理和污染问题,严重威胁着居民饮用水的安全。水产养殖业也对一些湖泊、水库造成污染,这种污染的来源主要包括:①鱼类粪便;②饵料沉淀;③为使水生植物生长而撒播的各种肥料。这些污染源的存在,造成对地表水、地下水的污染,越来越成为导致江河湖库富营养化的主要原因之一。

村镇发展过程中如不注意环境保护,盲目发展,将会造成严重的后果。村镇的污染物就地排放,本身无能力分解,造成村镇本身的污染。另外,将污染物输送到村镇以外,排放集中,被排农村与农田无能力分解,造成农业污染。不论是哪种污染,最终都将危害人类自身。

11.1.2 村镇污染类型

目前,村镇污染主要是水体污染,其次是烟尘、大气污染和噪声污染。

1) 水体污染

如果未经处理的污废水排放到江河湖泊中过多,超过了水体的自净能力,水体将变色、发臭、鱼虾死亡,说明水体受到了严重的污染。

水体污染的来源有两种。一种是自源污染:地质溶解作用;降水对大气的淋洗、对地面的冲刷,夹带各种污染物流入水体而形成,如酸雨、水土流失、农田水肥料的流失等。另一种也是主要的一种,是人为的污染:工业废水和生活污水、固体废物对水体的污染。

水体污染的防治包括以下四个方面:

(1) 全面规划、合理布局是防止水污染的前提和基础。对河流、湖泊、地下水等水源应加强保护,建立水源卫生保护带。按照水体保护规划,对江河流域统一管理,妥善布置和控制排污,保持河流的自净能力,不能上游污染危及下游村镇。

(2) 从污染源出发,对乡镇企业进行生产工艺改革、技术改造,减少排污是防治的根本措施。事实证明,通过加强管理,改进工艺,实行废水的重复使用和一水多用,回收废水中的有用成分,既可有效地减少工业废水的排出量、节约用水,又可减少处理设施的负荷。

(3) 加强工业废水的处理和排放管理。执行国家关于废水的排放标准,促进工厂进行工艺改革和废水处理技术的发展。

(4) 完善村镇生活污水排水系统。根据条件对村镇污水进行适当的处理,常见的处理方法如表 11.1 所示,也可以将以上处理方法进行综合利用。

2) 大气污染

大气是人类及一切生物呼吸和进行物质代谢所必不可少的物质。所谓大气污染就是指由于人类的各种活动向大气排出的各种污染物质,其数量、浓度和持续的时间超过环境所能允许的极限(环境容量)时,大气质量发生恶化,使人们的生活、工作、身体健康,以及动植物的生长发育受到影响或危害的现象。

表 11.1　污水处理方法简表

分类	处理方法	处理工艺	处理物质
物理处理法	筛滤法	用金属制的格栅	去除大颗粒固体
	过滤法	用多孔滤料过滤	去除悬浮性固体
	沉淀法	用沉淀池静置	去除细微悬浮物
	吹脱法	将气体吹入水中	去除易挥发的物质
	浮选法	靠空气压力或隔板	除去浮油、乳化油
化学处理法	中和法	加入适量的酸或碱	处理含碱或酸废水,使水的 pH 为 7 左右
	化学凝聚法	加凝聚剂,加硫酸铝[$Al_2(SO_4)_3$]、氯化铝($AlCl_3$)等	去除胶体物质
	电解法	靠电荷消除胶体上的电荷,使其凝聚下沉	去除胶体物质、乳化油
	离子交换法	用离子交换树脂、天然蒙脱土、沸石、多水高岭土做离子交换剂	硬水软化
	氧化法	空气氧化:利用空气中的氧自然氧化 化学氧化:在水中加入氧化剂 电解氧化:用石墨做阳极,钢板做阴极	使有害物质氧化成无毒物质
物理化学处理法	吸附法	采用多孔吸附剂(活性炭等)	吸附水中的味、臭、油、酚
	萃取法	用某种萃取剂	去除溶于萃取剂的污染物
	泡沫分离法	吹气入水,使水中污染物吸附在泡沫上	去除吸附在泡沫上的物质
	反渗透法	使水通过一种特殊的半渗透膜,溶质被截留	处理含重金属的废水
生化处理法	好气性生物处理法	在水中通入空气,使好气性微生物繁殖,分解污染物质。主要方法有活性污泥法、生物滤池法和氧化塘等。氧化塘法经济实用,利用天然池塘,使废水在池内停留,自然净化,效果甚好	处理有机污染物或氰化物等
	嫌气性生物处理法	使污水在缺氧的情况下,利用嫌气性微生物的活动分解有机质(沼气池)	有机物去除率可达 80%—90%
土地处理法		合理的污水灌溉可使污水受到土壤的过滤、吸附以及生物氧化作用,从而使污水得到处理。但污水必须符合农田灌溉标准	污水中的氮、磷、钾被植物吸收,生化需氧量(BOD)去除率可达 80%—90%
人工湿地处理法		建立潜流或表面流人工湿地,利用植物、滤料等吸附与利用生活污水中的有机物质	污水中的氮、磷、钾被植物吸收,BOD 去除率可达 85% 以上

（1）大气污染来源

大气污染物多种多样，主要来源于三个方面：①生产性污染。这是大气污染的主要来源，包括：a. 燃料的燃烧。主要是煤和石油燃烧过程中排放的大量有害物质，如烧煤可排出烟尘和二氧化硫，烧石油可排出二氧化硫和一氧化碳等。b. 生产过程中排出的烟尘和废气以火力发电厂、钢铁厂、石油化工厂、水泥厂等对大气污染最为严重。c. 农业生产过程中喷洒农药而产生的粉尘和雾滴。②由生活炉灶和采暖锅炉耗用煤炭产生的烟尘、二氧化硫等有害气体。③交通运输性污染，如汽车、火车、轮船和飞机等排出的尾气。其中汽车排出的有害尾气距呼吸带最近，而能被人直接吸入，其污染物主要是氮氧化物、碳氢化合物、一氧化碳和铅尘等。其中对人体健康威胁最大的是烟尘中的细颗粒物（PM2.5）、二氧化硫、一氧化碳、碳氢化合物以及一些有毒的金属离子等。

粉尘主要来源于燃料燃烧过程中产生的废弃物。一般的燃烧装置，原煤燃烧后约有原重量的10%以上以烟尘形态排入大气；矿物油燃烧后约有原重量的1%以烟尘形态排入大气。此外，固体物料的开采、运输、筛分、碾磨、装卸等机械处理过程中，也会产生大量的粉尘。产生粉尘污染的行业主要有水泥、矿业、食品、冶炼、钢铁工业、石灰生产、砖瓦窑和石棉生产等。

细颗粒物（PM2.5）是指环境空气中空气动力学当量直径小于等于 $2.5\,\mu m$ 的颗粒物。与较粗的大气颗粒物相比，PM2.5 粒径小、面积大、活性强、易附带有毒有害物质（例如，重金属、微生物等），且在大气中的停留时间长、输送距离远，易被人吸到肺里，侵入肺细胞而沉积，并可能进入血液运送至全身，因而对大气环境质量和人体健康的影响更大。研究表明，大量吸入细颗粒物可引发心血管疾病和呼吸道疾病，甚至肺癌。

二氧化硫是燃烧煤和石油产生的气体，是污染大气的主要毒物，无色且具有辣性气味。二氧化硫能直接影响人体健康和植物的生长，并能腐蚀金属器材和建筑物。二氧化硫遇到水汽会变成硫酸烟雾，其毒性比二氧化硫大 10 倍。

一氧化碳是无色、无味的剧毒气体，它是由煤炭和石油燃烧不充分而产生的。空气中含百万分之一的一氧化碳就会使人中毒，如果达到百分之一时就会使人在 2 分钟内死亡。随着煤和石油产量的增长和大量消耗，一氧化碳的排放量逐年增加，80% 以上是汽车尾气。

此外，还有许多大气污染物质，常见的大气污染物质及危害见表 11.2。

表 11.2　大气污染物对人体的影响

污染物	对人体的影响
烟雾	视程缩短导致交通事故，易引发慢性支气管炎
细颗粒物	引起鼻炎、哮喘、支气管炎、肺炎甚至肺癌，诱发心脑血管疾病
二氧化硫	刺激眼角膜和呼吸道黏膜，咳嗽、声哑、胸痛、支气管炎、哮喘，甚至死亡
二氧化碳	刺激鼻腔和咽喉，胸部紧缩、呼吸促迫，失眠，肺水肿，昏迷，甚至死亡
一氧化碳	头晕、头痛、恶心、四肢无力，还可引起心肌损伤，损害中枢神经，严重时导致死亡
氟化氢	刺激黏膜，幼儿发生斑状齿，成人骨骼硬化

污染物	对人体的影响
硫化氢	刺激黏膜,导致眼炎或呼吸道炎,头晕、头痛、恶心、肺水肿
氯气	刺激呼吸器官,引发支气管炎,量大引起中毒性肺水肿
氯化氢	刺激呼吸器官
氨	刺激眼、鼻、咽喉黏膜
气溶胶	引起呼吸器官疾病
苯并芘	致癌
臭氧	刺激眼睛、咽喉,呼吸机能减退
铅	铅中毒症,妨碍红细胞的发育,导致儿童记忆力低下

(2) 防治大气污染的技术措施

消除和减轻大气污染的根本方法是控制污染源;同时,规划好自然环境,提高自净能力。

① 改进工艺设备、工艺流程,减少废气、粉尘排放。

② 发展清洁绿色的能源,优化能源结构。大力发展太阳能、天然气、地热、风能等清洁绿色的能源,尽量降低煤炭能源使用量。此外,还可以推广使用洗选煤,加大对低煤炭能源消耗的锅炉研发。

③ 企业采用除尘设备,减少烟灰排放量。

④ 发展区域供热、供气,减少居民炉灶产生的污染。

⑤ 严格机动车监管,控制机动车污染物排放量。

⑥ 构建完善的大气污染防治法制体系,强化民众环境保护意识。

⑦ 依法管理。按环境标准和排放标准进行监督管理,管理和治理相结合,对严重污染者依法制裁。

(3) 防止大气污染的规划措施

① 村镇布局规划合理。工业企业是造成大气污染的主要污染源,所以合理规划工业用地是防止大气污染的重要措施。工业用地应安排在盛行风向的下侧。主要考虑盛行风向、风向旋转、最小风频等气象因素。

② 考虑地形、地势的影响。村镇规划时,除了要收集本市县的气象资料外,还要收集当地的资料。局部地区的地形、地貌、村镇分布、人工障碍物等对小范围气流的运动——空气温度、风向、风速、湍流会产生影响。因而在山区及沿海地区的工厂选址时,更要注意地形、地貌对气流产生的影响,尽量避开空气不流通、易受污染的地区。山区及山前平原地带易产生山谷风,白天风向由平原吹向山区,晚上风向相反,此风可视为当地的两个盛行风。散发大量有害气体的工厂应尽量布置在开阔、通风良好的山坡上。山间盆地地形较封闭,全年静风频率高,而且产生逆温,有害气体不易扩散,不宜把工业与居住区布置在一起。污染工业应布置在远离城市的独立地段。沿海地区的工业布局要考虑海陆风向的影响。白天风向从海洋吹向大陆,称之为海风;晚上风从陆地吹向海洋,称之为陆风。所以沿海地区的工业区与居住区布置,应采用如图 11.2 所示的布置方式。

③ 设卫生防护带。设立卫生防护带，种植防护林带，可以维持大气中氧气和二氧化碳的平衡，吸滞大气中的尘埃，吸收有毒有害气体，减少空气中的细菌。同时，可以根据某些敏感植物受污染的症状，对大气污染进行报警。

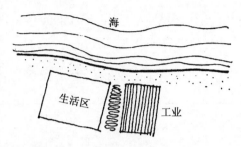

图 11.2　沿海工业区、居住区布置

3）噪声污染及防治

有的声音是人们日常生活中所需要的或者是喜欢听的；但有的声音却是不需要的，听起来使人厌烦，甚至会引发耳聋或其他疾病，这就是不受欢迎的噪声，它对人的环境影响较大。噪声有大有小，强度不同，噪声的强度用声波来表示，其单位为分贝（dB）。

一般来讲，声音在 50 dB 以下，环境显得安静；接近 80 dB 时，就显得比较吵闹；到 90 dB 时，感到十分嘈杂；如果达到 120 dB 以上，耳朵就开始有痛觉，并有听觉伤害的可能。

（1）噪声来源

噪声的危害不可忽视，轻则干扰和影响人们的工作和休息，重则使人体健康受到损害。在噪声的长期影响下会引起听力的衰退、神经衰弱、高血压、胃溃疡等多种疾病。如果长期在 90 dB 的噪声环境中劳动，就会患不同程度的噪声性耳聋，严重的会丧失听力。随着社会的发展，噪声污染呈增加的趋势。噪声来源主要有以下几个方面：①工厂噪声。工厂设备在生产过程中所发出的噪声。②交通噪声。机动车噪声为主要噪声声源，包括汽车、摩托车等，少数村镇还受到飞机、铁路和轮船噪声的影响。③建筑及市政工程施工噪声。现阶段村镇建设迅速发展，村镇中有大量的建筑工地，建筑施工中立模板、打桩、浇筑混凝土噪声很大，影响居民正常休息、生活，必须依法进行管理。④日常生活及社会噪声。其包括家庭噪声、公寓噪声及公共建筑（如中学、小学）、娱乐场所、体育运动场所和儿童游戏场所、菜市场等噪声。

（2）噪声的防治

噪声防治的目标就是使某一区域符合噪声控制的有关标准。2008 年 10 月 1 日起实施的环境保护部《声环境质量标准》（GB 3096—2008）按区域的使用功能特点和环境质量要求，将声环境功能区分为以下五种类型：

0 类声环境功能区：指康复疗养区等特别需要安静的区域。

1 类声环境功能区：指以居民住宅、医疗卫生、文化教育、科研设计、行政办公为主要功能，需要保持安静的区域。

2 类声环境功能区：指以商业金融、集市贸易为主要功能，或者居住、商业、工业混杂，需要维护住宅安静的区域。

3 类声环境功能区：指以工业生产、仓储物流为主要功能，需要防止工业噪声对周围环境产生严重影响的区域。

4 类声环境功能区：指交通干线两侧一定距离之内，需要防止交通噪声对周围环境产生严重影响的区域，包括 4a 类和 4b 类两种类型。4a 类为高速公路、一级公路、二级公路、城市快速路、城市主干路、城市次干路、城市轨道交通（地面段）、内河航道两侧区域；4b 类为铁路干线两侧区域。

《声环境质量标准》(GB 3096—2008)还对各类声环境功能区规定了环境噪声限值，如表 11.3 所示。

表 11.3　环境噪声限值

[单位:dB(A)]

声环境功能区类别		时段	
		昼间	夜间
0 类		50	40
1 类		55	45
2 类		60	50
3 类		65	55
4 类	4a 类	70	55
	4b 类	70	60

注:"昼间"是指 6:00 至 22:00 之间的时段;"夜间"是指 22:00 至次日 6:00。

治理噪声的根本措施是减少或消除噪声源。通过改进工艺设备、生产流程来减少或消除噪声源;通过吸声、隔声、消声、隔振、阻尼、耳塞、耳罩等来减少噪声。常用的规划措施有:①远离噪声源。村镇规划时合理布局,尽可能将噪声大的企业或车间相对集中,和其他区域之间保持一定的距离,使噪声源和居住区之间的距离符合表 11.4 的要求。②采取隔声措施。合理布置绿化带。绿化能降低噪声,绿化好的街道比没有绿化的街道可降低噪声 8—10 dB。利用隔声要求不高的建筑物形成隔声障壁,遮挡噪声。③合理布置村镇交通系统,将主要穿村镇公路改为绕村镇公路,以减小交通噪声污染。

表 11.4　各声级声源点与居住区防噪声距离

声源点的噪声级(dB)	距离(m)
100—110	300—500
90—100	150—300
80—90	50—150
70—80	30—100
60—70	20—50

11.1.3　村镇工业环境保护

中国的乡镇工业绝大部分创始于 20 世纪 50 年代后期,是在农村手工业基础上逐渐发展起来的。1978 年中国共产党第十一届三中全会以来,改革开放的春风给中国的乡镇工业带来了勃勃生机。在之后的 40 年时间里,乡镇工业发展迅猛。

乡镇企业为农村剩余劳动力从土地上转移出来,为农村脱贫致富和逐步实现现代化开辟了一条新路。乡镇企业已成为中国农村经济的强大支柱、国民经济的重要组成部分和中国小企业的主体。然而,伴随着乡镇企业(特别是乡镇工业)的发展,加之经济发达地区的污染企业或设备落后的生产企业有向不发达地区和村镇转移的现象,村镇环境污染和生态破坏也日趋严重,引起了人们的普遍关注。

1) 村镇工业环境保护的重要性

乡镇企业面临的主要环境问题伴随着乡镇企业的迅速发展,乡镇企业(主要是乡镇工业)对村镇环境污染和生态破坏的影响日益突出。乡镇企业工业废水排放量大,严重污染了农业(村)环境。调查资料表明,大部分地区在乡镇工业高速发展的同时,污染物排放量也以较快速度增加,有的甚至以产值或产量增长相同的速度增加。从全国废水排放趋势来看,每5年增加1倍,目前乡镇工业已占全国废水排放量的50%左右,以南通为例,目前南通市乡镇企业工业废水排放量占全市废水排放量的60%以上。这主要是因为南通的乡镇企业中大小印染厂有上百家之多,其产生的废水量是惊人的。另外南通钢丝绳加工企业、电镀加工企业也较多,其产生的废水中含有很多有毒有害的重金属,尤其是电镀废水中的重金属含量高、种类全,对环境的危害十分大。

乡镇工业一般都建在水源比较丰富的小村镇周围,而现在的农村生态环境是建立在低层次的自然生态良性循环基础上的。因此,其水环境容量很低,一旦被污染,恢复起来相当困难。

在中国东部沿海地区,由于历史和自然条件,乡镇工业发展较快,污染负荷较大;加上东部地区城市大工业的环境污染负荷大,污染有从城市向农村迅速蔓延并逐渐连成一片之势,因而是中国乡镇工业的主要污染地区。中国中西部地区,乡镇工业的发展较东部地区慢一些,但当地自然资源丰富,乡镇工业利用本地资源发展起来的冶炼采矿等行业,由于其工艺技术落后、设备简陋,对资源、能源浪费较大,造成了局部区域比较严重的水体和大气污染。

由于缺少规划、疏于管理、环境意识差等原因和急于脱贫致富的心态,乡镇企业特别是一些个体联户企业,对矿产资源随意乱采滥挖,采富弃贫,致使植被破坏、林木被毁、草场退化、土地沙化、河道淤塞,造成了局部地区的生态严重失衡和资源的严重浪费。局部地区由于冶炼、土炼硫、土炼汞等排放的高浓度有毒有害废气,已造成冶炼炉台周围区域植被死光、粮食绝收,成为"不毛之地""生态死区"。

2) 乡镇工业的环境保护

解决乡镇工业污染主要包括以下七个方面:

(1) 提高环境保护意识,广泛开展乡镇工业环境保护的宣传教育工作。

(2) 加快乡镇工业环境保护的立法和制度建设,建立并完善乡镇工业企业的环境管理法规体系。

(3) 加强乡镇工业的环境规划,合理布局工业区,调整和改善产业结构及产品结构。

(4) 强化环境管理,加强乡镇工业环境管理机构的建设,提高管理和技术人员的素质;加强部门协作,坚持引导和限制相结合的原则,实行区别对待的方针,抓好乡镇工业重点污染地区和主要污染行业的环境保护工作;一切新建、扩建、改建工程项目必须严格执行"三同时"的规定,把治理污染所需的资金纳入固定资产投资计划,坚持"谁污染,谁治理"的原则。

（5）依靠科技进步，实现产业转型升级，推广无废少废工艺，逐步加强对乡镇工业生产过程的环境管理。

（6）组织开发、研制适用的乡镇工业污染防治技术和装备，积极发展乡镇工业的环保产业。

（7）通过竞争、合并、整合等手段来加快乡镇工业规模经济的形成。乡镇工业规模经济的形成具有提高经济效益与环境效益的双重效应，随着企业规模在一定范围内的扩大，乡镇工业单位产值的排污水平会逐渐降低。

3）村镇工业环境保护的规划措施

（1）端正村镇工业的发展方向，选择适当的生产项目。各村镇要根据本地资源情况、技术条件和环境状况，全面规划、合理安排，因地制宜地发展无污染和少污染的行业。对不能进行污染控制与治理的企业，要坚决拒绝。

（2）合理安排村镇工业的布局。从环境保护的角度出发，把村镇工业分类，分别进行布置。村镇的工业布局，要从村镇的实际情况出发，合理布置功能区。就村镇环境保护来讲，工业的布点应按以下原则安排：①远离村镇的工业。如排放大量烟尘、有害气体、有毒物质的企业，以及易燃易爆、噪声振动严重扰民的企业，应建在远离村镇的地方。②布置在村镇边缘的工业。这类工业占乡镇工业的大多数。这类工厂的布置，也要考虑到村镇水源的上下游、主导风向等因素。③可布置在村镇内的工业。这类工厂多为小型食品加工业、小型轻纺和服务性企业等，大都是规模不大、无污染或轻污染的乡镇企业。

工厂的布局，还要注意到某些工厂今后可能发展、转产等特点。特别是目前乡镇企业正在发展和调整中，工业布局亦因此要有长远和发展的观点，才能避免今后可能出现的被动局面。而且，工业布局还必须注意到直接影响环境问题的地理因素、气象因素等。例如，山区村镇要注意到山谷中不利于大气污染物的稀释扩散；平原地区的村镇应注意防止对附近农田的污染；自然保护区、风景游览区、水源保护区等有特殊环境要求的区域，不能兴建污染型工厂和某些乡镇企业等。

企业厂址的选定，要充分注意当地的地理条件，因为不同的地理条件对工厂废气的扩散会产生一定的影响。

（3）严格控制新的污染源。发展村镇企业，必须同时控制污染，杜绝环境污染的发展。所有新建、扩建和转产的村镇企业，都必须要执行"三同时"政策。同时，要防止污染从大城市向村镇扩散。

（4）限期治理村镇企业污染。对已产生污染的村镇企业，根据国家有关文件分别采取关、停、并、转等措施，限期达到国家和地方制定的污染物排放标准。

11.2 村镇生态建设规划

随着全面建设小康社会战略的实施，大量农民涌入城镇就业和迁入小城镇居住，极大地推动了城镇化建设的进程。这不仅改善了农民的生活条件，促进了农村土地利用结构和农村经济结构的调整，也为农民进一步提高生活质量、尽快迈入小康开辟了广阔的前景。因此，抓住村镇建设的大好机遇，加强生态建设规划十分必要。

11.2.1　村镇生态环境

改革开放以来,中国农村社会经济取得长足进步,农村面貌发生巨大变化。一方面,农村城镇化、工业化、现代化、城乡一体化发展为中国村镇建设带来极佳的发展机遇与迅猛的发展势头,但在这一发展进程中,社会、经济、生态之间也出现了种种不协调的现象。经济发展往往伴随着资源的过度消耗、生态破坏和环境污染,经济上虽取得了短期的增长,生态上却付出了巨大的代价。解决农村发展的问题需要新的发展理念和模式来指导。另一方面,中国人口众多的基本国情决定了中国即使达到较高的城市化率,打破了城乡分割的二元社会结构,也仍会有相当数量的人居住在村镇,从事农业及相关产业。

1) 村镇生态环境提出的背景及意义

在当前人口、资源、环境的严重约束下,中国的社会、经济、产业、区域等发展领域都出现了生态化发展的趋势,展示出了各种类型的生态化发展模式。生态化发展模式是一种全新的发展模式,是对常规工业化发展模式的辩证否定。它扬弃只注重经济效益而不顾人类福利和生态后果的唯经济的工业化发展模式,转向兼顾城乡社会、经济、资源和环境的发展,注重社会—经济—自然复合生态整体效益的发展模式。在社会发展领域,人们提出了"生态文明"的概念,指出生态文明是社会文明发展的高级阶段,提出要建设生态文明的理想社会。在社区建设上,积极创建"生态社区"。在经济发展领域,提出了"循环经济"和"生态经济"。对不同产业形态的发展提出了"生态产业"。1991年台湾地区开始实施六年发展计划,提出发展"生产、生活、生态"的"三生"农业。"三生"农业在台湾地区具体实施有五种类型:精致农业、观光农场、休闲农场、有机农场和生态村镇。其要求"生产、生活、生态"结合,平衡发展,达到"三化",即生产企业化、生活现代化、生态自然化。对于区域的综合发展,1986年国家科学技术委员会等27个部委共同发起了国家社会发展综合实验区(1998年更名为国家可持续发展实验区)建设,国家环保总局组织了生态示范区试点,在不同区域水平上建设生态县、生态市、生态省。对于城市建设,已有许多城市提出并积极创建"生态城市"。另外,在建筑领域,提出发展"生态建筑",建设生态住宅;在消费领域,积极倡导"生态消费""绿色消费""可持续消费"等新的消费观念和生活方式。2015年9月国务院印发的《生态文明体制改革总体方案》阐明了中国生态文明体制改革的指导思想、理念、原则、目标、实施保障等重要内容,提出要加快建立系统完整的生态文明制度体系,为中国生态文明领域改革做出了顶层设计。总之,中国的社会经济正在发生着一场新的生态革命,生态化发展的趋势已日渐明朗。生态化发展模式为农村的全面发展提供了新思路、新模式,为规划设计村镇的未来发展提供了借鉴。

2) 生态村镇的内涵与特征

(1) 生态村镇的内涵

"生态村镇"(Eco-Town)在空间上是与"生态城市"(Eco-City)相对应的概念,是对生态村(Ecological-Village)的继承与发展,是面向未来的一种农村发展模式。其是指在生态化发展的背景下,在农村城镇化、城乡一体化发展进程中,按照"生态优先"的发展战略思想,从产业发展、人居环境、生态环境、社会文明等方面因地制宜地进行全面生态化村镇建设,把中国村镇建设成为布局合理,人口规模适中,人居环境宜人,各产业协调发展,人与自然及人与人之间和谐共生,社会经济生态之间协调、可持续发展,既具传统特色又体现现代文明的新村镇,这是村镇未来发展的理想模式。

(2) 生态村镇的特征

与一般村镇相比具有如下特征:①以和谐、可持续发展为核心理念。和谐既包括人与自然之间的和谐,也包括人与人之间的和谐;可持续发展就是要实现村镇的社会、经济、生态的可持续发展,既要改善当代人的生产、生活条件,发展经济,又要为子孙后代留下赖以生存的自然资源和良好的生态环境。②以生态产业为主导。发展生态农业、生态旅游、生态工业等产业。③生态工程技术广泛应用。在房屋建造、景观设计、生态环境整治、旅游业、加工业等方面广泛应用现代生态工程技术,在技术层面上实现节能、节水、节电、节地,开发利用新能源,提高资源利用效率,增强物质循环,能量多级利用,废弃物资源化利用、无害化处理,有毒有害物质有效控制,为居民提供良好的人居环境。④以生态文明为目标。让和谐与可持续发展理念深入人心,生态消费成为主导消费方式,生态、环保意识普遍提高并成为自觉行动,社会安定祥和,实现生态文明的村镇环境。

2010 年环境保护部公布的《国家级生态乡镇建设指标(试行)》中对生态乡镇建设的各项指标做出了规定,如表 11.5 所示。

表 11.5 国家级生态乡镇建设指标

类别	序号	指标名称	指标要求		
			东部	中部	西部
环境质量	1	集中式饮用水水源地水质达标率(%)	100		
		农村饮用水卫生合格率(%)	100		
	2	地表水环境质量	达到环境功能区或环境规划要求		
		空气环境质量			
		声环境质量			
环境污染防治	3	建成区生活污水处理率(%)	80	75	70
		开展生活污水处理的行政村比例(%)	70	60	50
	4	建成区生活垃圾无害化处理率(%)	≥95		
		开展生活垃圾资源化利用的行政村比例(%)	90	80	70
	5	重点工业污染源达标排放率(%)	100		
	6	饮食业油烟达标排放率(%)**	≥95		
	7	规模化畜禽养殖场粪便综合利用率(%)	95	90	85
	8	农作物秸秆综合利用率(%)	≥95		
	9	农村卫生厕所普及率(%)	≥95		
	10	农用化肥施用强度[折纯,公斤/(公顷·年)]	<250		
		农药施用强度[折纯,公斤/(公顷·年)]	<3.0		

类别	序号	指标名称	指标要求		
			东部	中部	西部
生态保护与建设	11	使用清洁能源的居民户数比例(%)	≥50		
	12	人均公共绿地面积(m²)	≥12		
	13	主要道路绿化普及率(%)	≥95		
	14	森林覆盖率(%,高寒区或草原区考核林草覆盖率)* 山区、高寒区或草原区	≥75		
		丘陵区	≥45		
		平原区	≥18		
	15	主要农产品中有机、绿色及无公害产品种植(养殖)面积的比重(%)	≥60		

注:标"＊"指标仅考核乡镇、农场,标"＊＊"指标仅考核涉农街道。

3) 生态村镇环境规划

(1) 生态村镇系统

生态村镇是社会—经济—自然复合生态系统,具有多方面的功能,主要表现为生产(物质产品、精神产品、废弃物的生产)、生活(生活设施、生活环境、交流沟通)、生态(消纳废弃物、生态屏障、生态服务)的内部功能,旅游(自然风光、农业体验、民俗旅游)、教育(青少年生态、环保、农业、劳动教育)、示范(为一般村镇向生态村镇转变提供范例)的外部功能。

(2) 生态村镇的构建与规划

生态村镇理想模式的构建就是基于生态村镇的理念和内涵来优化调整生态系统结构,使系统功能得以充分发挥,实现生态村镇建设的理想目标。村镇建设经过功能整合,从工程建设实施的角度来看,主要建设生态产业、生态人居、生态环境、生态文化四个方面,以此作为生态村镇建设的主要内容。生态村镇的理想模式如图 11.3 所示。

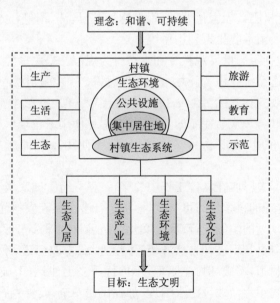

图 11.3 生态村镇的理想模式图

生态产业建设包括发展生态农业、生态旅游、生态工业园区。发展生态农业可有三种模式：一是村级传统生态农业模式，在村域范围内优化调整农林牧渔系统结构，增强物质循环、能量转化，提高生态效率；二是区域现代生态农业模式，在更大的区域范围内——镇级进行生态农业产业化经营，生产绿色食品、有机食品；三是建设生态农业科技园区，以园区管理的模式运作。发展村镇生态旅游主要是开发自然、农业、文化旅游资源，使自然资源保育、生态农业、传统民俗与生态旅游相结合。将具有一定工业基础的农村产业按照产业生态学的原理和方法在村镇规划区内组建或新建生态工业园区，发展生态工业要对乡镇企业或村办企业的生产方式进行生态化改造。

生态人居建设就是建设生态化、绿色化的村镇居民集中居住区（住宅、小区）及公共活动空间（街道、广场、公园等），包括生态建筑（住宅）、生态经济庭院和村落的景观生态设计。建设生态住宅就要在建筑设计上充分利用自然资源，注重节能、节水、节地设计，以3R(Reduce、Reuse、Recycle)原则为准选取本土、环保建材，注意太阳能电池板、热水器、风能、沼气等新能源的综合利用，采用屋顶、墙体立体绿化。根据庭院功能的不同，建设绿化、美化、整洁的生态小区和兼有生产功能的生态经济庭院。农村集中居住地注意优化庭院生产结构，建设新型沼气池，加强废弃物处理，改善庭院居住环境。对村镇按照景观生态学的原理进行景观生态设计，各功能区合理分区、优化布局，合理安排生活用地、生产用地、绿化用地、除污用地（污水处理塘、垃圾回收站、堆肥厂等）。

生态环境建设包括自然生态、农业生态和社区环境建设。自然生态建设包括自然资源管理，退化生态恢复及生物多样性保护。其中，农业生态建设是指要加强农田基本建设（农田林网、道路、节水灌溉设施）；提高生产资料、资源的利用效率，采用新技术新品种，减少化肥、农药用量，推广节水农业，保护农业生态环境；农业废弃物做到资源化利用，进行秸秆还田、堆肥、气化、食用菌生产等，畜禽粪便生产沼气、堆肥、有机肥，使用可降解农膜或农膜回收再利用。社区环境建设是指对固体废弃物实行集中堆放、垃圾分类回收、资源化利用（生产堆肥、有机肥）、无害化处理，用生物塘、湿地法、沼气污水净化池等处理生活污水，建设生态厕所及雨水收集再利用系统。

生态文化建设包括生态世界观教育和生态行为规范。采用多种方式对居民进行生态伦理及生态意识（生态系统意识、资源意识、环保意识、生物多样性意识、可持续发展意识）的生态世界观、价值观宣传教育。对居民的生活、消费方式按照生态行为的原则进行规范，培养节约用水、用电，珍惜易耗品的生活习惯，倡导使用绿色环保产品、杜绝浪费、适度消费、废弃物回收再利用、废旧物品二次使用，减少使用一次性产品，执行计划生育政策等。

生态村镇的构建与规划，在具体工作中要坚持"三先行""四底线""五重点""六机制"，提高村镇规划建设管理的科学性与可持续性，促进社会主义新农村建设的健康发展。"三先行"：镇、乡村整治规划的编制先行；历史文化名镇名村的评选先行；重点整治项目先行。"四底线"：不劈山、不砍树，不破坏自然环境；不填池塘、不改河道，不破坏自然水系；不盲目改路、不肆意拓宽村道，不破坏村庄肌理；不拆优秀乡土建筑，不破坏传统风貌。"五重点"：村庄道路硬化；村镇生活垃圾污水治理；加强民居安全；改善人居生态环境；优先发展重点镇。"六机制"：推进村镇规划管理的规范化与制度化；强化县、乡村、镇规划建设管理政府职能;建立村镇规划建设民主管理机制;建立健全公共财政支持村镇建设的制度,推动城乡公共服务均等化;建立长期稳定的以奖代拨的城乡财政转移支付的投入机制;完善村镇规划建设的多方参与制度。

11.2.2　生态河道与农田

1) 生态河道

水是人类生存和发展必不可少的资源,更是维系农业经济和社会发展的重要基础资源。中国是世界上水资源贫乏的国家之一,人均水资源占有量只有世界人均水平的1/4。生态河道保护与建设是维持水资源可持续利用的基础。

河道是水的载体,它和其他水体一样是生命系统与环境系统在特定空间结合而成的一类生态系统,它与人类生活和活动紧密相关。一方面,不合理的人类活动将加速河道的消亡,河道将以洪、涝、渍灾害直接反作用于人类,同时,又通过对生态环境的影响而间接反作用于人类;另一方面,不合理的人类活动引起生态环境恶化,生态环境恶化又会加速河湖消亡。相反,人类若善待河湖、善待生态环境,则三者之间将十分和谐。人类活动、河湖水源及生态环境之间的相互作用关系如图11.4所示。

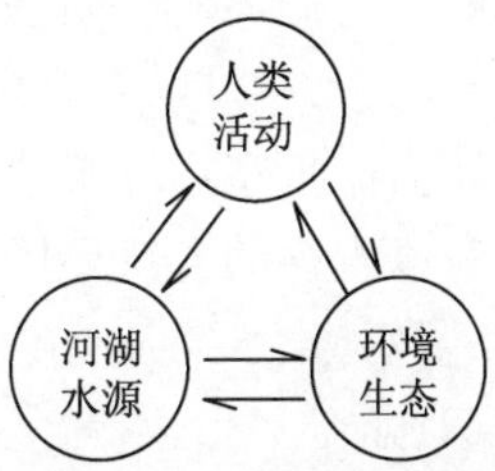

图 11.4　人类、河湖及生态环境三者之间的相互关系

(1) 生态河道的概念

生态河道是水环境与生物构成的一个有机整体。河流的整体系统,又称之为河流连续统(River Continuum),而河道是河流系统的一部分,是一个淡水复杂系统,具有相对生态完整性(Relative Ecological Integrity),水—陆两相(Two-Phase)联系紧密,是相对开放的生态系统;河道水生态空间不仅仅局限在常规的河槽范围内。因此,生态河道研究的空间尺度应该是对河道具有直接影响的空间,主要包括河槽、河堤、河堤背水坡及其禁脚地5—10m(没有堤防的河道为河口两侧外20—50m)的范围。考虑到生态河道系统的干扰影响滞后性和生物特征周期性,所以生态河道评价研究还必须考虑时间尺度。

天然河道系统内的水量、水质和生物三者相互联系、相互制约,共同构成河道生态系统。河流的健康生命在于水流与河床相互作用保持相对平衡和可持续性。从水力学要素上满足健康河流的基本要求,让河流具有适当的断面和比降,使河流具有动力,以实现洪水的输送,泥沙的堆积、沉淀和搬运,并且具有可持续的相对平衡。

生态河道是针对河道生态环境保护与建设而提出来的。所谓生态河道是指在满足河道基本的水利功能基础上,依靠自然作用和少量人为干预,能长期维持河道生物多样性和生态平衡,能达到自然环境与人文环境和谐发展的河道。这里所指的少量人为干预不排斥为了维持水利功能基础的人为干预,只是人为干预行为尽量考虑生态工程措施为主。这也是生态水利理念的体现。

(2) 生态河道的基本特征

生态河道应具有以下特征:①具有完整的生态结构,纵向与横向具有较好的连通性。②人为干扰较少,对进化过程中遇到的自然干扰(如洪水、干旱、大风等)具有依靠自然作用和少量人为干预条件下的恢复力；在外部输入干扰不大的情况下能进行自我调节，维持生态平衡。③管理实践和生态系统过程不损害邻近生态系统。④维持健康的环境条件。⑤能够提供合乎自然和人类需求的生态服务。

（3）生态河道服务功能

生态系统服务功能的研究才刚刚开始，有学者总结为 11 个类型：自然生产，维持生物多样性，调节气象过程，气候变化和地球化学物质循环，调节水循环和减缓旱涝灾害，产生、更新、保持和改善土壤，净化环境，为农作物与自然植物授粉传播种子，控制病虫害的暴发，维护和改善人的身心健康，激发人的精神文化追求。有学者将生态系统服务功能的内涵概括总结为有机质的合成与生产、生物多样性的产生与维持、气候的调节、营养物质的贮存与循环、土壤肥力的更新与维持、环境净化与有害有毒物质的降解、植物花粉的传播与种子的扩散、有害生物的控制、自然灾害的减轻等许多方面。

河流生态系统服务功能是指河流生态系统与河流生态修复过程所形成及所维持的人类赖以生存的自然环境条件与效用。水生态系统服务功能主要包括：①水利功能，即防洪、蓄水、供水、滞涝；②环境功能，即气温调节、水体自净、二氧化碳（CO_2）固定、释放氧气（O_2）、水陆风形成等；③生态功能，即水生生物多样性维持、水陆交界湿地为动物提供栖息地等；④航运功能，即提供水上运输；⑤发电功能，即利用水能发电；⑥物质提供，即鱼类、贝类、水禽类、水生蔬菜类、水生植物类等；⑦休闲娱乐，即水上游览观光、水中嬉戏、水上泛舟、鱼类观赏、垂钓等；⑧文化功能，即治水历史、水文化（传说、典故、遗迹）、水乡春色、水景观、渔民船民生活等。

（4）河道生态修复

随着人们生态环境理念加强及人们生活水平提高后对美好环境的向往，生态治河的理念获得了广泛的认同，美国、日本、德国、瑞士等国家都纷纷开展了河流生态修复工程。很多国家利用生态学理论，采用生态技术修复河道内受污染水体，恢复水体自净能力；并通过加强管理，强化污水处理和控制排放，推行清洁生产，来恢复河流水质。各国政府也投入了巨额资金，在生态河道的保护、恢复与重建方面进行了大量有益的尝试。如美国北卡罗来纳州摩罗赫德市的氧化塘污水处理、日本霞浦湖边上的生物公园、波兰瓦里亚克（Wariak）湖中放养鱼类控藻等工程。19 世纪中期，在欧洲阿尔卑斯山区，大规模的河流整治工程导致了生物多样性降低、人居环境质量有所恶化，因此河流生态工程设计理念和方法开始引起人们的重视。人们认识到河流不仅是可供开发的资源，更是河流系统生命的载体；不仅要关注河流的资源功能，还要关注河流的生态功能。西方国家这个阶段的河流生态恢复活动主要集中在小型溪流，恢复目标多为单个物种恢复。典型的案例是阿尔卑斯山区相关国家，诸如德国、瑞士、奥地利等开展的"近自然河流治理"，它们 20 多年的努力取得了斐然成效，积累了丰富经验。20 世纪 50 年代，德国创立了"河川生态自然工程""近自然河道治理工程"，提出河道的整治要符合植物化和生命化的原理，其突出特点是流域内的生物多样性有了明显增长，生物生产力提高，生物种群的品种、密度都成倍增加。治理后另一个特点是河流自净能力明显提高，水质得到大幅度改善。1986 年日本开始学习欧洲的河道治理经验，90 年代开创了"创造多自然型河川计划"，逐渐改修已建的混凝土护岸，在理论、施工及高新技术的各个领域丰富发展了"多自然河道生态修复技术"。日本建设省河川局将其称为"多自然河川工法"（Nature-Oriented River Engineering Method）或"近自然河川工法"（Near Nature River Engineering Method），并作为一门成熟的技术加以推广应用到道路、城市领域，统称为"近自然工法"（Near Nature Engineering Method）。美国称之为"自然河道设计技术"。一些国家已经颁布了相关的技术规范和标准。同一时期，一些国家的科学家和工程师对河流生态恢复工程开展了一些科学示范工程研究，较为著名的有英国的戈尔河（Gole）和思凯姆河（Skeme）等科学示范工程。20 世纪 80 年代开始的莱茵河（Rhine）治理，为河流的生态工程技术提供了新的经验。莱茵河保护国际委员会（International Commission for the Protection of the Rhine，ICPR）于 1987 年提出了"莱茵河行动计划"（Rhine Action Program），以生态系统修复作为莱茵河重建的主要指标，到 2000 年使鲑鱼重返莱茵河。这个河流治理的长远规划被命名为"鲑鱼—2000 计划"。沿岸各国投入了数百亿美元用于治污和生态系统建设。到 2000 年莱茵河全面实现了预定目标，沿河森林茂密，湿地发育，水质清澈洁净。鲑鱼已经从河口洄游到上游（瑞士）一带产卵，鱼类、鸟类和两栖动物重返莱茵河。大型河流生态恢复工程大约始于 20 世纪 80 年代后期。具有典型性的项目是美国密苏里河的自然化工程，从恢复目标来看，大体是按照"自然化"的思路进行规划设计的。从 1993 年开始，欧盟生命计划开始在丹麦和英国的主要河流上实施，主要是开展示范工程建设。英国在一些河段进行了生态修复工程建设，获得了广泛关注，并最终得到了大多数人的认同。其还成立了英国河流修复中心，制定了《河流修复指南》，以指导在流域尺度下进行河流的生态修复。

中国河流保护工作总体处于水质改善阶段，河流水质恶化趋势未能有效遏制，全面进入河流生态恢复建设尚待时日。不过近年来，中国水利部门开始关注河流生态建设问题，提出了保持河流最低生态需水量的问题，并开展了相关的生态河道科学研究和试点工作。同时，中国连续几年实施了塔里木河、黑河等调水行动，以改善河流的水文条件，这对于遏制这些河流生态系统退化发挥了明显作用。从 2000 年国家实施黑河水资源统一调度以来，连续四年完成了黑河分水任务，实现了国务院提出的居延海"碧波荡漾"的目标，对全流域的生态恢复起到了积极作用，下游的生态得到了明显改善，水鸟栖息、游鱼欢跃，"金秋胡杨"的盛景再次展现在世人面前。从 2001 年起，国家已投资上百亿元治理中国最长的内陆河——塔里木河，该工程已经初见成效。这条下游断流已经 20 年的河流，河道周边地下水位平均回升 3.07 m，枯死多年的胡杨树又吐出了新绿。

按照《关于特别是作为水禽栖息地的国际重要湿地公约》（以下简称《湿地公约》）中关于湿地的定义，湿地是指天然的或人工的、永久的或暂时的沼泽地、泥炭地及水域地带，带有静止或流动的淡水、半咸水及咸水水体，包含低潮时水深不超过 6 m 的海域。其包括河流、湖泊、沼泽、近海与海岸等自然湿地，以及水库、稻田等人工湿地。大量陆上中小型河流都属湿地的范畴。生态河道建设实际就是恢复与重建自然湿地的过程。湿地对人类的重要性正逐渐深入人心。从 1971 年 2 月 2 日，18 个国家在伊朗拉姆萨尔缔结《湿地公约》以来到 1992 年中国正式加入《湿地公约》，现在已有 168 个成员。1996 年 10 月《湿地公约》第 19 届常委会决定将每年 2 月 2 日定为"世界湿地日"。在《湿地公约》的推动下，一些国家已从调查、保护现有湿地、恢复原有湿地等方面，向建设人工湿地、扩大湿地面积和功能方面发展。

不论是在保护湿地、恢复湿地,还是建设人工湿地活动中,河道生态系统的建设与保护都是首要的,是造福人类的事业。

2) 生态农田

在中国近代农业生产过程中,以高投入追求高产出的生产策略带来了一系列严重的环境问题,如土质恶化、水体污染、农产品中有害物质含量超标,危害到人类健康和生物的多样性,影响了农业的可持续发展。

(1) 生态农田的含义

农业生态系统是具有明显人为影响、输入与输出量较大的非闭合系统(开放型、耗散型)。该系统以种植业为主,是自然生态系统和人工生态系统的复合系统。它的形成受地形、地貌、气候、技术、经济和人文因素的影响,具有特定的生物群落和结构特点。

农田生态系统是人工建立的生态系统,其主要特点是人的作用非常关键,人们种植的各种农作物是这一生态系统的主要成员。农田中的动植物种类较少,群落的结构单一。人们必须不断地从事播种、施肥、灌溉、除草和治虫等活动,才能够使农田生态系统朝着对人有益的方向发展。因此,可以说农田生态系统是在一定程度上受人工控制的生态系统。一旦人的作用消失,农田生态系统就会很快退化,占优势地位的作物就会被杂草和其他植物所取代。

农田生态系统是以作物为中心的农田中,生物群落与其生态环境间在能量和物质交换及其相互作用上所构成的一种生态系统,是农业生态系统中的一个主要亚系统。农田生态系统由农田内的生物群落和光、二氧化碳、水、土壤、无机养分等非生物要素所构成的具有力学结构和功能的系统。其与陆地自然生态系统的主要区别是,系统中的生物群落结构较简单,优势群落往往只有一种或数种作物;伴生生物为杂草、昆虫、土壤微生物、鼠、鸟及少量其他小动物;大部分经济产品随收获而移出系统,留给残渣食物链的较少;养分循环主要靠系统外投入而保持平衡。农田生态系统的稳定有赖于一系列耕作栽培措施的人工养地,在相似的自然条件下,土地生产力远高于自然生态系统。

农田生态系统的最大特点是,它的结构和功能取决于人类的需要。同样,它的生物多样性的构成也不像自然生态系统那样完全按照自然的规律去发展,而是要受人类需求的支配。农田是农田生态系统中的主体。生态农田是指在不影响周边生态环境的基础上,在保持农业可持续发展的前提下,通过一定的工程和技术措施,以最小的投入获得最大生态农产品的农田。

(2) 生态农田建设存在的问题

① 农田水利工程建设不合理

农田水利工程是农田生态系统的重要组成部分,是解决农田灌溉、排水、降渍和防洪,调节农田水分状况,保持水土的人工工程;其建筑规模小,但分布范围较广、数量众多。它的建设对农田生态系统的影响是必须引起重视的。

农田水利工程的规划建设应该从环境水利的角度出发,不能仅仅考虑其简单的水利功能,农田水利除了保证粮食安全外,还有保护国土资源、景观、生态、环境等方面的功能。随着经济的发展,国家对农田水利的投入加大了。但由于传统水利观念的影响和生态环境理念的缺乏,人们普遍认为高标准农田水利建设就是农田内简单的混凝土堆砌,于是渠道、沟道、田间道路甚至田埂都混凝土化,还填河开山、大量平田整地,认为这就是现代农业,而不注重生态农业环境的建设。在如今大投入的农田水利建设中,不可避免要改变原来的地形地貌或造成农田生态环境的破坏;生态背景的不良变化会改变农业生态系统的物质和能量循环与转化途径,破坏生态系统的结构和功能,导致其稳定性和抗逆能力减弱,系统生产能力下降。

② 灌溉缺乏科学性

灌溉的直接利益是土地利用的加强,增加供给本地区或世界粮食和纤维的需要量。灌溉是增加田间水量、补充田间水分不足、维持农田水循环的重要措施,但同时也应该看到,不良的灌溉工程对人民健康、土壤、水状况、水质以及社会经济也会产生不利的环境影响。

过度灌溉带来面污染问题。农田中氮素大部分呈有机化合物状态存在,一般不能被作物直接利用,只有以硝态氮离子和铵离子状态存在时才能被作物吸收。适量的灌溉可以加速有机化合物的溶解,便于作物的吸收利用;但过量的灌溉水会通过对农田土壤的冲蚀、淋溶,将泥土颗粒、矿物质、无机物离子、细菌病毒、农药、化肥等排入河流或湖泊而引起下游和容泄区的地表水污染。特别是农田施用的化肥、农药及土壤颗粒中的有机物随回归水排入湖泊,给水中输入大量氮、磷等营养物质,将会加速水的富营养化进程。农业面污染源中硝酸盐氮是水环境富营养化的主要原因,水体中有 31% 的氮和 8% 的磷来自农业径流。磷酸盐也是水生生物的主要养料,当水体中的氮充分时,只要正磷酸盐的浓度达到 0.015 mg/L,就会导致河湖的“藻华”、大海的“赤潮”,降低水中的溶解氧,恶化水质,使水中氨氮(NH_3-N)的浓度提高。大量化肥、农药的施用,给传统的灌溉方式带来了严峻挑战。

过度灌溉对农田土壤的影响。土壤的盐分是随水分的运动而运动的,在土壤水蒸发时,由于土壤毛管水作用,土壤盐分从深层土壤向表层输送,水分蒸发后,盐分积累在土壤表层。在降雨或灌溉时,入渗的水挟带溶盐向下层运移,使表层盐分逐渐降低,而地下水位高是土壤盐碱化的根源,灌溉增加了土壤水分,抬高了地下水位,若有灌无排或灌溉不当,特别是高矿化度的水用于灌溉会加速盐分在土壤表层的积累,打破盐分自然平衡状态,导致土壤渍涝和次生盐碱化、土肥退化甚至土地荒芜。过度灌溉给农田土壤增加了某些潜在危险,如加速水冲蚀、土壤硬结、盐碱化及土肥退化,因此,按照作物的生长需水规律精确供水对农田土壤结构显得至关重要。

发展节水农业,改进灌溉方式,应大力发展管道灌溉(喷灌、微喷灌、滴灌及低压管道灌溉)系统,并可以与之结合发展比例精量施肥、施药;土渠输水灌溉应注重控制建筑物的配套完善,减少漏水、跑水。节水灌溉工程不但节水、节地,提高农产品品质,减轻农业面污染的发生,还可以提高水温、地温。在日照时间相同的情况下,节水灌溉比深水灌溉平均每天提高水温 1℃,使土壤含氧量增加,使水稻根系发达、抗倒伏,还可以充分发挥肥效、药效。发展节水农业,加强农田水利工程建设对农田生态系统与周边水环境的改善是十分有益的。

③ 渠道防渗改变农田生态条件

渠系输水在中国是主要的输水灌溉方式。渠道混凝土防渗衬砌是减少输水损失、提高灌溉输水效率的节水措施。据与土渠对比试验,混凝土防渗渠道可以节水 10%—15%,节地 10% 左右;且由于其施工简单,所以输水速度快,减渗效果好。但分别从农田灌溉节水的狭义和广义的内涵来看,渠道衬砌防渗节水只是使渗入地下的水量减少,在区域水资源总体上只是水资源"三水"存在形式的转化,只是从水资源局部来看节水,具有极大的局限性。而从地区水资源总体上来看,即地表水、土壤水、地下水总体上并没有减少无效的蒸腾和消耗,从广义节水意义上来看并没有节水,只是节省了抽水能耗。渠道衬砌对农田的环境生态影响的确是非常巨大的,主要表现在:a. 大面积渠道的防渗衬砌会改变地下水的补给条件,减少下游地区回归水的总量,可能会对地下水及下游地区水环境产生不利影响。b. 改变了青蛙的农田生存、繁殖与越冬的基础条件;每年 4—5 月的非灌溉季节,大量的小青蛙跌入混凝土渠中不能跳出,只能任凭烈日的烘烤。c. 改建的混凝土防渗渠道减少了细粒泥沙带入农田,而少量细粒泥沙具有对水中有害物质的吸附作用,混凝土衬砌后不利于农田物质交换和作物生长。d. 混凝土衬砌板的老化、破碎会产生大量碎块,影响耕作和作物生长。

从农田生态环境角度出发,灌溉渠道除局部冲刷严重的地段和大型输水渠道外,一般不要采用混凝土衬砌的形式。

④ 排水沟道衬砌不利于农田污染物吸收利用

排水沟道既能排除地面水又可以起到降低地下水位的作用。排水沟与渠道一样是农田的"生物廊道",其自然的沟底与内壁多孔的土壤具有很好的吸附和过滤作用,其内生长的水生植物及沟边的杂草对田间流失的大量氮、磷具有较好的吸收作用,是非常好的农田"人工湿地",它具有独特的动植物生态环境。排水沟道与小型河湖的结合,可以将非点污染源(Non-Point Pollution Source, NPS)控制在产生区,并利用传输廊道对污染物进行截留、转化,降低输出量,以减少受纳水体的治理。排水顺畅可以避免滋生污染源与病虫害;排水沟土堤、草沟有利于多样化植物及微生物的栖息与生长繁衍,并可利于水源涵养与地下水补充。当农田施用农药时,沟渠是青蛙等田间生物的最佳避难所。

沟道的衬砌无疑是对农田生态系统和生物过程连续性的毁灭性破坏,不宜再推广运用。

⑤ 平田整地减少了生态多样性

地貌与土地利用的多样性是减少农田生态系统脆弱性的基本保障。旱地、水田、林地、水塘、河流、湿地、村庄、高岗和道路、林网等多种地貌类型是陆地生态多样性的表现。这种多样性系统可以使农田面污染尽可能利用土壤、荒滩、坑塘、树林、草地加以分散,使污染物有充分时间沉淀、曝气、氧化、分解,从而得到降解。这种充分利用自然条件进行物理净化、化学净化、生物净化的方法,是减轻天然水资源环境污染负担的最佳途径。

大规模的平田整地填塞了中小型河湖、低洼湿地,使种植品种单一化,把陆地自然生态系统改造成了农田生态系统,而农田生态系统结构简单,通常由一个遗传品系有机体的巨大种群(单一作物)组成。这种生态系统一方面通过消除竞争者(采取耕耘、施肥、施药、灌溉等农业技术措施)而提高粮食产量;另一方面却因为动植物种类的稀少、种群年龄相同、作物生活短促、食物链很短以及环境极其单纯,对于剧烈的生态改变通常十分敏感,因而十分脆弱。所以,对于一个地区而言,大规模平田整地是不可取的,应尽量减少对自然生态环境的人为干预。

⑥ 过度施用化肥改变土壤结构

长期大量施用化肥导致有机肥源极度匮乏,而每个生产周期都要从土壤中带走部分有机质,使农田有机质大大降低,从而破坏土壤的团粒结构,使酸性增强、主体结构越来越差,土壤发生板结,土壤持水保肥能力减弱,肥力越来越低。作物秸秆还田是最简单也是最有效增加有机质的办法,同时能大幅度减少土壤水分蒸发,增强耕地的蓄水保水性能。因此要大力推广以秸秆还田、配方施肥为主的改良土壤、培肥地力技术,以地膜覆盖和生物覆盖为主的增温保墒技术,从而保护生态环境,实现可持续发展。

(3) 生态农田建设

生态农田建设的思想基础是可持续发展,其主要内容是减少人为因素对生态环境造成的不利影响。生态农田建设主要包括以下六个方面:

① 合理利用土地资源,保护植被,避免大规模平田整地,注重生态系统的多样性。

② 加强农田林网建设,改善农田小气候。

③ 加强农田水利基本建设,实现多水源联合运用,大力发展节水农业,防止水、肥、土流失,控制农业面污染源。

④ 在农田水利工程建设中,除了局部配套建筑物外,尽量不要大量使用混凝土或浆砌块石衬砌,用生态水利的理念建设生态农田。

⑤ 注重保护中小型河湖(塘),不要盲目填塞,尽量尊重自然,保护湿地资源和生物多样性结构,减少水患,避免水环境恶化。

⑥ 科学施肥用药,改良土壤。

11.2.3　村镇河道整治规划

1) 村镇河道的特点

村镇河道往往汇流面积不大、断面较小、水流速度慢,是流域河网的"毛细血管"。在平原区及圩区的水网水系中,小型河道数量较多,成网状,水流速度更小。它们中有些是大中型河湖的支流,但由于水利工程的控制,仅在汛期降雨时才有水流动,大部分时间处于静止状态;有些自成体系,与其他大中型河湖不相连通,很少进行水的交换,河水自蓄自耗,成池塘型,常年水流速度为零,这种中小型河湖在中国南方地区占较大比重。

小型河道大多因历史变迁而天然形成,少量为人工开挖而成。20世纪50年代初到70年代末中国曾进行了大规模的水系整治,至80年代初期基本形成了目前稳定的水系格局,其后除开挖整治了个别大中型河道外,基本上未再进行大规模的河网开挖建设。这些河湖对灌溉、排涝、防洪及人民生活起了十分重要的作用。但随着时间的推移,加之其他许多因素影响,这些河道特别是村镇河道逐年坍塌、淤积,大部分正逐渐走向消亡,由此而引起了各种严重危害:城镇河道被不断挤占,河底淤积严重,过水断面日益萎缩导致河道行洪能力不足;生活垃圾被随意堆放到河道中和岸边,生活、生产污水未经处理或未处理达标就直接排入河道,导致水体污染严重,水体的自净能力降低;河流水质恶化和底泥中污染物的大量沉积,水体中溶解氧含量降低,水生生物种类快速减少,河道与滨河地带生态环境不断退化,生态服务功能丧失。这些危害有些是看得见的有些是看不见的。村镇河道的存在、演化及发展往往不能引起人们的重视。

2) 村镇河道整治的必要性

随着社会经济的不断发展,人民生活水平的普遍提高,人们对河道生态环境有了清醒的认识,水生态系统的建设已经愈来愈被社会各界所重视。人们对河道的认识已由传统简单的防洪、排涝、蓄水的水利功能观念向建设"安全、舒适、优美"的水生态环境观念转化。因此,对河流的治理提出了更高的要求,要求河流为社会生活提供越来越多的功能,除了防洪、排涝、供水的安全保障外,更加注重河流的生态功能。在河道的整治与生态修复过程中,人们也认识到不透水人工材料对河流生态的破坏,于是开始重视河流护坡新材料的研制、生态护坡结构形式与建造方法的探讨,这一切标志着水利建设也已经从传统水利向环境水利与生态水利转化。但由于生态河道建设尚处于初级阶段,人们对河流生态还缺乏科学的、系统的认识,于是又出现了河道生态建设中,认为生态河道仅仅就是生态护岸,再加上岸上大面积人工草皮、大量名贵树木及几处人造景点所构成空间的片面认识,人们对河道的生态建设多着眼于河道本身,忽视河道周围及内部生物群落的存在与联系,更忽视整治后原有生物群落的恢复;仅注重水量、水质,而不注重水生生物,更不会将河水、河坡、河岸(堤)作为生态系统整体进行恢复建设。这样做的结果是虽花费了大量人力、财力,但仍然改变不了"依绿看黑水、花香夹水臭"的尴尬局面,甚至更加恶化水生态环境。

3) 村镇河道整治规划

(1) 村镇河道整治的目标

河流由河床和水流两个部分组成,亦即一个事物的两个方面,河床使水流归槽,水流对河流冲刷要摆脱河床约束,它们相互作用构成一对矛盾的统一体。人类治理和利用河流首先要协调好河床和水流的矛盾,满足河道的生态健康,其次是使河道发挥最大的功能。

对河道的治理主要从以下几个方面考虑:

① 满足河道的基本水利功能:a. 防洪功能。防洪是河道的基本功能,要使河道能安全排泄上游洪水。b. 排涝功能。能通过河槽排泄本地区降水形成的涝水。c. 供水功能。大部分河道为工业及生活、农业和环境用水水源,即河道既需保持一定的水量又要保证一定的水质标准,为达到该功能,需要做好水源调节、水土保持和防治污染等工作。d. 通航功能。有的河道属于航道或农船运输通道,其水深及水面宽度需根据要求进行整治。e. 输沙功能。对于多泥沙河道,河槽的整治必须保持一定的水流,以满足挟沙需要。

② 满足物质生产功能:河道具有较强的水生动植物及两栖动物的生产功能,可为人类提供丰富的食物、纤维等物质资料,河道的水深、水量、水质必须满足动植物的基本生长需求。

③ 满足景观功能:村镇内部河道还具有景观河道的功能,是城镇环境的重要构成要素。村镇因有河湖才会有灵气与品位,应充分开发利用和保护河道及河岸空地,修建科普、体育娱乐和园林建筑物,种植树木、花草等营造一个滨水的开放空间,形成亲水文化,

让河道两岸成为村镇居民休憩、游览的重要场所。

④ 生态功能是河道的最高功能：当河水清澈、鱼虾成群，河岸树木茂盛、鸟语花香、清风徐来的时候，河道将成为动物繁衍栖息、植物丛生之地，与大自然融为一体，实现其生态功能。

（2）平面与断面水力设计

河道的水力设计着重河道的水利功能和河床的稳定。

① 平面设计。在当前河道治理工程中，普遍存在"渠道式"河道，即河道走向笔直、横断面单一、护砌化，显然它们一般仅有水利功能。为实现河道的多功能，在河道规划设计中，河道走向应因势利导，在满足水力要求的前提下，尽量利用原有河槽及河岸水势，采取曲线形布置，河道横断面不必强求统一，使河道轴线、堤（岸）线蜿蜒有度，富有曲线美，并利于河床及河岸稳定，亦为其他功能的实施留有空间。河道两岸应根据其重要程度划出10—60 m 甚至更宽的保护区域——生态缓冲带。河道贴近道路，形成道路与居住区之间的天然防护带，减少噪声与扬尘的影响，同时规划一定的亲水空间与平台，以改善道路景观与形成滨河景观带。弯段设计尽量满足水流的拐弯半径要求，并考虑水流冲刷而带来的河床不稳定。

② 纵断面设计。河道整治时，纵断面一般不应多改变深泓线高程，仅局部拓浚使纵向平顺。但如主槽底宽须按横断面要求扩宽挖深时，按照不冲不淤流速选用适宜纵坡。

③ 横断面设计。河道横断面设计首先应采用开敞式结构，避免暗涵结构，因为其易形成淤积，极不利于疏浚和维护管理。村镇内部河道断面形式应优先采用复式断面结构，其中下部深槽为梯形，上部为梯形或矩形，中间连接段则为人行小径，深槽断面大小以满足 25 年一遇洪水标准为宜，枯季水流和小洪水一般经由深槽排泄；平台及上部结构则用来排泄超设计标准的洪峰，同时又为亲水游览娱乐设施、草地种植创造条件；平台宽可根据具体情况取 1—30 m 设置。非冲刷严重的河段不护坡。深槽护坡可采用块石堆砌，平台则可采用草皮或草皮加卵石花格护面，上部护坡均用草皮加浆砌石花格护坡，既可满足防冲要求又利于美观。具体断面过流能力校核可根据均匀流公式计算。

（3）景观生态规划设计

河道治理应考虑其多功能化并最终达到保护生态环境的目的。在过去几十年里，河道综合治理时，只考虑水力技术要素，片面强调河流的防洪排涝功能，追求河岸的硬化覆盖，而淡化了河流的资源功能和生态功能，往往造成自然河道人为干预严重，出现毁坏两岸湿地与自然植被、随意裁弯取直、人为渠化等倾向，破坏了自然河流的生态链，导致生态环境进一步恶化。河道的治理缺乏生态完整性理念，这种不合理的河道人为干预所引发的环境问题，其实质是带来生态危机。

在维持河道水利功能的基础上，景观生态设计可采取以下措施：

① 河边缓冲绿地。避免紧邻河岸建设居住区、大型交通道路，应保留一定宽度的河道生态缓冲带和居民的亲水空间；同时，又使河水安全、长流和清澈。规划在河道两岸缓冲带种植水土保持绿草、树林、花丛，以利于减弱水土流失、吸尘减尘、减少垃圾入河，并达到丰富景色、美化市容之效。

② 河滩及河岸修筑亲水游览设施。在河道平台（滩地）及绿化带修建水榭、亭、廊、

台、椅和滨河小径供居民休憩、游览;水工建筑物设计时应兼顾环境、景观生态要求,如溢流坝、挡洪(潮)闸、排涝站等水利设施,注意建筑物造型及装饰,并适当设立科普性展览场所,供游人特别是青少年参观学习,以传播河流科技知识,营造保护河流的社会环境。

③ 保持优良的水量及水质。流动的河水、洁净的水体是城市景观中最生动的要素之一,在流域的中上游可广种水土保持林、水源涵养林以防止水土流失,增加河道基流;对镇区重要的河段可兴建提水泵站提引水库、大江河水的水源补充与循环,使河水保持一定的流量及水位,改善河道水体感观指标及生化指标;为防止两岸工业废水及生活污水未经处理直接排入河道,可在两岸设置截污渠集中纳污,然后排入污水处理厂处理。

④ 利用河边滩地设立人工湿地,并注重河槽内挺水植物、沉水植物及湿地植物的种植,形成良好的物种多样的生态长廊,最终恢复河道的基本属性,使河道成为动物繁衍栖憩、植物聚落的场所。

(4) 河道整治典型案例

某河道整治的规划设计纵、横断面及局部景观如图 11.5 至图 11.7 所示。

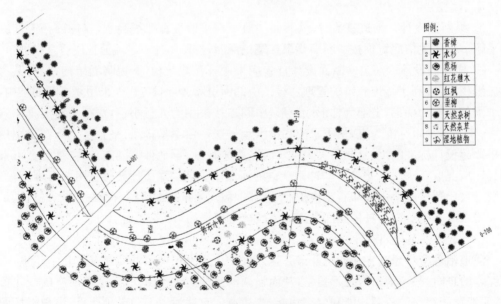

图 11.5 河道整治平面规划设计图

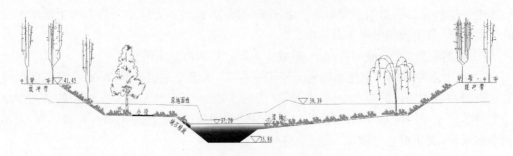

图 11.6 河道横断面设计图(单位:m)

图 11.7 河道景点及块石堆放护坡

12 村镇传统文化和古建筑保护与旅游资源规划

12.1 村镇传统文化保护规划

中国传统文化以形式多样、内容丰富的民间文化为基础，而民间文化中的村镇文化又是其不可分割的重要组成部分。众多历史小村镇和村落是各地传统文化、民俗风情、建筑艺术的真实写照，反映了历史文化和社会发展的脉络，是先人留给我们的宝贵遗产。然而，受村镇文化认识不足和经济发展等众多因素的影响，村镇文化长期得不到应有的保护和重视。村镇传统文化的传承和保护，是一项重大的时代课题和历史使命，也是一个系统工程，亟待明确思路和目标。1972 年，联合国教科文组织出台了《保护世界文化和自然遗产公约》，中国于 1985 年成为缔约国，并在此基础上逐步建立了以文物保护单位、历史文化名城、历史文化村镇、街区为主的遗产保护体系。

为更好地保护、继承和发展中国优秀历史文化遗产，1986 年，国务院在公布历史文化名城的同时，提出要对文物古迹比较集中的小镇、村落进行保护，将历史文化村镇纳入遗产保护范围。2000 年，安徽西递、宏村两个古村落正式被列入世界文化遗产名录。2002 年，《中华人民共和国文物保护法》首次将历史文化村镇保护纳入法制轨道，明确提出历史文化村镇的概念，并确立了历史文化村镇在中国遗产保护体系中的地位。2003 年，建设部与国家文物局联合制定了《中国历史文化名镇（村）评选办法》（建村〔2003〕199 号）和《中国历史文化名镇（村）评价指标体系》，在全国选择一些保存文物特别丰富并且具有重大历史价值或革命纪念意义，能较完整地反映一些历史时期的传统风貌和地方民族特色的镇（村），分期分批公布为中国历史文化名镇和中国历史文化名村。2003 年 10 月公布了第一批中国历史文化名镇和历史文化名村，并于 2005 年、2007 年、2008 年、2010 年和 2014 年公布了第二至第六批中国历史文化名镇（村），截至2016 年 5 月全国已有 252 个镇被列为中国历史文化名镇、276 个村被列为中国历史文化名村（表 12.1）。中国历史文化名镇（村）的二级保护体系为村镇传统文化保护提供了重要支撑。

表 12.1 各批次中国历史文化名镇（村）情况

批次	公布时间（年）	中国历史文化名镇数量（个）	中国历史文化名村数量（个）
一	2003	10	12
二	2005	34	24
三	2007	41	36
四	2008	58	36

批次	公布时间(年)	中国历史文化名镇数量(个)	中国历史文化名村数量(个)
五	2010	38	61
六	2014	71	107

注:截止时间为 2016 年 5 月。

另外,《历史文化名城名镇名村保护条例》已经于 2008 年 4 月 2 日国务院第 3 次常务会议通过并于 2008 年 7 月 1 日起施行。该条例指出,历史文化名城、名镇、名村的保护应当遵循科学规划、严格保护的原则,保持和延续其传统格局和历史风貌,维护历史文化遗产的真实性和完整性,继承和弘扬中华民族优秀传统文化,正确处理经济社会发展和历史文化遗产保护的关系。

12.1.1 村镇传统文化保护的内容和对象

文化是一个历史范畴,它是人类创造活动的总和。文化根据可直接感知和不可直接感知又可分为显性文化(物质形态)和隐性文化(非物质形态)两类。显性文化包括语言文字、民风民俗、建筑艺术等物质形态的文化遗存;隐性文化包括思想观念、思维方式、价值取向、道德情操等非物质形态的文化遗存。在此基础上,根据历史文化村镇的形成历史、自然和人文以及它们的物质要素和功能结构等特点,可划分为六大类型(表 12.2)。

表 12.2 历史文化村镇的类型划分

类型名称	村镇代表性特征	实例
建筑遗产型	典型运用中国传统的选址和规划布局理论已形成一定规模格局,较完整地保留了一个经历几个时期积淀下来的传统建筑群的村镇	周庄镇、同里镇
民族特色型	能集中反映某一地区民族特色和风情的传统建筑的村镇	田螺坑村、涞滩镇
革命历史型	在历史上因发生过重大政治事件或战役的村镇	古田镇
传统文化型	能代表一定历史时期地域传统文化或在历史上曾以文化教育著称的村镇	宏村、张谷英村
环境景观型	自然生态环境的形成或改变对村镇特色起决定作用的村镇	西湾村、俞源村
商贸交通型	历史上曾以商贸交通作为主要职能,并对区域经济发展有较大影响的村镇	西沱镇、川底下村

上述六大类型村镇,在传统文化保护的内容和对象上存在诸多共同点,主要包括以下几个方面:

1) 历史文物建筑、古村落建筑文化

(1) 古建筑,即具有重大历史和艺术价值的古代建筑作品。

(2) 历史纪念建筑物,即与重大历史事件或重要人物有联系的历史建筑或纪念性建筑。

(3) 具有某种文化意义的建筑物或构筑物。

(4) 村镇规划和村镇发展上具有重要意义的建筑物或构筑物。

① 构成村镇主要构图轴线的建筑要素。

② 与村镇主要广场相联系的建筑物。

③ 尚存的历代城墙和门楼、戏台、古桥、宗祠、牌坊。

（5）具有重大意义的近现代建筑物和构筑物

① 反映社会进步和经济发展的各种建筑类型或有特殊价值的代表作。

② 显示技术进步与技术完美的建筑物和构筑物。

③ 在近现代建筑史上有重要地位的或著名建筑师的作品。

2）古文化遗址、遗迹及尚未完全探明的地下历史遗存

3）古典园林、风景名胜、古树名木及特色植物

4）能够见证某种文明、某种有意义的发展或历史事件的城镇或乡村环境

5）历史上形成的古村镇格局和规划特点

村镇格局包括每个村镇所特有的与周围地形的关系、总体布局、城郭形状、方位、轴线，以及与之相关联的道路骨架、河网水系等内容。除此之外，反映历史上各种古村镇发展方式和规划思想的内容也是保护工作中应予以重视的方面。

6）村镇的传统风貌和街区特色

村镇传统风貌包括村镇总体轮廓线、建筑风格、色彩等。具有浓郁民族和乡土气息的传统民居，是构成地区独特风貌的重要因素。

7）村镇的自然环境和景观特色

村镇的自然环境和景观特色包括村镇位置和空间特点、自然景观在村镇环境中的象征意义及自然景观在村镇环境构成中的作用。景观特色体现在村镇的建筑物、构筑物、道路、绿化、开放性空间等物质实体构成的空间整体视觉形象。

8）村镇非物质文化资源及传统生产、生活空间

村镇非物质文化资源及传统生产、生活空间包括与村镇有关的历史和神话传说、文学、戏剧、绘画、音乐等内容，同时也体现在地方的民俗风情、传统的集市贸易、手工艺产品、风味菜点、节日等生产和生活场景。

12.1.2 村镇传统文化保护规划

中国历史悠久、幅员辽阔，拥有众多历史文化遗产，除一部分集中在国家和省级历史文化名城外，还有相当一部分分散于众多历史文化村镇之中。针对历史文化村镇的命名和保护，就是为了更大范围地去保护先人为我们留下的这批宝贵遗产，以促进传统文化的继承和发展。村镇传统文化具有不可再生性和脆弱性，一旦遭到破坏就无法恢复；因此必须抓紧抢救城市化、村镇建设中面临破坏的大批建筑文化遗产，保护历史文化村镇的风貌，防止建设性破坏在历史文化村镇的蔓延。

1）村镇传统文化保护的价值和作用

村镇传统文化是人类的物质文化遗产，是各个历史阶段留下的事物，是研究社会发展、科学技术发展、文化艺术发展的重要例证和源泉；了解这些中华民族的伟大创造和古代的灿烂文化，对于启迪爱国主义精神，增强民族自尊心有积极作用。它们是精神文明建设的重要素材。村镇传统文化是当地文化的结晶，对推动村镇文化旅游和经济发展具有

重要的价值和作用。

（1）有利于村镇经济结构调整

村镇经济是中国经济体系中的重要组成部分，传统的村镇经济是以农业、手工业和小商业为主，是自给和半自给的经济状态。随着环境污染的日趋严重，生态环境日益恶化，为了实现自然生态与经济社会的和谐发展，生态建设和环境保护被提到了日益重要的位置上来。发展村镇文化旅游业就是重要的选择和出路，它既能充分利用发挥当地的人文资源优势，又与生态环境保护和文化生态建设的要求相一致，是建设生态文明村镇、实现村镇社会经济和谐发展的需要。

（2）有利于实现村镇文化资源的开发利用

每个村镇都有自己的优势，即便是区位和交通条件相对较差的地方也都有自己的优势，只是这些优势原先并未被认识和重视，或者虽然认识，但不知如何开发利用。如有的村镇虽然地处偏僻，经济发展水平较低，但历史比较悠久，村镇建筑物比较古老，长达百年乃至数百年；一些历史名人出生地的村镇；一些风景别致，历史名人到此游历并留下大量诗文等的古老村镇。这些都是发展历史文化旅游的良好的资源条件。这些村镇通过整村、整镇的统一规划和开发，将对国内外游客产生巨大的吸引力。村镇旅游业发展的同时，也将带动村镇饮食、商业、旅馆、工艺品等产业的发展。

（3）有利于村镇文化与世界文化的交流

中国村镇沉淀和蕴藏着深厚的传统文化，对海外游客有很强的吸引力。特别是对于欧美国家来说，村镇文化旅游成为这些国家游客了解中国传统文化的重要窗口。中国的村镇文化与国内的城市文化既有联系也有区别，不了解村镇传统文化就不算了解中国，只有了解村镇文化才能全面和深入地了解中国传统文化。限于交通条件和旅游服务设施，外国人到中国旅游大多集中在大中城市，而到小城市，尤其是到村镇的旅游还比较少。中小城市与大城市的文化比较相似或接近，相对而言，村镇文化对外国游客的吸引力更大，近年来游客人数呈上升的趋势。从长远的发展眼光来看，村镇文化旅游将逐步从城市文化中分流出相当一部分客流，推动村镇文化旅游快速持续地发展。所以，随着中国旅游业的转型发展，村镇旅游必将呈现出持续上升的态势，村镇文化旅游的市场前景广阔。

（4）有利于扩大村镇就业机会

村镇文化旅游可以带动村镇的经济发展，如农村可发展生态果园和休闲、度假的生态山庄，小镇可发展与旅游相配套的餐饮、民间舞蹈、文艺演出、武术表演、舞狮舞龙等服务业，以及售卖当地土特产为主的零售商业。这些产业发展可以为村镇创造和提供更多的创业和就业机会。随着村镇传统文化的挖掘和利用，还会产生新的更多的创意产业。村镇文化旅游业的兴起和发展，必将吸引一部分外出务工经商的农民回村镇创业或就业，从而拉动大中城市人才和生产要素向村镇流动和聚集，促进村镇经济与村镇文化旅游互动的良性循环。村镇丰富的文化资源一经开发利用，必将成为新的经济增长点。

（5）有利于促进生态文明村镇的建设

生态文明村镇的建设是建设社会主义新农村、推动乡村振兴的目标要求。发展村镇传统文化旅游有利于村镇面貌和秩序的改善。村镇既然要对外开放，欢迎外国游客到村镇来旅游,从村镇干部管理人员到广大民众,就必然要以积极的心态和行动搞好公共设施、公共卫生、社会治安等,从自然、人文和治安等各个方面,尽可能优化环境,努力完善村镇的基本设施。因此,发展村镇文化旅游不但是产业发展的需要,外国人了解中国村镇传统文化的需要,更是村镇居民接触与了解世界各地游客,了解外部文化的迫切愿望。限于村镇居民的收入水平,他们不能像大城市的居民那样有条件出国旅游或便利地接触外部世界。他们非常希望能有机会了解外部世界、接触外界事物,村镇发展文化旅游为他们提供了了解外部世界的机会,村镇文化旅游必将为村镇文化与世界文化交流架起桥梁。这也是顺应了当前文化全球化的时代趋势和要求。

2) 村镇传统文化保护的原则

村镇传统文化保护应该坚持原真性、可读性、可逆性、整体性、动态保护、小规模改造、全方位参与和可持续发展等原则。

(1) 原真性原则

"原真性"的本义是表示真的而非假的、原本的而非复制的、忠实的而非虚伪的、神圣的而非亵渎的,其所涉及的对象不仅是有关文物建筑等历史遗产,更扩展到自然与人工环境、艺术与创作、宗教与传说等。因此,在村镇文化资源的开发活动中必须充分尊重和保护传统文化,忠实地反映传统文化的原貌,不得私自篡改和歪曲,甚至伪造所谓的原始与习俗,在尊重传统文化原貌的基础上应尽可能地利用文化的形式,保留文化的内在价值,以防止旅游开发中文化的庸俗化和传统文化的缺失。

(2) 可读性原则

可读性是指文化遗产在历史演变中所携带的信息真实无误的程度以及历经沧桑受到侵蚀的状态。所有的建筑物、构筑物和传统村镇作为它们自己时代的产物将被识别,那些没有历史性基础的更改和追寻最初面貌的创作将被劝阻,即后期的添加、改变、修缮都能够清晰地显示出来。

(3) 可逆性原则

可逆性原则要求村镇无论在何处对结构进行新的改建和扩建都应采取这样的方式:如果这一改建或扩建在将来被改变,其基本形式和结构的完整性将不会受到损坏。一切为了利用、加固或者修缮而添加于历史建筑上的东西都应该可以撤销,并且这样的撤销不致损害历史建筑。这项原则的目的是为以后必要的或者更好的修缮留下可能性。

(4) 整体性原则

历史古迹的概念不仅包括单个建筑物,而且包括能从中找出一种独特的文明、一种有意义的发展或一个历史事件见证的乡村环境。整体性原则是指要保护传统村镇或村落的整体环境格局,并保护其所具有的历史、文化、科学和情感等各个方面的价值,而不能只保护一两幢建筑,也不能只保护物质文化遗产而忽略非物质文化遗产。

(5) 动态保护原则

以动态的眼光看待历史村镇的保护开发问题,使得保护规划有一定的灵活性和调适空间,可以根据突发或新发现的情况对保护规划做适时调整,使历史村镇的保护沿着正确有效的方向发展。

（6）小规模改造原则

传统村镇的保护开发既要处理保护和继承的问题，也要预测历史村镇的未来发展，具有综合系统的特点。对于有多方价值的历史村镇来说，大规模的保护开发易因调查不细致深入、发展预测有偏差而导致建设性破坏，另外，大规模改造也会带来巨大的资金压力。所以小规模、分阶段和适时谨慎的渐进式保护开发更有其现实性和实效性。

（7）全方位参与原则

① 多主体参与。历史村镇保护规划是一个涉及多方意愿的行为，政府部门、开发商、规划设计师和其他学科的专业人士、民众和社会组织团体等均从自己的角度提出自己的要求。所以，一个规划的制定和实施的效果，与上述各方的务实参与和相互配合息息相关。

② 多学科参与。历史村镇规划的基础是区域规划，而区域是综合的动态的体系。区域规划研究不仅着眼于平面上土地的利用划分，也不仅局限于三维空间的布局，而是引入了时间、经济、社会多种要求的"融贯的综合研究"。多学科参与规划研究已具备坚实基础，现代地理学、社会学、经济学、环境工程学、生态学、行为心理学、历史学、考古学等方面的研究所取得的成果，极大地丰富了区域规划理论。系统工程学、工程控制论等数理方法及电子计算机遥感等新技术手段也被应用在区域规划领域中，这些新技术在资料的收集处理、预测评估方面的先进和科学性，提高了区域规划的质量。

（8）可持续发展原则

可持续发展的基本内容包括三层含义：其一，人类的发展不应干扰和削弱自然界多样物种存在发展的能力；其二，自己这一群体的发展不应干扰或削弱其他群体发展的能力；其三，自己这一代人的发展不能干扰和削弱下一代人发展的能力。从这个定义我们可以看到可持续发展范围的扩展，不仅包括了对自然生态发展的尊重、对后世发展的责任，还有很重要的一点是对多元社会文化发展权利的尊重。村镇传统文化是人类文化的遗产、人类历代的智慧结晶，包含了很多历史文化的信息，绝不是某个单一主体可以据为己有的。任何利用和开发均应建立在保护的基础上，应确保不会毁坏其文化价值。我们不仅要使当代人能够继续保有欣赏、研究或者其他得益的权利，也要确保子孙后辈都能继续拥有同样美好事物的权利。

3）村镇传统文化保护的目标

（1）从物质实体的层面保护历史村镇和古民居这些具有地域特征的空间格局和建筑形式。

（2）从文化层面保护历史村镇延续下来的传统的居住文化和民俗文化。

（3）沿用古民居的建筑形式，引进新的功能，将古民居与现代社会生活方式和要求结合起来，使这种具有地方特色和历史意义的传统建筑形式获得新的生命力而得以保存和发展。

4）村镇传统文化保护的措施和方法

村镇规划建设中对历史文化遗产的保护应采取整体保护的原则，坚持"抢救第一、保护为主、合理利用、加强管理"的原则，注重保护性开发，通过开发利用达到进一步保护的目的。

（1）点状历史文化遗产的保护

点状历史文化遗产按保护的重要性分为历史文物保护单位、保护类和改善类三大类。保护类和历史文物保护单位的区别在于后者已通过一定的法律程序被各级人民政府确定为文物保护单位，而前者虽具有一定的文物价值但尚未被定为文物保护单位。改善类是属于应保留的一般性历史文化遗存。文物保护单位按《中华人民共和国文物保护法》保护；保护类文化遗产参照文物保护单位的保护办法进行保护；改善类历史文化遗产以保存、修缮或复原外形、内部更新改造为主要手段。

（2）片状历史文化遗产的保护

片状历史文化遗产按保护的重要性分为历史文化保护区、保护区和改善区。保护区和历史文化保护区的区别在于后者已通过法律程序得到了法律的保护，而前者虽有一定比例的历史文化遗产，历史空间保留得比较完整，但尚未被划定为历史文化保护区。改善区是里面零星地分布着一些较有价值的历史文化遗产，其空间环境关系也具有整体保留的价值，是整个村落历史空间不可分割的有机组成部分。历史文化保护区按《中华人民共和国文物保护法》保护；保护区参照历史文化保护区的保护方法进行保护；改善区重点是对空间、环境的保护和改善，及对零星分布的历史文化遗产的保护和改善。

（3）区状历史文化遗产——古村落建成区的保护

对建成区的保护应采取严格控制措施，严格保护现存的空间格局，严格保护古村落的整体风貌，严格保护文物古迹，严格保护民族风情、地方文化和特有的风俗习惯。

① 修旧如旧。对古建筑的修缮要实行保护性修缮，做到修旧如旧。对于在原址重新修建的房子，在高度上尽量与周围建筑空间尺度相适宜，建筑风格应和古建筑相协调，包括色彩、门窗、立面风格等做到修新如旧。

② 不要随意改变街巷的空间格局。街巷的空间格局是古村落空间格局最典型的反映，是古村落最主要的公共空间之一。在街巷里的一些构筑物如过街楼、牌楼、轿厅等都是空间分隔的生动手笔，也是古村落空间最美的表现，要切实加以保护。

③ 加强生活设施和居住环境的改善。"人依宅生，宅依人存""人宅相扶"。一旦古建筑没有了人的居住，就失去了灵气，就会慢慢败落。因此，再旧的房子也希望有人住、有人管、有人修，关键是要加强旧住宅生活设施的改造。

④ 开辟新区、保护古村。随着村镇经济和社会的不断发展、人口的增加，村镇空间肯定不能满足村民日益增长的物质文化发展的需要，同时随着旅游业的发展，许多旅游配套服务设施也必须跟进。因此，要在保护古村落的原则下开辟新区，将新居住区和旅游服务设施等统一规划、统一建设，功能上相衔接，空间上有过渡，使古村落新区和老区相互协调、共同发展。

（4）域状历史文化遗产的保护

① 建成区外围区域也是古村落祖祖辈辈赖以生存的自然空间环境，是人们创造生活、改造生活、寄托着无限美好希望的地理空间场所。同时，其也是整个村落创造文明、进行文化交流的最主要的空间环境。因此，在这个区域中，除了耕地之外，还会有一些庙宇、祭坛、凉亭、宝塔等建筑物、构筑物。这是古村落和周围自然区域之间的一个过渡空间，是构成整个村落文明的一个重要的中间地带，这些区域也应加以保护。保护的具体方法为：

a. 加强这些区域的建筑物、构筑物的修缮和保护。许多庙宇、祭坛、凉亭、宝塔等年久失修，有的甚至已濒临倒塌，但不要随意拆迁，那些还留存的建筑物、构筑物要用一定的人力、物力进行修缮。b. 加强这些区域的环境整治。如在耕作区拆除茅厕、粪坑等设施，并采用新技术方法进行改造。c. 保护耕作区原生态的地形地貌。农耕文化是古村落世代最具生命力的活文化，应世代相传，形成古村落一道靓丽的风景线。

② 自然生态区的保护。自然生态区的保护应以不改变自然山水、空间格局为原则。a. 山体实行封山育林，加强自然植物多样性和动物多样性保护，防止泥土流失；尤其对古树名木要进行登记造册、动态跟踪。b. 加强对自然地质灾害的监测。对自然地质灾害，如泥石流、崩塌、滑坡等要进行全面调查，一旦发现，必须采取地质保护措施，防止地质灾害的发生。c. 加强水体的疏浚、加固、拓宽、改造。对于流经保护区的溪流，原则上不改变其河床的位置，但对易造成山洪隐患的地段要实行拓宽改造，采取加高、加固措施。在改造过程中，一定要加强对古桥的保护，加强对古石坎的保护，加强对具有造景功能的堤坝保护，加强对两岸古树名木的保护等。

（5）继承和发扬优秀文化传统

① 风俗习惯的继承和发扬。风俗习惯主要包括"吃、穿、住、行"等习惯，是儒家文化在礼俗层次的主要表现形式，主要以"礼、乐"为核心内容。"吃"主要反映地方的饮食习惯和文化；"穿"主要反映地方的服饰特色和衣料的特殊制作工艺；"住"主要反映地方的房屋建筑风格，包括建筑形制、建筑装饰、建筑结构、建筑色彩、建筑立面、建筑材料等，是地方特色最具形象化的表现；"行"则主要表现在村落的各种节日活动上，中国民间有"七时八节"的节日活动之说，其中尤以春节、元宵节、清明节、端午节、中秋节、重阳节为重。现在又增加了国庆节、元旦等重大节日，各种节日里的不同纪念活动构成了礼俗文化的核心内容。这些活动雅俗共赏、内容健康，营造出"诗、乐、礼、孝、义、忠、信"的环境氛围和文化精神，是构成现代农村文化的主要内容之一。

② 传统手工艺的继承和发扬。自有文明史，便有手工艺的痕迹。随着时代发展、技术进步，工种越分越细，艺术水平越做越高。宋代时，官府手工场文思院所辖工种就已有四十二种之多。这些工艺技术从宫廷走向民间，并在不同地域成流成派、自成一体，共同构成了记录中华文明史的手工艺艺术宝库。这些手工艺世代相传，在某些地域成了一大产业，零散的手工艺家也多以手艺为生。因此，手工艺不但是中华文明的象征，更是中国产业构成不可或缺的重要元素，是丰富人们精神文化生活的重要手段之一，应不断地继承和发扬，并作为重要的历史文化遗产世代传承下去。

③ 宗教文化的继承和发扬。宗教文化，在村落中遗存的主要以儒、释、道三教为主。而反映在古建筑文化中的则是以儒家为主，释、道结合的建筑文化。中国作为东方文化的主脉，对人和宇宙环境的理解有别于西方社会，形成中国古代天、地、人有机联系的体系，道、儒、释统一整体的建筑文化系统。虽然三教都有各自的教义要求，但其鼓励人们弃恶从善、加强道德修养的宗旨是和现代精神文明建设的主旨一致的。因此，对于宗教文化应历史地继承，取其精华，去其糟粕。

5）村镇传统文化的保护措施

村镇传统文化的保护措施可分为行政立法措施、技术措施和社会经济措施三个方面。

（1）行政立法措施

① 完善保护法规。国家和地方应严格贯彻落实《历史文化名城名镇名村保护条例》，对涉及城镇规划建设、住宅发展政策的法规进行适当调整，与村镇传统文化保护协调一致。具体到每个村镇也应根据实际情况制定保护办法，为当地保护工作的开展建立必要的保障机制，对村镇的经济发展、规划建设、土地管理及遗产的保存修复做出相应规定，明确保护程序和财政资金政策，制定生态环境限制性条件等。

② 编制保护规划。保护规划是历史文化村镇保护的重要行政措施，其内容主要包括划定保护区域、确定保护项目、制定保护标准、规定保护措施。保护规划要得到当地居民的支持和参与，其经政府批准后即具有法律效力，任何人都必须遵守。编制保护规划要运用多学科知识，诸如考古学、历史学、建筑学、生态学、社会学和经济学等，要综合各学科的知识原理，对历史文化村镇进行全面分析，提炼价值特色，选择符合当地特点的保护措施。同时，要协调好与建设规划、旅游规划等的关系。对于规模小的村镇，可将多个规划合而为一，将保护规划、旅游规划均作为建设规划的专项规划一并编制。

③ 采取行政干预。各地人民政府可根据有关法律法规的规定，对历史文化村镇的保护采取必要的行政干预。如制止涉及建筑遗产的不正当交易，制止对公共空间或建筑的腾空，制止出于保护和复原利益的强制性购买。对于因使用保护不当而造成古民居损坏的，要求其使用者进行强制恢复或修复原有建筑风貌等。

（2）技术措施

① 拟定保护清单。国家和地方都应拟定需要保护的村镇清单，清单中对保护项目要按照优先权进行排序，使有限的保护资金和资源得到合理分配。在对建筑年代、建筑风貌和建筑质量等因素做综合判定的基础上，对村镇内的文物古迹、传统建筑进行分级分类保护，以便针对不同等级类别建筑采取有针对性的保护措施。

② 调整聚落密度、控制交通流量。调整历史文化村镇的人口、建筑密度，减少居民数量、优化居民结构，拆除一些与历史风貌不协调的自建建筑，进一步缓解保护区的居住生活压力，提高居住环境和设施质量，积极恢复传统建筑的本来面貌。对道路交通加强控制，鼓励和发展步行交通，控制机动车交通，合理布局停车场，高速公路及主要公路不得穿越村镇，以免破坏整体风貌。

③ 合理安排新建筑。要充分考虑新建筑所要安排地段的空间布局及建筑的尺度、色彩、形式、材料等，要使新建筑与周围环境的传统特色相协调。在此前提下，当代建筑的科学合理介入，将有助于丰富历史文化村镇的建筑风貌，而不应一概排斥和否定。

④ 改善基础设施。改善历史文化村镇的基础和社会设施，增加服务设施，包括道路、给排水、电力电信、供热燃气等基础设施，增加绿化和公共活动空间，以保证现代生活的需要。

⑤ 防止自然灾害和人为损害。要采取各种有效措施防止自然灾害和环境污染对历史文化村镇造成的损害，如洪水、地震等自然灾害，以及人为造成的水、大气和噪声等环境污染。尤其是目前普遍存在的水乡古镇水污染，建材、燃煤企业造成的大气污染，都在严重破坏和影响历史村镇所在的自然环境。

⑥ 减少风貌损害。对历史文化村镇及其环境范围内的广告、商业标志、电力通信电

缆、路标及街道装饰进行详细规划和控制，以使它们与历史环境协调一致，避免对其历史风貌造成损害。

（3）社会经济措施

① 列入财政预算。村镇传统文化作为人类共同的遗产和不可再生资源，国家和地方政府有责任对其进行保护，因此村镇传统文化保护及编制规划所需资金，都应在国家和地方财政预算中予以保证。

② 建立社会基金。建立用于保护村镇传统文化的社会基金，鼓励社会团体和个人对村镇传统文化保护进行资助，以扩大保护资金的筹集数量，更好地进行建筑遗产的保护及修复工作。

③ 鼓励居民参与。为鼓励居民参与，从学生时代起就应对居民进行保护方面的教育和培训工作，让年轻人理解和认识保护历史环境在现代生活中的价值和重要作用。建立保护实施及规划编制的公众参与制度，使民众（包括居民和游客）感到保护村镇传统文化是人类的责任和义务。

12.2 村镇古建筑保护规划

中国古代建筑文化博大精深、多姿多彩，在旅游资源中占有重要地位。古村镇传统建筑文化类型多样，底蕴深厚是中国古代建筑文化最重要的组成部分，同时也是构成村镇旅游资源的主体。中国的传统聚落大多立意构思巧妙，从自然现象的分析中寻求象征吉祥的抽象概念，创造出有激发力和想象力的乡土环境的独特意境，充分体现了中国古代耕读社会文化的特征。村镇各种古建筑在建筑文化方面追求天人合一，讲究风水，尊重礼制，经过长期与环境、社会、文化的磨合，在全国各地呈现出各不相同、多种多样的建筑特色，科学的保护规划是古建筑保护过程中的重要任务。

12.2.1 村镇古建筑的类型、文化和作用

保护村镇的特色是村镇历史文化遗产保护的首要目标，建筑是组成村镇最主要的物质元素，也是表现村镇特色最重要的要素。对村镇做建筑类型分析有助于我们在纷繁复杂的视觉世界中厘清村镇的脉络和纹理，发现构成村镇特色的基本物质要素，找到村镇关于建筑和村镇空间方面的特色和意义，从而认清需要保护的对象。

1）村镇古建筑的类型

从建筑种类的角度来看，古建筑可分为宗教建筑和非宗教建筑两类。宗教建筑主要包括坛庙、佛教建筑（即佛寺佛塔之类）、道教建筑（即道观风水塔之类）、儒教建筑（即文庙书院之类）、祠庙、回教建筑（即清真寺）、陵墓。非宗教建筑主要包括城堡、宫殿楼阁、住宅、商店、公共建筑（即剧场、会馆、衙门之类）、牌楼门关、碑碣和古桥等。

根据古建筑的性质和功能可分为以下几类：官府建筑，如宫殿、城防、苑囿、王府及衙署等；宗教建筑，如寺观、庙宇、经幢及佛塔等；民间建筑，如祠堂、会馆、楼阁、书院、戏台、牌坊、桥梁及水井等；风景园林建筑，如山庄园林、衙署园林、寺庙园林、宅第园林等；纪念性建筑，即与历史名人和重大事件有关的建筑。

对于众多的古村镇来说,除了上述古建筑中的庙宇、祠堂、楼阁、戏台、牌坊、桥梁的建筑外,传统民居也是古建筑中最主要的构成。俗语云:"百里不同风,千里不同俗。"由于民俗风情、经济条件、地理环境、气候的不同,各地出现了风格不同、面貌各异的多样性民居建筑,丰富了中国建筑艺术的宝库。典型的传统民居主要有以下九种:

(1)北方四合院

四合院是北方民居的代表。其布局深受封建宗法礼教的影响,外表四周以围墙封闭,内部按南北轴线对称布置房屋与院落。大门多位于围墙的东南角,门内设影壁,外人看不见宅内的活动。前院作为客房、书房、杂用间或仆人的住所。自前院纵轴线入门为较大的后院,后院正房供长辈居住,东西厢房为晚辈起居,周围走廊相连。正房左右设耳房与小跨房,置厨房、厕所;或在正房后面再设一排罩房。院内栽植花木或盆景,构成安宁舒适的环境。

(2)江南民居

江南地形复杂,民居的式样十分丰富。大型住宅以封闭式为单位,高大的围墙内采取纵横轴线布局,在中轴线上建门厅、轿厅、大厅及住房,左右轴线置客房、书房,次要处设厨房、花园、杂屋等。一般用穿斗式木构架或砖木结构,房屋形制秀美而富于变化,装饰明净素雅。江南山区有的民居则建筑在高低错落的台状地基上,朝向往往取决于地形,主要房屋较为规整,两旁次要房屋不一定采取对称方式,院落形状大小也不拘一格,房屋结构亦为穿斗式木结构,楼层一至三层不等。房顶为出挑很大的悬山式,墙壁材料因材致用,有砖、石夯土、木板、竹笆。白色的外墙、黑色的柱子、浅褐色的门窗、高低起伏的灰色房顶掩映在绿树丛中,朴素而富有生气。

(3)渝东南及桂光、湘西等地的吊脚楼

吊脚楼也称"吊楼",为苗族、壮族、布依族等族传统民居,多依山靠河就势而建,多为坐东向西或坐西向东。吊脚楼的基本特征是正屋建在实地上,厢房除一边靠在实地与正房相连,其余三边都是悬空,依靠柱子发挥支撑作用。吊脚楼形式多样,包括单吊式、双吊式、四合水式、二屋吊式和平地起吊式等。

(4)江浙水乡村镇民居

水乡村镇一般沿河筑屋,素墙黑瓦、虹桥卧波、涟漪荡漾,宛如一幅清新怡人的水墨画。在建筑形态上注重前街后河、坐北朝南,注重室内采光,布局方式和北方四合院大致相同,但布置紧凑,院落占地面积较小。

(5)福建西南部等巨型群体住宅

福建西南部及广东、广西北部,因长期以来客家聚族而居,产生了巨型群体住宅。福建永定县(现龙岩市永定区)的圆形土楼很有特色,外形像一座圆形堡垒,外墙用厚达 1 m以上的夯土承重。土楼直径 70 m 有余,用三层环形房屋相套,房间超过 300 间。外环高四层,底层作为厨房及杂用间,二层储藏粮食,三层以上住人。其他两环仅高一层,中央建室,供族人议事、婚典及其他活动之用,其造型坚实雄伟、质朴整肃。

(6)河南、陕西、山西、甘肃的窑洞

河南、陕西、山西、甘肃黄土地区的民居多为窑洞。一种为靠崖式窑,即在天然土壁内开凿成洞,常数洞相连或上下数层。洞内外加砖砌,或加固,或起装饰作用。另一种为地窑或天井式窑,即在平坦的岗地上挖掘深坑,在坑面上开凿窑洞,组成院落,大型的地窑可住二三十户。此类覆土式民居造型更为质朴,与黄土地浑然一体。

(7) 贵州、云南、海南及台湾的干阑式住宅

贵州、云南、海南及台湾流行下部架空的干阑式构造住宅。其材料多以竹或木建成,下部作为畜圈、碾米场及储藏室、杂屋等,上部有宽廊及晒台、厅堂与卧室。这种建筑便于通风、采光、防潮、防盗、防兽,其造型与环境十分协调。

(8) 藏族地区的民居

藏族地区的民居外砌石墙,内部以密肋构成楼层和屋顶。在造型上,其善于结合地形,房屋组合高低错落,有虚有实,富于变化。

(9) 新疆地区的民居

新疆地区维吾尔族的民居多为平顶式住宅。若干平顶房组成一个院落,楼房、平房结合,体形错落、灵活多变,内部装修华丽动人。

2) 村镇古建筑文化

建筑文化是村镇古建筑价值的主要体现,古代城市在规划布局方面严格遵循统一的规划思想,有着统一的规划模式。而古村镇空间布局和形态因不受统一的形制约束,规划布局表现出相对的灵活多样,富于变化。当然,古村镇的空间布局和形态并不是随意而杂乱的,而是具有较高的规划水平。受中国传统的天人合一的风水思想和趋吉、防御安全等思想的影响,传统村镇布局中多与自然环境巧妙融合为一个有机整体,形态各异,富有天然之美。许多古村镇在空间塑造上强调顺应自然、因山就势、保土理水、因材施工、培植养气、珍惜土地和水脉等原则,保护自然生态格局与活力,常借岗、坡等地势条件,巧妙布局,组织自由开放的环境空间。村寨、宅居、路巷依山就势,让人们在行进中或仰视俯瞰,或从近到远,随视点的移动,能够步移景异、千变万化,无处不是环境设计的典范。

(1) 建筑风水文化

从中国古村镇选址规划布局的特点来看,几乎所有的古村镇都深受风水文化观念的影响,强调人与自然和谐的天人合一。正是由于与周围环境协调一致,古村镇像一颗璀璨的明珠镶嵌在美丽的大环境中,并铸成了村镇景观多样性特点。风水观念在建筑文化上对古村镇的影响主要体现在村镇的选址、立意规划布局和民居建筑的造型上。在风水观念的影响下,许多古村落在选址上追求"枕山、环水、面屏",这不仅符合中国传统文化中负阴抱阳、背山面水的风水观念,更重要的是创造了一个与山、水、天、地融为一体,注重生活环境艺术质量,自然和谐的人居环境。此外,许多村镇由于不能选择到十全十美的风水佳地,还往往通过建造人工景观来弥补风水缺陷。受风水观念趋吉思想的影响,部分村镇规划立意新颖,呈现为"象形"布局,形成了一些富有特色的村镇形态。

(2) 建筑宗族礼制文化

村镇的空间规划布局和形态除受到自然环境和风水思想的影响外,还深受宗法观念、宗族礼制等因素的影响。首先是以宗族宗教精神信仰为核心的空间布局。这种"核心"在以聚族而居为主体的古村镇中表现为宗祠,在以民间宗教为核心的古村镇中表现为寺庙。它们不仅是村民心理场的中心,而且还是村镇布局的焦点和标志。其次是体现封建礼制

的空间布局,古村镇民居的建筑高度、院落组合、居住空间都深受封建礼制影响。一是体现礼制的秩序。必须遵循严格的建筑礼制法则,不得逾越。二是体现仁学的原则。许多民居强调长幼、尊卑的秩序。如大多数民居内部都采用严格的中轴对称布局,维护着"男女有别,长幼有序"的封建等级观念。

（3）建筑防御文化

防御意识作为一种心理积淀以"潜意识"的形式左右着中国几千年的聚落形态与空间布局。"住防合一"早已成为中国传统聚落的一个主要特征。因此在中国一些地区形成了以高墙厚筑为设防的堡寨聚落,如福建土楼,四川藏区碉堡,山西、贵州等地的堡、屯、大院等古村落。它们是古代先民为抵御外侵、安全防卫而营建的特殊聚落。在安全防御等思想影响下,在村内形成了许多防御景观和防御性的特色民居,前者如寨墙等,后者如土楼、碉堡等。这些防御景观体现出的防御文化具有很强的旅游吸引力。

（4）建筑景观文化

民间建筑因与风土密切相关,随着地理、物候而婉转多姿,显现出丰富鲜明的区域个性。古建筑景观特别是古民居是构成古村镇的基础和文化的载体。具有一定规模的古民居建筑群以及其他附属古建筑构成了明显不同于其周围基质的景观空间,形成了一个独立的地理单元,构成了古村镇独特的景观格局。总的来说,由于历史、文化、经济、自然条件的不同,中国各地古村镇遗存的古建筑的类型复杂多样,可以归纳为三类:古民居、公共建筑和其他附属景观。

① 古民居。古村镇旅游资源开发的主体主要是古民居。古民居的稀缺性及其与现代民居在景观上的强烈差异性,吸引着旅游者的目光。由于古民居受地理特征、天气特点、区域文化、经济发展程度、价值取向和审美趣味等因素的共同影响,不同地域的民居特色有着鲜明的地方特色。

② 公共建筑。古代乡村在建筑营造活动中,是把礼制建筑放在优先地位的。因此古村镇除了大量的古民居外还有许多公共建筑,大部分属于封建礼制公共建筑。封建礼制建筑起着维系、纪理、规范、教化乡民的作用,其选址摆在村镇所有建筑中的第一位,体量也是民居建筑中最大的,数量上超过其他公建,质量上超过一般住宅。封建礼制景观主要有宗祠、牌坊、名臣祠、乡贤祠、忠烈庙、先师庙等,由于各地环境文化差异,封建礼制景观在各个地方不尽相同,总的来说南方地区多于北方。

③ 其他附属景观。其他附属景观每个村镇各不相同,或有或无,较常见的有广场景观、水塘和水口景观、古树景观、戏台、古桥、防御建筑;此外,还有古井、商业街巷、店铺和乡村园林等建筑景观。

（5）建筑装饰文化

建筑装饰是依附于建筑实体而存在的一种艺术表现形式,是建筑主体造型艺术的发展和深化。民居等古建筑陈设和装饰也处处散发出浓郁的传统文化气息,使每位观赏者仿佛置身于久远的历史文化长廊。其装饰文化也处处显示着中国博大精深的建筑文化,也是古村落吸引游客的一个重要因素。装饰文化主要体现在建筑单体中,常用如木雕、砖雕、石雕、灰塑、泥塑、彩画、漆画或字画等建筑装饰手段,通过文学艺术造型来体现。主要体现在:一是散布于每幢民居的门楼、门罩、门扇、窗扇、柱基、梁枋、栏杆上的雕刻艺术作品,造型生动,精美绝伦。民居装饰的题材内容在于追求吉庆瑞祥,祈望富贵如意,既为古建筑添色增辉,又具有较高的审美价值和历史文化价值。雕刻艺术作品的图案多以花鸟、动物、人物为题材,内容丰富,寓意深刻,是古代历史文化的点滴缩影。二是屋内的陈设,主要是悬挂在厅堂上的楹联、匾额、格言以及家具等。它们以简洁的文字语言、生动的艺术手法、朴素而精辟的哲理表达了主人在特定的历史环境中的追求、向往,对人生的深刻体味,和对自己及子孙后代的劝谕、告诫。这样的楹联、格言随处可见。此外,这些楹联、雕刻蕴含着古民居主人祖祖辈辈的理想,表达了他们的希望和信仰,体现出强烈的传统文化氛围,大大提高了古民居等建筑的观赏价值。

3) 村镇古建筑的作用

(1) 中国乡土建筑文化研究的宝贵实物

中国古代建筑有着悠久的历史,在数千年的发展过程中,形成了自己独特的体系,成为世界建筑园林中一束硕大而绚丽的奇葩。中国古村落保存下来的各种建筑在建筑分类范畴属于一种乡土建筑文化。中国古村落的传统建筑较之于极重礼制的历代官式建筑,在适应地理环境、适应当地风土人情习俗、满足生存需要诸方面显示出无比的机巧、智慧,极富地方特色和灵动才气。

中国古村落和古建筑的空间布局形式多种多样,每一种村落布局都代表着一种独特的乡土建筑文化形式。从建筑艺术来讲,各个文化区域不同的建筑风格呈现出不同的建筑艺术形式。保持了完整形态的古村落,其选址、布局都体现了人与自然和谐的思想,反映了古村落对精神、物质的追求,构成了独特的人文景观风貌,并具有鲜明的地方建筑特色和风格。各种样式的古村落民居,在采光、通风、御寒、防潮、防水、防震、防风、防虫、防盗等方面各有独到的设计,构思布局独特巧妙,各种建筑规制中更是蕴含着丰富鲜活的营造理论、设计方法。

总之,遍布于全国各地的古村落,对中国传统建筑文化的保存、延续和发展发挥了重要的作用,同时在中国城乡规划和建筑艺术史上具有重要的价值,是建筑学研究和欣赏的宝贵实物。

(2) 对外展示天人合一传统文化的重要窗口

天人合一是一种典型的中国文化观,蕴藏着丰富的哲理,代表着中国优秀传统文化。其实质是指导人们合理利用自然环境,正视人类在自然界及宇宙间的位置,正确处理好人与自然的关系,从而让二者达到和谐并共荣共生。天人合一不仅是一种环境观,而且贯穿于传统的哲学、艺术、文化领域,深刻影响了中国的历史和文明。传统建筑作为继承中国古老灿烂历史文化的物质载体,在具有富于美感的建筑形式的同时,也反映了古老的哲学思想。其中儒家的宗法思想,庄子的"天人合一"思想对建筑的空间及形式影响很大。因为在中国历史上,宗教并未占据统治地位,中国传统建筑相对于西方建筑更具有人本主义思想。传统建筑具有庄重风雅和独具风格的美学神韵,蕴含博大精深的文化哲理,建筑艺术表达着中国人的人生观、宇宙观、环境观、审美心理和审美感受。古村落在规划建设和日常生活中都体现出一种天人合一的思想。古村落与周围的自然环境构成了一个完美整体,展示了天人合一的自然文化观。古村落作为中国保存古乡土建筑文化类型最多的一种旅游资源,是对国外游客展示中国传统天人合一文化的一个窗口。

（3）极高的旅游开发价值

村镇古建筑是中国古代建筑中最富有生活气息的部分，它们以整体的风貌体现其历史文化价值，展示某一历史时期的典型风貌特色，具有很高的历史认知、情感依托、审美观赏、生态教育等方面的价值。中国现阶段具有游览观光价值的古村镇有100多个，广泛地分布在安徽、浙江、江苏、江西、四川等10多个省域内。其中，江南水乡古镇、皖南古村落等传统村镇的旅游发展尤为迅猛，在国内外享有较高的知名度和影响力，已成为国内外知名的旅游目的地。

12.2.2 村镇古建筑的保护规划

1）古建筑的分类

保护的关键是科学规划，科学规划是实现有效保护与利用的关键。村镇古建筑的保护应有针对性，在对村镇古建筑进行分类分析的基础上，针对各类建筑制定相应的保护规划措施。村镇中绝大多数需要保护的建筑都面临着维护、整修利用的问题，而更多的旧建筑物则需要进行更新和改造。因此，用历史的眼光对村镇建筑进行分类，将会有效避免因为保护规划措施的笼统性（有时甚至是雷同化的）而出现淡化或改变现存建筑甚至是村镇特征的状况。同时，分类指导也将使保护规划的措施更易于理解和操作。

（1）建筑保存状况分类

建筑保存状况指一般概念上的建筑质量，可按以下六种情况分类：①基本保持原样的旧建筑；②局部已被改变的旧建筑；③仅保存有结构的旧建筑；④危房、急需整修改造的旧建筑；⑤状况好或良好的旧建筑；⑥需要拆除建筑物的旧建筑。

（2）建筑的景观价值分类

根据建筑景观区位的重要性可将建筑的景观价值分为三类：①标志性建筑物；②重要建筑物；③一般建筑物。

2）古建筑保护中的主要问题

（1）保护意识淡漠

村镇居民缺乏对古建筑文物的保护意识，对古建筑保护工作配合不力、支持不够，只顾眼前改变居住环境的个人利益，对古建筑文物大加改造甚至拆毁。最为常见的现象就是对古建筑文物进行彻底翻新破坏。

（2）保护措施不力

村镇古建筑在防火防盗上的保护措施不力。由于古建筑为木构架结构，具有易燃的特点，有些虽配备了灭火设备，但不是数量有限就是缺乏维护不能利用，一旦疏于管理起了火，扑救工作将十分困难，防盗上也存在保护力量相对薄弱的问题。

（3）保护规划滞后

在对村镇古建筑文物进行保护规划时，往往集中在单个建筑，忽视整个建筑群的有机融合和与历史环境的统一，体现不出村镇古建筑的文化功能。有些虽然提出了"历史文化保护区"的口号，但往往落实不到位，致使很多古建筑文物遭到破坏。

（4）保护方式粗放

对村镇古建筑文物保护与改造再利用上走过场，有的维修不缮，有的仅是略显表面化的外观改变,或是因周围环境改造让村镇古建筑失去原有的意义与韵味。

3) 村镇古建筑保护规划措施

对于被保护的建筑(或建筑的某些被保护的部分),应按照建筑的分类制定详细的、有针对性的建筑保护规划措施。不论是保护建筑还是非保护建筑,都需要提出相应的规划措施。

(1) 村镇古建筑保护规划方式选择

根据上述建筑分类分析和村镇古建筑在保护上存在的问题,建筑的保护规划措施可以分为严格控制、一般控制、修建、改造、保留和重新定义(或重新定位)六种,其中严格控制和一般控制是针对被保护的建筑而言,被保护的建筑物(或建筑的某些被保护的部分)禁止拆除。

① 严格控制。严格控制的对象包括各级文物保护单位,标志性建筑物,对构成有特征的、重要的空间界面具有不可替代作用的建筑物,在主要景观视野范围之内的建筑物,以及保存完好(包括保存原状和基本保持原状)并能表现村镇特色的某种(或某几种)建筑类型的建筑物。对严格保护的建筑物不能改变其原本的特征,必须在布局和外观上保持现有的面貌或按照其原来应该有的特点进行修复。对其中的文物保护单位则应该进行维护或原样、同材料修复,修旧如旧,风格统一。

② 一般控制。一般控制的对象包括除严格控制之外的保存原状的传统建筑物和局部已被改变的传统建筑物,以及对形成村镇空间的连续性、逻辑性和村镇纹理具有重要和比较重要作用的建筑物(或建筑群),这些建筑物可以是传统建筑物也可以是现代建筑物。对于一般控制的保护建筑,应该在保留其现存特征(或要素)的基础上,以建筑原有的特点(即类型特征)为依据进行整治、更新,如整修、整饰、更换。

③ 修建。修建是针对非保护的传统建筑的规划措施。修建的对象包括除被保护的传统建筑之外的、局部已被改变的、仅保留有传统建筑结构的传统建筑物。对于这类建筑物一般也不主张拆除,而是要求对其已经改变并且改变得不合适、不恰当的部分进行再一次的改造。

④ 改造。改造是针对非保护的现代建筑的规划措施。改造的对象包括建筑的形式和风格与周围环境不协调的,或建筑品质不高的现代建筑物。在有条件时,这类建筑物可以拆除或局部拆除,对于不能或暂时不能拆除的这类建筑物,应该做适应周围环境的改造。

⑤ 保留。保留也是针对非保护的现代建筑的规划措施。保留的对象是指除被保护和需要改造以外的现代建筑。一般这类建筑物对破坏村镇的历史文化环境影响不大或基本没有影响。

⑥ 重新定义。重新定义也是针对非保护建筑的规划措施。对于在功能上、景观上和空间上与其所处的位置不符、不相适应、有很大或较大矛盾的建筑物(包括非保护的传统和现代建筑物),均需要重新定义。对于重新定义的建筑物,可以改变使用功能,可以整体改造,甚至可以拆除后新建或作为公共空间、公共通道或绿地。对于重新定义的建筑物,应该每个个案做专题处理。

上述六种方式中的修建、改造和保留三种方式的适用对象一般可以用"非保护建筑"

或"一般建筑"等名词来概括,对它们可以用一个针对某个保护区(或村镇的古村落或历史地段)的"土地使用和建筑管理规定"来统一制定规划的措施或规定。而对于被保护的建筑物,则应该制定建筑保护条例,对于重新定义的建筑物要进行个案研究。

此外,在保护规划中对建筑的规划措施应该同时考虑建筑本身设施、设备的配置状况,特别是住宅中的厨房、厕所和浴室,还应考虑其保暖、通风条件等。这是一个关系到保护村镇历史文化遗产是否有生活意义和发展价值的问题,同时也对建筑的分类分析及其规划措施具有很大的影响。

(2) 村镇古建筑的保护措施

针对村镇古建筑文物在保护上存在的问题,结合村镇古建筑保护实际,村镇古建筑保护应采取以下措施:

① 加大宣传教育力度,增强村民对古建筑的保护意识。由于村镇居民文化素质相对偏低,较为看重眼前经济利益,基层古建筑文物管理机构应主动承担起义务宣传的职责,紧紧围绕对古建筑文物保护策略"保"和"用"两字,宣讲好保护的目的、重要意义和古建筑在两个文明建设中所发挥的重要作用,增强广大村民与村干部对古建筑保护工作的认识,及参与古建筑保护的积极性与主动性,从而确保古建筑得到更好的保护,发挥出其在历史、艺术、科学方面的价值。要纠正村镇私自拆除、破坏古建筑的行为,避免文物建筑保护维修后被当作普通民房来居住或生产的情况。

② 科学编制保护规划,依据古建筑现状进行规划方式选择。可以根据古建筑文物不同的现实状况,科学选择上述六种方式。同时,在不破坏和改变文物性质与用途的情况下对村镇古建筑进行"保"和"用"的分类管理。对于本身具有较高历史、艺术和科学价值,且内部又保存原状的古建筑,可以规划开发为开放参观游览的陈列馆;对于建筑本身价值保存得较好,但内部却没有任何陈设的古建筑,注意在维修时不能改变原状,可以改造成历史、艺术类博物馆;对于一些价值不高、年代较近的古建筑,保持原状作为文化馆、图书馆等;对于年代较晚、价值较低的成片民居、寺院等古建筑,保持文物外观风貌、改善内部设备,供旅游、文娱活动之用;对于当地实在不能保存或难以保护的古建筑,可迁至较好地点,成为有特殊风格的古建小区。

③ 注重修缮维护管理,加强对古建筑原有风貌的有效保护。由于中国古建筑用材主要以木材为主,年代久远后木材的腐烂会导致古建筑受损严重,村镇古建筑文物管理机构要精心组织安排,投入人力、物力与财力对古建筑进行修缮。在维修和修复中要坚持以保持古建筑本身以及所代表的历史性和美学性为原则,不得任意对其进行脱离原真性的变动,特别是将原本具有艺术价值的彩绘、图案等改装成现代艺术。对于那些的确需要整体搬迁的古建筑群,在新的地址上修建仿古建筑时,应利用现代科技尽量恢复古代建筑风格,将人为的损坏程度降到最低。

④ 加强消防防盗工作,将古建筑安全置于村镇管理的第一要务。由于村镇远离市区,一旦古建筑发生火情或者被盗,短时间内获得救援是非常困难的。因此,各级古建筑文物单位的村镇管理人员,应加强责任心,做好预防工作和靠前管理,要及时发现与掌握到对古建筑不利的隐患,做到防患于未然。要发动广大村民的力量,让他们共同参与到对古建筑的群防群策中来——对消防器材的合理布置、对探测报警系统的有效投入与使用、

对可疑人员的观察等,让发生火灾或者被盗的概率降到最低,尽可能减少对古建筑的损坏。

⑤ 加大保护人才培养,提高对古建筑文物保护能力水平的研究。目前中国在村镇古建筑文物方面的研究较少、底子薄弱、专业人才缺乏,因此,要加强对古建筑文物保护理论知识的培训,特别是对专业人员的培养,要吸收国外先进的保护理念和修复方法,提高他们的保护政策理论研究水平与实践操作能力。古建筑保护人员利用现代科学技术研究成果,充分探索解决新时期下村镇古建筑保护所面临的诸多问题,开创新的保护局面。

12.3 村镇旅游资源保护规划

近年来,许多拥有良好历史建筑风貌的古城镇、古村落,如丽江、凤凰、西递、宏村等,纷纷成为热点旅游地。旅游资源是发展村镇旅游业的物质基础。所谓旅游资源是指"自然界和人类社会凡能对旅游者产生吸引力,可以为旅游业开发利用,并可产生经济效益、社会效益和环境效益的各种事物和因素"。简单地说,凡是能为旅游者提供旅游观赏、知识乐趣、度假疗养、娱乐休闲、体育锻炼、探险猎奇、考察研究及友好往来等的客体和劳务,均可称之为旅游资源。

旅游的本质在于文化性。传统村镇因其悠久灿烂的历史文化、古老淳朴的风俗民情日益受到现代旅游者青睐。村镇旅游资源的保护与开发随着人们生活水平的提高,旅游在人们生活中的地位越来越重要。通过旅游,人们可以休闲、学习,增加知识,陶冶情操,开阔视野。在村镇规划与建设中,因地制宜地发展旅游,既可以取得较好的经济效益,又可以创造优美的村镇环境。

12.3.1 村镇旅游资源

村镇旅游资源可以分为自然旅游资源和人文旅游资源两大类。

1) 自然旅游资源

自然旅游资源由地貌、水体、气候、生物和植物等自然地理要素组成,是天然赋存的。由于地表自然条件的地域差异,各地区各种自然要素的不同组合,构成了千变万化的景象和环境。

(1) 地貌旅游资源

① 山地旅游资源。山是风景的骨骼。有些大山千姿百态,雄伟壮丽;有些山峰险峻峭立,直插云霄;有些山地森林茂密,满目苍翠;有些山岭冰雪覆盖,一片银白。山地常能构成雄伟、奇特、险峻、秀丽之景,给人以探险、寻幽、避暑、攀登之利,成为旅游的理想之地。

② 岩溶地貌旅游资源。岩溶是在特定的地理环境中,由可溶性岩石(如石灰岩)受到含有二氧化碳的水的溶解和冲刷作用形成的。中国可溶性岩石分布范围很广,因气候、岩性条件不同,各地岩溶地貌发育程度差异很大。或以地面奇峰为主,或以地下溶洞见大,或以泉水为特色,如江苏宜兴的善卷洞、张公洞、灵谷洞,贵州铜仁的九龙洞、织金的织金

洞等。

③ 其他地貌旅游资源。除了山地、岩溶地貌外,中国还有黄土地貌、丹霞地貌、风成地貌、火地地貌、冰川地貌等等。各种不同类型的地貌具有不同的形态,构成了风格迥异的风光。

(2) 水体旅游资源

水在自然界分布最广,是大多数风景游览区的主要组成部分。高山大河有汹涌澎湃之势,山间小溪有潺潺之音;平原河流蜿蜒流淌,大湖泊烟波浩渺,小湖泊碧波粼粼;同时水又能点缀、映照周围景象,使景区更加明快、清秀。水光与山色融为一体,相映成趣,使景色增辉,因此"山水"成了大自然的简称、风景的代名词。水域在现代娱乐生活中还有重要的意义,游泳、滑冰、垂钓、水球、舢板、帆船等体育运动、娱乐运动都是在水面上进行。

① 海滨旅游资源。海洋是广阔的天地,也是最吸引游客的旅游资源。海水中含有钠、钾、氯、碘、镁等矿物元素;海滨空气中含氧、臭氧较多,有利于身体健康。由于海洋水面的调节,滨海地区温度变化幅度较小,空气清新洁净。如果阳光充足,海滨地区是理想的避暑、休假、疗养胜地。

② 河流、湖泊旅游资源。河流是重要的旅游资源,特别是河流的上游、中游段,环山绕岭,两岸风光变化无穷,可以利用游船串连成引人入胜的游览路线。中国的湖泊星罗棋布、姿态各异,有的烟波浩渺,有的曲折幽深,有的清新妩媚,有的植被茂盛。如和山色相映,景色则更加美丽。人工湖泊——水库,有自然的清新秀丽与人工工程的雄伟壮观,增加了观赏的内容,同时可以开发水上娱乐项目。

③ 泉水资源。泉是地下水的天然露头,尤以温泉和矿泉等与旅游业关系密切。温泉可以供人们沐浴疗养;矿泉中含有多种矿物元素,或饮或浴对人的身体都有利,因此矿泉集中的地方几乎都成为疗养胜地,吸引众多游人前往。

④ 瀑布资源。瀑布是从悬崖或河床纵断面上倾泻而下的水流。它是自然山水结合的产物,由溪流、跌水和深潭三部分组成,具有形、声、色和动态的景观特点。

(3) 气候旅游资源

中国幅员辽阔,南北地跨近 50 个纬度,相距 5 500 km,东西相距 5 200 km,因此各地冷热干湿差异显著。中国气候的基本特征之一是气候复杂多样,地区差异明显。另一个特征是大陆性季风气候显著。因此,各地形成了各具特色的气候旅游资源。

从全国来看,海南、台湾、云南部分地区,终年高温,四季常青;东北地区,夏季短促,冬季漫长严寒,一片冰天雪地景象;江南平原,温和湿润,四季分明,有春花、夏荷、秋月、冬雪四时之景;西北雨雪稀少,寒暑变化剧烈,从而形成了戈壁草原、沙漠绿洲的塞外景观;青藏高原,地高天寒,日照充足,高山峡谷山顶白雪皑皑,谷底则郁郁葱葱。

(4) 生物、植物旅游资源

中国地形复杂、气候多样、物种繁多,生物资源十分丰富,很多奇花异草、珍禽异兽,对旅游者有着巨大的吸引力。

中国有许多特色竹木和名贵花卉,如松树、竹松、牡丹、杜鹃花、报春花、龙胆花、山茶花及许多引进品种。一些地方有许多珍禽走兽、独特的动物现象,如蛇岛、蛙会等可以结合自然保护区开发旅游产品。

2）人文旅游资源

人文旅游资源是人类社会活动的产物，是指能够吸引人们旅游的古今人类所创造的物质财富和精神财富的总和。它具有鲜明的时代性、民族性和高度的思想性、艺术性，在旅游业中比自然资源更具强烈的感染力和吸引力，占有很重要的地位。人文旅游资源主要包括历史古迹、民族风情、村镇风貌以及饮食文化、风俗特产等方面。

（1）历史古迹

一个地区的历史古迹是那里长期文明的结晶，是文化遗产，是地区文化、历史的独特体现，是人文旅游资源中最重要的旅游资源。中国有悠久的历史，留下了大量的历史古迹，在村镇规划中必须加以保护、开发和利用。常见的历史古迹为古建筑、古遗址等。

（2）民族风情

旅游资源在长期的历史发展过程中，各民族逐渐形成各自鲜明的特点，他们的风俗、服饰、节庆活动以及建筑、艺术、歌舞等都对其他民族的旅游者具有强烈的吸引力。中国是个多民族的国家，具有丰富的民族风情旅游资源。

（3）村镇风貌

村镇风貌是村镇自然环境、文化古迹、建筑群及村镇各项功能设施给人们的综合印象，也是物质文明在村镇建设中的具体体现。中国地域辽阔，村镇风貌千变万化，有些村镇风貌独具特色，是很好的旅游资源。

（4）其他人文旅游资源

除了以上人文旅游资源以外，村镇还有其他一些特色旅游资源，如风味小吃、特色菜肴、名优特产、工艺品、土特产、博物馆、纪念馆等。

12.3.2　村镇旅游资源的保护和利用

1）村镇旅游资源保护的意义

村镇旅游资源由自然旅游资源和人文旅游资源两部分组成。在村镇规划中必须将旅游资源列入规划，否则旅游资源毁坏以后将无法恢复，造成不可估量的损失。长期以来，对资源野蛮、粗放掠夺式的开发，导致部分村镇的文化生态环境极度恶化，因此，加强村镇文化旅游资源的保护对于村镇的可持续发展具有重要意义。

（1）保护好村镇自然旅游资源，也就是保护好村镇的山、水、动物、植物，即村镇的自然环境和生态系统平衡，在村镇建设过程中减少环境污染，保持村镇的地方特色。

（2）保护村镇的人文旅游资源，也就是保护村镇的历史古迹、风貌、风情，保护和发展地方特色行业，体现村镇的历史连续性、文化传统和积累。

（3）保护村镇的精神文明财富，使其在村镇精神文明建设中发挥巨大的作用。美丽山水、历史遗迹、艺术产品能激发起人们热爱祖国、热爱家园、热爱人民的热情，并从中汲取巨大的精神力量。

（4）合理规划利用旅游资源和村镇建设，可以形成特色旅游景观，丰富村镇面貌。

2）村镇旅游资源保护的价值

在村镇文化旅游资源保护中，古村镇文化旅游资源保护更具有其特殊的价值，主要体现在以下三个方面：

（1）历史文化价值。古村镇是自然界"人类化"的产物，是区域自然和社会历史发展的见证者和记录者。在现代文明的冲击下，古村镇已成为人类文化追忆、文化重演和文化发展的载体和沃土，旅游业对其加以合理开发和有效保护（如对于历史建筑、传统街区和景观等，可划定特定的古镇文化核心保护区加以保护）将为现代人认识人类历史提供更多的线索，为古镇自然及社会历史的传承和延续提供更丰富的土壤，从而使得古镇的可持续发展获得更高质量的实现。

（2）美学艺术价值。旅游者的审美需求贯穿于旅游活动的始终，旅游文化资源的异质开发正是为了满足旅游者的差异化审美的需要。古村镇的文化艺术资源是古村镇丰富地脉、文脉内涵的载体，古村镇空间范围内的古寨、古堡、碉楼、民居建筑等传统和特殊文化场所所代表的建筑艺术风貌以及古文字、民间音乐、传统刺绣等折射出的目的地原住民的文化心理及审美情趣等等，都成为古村镇旅游开发内容中的重要组成部分，并在旅游业的发展中寻找到了新的发展动力。如四川乐山的罗城镇，因在该镇集市中心留存有一条别具风格的"船形街"，故得名为"船城"，其独特的船形街区布局及川南民居的建筑特色呈现了特色的建筑风貌，具有较高的艺术欣赏价值，成了古镇旅游开发的重要线索。再如云南的纳西古乐、江苏苏州同里小镇的江南古民居的建筑艺术等都是丰富游客旅游体验的文化元素，并成为传播地域文化艺术价值和审美情趣的载体，促进了对外的交流与互动。

（3）科学教育价值。人类历史正是在不断总结和认识自身发展的过程中获得前进的源泉，田野考古工作和文献研究成果是人类自我认知的两种重要途径，所获取的线索将成为未来科学研究的重要依据。古村镇作为客观存在的人类活动场所，是千百年来人类社会历史发展和文化驻留的载体，凝聚着古人在生产、生活中对事物本质和规律的记忆。古村镇遗迹及其图像（如老照片、老电影）等有关的信息都是研究古村镇的珍贵文献资料，古村镇地理空间范围之上的语言、民风民俗、居民价值观念等社会意识形态及古村镇的自然生态环境等甚至对研究区域的文化学、社会学和民族学的研究有着积极的参考价值。

3）村镇旅游资源的开发利用方式

村镇旅游资源的开发利用是一个系统工程，不仅仅是旅游资源本身的开发利用，还涉及与之相配套的食、住、行、购、娱等多方面，必须认真进行可行性研究，切忌盲目上马，造成巨大的浪费。

村镇旅游的开发，要因地制宜、合理开发、各具特色。由于村镇经济基础较弱，应对现有旅游资源进行开发，切忌盲目人工造景。

根据不同村镇的旅游资源，常见的开发方式有以下几种：

（1）开发利用村镇历史古迹。村镇历史古迹有寺庙、殿、戏楼、传统民居、城堡、堡门、石碑、石旗杆、故居等。如江苏昆山周庄，位于苏州东南 38 km，处于澄湖、白蚬湖、淀山湖和南湖的怀抱之中，特有的自然环境造就了其典型的江南水乡风貌。"镇为泽国，四面环水"，"咫尺往来，皆须舟楫"，形成了其"小桥、流水、人家"的格局，900 年的历史加之河湖阻隔使它避开了历代战乱，至今仍完整保存着原有水镇建筑物及其独特的格局。古镇区内河道呈井字形，民居依河筑屋，依水成街，河道上横卧多座元、明、清时代的古桥梁，其中有国内仅有的桥楼富安桥和闻名中外的双桥。镇上近千户人家，明清建筑占 60% 以上，其中有明中山王徐达之弟徐逵后裔所建的"轿从前门进，船从家中过"的张厅，沈万三的后裔所建的沈厅和一大批名人故居。此外,周庄进行了乡俗、特产的综合开发,使其成为上海、苏州附近的一颗灿烂明珠。同样规划的还有江苏苏州吴江的同里镇、吴中的甪直镇和安徽黟县的西递村等。

(2)因地制宜,结合村镇生产开发特色旅游。常见的有种植花卉、盆景、水果、蔬菜等,让游人采摘他们所需要的蔬菜和水果,可增加人们对植物生长和收获的乐趣。如上海孙桥现代农业开发区,利用先进的农业生产技术设施开发旅游资源。

(3)利用村镇的自然资源开发休息、疗养旅游产品。村镇的山、水、林、田、阳光、草地、河滩、温泉、矿泉,可以让人们避开繁杂的都市生活。紧张劳作一周的人们来到此处进入一种宁静祥和的环境之中,让人们忘记一下紧张的城市生活,以恢复他们的精力和体力。这类村镇应以优美的环境、方便的交通、丰富的自然资源为主要特点,以大城市近郊风景区周围的村镇最佳。

(4)发展体育、娱乐村镇。以某种体育项目为特长,发展体育特色的村镇,吸引大城市中的爱好者前来旅游参观,并从中获得收益。

(5)发展文化旅游村镇。以当地的文化特色吸引游客。如吉林、浙江、安徽等有许多小村镇以地方戏为主,以地方风土人情、名人故事为主开发旅游资源。

(6)开发新时期现代化村镇风貌旅游资源。有许多村镇建设处在全国村镇建设的前列,成为其他村镇规划、建设学习的榜样,如江苏江阴华西村、广东的大量村镇及其他诸多农业发展的示范村镇。

(7)发展商贸旅游村镇。有些村镇在长期的发展过程中,成为某种商品的重要集散地,吸引了大批游客前来购物,如江苏张家港的妙桥镇成为羊毛衫的批发中心。

(8)发展民风、民俗旅游村镇。中国是一个多民族国家,民风、民俗各不相同,特色游能吸引大量的游客,如云南、广西等省和自治区的村镇。除此之外,各地可根据自身的情况,因地制宜地发展各种特色旅游。

4)村镇旅游资源保护与利用措施

(1)深入挖掘村镇旅游资源的文化内涵。深入挖掘古村镇旅游的文化内涵,展现村镇文化之"魂"。村镇旅游的游客大多是为了增长见识,开阔眼界,欣赏村镇文化不一样的魅力,以提高自身修养,所以村镇就应该更加深入地挖掘古村镇的文化内涵以满足游客的心理需求。村镇文化内涵是旅游开发的生命与灵魂。村镇在开发过程中不能将别的地方或者别的民族的特色照搬过来,而应该实事求是地根据本地的文化特色来突出村镇,展现其深厚的历史与文化内涵,而且在此基础上还要不断地创新,不断地丰富景点的旅游内容,这样才能使得游客流连忘返。

(2)开展村镇旅游开发的功能分区规划。村镇旅游开发应形成商业区与文化区两大功能区并进行适当分隔。商业区主要是供游人休息、购物或娱乐的地方;而文化区主要是在旅游景区,是供游客观赏、游玩的地方。现在大多村镇都是商业文化不分家,游客在游玩的时候会听到各种叫卖声,这不仅影响了游客的旅游兴趣,同时也影响着游客对村镇的印象。所以建议在条件允许的情况下,适当地将商业区与文化区分开。让游客在文化区能够玩尽兴,能够不受打扰地体验村镇的深厚人文内涵,欣赏村镇独特的建筑风貌;让游客在商业区充分地休息和购物,提升游客对于村镇的满意度。

（3）丰富村镇旅游产品的类型与结构。加强资源整合,丰富旅游产品类型与结构是村镇旅游开发的重要任务,以文化为主题的旅游是旅游产品的最高层次。每一个游客都希望自己所去的景点的旅游资源是丰富多彩的,而不是单调无味的,所以应该加强以文化为核心的村镇旅游资源整合,丰富产品结构,做到从观光欣赏到休闲度假再到文化体验都具有一定的产品类型,如此才能够保证村镇旅游的生命力。

（4）加强村镇旅游服务基础设施建设。完善村镇旅游引导系统和解说系统,给游客提供全方位的旅游服务。针对旅游景点的垃圾问题与厕所问题,村镇旅游景点景区应完善景区的基础服务设施建设,增加垃圾桶设置数量,并且及时对这些垃圾进行回收和处理;在旅游厕所问题方面应该增设旅游厕所,并且及时进行清理,避免恶臭、溢出等影响村容村貌和游客满意度的不良后果。

（5）引导游客参与村镇旅游资源的保护。当前旅游业的迅速发展也暴露出若干问题,游客不文明行为是其中的主要问题之一。游客在景区随意丢弃垃圾的现象普遍存在,以及对古建筑的乱涂乱画、对绿化的践踏也经常能看到。对于这些不文明行为,我们应该加强对游客环境保护教育,在景区设立各种提示标语,垃圾桶的位置应该明显,另外景区的广播也可以对游客宣传环境保护知识。

（6）树立村镇传统文化的全员保护意识。传统文化保护主要是通过当地建造各类主题的文化馆和博物馆来实现,但是随着外来文化的涌入,这种当地特色的民俗民风也受到了很大的冲击,而且对于这种文化的保护,不仅需要游客的自觉性,更需要当地居民的自觉性。村镇居民在村镇旅游开发热潮中可以提高自己的经济收入,改善自己的生活,同时也应该保护好自己的民族文化,增强保护的意识。

（7）提升村民参与旅游开发的力度与成效。村镇居民是村镇各类文化形态的直接载体,他们本身不是旅游开发的累赘,而是村镇特殊的旅游资源。村镇要强调居民生活、生产方式等场景保护,在满足旅游者生活需求的基础上,积极引导和规范村民参与旅游开发,千方百计增加本地居民收入。在不影响村镇旅游特色的前提下,可适当增加小型购物中心和各式农副产品销售场所。

（8）创新村镇旅游开发的体制与机制。政府主导、市场运作是村镇旅游开发的主要运作模式。但在旅游开发资金上,外来资本是重要的来源,因此追求显著的经济效益和社会效益以作为对投资主体的回报,是古村镇旅游开发走市场化道路必须要面对的重要问题。为此,村镇旅游管理者和经营者要与知名景区加强联系,应该主动走出去,到各大旅行社争取纳入重点旅游线路,参加大型旅游交易会,走进各大新闻媒体,建立旅游网站等,积极争取各类投资项目,优化村镇旅游开发的体制与机制。

5）村镇旅游资源开发的经验教训

随着社会经济的发展、人民生活水平的提高,古村镇旅游这个新兴的产业得到迅速发展,成为现代都市人青睐的旅游方式之一,一时间各地争相开发各类村镇旅游资源。近年来,仅在中国南方各省相继开发或正在开发的村镇就不胜枚举,如安徽的西递、宏村,江苏的同里、周庄,广东和福建的客家土楼围屋,江西的婺源、安义、流坑、渼陂、龙南围屋等。但是,在热热闹闹的村镇旅游发展过程中也存在着不少问题。随着城市化进程的加快,古村镇的数量越来越少,资源的稀缺性日益凸显,如果这些问题不解决,古村镇旅游最终将走入困境。由于历史背景、社会条件、管理模式等的不同,各地古村镇旅游问题的严重程度与侧重有所不同,但以下几个问题相对比较普遍和突出①:

(1) 村镇旅游产品同质化。目前诸多的古村镇,特别是同属一个区域的古村镇之间在资源特点、游览项目、服务内容等方面大同小异。资源雷同与开发单一所导致的产品同质化现象非常突出。很多村镇都是依托一两个景点吸引游客,然后在周边建设度假村、温泉、高尔夫、垂钓、采摘等项目,扮演着游客集散中心的角色,小镇特色不明显。例如,在江南古镇中,周庄、同里、乌镇等特点类似,游客也多是参观古民居、坐游船、看古戏等;而去宏村的很多游客觉得没有必要再去西递,反之亦然。在旅游产品开发模式上,如果由当地居民进行旅游产业开发,缺乏创意和专业管理是较为普遍的现象;而如果全部依靠专业投资公司开发,又很容易做成脱离当地区域经济发展的商业综合体。这些情况在一定程度上加剧了村镇旅游产品同质化问题。

(2) 旅游开发过度商业化。对于古村镇旅游,人们经常抱怨的一个问题是过度商业化。尽管这一问题屡遭诟病,但似乎没有哪个地方可以避免,而且越是旅游发达的地方,这个问题越严重。古村镇经历了几百年乃至上千年的盛衰,许多建筑物本已十分陈旧、残破,而游人的大量涌入更加速了它的损耗以至破坏。个别村镇为了追求短期经济回报,用"经济"的眼光指挥一切,为了接纳更多的游人,迎合一部分人的低级趣味,把古村镇变成度假村,不适宜地在古村镇内外修建宽阔的柏油马路乃至水泥路面、宏大的停车场、富丽堂皇的宾馆饭店及现代化娱乐设施,昔日宁静美丽古朴的小村如今变成了喧闹而杂乱的建筑工地。越来越多的古老村镇已经演化成一个大型的旅游商品超市,人人皆商、处处开店的状况使得最初的历史风貌日渐消失。有的古建筑修复或仿制得极为粗糙,形似神不似,甚至是不伦不类,与原有建筑极不协调,破坏了原有古村的意境和纯朴。

(3) 村镇文化空心化。对于游客来说,到村镇旅游,除了欣赏古老的建筑和村落格局外,也希望能体验与之相关的生活方式;然而受各种因素影响,目前许多已经开发旅游的村镇,旅游者所能见到的实际上是一个渐渐失去灵魂的、静态的、空壳化的建筑群落。文化空心化具体表现为人的置换与文化的置换:一方面,本地人特别是本地年轻人大多搬出村镇,留下的除了老人孩子外就是外地经营者,人口置换比较普遍。有些地方为了降低管理难度,干脆将居民全部或者部分搬迁到新村居住,白天再让部分人回到村镇工作,彻底将村镇变成一个提供"真实建筑,虚假生活"的主题公园,失去其文化真实性。另一方面,村镇内许多建筑被改造为商铺,原有的、传统的历史风貌和文化底蕴越来越淡,取而代之的是日益浓厚的商业气氛。

(4) 利益矛盾复杂化。实践中,旅游发展所带来的经济收益,往往很难在不同利益相关者之间按照让每一方都满意的方式进行分配,从而引发不同群体之间的矛盾。近年来,在开发旅游的古村镇中,当地居民对政府和外来企业的不满、居民不同群体之间的矛盾、本地人与外地人的冲突、不同政府部门之间的纷争层出不穷,利益冲突重生,社会分化明显。随着开发旅游的古村镇数量越来越多,矛盾就越来越普遍;随着古村镇旅游越来越发达,矛盾就越来越复杂。

---

① 参见宋瑞:《古村镇旅游的问题与难题》,《旅游学刊》2010 年第 6 期。

（5）村镇景观另类化。村镇景观另类化体现在两个方面：一方面是部分村镇由于空心化问题导致村镇居住人口规模减小，各类建筑由于长时间不使用，带来了一系列问题。风雨侵蚀和洪水、泥石流、地震、台风等自然力破坏，古村镇建筑的土木结构抗风雨侵袭及抗灾能力差，众多无人居住的名宅、祠堂面临着倒塌的威胁；原有的里巷、民宅、地貌、水系、植被缺乏必要的保护，其历史特征和传统文化风貌也将很快消失殆尽。另一方面由于社会的进步，居民的生活观念与生活方式发生改变，原有的基础设施、居室格局与居住环境已不能满足日益增长的现代生活需要，也不适应现代产业经济发展的需要。古村镇里的居民，尤其是年轻的一代，向往现代化的城市生活方式，有了点积蓄之后便买车盖房。殊不知，现代交通工具的使用给古村落原生道路和桥梁带来了极大的压力，而古村镇居民自发的建筑整修所使用的新的建筑材料也割断了传统风貌的延续。再者，随着旅游业的发展、旅游者的涌入，以及异质文化、思想、生活习俗的引入，古村镇传统的民族文化、风情民俗也逐渐被同化、冲淡或消失。

6）村镇旅游可持续发展的建议

目前，中国村镇旅游发展方兴未艾，特别是古村镇和古村落的开发实践远远走在了理论研究的前面。要实现古村镇（落）旅游的可持续发展，就要处理好发展和保护两者之间的关系。而如何保护古村镇（落）这一日益被看好的人文旅游资源，使之能够可持续地开发利用，是摆在人们面前的一个重要课题。

（1）政府主导，规划先行，避免盲目化。古村镇（落）旅游起步晚，各地发展不平衡，因此各级人民政府要坚持"多予少取放活"的方针，加大政府导向性投入。古村镇（落）旅游是一个系统工程，规划必须先行。为避免陷入新一轮"保护性破坏"的漩涡中，政府必须发挥其主导作用，组织专家为古村镇（落）旅游把脉，对古村镇（落）旅游景点实行区域化布局和差异化规划设计。同时，任何一种资源的开发都会对原先的状态造成变化或破坏。变是绝对的，不变是相对的，关键是如何在发展中保护当地独特的自然环境与文化遗产，这是乡村旅游可持续发展的核心问题。因此，在规划中，我们必须遵循整体保护原则，坚持有机更新，保持古村镇（落）的历史可读性；要突出特色，保护原真，避免城镇化。如今消费者对旅游的需求更趋于个性化和多样化。发展古村镇（落）旅游就是要保留本地特色，保护古村镇（落）历史文化的原真性，不能盲目跟风。要拆除一些不协调建筑，恢复古村镇（落）的原生环境，保持它的历史可读性以及它的"原汁原味"和历史沧桑感，保持村寨的原始风貌以及当地居民仍有的传统社会风尚、淳朴厚道的自然秉性，真正体现"人住农家院，享受田园乐"，不断提升古村镇（落）旅游开发的成效。

（2）规范管理，塑造品牌，避免程式化。目前以古村镇（落）为资源开发的旅游产品存在着一个共同的问题，即"娱乐性不足，参与性不强"。为了弥补这方面的缺陷，各地纷纷开发了"农家乐"旅游项目，虽说该项目对旅游者有些吸引力，但毕竟是"小儿科"的东西，且该产品的专营性不强，各地竞相效仿，产品同质化严重，失去了吸引力。如何进行产品创新，走内涵式可持续发展道路，是古村镇（落）旅游开发的一个重要问题。在开发策略上，各地应根据所处的地理区位，依托各自的资源优势，确立不同的开发思路，只有通过采取切实有效的举措来规范管理、打造精品、塑造品牌，走可持续发展的道路，古村镇（落）旅游才不会是昙花一现。

（3）注重和谐、传承文化，避免过度现代化。遵循景观美学原则，注重人文与自然的和谐融合，传承传统民族民俗文化，严格控制开发性建设。为了保持古村镇（落）的景观价值和文化价值，在古村镇（落）内不应建设新的旅游设施，哪怕是完全与原有建筑保持一致，也应当尽量避免。因为古村镇（落）是整体历史遗产，破坏了原汁原味，就大大损毁了它的特色和文化价值。古村镇（落）周边影响景观和谐的服务设施越少越好，对于游览道路系统和少量必不可少的服务设施要做好规划。没有科学的规划和管理，盲目地开发只能加速古村镇生命力的消亡。

（4）协调关系，加大参与，提高古村镇（落）居民的生活质量。现在许多地区的旅游开发策略往往把居住在古村镇（落）的居民看作旅游开发的"包袱"，一种原始、静止不变的文化。旅游开发者似乎认为"过去"就意味着传统、真实，于是便与古村镇（落）居民要求提高生活质量的要求发生冲突，从而导致大批原居民搬离古村镇（落）。其实，当地人是当地文化的传承者，离开了居民的活动，古村镇（落）的特色和生命力也就无所依附。古村镇（落）里没有了人与人、人与景的交融，其"古意"也将荡然无存。所以，古村镇（落）旅游开发要把改善古村镇（落）居民的生活条件，提高古村镇（落）居民的社会经济利益放在第一位；要尊重当地居民的意愿，保护他们的利益，调动村民、居民参与保护性开发的积极性，修复古村镇（落）古建筑。总之，可持续发展在很大程度上是由各利益主体的意愿决定的，因此只有在各利益主体紧密合作的条件下才能实现。

（5）保持传统氛围，控制游客规模，平衡古村镇（落）环境承载力。环境承载力或称环境容量、环境忍耐力，本是一个生态学概念，运用到旅游地管理中，就是指某一风景区的环境在一定时间内维持一定水准给旅游者使用而不会破坏环境或影响游客游憩体验的开发强度。当作为人文旅游资源的古村镇（落）成为著名景点时，其旅游者数量控制更显重要。若古村镇（落）到处挤满了游人，幽静感就荡然无存了，而且，游人太多对文物的破坏也很明显，因而应适当控制游人数量和景点的游人密度。如不能适当控制游人即时流量和著名景点的游人密度，这些景区景点的旅游潜力将大受破坏，那时再谈保护就比较困难了，对游人的吸引力也将大为减弱，古村镇（落）的可持续开发利用也就失去了根基。古村镇（落）环境容量的特殊性还在于：对于一般风景区而言，可以通过增加投资多建一些宾馆饭店容纳更多的游人，也可以通过多开辟登山道，或扩大空间利用率，以提高环境容量，一般不会影响人们的体验；但古村镇（落）不同，即使建一些与原有建筑相协调的建筑也会破坏其古意。

总之，古村镇（落）景观价值和文化价值的可持续开发利用任重道远，机遇与挑战并存、危机和生机共在，需要多方面的协调配合。这不仅是古村镇（落）管理者应关心的事，更需要全社会的共同努力。作为一种新的旅游方式，古村镇（落）旅游在中国得到了迅速的发展，虽然也曾出现了这样或者那样的问题，但是，可以预见，这种旅游方式在未来将有更加广阔的发展空间。

13　村镇防灾减灾规划

中国村镇防灾基础薄弱，防灾减灾所面临的困难也很大。目前中国已进入村镇发展的关键时期，但在基础设施方面还存在着制约村镇可持续发展的"瓶颈"问题。例如，功能布局不合理，缺乏科学指导；配套设施建设滞后，缺乏可靠的技术支持；防灾减灾能力欠缺，缺乏综合的统筹安排等。一旦发生灾害，就会给村镇人民的生命和财产带来巨大损失。因此，村镇规划应包含防灾减灾规划。

村镇防灾减灾规划应符合中国的有关防灾政策，根据村镇的防灾特点，提出下述编制原则和指导思想：

（1）贯彻"预防为主，防、抗、避、救相结合"的方针，根据村镇防灾减灾需要，以人为本、平灾结合、因地制宜、突出重点、统筹规划。

（2）应与中国有关法律法规相结合，应与国家有关规范标准的规定相结合，应与村镇的现状和发展要求相结合。

（3）村镇防灾减灾规划是一项专业规划，应在总体规划确定的村镇性质、规模、建设和发展要求等原则下进行编制、修订，并应纳入总体规划一并实施。对于一些特殊措施，应明确实施方式。

（4）村镇防灾减灾规划应依据区域、城市、县域或地区的防灾减灾规划统一部署。

（5）灾种的选择：在编制村镇防灾减灾规划时，应根据当地遭受灾害影响情况，确定需要包含的灾种，如地质灾害、洪灾、震灾、风灾和火灾等。在防灾减灾规划编制中，以重点灾种为主，坚持综合防御。

村镇防灾减灾规划主要包含消防、防洪、抗震防灾等。

13.1　村镇消防规划

村镇消防规划主要包含消防站、消防给水、消防通道、消防通信、消防装备等公共消防设施，参照公安部、建设部、国家计委和财政部联合颁布的《城市消防规划建设管理规定》精神，村镇消防安全布局和消防站、消防给水、消防通道、消防通信等公共消防设施应当纳入村镇规划，与其他基础设施统一规划、统一设计、统一建设，并应符合国家现行的《建筑设计防火规范（2018 年版）》（GB 50016—2014）的有关规定。

13.1.1　消防站规划

消防站的建设应遵守《城市消防站建设标准》（建标 152—2017）的规定。

1）消防站用地选择

消防站规划时，在其用地的选择上应符合下列规定：

（1）现状中影响消防安全的工厂、仓库、堆场和道路设施必须限期迁移或进行改造，耐火等级低的建筑密集区,应开辟防火隔离带和消防车通道,增设消防水源等设施。

（2）生产和储存易燃、易爆物品的工厂、仓库、堆场等设施应安置在村镇边缘或相对独立的安全地带,宜靠近消防水源,并应符合消防通道的设置要求。

（3）生产和储存易燃、易爆物品的工厂、仓库、堆场以及燃油、燃气供应站等与住宅、医疗、教育、集会场所、集贸市场等之间的防火间距不得小于50 m。

（4）村镇打谷场应布置在村镇边缘,每处的面积不宜小于2 000 m²;打谷场之间及其与建筑物的间距不应小于25 m。打谷场不得布置在高压线下,并宜靠近水源。

（5）林区的村镇和独立设置的建筑物与成片林边缘间的消防安全距离不得小于300 m。

2）消防站设置要求

消防站的设置,应符合下列要求:

（1）消防站的布局一般应以接到出警指令后5 min内消防队可以到达辖区边缘为原则,并应设在责任区内的适中位置和便于消防车辆迅速出动的地段。普通消防站分为一级普通消防站和二级普通消防站,其辖区面积和建设用地面积宜符合表13.1的规定。

表13.1　普通消防站规模分级

消防站类型	辖区面积（km²）	建筑面积指标（m²）	建设用地面积（m²）
一级普通消防站	≤7.0	2 700—4 000	3 900—5 600
二级普通消防站	（设在近郊区时≤15.0）	1 800—2 700	2 300—3 800

（2）消防站的主体建筑距离学校、幼儿园、医院、影剧院、集贸市场等公共设施主要疏散口的距离不得小于50 m。

（3）镇区规划面积大于7 km²或常住人口3万人以上的村镇,消防站至少应配备2辆消防车;镇区规划面积为4—7 km²或常住人口为1.5万—3万人的村镇,消防站应至少配备1辆消防车。

（4）中小型镇区尚不具备建设消防站条件时,可设置消防值班室,配备消防通信设备和灭火设施。

13.1.2　消防给水与通道

1）消防给水

按照《消防给水及消火栓系统技术规范》（GB 50974—2014）和《建筑设计防火规范（2018年版）》（GB 50016—2014）的相关规定,村镇消防给水应符合下列要求:

（1）在规划区域范围内,消防给水应与市政给水管网同步规划、设计和实施。

（2）市政给水、消防水池、天然水源等可作为消防水源,并宜采用市政给水。

（3）当采用市政给水管网直接供水时,其管网及消火栓的布置、水量、水压应符合现行国家标准的有关规定。

（4）不具备给水管网条件的村镇,应充分利用河湖、池塘、水渠等水源,设置可靠的取水设施,因地制宜地规划建设消防给水设施。

(5) 给水管网或天然水源不能满足消防用水时,宜设置消防水池,寒冷地区的消防水池应采取防冻措施。

有条件的村镇应沿道路设置消火栓,在村镇给水规划时一并考虑。

需要消防给水的范围:①高度不超过 24 m 的科研楼(存有与水接触能引起燃烧爆炸的物品除外);②超过 800 个座位的剧院、电影院、俱乐部和超过 1 200 个座位的礼堂、体育馆;③体积超过 5 000 m³ 的车站、码头、机场建筑物以及展览馆、商店、病房楼、门诊楼、图书馆、书库等;④超过 7 层的单元式住宅,超过 6 层的塔式住宅、通廊式住宅,底层设有商业网点的单元式住宅;⑤超过 5 层或体积超过 10 000 m³ 的教学楼等其他民用建筑;⑥国家级文物保护单位的重点砖木或木结构的古建筑。

2) 消防通道

街区内的道路应考虑消防车的通行,道路中心线间的距离不宜大于 160 m,并应遵守下述规定:

(1) 当建筑物的沿街道部分长度大于 150 m 或总长度大于 220 m 时,均应设置穿过建筑物的消防车道。确有困难时,应设置环形消防车道。

(2) 超过 3 000 个座位的体育馆、超过 2 000 个座位的会堂和占地面积超过 3 000 m² 的商店等单层、多层公共建筑,应设置环形消防车道。确有困难时,可沿建筑物的两个长边设置消防车道。

(3) 有封闭内院或天井的建筑物,当内院或天井的短边长度大于 24 m 时,宜设置进入内院或天井的消防车道;当该建筑物沿街时,应设置连通街道和内院的人行通道(可利用楼梯间),其间距不宜大于 80 m。

(4) 在穿过建筑物或进入建筑物内院的消防车道两侧,不应设置影响消防车通行或人员安全疏散的设施。

(5) 可燃材料露天堆场区,液化石油气储罐区,甲、乙、丙类液体储罐区和可燃气体储罐区,应设置消防车道,并应符合相关规定。

(6) 供消防车取水的天然水源和消防水池应设置消防车道,消防车道的边缘距离取水点不宜大于 2 m。

(7) 消防通道的净宽度和净空高度均不应小于 4.0 m,转弯半径应满足消防车转弯的要求。

(8) 环形消防车道至少应有两处与其他车道连通。尽头式消防车道应设回车道或回车场,回车场面积不应小于 12 m×12 m;对于高层建筑,不宜小于 15 m×15 m;供重型消防车使用时,不宜小于 18 m×18 m。

(9) 消防车道的路面、救援操作场所及其下面的管道和暗沟等,应能承受重型消防车的压力。

(10) 消防车道可利用城乡、厂区道路等,但该道路应满足消防车通行、转弯和停靠的要求。

13.2 防洪规划

13.2.1 村镇防洪规划要求与内容

1) 村镇防洪规划要求

村镇防洪规划应符合下列要求:

(1) 村镇防洪规划应按《中华人民共和国防洪法》和现行的《防洪标准》(GB 50201—2014)的有关规定执行;镇区防洪规划还应符合现行国家标准《城市防洪工程设计规范》(GB/T 50805—2012)的有关规定。

(2) 村镇防洪规划应与当地江河流域、农田水利、水土保持、绿化造林等的规划相结合,统一整治河道,修建堤坝、圩堤和蓄、滞洪区等工程防洪措施。

(3) 村镇防洪规划应根据洪灾类型(河洪、海潮、山洪和泥石流)选用不同的防洪标准和防洪措施,实行工程防洪措施与非工程防洪措施相结合,组成完整的防洪体系。

(4) 邻近大型或重要工矿企业、交通运输设施、动力设施、通信设施、文物古迹和旅游设施等防护对象的村镇,当不能分别进行防护时,应按就高不就低的原则确定设防标准及设置防洪设施。

① 在镇区和村庄修建围埝、安全台、避水台等就地避洪安全设施时,其位置应避开分洪口、主洪顶冲和深水区,其安全超高应符合表 13.2 的规定。

表 13.2 就地避洪安全设施的安全超高

安全设施	安置人口(人)	安全超高(m)
围埝	地位重要、防护面大、人口≥10 000 的密集区	＞2.0
	≥10 000	2.0—1.5
	1 000—10 000	1.5—1.0
	＜1 000	1.0
安全台、避水台	≥1 000	1.5—1.0
	＜1 000	1.0—0.5

注:安全超高是指在蓄、滞洪时的最高洪水位以上,考虑水面浪高等因素,避洪安全设施要增加的富余高度。

② 在村镇建筑和工程设施内设置安全层或建造其他避洪设施时,应根据避洪人员数量统一进行规划,并应符合国家现行标准《蓄滞洪区建筑工程技术规范(1998 年版)》(GB 50181—93)的有关规定。

(5) 易受内涝灾害的村镇,其排涝工程应与村镇排水工程统一规划。

(6) 防洪规划应设置洪灾救援系统,包括应急集散点、医疗救护、物资储备和报警装置等设施。

2) 防洪工程规划的内容

(1) 实地踏勘,收集资料,综合研究

除了研究村镇总体规划的设计意图、市政工程规划以及洪水、泥石流及滑坡的防治规划构思之外，还要着重了解河道的断面、泄洪能力、历年的洪水水位、河道的地质地貌以及历史上所发生的洪水淹没、泥石流和滑坡的危害等情况；了解堤防现状和本规划区四周的地形、地貌、土壤、植被以及形成山洪的源头情况等。通过实地踏勘取得第一手资料之后，还要进行多方面的比较、核实、研究，为下一步的规划工作提供依据。

（2）确定防洪标准

所谓防洪标准，是指防洪工程能防多大的洪水。村镇防洪工程设计标准关系到防洪工程规模、投资及建设期限等问题。应根据村镇的性质、工业的重要程度、经济能力以及其他因素确定防洪标准。如具体到某个居住区时，由于所在区与整个村镇的防洪具有连带关系，须确定该区防洪工程的分区防洪标准。分区防洪标准定得过高，势必增加工程量的投资；定得过低，又不能保证居住区的必要安全。因此，应当根据居住区的重要性和经济、技术的可能性，结合前期踏勘、调研所获得的第一手资料，确定其适当的标准——洪水重现期和频率。

（3）防洪水文计算

确定防洪标准之后，应该推求符合防洪设计标准的、当地可能出现的洪水，即防洪规划和防洪工程预计设防的最大洪水和相应水位。设计洪水的内容包括设计洪峰、不同时段的设计洪量、设计洪水过程线、设计洪水的地区组成和分期设计洪水等。可根据工程特点和设计要求计算其全部或部分内容。村镇规划一般区域不大，主要计算其设计洪峰。

设计洪峰计算根据水文资料条件采用不同的计算方法。常用的计算方法有以下三种：

① 直接法。即根据流量资料推求设计洪水。当工程所在地或其附近有较长的洪水流量观测资料，而且有若干次历史洪水资料时，逐年选取当年最大洪峰流量，组成最大洪峰流量系列，然后进行频率分析，以确定对应于设计标准的设计洪峰。

② 间接法。即根据雨量资料推求设计洪水。当所在地及其附近洪水流量资料系列过短，不足以直接用洪水流量资料进行频率分析，但流域内具有较长系列雨量资料时，可先求得设计暴雨，然后通过产流和汇流计算，推求设计洪峰。

③ 地区综合法。如果所在地的洪水流量和雨量资料均短缺，可在自然地理条件相似的地区，对有资料流域的洪水流量、雨量和历史洪水资料进行分析和综合，绘制成各种重现期的洪峰流量、雨量、产流参数和汇流参数等值线图，或将这些参数与流域自然地理特征（流域面积和河道比降等）建立经验关系，然后借助这些图表和经验关系推算设计地点的设计洪水。

当村镇所在的地区或流域已经具有相应的防洪规划时，可直接采用其计算成果。

（4）确定防洪工程措施

求得洪峰流量之后，就得根据该流量来确定合理的防洪工程。防洪工程的主要措施有堤防、分洪、改善河道、修筑泄洪沟、提高设计标高、整治村镇湖塘等。在村镇的具体分区区域，由于其规划的面积相对于整个村镇来说比较小，在设防时不可就事论事，还应结合总体规划中的防洪问题通盘考虑。对于可能发生泥石流及滑坡的地区，应考虑相应的防治措施。

泥石流防治主要有工程防治和生物防治两大类。工程防治措施有采取稳定边坡、蓄水拦淤、减缓纵坡等方式来控制不良的地质运动复活。其具体做法主要有修建谷坊群、截流沟、拦淤坝、固床坝、排洪道等。生物治理是植树造林、种草栽荆，它对防止水土流失具有十分重要的作用。位于山脚的村镇，山高坡陡，容易产生山洪，如果生物防治达到了固石稳土的作用，一般暴雨可能会形成山洪，但形成泥石流的威胁就可小得多。

滑坡防治有挖孔桩拦挡、钻孔桩锚固拦挡、挡墙拦挡以及截流排水、减载缓坡、反压嵌塞等措施。当然，生物防治也是滑坡防治的另一重要手段，这是治本的唯一途径。

13.2.2 防洪标准

制定村镇防洪规划的首要问题是，经过调查研究和分析计算，并全面考虑工程难易及经济效益，确定防洪标准。如果标准过高，必然要耗费巨大的工程费用；如果标准太低，遇洪水灾害会造成严重的损失。

防洪标准是指防洪保护对象或工程本身要求达到的防御洪水的标准。一般将实际达到的防洪能力也称为已达到的防洪标准。防洪标准应以防御的洪水或潮水的重现期表示，取值的大小关系到城镇的安全和投资的高低。

根据国家标准《防洪标准》（GB 50201—2014），城市防护区应根据政治、经济地位的重要性、常住人口或当量经济规模分为四个防护等级，其防护等级和防洪标准应按表13.3确定。

表 13.3 城市防护区的防护等级和防洪标准

防护等级	重要性	常住人口（万人）	当量经济规模（万人）	防洪标准[重现期(年)]
Ⅰ	特别重要	≥150	≥300	≥200
Ⅱ	重要	<150,≥50	<300,≥100	200—100
Ⅲ	比较重要	<50,≥20	<100,≥40	100—50
Ⅳ	一般	<20	<40	50—20

注：当量经济规模为城市防护区人均国内生产总值（GDP）指数与人口的乘积，人均 GDP 指数为城市防护区人均 GDP 与同期全国人均 GDP 的比值。

位于平原、湖洼地区的城镇，当需要防御持续时间较长的江河洪水或湖泊高水位时，其防洪标准可取前表13.3规定中的较高值。

村庄是以乡村为主的防护区，根据国家标准《防洪标准》（GB 50201—2014），应按其人口或耕地面积确定防洪标准，见表13.4。

表 13.4 乡村防护区的防护等级与防洪标准

防护等级	人口（万人）	耕地面积（万亩）	防洪标准[重现期(年)]
Ⅰ	≥150	≥300	100—50
Ⅱ	<150,≥50	<300,≥100	50—30
Ⅲ	<50,≥20	<100,≥30	30—20
Ⅳ	<20	<30	20—10

人口密集、乡镇企业较发达或农作物高产的乡村防护区,其防洪标准可适当提高;地广人稀或淹没损失较少的乡村防护区,其防洪标准可适当降低。

《城市防洪工程设计规范》(GB/T 50805—2012)主要是指防洪建筑物的设计标准,和城镇防洪标准有着密切的关系。比如,河道防洪标准提高,城镇防洪标准也就相应提高了。城市防洪工程设计标准应根据防洪工程等别、灾害类型按表13.5的规定选取。

表 13.5　城市防洪工程设计标准

城市防洪工程等别	设计标准(年)			
	洪水	涝水	海潮	山洪
Ⅰ	≥200	≥20	≥200	≥50
Ⅱ	≥100 且<200	≥10 且<20	≥100 且<200	≥30 且<50
Ⅲ	≥50 且<100	≥10 且<20	≥50 且<100	≥20 且<30
Ⅳ	≥20 且<50	≥5 且<10	≥20 且<50	≥10 且<20

注:1. 根据受灾后的影响、造成的经济损失、抢险难易程度以及资金筹措条件等因素合理确定。2. 洪水、山洪的设计标准指洪水、山洪的重现期。3. 涝水的设计标准指相应暴雨的重现期。4. 海潮的设计标准指高潮位的重现期。

13.2.3　防洪对策与工程措施

1) 防洪对策

(1) 在平原地区,当河流贯穿村镇或从一侧通过,村镇地势低于洪水位,应修建防洪堤。

(2) 当河流贯穿村镇,河床较深,易引起洪水对河岸的冲刷,应采用护岸工程,也可与滨河路相结合。

(3) 村镇位于山前区,地面坡度大,山洪出山沟口多,可以采用排(截)洪沟。

(4) 当村镇上游近距离内有大中型水库,应提高水库的设计标准。

(5) 村镇地处盆地、低地,暴雨时易发生内涝,应在城区外围建防洪堤,并修泵站排涝。

(6) 位于海边的村镇,易受海潮及飓风的袭击,应建海岸堤及防风林带。

2) 防洪工程措施

制定村镇防洪规划,应与当地河流流域规划、农田水利规划、水土保持及植树造林规划等结合起来统一考虑。一般可采用下面几项工程措施:

(1) 修筑防洪堤岸。村镇用地范围的标高普遍低于洪水位时,应按防洪标准确定的标高修筑防洪堤。汛期一般用水泵排出堤内积水,排水泵房和集水池应修建在堤内低洼处,以利于汇集堤内集水。堤外侧则应结合绿化规划种植防浪林,以保护堤岸。筑堤一定要同时解决排涝问题。洪水与内涝往往是同时出现的。因此,排水系统在河岸边的出水口应设置防倒灌的闸门。对堤内的湖、塘等应充分加以利用,增加滞蓄面积,以便降低内涝水位,减小排涝泵站的规模,减少其设计流量,从而降低投资和运行费用。

(2) 整修河道。中国北方地区降雨集中,洪水历时短但峰量较大,且平时河道干涸,河床平浅,河滩较宽,这对于村镇用地、道路规划、桥梁建造都是不利的。规划中宜考虑防洪标准下的泄洪能力将河道加以整治,修筑河堤以束流导引,变河滩地为村镇用地,把平浅的河床加以浚深,或把过于弯曲的河道适当截弯取直,以增加泄洪能力,降低洪水位,从而降低河堤高度。

(3)整治湖塘洼地。湖塘洼地对防洪排涝的调节作用是不小的。应结合村镇总体规划,对一些湖塘洼地加以保留与整治,或浚挖用来养鱼,或略加填垫修整用作绿化苗圃,有的可结合排水规划加以连通,以扩大蓄纳容量。不同地区应该结合本地特点和要求,确定合理的最低水面率。

(4)修建截洪沟。山区的村镇,往往受到山洪暴发的威胁,可在村镇用地范围靠山较高的一侧,顺应地形修建截洪沟,因势利导,将山洪引至城镇范围外的其他沟河,或引至村镇用地的下游方向排入其附近河流中。截洪沟的布置、坡度及铺砌材料等应考虑安全、水流冲刷等等因素,尽量采用明沟并避免从村镇范围内穿过。依山傍水的村镇,在考虑修建截洪沟的同时,还应根据洪水调查资料,修筑必要的河堤和局部排涝的措施。

13.3 防震减灾规划

地震是对人类生存安全危害最大的自然灾害之一,中国是世界上地震活动最强烈和地震灾害最严重的国家之一。中国大陆大部分地区位于地震烈度Ⅵ度以上区域;50%的国土面积位于Ⅶ度以上的地震高烈度区域,包括23个省会城市和2/3的百万人口以上的大城市。

中国占全球陆地面积的7%,但20世纪全球大陆35%的7.0级以上地震发生在中国;20世纪全球因地震死亡120万人,中国占59万人,居各国之首。死亡最多的地震是1556年1月23日发生在陕西华县的8级地震,死亡人数"其奏报有名者83万有余,不知名者复不数计"。20世纪,全球两次造成死亡20万人以上的大地震全都发生在中国:一次是1920年宁夏海原8.5级大地震,死亡23.4万人;另一次就是1976年唐山7.8级大地震,死亡24.2万人。2008年5月12日汶川大地震,死亡6.9万人,受伤37.46万人,失踪1.79万人,直接经济损失8 451亿元。据中华人民共和国成立以来近50年的资料统计,地震灾害造成的死亡人数占各种自然灾害死亡人数的54%,可谓群灾之首。因此,地震和地震灾害问题是中国减轻自然灾害、保障国民经济建设和社会持续发展,特别是保障人民群众生命财产安全的一个极为重要的课题。

防震减灾规划作为村镇规划的重要组成部分,是政府全面统一部署一定时期内防震减灾工作的指导性文件,是政府依法加强领导、落实有关政策、协调各部门工作、动员社会力量、开展防震减灾的重要途径和手段。编制防震减灾规划的目的就是贯彻防震减灾工作方针,针对震情形势和潜在的地震灾害影响,明确防震减灾工作在一定时期内的指导思想、原则和目标等几个方面工作的任务、措施,使防震减灾工作在政府的统一领导下协调、有序地开展,并与经济建设和社会发展相适应。

目前全国绝大部分省、自治区、直辖市、地级行政区以及部分县级行政区均制定了本地区的防震减灾规划。村镇防震减灾规划应该服从上级防震减灾规划的要求,并符合《中华人民共和国防震减灾法》。

13.3.1 村镇抵御地震灾害风险的能力与防震减灾规划的内容

1) 村镇抵御地震灾害风险的能力

目前,由于缺乏相应的法律、法规,公众防震减灾意识淡薄,缺乏必要的防震知识等原因,村镇抵御地震灾害风险的能力普遍较低,突出表现在以下几个方面:

(1) 村镇规划对地震灾害预防考虑不够。由于许多村镇对所处的地震环境和现有的建筑、生命线设施的抗震能力缺乏足够的了解,在新区规划中,难以根据地震环境、震害风险、抗震不利因素的空间分布等进行科学合理的布局;城镇老区的改建也难以根据现有建筑物的地震风险分布情况,按轻重缓急科学地加以实施;村镇地震灾害应急避难场所、疏散通道设置和救灾能力布局等方面远远不能满足要求。

(2) 村镇建设中地震灾害预防难以落实。城镇化进程的加速带来了基础设施和建筑的迅速增加,由于缺乏足够的技术支撑以及建设管理体系中的缺陷,新建工程的抗震设防管理缺乏法律、法规强制要求,造成许多工程在抗震性能上未达到相应的要求,给村镇带来了很大的地震安全隐患。

(3) 地震灾害应对准备不足。由于缺乏足够的地震灾害应对准备与应急救灾的基础信息、技术支撑和应对措施,将导致地震灾害应急救灾的滞后与措施不当。

2) 防震减灾规划的内容

村镇防震减灾规划主要应包括建设用地评估、工程抗震、生命线工程和重要设施、防止地震次生灾害以及避震疏散,建立地震的防灾救灾体系,明确地震时各级组织的职责,提高地震应急响应和救灾能力等。

(1) 建设用地评估。处于抗震设防区的村镇进行规划时,应选择对抗震有利的地段,避开不利地段;当无法避开时,必须采取有效的抗震措施,并应符合国家现行的标准《建筑抗震设计规范(2016 年版)》(GB 50011—2010)和《中国地震动参数区划图》(GB 18306—2015)的有关规定。严禁在危险地段规划居住建筑和人口密集的建设项目。

在村镇规划中,应控制土地开发强度,将建筑物和人口密度控制在一定范围内;居住用地、公建用地、工业用地以及生命线工程、公共基础设施等应避开活动构造、抗震不利区域和危险区域;将抗震不利地段规划为道路用地、绿化用地、仓库用地、对外交通用地等对场地条件要求不是很高的土地使用类型,同时作为震时避震疏散场地;抗震危险地段可规划为绿化用地。对村镇老区中人口和建筑物密度过大的区域,应减少密度,向抗震有利地段迁移发展。

(2) 地震安全性评价。工程抗震重大工程、可能发生严重次生灾害的建设工程必须进行地震安全性评价,并依据评价结果确定抗震设防要求进行抗震设防;村镇范围内的新建、扩建、改建工程,必须按照国家颁布的地震烈度区划图或者地震动参数区划图规定的抗震设防要求进行抗震设防。各种建(构)筑物和工程设施只有按照相应的抗震设防要求和抗震设计规范进行严格的抗震设计和施工,才能具备一定的抗御地震的能力。对现有的建筑物、构筑物和工程设施应按国家和地方现行的有关标准进行鉴定,提出抗震加固、改建、翻建或拆除、迁移的意见。

（3）生命线工程和重要设施规划。生命线工程和重要设施,包含交通、通信、供水、供电、能源、消防、医疗和食品供应等应进行统筹规划,除按国家现行的标准进行抗震设防外,尚应符合下列规定:①道路、供水、供电等工程采用环网布置方式。②镇区人员密集的地段设置不同方向的四个出入口。③抗震防灾指挥机构应设置备用电源。

（4）次生灾害规划。对于生产和贮存具有发生地震的次生灾害源,包括产生火灾、爆炸和溢出剧毒、细菌、放射物等单位,应采取下列措施:①次生灾害严重的,应迁出镇区和村庄;②次生灾害不严重的,应采取防止灾害蔓延的措施;③在镇中心区和人口密集活动区,不得建有次生灾害源的工程。

（5）疏散场地规划。避震疏散场地应根据疏散人口的数量规划,疏散场地应与广场、绿地等综合考虑,并应符合下列规定:①应避开次生灾害严重的地段,并应具有明显的标志和良好的交通条件;②镇区每一疏散场地的面积不宜小于 4 000 m^2;③人均疏散场地面积不宜小于 3 m^2;④疏散人群至疏散场地的距离不宜大于 500 m;⑤主要疏散场地应具备临时供电、供水设备,并符合卫生要求。

（6）制定地震应急预案。地震应急是防震减灾的四个工作环节之一,包括临震应急和震后应急。制定破坏性地震应急预案和落实预案的各项实施条件是最根本的应急准备。破坏性地震应急预案是政府和社会在破坏性地震即将发生前采取的紧急防御措施和地震发生后采取的应急抢险救灾的行动计划。从各地、各部门制定与实施破坏性地震应急预案的实践经验来看,应急预案一般应当包括六个方面的内容:应急机构的组成和职责;应急通信保障;抢险救援人员的组织和资金、物资的准备;应急、救助装备的准备;灾害评估准备;应急行动方案。

13.3.2　防震减灾设施布局

从村镇规划角度来看,学校操场、公园、广场、绿地等均可作为临时避震场所。除满足其自身基本功能的需要和有关法律规范要求外,在防震减灾方面,这些设施布局与选址主要有以下一些规定与要求:

（1）中小学校。学校宜设在无污染的地段,学校与污染源的距离应符合国家有关防护距离的规定;宜选在阳光充足、空气畅通、场地干燥、排水通畅、地势较高的地段,校内应有布置运动场的场地和提供设置给排水及供电设施的条件;校区内不得有架空高压输电线穿过。

学校主要教学用房的外墙面与铁路的距离不应小于 300 m;与机动车流量超过每小时 270 辆的道路同侧路边的距离不应小于 80 m,当小于 80 m 时应采取隔声措施;中学服务半径不宜大于 1 000 m,小学服务半径不宜大于 500 m,走读学生不应跨过城镇干道、公路及铁路。有学生宿舍的学校不受此限制。

（2）公园。公园的用地范围和性质,应以批准的村镇总体规划和绿地系统规划为依据。公园的范围线应与道路红线重合,条件不允许时,设通道使主要出入口与道路衔接。高压输配电架空线通道内的用地不应按公园设计,公园用地与高压输配电架空线通道相邻处应有明显界限;高压输配电架空线以外的其他架空线和市政管线不宜通过公园,特殊情况时,过境应符合《公园设计规范》(GB 51192—2016)的有关规定。

（3）广场。广场一般有公共活动广场、集散广场、交通广场、纪念广场、商业广场五类，有些广场兼有多种功能。

① 按照村镇总体规划确定的性质、功能和用地范围，结合城市交通、地形、自然环境等进行广场设计，并处理好与毗连道路及主要建筑物出入口的衔接，以及与周围建筑物的协调，注意广场的艺术风貌。应按人流、车流分离的原则布置分隔、导流等设施，并采用交通标志与标线指示行车方向、停车场地、步行活动区等。

② 各类广场的功能与设计要求如下：公共活动广场，有集会功能时，应按人数计算需用场地，并对人流迅速集散的交通组织以及与其相适应的各类车辆停放场地进行合理布置和设计。集散广场，应根据高峰时间人流和车辆的多少、公共建筑物主要出入口的位置，结合地形合理布置车辆与人群的进出通道、停车场地、步行活动地带等。港口码头、铁路车站、长途汽车站的站前广场应与交通站点布置统一规划，合理组织交通，使人流与客货运车流的通行分开，行人活动区与车辆通行区分开，离站、到站的车流分开。交通广场，包括桥头广场、环形交通广场等，应处理好广场与所衔接道路的交通，合理确定交通组织方式和广场平面布置，减少不同流向人车的相互干扰。纪念广场，应以纪念性建筑为主体，结合地形布置绿化与供瞻仰、游览活动的铺装场地。为保持环境安静，应另辟停车场地，避免导入车流。商业广场，应以人行活动为主，合理布置商业贸易建筑及人流活动区。广场的人流进出口应与周围公共交通站点协调，合理解决人流与车流的干扰。

③ 在广场通道与道路衔接的出入口处，应满足行车视距要求。

④ 广场竖向设计应根据平面布置、地形、土方工程、地下管线、广场上主要建筑物标高、周围道路标高与排水要求等进行，并考虑广场整体布置的美观；广场排水应考虑广场地形的坡向、面积大小、相连接道路的排水设施，采用单向或多向排水。广场设计坡度：平原地区应小于或等于 1%，最小为 0.3%；丘陵和山区应小于或等于 3%。地形困难时，可建成阶梯式广场。与广场相连接的道路纵坡度以 0.5%—2% 为宜，困难时最大纵坡度不应大于 7%，积雪及寒冷地区不应大于 6%，但在出入口处应设置纵坡度小于或等于 2% 的缓坡段。

（4）绿地。绿地，特别是分布在居住区内的绿地，可供临震前安全疏散之用。根据《城市居住区规划设计标准》（GB 50180—2018），居住区内绿地的建设及其绿化应遵循适用、美观、经济、安全的原则，并应符合下列规定：①宜保留并利用已有的树木和水体。②应种植适宜当地气候与土壤条件、对居民无害的植物。③应采用乔、灌、草相结合的复层绿化方式。④应充分考虑场地及住宅建筑冬季日照和夏季遮阴的需求。⑤适宜绿化的用地均应进行绿化，并可采用立体绿化的方式丰富景观层次、增加环境绿量。⑥有活动设施的绿地应符合无障碍设计要求并与居住区的无障碍系统相衔接。⑦绿地应结合场地雨水排放进行设计，并宜采用雨水花园、下凹式绿地、景观水体、干塘、树池、植草沟等具备调蓄雨水功能的绿化方式。居住区公共绿地活动场地、居住街坊附属道路及附属绿地活动场地的铺装，在符合有关功能性要求的前提下，应满足透水性要求。

在各级生活圈居住区用地中，公共绿地的用地控制指标根据所在地区的气候区划、住宅建筑的平均层数和类别有所不同。15 min 生活圈公共绿地的用地控制在居住区用地的 7%—16%，10 min 生活圈控制在 4%—10%，5 min 生活圈控制在 2%—5%。

新建各级生活圈居住区应配套规划建设公共绿地,并应集中设置具有一定规模且能开展休闲、体育活动的居住区公园。公共绿地的控制指标应符合表 13.6 的规定。

表 13.6　公共绿地控制指标

类别	人均公共绿地面积 （m²/人）	居住区公园		备注
		最小规模 （hm²）	最小宽度 （m）	
15 min 生活圈居住区	2.0	5.0	80	不含 10 min 生活圈及以下级居住区的公共绿地指标
10 min 生活圈居住区	1.0	1.0	50	不含 5 min 生活圈及以下级居住区的公共绿地指标
5 min 生活圈居住区	1.0	0.4	30	不含居住街坊的公共绿地指标

注:居住区公园中应设置 10%—15% 的体育活动场地。

当旧区改造确实无法满足表 13.6 的规定时,可采取多点分布及立体绿化等方式改善居住环境,但人均公共绿地面积不应低于相应控制指标的 70%。

根据建筑气候区划和住宅建筑平均层数和类别,在居住街坊用地中,绿地率最小值为 25%—35%。当住宅建筑采用低层或多层高密度布局形式时,居住街坊的绿地率最小值为 20%—28%。居住街坊内的绿地应结合建筑布局设置集中绿地和宅旁绿地。其中集中绿地的规划建设应符合下列规定:①新区建设不应低于 0.50 m²/人,旧区改建不应低于 0.35 m²/人;②宽度不应小于 8 m;③在标准的建筑日照阴影线范围之外的绿地面积不应少于 1/3,其中应设置老年人、儿童活动场地。居住街坊内绿地面积的计算应符合下列规定:①满足当地植树绿化覆土要求的屋顶绿地可计入绿地,绿地面积计算方法应符合所在城市绿地管理的有关规定。②当绿地边界与城市道路临接时,应算至道路红线;当与居住街坊附属道路临接时,应算至路面边缘;当与建筑物临接时,应算至距房屋墙脚 1.0 m处;当与围墙、院墙临接时,应算至墙脚。③当集中绿地与城市道路临接时,应算至道路红线;当与居住街坊附属道路临接时,应算至路面边缘 1.0 m 处;当与建筑物临接时,应算至距房屋墙脚 1.5 m 处。

14 村庄整治

2006 年,仇保兴在《我国农村村庄整治的意义、误区与对策》一文中指出:村庄整治工作是社会主义新农村建设的基础性工作之一。党的十六届五中全会提出"生产发展、生活富裕、乡风文明、村容整洁、管理民主"的 20 字方针,这既是我国新农村建设长期奋斗的目标,也包含着新农村建设的深刻内涵,同时又是新农村建设的途径。这 20 字方针是目标、内涵、途径的统一,所涵盖的五个方面是相互联系、互为因果的。

(1) 村庄环境是经济发展的前提条件

生产发展必须依靠好的环境,只有广大农民实现安居,才能乐业、创业,才能逐步实现农业现代化。如果我们村庄的路难行、水难饮、环境"脏乱差",疾病丛生、缺医少药的话,那么人们只会唯恐避之不及,哪会谈什么创业,发展经济和解决"三农"问题就更无从谈起。城市需要优质的投资环境,农村也需要良好的创业条件和安居环境。

(2) 村庄整洁是农民生活富裕的要义之一

我们要减小城乡收入差别,实现城乡共同富裕。如果村庄人居环境改善了,尽管以货币计算的农民收入不比城里人高,但农村的实际购买力以及与自然环境紧密结合的居住条件就比城里好,从而形成了一种均衡。村庄整治所产生的效果是让农民直接受惠、感受生活质量的提高。

(3) 村庄整治是乡风文明的载体

环境好了,文明的程度才能提高。有位哲学家就讲过,"环境能够塑造人,人能够改造环境",这两者是相互作用、相互促进的,也会引起良性循环发展的。抓乡风文明,应该从看得见、摸得着、让农民真正得到实惠的文明抓起。江西省有个村庄原来有座庙,庙中原供了几尊菩萨,干部捣毁几次,农民就重修几次。在这次村庄整治中,老百姓真正看到了环境的变化,感受到了文明的好处,过去菩萨帮不了忙的,而现在共产党人却做到了。"不靠菩萨,靠支部",百姓内心就发出了这种呼唤,所以菩萨也顺利搬掉了,庙也就变成了文化活动室。如果我们的村庄污水横流、道路泥泞、垃圾遍地,造成人畜得病,我们再去跟农民讲文明,没有环境的支撑,就很难有说服力。从历史学可知,"封建"实际上来自农民实际生活中的许多"无奈",迫不得已选择"封建宗法"的统治来求太平。而"迷信"则来源于先民们对众多大自然灾害和疾病的恐惧。不去消除农民们的无奈和恐惧来塑造文明,往往难以奏效。

(4) "村容整洁"是建设社会主义新农村的环境氛围

村容整洁主要是指脏乱差状况从根本上得到治理,生态环境、人居环境明显改善,社会秩序稳定,村容村貌整洁。进行村容村貌的综合整治,不仅要站在统筹城乡发展的战略高度,实行城乡统一规划,考虑城市文化的进程和发展布局,还要站在农村自然和文化发展脉络的高度,尊重农村的实际和特点,以改善人居环境为切入点,从硬化、绿化、净化、美化入手,实现人与自然的和谐相处。更重要的是要建立一套比较完善的农村环境建设的机制和制度,如分级责任制度、农民参与机制、村庄公共设施管理长效机制、村庄整治的督促检查制度等等。

（5）管理民主实际上是一种实践，是一种农民自主从"干中学"的过程

成熟的民主体制始终伴随着永不停顿的成功实践。村庄整治是在农民自主、村民自治、自我决策过程中所形成的民主决策的新风尚，而且这种民主决策直接给农民带来利益，管理民主之习惯才会真正育成。从某种程度上说，村庄整治的过程，是实践农村民主体系的过程，是我国农村民主体系逐步发育、成长、成熟的过程。所以，离开这些与农民利益休戚相关的实践过程，谈民主管理往往就是空谈。

综上所述，正在开展的村庄整治及其社会主义新农村建设关系到我国城镇化的健康发展。有人曾说过，"中国城市像欧洲，农村像非洲"，这样的情况再也不能持续下去了。城镇化的健康发展需要拉力和推力的均衡，城镇化并不是越快就越好。目前，世界上城镇化速度最快的地区是非洲。据联合国统计，非洲的城镇化率每年达到 3％左右，但非洲的许多国家也正是世界上最贫困、最混乱的国家。许多非洲国家由于照搬了原宗主国的土地私有制度，一遇到天灾、人祸，农民为了求生存就将土地一卖了之，继而在村庄里就待不住，大量的人口涌入城市，几乎所有的城市 30％—50％的区域被贫民窟所包围，贫民窟中生存环境恶劣，传染病流行。城市本身也因贫民窟的存在，致使投资环境不佳、治安混乱，造成了经济衰退；而农村因大批农民的离开，劳动力不足，农作物产量急剧下降，导致了大面积的饥荒。所以，健康城镇化的关键是推力和拉力的均衡，是富余劳动力有序地从农村转移到城市的过程，这个过程应当是一个自然和谐的过程。如果城镇化不和谐、不健康，那整个社会的和谐也就无从谈起。欧洲的城镇化进程历时 200 多年，它是把 9 000 万人转移到南北美洲殖民地后，才实现了城镇化的有序推进。它所走过的向外扩张、广建殖民地的掠夺式发展之路，我们不可能走，我国要走的是和平崛起之路，只能走国内均衡的健康的城镇化道路。要缩小城乡的差距，关键也是要通过整治村庄，改善生产和生活环境，加快城乡经济发展，改善农村的人居环境。要实现工业反哺农业，城市支持农村，就要先从村庄整治抓起。现代城市规划学的老祖宗英国人霍华德早在 100 多年前就说过："理想的城乡结构，就是让城市的活力和文明涌向农村，而让农村的田野风光在城市驻足。"我们所做的村庄整治工作，实际上就是踏踏实实地让城市的文明和活力涌到农村去，使农村焕发生机，从而改变农民、农村和农业的现状①。

党的十八大报告明确提出，要推动城乡发展一体化，加大统筹城乡发展力度，加快完善城乡发展一体化体制机制，着力在城乡规划、基础设施、公共服务等方面推进一体化，促进城乡要素平等交换和公共资源均衡配置，形成以工促农、以城带乡、工农互惠、城乡一体的新型工农、城乡关系。2012 年 11 月，中共江苏省第十二届委员会第四次全体会议根据十八大提出的新要求，确立了城乡建设更高工作要求，进一步提出要构建统筹协调、互动融合的城乡区域发展新格局，同步推进新型工业化、信息化、城镇化、农业现代化，推动城乡基本公共服务均等化，加快形成功能互补、特色鲜明、优美宜居的现代城乡形态。

---

① 以上文字（第 14 章）均引自仇保兴《我国农村村庄整治的意义、误区与对策》。

14.1 村庄整治原则和策略

14.1.1 村庄整治原则

在当前村庄整治过程中,仍存在很大程度的任意性、盲目性,占用大量的耕地和灌溉面积,而原有建设用地被大量废弃或闲置,形成了"空心村"。为了消灭这种现象,建设现代化的新农村,村庄整治必须遵循以下原则:

1) 节约用地,保护耕地

村庄整治必须充分利用原有建设用地,杜绝用地浪费现象;对占用耕地的项目严格按《中华人民共和国土地管理法》规定的审批程序审批批准,并实行"占地补偿",以保证耕地总量的动态平衡。

2) 统筹兼顾,远近结合

村庄整治既要立足现状,拟定近期改造的内容和具体项目,又要符合村庄建设的长远利益,体现远期规划意图。同时,村庄整治要有详细的计划,建设目标要分批分期地逐步实现。

3) 因地制宜,量力而行

村庄整治的方法、规模、速度等应与当地的实际情况相结合。在整治过程中,既要避免不顾村民的经济状况搞大拆大建,又要避免缺少远见的小修小补,同时,还要避免不顾实际情况、千篇一律、缺少地方特色的规划。

4) 合理利用,逐步改善

村庄整治应合理地利用原有村庄的基础,近几年新建的住宅、公共建筑及其他公用设施等应尽量利用,给予保留。但对于那些破烂不堪、有碍村庄发展的建筑,应当及时拆迁。此外,对村庄内的果园、池塘等有价值的用地应结合自然条件状况给予保留。

5) 科学规划,注重特色

统筹兼顾经济社会发展、城乡空间优化、生态环境保护、文化特色彰显等要求,优化村庄布点,完善村庄规划。切实强化规划的引导作用,倡导集约建设,突出整治重点,挖掘地方特色,展现乡村风情。

6) 健全机制,协调推进

坚持以块为主,建立省、市、县、乡镇四级联动机制,整合各方资源和力量,形成村庄环境整治工作合力。建立健全村庄环境长效管理机制,巩固整治成果,持续改善村庄环境。

14.1.2 村庄整治策略

村庄整治必须符合土地利用总体规划及村镇总体规划。村庄整治的内容多,牵涉面广,且由于村庄地域差异大,因此整治深度亦有差异。为了避免整治过程中出现反复的局面,整治时应在全面了解村庄现状的基础上按照一定的顺序进行。

1) 调整用地布局

村庄用地布局的调整必须根据原村庄的功能分区情况和今后各方面发展的具体要求

来定。如果原来的功能分区正确，生产和生活互不干扰，且今后的发展也有合理的用地，此时则无须对用地布局进行调整；若原来的功能分区紊乱，如生产建筑分布散乱，不利于生产与卫生，且对生活有较大干扰，此时应结合今后村庄生产、生活发展的需要对村庄用地进行调整。调整方法如下：

（1）改造旧生产区

以现有的某一位于适宜地段的生产建筑为基础，将其他零散的生产建筑迁至于此，集中发展，形成新的生产区。

（2）新选生产区

根据村庄的自然条件，考虑功能分区的原则要求，在村庄一侧新选一生产区，同时将原来散乱分布在住宅建筑群中对居住生活产生干扰的生产建筑迁至于此，并合理安排新增生产项目。

（3）形成集中的生活区

以现有居住建筑集中的地段为核心，选择地质、地貌、水文、生态等条件较好地段，将其余零散居住建筑迁至于此，集中布置形成生活区。

（4）形成村庄公共中心

适当地集中原有公共建筑项目于某一适中地段，并集中布置新增公共建筑项目，以形成村庄公共中心。

2）改造旧建筑群

改造旧建筑群就是对村庄原有的建筑物确定哪些需要保留，哪些需要拆迁改造，并从建筑物的功能考虑，做出新的调整。其主要依据是建筑物的等级质量、分布位置和建筑地段的建筑密度。此外，村庄的经济水平和村庄发展的需要也是改造村庄建筑群的依据。

（1）调整建筑密度

调整建筑密度的具体方法是"填空补实，酌情拆迁"。"填空补实"就是在原来建筑密度较小的地段上适当增建新的建筑物，以充分利用土地；而"酌情拆迁"就是对原来建筑密度较大的地段或有碍交通的建筑物进行适当拆除。

（2）改变功能性质

改变功能性质是指对某些建筑物质量等级尚好，但功能上的位置不合理而采取的改变建筑物功能的办法。建筑物的功能调整涉及建筑物的结构和使用问题，一般可将公共建筑改为住宅建筑，生产建筑改为仓库。通过这种调整，使各种建筑物的功能满足规划布局的需求。

（3）建造新的建筑物

按照规划需要，对将来新建的建筑物和需要拆除迁移的建筑物进行合理布置，以便按规划建设。

3）改善道路，完善交通网

村庄道路整治应从全局出发，从形成完善的道路网方面考虑，并充分考虑道路的功能性质要求。因此，必须对现有的村庄道路进行认真仔细的分析研究，明确道路的功能，确定适宜的道路宽度及坡度；同时应注意拓宽窄路，收缩宽路，开拓新路，封闭无用之路，正确处理过境道路，形成车行道与步行道相结合的道路网等。对于道路改造引起的建筑物的拆迁问题,应慎重对待,要分清轻重缓急,避免过早地拆迁质量较好的建筑物;同时,道路改造应和各类建筑用地内部的组织、设计等密切配合。

4）改造供水、供电设施

（1）改造供水设施

根据村庄水源类型、取水途径、供水方式,结合村庄生活水平进行改造。①尽量改地表水源为地下水源,以保证良好稳定的水质,但要注意保证水量充足。②改人力提水为动力提水,以提高效率、节约人力。③实行集中供水,通过建小水塔,配以简易水处理设备,以保证满足居民生产、生活对水质、水量的需要。

（2）供电设施改造

中国村庄供电设施的特点主要表现为电线老化、线路杂乱、电压低、电力供应不足、供电质量差等。整治时必须根据村庄电力需要量日益增加的实际情况,做出相应改造。①合理配置变电设备,根据村庄总体规划进行安排。②改变线路,更新电线。统一规划线路走向,主要线路应采用高压线,做到既经济合理,又保证供电质量。

5）改善环境

通过对村庄内部的用地调查、分析,结合各类建筑用地的改造,将村庄内不适合于建筑的坡地、零星闲散地和边角地充分利用起来,进行适当的绿化,以改善环境,完善绿化系统,美化村庄面貌。此外,对村庄内的粪便处理、垃圾堆放和厕所的布置进行统一规划,以改变村庄环境"脏""乱""差"的状况。

14.2　村庄整治规划的编制

14.2.1　村庄整治规划编制的方法和步骤

村庄整治规划是一项涉及面广、技术性很强的工作,根据经验,一般的方法和步骤如下:

（1）技术准备

查阅有关资料、规划实例,走访有关单位,制订具体工作计划,准备用品和用具等。

（2）现场测量

对整治规划区内的地形地貌进行测量,绘制村庄现状图（比例尺为：1：500 或 1：1 000）。

（3）提出方案

按照村庄规划原则提出多个方案进行分析比较,最后选定最佳方案。

（4）编制规划

依据方案,编写规划纲要和绘制规划草图（比例尺为 1：500 或 1：1 000）。

（5）征求意见

以会议形式向有关人员及上级主管部门征求意见,提交村民大会讨论通过。

（6）完善规划

绘制村庄整治规划图（比例尺为 1：500 或 1：1 000）,写出说明书,整理有关要点及有关资料。

（7）张榜公布

将县级人民政府批复的规划与执行规划的规定用永久性的构筑物公布于众，并制定执行规划的具体办法和细则。

14.2.2 村庄整治规划编制的内容

村庄整治规划由乡镇人民政府负责组织编制，县级人民政府建设主管部门应当给予指导。编制内容有以下六项：

1）确定村庄整治规模与建设期限

确定村庄整治规划区的范围、用地规模、发展方向、建设特点和规划建设期限（一般为5—10年）。

2）确定用地标准

（1）人均建设用地标准

村庄规划人均建设用地指标按以下要求控制：以非耕地为主的村庄，人均规划建设用地指标为 100—120 m²；以占用耕地建设为主的村庄或人均耕地面积 0.0 467 hm²（0.7 亩）以下的村庄，人均规划建设用地指标为 60—80 hm²。

（2）建设用地标准

村庄规划中的居住建筑、公共建筑、道路广场、绿化及其他用地所占比例：居住建筑用地占 65%—75%；公共建筑用地占 2%—5%；道路广场用地占 8%—15%；绿化用地占 4%—6%；其他用地占 5%—10%。

3）确定建筑密度和间距

（1）建筑密度

建筑密度指所有建筑物占地面积与规划区占地面积之比。建筑密度一般为 30%—40%。

（2）建筑间距

村庄房屋要尽可能安排南北朝向，尽量避免东西向布置。房屋间距应满足当地日照间距的要求，且不得小于 10 m。山墙间距不小于 4 m。联排式住宅不宜超过 4 户，建筑物间距的计算一般以建筑物外墙之间最小垂直距离为准。

4）确定各类公用设施

确定如道路、供水、排水、绿化等以及各类公共建筑，如商店、学校、医务室、文体活动场所等布局及实施步骤。

5）确定环境保护、防灾等各项措施

确定村庄绿化整治、水环境整治、消防整治、防洪与内涝整治及其他防灾等措施。

6）确定规划实施的目标、途径和先后顺序

确定村庄整治规划实施的总目标及分年度目标、建设内容的实施顺序等。

14.2.3 村庄整治规划建设项目内容

根据相关经验，村庄整治规划建设项目内容可归纳为 20 项。村庄整治的资金来源：生活性设施主要由农户自筹资金，其余采用多渠道筹资。

村庄整治规划建设的 20 项内容如下：

（1）公益性设施。①"三水一路"，即排水设施、水塘、供水设施（水井等），村内道路。②"三室一场"，即托儿所、医务室、文体活动室（文化宣传栏）、公共场所硬地铺装（布置篮球场和简易体育活动健身器材）。

（2）准公益性设施。①"三电一广"，即电力、电话、电信，有线广播电视。②"三保二化"，即保护生态建沼气池，保护环境建公厕，保护清洁建公共畜舍；村庄进行绿化，村庄垃圾归集化（堆肥池）。

（3）其他相关设施。危旧房拆除，保留建筑整修，新建住房。

14.2.4 村庄整治规划成果

村庄整治规划要找准本地村庄整治工作的重点，突出农民对整治中最关心、最直接、最急迫解决的热点和难点，抓住农民参与和政府帮扶的结合点，既注重解决当前村庄整治的重点问题，又充分考虑后续的村庄规划与管理需要，突出乡村特色和可持续发展要求。要依据政府发布的指导性目录，合理确定村庄整治的具体项目，并做出相应的现状评估。在此基础上，确定整治项目的空间布局与技术要求，明确整治项目的主要指标，测算工程量，提出实施方案、实施管理以及运行维护管理建议。编制村庄整治规划与实施方案的成果应达到"四图、三表、一书"的要求，即现状及村庄位置图、规划总平面图、公共设施规划图、农房设计参考图，主要指标表、工程测算表、行动计划表和说明书。

1）现状及村庄位置图

现状及村庄位置图应标明自然地形地貌、河湖水面、废弃坑塘、道路、工程管线、公共厕所、垃圾站点、集中禽畜饲养场等，各类建筑的范围、性质、层数、质量等。

2）规划总平面图

全村域的总体平面图中应包括周围山林、水体、田野等的布局。规划图纸要做到修建性详细规划的深度，明确标明硬化道路、宅前小路、排水沟渠、公用水塘、集中供水设施（水厂、水塔、汲水井）、集中沼气池、集中活动场所、集中场院、集中绿地、集中畜禽舍圈、保留民房、保留祠堂、拆迁民房、违规民房、公共厕所、垃圾收集站（转运）点等。新增加的建设用地必须明确标明四至范围，并指出其属性，包括村外散户迁地、村内拆迁新建、新增本村村民宅基地等。数量较多的外村整村迁建应明确拟迁建的人口、户数及建筑面积。

3）公共设施规划图

公共设施规划图应标明道路红线、横断面、交叉点坐标及标高，道路应构架清楚，分级明确、简洁；给水管线的走向、管径、主要控制标高；排水沟渠的走向、宽度、主要控制标高及沟渠形式；煤气管线的走向、管径；配电线路、电信线路和有线电视线路；以及其他有关设施和构筑物的位置等。

4）农房设计参考图

农房设计参考图应提供卧室、厅堂、餐厅等功能齐全、布局合理的住宅设计平面图、立面图、剖面图。二三层的住宅尽可能采取并联式或联排式，以节约用地。新建民宅和原有民宅、历史性建（构）筑物组成有机主体。住宅间距应满足当地日照间距的要求，其南北向间距不少于 10 m，山墙间距不少于 4 m。

5）主要指标表

主要指标表包括整治前后村庄人口、村庄户数、公共设施和基础设施建筑面积、新建农房面积，农房拆除率、农房保留率、拆除农房面积、改造农房面积、道路建设或硬化面积、改造沟渠长度、保留并改造利用空地（含闲置地和绿化用地）面积、集中的畜禽舍圈建设面积。

6）工程测算表

工程测算表应详细列出整治主要项目的估算工程量。

7）行动计划表

行动计划表包括整治项目清单、项目具体内容、项目整治措施、项目用工量、项目所需资金或实物量、村民申报类型、村民选择程度、实施步骤、维护管理措施等。

8）说明书

说明书包括现状条件分析、经济状况及发展前景分析，土地利用情况、设施情况、各整治项目的调研分析和论证评估等，规划人均建设用地标准，公共设施、基础设施、农房建设和村庄绿化基本原则、要求及具体措施，各整治项目工程量、实施步骤及投资估算，基础设施的施工方法及工法，整治的实施措施，管理维护方式、方法以及有关政策建议等。

14.3 村庄整治建设

基础设施主要内容包括村庄内给水、排水、水塘、道路、电力电信、广播电视、环卫设施、绿化美化、文体活动室和室外场地等。

基础设施的好坏体现了一个村庄整体生活水平的高低，是衡量经济社会发展程度的一个重要指标。因此，村庄必须按规划有计划、有步骤地抓好基础设施建设。

江西省村庄整治示范点中有条标语是"走平坦路，饮干净水，上卫生厕，用沼气炉"。市政府根据农民的意愿，提出了"三清三改"。但在整治之前，定下"几个不"更为重要。像江西省赣州市提出来的"不劈山、不砍树、不填池塘河流"，后面还要接上"不拆优秀的传统文化建筑""不破坏历史文化名镇名村的风貌""不改直道路""不截弯河道"。这"七不"应该是选择村庄整治项目的底线。

14.3.1 村庄给水设施

1）水厂设计

水厂设计考虑的主要因素如下：

（1）水量。生活饮用水应不少于 100 L/（人·d）的标准；生产用水按产品生产实际用水量计算；消防用水等不可预见水量用水按日最高用水量的 20%—30%考虑。

（2）水质。为保证达到水质要求而设置沉淀、过滤、消毒等工程设施。

（3）水压。供水应满足楼房及生产过程中用水的水压要求。水塔一般设置在地形高处，水塔高度、水泵选择及用变频供水要满足水压要求。

（4）水厂布置要点。平面布置分为生产构筑物和建筑物（含水井或取水点建设、泵站泵房、沉淀池、过滤池、消毒池、储水池或水塔等）的布置；纵向布置是指各构筑物设置标高、管道、竖井的标高等的布置。

（5）水厂施工步骤。

第一步：取水点施工。钻井或挖井取地下水都必须保证有足够的水量满足卫生要求。取用地表水应注意水源的防护。

第二步：取水附属用房施工。根据水厂供水量大小及经济条件而定。

第三步：建造水塔或储水池。水塔高度以建筑物一层为 10 m，二层为 12 m，三层以上每增加一层增加 4 m 来确定。水塔的容量可按总水量周转 3—4 次考虑。目前有的地方采用变频供水，即自动调节水压，可不建水塔。

第四步：铺设供水管道。注意在主管和支管交接处装阀门，并设置检查井。在施工时，水管铺设和泵房建造同时进行。

第五步：通水试压。检查供水管道是否安全可靠。

2）水厂的经营管理

水厂的经营管理主要有以下两方面：

（1）技术管理。主要工作是随时观察水源，检查仪表、水表，定期清洗管网，保障安全供水。

（2）经营管理。主要是搞好成本核算。成本费用的计算项目有折旧与大修费用、消耗的电力或燃料费用、人员工资和经营管理费用。

3）水塘建设

在中东部及南部丰水区可考虑建设村庄公用水塘。建水塘很有必要，它能对地下水起调节作用，可提供农民的农具清洗用水和牲畜饮水，还能起到消防作用。一般来讲，200人以上的村庄要有 3—5 亩的水塘。

现阶段，农村正在全面进行环境整治，整治废旧坑塘已成为村庄整治的一项重点工程。目前，村庄整治工作尚处于不成熟阶段，应及时总结村庄废旧坑塘整治的经验，以便能在今后其他村庄进行废旧坑塘的整治工作时得以借鉴、推广。因此，开展对村庄住区内部废旧坑塘整治模式的探讨具有积极的意义。

若农村住区内部现有坑塘位置较好，坑塘的水面、水量均较大，可将其整治、建设为亲水游园。在建设过程中，应加大力度清除坑塘周边的生活垃圾等，清理塘内淤积的污泥，净化坑塘水质；应合理设计功能分区，有效开辟游园空间，增添建筑小品、坐凳、公厕、户外健身器材等设施，种植适应当地气候条件的植物，绿化环境，将废旧坑塘整治为一处小型亲水游园，使之成为村民日常休闲和娱乐的场所以及美化村庄的一处亮点。以往农村经济落后，村民除了农耕生活之外，基本没有其他的娱乐方式，生活比较单调。随着农村经济的迅速发展，农民生活富裕了，开始考虑改善身边的文化娱乐生活。为了达到这项目标，在村庄整治工作中，各地农村相继建设了自己的文化广场，其中，有些文化广场（例如辽宁沈阳红旗台村的文化广场）就是利用废旧坑塘用地建设的。建成后的广场极大地丰富了村民的业余文化生活，改善了村庄的空间环境，激发了村民建设社会主义新农村的积极性。

4）饮用水的净化处理

如果农村没有自来水，可采用简易水质处理办法供水。其过程是沉淀→过滤→消毒。

（1）沉淀，即经加矾混合后原水中杂质沉淀下来，使水变清的过程。方法有修建平流沉淀池，使水中杂质沉于池内，有条件的可采用竖流式或斜板式沉淀。

（2）过滤，即使沉淀过的水装入有滤料的过滤池中，通过滤料对杂质的吸附、筛滤等作用，截留水中杂质，使水澄清。方法是建造过滤池，池中铺木炭、卵石、粗砂等过滤材料。

（3）消毒。常用消毒法为化学方法。一般采用含氯消毒剂（液氯、漂白粉、漂白精等），将其加入水中，消毒半小时后即可。

14.3.2 村庄排水设施

在村庄整治过程中，划定排水片区、完善污水处理设施对提高村庄生态环境质量和卫生水平具有重要意义。常用的排水方式有两种：一种是合流制，即由一条管网（水沟）共同排除雨水和污水。第二种是分流制，即雨水和污水分别由不同管网（水沟）排出。具体采取什么排水形式，视当地地形条件、原有排水设施等情况，通过技术与经济比较，综合考虑确定。

在有条件的地方鼓励采用分流制排水，在无法采用分流制的村庄应采用截流式合流制排水。村庄生活污水量可按生活用水量的75%—90%进行计算，生产污水量及变化系数应按产品种类、生产工艺特点和用水量确定，也可按生产用水量的75%—90%进行计算。村庄污水在排放前应进行净化处理，大型村庄应设置1—2个集中处理设施（氧化沟、生物塘、人工湿地、生物滤池等），一般村庄则以分散的简易处理方式（如三格式化粪池、沼气池、双层沉淀池等）为主。

1）村庄污水处理

（1）通过村庄排水工程整治，应逐步实现"雨污分流"的排水体制，雨水及污水处理达标后方可排放沟渠或农业灌溉，应确保雨水及时排放，防止内涝。

（2）村庄的污水处理设施包括集中式和分散式两种。集中式可采用如氧化沟、生物塘（稳定塘）、人工湿地、生物滤池、地埋式污水处理一体化设备等设施。分散式可采用如三格式化粪池、双层沉淀池等简易设施。

（3）有条件的村庄可采用管道收集生活污水：排污管道管材可根据地方实际选择混凝土管、陶土管、塑料管等多种材料；污水管道依据地形坡度铺设，坡度应不小于0.3%，以满足污水重力自流的要求。污水管道应埋深在冻土层以下，并与建筑外墙、树木中心间隔1.5 m以上；污水管道铺设应尽量避免穿越场地，避免与沟渠、铁路等障碍物交叉，并应设置检查井；污水量按占村庄生活总用水量的70%计算，根据人口数和污水总量估算所需管径，最小管径不小于150 mm。

（4）村庄雨水排放可根据地方实际采用明沟或暗渠方式。排水沟渠应充分结合地形，使雨水及时就近排入池塘、河流或湖泊等水体。

（5）水沟渠的纵坡应不小于0.3%，排水沟渠的宽度及深度应根据各地降雨量确定，宽度不宜小于150 mm，深度不小于120 mm。

（6）排水沟渠砌筑可根据各地实际选用混凝土或砖石、鹅卵石、条石等地方材料。

（7）加强排水沟渠日常清理维护，防止生活垃圾、淤泥淤积堵塞，保证排水通畅，可结合排水沟渠砌筑形式进行沿沟绿化。

（8）南方多雨地区房屋四周宜设置排水沟渠；北方地区房屋外墙与外地面相接处应设置散水，宽度不小于 0.5 m，外墙勒脚高度不低于 0.45 m，一般采用石材、水泥等材料砌筑；新疆等特殊干旱地区房屋四周可用黏土夯实排水。

2011 年 9 月江苏省委省政府召开全省城乡建设工作会议。会议提出力争用 3—5 年时间对全省村庄环境进行综合整治，普遍改善村庄环境面貌。江苏在对全省村庄环境进行综合整治过程中，尤其是对村庄生活污水的治理过程中，通过全省 2 000 多个村庄生活污水处理设施建设试点，结合一批示范村庄污水处理的跟踪监测，筛选出以下六种符合农村实际、处理效果稳定、运行维护成本相对较低的生活污水处理技术供选择使用：①厌氧池＋接触氧化池＋新型人工湿地；②水解池＋脉冲生物滤池＋人工湿地；③水解酸化池＋无动力生物滤塔＋人工湿地；④村庄生活污水复合型生态人工湿地；⑤膜生物反应器（MBR）技术；⑥设备化处理（DSP）系列农村生活污水处理技术。以上技术出水标准均达国家《城镇污水处理厂污染物排放标准》（GB 18918—2002）一级 B 标准以上。

2）村庄排水沟建设

（1）排水沟断面尺寸的确定。主要是依据排水量的大小以及维修方便、堵塞物易清理的原则而定。在通常情况下，户用排水明沟深宽为 20 cm×30 cm，暗沟为 30 cm×30 cm；分支明沟深宽为 40 cm×50 cm，暗沟为 50 cm×50 cm，主沟、明暗沟均需 50 cm 以上。为保证检查维修、清理堵塞物，每隔 30 m 和主支汇合处设置一口径大于 50 cm×40 cm，深于沟底 30 cm 以上的沉淀井或检查井。

（2）排水沟坡度的确定。以确保水能及时排尽为原则，平原地带排水沟坡度一般不小于 1%。

（3）排水沟所用材料。无条件的村庄要按规划挖出水沟；有条件的要逐步建永久性水沟，材料可以用砖砌筑、水泥砂浆粉刷，也可以用毛石砌筑、水泥砂浆粉刷。沟底垫不少于 5 cm 厚的混凝土；条件优越的地方可用预制混凝土管或现浇混凝土。

14.3.3 村庄能源设施

农村能源建设是提高农民生活质量、改善农村卫生状况的积极措施。农村公共卫生有两个关键设施，一是厕所，二是猪圈，它们是农村卫生脏、乱、差，疫病流行的根源。农村能源建设和发展，特别是目前大力发展的"一池三改"就是针对这个难点，通过建沼气池、改厕、改圈，极大地改善了农村的生产、生活条件，成为提高农民生活质量的重要举措。沼气的应用彻底改变了农村"做饭烟熏火燎，畜粪遍地堆放，污水到处流，蚊蝇满天飞"的卫生状况，使农村做到人畜分离、牲畜圈养、粪便入池、厕所清洁、厨房明亮、灶台干净，卫生条件和生活环境大为改善，切断了疫病传播渠道，消灭了传染源。建沼气池是改善农村卫生环境条件的清洁工程，推动了农村精神文明建设，备受农民群众的欢迎。

新农村建设的主要能源是太阳能和沼气。

1）太阳能的应用

太阳的能量是巨大的，它取之不尽，用之不竭。太阳能又是清洁的，不需要担心它对环境产生污染和对人类造成危害。当然，要收集使用它，需要大面积的设施和一定的投资。另外，由于气象变化，太阳能会间断和不稳定，将它作为固定能源有局限性，但可将其作为一种辅助能源在农村中推广。下面介绍几种在农村中利用太阳能的实例：

（1）太阳能热水器

它是一种利用太阳辐射能，通过能量交换把水加热的装置。太阳光透过玻璃进入箱体内，被黑色表面吸收，而向外反射和对流的能量受到玻璃和箱的阻挡被保留在箱内，这样箱体内的能量不断聚积，温度不断升高，甚至可达100—200℃。一般家庭用的热水器水温可达40—60℃。

太阳能热水器一般由集热器、贮热装置、循环管路和辅助装置组成。

太阳能热水器按其加热工质（水）的方式，可以分为闷晒型、循环型、直流型三种。

（2）太阳能温室（大棚）

它是利用透光材料（玻璃、塑料薄膜）的透光隔热性，人为地将种植或养殖场地与周围大气环境隔绝封闭起来，在不适于生物（植物或动物）生长繁殖的季节里，造成一种适宜于生物生长发育小环境的设施。

太阳能温室用途十分广泛，可以用于种植水果、花卉、蔬菜；也可以用于养鸡、养猪等。其用于种植水果、蔬菜，可以使它们提前或延后上市，调剂品种，克服蔬菜露天生产淡旺季界限，大幅度提高单产。实践证明，太阳能温室在中国的大力推广和应用，为中国农业发展、农民致富开创了一条新路。

太阳能温室通常要求保温、保湿、采光和通风。其按外形分，可分为单面窗式、马鞍形、圆形等各种形式；按结构用料可分为竹木结构、竹木水泥结构、钢筋水泥结构、钢管结构等。

此外，太阳灶、太阳能干燥器、太阳房已逐步在农村中推广使用。

2）沼气的能源利用

（1）沼气池的建设

沼气的利用是农村的一项造福工程，但发展沼气必须讲究科学，讲究质量，保护生态环境，节约能源，方便农民生活，应大力推广。

第一，必须规划好沼气池的建设用地。必须选择靠近厨房的地方，以方便进料和出料；坚持与畜圈、厕所结合修建；应选择地基好的地址，尽量避开地下水和软弱地基。

第二，要选择合理的建池材料。水泥必须选择强度合格的水泥；砂应选择干净的河砂，以中粗砂最好，石子的粒径一般为2 cm的小石子，砂石中不允许有泥土等杂质。

第三，要请合格的沼气技工建池，必须持有国家职业资格证书的技工才有资格建池。

第四，必须购买合格的沼气设备，包括输气管、压力表、开关、灯具、接头等。各地能源管理部门都有专门的供应点，不要随意用其他设备替代，否则影响使用效果。

第五，一定要安装出料器。一个沼气池有一百多担肥料，若不安出料器，出料时人必须下池，这样人不仅又累又脏，而且容易产生窒息，出现危险。安装出料器后，出料又方便又省力，就像用压水井压水一样，需要用肥时随用随取，十分省事。

第六，把好沼气池的质量检验关。沼气池建好后一定要搞好试压检验，就是按国家标准，坚持沼气技工、质量检验员和用户三方共同验收，试压检验和点火用气效果同样合格才行。试压检验不合格的沼气池不得投料，必须返工，然后重新试压检验，直至合格才能投料使用。

建沼气池的全过程,用户都应密切配合,这样一方面可以了解沼气池的结构,另一方面也有监督的作用。

(2) 科学管理与维护

刚消毒过的禽畜粪便、中毒死亡的禽畜尸体及其他有毒物质不能进入沼气池;有些酸性或碱性太重的物质如酒精、青料等作为发酵原料时,特别要注意适量,防止影响沼气池正常产气。如发生这种情况,应将池内发酵料全部清除,并用清水将沼气池冲洗干净,然后再重新加料。

禁止把油麸、骨料、棉籽饼和磷矿粉加入沼气池,以防产生对人体有严重危害的剧毒气体——磷化三氢。

沼气池进出料后,应及时把盖板盖好,防止人畜掉进池内造成伤亡。

不准在沼气池导气管口处点火试气,不准用明火检查各处接头、开关漏气情况。输气管道漏气检查应用洗衣粉或肥皂化水涂刷,发现气泡要及时处理。

室内发现漏气或有沼气气味(臭鸡蛋味)时,不准使用明火,应迅速打开门窗,采取扇风、鼓风等方式使空气流动,直到异味消失。

当不幸发生沼气火灾或室内火灾时,应立即赶到沼气池边堵住导气管,截断沼气来源,以避免火灾蔓延、杜绝沼气池爆炸等更大的事故发生。

沼气灯、灶应安置在安全、方便、远离易燃物存放的地方。平时要教育小孩不要拨弄沼气设备,更不能在沼气池和管道边玩火。

沼气池进料如数量较大,应打开开关,慢慢地加入,以免压力过大,胀坏沼气池。如一次出料较多,压力表压力下降到"0"时,应打开开关,以免产生负压损坏沼气池。

凡已确定报废的沼气池,要及时进行填埋处理。

(3) 安全出料、检修

已出料的沼气池,不管是否产气运行,均不准轻易下池进行出料或检修。如要下池,必须遵守下列规定:

① 打开活动盖,排尽池内可燃性气体。

② 在池外用出料工具将料液尽量清除。池内残渣必须低于进出料口下口。

③ 采用人工或机械方法向池内鼓风,更新池内空气。

④ 把小动物(鸡、鸭、猫等)放入池内,观察 10—20 min,如动物活动正常,人员方可下池。

⑤ 下池人员必须系上结实的安全绳,池外要有专人看护。下池人员稍感不适,看护人员应立即将其拉出池外休息。

⑥ 揭开活动盖后,不得在池口点明火或吸烟,下池人员在池内不得用明火照明或吸烟。

⑦ 禁止向池内丢明火烧余气,防止失火、烧伤或引起沼气池爆炸。

14.3.4 村庄环境保护设施

1) 粪便处理设施

村庄内的环卫设施主要包括垃圾收集处理设施和公共厕所。村庄中至少设置 1 个固定的垃圾收集点,大型村庄至少设置 2 个固定的垃圾收集点,服务半径不应超过 70 m,并通过卫生填埋和堆肥等方式进行无害化处理,处理设施距生活居住区至少 500 m 以上,同时应设绿化带予以隔离。随着卫生厕所逐渐进入村民家庭,村庄内应相应设置公共厕所,数量根据村庄规模确定,但服务半径不应大于 300 m,每处公共厕所的建筑面积不宜小于 10 m²,同时应达到"卫生厕所"的标准。

(1) 公共厕所和户用厕所的建设、管理和粪便处理,均应符合国家现行有关技术标准的要求。

(2) 在车站、码头、公园、集贸市场等公共场所应设置公共厕所。

(3) 公共旱厕应采用粪槽排至"三格式"化粪池的形式,粪池容积应满足至少两个月清掏一次的容量为准。粪池也可与沼气发酵池结合建造。公共旱厕的大便口和取粪口均应加盖密闭,并确保粪池不渗不漏不冻。

(4) 公共旱厕的小便池宜改用简易的小便斗,尿液直接排至粪池,禁止大面积尿池开敞暴露而导致臭气污染环境。

(5) 集中的禽畜饲养场应与沼气设施相结合,大量的禽畜粪便可直接排入沼气发酵池内。将粪便、厨房垃圾等有机物投入池中发酵后产生可燃沼气,出料即为肥料。

2) 垃圾处理设施

(1) 垃圾收集采用"每户分类收集—村集中—镇中转—县处理"的模式。

(2) 生活垃圾及其他垃圾均要及时、定点分类收集,密闭贮存、运输,最终由垃圾处理场进行无害化处理。

(3) 生活垃圾收集点的服务半径不宜超过 70 m,生活垃圾收集点可放置垃圾容器或建造垃圾容器间。市场、车站及其他产生生活垃圾量较大的设施附近应单独设置生活垃圾收集点。

(4) 垃圾收集点、垃圾转运站的建设应做到防雨、防渗、防漏,保持整洁,不得污染周围环境,并与村容村貌相协调。

(5) 医疗垃圾等固体危险废弃物必须单独收集、单独运输、单独处理。

(6) 村庄垃圾填埋场原则上由城镇统一规划设置。

14.3.5　村庄公共活动场所

在村庄整治过程中,我们一定要与农民换位思考,思考我们所确定的规划、采取的措施和扶持项目是不是农民所需要的,是不是受农民欢迎的,能不能让农民得到实惠。实际上我们经常做"城市有病、农村吃药"的傻事,总是站在城市的角度来要求村庄的整治,这就犯了很低级的错误。如村庄整治,有的要求辟出一个大广场,来证明这个部门的投资是有效的;或者搞一个很大的、毫无意义的文化场所,农民还付不起维护费;有的还在村庄甚至是历史文化名村中心搞一块大草坪;这些都是毫无意义的。农村本身就接近自然。城里因为没有自然的东西,无可奈何才搞一些草坪来代表自然;城市里的房屋比较密集,找不到场所锻炼身体,才必须建一块广场;古代城市中缺少市民聚会议政的场所,市中心搞一块空地来聚集,这是广场的起源。农村到处是空地,哪还需要建什么广场去体现这个功能?! 这是城市人带着自己的眼光去要求农村,这是花了钱造了不应该造的,而且还破坏了村庄原有的历史风貌格局。

公共活动场所设置应满足以下要求：

（1）整治现有公共活动场地，通过地面铺装，配置广告橱窗、阅报栏、旗杆、灯具等方式完善广场功能。

（2）尚无公共活动场地的村庄，通过村庄整治予以配置，场地位置要适中，面积按每人 0.5—1.0 m² 计算。村委会、文化站等建筑应结合公共活动场地统一建设。

（3）地表水丰富的地区，结合现有水面整治利用或修建公用水塘，并定期维护，及时清淤，保持水面洁净，不断改善堤岸亲水环境。

水塘能对地下水起调节作用，提供农民的农具清洗和牲畜饮水，还能起到消防的作用，公共水塘规模 200 人以上村庄占地 0.2—0.4 hm²，公共水塘形态应结合自然地形，以自由舒展体现乡村特点为宜。

（4）中东部地区由于河渠较多，公共水塘宜结合自然水体设置，保护原生植被，人工护坡宜采用当地材料修砌。

14.3.6 村庄居住建筑整治建设

村庄整治是新农村建设诸多内容中最容易见成效的，也是其他方面取得成就的基础、前提，但又是最容易造成偏差的环节，且由于它是一种整治和建设行为，一旦造成偏差，就难以弥补。因为它是刚性的，不是虚的东西，犯了错误后果更为严重。生态平衡是大自然需要几百年甚至上千年才能恢复，甚至永久都不能恢复。一般的村庄或者集镇，都是几百年、上千年人与自然和谐相处的见证，如果随意地推倒重建或盲目地大拆大建，就毁掉了祖先创造的财富，毁掉了文化的遗产，毁掉了人与自然和谐相处的历程。历史文化名村、名镇一旦被拆，再建就是假古董，一分钱都不值，那是农民们坚决反对的。历史的积淀是多样性的杰出代表，是符合人的审美观的，是我们宝贵的财富。所以说，如果要求村庄建设整齐划一，恰恰是破坏了人类喜欢多样性的天性，使村庄没有魅力。

什么情况下我们才需要对村庄合理地重新进行规划、合并、迁建呢？一是近郊村庄的自然形态已经消失，没有值得保护的古迹了；二是原来因为错误的规划，导致农民多次迁移，至今仍未确定永久定居点的；三是农民本身生活已经转变，这些近郊农民大部分已经不务农，生活方式已经和城里人一样了。只有这几种条件并存的村庄，我们才可以采用并村的办法来进行改造。

对影响村容村貌的建筑采取适宜的整治方法和合适的色彩，使整治后的村庄建筑风貌总体整洁有序、协调美观。村庄居住建筑风貌整治应体现乡土自然，兼顾传统文化、乡风民俗，尊重和彰显地域建筑风貌特色，并充分考虑经济承受能力，简洁适用，便于实施。

村庄居住建筑整治建设主要从以下几方面入手：

（1）严格按照村镇建设用地标准和建筑面积标准进行村庄整治。着重整治村镇多处占地占房和"空心村"现象，通过村庄整治达到节约用地的目的。

（2）整理村内废弃的宅基地、闲置地，配套必要的公用设施，重新加以综合利用或作为新宅基地分给新建房户。

（3）影响村内主要道路通行的农房予以拆除，废弃的危旧柴房或其他闲置附属用房也进行拆除,质量较好的闲置房或附属用房根据规划进行转让,或改造作为生产养殖用房等。农房正房的拆除率不高于 10%,废弃危旧房的拆除率不低于 90%。

(4) 严格执行"一户一宅",如已选新址建房,原宅基地应退还村集体。

14.3.7 村庄传统文化和建筑的保护

具有历史价值的村庄和历史文化资源作为记载历史信息的载体,其中的古迹必须重点保存并加以保护。文物保护建筑或历史文化名村保护范围内的建筑,应按照文物保护部门的相关条例及《历史文化名城名镇名村保护条例》的相关要求进行保护。非文物保护建筑或非历史文化名村保护范围内的建筑,经判定,如具有一定历史风貌及保留价值,可进行修缮。修缮时应当保持建筑原有的高度、体量、外观形象及色彩等,修旧如旧。

1) 明确保护要求

建设社会主义新农村不等于对村庄进行通盘的重新规划,有些需要重新规划,更多的则是进行整治。在村庄整治中,必须把规划改造与保护文化资源有机结合起来,尽可能发掘和弘扬传统文化、体现文化底蕴,特别是要保护村庄内县级以上保护的文化古迹、古建筑、古树名木和风景名胜,对传承村庄文化资源提出了严格的要求。

2) 开展资源调查

县、乡两级人民政府对各地村庄内的历史文化古迹要进行普查,对其所在地点、所处位置、特色风貌、价值和现状进行调查与评估。具有保护价值的重点院落和单体建筑等要登记造册,由县人民政府挂牌公布,列为重点保护文物。

3) 编制保护规划

在旧村改造之前所在村庄必须编制建设规划,并报县级人民政府批准实施。保护规划要在深入了解其历史、地理及民俗习惯的基础上编制,并准确把握其空间布局、建筑风貌及内涵和特色,顺其自然,减少人为因素。保护规划在图纸上重点标注,在规划文本中突出体现。被列为重点保护的文物还要编制专项保护规划。

4) 严格保护措施

被列入县级以上人民政府挂牌保护的文物,要制定保护范围和建筑控制地带,并做出相应的管理规定,落实人员进行管理。在旧村改造中,任何单位和个人不得进行拆除,新建房屋必须派专人现场勘察,确定不影响文物的空间布局和整体风貌后才能批准建设。否则,将按照有关法规进行处理,以保护村庄历史文化资源免遭破坏。

在村庄中,建筑是构成它的基本要素之一,是村庄传统文化保护中最重要也是最基本的内容。在建筑保护工作中,既要注意地面上可见的文物,又要注意埋藏在地下的文物和遗迹;既要注意古代的文物,又要注意近代的代表性的建筑及革命的、历史的和文化的纪念地和物;既要注意已经定级的文物保护单位,又要注意尚未定级而有价值的文物古迹。对于要在普查的基础上进行定级,经论证无法保存原物的,可采取建立标志或资料存档等方式妥善处理。

什么样的建筑需要保护? 其实并没有一个统一的标准,需要在规划中细致观察和分析。就单个建筑本身而言,可能并不具备像文物保护单位那样大的价值,保护它们的意义在于它们对构成和表现村镇某一方面或某一地段的特征起着不可替代的作用,主要措施如下:

（1）村庄整治应严格贯彻《中华人民共和国文物保护法》等有关法规,继承和发扬当地建筑文化传统,体现地方的个性和特色。

（2）对于始建年代久远、保存较好、具有一定建筑文化价值的传统民居和祠堂、庙宇、亭榭、牌坊、碑塔和堡桥等公共建筑物和构筑物,均要悉心保护,破损的应按原貌加以整修。

（3）加强保护村庄内具有历史文化价值的传统街巷,其道路铺装、空间尺度、建筑形式、建筑小品及细部装饰,均应按原貌保存或修复。

（4）对于村庄内遗存的古树名木、林地、湿地、沟渠和河道等自然及人工地物、地貌要严加保护,不得随意砍伐、更改或填挖,必要时应加设保护围栏或疏浚修复。

（5）历史文化建筑及街区周边新建建筑物,其体量、高度、形式、材质、色彩均应与传统建筑协调统一。

（6）保护历史标志性环境要素。历史标志性环境要素包括街巷枢纽空间、古树、古井、匾额、招牌等物质要素和街名、传说、典故、音乐、民俗、技艺等非物质要素两大类。后者可通过碑刻、音像或模拟展示等方法就地或依托古迹遗存等公共场所集中保留,并在规划中加以弘扬。

在整治村庄过程中突显文化品位。在自然村庄整治过程中尽量保留维修好有门楣题联、旗楼、石柱、石牌及比较大的宗氏祠堂。依据当地风俗及地形地貌进行整治,保护好古树、绿竹,让人居环境与自然环境达到和谐。建立村阅览室、文化宣传栏和文艺宣传队,宣传队定期演出,丰富村民文化生活。

浙江金华下辖的兰溪市有个诸葛村,在明末时诸葛亮的一批后裔聚居在这里。这个村庄基本保留了当年的形态,布局像一幅八卦图。当时村里从省里只要了 80 万元,把村庄整治了一下,原来连县级文物都不是的村庄一跃成了国家级重点保护单位。现在每年村民光门票的收入就有 360 万元,而且收益每年递增 30%。这 80 万元的整治起到了巨大的效果。所以说,村庄整治只要科学规划、方法对路,就能"四两拨千斤"。如果当时用推土机开路,把村庄拆了,就毁了宝贝。而且这些都是世世代代增值的资源,只要守住,经济就会得以发展。事实证明,发展经济应该有不同的思路。调查中苏南两个镇的情况值得我们深思:一个是毁掉旧镇建筑,引进一个大型的计算机组装厂,产值 100 个亿,但当地村民只得到包括农民工资在内的 2 亿元的收入;另外一个镇原汁原味地保留下来,每年游客带来的收入就有 3 个多亿。前者毁掉了大片的土地,留下来的是很多的污染,说不定明天这个厂一关门,连那 2 亿元的收入都没有了;而后者会越来越兴旺。两者之所以有两种截然不同的结果,是因为一个是不可持续的,另一个是可持续发展的;一个是资源浪费的,另一个是集约利用的;一个是说不定明天就倒闭的,另一个是世世代代增值的;一个是给少数农民带来利益的,另一个是给大多数农民带来利益的。

全国历史文化名镇名村的评选,应先有县级的,然后才有地级的、省级的,最后才是国家级的。不要认为中国已经评选出近百个名镇名村,数量就很多了,像英国这样面积不大的国家就有 30 万个历史文化遗迹,而且成了巨大的旅游资源。我们国家国土面积这么大,文明史如此悠久,起码应该好几倍于英国才是。另外,一定要编制好历史文化名镇名村保护的规划,在整治规划中一定要突出保护历史风貌,防止有历史价值的建筑和体现传统风貌的村落被拆毁。文化遗产的保护要讲究整体性、可持续性、原真性。这几点是工作的重中之重,与村庄的整治工作密切相关。

14.3.8 村庄防灾减灾设施

对于广大村庄而言,需要防范的自然灾害主要有火灾、洪灾、地震及风灾等。消防设施主要包括避灾场所、消防通道及消防用水等。消防场所可以充分利用村庄打谷场或者村庄边缘空地,每处面积不宜超过2 000 m²,并与建筑物保持至少25 m的间距;村庄内应设置足够的消防通道,消防通道间的距离不宜超过160 m,路面宽度不得小于5 m;村庄内的消防用水应充分利用河湖、池塘和水渠等,必要时宜设置消防水池。村庄防洪应与当地江河流域、农田水利建设、水土保持、绿化造林等的规划相结合,采取统一整治河道,修建堤坝、滞洪区等工程防洪措施。易发生洪灾的村庄,应避开分洪口、主流项冲和深水区,修建围埝、安全台、避水台等就地避洪安全设施,安全超高值不宜小于1 m。地震易发地区,除应依据国家现行的有关标准对建筑进行加固和改造外,还应保证村庄供电、供水、医疗、食品供应等工程,并设置足够的疏散场地,其中每一处疏散场地不宜小于4 000 m²,人均疏散场地不宜小于3 m²。易受风灾地区,村庄用地选址应避开风口、风沙面袭击和袋形谷地等易受风灾危害的地段,在迎风方向的村庄边缘选种紧密型的防护林带,加大树种的根基深度,提高抗拔力,必要时修建抵御风暴潮冲击的防浪堤坝。

1) 村庄防灾减灾措施

(1) 根据村庄周围的地形地势,采用"避""抗"等有效措施,减小由于洪水、飓风等自然灾害对村民生命财产安全构成的威胁。

(2) 高度重视公共安全。托幼、中小学、卫生院、敬老院、老人及儿童活动中心等公共建筑,均不得建在有山体滑坡、崩塌、地面塌陷、山洪冲沟等有地质危险隐患的地段。已在这类地段上建成的公共建筑必须全部拆迁,另行选址,妥善安置。

(3) 在区域范围内统一设置泄洪沟、防洪堤和蓄洪库,防洪设施结合当地江河流域、农田水利设施统一考虑;对可能造成滑坡的山体、坡地,应加砌石块护坡或挡土墙。

(4) 拆除危房,并按当地抗震设防烈度,对不安全的农房进行加固。

(5) 在村庄的风口或迎风面,采取种植防风林带或修筑挡风墙等措施以缓解暴风对村庄的威胁和破坏。

(6) 按照《公共卫生突发事件应急预案》的规定,村庄应设突发急性流行性传染病的临时隔离、救治室。

(7) 在农宅、公共建筑、工业厂房等规划设计及建造中进行消防安全布局,消防通道、消防水源建设;凡现状存在火灾隐患的农宅或公共建筑,应根据民用建筑防火规范进行整治改造。

(8) 结合农村节水灌溉、人畜饮水工程等同步建设消防水源、消防通道和消防通信等农村消防基础设施;结合给水管道设置消火栓,间距不大于120 m,并设置不小于3.5 m的消防通道,将公共水塘作为消防备用水源。

2) 规划防震减灾设施

从村庄规划的角度来看,学校操场、小广场、绿地等均可作为临时避震场所。在防震减灾方面这些设施在选址和布局上的规定见第13章。

14.3.9　村庄景观与生态建设

传统的农村把自然景观的建设与人文景观的建设结合起来,特别强调一种"居游其中"的意象。很多村庄配合自然环境"景观"多层次表现"天人合一"的生活哲学。在许多地方都有"八景"之说,如"西湖八景""羊城八景"。在农村的很多小地方也有"八景"。比如粤北地区始兴就有"丹凤朝阳""花山平湖""沉潭石笔"等,给人的意象都非常美,很有诗画的意味。粤北粤西地区,山清水秀,农村大多是沿河而设,依山傍水,山环水抱,绿树成荫,都拥有绝好的自然山水环境,为景观形成提供了基础。这也特别有利于在新农村的改造升级过程中成为新景观的重要资源。比如,构建新型"水口园林"景观,利用天然的山水、树林、竹林,巧于因借,利用现代的建筑技术和建筑材料,点缀凉亭水榭、浣洗码头、游泳区、水井、路灯。有高的树与低的灌木,有水的动与井的静,有远的山与近的亭,村庄景观富于变化,有质朴实用亲切之美。这样的布局与建筑规划,对于延续山野之美有十分重要的意义。

农村景观建设需要满足农民日益增加的生活需求,必须既好看又实用。比如屋顶的设计:传统的硬山、歇山屋顶及山墙具有隔热、防火功能;现代农村屋顶一般都需要被用作"晒台",用于晾晒衣服、物品,设置太阳能设备等,甚至还要考虑夏天的隔热效用。因此,天际线的勾勒就可以通过晒台的栏杆、花卉完成。广东五邑地区,民居的晒台栏杆多采用传统的砖雕花、仙人掌植物、搭建瓜棚等方式进行绿化美化,很好地把生活实用功能与景观建设结合起来,成为该地区民居新的时代特色。在农村民居的设计、建设上,可以考虑在满足实用要求后,在细节处理上匠心巧运,添加更多的艺术元素、生活情趣,使之成为具有实用意义的景观,用"多功能"的效果吸引农民主动选择应用,改善农村天际线景观空间。

景观不是一张张贴画,是日常的诗画生活,其应该给予农民愉悦的生活感受,同时更重要的是,它应该有利于农民生活质量的提高,除了让农民住得舒服之外,也让其感觉到农村景观所带来的实惠。北京附近的宋庄提供了另一个崭新的视角。由于距离北京近、风景不错、生活闲适,吸引了许多艺术家聚居,颠覆了其过去"农村"的概念,宋庄成了一个在国际都有影响力的先锋居住区。宋庄的老房子不仅没有被浪费,反而给老百姓带来高额的租金收入,同时还丰富了农村的艺术文化生活。在高速路网不断覆盖的广东各地,距离当地中心城市1h路程或者具有一定规模的农村,在整体升级的过程中完全有潜力开发建设出具备极高升值空间的高素质农村。村庄景观的建设是一项最重要的软件投资,若搞得好,可以吸纳城市居民,成为居者的乐园,给农村房地产业注入鲜活的经济元素。

农村的景观建设一直以来都处于一个尴尬的、被忽略的地位。实用的考虑在农村建设中成为重中之重,这样直接导致的结果就是没有个性的农村。党的十六届四中全会首次提出建设"和谐社会"的理念,把和谐社会建设放到同经济建设、政治建设、文化建设同等重要的位置。在农村建设的过程中,农村居民"安居",是许多地方人民政府的发展承诺;但是,我们希望在农村建设的过程中注意考虑农村景观的营建,使农民兄弟们在享受"安居"带来的舒适的同时,享受到美的愉悦,即稳定农村、发展农村、美化农村。

1) 村庄景观建设

（1）注重村庄环境的整体性、文化性和公众性，不宜刻意设置大型集中公共绿地，可充分利用地形地貌进行绿地建设，尽量利用村边的水渠、山林等进行绿化布置，以形成与自然环境紧密相融的田园风光。

（2）拆除街巷两旁和庭院内部的违章建筑，整修沿街建筑立面，种植花草树木，做到环境优美、整洁卫生。

（3）村庄出入口、村民集中活动场所设置集中绿地，有条件的村庄结合村内古树设置；利用不宜建设的废弃场地，布置小型绿地；可结合道路边沟布置绿化带，宽度以1.5—2 m为宜；路旁绿化应符合品种乡土、布置自由、形式多样的原则，体现村庄特色，避免僵化的行列式种植。绿化应选择适宜当地生长、符合农村要求、具有经济生态效果的品种，提倡使用农作物、乡土花卉作为路旁绿化。

（4）农宅庭院整治：房前屋后、庭院内部等宅旁绿化应充分利用空闲地和不适宜建设的地段，灵活布置菜地、果树、攀爬作物或植物，也可种草、种花，做到见缝插绿。

（5）整治村庄废旧坑（水）塘与河渠水道。根据位置、大小、深度等具体情况，充分保留利用和改造原有的坑（水）塘，疏浚河渠水道；尽量保留现有河道水系，并进行必要的整治和疏通，改善水质环境。河道坡岸尽量随岸线自然走向，宜采用自然斜坡形式，并与绿化、建筑等相结合，形成丰富的河岸景观。滨水绿化景观以亲水型植物为主，布置方式采用自然生态的形式，营造自然式滨水植物景观。滨水驳岸以生态驳岸形式为主，因功能需要采用硬质驳岸时，硬质驳岸不宜过长。在断面形式上宜避免直立式驳岸，可采用台阶式驳岸，并通过绿化等措施加强生态效果。

（6）引导村民按照规定的样式、体量、色彩、高度建房，整治村庄主要街道两侧建筑，通过粉刷等方式进行立面修整，形成统一协调的村容村貌，传承地方文化与民居风格。

（7）集中禽畜养殖场圈应利用地形合理布置，并设置于居住用地的下风向。

2) 村庄生态建设

（1）充分利用路旁、宅院及宅间空地，种植经济作物等绿色植物，防止水土流失。

（2）多种能源并举，利用太阳能、沼气、生物制气等天然能源和再生能源代替燃烧柴草与煤炭，减少对空气和环境的污染。

（3）农作物秸秆还田、制气或用作禽畜饲料，重视资源的再利用。

"生态农村"是指在生态化发展的背景下，在农村城镇化、城乡一体化发展进程中，针对农村发展过程中出现的种种不协调问题，应用社会—经济—自然复合生态系统理论、生态经济学、生态工程原理、景观生态学、生态建筑学、产业生态学、社会生态学的理论与方法，按照"生态优先"的发展战略思想，来指导农村的经济和社会发展。

生态农村是实现农业农村可持续、健康发展，农村社会、经济、生态协调发展的理想模式，与一般农村相比具有如下特征：以和谐、可持续发展为核心理念。和谐既包括人与自然之间的和谐，也包括人与人之间的和谐。可持续发展就是要实现农村地区的社会、经济、生态的可持续发展，既要改善当代人的生产、生活条件发展经济，又要为子孙后代留下赖以生存的自然资源和良好的生态环境；以生态产业为经济发展主导，发展生态农业、生态旅游、生态工业等生态产业，生态农村所提供的产品和服务对人类、生物、环境都是生态、安全、健康的；生态工程技术广泛应用。在家居装修、住宅庭院建造、村落景观设计、生态环境整治、农业、旅游业、加工业等方面广泛应用现代生态工程技术，在技术层面上实现节能、节水、节电、节地；开发利用新能源，提高资源利用效率，增强物质循环，能量多级利用，废弃物资源化利用、无害化处理，有毒有害物质有效控制，实现自然、农业资源的持续利用，为居民提供良好的人居环境；以生态文明的农村社会为目标，让和谐与可持续发展理念深入人心，让生态消费成为主导消费方式，让生态环保意识普遍提高并成为自觉行动，建成安定祥和、生态文明的农村社会。

生态农村建设的主要内容包括发展生态农业、生态旅游、生态工业园区。发展生态农业可有三种模式：一是村级传统生态农业模式，在村域范围内优化调整农林牧渔系统结构，增强物质循环、能量转化，提高生态效率；二是区域现代生态农业模式，在更大的区域范围内进行生态农业产业化经营，生产绿色食品、有机食品；三是建设生态农业科技园区，以园区管理的模式运作。发展农村生态旅游主要是开发自然、农业、文化旅游资源，使自然资源保育、生态农业、传统民俗与生态旅游相结合。在有工业基础的农村发展生态工业要对乡镇企业或村办企业的生产方式进行生态化改造，按照产业生态学的原理和方法组建或新建生态工业园区。

生态人居建设就是建设生态化、绿色化的农村居民私人生活居所（住宅、庭院）及公共活动空间（街道、广场、公园等），包括生态建筑（住宅）、生态经济庭院和村落的景观生态设计和建造。建设生态住宅就要在建筑设计上充分利用自然资源，注重节能、节水、节地设计，选取本土、环保建材，注意太阳能、风能、沼气等新能源的综合利用，采用屋顶、墙体立体绿化。根据庭院功能的不同，建设绿化、美化、整洁的生态庭院和兼有生产功能的生态经济庭院，注意优化庭院生产结构，建设新型沼气池，加强废弃物处理，改善庭院居住环境。对村落按照景观生态学的原理进行景观生态设计，各功能区合理分区、优化布局，合理安排生活用地、生产用地、绿化用地、除污用地（污水处理塘、垃圾回收站、堆肥厂等）。

生态环境建设包括自然生态、农业生态和社区环境建设。自然生态建设包括自然资源管理、退化生态恢复及生物多样性保护。农业生态建设是指要加强农田基本建设（农田林网、道路、节水灌溉设施）；提高生产资料的利用效率，采用新技术新品种，减少化肥、农药用量，推广节水农业，保护农业生态环境；农业废弃物做到资源化利用，进行秸秆还田、食用菌生产等，畜禽粪便生产沼气、堆肥、有机肥，使用可降解农膜或农膜回收再利用。社区环境建设是指对固体废弃物实行垃圾分类回收、资源化利用（生产堆肥、有机肥）、无害化处理，用生物塘、湿地法、沼气污水净化池等处理生活污水，建设生态厕所及雨水收集再利用系统。

生态文化建设包括生态世界观教育和生态行为规范。采用多种方式对村民进行生态伦理及生态意识（生态系统意识、资源意识、环保意识、生物多样性意识、可持续发展意识）的生态世界观、价值观宣传教育。对居民的生活、消费方式按照生态行为的原则进行规范，培养节约用水、用电，珍惜易耗品的生活习惯，倡导使用绿色环保产品、杜绝浪费、适度消费、废弃物回收再利用、废旧物品二次使用、减少使用一次性产品等等。

在村庄景观与生态建设中整治得比较好的村庄，例如2011年以来江苏村庄环境整治中涌现出来的众多"三星村""二星村"等星级村庄，都突出了村民自主决策、农村劳动力众、整治途径多等特点。正确的整治方针体现在老百姓的一句话上，即"与城市错位进行整治、进行建设"。城市里有的景观就坚决避免，村庄就是土生土长的，小庭院爬满了丝瓜、南瓜，长着城市里看不到的农作物，反而取得了出乎意料的好效果。正因为整治有方，吸引了大批的城里人到乡村度周末，现在那里的农民周末经济收入就非常好。因为这些乡村特色都是城里人未见过的。如果村庄里也是大广场、大草坪，城里人会到你那里去吗?! 所以整治一定要以师法自然来取胜。

15 村镇规划中的技术经济和管理工作

15.1 村镇规划中的技术经济工作

15.1.1 技术经济工作的意义和内容

1) 技术与经济的关系

技术是一种极为广泛的概念,存在于全部人类活动中,它在社会生产和生活的各个领域都在起作用。整个社会的政治、经济、文化、物质生产等,均是以技术为中介而联系成为一个整体的。因而,技术是包括劳动工具、劳动对象、劳动者、劳动技能的总称,是生产要素的特定组合,它表征了人的知识、能力、技能、劳动手段、劳动对象等要素的有机结合所形成的一个能够变革自然的有效的运动系统或动态过程。

经济是个多义词,一般是指一个国家国民经济部门或总体的简称,如工业经济、农业经济、商业经济等名词中的经济概念;或者是指效益与节约,即指生产劳动中的投入与产出,亦即生产活动的效益和节约。

随着科学技术的进步和社会经济的发展,技术和经济的关系越来越密切。在当今时代,任何一项社会经济活动或经济问题都与技术特别是现代科学技术密切联系;同时,任何一项技术又都是与经济相联系或受其制约的。技术与经济是矛盾的统一。

技术经济问题,存在于国民经济的各个部门(包括农业和工业、交通运输和邮电、市政生活和建筑业、商业和外贸、旅游和服务业、环境保护和卫生、教育和文化、科学研究和国防、行政管理和金融等);存在于全国和各地区国民经济建设的各个综合领域;存在于生产建设的各个阶段(包括试验研究、勘测考察、规划设计、建设施工和生产运行等)。

2) 技术经济的研究对象

技术经济工作是正确地认识和处理技术和经济之间的关系,寻找技术经济的客观规律,寻找技术和经济之间的合理关系(包括最佳关系和协调关系)。其具体的研究对象主要有如下三个方面:

(1) 研究技术实践的经济效果,寻求提高经济效果的途径与方法

技术在经济实践中的应用,直接涉及生产活动中的各种资源投入和相应的产出。在特定时期,可供人类在社会经济活动中使用的资源总是有限的,而人类的需求却是无限的,由此导致了资源无论在数量上还是在品质上都是稀缺的;而且,某一特定资源一定都有多种用途,可以生产多种产品,人类的需求也可以通过多种方式、多种渠道得到满足。因此,如何在一定技术水平下合理地配置各种资源,并加以最充分的利用,以尽可能地满足人类无限的需求,即以较小的投入获得较大的产出,就成为技术经济必须加以认真研究的基本问题。

（2）研究技术和经济的相互关系，探讨技术与经济协调发展的途径

技术与经济之间相互促进又相互制约的密切关系，使得任何技术的发展和应用都不仅是一个技术问题，同时也是一个经济问题。研究技术与经济的关系，探讨如何用技术进步来推动经济发展，如何在经济发展中推动技术进步，就成为技术经济的重要研究内容。

（3）研究通过技术创新，推动技术进步与经济增长的途径

经济增长是指生产的产品与劳务的增长，经济增长可以通过多种途径实现，既可以通过增加投资、增加劳动力等要素的投入来实现经济增长，也可以通过技术进步，提高劳动生产率来实现经济增长。显然，靠增加要素投入实现经济增长是有限度的，只有技术进步对经济增长的促进作用才是无限的。

技术进步中最活跃的因素就是技术创新。技术创新就是将科学知识与技术发明应用于生产活动，并在市场上实现其价值的一系列活动，是科学技术转化为现实生产力的过程。技术经济的重要研究内容之一就是从实际出发，研究技术创新的规律及其与经济发展的关系，探讨推动技术创新与经济增长的途径。

3）技术经济方法

技术经济分析、论证、评价的方法很多，通常把定性研究和定量研究结合起来，并采用多种数学模型、运用经济统计软件进行，在研究中采用两种以上的技术方案进行分析比较，并在分析比较中选择经济效果最为理想的方案。技术经济基本研究方法有系统综合论证，即采用系统分析、综合分析的研究方法和思维方法，对技术的研发、应用与发展进行评估；方案论证，即技术经济普遍采用的传统方法，主要是通过一套经济效果指标体系，对完成同一目标的不同技术方案进行计算、分析、比较；效果分析是通过劳动成果与劳动消耗的对比分析、效益与费用的对比分析等方法，对技术方案的经济效果和社会效果进行评价，评价的原则是效果最大原则。

4）技术经济分析的基本程序

技术经济分析的科学性、系统性在于技术经济分析过程的规范化、程序化。经过对技术经济分析过程的理论与实践研究，总结出技术经济分析的基本程序，如图 15.1 所示。

15.1.2 村镇规划中的技术经济分析

1）村镇规划中技术经济分析的必要性

现阶段，市场经济已渗入村镇建设的方方面面，村镇建设规划必须和市场接轨，按经济规律办事，引导本地区的社会、经济朝着正确的方向发展，实现经济效益、社会效益和环境效益的统一。村镇规划目标越高，实现的费用、困难就越大，在村镇规划与建设中必须注意现实性和可能性，应避免那种不注重经济效益，讲气派，搞形式主义，脱离村镇实际情况的规划。所以只有将技术经济分析工作贯穿于整个村镇规划的全过程，才能制定合理的村镇规划目标，编制出最佳规划。

技术经济分析工作在村镇规划制定过程中具有重要的意义，特别是在一些关键环节和较大项目中，更是起着举足轻重的作用。

2）村镇规划中的技术经济分析内容

村镇规划中的技术经济工作应该贯穿于整个规划的全过程，当然在规划的不同阶段，

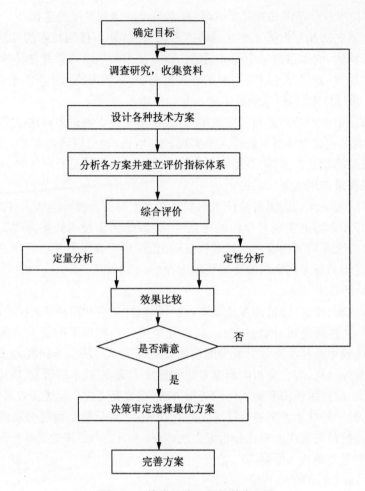

图 15.1　技术经济分析的基本程序

技术经济工作的内容和重点有所不同。

（1）村镇总体规划中的技术经济分析

村镇总体规划中的技术经济工作是根据县农业区规划、土地利用总体规划以及工业交通、文化教育、科技卫生、商业服务等各专业系统的发展计划,通过综合平衡,组织农、工、商协调发展和资源综合利用,提出村镇建设(包括扩建、新建)的生产项目、规划、职工人数以及对村镇建设的要求,并在进行全面技术经济分析和多方案比较的基础上,确定村镇的性质和规模、发展方向等等。这是村镇总体规划工作的重要内容,也是必不可少的基础工作。

在编制村镇规划工作中,如果忽视了技术经济分析工作,对规划的优势心中无数,就会出现盲目性。对规划进行技术经济分析,就是对规划的现实性、综合平衡的分析。

① 村镇建设规划中的现实性。在村镇建设规划中,技术经济工作的重点在于如何结合本村镇的实际情况,因地制宜地处理好客观需要和实际可能的统一问题,使村镇内的各建设项目建立在可靠的现实基础上。规划的内容,既要符合客观要求的规模、设施标准和速度,又要与经济发展水平相适应,这是衡量一个规划方案质量高低的重要标志之一。因此,制定村镇建设规划必须区分建设项目的性质,有些项目必须由政府投资兴建,大量的

项目可以通过商业开发、私人投资实施，而且随着投资领域的进一步开放，商业开发项目越来越多。对于由人民政府投资兴建的项目，必须考虑村镇的现实经济条件。所谓现实条件应包括：首先是建设条件，即用地、动力、供水、交通运输、建筑材料等物质条件；其次是经济条件，即建设资金的来源和数量等财力条件；最后才是技术条件，即设计、施工等各个方面的人力条件。不具备这些条件，村镇规划只能是纸上谈兵。没有现实性，也就谈不上什么经济性。对于商业开发、私人投资的项目，更要进行技术经济分析，按市场经济规律办事，才能有人投资开发。

② 村镇建设规划的综合平衡、协调。村镇建设中的综合平衡、协调，是指在已确定的规划期限内，有计划、按比例地发展各项事业。搞好综合平衡、协调是实现规划的关键。为此，在规划工作中，必须注意做好下列综合平衡工作：a. 政府财力的平衡。对于由人民政府投资兴建的项目，村镇的各项建设都要计算出建设总投资，特别是近期工程的投资，并提出筹集资金的办法。如果当地经济能力很薄弱，则不宜一下子全面铺开，应当由点到面逐步开发。对于经济不富裕的村镇，应该进行调查研究，分析村镇建设中存在的问题，抓住几个急需解决的问题，结合当地的经济力量提出解决办法。一般来说，应首先注重基础设施的建设，比如，有的村镇街巷狭窄、交通阻塞，就可先做好一条街道的拓宽、改建规划，或者另外修筑一条道路，暂时解决交通问题。这样从现实出发安排好当前建设，做好解决一两个实际问题的专项规划，对这类村镇建设所起的作用可能比较切合实际而且效果较好。政府财力的平衡是一个动态平衡，可以适度超前，但目前许多村镇规划标准高、建设速度快，政府负债率过高，制约了村镇的可持续发展。b. 商业开发项目的平衡、协调。商业开发项目不仅要符合市场经济规律，而且要和村镇的产业发展方向、环境保护目标一致。市场经济是不断变化的，是动态发展的，商业开发项目更应经过评估，使之符合村镇发展要求，避免盲目开发、重复投资、造成浪费。c. 村镇规划建设资源的平衡、协调。每个村镇建设项目都需要物资、设备、人员。一般情况下这些建设资源应主要来源于当地，少量可以通过市场配置，这样才能体现村镇建设对当地经济的推动作用，发挥当地资源的优势，显示出村镇规划建设的特色和优越性；如果大量资源依赖于市场配置，则加大了成本，增加了不确定性，不能发挥当地资源的优势，显示不出村镇规划建设的特色和优越性。所以应做好村镇规划建设需求和本地资源的平衡、协调工作，同时发挥外地资源的补充、调剂作用。

总之，只有搞好综合平衡，才能对村镇的规划做出正确的评价。一个好的村镇规划，是可以从现实的客观条件出发经过努力奋斗在规划期限内予以实施的，它能起到指导村镇建设的作用。

（2）村镇规划方案比较

村镇规划是一个系统工程，由多项规划组成，每项规划都有各自的技术经济指标，所以村镇规划的评价由许多指标组成。各项技术经济指标的重要性也不相同；即使同一指标在不同的地理位置、不同的经济条件、不同的外部环境，其重要性也不同。所以，只有根据各村镇不同的情况，建立合理的评价体系，进行综合技术经济分析，进行多方案多轮次的比较分析，才能得到一个经济上合理、技术上可行的最佳规划方案。

村镇规划方案比较的内容如下：①村镇性质、规模、发展方向、总体布局的合理性。②村镇的经济、文化、科技、政治、社会等方面的和谐程度。③村镇规划对产业发展、商业开发、环境保护的引导作用大小。④村镇规划的可操作性，尤其是适应市场经济、商业开发的程度。⑤建设用地的地理位置、工程地质、水文地质条件。⑥占地、搬迁情况。其中包括所占耕地种类、单位面积农作物产量、需要动迁的人口、拆迁的建筑量和难度、征地补偿费用等。⑦环境、卫生情况。各类用地内部及分区之间所创造的工作、生活环境状况。⑧交通运输情况。对外交通如公路、水运及其联运方面，对内交通如道路交通是否方便、工程投资是否节省。⑨工业副业等生产条件及企业间的协作关系。⑩公用设施工程。包括供电、供热、给排水及其他工程可能利用的潜力和建筑的工程量及其经济性。⑪防洪、防灾工程及其措施的安全性。⑫旧村镇的改造与利用程度。⑬村镇建设造价比较。包括各个规划方案的建设投资及总投资比较。⑭综合分析意见。按以上诸方面进行综合分析比较，然后定案。有时也会综合采用不同方案的某些优点，然后产生新的方案。

（3）施工图设计优化

随着中国工程建设行业的不断发展，建设节奏的不断加快，项目的建设周期随之缩短，在设计阶段周期的压缩尤为明显。这种现状使得设计者在设计施工图时，对施工图设计的周密性降低，往往对建设成本和施工难易度等方面的考虑不足。为了能够有效地控制成本，在后期的设计优化过程就显得尤为重要了。

建设单位拿到施工图后，编制建设工程技术经济指标，根据限额设计的要求以及内部的目标成本控制体系对其进行比较分析，对施工图中影响成本较高的设计内容进行分析，判断该部分是否可以继续调整优化，从而达到控制成本目标在合理范围内的目的。

在施工图优化设计的阶段，可以组织施工单位的相关部门或人员参与，使得设计者设计出与实际现场施工情况更为密切的施工图。

15.1.3 村镇规划中的技术经济指标

1）技术经济指标的作用

技术经济指标是指国民经济各部门、企业、生产经营组织对各种设备、各种物资、各种资源利用状况及其结果的度量标准。它是技术方案、技术措施、技术政策的经济效果的数量反映。技术经济指标可反映各种技术经济现象与过程相互依存的多种关系，反映生产经营活动的技术水平、管理水平和经济成果。各部门和企业都有一套与本部门、本企业的技术装备、工艺流程、所用原料、燃料动力以及产品特点相适应的技术经济指标。

2）技术经济指标的分类

技术经济指标一般分为：①价值指标与实物指标。前者是以价值形态反映出来的指标，后者是以实物形态反映出来的指标。②宏观指标与微观指标。前者是从整个国民经济角度进行评价的标准，后者是从企业经济角度进行评价的标准。③综合指标与单项指标。前者如成本指标包括了原材料、燃料动力、折旧、工资等各种消耗费用；后者如每百元燃料动力费用所提供的产值等。④总量指标与人均指标。前者如国民总收入等，后者如人均国民收入等。⑤绝对数量指标与相对数量指标。前者如国民收入、利润总额等，后者如产值利润率、投资收益率、成本利润率等。⑥数量指标与质量指标。前者如能源节约额、资源节约额等，后者如质量等级、优质品率、合格率、废品率等。

技术经济指标既属于经济指标，但又区别于经济指标，如消耗总量、产品产量等单纯表示资源消耗与经济成果的指标不是技术经济指标,只有将两个相关的经济指标进行比较而得到的经济指标才是技术经济指标。技术经济指标的表示方法主要有三种:①双计量单位表示法。这是指将消耗与成果进行比较时所得到的指标,如产值能耗(t/万元)、劳动生产率[价值量(实物量)/人(单位时间内)]等表示。②百分率表示法。这是指在某一总体中某一部分所占比重,如优质品率、材料利用率等均用"％"表示。③指数表示法。这是指在两个相关指标中,用"一个为 100 时,另一个为多少"表示,如百元产值提供利润、百元资金提供产值等都是用这种方法表示。

3)技术经济指标确定原则

技术经济指标确定应遵循的基本原则:①科学性。这是指指标的设计必须同技术经济范畴的科学含义相一致,指标的数量应取决于实际需要和理论研究的完善程度。②实用性。这是指指标设计应适应于经济发展水平、计划水平、统计水平,以及国民经济的不断发展、技术与经济的相应变动;对于不同的工程项目、不同的技术方案、不同的技术实践,其指标设计应有不同,各有侧重。③可比性。这是指指标设计应在统计数据、满足需要、时间、价格、消耗费用等方面可比的条件下进行,要将不可比因素转化为可比因素。例如,2012 年 8 月 1 日起施行的《住宅设计规范》(GB 50096—2011)规定,住宅设计应计算下列技术经济指标:各功能空间使用面积(m^2);套内使用面积(m^2);套型阳台面积(m^2);套型总建筑面积(m^2);住宅楼总建筑面积(m^2)。

4)村镇规划中的技术经济指标

村镇规划中的技术经济指标,是表示村镇各项建设在技术上达到经济合理性的数据,在具体规划设计工作中起着依据和控制的作用。

建设单位中的大多数人并非专业的设计人员,在获得规划图后单凭看懂图纸并不能确定图纸设计的优劣,也不能明确说明设计是否合理,这时就需要辅助的方法来给予明确的说明,而利用建筑技术经济指标是最具有说服力的辅助方法。在进行概预算的同时编制建筑技术经济指标,将编制好的建筑技术经济指标与类似的某个项目或多个项目的技术经济指标进行比较,通过比较可以明确该图纸是否需要进行优化调整,所以建筑技术经济指标为图纸设计优化提供了明确的依据。

确定方案优化是否合理,同样要用到技术经济指标。利用优化好的方案,编制技术经济指标与优化前的技术经济指标或类似项目的技术经济指标进行比较,通过比较可以明确该方案的优化调整是否达到了预期的效果,所以技术经济指标为方案设计优化的合理性提供参考的依据。

在村镇规划中,各专业都有各自的指标,项目很多,但从规划设计管理工作的角度来说,应重点抓好村镇用地和建设造价等指标。

(1)村镇用地

村镇用地按土地使用的主要性质划分为:居住用地(R)、公共设施用地(C)、生产设施用地(M)、仓储用地(W)、对外交通用地(T)、道路广场用地(S)、工程设施用地(U)、绿地(G)、水域和其他用地(E)九大类。村镇是一个有机体,要达到生产与生活各方面的协调发展,村镇各项用地必然存在着一定的内在联系。一般通过编制村镇建设用地计算表,检验各项用地的分配比例及是否符合规定的定额,或与一些同类村镇用地进行类比,用数据说明规划方案中各类用地的相互关系,为合理分配村镇用地提供必要的依据。为了便于统计,使各村镇编制的用地计算表具有可比性,村镇用地计算表可选用表 15.1 和表 15.2 所示的基本格式,并把该表所列的内容在村镇建设规划总平面图和规划说明书中示出。

编制村镇建设用地平衡表的作用有以下三个方面:第一,反映村镇土地使用的水平和比例,作为调整用地和制定规划的依据之一。第二,用以类比村镇之间的建设用地情况。第三,作为规划管理单位审定村镇建设用地的必要依据。

表 15.1 村庄用地计算表

分类代码	用地名称	现状_____年			现状_____年		
		面积 (hm²)	比例 (%)	人均 (m²)	面积 (hm²)	比例 (%)	人均 (m²)
R							
C							
M							
W							
T							
S							
U							
G							
村庄建设用地			100			100	
E							
村庄规划用地范围面积(hm²)							

表 15.2 镇区用地计算表

分类代码	用地名称	现状_____年			现状_____年		
		面积 (hm²)	比例 (%)	人均 (m²)	面积 (hm²)	比例 (%)	人均 (m²)
R							
R₁							
R₂							
C							
C₁							
C₂							
C₃							
C₄							
C₅							
C₆							

分类代码	用地名称	现状_____年			现状_____年		
		面积（hm²）	比例（％）	人均（m²）	面积（hm²）	比例（％）	人均（m²）
M							
M₁							
M₂							
M₃							
M₄							
W							
W₁							
W₂							
T							
T₁							
T₂							
S							
S₁							
S₂							
U							
U₁							
U₂							
U₃							
G							
G₁							
G₂							
镇区建设用地			100			100	
E							
E₁							
E₂							
E₃							
E₄							
E₅							
E₆							
E₇							
镇区规划用地范围							

在进行村镇用地计算时,镇的现状和规划用地应统一按规划范围的平面投影面积进行计算,单位为 hm²。分片布局的村镇应分片计算用地,再进行汇总。规划范围应为建设用地以及因发展需要实行规划控制的区域,包括规划确定的预留发展、交通设施、工程设施等用地,以及水源保护区、文物保护区、风景名胜区、自然保护区等。用地面积计算的精确度应按制图比例尺确定。1∶10 000、1∶25 000、1∶50 000 的图纸应取值到个位数;1∶5 000 的图纸应取值到小数点后一位数;1∶1 000、1∶2 000 的图纸应取值到小数点后两位数。

(2)建设造价

建设造价是反映村镇建设项目的数量、质量和设施标准的综合指标。村镇中每个建设项目都具有数量标准、质量标准和设施标准,而每项标准都可用其定额指标表示。比如住宅建筑,它的数量标准是通过建筑面积/户定额来表示的。根据一些实例分析:南方乡村住宅建筑面积标准稍高一些,一般为(80—110)m²/户,北方一般为(75—85)m²/户,严寒地区为 70 m²/户左右,且随着小康住宅的建设,住房标准有逐步提高的趋势。少数民族地区和侨乡的住宅建筑面积标准应结合民族习惯以及实际生活水平设定,一般都略高些。

住宅的质量标准反映建筑物使用什么材料,采用什么结构形式和耗用多少材料,可用主要材料消耗定额和人工消耗定额来表示,即木材"m³/m²"、钢材"kg/ m²"、水泥"kg/m²"、砖"块/m²",以及"人工/m²"等。

住宅的装饰、设备标准则包括室内装饰、给水、排水、照明、电话、有线电视、网络和智能控制等各项设备水平。虽然目前村镇住宅的设备标准较低,但普及速度很快,其已成为住宅造价的重要组成部分。

把上述三项标准综合成一项指标,便是住宅建筑的投资概算。村镇建设中的其他项目,比如道路工程,按照其质量标准、数量标准和设施标准也可综合成该项工程的投资概算。各项建设项目的投资概算汇总起来,便成了如表 15.3 所列的村镇建设的总概算。在此基础上再根据村镇的实际经济能力、商业开发可能加以分析、评估,得出规划方案可行性。同时,通过投资的构成分析,还可以帮助判断经济性和安全性问题。譬如材料消耗很高,则说明该项工程在数量上或质量上可能有浪费的现象;如果材料消耗过低,则需注意该工程在安全上会不会发生问题。特别是村镇建设的管理部门应把节约材料、设施标准和结构安全等统一起来,不能偏废。

表 15.3 村镇建设总概算表

序号	建筑项目名称	近期		远期		合计
		工程量	投资(万元)	工程量	投资(万元)	
1	住宅建筑					
2	生产建筑					
3	公共建筑					
4	道路桥梁					

序号	建筑项目名称	近期		远期		合计
		工程量	投资(万元)	工程量	投资(万元)	
5	绿化					
6	给水					
7	排水					
8	防洪					
9	电照					
10	拆迁费用					
11	不可预见项目					
	合计					

15.1.4 村镇规划方案的评价体系

对村镇规划方案进行评价,首先要明确评价目标;其次要将目标分解为相应的准则以及可以明确表述的评价内容或指标,从而形成结构明确、层次清楚的目标体系;再次要选定合适的评价方法对方案进行分析和评价;最后通过比较分析,判断和选择方案。

村镇规划方案评价是一种综合评价,即追求多目标综合效果的评价。在评价的过程中,所涉及的评价标准有两类:相对标准和绝对标准。前者是在不同方案之间进行相互比较;后者是以国家规定的定额指标和规划管理部门提出的规划设计要点作为评价的依据。

多目标最优化是指方案的选择和论证取决于诸方面若干个指标的决策方法。这些指标是互相联系和制约的。村镇规划评价指标体系主要由村镇建设用地评价、环境质量影响评价、投资效益评价等组成,其他指标如文化、科技、政治、社会等指标的重要性随着社会发展的重要性也越来越高。

1) 村镇用地经济效益评价指标(S)

(1) 村镇用地面积指标(S_1)

① 总用地面积(S_{11})

总用地面积指占地总面积,包括居住用地面积、公共建筑用地面积、生产区用地面积,以及街道、广场、绿化和其他公共福利设施的占地面积。它是控制居民用地面积的重要指标之一。

② 居住用地面积(S_{12})

$$居住用地面积(S_{12}) = 宅基地面积 + 胡同(巷道)面积 \qquad (15-1)$$

在居住小区内的住宅绿化等的用地面积也可以计入居住用地的面积。

③ 居民点用地面积比例(S_{13})

$$居民点用地面积比例(S_{13}) = \frac{居住用地面积}{总用地面积} \times 100\% \qquad (15-2)$$

④ 居民点总用地紧凑系数(S_{14})

$$居民点总用地紧凑系数(S_{14})=\frac{居民点建设用地面积}{建成区总用地面积}\times100\% \tag{15-3}$$

居民点建设用地面积指建成区范围内除去水面、山区、农田以及暂不宜建筑的地段等各项建设用地的面积。

(2) 村镇居住建筑用地面积指标(S_2)

① 宅基地用地指标(S_{21})

宅基地用地指标指平均每户占有宅基地的面积。宅基地是居住用地的主体部分,与节约居民点建设用地关系极大,必须严加控制。

$$宅基地用地指标(S_{21})=\frac{宅基地面积}{总户数}(m^2/户) \tag{15-4}$$

② 居住水平(S_{22})

$$居住水平(S_{22})=\frac{居住建筑面积}{总人口(总户数)}(m^2/人;m^2/户) \tag{15-5}$$

居住建筑面积指居住建筑基底面积乘以层数。按照农村统计习惯和住宅建筑特点,居住建筑面积应包括每户农民独用的正房(主屋)和偏房的建筑展开面积,不包括室外厕所、猪圈、鸡窝、柴棚等辅助建筑面积。但在正房和偏房内的厕所、猪圈、鸡窝等的面积,应计入建筑面积。

③ 居住建筑密度(S_{23})

$$居住建筑密度(S_{23})=\frac{居住建筑基地面积}{居住用地面积}\times100\% \tag{15-6}$$

④ 居住面积密度(S_{24})

$$居住面积密度(S_{24})=\frac{居住面积}{居住用地面积}\times100\% \tag{15-7}$$

居住面积也叫使用面积,指住宅居室的面积,不包括厕所、过道、厨房等的面积。

⑤ 平面系数(S_{25})

$$平面系数(S_{25})=\frac{居住面积}{居住建筑面积}\times100\% \tag{15-8}$$

(3) 村镇各项用地比例指标(S_3)

① 居住用地面积比例(S_{31})

$$居住用地面积比例(S_{31})=\frac{居住用地面积}{建成区总用地面积}\times100\% \tag{15-9}$$

② 生产区用地面积比例(S_{32})

$$生产区用地面积比例(S_{32})=\frac{生产区用地面积}{建成区总用地面积}\times100\% \tag{15-10}$$

生产区用地面积指配置在居民点内的生产性建筑的用地范围,包括建筑基底面积,道路绿化、生产性设施和空地等的用地面积。

③ 公共建筑用地面积比例(S_{33})

$$公共建筑用地面积比例(S_{33}) = \frac{公共建筑占地面积}{建成区总用地面积} \times 100\% \tag{15-11}$$

④ 街道系数(S_{34})

$$街道系数(S_{34}) = \frac{街道用地面积+广场面积}{建成区总用地面积} \times 100\% \tag{15-12}$$

街道用地面积指主干街道和一般街道的占地面积,不包括巷道、胡同的面积。

⑤ 绿化系数(S_{35})

$$绿化系数(S_{35}) = \frac{公共绿化面积}{建成区总用地面积} \times 100\% \tag{15-13}$$

2) 环境质量评价指标(P)

环境质量评价,是指以保护人体健康、保证正常的劳动和生活条件以及生态系统正常循环的环境标准为尺度,就村镇环境质量变化对人和生物的危害程度也就是污染状况做出客观的评定。它具有时间、空间特性,是对某时段村镇本身或某局部的环境质量评价。中国一些大城市已开始全面综合评价城市环境质量。村镇环境质量评价工作刚刚起步,目前村镇环境质量评价主要是进行现状评价。由于当前直接影响村镇环境的主要因素是乡镇企业等的污染,所以村镇环境质量评价通常是对村镇环境污染状况的现状评价,常用环境污染综合指数法。

村镇环境是由多种环境要素组成的,比如大气、河流、地下水、噪声、土壤等等,各因素又同时受到多种污染物质的影响。如大气是一项主要环境因素,它可能受到烟尘、飘尘、二氧化硫、一氧化碳等的污染,所以要评价大气质量,首先要知道单项污染物的污染状况,然后再进行综合分析。

(1) 单项污染要素的环境质量指数

某种污染物的实际测得浓度与其相应的评价标准的比值叫作污染物的污染指数,即

$$P_i = \frac{C_i}{S_i} \tag{15-14}$$

$$P = \sum_{i=1}^{n} P_i \tag{15-15}$$

式中:P——环境质量指数,表示单个污染要素危害程度的无量纲的相对值;

P_i——污染指数,表示 i 污染物危害程度的无量纲的相对值;

C_i——i 污染物的实测浓度;

S_i——i 污染物的评价标准。

确定环境质量评价标准,主要是根据国家已颁布的有关环境标准的规定,并参照地区的实际情况确定。表 15.4 为南京市城区环境质量评价标准,可供各村镇参考。

表 15.4　南京市城区环境质量评价标准

污染要素	污染因子	评价标准
空气污染	二氧化硫(SO_2)	0.15 mg/m³
	二氧化氮(NO_2)	0.10 mg/m³
	降尘	8.0 t/(km²·月)
噪声	室外环境噪声	50 dB(A)
地面水污染	酚	0.010 mg/L
	氰	0.100 mg/L
	铬	0.100 mg/L
地面水污染	砷	0.050 mg/L
	汞	0.005 mg/L
地下水污染	酚	0.002 mg/L
	氰	0.010 mg/L
	铬	0.050 mg/L
	砷	0.020 mg/L
	汞	0.001 mg/L

（2）污染程度分级

根据环境质量指数的大小和地区的具体情况,可划分若干表明不同污染程度的范围。显然,环境质量指数愈大,表明该地区污染愈严重。

表 15.5 至表 15.8 为"北京西郊区环境质量评价表",此为对各浸染要素质量分级标准,可供各村镇参考。

表 15.5　空气质量分级表

分级名称	评价值范围
清洁	0.00—0.01
微污染	0.01—0.10
轻污染	0.10—1.00
中度污染	1.00—4.50
较重污染	4.50—10.00
严重污染	>10.00

表 15.6　地面水质量分级表

分级名称	评价值范围
清洁	<0.2
微污染	0.2—0.5
轻污染	0.5—1.0
中度污染	1.0—5.0
较重污染	5.0—10.0
严重污染	10.0—100.0
极严重污染	>100.0

表 15.7　地下水质量分级表			15.8　土壤质量分级表	
分级名称	评价值范围		分级名称	评价值范围
清洁	0.0		清洁	<0.2
轻污染	0.0—0.5		微污染	0.2—0.5
中度污染	0.5—1.0		轻污染	0.5—1.0
较重污染	1.0—5.0		中度污染	>1.0
严重污染	5.0—10.0			

（3）编制单要素环境质量评价图

将评价地区划分为若干方格网,求得每一方格网内单要素环境质量指数,再根据环境质量分级的标准,把同一级范围的方格连接起来,得出单要素环境质量评价图(如空气环境质量评价图、地面水环境质量评价图等)。

（4）环境质量综合评价

村镇环境往往受空气、水、土壤、噪声等多种污染要素综合作用的影响,因此,要在单要素环境质量评价的基础上,从中选择最主要的几个要素作为参数,并对各参数考虑合理的加权,进一步对这些主要环境要素构成的环境质量做出综合评价。一般可采取单要素环境质量指数叠加的方法,求出环境质量综合评价值。即

$$\sum P = P_{空气} + P_{地面水} + P_{地下水} + P_{土壤} + \cdots \tag{15-16}$$

实际上,各种污染要素对环境危害的方式和程度是不一致的。例如,大气污染和噪声污染传播和影响的范围往往比较广,而河水污染则仅局限于河道经过的地区,因此需要经过加权调整,使评价结果较接近城市环境质量的实际情况。权值的选择可根据群众反映和当地环境污染特点的分析来确定。表 15.9 为南京市区环境质量评价采用的权重值,供各村镇参考使用。

表 15.9　南京市区环境质量评价权重值

污染要素	空气污染	噪声污染	地面水污染	地下水污染
相对权重值(%)	60	20	10	10

在评价地区的方格网内,将各个单要素环境质量指数分别乘以各自的相对权重值后再叠加起来,得出各方格内的环境质量综合评价值。同样,根据环境质量的分级,制出环境质量综合评价图。

3）投资效益评价指标(C)

对基本建设项目的投资效益进行经济评价时所常用的静态评价指标如下:

（1）单位产品投资额(C_1)

$$C_1 = \frac{K}{S} \tag{15-17}$$

式中:C_1——单位产品投资额;

K——建设项目的投资额;

S——项目投产后的年产量。

(2) 投资回收期(C_2)

投资回收期是指从项目建成投产后用盈利把全部投资回收所需的时间。计算公式为

$$C_2 = \frac{K}{M} \tag{15-18}$$

式中:C_2——投资回收期;

K——建设项目的投资额;

M——企业的年平均收入。

(3) 投资效果系数(C_3)

投资效果系数是建设项目建成后每年获得的纯收入与建设总投资额之比。计算公式为

$$C_3 = \frac{K}{M} \times 100\% \text{ 或 } C_3 = \frac{1}{C_2} \times 100\% \tag{15-19}$$

式中:C_3——投资效果系数;

K,M,C_2 与前同。

(4) 追加投资回收期(C_4)

追加投资指的是不同方案所需投资之间的差额。追加投资回收期是指一个方案用其成本节约额来回收追加投资的期限,即

$$C_4 = \frac{K_1 - K_2}{C_2 - C_1} = \frac{\Delta K}{\Delta C} \tag{15-20}$$

式中:C_4——追加投资回收期;

K_1,K_2——不同方案的投资额,$K_1 > K_2$;

C_1,C_2——不同方案的生产成本,$C_2 > C_1$;

ΔK——追回投资额;

ΔC——节约的年生产成本额。

(5) 比较效果系数(C_5)

比较效果系数是追加投资回收期的倒数,用来衡量追回投资经济效果的系数,即表示每一单位的追加投资能获得多少成本节约额。计算公式为

$$C_5 = \frac{C_2 - C_1}{K_1 - K_2} = \frac{\Delta C}{\Delta K} \tag{15-21}$$

式中:C_5——比较效果系数;其余同上。

为了最终从多个规划方案中选择最优方案,需要借助一定的方法,主要方法有综合评分法、层次分析法和模糊评价法,由于后两种方法需要较高的数学基础,一般情况下多采用综合分析法。综合分析法是对规划方案的各评价指标进行评分,其中定性指标采取专

家打分,定量指标则转化为相应的评分,最后将各项指标的得分累加,求出该方案的综合评分值。

设有 K 个方案,每个方案有 n 个评价指标,V_i^k 为 k 方案第 i 个指标的评分,则 k 方案的综合评分为

$$V^k = \sum_{i=1}^{n} W_i V_i^k \quad (i = 1, 2, \cdots, n; \; k = 1, 2, \cdots, K)$$ (15-22)

式中:$W_i(i=1,2,\cdots,n)$ 为评价指标的重要性权重。

由上式计算出各方案的综合评价值 V^k,综合评分值最大的方案为最优方案。在实际应用中,一般制成表格形式评价规划方案,如表 15.10 所示。

表 15.10 村镇规划设计方案综合评价表

第一级指标	第二级指标	权重 W_i	各方案评分			
			V^1	V^2	...	V^K
村镇用地经济效益评价指标(S)	村镇用地面积指标(S_1)					
	村镇居住建筑用地面积指标(S_2)					
	村镇各项用地比例指标(S_3)					
环境质量评价指标(P)	空气污染(P_1)					
	噪声污染(P_2)					
	地面水污染(P_3)					
	地下水污染(P_4)					
投资效益评价指标(C)	单位产品投资额(C_1)					
	投资回收期(C_2)					
	投资效果系数(C_3)					
	追加投资回收期(C_4)					
	比较效果系数(C_5)					
合计		100	$\sum W_i V_i^1$	$\sum W_i V_i^2$	...	$\sum W_i V_i^k$

15.2 村镇规划的管理与实施

由于中国经济的持续高速发展、体制改革不断深入、投资领域的进一步开放、土地使用制度的改革、房地产的兴起等因素的影响,市场经济已渗入村镇建设的方方面面,村镇建设的形势已发生了巨大的变化。为加强村镇规划建设管理,改善村镇的生产、生活和环境条件,促进农村经济和社会发展,国家和地方都在积极应对新的村镇建设形势,并为此

出台了一系列的法律、法规。各省结合自身实际情况,也制定了地方条例。

15.2.1　村镇规划的管理组织与政策

1) 村镇规划的管理组织

(1) 村镇管理体制

村镇管理体制是由村镇的管理机制与制度、管理机构与权限、管理方式等要素组成的体系。目前中国处在改革开放不断深化的过程中,城镇管理体制也在不断调整和完善。

中国辽阔的领土被划分为一定的行政区域,由各级人民政府和其所属的职能部门实施行政管理。行政区划俗称为"块块",各级部门俗称为"条条"。

① 国务院的机构设置。国务院即中央人民政府,是最高国家权力机关(全国人民代表大会)的执行机关、最高国家行政机关,负责组织和管理全国范围的重大行政事务,统一领导全国的行政工作。国务院下设部、委、办、局,例如,外交部、国防部、国家发展和改革委员会、教育部、科学技术部、工业和信息化部、国家民族事务委员会、公安部、安全部、民政部、财政部、人力资源和社会保障部、国土资源部、环境保护部、住房和城乡建设部、交通运输部、水利部、农业农村部、商务部、文化和旅游部、国家卫生和计划生育委员会等等。

② 地方各级人民政府的职能。地方各级人民政府是地方各级国家权力机关(地方人民代表大会)的执行机关,即地方各级国家行政机关,负责管理本行政区域的行政工作。地方各级国家行政机关既要执行同级国家权力机关的决议,又要服从上级国家行政机关的指示。各级人民政府根据法律和工作需要设立必要的工作部门(职能部门),负责组织、处理某一方面的行政事务,贯彻执行本级人民政府的决定,指导下级行政部门的工作。一般情况省级地方人民政府中设有与国务院的部、委、办、局大体上对口的部门,称为厅、委、办。城市依规模和财力大小,设置与省级厅(委)对口或综合的管理机构。县级党政机关较为精简,一般设 20—30 个机构。镇人民政府的机构更加精简,需要综合处理上级人民政府多个部门交办的工作。

(2) 县级人民政府对于村镇建设的管理

《建制镇规划建设管理办法》(建设部令第 44 号)规定:国务院建设行政主管部门(建设部)主管全国建制镇规划建设管理工作,县级以上地方人民政府建设行政主管部门主管本行政区内建制镇规划建设管理工作,建制镇人民政府建设行政主管部门负责本建制镇的规划建设管理工作。《村庄和集镇规划建设管理条例》(国务院令第 116 号)规定:国务院建设行政主管部门主管全国的村庄、集镇规划建设管理工作;县级以上地方人民政府建设行政主管部门主管本行政区域的村庄、集镇规划建设管理工作;乡级人民政府负责本行政区域的村庄、集镇规划建设管理工作。县级人民政府处于领导村镇建设的前沿,对建设中的问题反应灵敏,并有较大的自主权和决策权,对村镇发展的进程和水平具有较大的影响。

① 县级人民政府要履行好组织和审查规划编制与实施的职能

村镇建设和发展是社会资源重新配置和组合的过程,由于信息不对称和利益机制等原因,如果任其自行发展,急功近利的重复建设就难以避免,造成社会资源的重大浪费。国务院规定:"各级政府要按照统一规划、合理布局的要求,抓紧编制村镇发展规划,并将其列入国民经济和社会发展计划。"这里所说的发展规划包括城镇体系规划和单个城镇规划两个层次。

城镇体系规划要解决行政辖区内城镇群体的结构,目的是达到辖区内各种资源的优化配置,而不是个别城镇效益的最大化。例如,某些大城市周边的村镇自行开发修建许多人造旅游景点,盲目兴建各种名目的集贸市场、"一条街"等等,由于文化内涵不深、科技含量不高且重复雷同,多数经营亏损,巨额投资难以回收,造成了社会资源的浪费。

城镇规划是建设的起点和规范,做好规划就有可能得到事半功倍的效果,因而县级人民政府要配合上级人民政府做好村镇体系规划。在县级以上人民政府主持编制村镇体系规划时,县级人民政府要提供资料和县域内的建镇设想,协助上级人民政府做好规划工作。

② 县级人民政府要做好县域内村镇建设规划工作

县域内村镇建设规划是县域内村镇体系规划指导下一个或几个村镇的建设蓝图,属于县级人民政府职能范围。

在制定村镇建设规划时,应当了解本地历史和环境,尊重城镇发展的客观规律,科学地确定村镇规模和功能配置,防止出现一阵风、相互攀比和低层次模仿,"繁荣"一阵子,冷清多少年的现象。规划时要强调因地制宜,体现地方风格和特色,继承并发扬历史文化传统。如安徽南部的徽州地区(今黄山市所辖地区),许多村镇建设就是特点鲜明的典范,其中一些小镇的建筑让人每当步入其中,就会心旷神怡、流连忘返,现已成为知名旅游景点。

在村镇建设规划和建设中,要注意节约用地。中国是人口大国,土地与人口之间的矛盾突出。一些地方在改造村镇的过程中,不惜占用大片土地(很多都是农业用地),镇区建筑布局松散,道路修成几十米宽,还美其名曰"要有发展眼光"。因此,村镇建设要走内涵改造模式,要选择具有一定基础的村镇进行内涵增量改造,增加其人口聚集的承载量,提高土地使用效率。除了要注意集约用地和保护耕地外,还要盘活存量土地,由分散建设变为集中建设,对于原先在村庄有住房的农民,应当以优惠政策引导他们到村镇购房建房。原先分布在村庄里的乡镇企业,应从企业的经济实力和发展需要出发,在适当时候迁入村镇工业集中区。

③ 县级人民政府要履行村镇建设职能,保证规划的实施

多渠道筹集资金。长期以来,中国的村镇建设资金主要由政府统一安排。由于资金短缺,村镇建设不能满足社会经济发展的需要。为此,县级人民政府要充分利用各种优惠政策,采取灵活措施,鼓励和引导多种投资主体筹资(如民间集资、农民带资、乡镇企业筹资和外商投资)建设,形成多元化的投融资体制。可以通过县财政资金投向水、电、路及通信等基础设施建设,吸纳民间资金投向与农民利益有密切联系的、有巨大消费空间的项目。例如,通过村镇安居工程吸引农民的建房资金,以"谁投资、谁受益、谁所有"的原则吸引农民带资金来参与村镇基础设施建设。

监督管理村镇建设。县级人民政府通过采取切实有效的措施,如管理建筑市场,实行规划审批、开工许可、工程监理等制度,杜绝乱盖乱建和"豆腐渣工程",保证村镇规划的实施。

动员和组织居民参与管理。提高居民素质,动员和组织居民参与管理,是政府的经常性

工作。村镇的物质环境建设离不开居民的精神文明,有些村镇的基础设施和公共设施屡建屡毁,室内富丽堂皇而室外脏乱差,就是最好的直接证据。所以,没有广大居民的支持,不可能建设和维护好村镇。同时,村镇与周边农村社区毗邻,居民文明层次接近、联系密切。加强村镇居民现代文明教育,创建村镇现代文明,可以提高广大农村社区居民素质。

④ 县级人民政府要组建新型的村镇管理机构

县级人民政府在指导组建村镇行政机构的过程中,应本着适应市场经济发展的需要,遵循"政企分开、政事分开、政府与社团分开、政府与中介组织分开、精兵简政"的指导思想。要指导建立健全各种社会组织和行业协会,将传统体制下由政府履行的部分职能返还于社会,充分发挥社会自治组织功能。与此同时,还要协调处理好县派出机构与镇人民政府之间的关系。县级人民政府职能完备、机构较齐全,而乡镇人民政府较为简约,镇人民政府需要县级人民政府的派出机关(即通常说的"七站八所")帮助履行部分职能,派出机关应与镇人民政府协同合作,共同做好村镇建设工作。

县级人民政府应该有计划有步骤地选拔一批优秀人才充实到村镇管理岗位。

(3) 村镇建设管理机构

1979 年国家建设委员会设立农村房屋建设办公室(村镇建设司前身);1982 年成立乡村建设管理局;1988 年改为建设部村镇建设司;2008 年中央"大部制"改革背景下成立中华人民共和国住房和城乡建设部,下设城乡规划司和村镇建设司以加强对全国村镇建设工作的指导。其中,城乡规划司的主要职能是,拟订城乡规划的政策和规章制度,组织编制和监督实施全国城镇体系规划,指导城乡规划编制并监督实施,指导城市勘察、市政工程测量、城市地下空间开发利用和城市雕塑工作,承担国务院交办的城市总体规划、省域城镇体系规划的审查报批和监督实施,承担历史文化名城(镇、村)保护和监督管理的有关工作,制定城乡规划编制单位资质标准并监督实施。村镇建设司的主要职能是,拟订村庄和小城镇建设政策并指导实施,指导镇、乡、村庄规划的编制和实施,指导农村住房建设、农村住房安全和危房改造,提出进城定居农民的住房政策建议,指导小城镇和村庄人居生态环境的改善工作,组织村镇建设试点工作,指导全国重点镇的建设。

伴随国家村镇建设管理机构的设立,乡镇建设管理机构也得到了发展。1993 年中央机构编制委员会下发了《关于地方各级党政机构设置的意见》,允许设置乡镇一级村镇建设管理机构并配备人员。这为乡镇建设管理机构的设立提供了有力的保障。全国所有的省、地(市、县)和大多数的乡镇建立了村镇建设管理机构,构建了符合市场经济条件的行政管理新体制。

乡镇人民政府建设行政管理部门的职责主要包括:贯彻和执行国家及地方有关法律,执行法规、规章;负责编制建制镇的规划,并负责组织和监督规划的实施;负责县级建设行政主管部门授权的建设工程项目的设计管理与施工管理;负责建筑市场、建筑队伍和个体工匠的管理;负责县级建设行政主管部门授权的房地产管理;负责本建制镇的镇容和环境卫生、园林、绿化管理,市政公用设施的维护与管理;负责技术服务和技术咨询;负责建设统计、建设档案管理及法律、法规规定的其他职责。

2) 村镇规划管理的政策与法规

村镇发展与建设涉及的面宽、事广,政府通过制定一系列重要的公共政策,引导村镇建设向科学的道路发展,保障全国村镇居民得到最大的和长远的利益。如为了推行或禁止某些事情,政府会采取强制执行的积极方式来破除各种各样的陋习,改变落后的生活方式。反之,为了倡导革新,对某些事情采取宽松的消极方式,允许人们突破旧的约束。

法律是经过立法机关审议通过的,对全社会具有强大的约束力。某些政策也可经由政府的一定程序,成为行政法规。中国的立法形式包括《中华人民共和国宪法》等法律、国家行政机关的行政法规、地方性法规、地方性行政规章等,政府部门审定的技术规范也具有法规性质。这些法律和法规,有时统称为法规。

中国的法律体系包括宪法、行政法、民法、经济法、环境保护法、劳动法、婚姻法、刑法、诉讼法等法律。以建设法律规范为主要内容的法律、法规、规章,统称为建设法规,主要属于行政法范围,部分具有经济法和民法性质。这类法规由国家权力机关或它授权的行政机关制定,目的是调整国家及其所属机构、企事业单位、社会团体、公民之间在建设中或建设行政管理中发生的社会关系,如行政关系、经济关系、民事关系等,也是村镇规划管理的直接依据。与村镇规划管理有关的法规主要包括以下内容:

(1)法律

《中华人民共和国宪法》是国家的根本法,具有最高的法律效力。其调整国家最基本的政治关系、经济关系和社会关系,规定了中国的社会制度和国家制度,规定主要国家机关的组织、职权和相互关系以及公民的权利和义务。宪法是全国各族人民、国家机关和武装力量、政党和社会团体、企事业组织,都必须遵守的根本性活动准则。中国现行的宪法,为发展社会主义市场经济提供法律保障,也为村镇的发展和建设提供根本的保证。宪法中关于政府、行政区划、公民权利、土地制度等等条款,是村镇规划管理的根本依据。

其他与村镇规划管理直接相关的主要法律如下:《中华人民共和国土地管理法》《中华人民共和国城乡规划法》《中华人民共和国行政诉讼法》《中华人民共和国城市房地产管理法》《中华人民共和国建筑法》《中华人民共和国文物保护法》《中华人民共和国森林法》《中华人民共和国水法》《中华人民共和国环境保护法》《中华人民共和国水污染防治法》《中华人民共和国水土保持法》《中华人民共和国测绘法》等等。

(2)国务院的相关行政法规

1992年,《城市绿化条例》;

1992年,《城市市容和环境卫生管理条例》;

1993年,《村庄和集镇规划建设管理条例》;

1994年,《中华人民共和国城市供水条例》;

1996年,《城市道路管理条例》;

1999年,《中华人民共和国土地管理法实施条例》;

2006年,《风景名胜区条例》;

2008年,《历史文化名城名镇名村保护条例》;

2012年,《中华人民共和国招标投标法实施条例》;

2014年,《城镇排水与污水处理条例》。

(3)国务院所属部门的相关行政规章

1985年,城乡建设环境保护部《村镇建设管理暂行规定》;

1995 年,建设部《建制镇规划建设管理办法》;

1996 年,建设部《村镇建筑工匠从业资格管理办法》;

1999 年,建设部《建设行政处罚程序暂行规定》;

1999 年,建设部、监察部《工程建设若干违法违纪行为处罚办法》;

2000 年,建设部《村镇示范小区规划设计导则》《县域城镇体系规划编制要点(试行)》《村镇规划编制办法(试行)》;

2009 年,住房和城乡建设部《农村危险房屋鉴定技术导则(试行)》;

2009 年,住房和城乡建设部《关于开展工程项目带动村镇规划一体化实施试点工作的通知》;

2010 年,住房和城乡建设部《分地区农村生活污水处理技术指南》;

2010 年,住房和城乡建设部《镇(乡)域规划导则(试行)》;

2011 年,住房和城乡建设部、财政部、国家发展和改革委员会《绿色低碳重点小城镇建设评价指标(试行)》;

2012 年,住房和城乡建设部、文化部、国家文物局、财政部《传统村落评价认定指标体系(试行)》;

2013 年,住房和城乡建设部、国家发展和改革委员会、财政部《农村危房改造最低建设要求(试行)》;

2013 年,住房和城乡建设部《传统村落保护发展规划编制基本要求(试行)》;

2013 年,住房和城乡建设部《村庄整治规划编制办法》;

2014 年,住房和城乡建设部《历史文化名城名镇名村街区保护规划编制审批办法》;

2014 年,住房和城乡建设部《村庄规划用地分类指南》。

(4) 相关技术规范、标准

《镇规划标准》(GB 50188—2007);

《村庄整治技术规范》(GB 50445—2008);

《村镇规划卫生规范》(GB 18055—2012);

《建筑设计防火规范》(GB 50016—2014);

《美丽乡村建设指南》(GB/T 32000—2015)。

除以上各项外,城市规划与建设方面的技术规范均可参照执行。

(5) 具有政令性质的其他文件

1990 年,建设部《关于县以下建制镇贯彻执行城市规划法的通知》;

1993 年,建设部《关于颁发村镇规划设计单位专项工程设计证书的通知》;

1995 年,建设部《小城镇建设试点工作意见(试行)》;

1995 年,国家经济体制改革委员会等 11 部门《小城镇综合改革试点指导意见》;

2000 年,中共中央、国务院《关于促进小城镇健康发展的若干意见》;

2000 年,国务院办公厅《关于加强和改进城乡规划工作的通知》;

2004 年,国土资源部《关于加强农村宅基地管理的意见》;

2004 年,建设部《关于加强村镇建设工程质量安全管理的若干意见》;

2005 年,建设部《关于村庄整治工作的指导意见》;

2009 年,住房和城乡建设部、国家旅游局《关于开展全国特色景观旅游名镇(村)示范工作的通知》;

2011 年,财政部、住房和城乡建设部《关于绿色重点小城镇试点示范的实施意见》;

2013 年,住房和城乡建设部《关于开展美丽宜居小镇、美丽宜居村庄示范工作的通知》;

2013 年,住房和城乡建设部《关于开展传统民居建造技术初步调查的通知》;

2013 年,住房和城乡建设部、工业和信息化部《关于开展绿色农房建设的通知》;

2014 年,住房和城乡建设部、文化部、国家文物局、财政部《关于切实加强中国传统村落保护的指导意见》;

2014 年,住房和城乡建设部《关于 2014 年建设宜居小镇、宜居村庄示范工作的通知》;

2014 年,住房和城乡建设部、文化部、国家文物局《关于做好中国传统村落保护项目实施工作的意见》;

2014 年,住房和城乡建设部《乡村建设规划许可实施意见》;

2015 年,住房和城乡建设部《关于 2015 年美丽宜居小镇、美丽宜居村庄示范工作的通知》;

2015 年,住房和城乡建设部等 7 部门《关于做好 2015 年中国传统村落保护工作的通知》;

2015 年,住房和城乡建设部、国土资源部、公安部《关于坚决制止异地迁建传统建筑和依法打击盗卖构件行为的紧急通知》;

2015 年,住房和城乡建设部《关于做好 2015 年全国农村人居环境调查工作的通知》。

这些政策法规指导农村建设健康发展,完善了管理制度,村镇建设开始步入法制轨道。

15.2.2 村镇规划的审批

1) 村镇规划审批过程

村庄、集镇的总体规划和集镇的建设规划,经乡(镇)人民代表大会审查同意后,由乡(镇)人民政府报县级人民政府审批。

村庄建设规划经村民会议或村民代表会议讨论通过后,由乡(镇)人民政府报县级人民政府或其授权的村镇建设行政管理部门审批。

建制镇总体规划和详细规划的审批程序,按《中华人民共和国城乡规划法》执行。

2) 村镇规划送审成果

(1) 村镇总体规划送审成果

村镇总体规划的主要内容包括:乡级行政区域的村庄、集镇布点,村庄和集镇的位置、性质、规模和发展方向,村庄和集镇的交通、供水、供电、商业、绿化等生产和生活服务设施的配置。送审成果应当包括图纸与文字资料两部分。

图纸应当包括以下两个部分:

① 乡(镇)域现状分析图(比例尺为 1∶10 000,根据规模大小可在 1∶25 000—1∶5 000 选择);

② 村镇总体规划图[比例尺必须与乡(镇)域现状分析图一致]。

文字资料应当包括以下四个部分：

① 规划文本，主要对规划的各项目标和内容提出规定性要求；

② 经批准的规划纲要；

③ 规划说明书，主要说明规划的指导思想、内容、重要指标选取的依据，以及在实施中要注意的事项；

④ 基础资料汇编。

(2) 镇区建设规划送审成果

镇区建设规划的主要内容包括：住宅、乡（镇）村企业、乡（镇）村公共设施、公益事业等各项建设的用地布局、用地规划，有关的技术经济指标，近期建设工程以及重点地段建设具体安排。送审成果应当包括图纸与文字资料两部分。

图纸应当包括以下四个部分：

① 镇区现状分析图（比例尺根据规模大小可在 1∶5 000—1∶1 000 选择）；

② 镇区建设规划图（比例尺必须与现状分析图一致）；

③ 镇区工程规划图（比例尺必须与现状分析图一致）；

④ 镇区近期建设规划图（可与建设规划图合并，单独绘制时比例尺采用 1∶1 000—1∶200）。

文字资料应当包括规划文本、说明书、基础资料三部分。镇区建设规划与村镇总体规划同时报批时，其文字资料可以合并。

村庄建设规划的主要内容，可以根据本地区经济发展水平，参照集镇建设规划的编制内容，主要对住宅和供水、供电、道路、绿化、环境卫生以及生产配套设施做出具体安排。村庄建设规划可以在村镇总体规划和镇区建设规划批准后逐步编制。

15.2.3 村镇规划的实施管理

村镇规划实施的管理是在村镇规划依法审查批准后，依据有关政策法规和村镇规划，控制、引导和监督规划区内的土地使用和各项建设的安排，保证村镇规划顺利实施的行政性活动。村镇规划只有通过规划的实施才能体现其作用，编制的规划文本也只有通过实施才能实现其基本的价值。通过村镇规划实施管理，保障村镇各项建设纳入村镇规划的轨道，起到维护公共利益和相关方面合法权益的作用，促进经济社会、环境的协调发展，保障村镇规划建设法律法规的施行。

村镇规划经批准后，由乡（镇）人民政府公布，并组织实施。

1）建立机构，实施规划

村镇应该建立相应的管理机构，为实施规划提供组织上的保证。该管理机构在监督执行规划的实施过程中，应注意在建设中发生的技术问题，并协助解决。对于在规划设计中未预见到的，或因形势发展带来的新问题，可以主动建议编制单位申请修改规划（如原编制单位还没有提出修改时），并与原编制单位共同研究修改方案的原则和措施，使规划工作有方向性地、健康地开展。

2）制定制度，按章办事

要在广大群众中广泛地宣传规划成果和各种村镇建设的规章制度，让每个单位、每个人都能了解规划,知道不按规划办事就是违章违法。对于违章建筑、违章施工必须做到违章必究,严肃处理。尤其是村镇领导更要规范地执行规划,做到集体决策、建设审批一支笔,而不要"各人一支号,各唱各的调"。

3)多种渠道,筹集资金

村镇建设资金的来源是实施规划的关键。因此,需要通过各种不同的渠道来筹集资金。根据各地的经验介绍,村镇建设资金大致可从下列几方面进行筹集:

(1)从村镇企业上缴利润、税收中提取一定的比例。

(2)宜选建集市贸易场所,活跃集市经济,增加税收,积累资金。

(3)迅速发展工业生产、商业及公用事业,以适当增收村镇工商、公用事业附加税及房地产税,本着"哪里收、哪里用"的精神,留作村镇建设资金。

(4)利用当地廉价地方材料,将镇区的水、电、路加快建设,从而提高地价,为村镇增加建设投资。

(5)设在村镇的县以上的企事业,应上缴一定比例的地方税,或按比例分摊一部分村镇公用设施的建设资金。

(6)地方财政中可规定适当的投资数额。

(7)发展副业生产,增加经济收益,抽出一定比例,亦可作为村镇建设资金。

(8)对一些古建筑、纪念碑、革命遗址等的修复,可以向民间单位和个人搞募捐和集资,并可对集资的单位和个人立碑铭志。

村镇建设规划区内的各项建设,必须符合村镇规划,服从规划管理。乡(镇)以上人民政府可以根据村镇规划,对现有不符合规划的用地按照规定进行调整,有关单位和个人必须服从。因实施规划给村(居)民或者单位造成损失的,应当按照有关规定给予相应补偿。村镇新建、扩建、改建任何建筑物、构筑物,应当安排在村镇规划区内。

在村庄、集镇规划区建造住宅,村(居)民每户只能有一处宅基地;每户住宅占地面积不得超过国家和省规定的村镇建房用地面积标准,超过标准的,依法收归集体所有,并需按照国家有关规定办理村镇规划选址意见书和用地审批手续。村镇建设行政管理部门和乡(镇)人民政府在审核办理村镇规划选址意见书时,应当引导建房户按照规划联户共建联立式住宅、公寓式住宅。在村庄、集镇规划区建设公共设施、公益事业设施和生产经营性设施的,按照国家有关规定办理村镇规划选址意见书和用地审批手续。在建制镇规划区内进行上述建设的,在申请办理用地审批手续前,必须依法办理建设用地规划许可证。

在村庄、集镇建造住宅的,必须在开工前向乡(镇)人民政府提出开工申请,经县级村镇建设行政管理部门或受其委托的乡(镇)人民政府依法审查,发给村镇规划建设许可证后方可开工;建设公共设施、公益事业设施或生产经营性设施的,必须在开工前向县级以上村镇建设行政管理部门提出开工申请,经县级以上村镇建设行政管理部门对工程设计、施工条件依法审查,发给村镇规划建设许可证后方可开工。在建制镇进行建设,应当按照《中华人民共和国城乡规划法》的规定,申领建设工程规划许可证后方可开工。

建设工程应当严格按照村镇规划建设许可证或建设工程规划许可证核定的建筑使用性质、建设位置、面积、层次、标高、立面、环境等规划要求进行设计和施工,不得擅自变更;确需对许可证核定的内容加以变更的,应当经原发证部门核准;对许可证内容需做重大变更的,应当按照规定程序重新申领许可证。

在村庄、集镇规划区内,凡建筑跨度、跨径或者高度超出规定范围的乡(镇)村企业、乡(镇)村公共设施和公益事业的建筑工程,以及两层(含两层)以上的住宅,必须由取得相应设计资质证书的单位进行设计,或者选用通用设计、标准设计。承担村庄、集镇规划区内建筑工程施工任务的单位,必须具有相应的施工资质等级证书或者资质审查证明,并按照规定的经营范围承担施工任务。在村庄、集镇规划区内从事建筑施工的个体工匠,除承担房屋修缮外,须按有关规定办理施工资质审批手续。县级人民政府建设行政主管部门,应当对村庄、集镇建设的施工质量进行监督检查。村庄、集镇的建设工程竣工后,应当按照国家的有关规定,经有关部门竣工验收合格后方可交付使用。

村镇人民政府应当加强村镇市政公用设施建设,并根据谁投资、谁经营、谁受益的原则鼓励单位和个人投资,参与村镇的供水、排水、道路、环卫等市政公用设施建设。

经法定程序批准的村镇规划,任何单位和个人不得擅自变更。村庄、集镇的总体规划和建设规划确实不能适应当地经济和社会发展需要时,分别经乡(镇)人民代表大会、村民会议或者村民代表会议审查同意,乡(镇)人民政府可以对规划进行局部调整,并报原批准机关备案。但涉及村镇性质、规模、发展方向、总体布局重大变更的,应当按规划的正常程序报经批准。

15.2.4 村镇基础设施管理

村镇基础设施主要包括道路交通工程和管线工程两个方面,其中管线工程主要有给水系统、排水系统、供电系统、通信系统、煤气系统、供热系统等。基础设施是许多村镇的薄弱环节,需要加速建设和提高运营管理水平。地方政府及其建设部门负责组织编制基础设施规划,审查规划方案,筹集资金,安排建设项目并监管建设过程,委托和监管运营。地方主管部门提高运营水平,方便广大居民的日常生活与工作,适应村镇长远发展的需要。

基础设施的规划与建设、运营,既要与当地经济发展水平相适应,因地制宜,量力而行,又要适度超前,为促进经济的进一步发展创造条件,还要注意合理利用资源,保护生态环境。

1) 道路交通工程管理

道路交通规划主要应包括镇区内部的道路交通、镇域内镇区和村庄之间的道路交通以及对外交通的规划。镇的道路交通规划应依据县域或地区道路交通规划的统一部署。道路系统构成村镇的基本骨架,是实现村镇内外交通的基本物质条件,也是划分功能区的基础,又是水、电、通信等公用设施的载体,是村镇建设与管理的重中之重。

政府及其基础设施行政主管部门的职责,主要是审批道路规划方案的地面定线,确定道路设计与施工的红线控制要求,核定道路标高、走向,设计图纸审查,核发建设工程规划许可证,组织施工和监督工程质量,日常维护和路政管理、交通组织等。

(1) 村镇道路规划和建设的管理

道路交通规划应根据镇用地的功能、交通的流向和流量,结合自然条件和现状特点,确定镇区内部的道路系统,以及镇域内镇区和村庄之间的道路交通系统,应解决好与区域公路、铁路、水路等交通干线的衔接,并应有利于镇区和村庄的发展、建筑布置和管线敷设。县级以上人民政府应当组织市政工程、城市规划、公安交通等部门,根据村镇总体规划编制村镇道路发展规划。市政工程部门根据村镇道路发展规划,制定村镇道路年度建设计划,经上级人民政府批准后实施。

村镇道路建设资金可以按照国家有关规定,采取政府投资、集资、国内外贷款、国有土地有偿使用收入、发行债券等多种渠道筹集。政府投资建设村镇道路的,应当根据村镇道路发展规划和年度建设计划,由主管部门组织建设。单位投资建设村镇道路的,应当符合村镇道路发展规划,并经镇主管部门批准。村镇住宅小区、工业集中区内的道路建设,应当分别纳入相应的开发建设计划配套建设。

村镇道路的建设应当符合道路技术规范。村镇供水、排水、燃气、热力、供电、通信、消防等依附于道路的各种管线、杆线等设施的建设计划,应当与城镇道路发展规划和年度建设计划相协调,坚持先地下、后地上的施工原则,与村镇道路同步建设。

承担村镇道路设计、施工的单位,应当具有相应的资质等级,并按照资质等级承担相应的村镇道路的设计、施工任务。村镇道路的设计、施工,应当严格执行国家和地方规定的道路设计、施工的技术规范。村镇道路施工实行工程质量监督制。村镇道路工程竣工,经验收合格后方可交付使用;未经验收或验收不合格的不得交付使用。

村镇道路实行工程质量保修制度。村镇道路的保修期为一年,自交付使用之日起计算。保修期内出现工程质量问题,由有关责任单位负责保修。

（2）村镇道路养护和维修

市政工程部门对其组织建设和管理的村镇道路,按照道路的等级、数量及养护和维修的定额,逐年核定养护、维修经费,统一安排养护、维修资金。承担村镇道路养护、维修的单位,应当严格执行道路养护、维修的技术规范,定期养护、维修道路,确保养护、维修工程的质量。市政工程部门负责监督检查养护、维修工程的质量,保障道路完好。

单位投资建设和管理的道路,由投资建设的单位或者其委托的单位负责养护、维修。村镇住宅小区、工业集中区内的道路,由建设单位或者其委托的单位负责养护、维修。

（3）路政管理

村镇道路范围内禁止下列行为:擅自占用或者挖掘道路;履带车,铁轮车或者超重、超高、超长车辆擅自在道路上行驶;机动车在桥梁或者非指定的道路上试刹车;擅自在道路上建设建筑物、构筑物;擅自在桥梁或者路灯设施上设置广告牌或者其他挂浮物;其他损害、侵占村镇道路的行为。

（4）交通组织管理

随着经济的快速发展,村镇的建成区面积越来越大,居住人口越来越多,加上许多村镇在国道、省道附近,机动车流量相当大,过境交通和区内交通、公共交通成为当地人民政府和居民都很关心的重要问题。

村镇的街道分工不明确,居民素质不高,道路交通法规意识不强,因此各种车辆、行人甚至牲畜混行抢道现象很常见。地方人民政府及其建设、交通等部门要通力合作,在编制和实施交通规划的基础上做好村镇交通组织管理工作。管理部门要维修管理好路桥,协助装设交通控制标志,添置交通指挥信号灯,支持配备交通管理人员与设备,参与制订地方交通法规和交通规则,引导车流、人流合理利用路网。

2) 管线工程管理

村镇的管线工程设施比城市简单,常见的管线工程设施包括给水系统、排水系统、电力系统、通信网、燃气系统、其他专业性管线(如集中供暖系统),其中电力、通信等设施另有主管部门,但在规划建设中仍需建设部门统一规划、参与管理。

(1) 管线工程规划管理

管线工程规划管理是根据村镇规划和管线工程的技术要求,对各类城镇管线工程的审查和规划控制。村镇各类管线全都安排在道路的上、下空间,管线工程分属各部门主管或垄断性经营,容易各行其是、互相冲突,所以地方人民政府应通过编制规划达到统一。按照减少掘路、保障城镇交通通畅和"一家施工,各家配合"的原则,协调管线项目计划路径和施工时间。经协商统一意见后,形成一个综合、协调、统一的方案,使各种管线在规划管理的协调下统筹安排,以避免相互干扰。

经过管线工程的综合协调,各类工程管线的走向、位置、施工时间均已明确,管线工程部门据此做好设计方案并落实有关事项,报管理部门审定后进行施工图设计,再按照施工进度向管理部门送审图纸,经管理部门审核即可发放管线建设规划许可证。

(2) 管线工程建设管理

在管线工程建设实施中,村镇管理部门审查管线工程设施的性质、断面、走向、坐标、标高、埋设方式、架设高度、埋置深度,综合协调管线与地面建筑物、构筑物、道路、行道树和地下各类建筑工程以及各类管线之间的矛盾,避免各种管线之间的互相干扰。各种管线工程设施都要符合国家和有关部门颁发的规范、标准在技术、卫生、安全等方面的要求。

当管线的埋设遇到矛盾时,原则上应当是局部服从整体,临时管线服从永久管线,可变管线服从不可变管线,无压力管线服从有压力管线等。

15.2.5 村镇环境、绿化与美化管理

1) 村镇环境管理

村镇环境管理主要应包括生产污染防治、环境卫生、环境绿化和景观的规划与实施。

(1) 村镇环境问题

伴随着村镇建设的迅猛发展,建筑物数量的迅速增加,村镇建成面积的不断扩大,以及人口和经济的不断增长,村镇环境污染问题也越来越严重,具体有以下四个方面:

① 村镇水环境污染严重。乡镇工业的发展是带动中国村镇经济发展的重要因素之一;然而,由于其工业废水大多不经处理采取就近排放,给水环境造成了较大危害,并且这种污染量还在不断增加。同时,由于村镇大多缺乏污水处理设施和垃圾填埋场,生活废水和生活垃圾随意地排入周围的水系之中,这更进一步加剧了水环境的污染,导致许多村镇周围水系丧失了降解污染的能力,甚至出现了不同程度的水体黑臭现象。

② 村镇大气环境质量明显下降。总体上村镇大气环境由于空间宽广,质量要略好于大城市,但也有小城镇大气中污染物含量大于城市的现象,尤其是灰尘污染较为严重。主要污染源为未经改造的工业锅炉、窑炉排放的烟尘、粉尘,以及化工企业排放的有毒、有害气体。由于乡镇企业一般集中在交通较为便捷的村镇周边地区,因此,局部地区村镇工业

的废气已影响到了居民的生活和生产。

③ 村镇有机废弃物污染加剧。村镇有机废弃物根据其生成过程分为生活垃圾、农业副产品、人畜禽的粪便、工业有机废弃物等。这些废弃物被排放的后果有两方面：一方面造成了大量可利用资源的浪费；另一方面也造成了严重的环境污染，特别是"白色污染"和方便塑料袋污染问题在许多地方相当严重，这也在很大程度上影响到了村镇的卫生状况及镇容村貌。

④ 村镇生态环境质量下降。随着村镇经济的发展，乡镇和私营企业不断增长，吸收了大量的农村剩余劳动人口，但相应地也占用了许多农田。同时，农田作物大量使用化肥、农药、农用大棚薄膜、有机废弃物等，使得村镇生态环境质量受到了极大的危害和潜在的威胁。

（2）村镇环境管理的基本手段

环境管理，就是运用行政、法律、经济、教育和科学技术手段，限制人类损害环境质量的活动，并通过全面规划使经济发展与环境相协调，达到既发展经济满足人类的基本需要，又不超出环境容许极限的目的。实行环境管理的主要手段有以下四种：

① 法律手段。这是环境管理强制性的措施，也是环境管理的一个最基本的手段。依法管理环境是控制并消除污染、保障自然资源合理利用并维护生态平衡的重要措施。目前，中国已初步形成了由国家宪法、环境保护法、与环境保护有关的相关法律和法规等组成的环境保护法律体系。

② 行政手段。这是指国家通过各级行政管理机关，根据国家有关环境保护的方针政策、法律法规和标准而实施的环境管理措施。最近几年国家出台了一系列方针政策，加大了环境保护的力度，指导村镇建设向科学文明方向发展。例如，对于污染严重而又难以治理的企业，采用限期治理，勒令停产、转产、搬迁等措施；规定镇的建设行政主管部门负责建制镇镇容和环境卫生、园林、绿化的管理，市政公用设施的维护与管理。从建制镇收取的城市维护建设税，必须用于建制镇市政公用设施的维护和建设。

③ 经济手段。这是指运用经济杠杆、价值规律和市场经济理论指导人们的生产、生活活动，遵循环境保护和生态建设的基本要求，其中最主要的调节手段就是税收。同时，国家还对排放超标企业或造成经济损失的企业，按法征收排污费、罚款，以赔偿损失；对于综合利用三废生产的给予减免税或奖励。

④ 宣传教育手段。这主要是利用报刊、电影、广播、展览会、报告会、专题讲座、学习班等形式进行宣传教育，不断提高环保人员的业务水平和社会公民的环境意识，营造科学的管理环境，提倡社会监督的环境管理措施。

（3）村镇环境管理的主要内容与要求

① 村镇规划区内的环境及村容镇貌管理。对村镇规划区范围内街道、广场、市场、车站、码头等场所在修建临时建筑物、构筑物或其他设施时应加强相应的环境管理，以避免对村容镇貌的不良影响。要求一切企事业单位在进行新建、改建和扩建工程时，防治污染和其他公害的设施必须与主体工程同时设计、同时施工、同时投产。通过制订管理通则、村容镇貌管理规定及居民公约、居民守则等方式，加强居民自觉维护村容镇貌、保护环境卫生的意识和行为习惯。日常管理中落实村容镇貌卫生包干责任制；对影响村容镇貌和

环境卫生较大的堆放物,尤其是垃圾堆、柴草堆、粪坑要给予及时、妥善的清运和处理,消除"死角";加强对道路两侧及重点地段的环境管理,严管街头设摊、占道经营等行为。

② 水源管理。保护水源是直接关系到人民生活水平与身体健康的大事,特别是对饮用水源及水质的监测、保护与管理尤为重要。在保证水质的前提下,应当采取各种卫生、安全的取水方式,在有条件的地方应采取集中供水。

③ 农村生态环境保护管理。农村生态环境是进行农业生产的物质基础,是中国人民特别是农民赖以生存的基本条件。近几年农业生态环境受到了不同程度的破坏,有些地区还相当严重,而且农村环境的污染情况仍在发展,生态破坏还在加剧。这已成为农业发展的一大隐患。因此,保护好农村生态环境显得十分重要与紧迫,同时也是整个环保工作的一个重要组成部分。生态环境保护的具体措施包括:保护森林草地,植树造林,绿化净化环境;积极开展综合防治,控制化学农药对环境的污染;大力发展有机肥料,合理使用化学肥料;发展生态农业,逐步实现农业生产的良性循环;保护鸟类、青蛙等有益生物,维护生态平衡;抓好乡镇企业的环境管理工作,严格控制工业废水对环境的污染。

④ 绿化管理。加强绿化管理是改变村镇环境、美化村容镇貌的重要内容。加强绿化管理,应积极进行植树造林,严格保护村镇范围内的树木、花卉、草皮、苗圃以及各类绿地。

⑤ 文物古迹与古树名木管理。中国村镇地区有众多的文物古迹、古树名木和风景名胜,这是自然和历史留下的宝贵文化遗产,同时也是许多村镇经济与建设发展的基础与特色之所在,因此,在进行村镇建设过程中,应当对它们给予相当的重视和保护。

2) 村镇绿化与景观管理

绿化可改善局部气候,保护环境;绿化结合生产可以增加经济效益;绿化可以美化生活,改善村镇面貌。所以,村镇除了通过整体设计、建筑物造型、色彩以及巧妙地安排地形、道路、河流来增加美感外,还要运用园林植物、花草的不同形状、颜色、用途和风格的手法给村镇披上绿装,使村镇景色宜人、花香阵阵,为广大群众创造一个优美、清新、舒适的劳动、工作、学习、生活环境。因此,搞好村镇绿化管理是整个村镇建设管理的重要组成部分。

(1) 国家对于绿化与景观管理的要求

20 世纪 90 年代前期,国务院发布的《村庄和集镇规划建设管理条例》和《建制镇规划建设管理办法》扼要地规定村镇的绿化管理内容;《镇规划标准》(GB 50188—2007)中也规定了建设用地中公共绿地的比例要求。

1999 年 5 月,建设部发布了评选全国小城镇建设示范镇的通知,凡是建制镇和乡人民政府所在地集镇;镇区人口规模,东部地区为 10 000 人以上、中部地区为 6 000 人以上、西部地区为 2 000 人以上;已编制或调整完善规划,并按已批准的规划组织实施;达到全国小城镇建设示范镇评选标准的基本要求都可以申报。

为了实施城市可持续发展和生物多样性保护行动计划,提高城市生态环境质量,调动全社会力量参与城市园林绿化建设,国家举办了创建国家园林城市活动。2000 年 5 月,建设部发布了《国家园林城市标准》,可以作为村镇绿化等工作的参照。

2000 年 5 月,建设部部署了城市环境综合整治和首届"中国人居环境奖"的申报评选工作。设立"中国人居环境奖",是为了和联合国人居委员会(现联合国人居署)的"联合国人类居住环境奖"和迪拜的"国际改善居住环境最佳范例奖"接轨。通过评选,可以促使各级人民政府和社会各界重视城市发展和群众人居领域存在的问题,从而提高人民的生活质量。

村镇的建成区面积比大中城市小得多,毗邻农村田野、接近自然,居民的生活方式也有别于大城市居民,所以村镇绿化的方式与城市不同,特别是具体的绿化工程规划和设计,不能简单照搬大城市的方案。

(2)绿化管理

绿化应在充分调查研究的基础上,根据集镇的特点,制订出切实可行的绿化规划方案(包括树种规划);要结合生产,因地制宜地多种植有经济价值的树木,为国家创造财富,为集体和个人增加收益;要大力发展苗圃,搞好育苗计划,培植绿化急需苗木,保证规划实施。

村镇内的公路两侧、住宅院内和公共建筑地段上,均应多植树。村镇生产建筑用地内,也应根据自然条件和生产性质搞好绿化。凡是不宜建筑的零星地段、山岗、水旁等都要进行绿化。同时,结合各地名胜古迹、革命历史遗迹和自然保护区的保护要求,设置必要的游览绿化地段。

根据规划,长期严格控制各类绿地的用地面积,任何单位和个人都不得擅自变更规划或侵占绿地用地面积。大力发动群众进行义务植树、义务管理,采取分区包干、分段包干的办法。要表彰先进、奖励先进,惩处破坏绿化的单位和个人。

15.2.6 村镇历史文化资源管理

村庄历史文化遗产泛指村落地域之内地上地下所有有形遗存和无形文化积累。中国是一个历史悠久的国家,文化遗产极其丰厚,至今仍然保存着很多在不同历史时期形成的村镇。这些历史村镇拥有独特的自然人文景观、丰富的名胜古迹和多样的乡土建筑,蕴含着深刻的文化内涵。它们作为中华民族灿烂历史文化的载体和实物佐证,真实记录和见证了五千年华夏文明,对于研究中国不同时期和不同地域的历史文化以及科学技术成就,具有不可估量的珍贵价值。与历史文献相比,它们更加形象,更有感染力和说服力,更能使人身临其境,从中真实感受和了解那段逝去的历史文化。

在村镇发展过程中,一些历史文化遗产应该很好地保存下来,主要是民居建筑。民居建筑蕴藏着永恒的价值,经历了很长的时期,而且每个地区都有它很成熟的形态,具有发展方向的合理性和必然性。民居建筑构成了村镇的背景,反映了当地过去的人们如何对待当地的历史、文化、气候及其他自然条件,它们对这些问题的解答就表现在民居建筑的平面布置、空间组织及装饰、装修、材料、结构等等方面。这些民居和群落,对人与自然的协调发展、对家的观念、邻里关系维系的意义,可以说是任何舶来品都没有的。

除了民居以外,还有一些与当地历史文化有关的建筑,如祠堂、祠庙等民间祭祀的场所,另外还有集市、书院以至道路、桥梁等,也都可能蕴藏着丰富的文化,反映着历史、社会、思想的变迁,生活的隐秘,是可以摸到的消逝了的真实。

经过半个世纪尤其是改革开放以来的发展,中国城市化水平显著提高。在城市中,精明的商人把所有可以作为卖点的事物(如经济牌、文化牌)都挖掘得淋漓尽致。而在占中国人口大半的农村及小城镇,农民们日出而作、日落而息,依然在为生计、富裕而努力耕耘,历史文化保护对他们来说是遥远而不切实际的事,所谓的历史建筑,在他们眼中或许只是一幢幢破败的旧屋。

目前,许多地方由于人们忽视村镇在保护人类自身发展脉络方面的重要作用,缺乏历史文化遗产保护意识和有效保护途径,那些表面陈旧、破烂的古建筑、古民居、古桥梁、古水道正面临着很大的危机。在许多村镇规划中把成片的古建筑群定义为"空心村",把旧村落整片街区划为拆迁改造区,有的即使有几幢祠堂被保留下来,其周围的历史空间环境已被所谓的"现代建筑"空间所取代,以往古老的空间格局和传统风貌荡然无存。因此,如何保护历史文化遗产、保护古老的历史文化传承,新农村建设中如何处理建设和保护的矛盾,已是摆在世人面前刻不容缓的必须加以思考的问题。

在现代化进程中,也不可避免地拆除了一些看似破旧无用的民居、寺庙、牌坊。其实这些在今天,很多都可以作为历史遗产进行保护,也是经济开发的重点和亮点。经济社会越是迅速发展,就更应采取具体措施保护历史文化。相关部门应当加大宣传,使领导者特别是村镇管理的领导者对村镇建筑历史文化有足够的认识,明白建筑历史文化是中华民族几千年物质和精神文明的结晶,不能为了暂时的短浅的利益而破坏长远的利益,更不要错误地把保护建筑历史文化与新的村镇建设对立起来。此外,在保护历史文化方面还应采取以下六个方面的措施:

1) 规划性保护

由于历史文化资源既是历史的遗存又处在发展过程中,因此既要保护又要发展。保护与发展是新农村建设的一个永恒主题。片面强调发展而忽视保护,或只强调全面保护而忽略合理开发,都是片面的。保护是发展的前提,创新必须基于继承。如果不保护,历史的东西一旦被破坏就没了,因此,对建筑历史文化应采取规划性保护。保护内容包括古村镇格局、街坊、古建筑群、单体古建筑和各种文物古迹、风景名胜、古村镇风貌等等。历史文化资源的保护与新的发展要相互协调、相得益彰。

2) 完善保护管理立法

村镇历史文化遗产的保护管理体制与工作机制必须纳入法制轨道。主管部门要坚持依法行政,对于违反管理程序和规定的行为要给予严厉制裁;同时,建立开放的管理与执法监督体系,提高保护管理中公众的参与程度,增加社会监督的力度,使历史文化遗产的保护和管理走上良性发展的路子。

为了更好地保护、继承和发展中国优秀建筑历史文化遗产,弘扬民族传统和地方特色,建设部、国家文物局决定,从 2003 年起在全国选择一些保存文物特别丰富并且具有重大历史价值或革命纪念意义,能较完整地反映一些历史时期的传统风貌和地方民族特色的镇(村),分期分批公布为中国历史文化名镇和中国历史文化名村,并制定了《中国历史文化名镇(村)评选办法》和《历史文化名城名镇名村保护条例》。

3) 点、线、面相结合的保护

现在,许多历史文化村镇的完整面貌虽然早已改观,但是古街道、古居住区、古建筑、文物古迹等等仍然很多,要想办法把它们保存下来。我们可采取点、线、面相结合的保护措施。点,指的是单独存在的古建筑或文物史迹,如一座寺庙、一座古塔、一座古桥、一所老住宅以及一头石狮、一根石柱、一口古井等等。线，指的是连成线的古建筑或文物史迹，如一条古街、古巷、古道等等。面，指的是成片的街坊、街巷、寺庙群、民居群等组成的大型古建筑群。这种措施可使古建筑、文物史迹得到更多的保护。这方面成功的例子在中国很多地方并不鲜见。

村镇历史文化遗产应因地制宜地进行分类、评估和保护，对不同形态的历史文化遗产应采取不同的保护措施，正确地处理保护和改造的关系，使农村规划、建设既有自己的历史风貌特色，又有新农村的朝气和活力。

4）加强生活设施和居住环境的改善

村镇民居遭破坏的主要原因还不是房地产开发，而是居住条件的改善。许多村庄的老房子又阴暗又潮湿，沙发、电视均没有办法使用，随着生活水平的提高，人们迫切需要改善居住条件。于是许多老房子被拆掉，精雕细刻的构件没用了就被砍了当柴烧，其他的木材用来盖新房，一间老房可翻盖成好几间新房。

改善居住环境一方面是加强旧住宅生活设施的改造。旧房子只要加以改造，仍然能满足现代人的生活习惯要求，满足现代人物质文明的需要。改造时要坚持"抢救第一、保护为主、合理利用、加强管理"的原则；注重保护性开发，通过开发利用，达到进一步保护的目的。对古建筑的修缮要实行保护性修缮，做到修旧如旧，即使濒临倒塌的房屋也尽量保护好内部主体构架，外部围护墙体修复应尽量恢复原来的古旧风貌；对在原址重新修建的房子，在高度上尽量与周围建筑空间尺度相适宜，建筑风格应和古建筑相协调，包括色彩、门窗、立面风格等做到修新如旧。不要随意改变街巷的空间格局，街巷的空间格局是古村落空间格局最典型的反映，是古村落最主要的公共空间之一，在街巷里的一些构筑物如过街楼、牌楼、轿厅等都是空间分隔的生动手笔，也是古村落空间最美的表现，要切实加以保护。

改善居住环境另一方面可以通过开辟新区来实现。随着古村落经济和社会的不断发展、人口的增加，古村落空间肯定不能满足村民日益增长的物质文化发展的需要，同时随着旅游业的发展，许多旅游配套服务设施也必须跟进。因此，要在保护古村落的原则下开辟新区，将新居住区和旅游服务设施等统一规划、统一建设，功能上相衔接，空间上有过渡，使古村落新区和老区相互协调、共同发展。

5）建成区外围耕植区的改造与保护

外围耕植区域是古村落祖祖辈辈赖以生存的自然空间环境，是生活在这个空间里的人创造生活、改造生活、寄托着无限美好希望的地理空间场所，同时也是整个村落人创造文明、进行文化交流的最主要的空间环境。因此，在这个空间中，除了耕地之外，还会有很多庙宇、祭坛、凉亭、宝塔及弥补风水不足的建筑物、构筑物（如上水口、下水口等处的构筑物和建筑物），这是古村落和周围自然山体之间的一个过渡空间，是构成整个村落文明的一个非常重要的中间地带。许多庙宇、祭坛、凉亭、宝塔等年久失修，有的甚至已濒临倒塌，但不要随意拆迁，那些还留存的建筑物、构筑物要用一定的人力、物力进行修缮。

在耕作区往往会有许多茅厕、粪坑等与农作有关的构筑物，有机肥尽管是农作物的主要肥料，但对于历史保护区和以旅游开发为主体经济的古村落来说，拆除这些设施是必要的，也是可行的，因为现代的复合肥完全可以代替有机肥。可将粪坑进行地埋处理，采用化粪池的技术方法进行改造。

要保护耕作区原生态的地形地貌。耕作区原生态地形地貌保护的关键是农田不要园林化,水渠、水沟只做疏通,不要硬化处理。以从事旅游业为主的古村落更不能把这些耕地进行抛荒,因为农耕文化是古村落世代最具生命力的活文化,应世代相传,形成古村落的一道亮丽的风景线。

6) 借鉴发达国家的经验,更好地保护、继承和弘扬历史文化村镇和民居建筑文化

在市场经济背景下,如果没有经济效益就很可能要被淘汰。所以,历史文化遗产如果没有计划手段的保护,就很难保存下来。除了被国家定为重点文物保护单位的古村镇可能被保存下来,大量的只具有一般传统文化风貌的古村镇则很难保存,这是一个普遍的问题。西方国家在市场经济条件下进行历史文化遗产保护的经验对我们有借鉴意义。

15.2.7　村镇规划建设档案管理

档案是国家经济建设与社会发展的基础性信息资源,记载了本地经济社会发展的基本情况,记载了以往经济建设发展过程中的经验教训和取得的成效。领导者、决策者要制定和实施正确的路线方针政策,采取切实的工作步骤,就必须借助档案中的有关信息,以古鉴今,扬长避短,因地制宜,避免决策上的失误,提高决策的科学性。普通老百姓日常生活和生产也离不开档案资料。

村镇建设,关系到广大居民和农民的切身利益,又是改变广大乡村落后的大事,为了把乡村的这一历史性重大变化记载下来,村镇也应同城市一样要有自己的建设档案。村镇规划、设计、施工、管理、维修等的图纸和文件,是在村镇建设中逐步产生和形成的。这些图纸和文件不仅是指导村镇建设的依据,同时也是建设历史的记录,是以后修改规划的基础,应该同其他档案一样被作为国家宝贵财富妥善地保管下来。因此,建设档案的管理工作是村镇管理的一个组成部分。

村镇建设档案和管理工作与城建档案相比,还处于起步阶段。目前,基建档案工作的难点是,档案工作与工程建设不同步,档案工作不同程度地滞后于工程建设,造成应归档的文件材料不齐全、不完整;归档的文件材料不准确,没有经过有关人员审核鉴定,图纸与现场实际不符,给企业安全生产、维护检修留下了隐患;归档的文件材料不规范,文件材料纸张规格混乱,书写材料不耐久,以复印件代替原件归档;签字、盖章不齐全;检查验收、缺陷处理没有结果或验收人员签字有遗漏等。一些基建工程在初期准备阶段没有规划和部署档案工作,甚至开工后或工程过半仍然无人问津档案工作,直到验收阶段才想起档案工作,导致许多问题难以补救。

各级建设主管部门都要按照国家档案部门的规定和要求建立村镇建设档案。村镇建设档案的管理范围包括:建设中形成的规划、文件资料,设计施工图纸、图表和其他基础材料(如水文资料、地质勘探、气象记录、地形测量等等)。

村镇建设档案采取分级管理、分工负责的办法,即村镇人民政府所在地的村镇和乡辖集镇以及村镇中的古建筑(如庙宇、祠堂、桥梁和具有地方特色、有代表性的住宅等等)的档案,由县人民政府的村镇建设部门管理;凡属中心村、基层村的建设档案,可由乡人民政府保管。村镇建设档案也可以采取集中管理的办法,统一由县人民政府村镇

建设部门管理。总之,村镇建设档案要有人保管,及时整理归档,不得损坏、散失,不得据为己有。

村镇建设档案和管理工作是一项经常性的工作,关键是要建立和健全管理制度——不仅有人管,还要按照制度,明确收集方法,规定保管、借阅等方法,保证档案的完整和安全。各级档案管理部门,应积极配合村镇建设部门进行监督和业务指导工作,共同把建设档案工作做好,逐步使村镇规划和建设管理走上科学化、正规化的工作轨道,为村镇建设做出贡献。

主要参考文献

［1］中华人民共和国建设部,中华人民共和国国家质量监督检验检疫总局.镇规划标准:GB 50188—2007[S].北京:中国建筑工业出版社,2007.

［2］中国城市规划设计研究院,中国建筑设计研究院,沈阳建筑工程学院.小城镇规划标准研究[M].北京:中国建筑工业出版社,2002.

［3］中华人民共和国国家质量监督检验检疫总局,中国国家标准化管理委员会.美丽乡村建设指南:GB/T 32000—2015[S].北京:中国标准出版社,2015.

［4］上海同砚建筑规划设计有限公司.新型城镇化思考[M].上海:同济大学出版社,2015.

［5］徐绍史,胡祖才.国家新型城镇化报告:2015[M].北京:中国计划出版社,2016.

［6］新玉言.以人为本的城镇化问题分析:《国家新型城镇化规划(2014—2020年)》解读[M].北京:新华出版社,2015.

［7］深圳市城市规划设计研究院.城乡规划编制技术手册[M].北京:中国建筑工业出版社,2015.

［8］魏玉栋.乡村振兴战略与美丽乡村建设[J].中共党史研究,2018(3):14-18.

［9］中华人民共和国住房和城乡建设部,中华人民共和国国家质量监督检验检疫总局.城市规划基础资料搜集规范:GB/T 50831—2012[S].北京:中国计划出版社,2012.

［10］中华人民共和国住房和城乡建设部,中华人民共和国国家质量监督检验检疫总局.村庄整治技术规范:GB 50445—2008[S].北京:中国建筑工业出版社,2008.

［11］吴志强,李德华.城市规划原理[M].4版.北京:中国建筑工业出版社,2010.

［12］骆中钊,张勃,傅凡,等.小城镇规划与建设管理[M].北京:化学工业出版社,2012.

［13］高文杰,邢天河,王海乾.新世纪小城镇发展与规划[M].北京:中国建筑工业出版社,2004.

［14］王雨村,杨新海.小城镇总体规划[M].南京:东南大学出版社,2002.

［15］中华人民共和国住房和城乡建设部,中华人民共和国国家质量监督检验检疫总局.城市用地分类与规划建设用地标准:GB 50137—2011[S].北京:中国建筑工业出版社,2011.

［16］董光器.城市总体规划[M].4版.南京:东南大学出版社,2012.

［17］安国辉,等.村庄规划教程[M].2版.北京:科学出版社,2016.

［18］金兆森,陆伟刚,等.村镇规划[M].3版.南京:东南大学出版社,2010.

［19］金兆森.城镇规划与设计[M].北京:中国农业出版社,2005.

［20］汪晓敏,汪庆玲.现代村镇规划与建筑设计[M].南京:东南大学出版社,2007.

［21］中华人民共和国交通运输部.公路工程技术标准:JTG B01—2014[S].北京:人民交通出版社,2014.

［22］中华人民共和国住房和城乡建设部.城市道路工程设计规范(2016年版):CJJ 37—2012[S].北京:中国建筑工业出版社,2016.

[23] 戴慎志. 城市基础设施工程规划手册[M]. 北京:中国建筑工业出版社,2000.

[24] 中华人民共和国住房和城乡建设部. 镇(乡)村给水工程技术规程:CJJ 123—2008[S]. 北京:中国建筑工业出版社,2008.

[25] 张启海,原玉英. 城市与村镇给水工程[M]. 北京:中国水利水电出版社,2005.

[26] 中华人民共和国住房和城乡建设部,中华人民共和国国家质量监督检验检疫总局. 城市电力规划规范:GB/T 50293—2014[S]. 北京:中国建筑工业出版社,2014.

[27] 中华人民共和国建设部,中华人民共和国国家质量监督检验检疫总局. 城市公共设施规划规范:GB 50442—2008[S]. 北京:中国建筑工业出版社,2008.

[28] 顾春焕. 农业园区规划思路与方法研究[J]. 北京农业,2016(4):91-92.

[29] 周汉惠. 关于城市园林绿化生态效益与经济效益统筹发展探究[J]. 北京农业,2015(14):128.

[30] 朱绪荣,李靖,付海英. 现代农业示范区总体规划理论与实践[J]. 农业工程学报,2013,29(6):223-231.

[31] 李晓颖,王浩. "三位一体"生态农业观光园规划探析[J]. 中国农学通报,2011,27(25):300-306.

[32] 伍冠锁. 现代农业园区的实践与思考[J]. 江苏农业科学,2011,39(5):580-582.

[33] 管丽娟,邹志荣,秦源泽,等. 景观学思想在农业园区物质景观规划中的应用[J]. 安徽农业科学,2010,38(19):10429-10432.

[34] 陈宇. 论观光农业园规划的原则和手法[J]. 中国农学通报,2010,26(2):298-300.

[35] 李强. 依据新农村建设战略,完善现代农业园区规划[J]. 上海城市规划,2008(1):39-43.

[36] 吴人韦,杨建辉. 农业园区规划思路与方法研究[J]. 城市规划汇刊,2004(1):53-56.

[37] 陈琴苓,刘炜,邱俊荣,等. 农业科技园区的分类及其发展对策探讨[J]. 广东农业科学,2002(5):41-44.

[38] 朱建达. 当代国内外住宅区规划实例选编[M]. 北京:中国建筑工业出版社,1996.

[39] 国家技术监督局,中华人民共和国建设部. 城市居住区规划设计规范(2016年版):GB 50180—93[S]. 北京:中国建筑工业出版社,2016.

[40] 朱家瑾,董世永,聂晓晴,等. 居住区规划设计[M]. 2版. 北京:中国建筑工业出版社,2007.

[41] 中国建筑工业出版社. 城镇规划绿化与环境卫生规范[M]. 北京:中国建筑工业出版社,1997.

[42] 中华人民共和国住房和城乡建设部. 城市绿地分类标准:CJJ/T 85—2017[S]. 北京:中国建筑工业出版社,2017.

[43] 吕振宇,牛灵安,郝晋珉,等. 中国农业生态环境面临的问题与改善对策[J]. 中国农学通报,2009,25(4):218-224.

[44] 杨曙辉,宋天庆,欧阳作富,等. 我国农村生态环境问题及主要症结[J]. 农业科技管理,2009,28(2):9-13,21.

[45] 钟秀明,武雪萍. 我国农田污染与农产品质量安全现状、问题及对策[J]. 中国农业资源与区划,2007,28(5):27-32.

[46] 吴健.大气污染的综合防治措施探析[J].科技创新与应用,2015(18):157.

[47] 环境保护部,国家质量监督检验检疫总局.声环境质量标准:GB 3096—2008[S].北京:中国环境科学出版社,2008.

[48] 武汉市委组织部,武汉市环境保护局,武汉市委党校.城市环境保护教程[M].北京:中国环境科学出版社,1999.

[49] 李丽萍.城市人居环境[M].北京:中国轻工业出版社,2001.

[50] 魏素灵.简述 PM 2.5 对人体健康的影响[J].资源节约与环保,2014(1):133.

[51] 李爱贞.生态环境保护概论[M].2 版.北京:气象出版社,2005.

[52] 朱跃龙,吴文良,霍苗.生态农村——未来农村发展的理想模式[J].生态经济,2005(1):64-66.

[53] 中华人民共和国环境保护部.国家级生态乡镇建设指标(试行)[Z].北京:中华人民共和国环境保护部,2012.

[54] 张先起,李亚敏,李恩宽,等.基于生态的城镇河道整治与环境修复方案研究[J].人民黄河,2013,35(2):36-38,77.

[55] 国家质量技术监督局,中华人民共和国建设部.风景名胜区规划规范:GB 50298—1999[S].北京:中国建筑工业出版社,1999.

[56] 马勇,李玺.旅游规划与开发[M].3 版.北京:高等教育出版社,2012.

[57] 林茂.论古镇文化旅游资源的保护与开发[D]:[硕士学位论文].成都:四川大学,2006.

[58] 陈晓宇.历史文化村镇的现状问题及对策研究[D]:[硕士学位论文].天津:天津大学,2007.

[59] 朱晓翔.我国古村落旅游资源及其评价研究[D]:[硕士学位论文].开封:河南大学,2005.

[60] 中华人民共和国住房和城乡建设部,中华人民共和国国家质量监督检验检疫总局.建筑设计防火规范:GB 50016—2014[S].北京:中国计划出版社,2015.

[61] 张树平.建筑防火设计[M].2 版.北京:中国建筑工业出版社,2009.

[62] 中华人民共和国住房和城乡建设部,中华人民共和国国家质量监督检验检疫总局.建筑抗震设计规范:GB 50011—2010[S].北京:中国建筑工业出版社,2010.

[63] 中华人民共和国住房和城乡建设部.镇(乡)村建筑抗震技术规程:JGJ 161—2008[S].北京:中国建筑工业出版社,2008.

[64] 杨金铎.建筑防灾与减灾[M].北京:中国建材工业出版社,2002.

[65] 中华人民共和国住房和城乡建设部,中华人民共和国国家质量监督检验检疫总局.防洪标准:GB 50201—2014[S].北京:中国标准出版社,2014.

[66] 中华人民共和国住房和城乡建设部,中华人民共和国国家质量监督检验检疫总局.城市防洪工程设计规范:GB/T 50805—2012[S].北京:中国计划出版社,2013.

[67] 金英红,杨新海,周云,等.小城镇规划建设管理[M].南京:东南大学出版社,2001.

[68] 陈佳骆,李国凡,朱霞.小城镇建设管理手册[M].北京:中国建筑工业出版社,2002.

[69] 陈方潭.新农村建设纵横谈[M].北京:中国农业科学技术出版社,2005.

[70] 陈志文,李惠娟.村镇规划建设中历史文化遗产的认知与保护[J].浙江社会科学,2007(1):130-133,129.

[71] 王幸梅. 做好小城镇建设档案工作服务新农村建设[J]. 档案与建设,2007(1):53-54.

[72] 梁秋娟,韩盛利. 如何有效利用建筑技术经济指标进行施工图设计优化——以某商务办公楼为例[J]. 价值工程,2013,32(2):77-79.

[73] 李汉飞,冯萍. 经济发达地区村镇规划管理思考——以《佛山市村镇规划管理技术规定》为例[J]. 规划师,2012,28(4):84-87,93.

[74] 刘晓君. 技术经济学[M]. 2 版. 北京:科学出版社,2013.

图片来源

图 3.1 至图 3.23 源自:金兆森,陆伟刚. 村镇规划[M]. 3 版. 南京:东南大学出版社,2010:34,41-42,48,65,67-69,72-73,77,83-87.

图 4.1 至图 4.3 源自:周荣沾. 城市道路设计[M]. 北京:人民交通出版社,1988:10-13,15,103.

图 4.4 至图 4.15 源自:金兆森,陆伟刚. 村镇规划[M]. 3 版. 南京:东南大学出版社,2010:95,98-99,108-109,111,115-116,125.

图 4.16 源自:《城市道路交叉口设计规程》(CJJ 152—2010).

图 4.17 至图 4.23 源自:金兆森,陆伟刚. 村镇规划[M]. 3 版. 南京:东南大学出版社,2010:135-139.

图 5.1 至图 5.10 源自:金兆森,陆伟刚. 村镇规划[M]. 3 版. 南京:东南大学出版社,2010:143,156,162-166.

图 5.11 源自:王俊安,温利雪,潘华鉴,等. 新型城镇化村镇水务一体化整体解决方案[J]. 建设科技,2015(1):42-45.

图 6.1 至图 6.3 源自:金兆森,陆伟刚. 村镇规划[M]. 3 版. 南京:东南大学出版社,2010:188-189.

图 7.1 至图 7.6 源自:金兆森,陆伟刚. 村镇规划[M]. 3 版. 南京:东南大学出版社,2010:202-204,211-212.

图 9.1 源自:小怪科技;搜狐网.

图 9.2 至图 9.6 源自:谷歌地图(Google Earth)截图.

图 9.7 至图 9.14 源自:金兆森,陆伟刚. 村镇规划[M]. 3 版. 南京:东南大学出版社,2010:250-251,256-258.

图 10.1 源自:笔者根据丁绍刚. 风景园林概论[M]. 北京:中国建筑工业出版社,2008 部分改绘.

图 10.2 至图 10.5 源自:笔者王绍增. 城市绿地规划[M]. 北京:中国农业出版社,2005 部分改绘.

图 11.1、图 11.2 源自:金兆森,陆伟刚. 村镇规划[M]. 3 版. 南京:东南大学出版社,2010:278-283.

图 11.3 至图 11.6 源自:笔者绘制.

图 11.7 源自:笔者拍摄.

图 15.1 源自:笔者绘制.

表格来源

表 1.1 源自:上海市建设委员会,上海市农业委员会,上海市城市规划管理局.上海市建设社会主义新型村镇标准[S].北京:上海市建设委员会,上海市农业委员会,上海市城市规划管理局,1997.

表 2.1 至表 2.10 源自:笔者根据金兆森.乡镇规划[M].北京:农业出版社,1995 第二章表格修订而成.

表 3.1 至表 3.6 源自:《镇规划标准》(GB 50188—2007).

表 3.7 源自:金兆森,陆伟刚.村镇规划[M].3 版.南京:东南大学出版社,2010:61.

表 3.8 源自:同济大学,李德华.城市规划原理[M].3 版.北京:中国建筑工业出版社,2001:65.

表 3.9、表 3.10 源自:金兆森,陆伟刚.村镇规划[M].3 版.南京:东南大学出版社,2010:70.

表 4.1 源自:《公路工程技术标准》(JTG B01—2014).

表 4.2、表 4.3 源自:《镇规划标准》(GB 50188—2007).

表 4.4 至表 4.6 源自:金兆森,陆伟刚.村镇规划[M].3 版.南京:东南大学出版社,2010:103-104.

表 4.7、表 4.8 源自:《城市道路绿化规划与设计规范》(CJJ 75—97).

表 4.9、表 4.10 源自:金兆森,陆伟刚.村镇规划[M].3 版.南京:东南大学出版社,2010:110-111.

表 4.11 至表 4.19 源自:《城市道路工程设计规范(2016 年版)》(CJJ 37—2012).

表 4.20、表 4.21 源自:《城市道路交叉口设计规程》(CJJ 152—2010).

表 4.22 至表 4.26 源自:《城市道路照明设计标准》(CJJ 45—2015).

表 4.27 源自:金兆森,陆伟刚.村镇规划[M].3 版.南京:东南大学出版社,2010:139.

表 5.1 源自:《镇(乡)村给水工程技术规程》(CJJ 123—2008).

表 5.2 源自:《村镇供水工程设计规范 》(SL 687—2014).

表 5.3 源自:金兆森,张晖.村镇规划[M].2 版.南京:东南大学出版社,2005:145-146.

表 5.4 源自:《镇(乡)村给水工程技术规程》(CJJ 123—2008).

表 5.5 源自:金兆森,陆伟刚.村镇规划[M].2 版.南京:东南大学出版社,2005:147.

表 5.6 源自:《生活饮用水水源水质标准》(CJ 3020—93).

表 5.7 源自:《生活饮用水卫生标准》(GB 5749—2006).

表 5.8 源自:《城市给水工程规划规范》(GB 50282—2016).

表 5.9 源自:金兆森,陆伟刚.村镇规划[M].3 版.南京:东南大学出版社,2010:160.

表 5.10 源自:《室外排水设计规范(2016 年版)》(GB 50014—2006).

表 5.11 源自:王俊安,温利雪,潘华鉴,等.新型城镇化村镇水务一体化整体解决方案[J].建设科技,2015(1):42-45.

表 6.1 至表 6.11 源自：金兆森，陆伟刚. 村镇规划[M]. 3 版. 南京：东南大学出版社，2010：174,176,178-179,181-182,184.

表 6.12 源自：《城市电力规划规范》(GB/T 50293—2014).

表 6.13 至表 6.15 源自：金兆森，陆伟刚. 村镇规划[M]. 3 版. 南京：东南大学出版社，2010：187-188, 194.

表 7.1 源自：《镇规划标准》(GB 50188—2007).

表 7.2 源自：中国城市规划设计研究院，中国建筑设计研究院，沈阳建筑工程学院. 小城镇规划标准研究[M]. 北京：中国建筑工业出版社，2002：30.

表 9.1 源自：《建筑设计防火规范(2018 年版)》(GB 50016—2014).

表 9.2、表 9.3 源自：科学技术部中国农村技术开发中心. 村镇社区规划与设计[M]. 北京：中国农业科学技术出版社，2007.

表 9.4 至表 9.6 源自：汤铭潭. 小城镇规划技术指标体系与建设方略[M]. 北京：中国建筑工业出版，2006.

表 9.7 源自：科学技术部中国农村技术开发中心. 村镇社区规划与设计[M]. 北京：中国农业科学技术出版社，2007.

表 9.8 至表 9.10 源自：金兆森，陆伟刚. 村镇规划[M]. 3 版. 南京：东南大学出版社，2010：251-252,254.

表 10.1 至表 10.4 源自：《镇(乡)村绿地分类标准》(CJJ/T 168—2011).

表 10.5 至表 10.7 源自：杨宏波. 镇村绿地系统规划研究[D]：[硕士学位论文]. 郑州：河南农业大学，2011.

表 10.8、表 10.9 源自：笔者根据韩冠男. 京郊新农村建设中的村庄绿化规划研究——以延庆县张山营镇上阪泉村为例[D]：[硕士学位论文]. 北京：北京林业大学，2010 部分修改.

表 11.1、表 11.2 源自：金兆森，陆伟刚. 村镇规划[M]. 3 版. 南京：东南大学出版社，2010：279-282.

表 11.3 源自：《声环境质量标准》(GB 3096—2008).

表 11.4 源自：笔者根据《以噪声污染为主的工业企业卫生防护距离标准》(GB 18083—2000)制订.

表 11.5 源自：《国家级生态乡镇建设指标(试行)》.

表 12.1 源自：笔者根据相关资料绘制.

表 12.2 源自：赵勇. 建立历史文化村镇保护制度的思考[J]. 城乡建设，2004(7)：43-45.

表 13.1 源自：笔者根据《城市消防站建设标准》(建标 152—2011)第三章、第四章相关内容改编.

表 13.2 源自：《镇规划标准》(GB 50188—2007).

表 13.3、表 13.4 源自：《防洪标准》(GB 50201—2014).

表 13.5 源自：《城市防洪工程设计规范》(GB/T 50805—2012).

表 13.6 源自：《城市居住区规划设计标准》(GB 50180—2018).

表 15.1、表 15.2 源自：笔者根据《镇规划标准》(GB 50188—2007)中附录 A 改绘.

表 15.3 至表 15.10 源自：金兆森，陆伟刚. 村镇规划[M]. 3 版. 南京：东南大学出版社，2010：376,379-383